U0736342

中国海洋大学教材建设基金资助

海洋地质学

翟世奎　编著

内容简介

本书是为涉海高校地质学专业本科生编写的专业必修课程教材，亦可以作为地质学各相关专业的专业基础课程教材。书中系统介绍了有关海洋地质学的基础知识和基本理论，并吸收了当前海洋地质学研究的新成果或新进展。本书注重基本概念、基本理论和机制原理的论述。在知识结构上，注重由点到面、由表及里、由浅入深的层次和循序渐进的原则。根据作者十几年讲授海洋地质学课程的经验和体会，书中内容安排特别注重启发学生学习的兴趣和激发学生探索科学问题的潜力。本书内容丰富而精炼，取材广泛而新颖，结构合理且层次分明，力求使学生在掌握海洋地质学基础知识和基本理论的前提下，同时掌握该学科最新的科学认知。本书既可作为地质学类专业本科生的教材，也可作为涉海高校海洋科学类专业本科生的教材，同时可供从事海洋科学和地质学两大学科教学科研人员和研究生参考使用。

图书在版编目(CIP)数据

海洋地质学/翟世奎编著. —青岛：中国海洋大学出版社，2018.3(2023.3 重印)

ISBN 978-7-5670-1258-5

Ⅰ.①海… Ⅱ.①翟… Ⅲ.①海洋地质学 Ⅳ.①P736

中国版本图书馆 CIP 数据核字(2018)第 027648 号

出版发行 中国海洋大学出版社
社　　址 青岛市香港东路 23 号　　**邮政编码** 266071
出 版 人 杨立敏
网　　址 http://www.ouc-press.com
电子信箱 coupljz@126.com
订购电话 0532-82032573(传真)
责任编辑 李建筑　　**电　　话** 0532-85902505
印　　制 青岛国彩印刷股份有限公司
版　　次 2018 年 3 月第 1 版
印　　次 2023 年 3 月第 3 次印刷
成品尺寸 185 mm×260 mm
印　　张 27.75
印　　数 3001～4500
字　　数 624 千
审 图 号 GS 鲁(2023)0107 号
定　　价 99.00 元

教育部海洋科学类专业教学指导委员会规划教材
高等学校海洋科学类本科专业基础课程规划教材
编委会

总前言

海洋是生命的摇篮、资源的宝库、风雨的故乡，贸易与交往的通道，是人类发展的战略空间。海洋孕育着人类经济的繁荣，见证着社会的进步，承载着文明的延续。随着科技的进步和资源开发的强烈需求，海洋成为世界各国经济与科技竞争的焦点之一，成为世界各国激烈争夺的重要战略空间。

我国是一个海洋大国，东部和南部大陆海岸线1.8万多千米，内海和边缘海的水域面积为470多万平方千米。这片广袤海域蕴藏着丰富的海洋资源，是我国经济社会持续发展的物质基础，也是国家安全的重要屏障。我国是世界上利用海洋最早的国家，古人很早就从海洋获得“舟楫之便，渔盐之利”。早在2000多年前，我们的祖先就开启了“海上丝绸之路”，拓展了与世界其他国家的交往通道。郑和下西洋的航海壮举，展示了我国古代发达的航海与造船技术，比欧洲大航海时代的开启还早七八十年。然而，到了明清时期，由于实行闭关锁国的政策，错失了与世界交流的机会和技术革命的关键发展期，我国经济和技术发展逐渐落后于西方。

新中国建立以后，我国加强了海洋科技的研究和海洋军事力量的发展。改革开放以后，海洋科技得到了迅速发展，在海洋各个组成学科以及海洋资源开发利用技术等诸多方面取得了大量成果，为开发利用海洋资源，振兴海洋经济，作出了巨大贡献。但是，我国毕竟在海洋方面错失了几百年的发展时间，加之多年来对海洋科技投入的严重不足，海洋科技水平远远落后于其他海洋强国，在海洋科技领域仍处于跟进模仿的不利局面，不能最大限度地支撑我国海洋经济社会的持续快速发展。

当前，我国已开始了实现中华民族伟大复兴中国梦的征程，党的十八大提出了“提高海洋资源开发能力，发展海洋经济，保护海洋生态环境，坚决维护国家海洋权益，建设海洋强国”的战略任务。推动实施“一带一路”、“21世纪海上丝绸之路”建设宏大工程。这些战略举措进一步表明了海洋开发利用对中华民族伟大复兴的极端重要性。

实施海洋强国战略，海洋教育是基础，海洋科技是脊梁。培养追求至真至善的创新型海洋人才，推动海洋技术发展，是涉海高校肩负的历史使命！在全国涉海高校和学科快速发展的形势下，为了提高我国涉海高校海洋科学类专业的教育质量，教育部高等学校海洋科学类专业教学指导委员会根据教育部的工作部署，制定并由教育部发布了《海洋科学类专业本科教学质量国家标准》，并依据该标准组织全国涉海高校和科研机构的相关教师与科技人员编写了"高等学校海洋科学类本科专业基础课程规划教材"。本教材体系共分为三个层次：第一层次为涉海类本科专业通识课教材：《普通海洋学》；第二层次为海洋科学专业导论性质通识课教材：《海洋科学概论》《海洋技术概论》和《海洋工程概论》；第三层次为海洋科学类专业核心课程教材：《物理海洋学》《海洋气象学》《海洋声学》《海洋光学》《海洋遥感及卫星海洋学》《海洋地质学》《化学海洋学》《海洋生物学》《海洋生态学》《海洋资源导论》《生物海洋学》《海洋调查方法》等，将由中国海洋大学出版社陆续出版发行。

本套教材覆盖海洋科学、海洋技术、海洋资源与环境和军事海洋学等四个海洋科学类专业的通识与核心课程，知识体系相对完整，难易程度适中，作者队伍权威性强，是一套适宜涉海本科院校使用的优秀教材，建议在涉海高校海洋科学类专业推广使用。

当然，由于海洋学科是一个综合性学科，涉及面广，且限于编写团队知识结构的局限性，其中的谬误和不当之处在所难免，希望各位读者积极指出，我们会在教材修订时认真修正。

最后，衷心感谢全体参编教师的辛勤努力，感谢中国海洋大学出版社为本套教材的编写和出版所付出的劳动。希望本套教材的推广使用能为我国高校海洋科学类专业的教学质量提高发挥积极作用！

教育部高等学校海洋科学类专业教学指导委员会

主任委员　吴德星

2016 年 3 月 22 日

前　言

海洋地质学(Marine Geology)或称海底地质学(Submarine Geology)是研究被海水覆盖的地球岩石圈及其与地球其他圈层(软流圈、地幔、水圈、生物圈、大气圈等)相互作用的科学。海洋地质学的主要研究内容包括岩石圈的物质组成和性质、地质结构和构造、发展演化及相关效应等,当前的主要任务是研究解决满足人类对矿产资源和环境的需求,包括由此引发的军事和国家权益方面需求中的科学问题。

如果用第一部《海底地质学》(Andree K,1920)的出版标志海洋地质学这一学科的诞生,那么这个学科迄今发展还不足百年。但是,海洋地质学在短短的发展过程中却取得了许多地学上的重大突破。以海洋地质学调查研究成果为核心内容的海底扩张学说从根本上改变了传统的地学认知,极大地促进了板块构造理论的发展,导致了20世纪的地学革命。进入21世纪,人类对资源的需求加大,对生存空间(国家权益)和环境的要求也越来越高。与此同时,信息化技术时代的到来使得各种新技术、新方法和新的探测设备应用于海洋地质学领域,极大地推动了海洋地质学的快速发展,新成果、新理论和新观点层出不断,在许多方面实现了突破性进展。大规模的国际性合作逐步成为海洋地质调查研究的主旋律;通过多学科交叉的综合性研究,共同解决一个问题,已成为海洋地质学研究的新途径。21世纪被誉为"海洋世纪",海洋地质学的发展也进入了一个崭新的阶段。可以这样说,海洋地质学正处于地质学的最前沿,推动着整个地球科学的快速发展。

当前,人类社会发展所面临的四大主要问题,即能源日趋短缺、环境日渐恶化、生存发展空间受限、自然灾害频发,都直接或间接的与海洋有关,海洋过程的关键在海底。在最近十几年日益引起举世关注的海底新的矿产资源——天然气水合物的发现更为海洋地质学的发展打开了新的空间。海洋地质学在海底矿产资源勘探开发和环境保护恢复中占有无可替代的位置,必定具有更加光辉的未来。

"海洋地质学"一直是中国海洋大学地质学专业本科生的特色课程,在该校其他专业和其他院校的地质学和海洋科学各专业多作为本科生的专业基础课程。国内外先后出版了多种版本的"海洋地质学"教材,例如,同济大学海洋地质系海洋地质教研室编写的《海洋地质学》(1982,地质出版社),朱而勤主编的《近代海洋地质学》(1991,青岛海洋大学出版社),沈锡昌、郭步英编写的《海洋地质学》(1993,中国地质大学出版社),李学伦主编的

《海洋地质学》(1997,青岛海洋大学出版社),徐茂泉、陈友飞编写的《海洋地质学》(1999,厦门大学出版社),吕炳全编写的《海洋地质学概论》(2006,同济大学出版社),等等,都曾在不同的院校作为教材或主要参考书。国内同时期还出版了一些海洋地质学专著,例如,杨子赓编著的《海洋地质学》(2004,山东教育出版社),范时清等编著的《海洋地质学》(2004,海洋出版社),等等。国外类似的教材如 Norin E 和 Holtedahl H 的 *Submarine Geology*(1960,Berling),Shepard F P 的 *Submarine Geology*(1963,Harper & Row, Weatherhill),Kennett J P 的 *Marine Geology*(1982,Prentice Hall),Kuenen H 的 *Marine Geology*(2008,Baltzell Press);John H. Steele,Steve A. Thorpe,Karl K. Turekian 的 *Marine Geology and Geophysics*(2010, Academic Press),等等。有一些外文教材或专著已经在国内翻译出版。这些教材和专著都各有特色或侧重,在海洋地质学的教学和科研中发挥了重要的作用,同时也是本书编著的基础或重要参考。尤其是李学伦主编的《海洋地质学》多年以来一直作为中国海洋大学地质学专业本科生的教材,在本书成稿与实际教学中发挥了重要作用。

目前,国内大学本科教学所使用的"海洋地质学"教材大多都是在十几年甚至更久之前出版的,其内容与海洋地质学领域层出不断的新成果不完全吻合。在前人工作的基础上,编著出版一本知识结构更加合理,尽可能地包含海洋地质学领域近几十年取得的新成果和新认识的教材成为本书编写的初衷。本书的编写自 2004 年开始,期间几易其稿(目前是第九稿),在实际教学中不断地加以充实和完善。在早期的第一稿中,杨作升教授(第一章)、李三忠教授(第二章和第五章)、李广雪教授(第六章)、范德江教授和郭志刚教授(第七章)、王永红教授(第六章)、于增慧副教授(第十章)、韩宗珠教授和赵广涛教授(第十一章)都曾提供了初稿或素材,冯秀丽教授(海洋工程地质与地质灾害)、孙效功教授和曹立华教授(海洋地质调查技术)也曾提供了部分章节的初稿,但因受内容和篇幅的限制,有些内容没有包括在本书中。每一项成果或工作无不是凝聚了众多人的汗水与劳动。在此,对上述为本书提供初稿和素材(资料)的各位教授致以衷心的敬佩和谢意。本书由翟世奎进行了总体框架的构建、各章节的统一编排、知识内容的充实和完善,并负责编写了其余 7 章,直至定稿出版。在出版过程中,出版社的杨立敏社长和魏建功副总编辑给予了重要的支持和鼓励,李建筑编审负责了整个书稿的编辑工作,张爱滨教授级高工、于增慧博士、张怀静博士、国坤博士、刘晓峰博士、毕东杰博士、王淑杰博士、姜子可博士、姜独祎博士、宋晓丽博士、张侠博士(研究生)等参与了部分章节充实、完善或校验,韩金平负责了大部分图表的清绘,在此一并致谢。

本书在内容安排上与先前的教材有很大的不同。特别注重基本概念、基本理论和机制原理的论述,并尽可能地结合图示加深理解。在知识结构上,注重由点到面、由表及里、由浅入深的层次和循序渐进的原则。全书内容可分为四个部分,共计 14 章。第一部分为基础篇,包括第一、二、三、四章,主要是讲述海洋地质学和与其相关的最基础的知识,重在基本概念。第一章主要讲述海洋地质学的性质、任务、研究内容及学科发展史等；第二章基本等同于引领学生做一次“海底旅游”，目的是让学生了解海底的表形特征，掌握地形地貌及大地构造上的基本概念，其内容是学习此后章节的基础；第三章主要介绍了地球的内部结构，重要的地质作用源于软流圈，因而重点讨论了低速层或软流圈的特性与成因解释，为在第五章中讲授海底构造的基本理论奠定基础；第四章主要介绍了塑造海底地形地貌和影响沉积物分布特征的海洋水文、化学和生物等最基本的环境要素，这也是此后学习第六至十章的基础。第二部分为基础理论篇（第五章），主要是让学生从原理上认识海底结构及其成因演化，如同学习人体的骨骼结构，也是理解此后几章内容的基础和关键。第三部分为各论篇，包括第六至十章，自海岸带到大洋中脊，“由浅入深”地解剖海底各主要大地构造单元的物质与结构特征、主要地质作用过程、发展演化，以及所导致的矿产资源等。第四部分为专题篇，包括第十一至十四章，这部分内容属于海洋地质学的重要“专题”或学科分支讲座，重点讲述海洋地质学重要分支或学术方向上的学术进展和前沿科学问题，特别是第十四章内容旨在让学生了解当前国内外海洋地质学的最新发展动态。

需要说明的是，书中部分插图源自间接资料（图书或同行交流资料，等），难以找到原图的作者或出处，但出于教学的需要仍使用于书中，在此特向原图作者致以敬意。另外，海洋地质学的发展正方兴未艾，新成果、新观念和新理论不断出现，在这种飞速发展的阶段，本书在知识内容上难免有遗漏，更限于作者水平，疏漏之处在所难免，恳盼读者予以指正，同时希望本教材能得到进一步的充实和完善。

翟世奎

2017年11月于青岛

目　录

第一章　绪　论

第一节　学科性质及主要研究内容

一、学科性质、特点和任务

海洋地质学(Marine Geology)又被称为海底地质学(Submarine Geology)，是研究被海水覆盖的地球岩石圈及其与地球其他圈层(软流圈、下地幔、地核、水圈、生物圈、大气圈等)相互作用的科学。海水覆盖下的岩石圈大部分是大洋岩石圈(Oceanic Lithosphere)，小部分是大陆岩石圈(ContinentalLithosphere)，二者统称海底岩石圈(图1-1)。海洋地质学的主要研究对象是大洋岩石圈，研究内容主要包括岩石圈的物质组成和性质、地质结构和构造、发展演化及相关效应等。同时，海底岩石圈与相关地球圈层，特别是上覆和存在于海底岩石圈内的水圈、生物圈及其下伏地幔软流圈的相互作用，也是海洋地质学研究的重要内容。由于研究对象以岩石圈为主，所以海洋地质学是地质学的一部分。但是，大洋岩石圈是年轻的地质体，从生成到消亡一般只经历 150～200 Ma，其物质构成、构造都

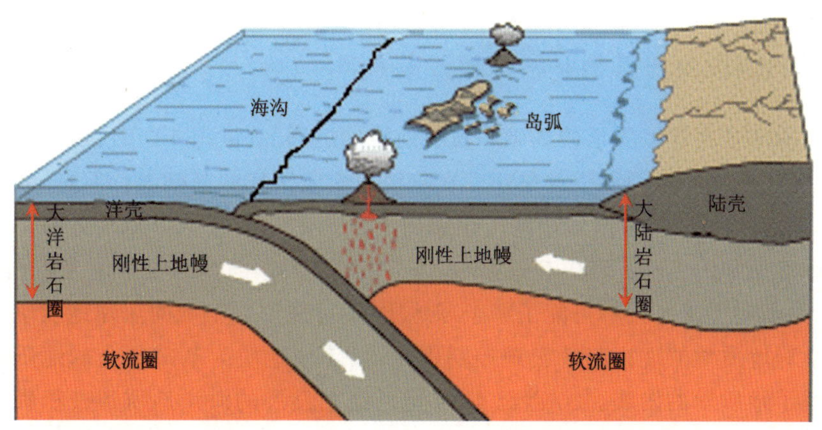

图 1-1　海底岩石圈(来自网络，有改动)

与具有几十亿年演化历史的大陆岩石圈有明显区别。因为海洋地质学与海洋学关系非常密切，所以它又是地质学与海洋学之间的边缘和交叉学科，也是海洋地球科学（Marine Geosciences）的重要组成部分。海洋地质学是以地质学的内容为主体，而海洋学科中的物理海洋学（Physical Oceanography）、生物海洋学（Biological Oceanography）及化学海洋学（Chemical Oceanography）则是以海洋学（Oceanography）的内容为主体。

海洋地质学根源于地质学，所研究的主要科学问题仍属于地质学的范畴。因此，海洋地质学的研究方法主要是地质学、地球化学和地理物理学的方法。由于海底岩石圈之上覆盖着海洋水体，海洋地质学的研究一般需要凭借具有高科技含量的仪器设备进行，并且多由一个综合性的研究平台（如调查船、海底观测站、深潜器等）作为支撑。相对于陆地地质学而言，海洋环境条件复杂多变，空间辽阔，水体时空变动无常，水深差异巨大（超过10 000m）。因此，海洋地质学研究对尖端性技术设备的要求高，耗资大，风险高，综合性较强，这是海洋地质学相对于陆地地质学发展较晚的主要原因之一，也使得海洋地质学从一开始就具有高科技和多学科的特点。因此，海洋地质学的突出特点是学科年轻、多学科交叉、依赖高新技术、发展前景广阔。

海洋地质学的根本任务是解决人类对矿产资源和环境的需求，包括由此引发的军事和国家权益方面的需求。早期的海洋地质学主要是解决人类对矿产资源的需求，环境只是作为矿产资源开发中的因素来考虑。目前，海洋（底）环境对人类发展的重要性日益增加，有关环境问题已成为海洋地质学中的重要研究内容之一。因此，海洋地质学的主要任务是研究解决人类对矿产资源和环境的需求，包括由此引发的军事和国家权益方面需求中的科学问题。

二、学科地位及与其他学科的相互关系

海洋地质学是现代地质学的基础和发展前沿。追溯 20 世纪 40 年代以前的学科发展史，有关全球地质学的各种学说都是建立在陆地地质学研究的基础上。但是，陆地仅占全球表面积的 29%左右，仅根据陆地地质建立的全球地质学说必然带有很大的片面性。海洋约占全球表面积的 71%，其中超过 2 000 m 水深的大洋部分约占全球表面积的 60%。因此，没有海洋地质研究就不可能了解全球地质，不可能形成正确的全球地质学说。由于全球地质学对地质学的理论起着宏观控制作用，以陆地地质为基础的全球地质观的片面性严重制约了地质学的发展。20 世纪 40 年代后蓬勃发展的海洋地质调查积累了丰富的地质和地球物理学资料，为 60 年代海底扩张-板块构造学说的诞生奠定了基础。海底扩张-板块构造学说引发了地质学领域的一场革命，从根本上改变了传统的固定论理念，开始将陆地和海洋作为一个整体，从时空动态上研究全球地质学问题，上连天体，下到地核，形成了崭新的全球地质学理论，从全球变化的大格局去观察局部地质过程，开创了现代地质学的新纪元。现代地质学的重大突破接二连三地在海洋地质学领域实现。因此，海洋地质学既是现代地质学的基础，又是其学科前沿。在最近十几年中，以海洋地质学的重大发现为基础，提出了地球系统科学的概念，正带动着整个地球科学发生革命性的进展。

海洋地质学同时又是海洋科学的支柱性学科之一，这是因为：① 海底的地形地貌、构造变动、物质与能量的迁移转化等无不影响和改变着上覆水体以及其中的生物与化学组成；② 海洋地质学研究是以海洋地质调查为基础，所需人员众多，更需要相对其他学科更为尖端的仪器设备；③ 海洋地质学调查研究项目通常需要大的投资，任务繁重；④ 学科进展迅速，重大发现不断，促使海洋科学向更深更广的领域发展；⑤ 高新技术采用多，设备更新快，如投资巨大的国际性"深海钻探计划"(DSDP — Deep Sea Drilling Project，1968～1983)、"大洋钻探计划"(ODP — Ocean Drilling Program，1985～2003)、"综合大洋钻探计划"(IODP — Integrated Ocean Drilling Program，2003～2013)和"国际大洋发现计划"(IODP — International Ocean Discovery Program，2013～2023)等都采用了最先进的设备和技术。近年来，海洋科学出现了学科发展多元化的取向，精彩纷呈，不同学科变化较大，但海洋地质学始终保持着旺盛的发展势头，正在推动整个地球系统科学的快速发展。

海洋地质学是一门综合性和交叉性很强的学科，它和生物科学、水文科学、大气科学和日地空间科学中的相关学科关系密切，相互交叉、渗透。它的研究对象——海底岩石圈作为一个时空大尺度的开放系统，不仅直接受着大气圈(Atmosphere)、水圈(Hydrosphere)、生物圈(Bioshpere)和日地空间的巨大影响，而且水圈、生物圈很重要的一部分就存在于海底岩石圈之中。

生物圈的一个重要组成部分是延伸到海底以下数千米深处岩石中的深部生物圈，其总量估计占全球生物圈的1/10，是完全不同于陆地的生物群，提供了研究生命起源和演化的新思路。洋底之下的海洋(Sub-seafloor Ocean)也是水圈的重要部分，它是存在于洋底之下岩石圈内的巨大的水循环系统。这部分水体联系着地壳深部和表层，改造着海底岩石与海水的成分，润滑着震源断层，维持着深部生物圈的新陈代谢。

就大气圈而言，海洋沉积物中保存着古代以来大气圈(以及相应的生物圈和水圈)变化的丰富记录。例如，古气候学就是在古海洋学研究的基础上建立起来的，它揭示了全球气候变化的重大事件，其中古水温反映了冰期和间冰期的旋回性变化，可以从中提取气候的百万年、万年和千年尺度的周期性变化信息。大洋碳循环和碳储库反映的大气和海底岩石圈的碳交换问题在大气科学中有重要意义。就日地空间科学而言，地球轨道周期变化的沉积记录、大洋岩石磁异常条带记录、陨石事件等日地空间作用的重大事件都保存在沉积记录中，并通过海洋地质学的研究被逐渐揭示出来。因此，在宏观上海洋地质学与生物科学、水文科学、大气科学、日地空间科学等领域内的多种相关学科动态地相互交叉，相互推动，共同发展。

在海洋科学中，物理海洋学、生物海洋学、化学海洋学等，都与海洋地质学有着密切的联系和很强的相互交叉渗透。目前，生物地球化学作为一门新兴的交叉性学科也正在快速地介入海洋地质学的研究领域，显示了海洋地质学强烈的学科综合性、交叉性和实用性。

在传统地球科学的各分支学科中，海洋地质学与构造地质学、岩石学、地球化学和地球物理学的关系最为密切。无论是在理论体系、研究内容，或是技术方法上，海洋地质学都与上述学科相互交叉、融合和相互印证。

与海洋地质学紧密相关的另一科学领域是现代化的探测和信息处理技术(包括非地球科学在内),后者是前者的技术支撑性学科。海底岩石圈之上的海水大部分水深超过2 000 m,海洋地质的探测必须穿过厚厚的水层才能实现。海底岩石圈的环境条件复杂多变,从低温、高压到高温、高压,从光线微弱直到完全黑暗,而且始终处在流体的作用下。岩石圈内部的结构及所发生的地质作用过程更是非常复杂,至今未被人类所认知。

作为海洋地质探测平台的调查船等设备需面对变化无常的海洋环境,经受着风、浪、流的作用,还可能遭遇到威胁人身和仪器安全的恶劣海况。客观环境要求采用现代化的仪器设备和调查平台,这是海洋地质学的突出特点之一。因此,海洋地质学的发展离不开现代化的探测和信息处理技术,主要包括海洋水声学探测技术,卫星导航定位及声学定位技术,原位探测技术,保真采样技术,走航实时探测技术,深潜器及水下机器人探测技术,海洋地震、重力、磁力探测技术,以及高度现代化技术集成的大洋钻探等。这些新技术在海洋地质学中的应用,充分体现了现代地质学的特征。

三、主要研究内容

海洋地质学研究在被海水覆盖的岩石圈上/中所发生的一切地质作用及其效应,以及地球其他圈层与该岩石圈之间的相互作用与影响。部分研究内容已经发展成为相对独立的学科。例如:

(1) 研究海底沉积物的类型、组成、分布规律、沉积环境及其演化和沉积过程,正逐渐发展成为相对独立的海洋沉积学(Marine Sedimentology)。

(2) 研究组成海底岩石圈岩石的(矿物与化学)成分、结构构造、分布、成因机制、演化历史,及其与成矿作用关系,逐渐发展成为海底岩石学(Submarine Petrology)。

(3) 研究海底岩石圈结构构造特征及其形成演化,开发定量探测岩石圈及地球内部其他圈层结构构造的物理方法和技术(如地震弹性波、重力、地磁、地电和地热等),逐渐发展建立了海底构造地质学(Submarine Tectonic Geology)和海洋地球物理学(Marine Geophysics)。

(4) 研究海洋(包括海底岩石圈、水圈和生物圈)中元素的分布、迁移、转化、通量、平衡、演化和地球化学循环,渐渐发展成为海洋地球化学(Marine Geochemistry)。如果考虑生物过程所引起的地球化学过程及其效应,则出现了生物地球化学(Biogeochemistry),生物地球化学在海洋领域正得到广泛的应用和快速的发展,海洋生物地球化学已初见端倪。

(5) 研究在地质历史中海洋盆地的形成与演化、海洋(沉积)环境的发展历史,导致了古海洋学(Paleoceanography),又称历史海洋学的产生。这是20世纪晚期基于大洋钻探成果建立起的新兴学科,主要是通过对海洋沉积物的分析和研究,了解古海洋表层及底层环流的形成、演化及其地质作用过程,阐明海水成分在地质历史中的变化、浮游和底栖生物的演化、生产力和生物地理发展史及其对沉积作用的影响,以及海洋沉积作用的发展历史等。

(6) 世界社会和经济的飞速发展对资源的需求不断加大，而陆地上不可再生资源量逐日减少，陆地上的石油、天然气和贵重金属等主要资源已近枯竭，人类不得不把寻求资源的眼光聚焦到海洋。研究海底矿产资源类型、分布及其成因机制则催生了海底矿产资源学(Seabed Mineral Resource Science)。海底矿产资源主要包括海底石油、天然气和天然气水合物、海滨和浅海中的砂矿、大洋多金属结核和富钴结壳、海底热液多金属硫化物等。

(7) 海岸是人口和国民经济的集中地带，在科学上又是岩石圈、水圈、生物圈相互作用和人类活动最为活跃的地带，历来被人类所重视。研究海岸地貌的类型、形成过程和机制，再现海岸地貌形成和演变的历史，则形成了海岸动力地貌学(Coastal Dynamic Geomorphology)的学科框架。

(8) 随着海岸带开发热潮的兴起，许多人类工程依据海岸的地理和地质条件而建设，部分建筑活动甚至延伸至海底。研究建设地区或建筑场地的地质条件，分析、预测和评价可能存在和发生的海洋工程地质问题，及其对建筑物和地质环境的影响，提出防治不良地质现象的措施等，导致了海洋工程地质学(Marine Engineering Geology)的建立和发展。

总之，陆地"地质学"领域所有包括的二级和三级学科在"海洋地质学"领域都有，甚至在某种程度上，海洋地质学的研究内容更为丰富，如"古海洋学"，就是因为要考虑海水的存在而有着更为丰富的研究内容。海洋地质学的研究内容在空间上，其下到软流圈，甚至地核，上到水圈、生物圈、大气圈，甚至天体，横向上包括陆地与海洋；时间上，从古至今，直至未来；内容上，包含物理过程、化学过程、生物过程；技术方法上，涉及物理的、化学的、数学的和几乎所有的高新技术。

第二节　发展简史

一、学科发展阶段及学术思想演变

海洋地质学的发展大体可划分为五个阶段：① 诞生——从早期的地理学和博物学，到成为地质学和海洋学科的边缘或交叉学科，直到新学科的诞生；② 健康成长期——海洋地质学的概念和理论体系初见端倪，军事需求促进了海洋调查技术的快速发展；③ 快速发展期——大规模海底调查广泛展开，新发现和新成果日新月异，逐渐发展成为完整的学科体系；④ 革命与成熟期——新理论体系建立并得以完善，导致一场地学革命，进入近代海洋地质学阶段；⑤ 地球系统科学阶段——21 世纪的海洋地质学。

(一) 孕育诞生(1920 年以前)

受技术条件的限制，在 20 世纪之前人类对海底的认识十分有限，特别是对深水大洋的海底几乎是一无所知，尚未出现海洋地质学的概念。有关海底的零星知识蕴含在海洋学和(陆地)地质学中，属于博物学和地理学的范畴。在空间上局限于近岸和浅海，在时间尺度上局限在千年范围。

最早记载的有关海岸和近海海底的内容多与人类生产及军事活动有关。我国在这方面的记载较早，可上溯至公元前300年的《山海经》。绘于15世纪的《郑和航海图》已绘制了大量海岛、暗礁、浅海等海洋地貌景观。1562年的《筹海图编》中有大量的海岸地图及海岸特征。在西方，出于对贸易、渔业、军事等方面的需求，早期的希腊和罗马人对地中海沿岸的岛屿和海上航路有大量记述，《柏拉图》中有关"大西洲"的传说是其中最早的著名记述。作为论著，法国马斯里(Marsilli)的《海洋自然史》(1725)中第一篇就是"论海洋盆地"。1795年英国地质学家詹姆斯·赫顿(James Hutton)出版了巨著《地球理论》，其核心部分就包括"海面变化"。作为针对海底的调查，应首推英国"小猎犬"号考察船在1831～1836年期间所做的环球科学考察。参与此次考察的著名英国生物学家和博物学家查尔斯·罗伯特·达尔文(Charles Robert Darwin，1809—1882)根据自己对地质结构等的观测结果以及收集的大量动、植物标本，提出了举世闻名的"进化论"，即所有生物物种是由共同祖先经过长时间的自然选择过程后演化而成的，被称为生物进化论的奠基人。达尔文先生的诸多著名发现和重要证据被收录进了《"小猎犬"号科学考察动物志》，其中对各类珊瑚进行了详细的描述，并提出了珊瑚礁成因的沉降说，直至1952年这一见解才为埃尼威托克(Enewetak：11°30′N，162°15′E)环礁的钻探结果所证实。美国海洋学家马修·方丹·莫里(Matthew Fontaine Maury，1806—1873)于1854年编制并发表的北大西洋(52°N至10°S)水深图是海洋学家所完成的第一张海洋水深图(最深等深线达7 300 m)，为铺设横贯大西洋的海底电缆提供了根据，他所出版的《海洋自然地理》(1855)一书成为海洋学的经典著作。英国著名博物学家托马斯·亨利·赫胥黎(Thomas Henry Huxley，1825—1895)研究过深海钙质软泥，并认为陆地上的白垩层是由极细的钙质浮游生物壳组成，这些壳就像深海软泥中的微体化石一样，白垩层是上升到陆地上的深海沉积物。

在1872～1876年期间，英国"挑战者"号考察船做了划时代的环球海洋考察，航行约68890海里，主要是测深和底质采样。在492个站位进行了水深测量，采集底质样品6200多个，并在大西洋加那利群岛、太平洋塔希提岛和夏威夷群岛附近的深海海底采集到了大量的多金属结核。随后，美国的"信天翁"号(Albatross，1888～1920)、荷兰的"西博加"(Siboga，1899－1900)号、德国"埃·斯蒂芬"(Edi Stephan)号、"行星"(Planet)号等也对大西洋、东印度洋群岛海区和欧洲沿岸海区进行了海洋学及海洋地质学考察。这些考察在空间上已触及全球各大洋，在时间尺度上达到了千万年。此后，J. Marray和A. F. Renard于1891年出版了*Deep Sea Deposits*，J. Marray和J. Huort又于1912年出版了*The Depth of the Ocean*。德国气象学家魏格纳(A. L. Wegener)根据大量古气象学、古生物学、几个大陆间的可拼合性以及大西洋两侧岩石和主要地质构造的吻合性等方面的资料于1912～1915年提出了大陆漂移学说，并出版了《海陆的起源》，尽管当时遭到许多的非议(见第五章)，但首次赋予了海底的动态概念。环球考察和有关海底水深及底质等专著的问世孕育了海洋地质学的诞生。直到1920年，K. Andree的专著《海底地质学》出版，标志着海洋地质学这一学科的诞生。

海洋地质学在这一阶段没有独立的学术思想体系，其胚胎被包含在其他学科体系(如海洋学、地质学、地理学、航海学和博物学等)中，经过长期的孕育，在带有探险性质的海洋考察催生下，终于诞生了海洋地质学这一光芒四射的婴幼儿。

（二）健康成长期（1920～1950年）

德国"流星"号在南大西洋的考察（1925～1927）中，首次使用电子回声测深仪代替了费时的缆绳测深，使大西洋海底地形图的测绘工作得以迅速实施。这次调查不仅发现了大陆架、大陆坡及海底峡谷，还发现了大西洋中脊等重要的地形地貌，从而开启了20世纪30～50年代期间的海洋地质学健康成长阶段。

首先，一系列的新发现唤起人类对海洋或海底世界的广泛重视。世界各国先后成立了数百个海洋研究所，其内设有海洋地质研究室。譬如，美国斯克里普斯海洋所（Scripps Institution of Oceanography）成立于1925年，伍兹霍尔海洋所（Woods Hole Oceanographic Institution）成立于1930年，两个著名的海洋研究所均设立了海洋地质研究室，并分别配置了先进的海洋调查船"亚特兰蒂斯（Atlantis）"及"斯克里普斯（Scripps）"号。1945年以后，美国东、西海岸的不少著名大学都设立了海洋研究单位，海洋地质在其中占有重要的地位。苏联也于1941年成立了"苏联科学院希尔索夫海洋研究所"及其相应的海洋地质研究室。

其次，一些发达国家在这期间都建造了配备有先进海洋调查设备的调查船，各种交叉学科的新技术不断应用于海洋（底）科学考察。例如，在海底地质取样器方面从蛤式、箱式、爆破式、真空式采样器到重力活塞和振动活塞采样器，再到借助海上钻井平台钻取长柱样，新的技术产品层出不穷。声学测深和无线电定位技术、海上人工地震、动力和磁力等先进技术也先后应用于海底形貌、海底岩石圈结构、磁异常等多方面的勘探调查，取得一系列的重大发现。

再有，在海洋调查一系列重大发现的基础上，海洋地质学的概念和理论体系日渐成型。如大西洋中部海底山脊（1925～1927）、海底地壳（1923～1932）等概念的提出。这些成果出现的同时宣告海洋地质学是一门独立的学科，美国谢帕德的《海底地质学》（1948）、苏联克莲诺娃的《海洋地质学》（1948）和荷兰奎年的《海洋地质学》（1950）是三部最具代表性的海洋地质学经典专著，标志着海洋地质学概念和理论体系的雏形。

还有，在这一时期，海洋地质调查的技术和成果首次为人类所利用。第二次世界大战（1939～1945）期间，海岸和海底地形地貌的调查成果被用于登陆和潜艇作战中。反过来，战争或军事的需求又极大地促进了海洋地质学的发展。例如，在第二次世界大战期间声学技术被用于潜艇和反潜作战之中；"二战"后，高精度导航定位系统的改善又大大强化了海底调查。

在这一阶段，海洋地质学的学术思想是以调查为基础，以描述性为特色，并初步认识到海洋地质的复杂性和重要性。海洋地质学的学术思想在地质学中形成了独立的学科体系，具备了与陆地地质学不同的学科内容和专门的调查方法技术，同时具有了鲜明的海洋边缘学科及交叉学科的特色。

（三）快速发展期（20世纪50年代～1968年）

之所以把这一阶段划分至1968年，除了学科发展具有明显的阶段性之外，深海钻探计划(DSDP,1968～1983)的启动实施也是其重要原因之一,因为 DSDP 标志着有关海洋地质学国际性大科学计划的起始,揭开了集世界各国之力和先进尖端技术,开展海洋地质调查研究的序幕。

20 世纪 50 年代世界各国掀起了全球性的海洋调查热潮,1958～1960 年的"国际地球物理年"便是由多国联合进行大洋综合调查的一个典型例子。全球性的大调查积累了大量的海洋地质和地球物理资料,发现了大洋中脊体系、岛弧海沟体系、转换断层体系、海底磁异常条带、热流异常、海底浊流沉积序列、不同于陆壳的洋壳结构等。这些发现和研究成果极大地丰富和发展了海洋地质学,并为此后出现的"板块构造学说"和其所导致的地学革命奠定了基础。

自 20 世纪 50 年代以来,随着海底科学的发展,人们利用放射性同位素测定海底岩石年龄,发现海底岩石的年龄很轻,一般不超过 2 亿年,相当于中生代侏罗纪(大陆最老岩石年龄在 38 亿年以上),而且离海岭(又叫大洋中脊)愈近,岩石年龄愈轻;离海岭愈远,岩石年龄愈老,而且在海岭两侧呈对称分布。1949 年贝尼奥夫(H.Benioff)在研究环太平洋深源地震震源分布时发现,震源分布构成一个自大洋向大陆方向的倾斜带,后被称为贝尼奥夫带(Benioff Zones),标志着大陆和大洋之间有一重要的构造运动面。在 50 年代中期,美国地质学家希曾(Heezen,Bruce Charles)首次发现大西洋中脊、印度洋中脊和东太平洋海隆首尾相连,构成了环绕全球的大洋中脊体系,并首次发现了沿大洋中脊顶部延伸的中脊裂谷系。朗科恩发现了由岩石剩磁判定的古地磁极随地质时代发生迁移,欧洲和美洲大陆可由古地磁极移曲线重合以及关闭现今大西洋而拼合一起,有力地支持了大陆水平运动的存在,使得沉寂了 40 多年的"大陆漂移学说"重新引起了人们的关注。

美国海洋地质和地球物理学家 H. H. 赫斯于 1960 年首先提出海底扩张学说(见第五章)。随后,迪茨于 1961 年用海底扩张作用讨论了大陆和洋盆的演化。赫斯又于 1962 年对洋盆的形成作了系统的分析和解释。他明确强调地幔内存在热对流,洋中脊下的高温上升流使中脊保持隆起并有地幔物质不断侵入、遇海水发生蛇纹石化而形成新洋壳,先存洋壳因此不断向外推移,至海沟、岛弧一线受阻于大陆而俯冲下沉、融熔于地幔,达到新生和消亡的消长平衡,从而使洋底地壳在 2 亿～3 亿年间更新一次。这一理论为板块构造学的兴起奠定了基础,触发了地球科学的一场革命。随后,F. J. 瓦因和 D. H.马修斯于 1963 年用地磁场极性的周期性倒转的地磁反向周期特征,对印度洋卡尔斯伯格中脊和北大西洋中脊的洋底磁异常特征作了分析。洋中脊的磁异常呈条带状,正负相间,平行于中脊的延伸方向,并以中脊为轴呈两侧对称,其顺序与地磁反向年表一致。这一发现证明了洋底是从洋中脊向外扩展而成,洋底磁异常条带因顺序相同而具全球可对比性。威尔逊则于 1965 年提出了转换断层的概念,论证了岩石圈水平位移的可能性,也因此阐明了洋中脊的扩张产生新的洋壳和海沟带的洋壳俯冲消减的消长平衡关系,即扩张与消减速率相等。

在这一阶段,海洋地质学的学术思想已经在调查的基础上,上升到理论的提炼和模式的建立;从先前对事实的描述,逐步过渡到机制和理论的探索;在微观和局部发现的基础上,建立了宏观科学理论体系的基础。海底扩张学说的出现从根本上动摇了统治地质学领域长达百余年的以“固定论”为核心的理论基础。固定论认为地壳的运动和海陆的发展主要表现为地面的隆起和沉降，即以垂直运动为主，不承认存在大规模的水平运动。海底扩张学说则认为，高温的地幔物质呈塑性且形成地幔对流，沿大洋中脊的裂谷上升，不断形成新洋壳；同时带动洋壳逐渐向两侧扩张；地幔流在大洋边缘海沟处下沉，带动洋壳潜入地幔，被再次熔化吸收；洋底在不断地扩张更新，岩石圈在做着大规模的水平运动。但是，海底扩张说在扩张机理方面还存在有待解决的难题。

（四）近代海洋地质学阶段（1968 年～20 世纪末）

这一阶段从 1968 年实施深海钻探计划（DSDP）开始到 2001 年整合大洋钻探规划委员会（IPSC）推出整合大洋钻探计划（IODP—Integrated Ocean Drilling Program）10 年（2003—2013）科学规划为止。在 1968～1983 年期间实施的 DSDP 和在 1985～2003 年期间实施的 ODP 计划，是这一阶段意义重大而深远的海洋地质调查研究计划，这是有史以来规模最大、历时最久的国际地球科学研究计划。30 余年在各大洋钻井近 3 000 口，取芯近 30 000 m，为海洋地质学学科的确立、理论体系的成熟与完善、地位和水平的提高，乃至整个地球科学领域的革命性变革与发展，都作出了极为杰出的贡献。

由于海底扩张学说动摇了传统地质学理论，人类就要对这一新的理论加以验证，这便是 DSDP 发起的初衷。但是，随着工作的进展，新领域的重大发现接踵而至，研究重点也随之不断调整。DSDP 和 ODP 的钻探成果不仅验证了海底扩张学说，还催生了板块构造理论，创建了古海洋学，将海洋地质学的内涵和成果渗透到地质学和海洋科学的几乎每一个分支学科领域，改变了原有的发展轨迹。同时，大大丰富了烃类矿产资源（石油、天然气和天然气水合物）与非烃类固体矿产资源（富钴结壳和热液多金属硫化物等）。在环境方面，对影响人类命运的不同时间和空间尺度的气候突变、极端气候事件及其机制、天然气水合物释放对环境的影响等，都作出了重大贡献。在这一阶段，海洋地质学带动了整个地球科学的快速发展，可以说是海洋地质学的成年期。

1967 年，美国普林斯顿大学的摩根（J. Morgan）、英国剑桥大学的麦肯齐（D. P. Mekenzie）、法国的勒皮顺（X. LePichon）等人，把海底扩张说的基本原理扩大到整个岩石圈，并总结提高为对岩石圈的运动和演化的总体规律的认识，这种学说被命名为板块构造学说，或新的全球构造理论。到 1973 年，这个学说基本成型。板块构造的基本思想认为：地球表层的硬（刚性）壳——岩石圈之下是黏滞性很低的软流圈。岩石圈并非是整体一块，它具有侧向的不均一性，被许多活动带（如大洋中脊、海沟、转换断层、地缝合线、大陆裂谷等）分割成大大小小的块体，这些块体就是所谓的板块。换言之，整个岩石圈可以理解为由若干刚性板块拼合起来的圈层，板块内部是稳定的，而板块的边缘和接缝地带则是地球表面的活动带，有强烈的构造运动、沉积作用、岩浆与火山活动、变质作用、地震活动，又是极为有利的成矿地带。岩石圈板块围绕着一个旋转扩张轴活动，以水平运动占主导地位，可以发生几千千米的大规模水平位移；在移动过程中，板块或拉张裂开，或碰撞压缩焊接，或平移相错。这些相互运动方式导致各种活动带，控制着全球岩石圈运动和演化的基本格局。

总之，板块构造说是海底扩张说的发展和延伸，而从“海底扩张”到“板块构造”，又促进了“大陆漂移”的复活。因此，人们称“大陆漂移”“海底扩张”和“板块构造”为不可分割的“三部曲”。

在板块构造学说中，关于构造事件和造山作用的模式，只有岩石圈板块俯冲作用和板块碰撞作用所形成的岛弧、火山和褶皱山脉等。但是，此后不久人们便发现了很多以断层为边界的地质实体，这些地质实体与其相邻区域相比，显示出不同的地质构造、沉积建造、生物化石群落、地质历史等，但却不具有俯冲或碰撞的痕迹，而只显示出是从遥远距离迁移(或漂移)而来的与原地地质体拼贴或联结在一起的特征，这种呈独立于邻区的外来体被称为地体，或称构造地层地体，于 1972 年被首次提出。地体概念的提出，对现代岩石圈板块构造模式是一种补充，即除了俯冲和碰撞造山形式外，还有不俯冲不碰撞的地体拼贴这种模式。换言之，地体就是通过不同途径拼贴或联结在大陆边缘或褶皱带边缘的外来的岩石圈碎块或岩片。

与地体概念几乎同时出现的还有地幔柱概念，这是摩根于 1972 年提出的，其所根据的事实是:洋底有一系列海山，即呈链状分布的死火山脉，它一端连接着现代活火山，沿此链距离活火山越远，其年龄越老。这被认为是当岩石圈板块运动时，固定不动的地幔柱在板块表面留下的热点迁移的轨迹，也可以说是由一系列死火山组成的无震海岭。如夏威夷活火山热点，因太平洋板块西移而在洋底留下一条由死火山形成的海山链，经年龄 4 000万年的中途岛转折而成向北西延伸的皇帝海岭，一直到阿留申岛西端，年龄增至 7 500万年。地幔柱估计至少来自 700 km 或更深处，直径大致为 100～250 km，上升速率约每年几厘米，由此导致地幔顶部成直径达上百千米的穹状隆起，高出四周 1 000～2 000 m。全球热点大多位于洋中脊的转折拐点或三联点上，少数在板块内部，总共 30 余个。

以板块构造学说为基础，以深海钻探(DSDP)和大洋钻探(ODP)计划为核心的一系列重大发现和新的学说不断出现，创立了古海洋学和古气候学，进而揭示了洋底结构和洋底高原的形成，证实了气候变化的轨道周期和环境突变事件，发现了海底深部生物圈和天然气水合物、洋底海洋和热液矿产资源、大陆边缘深部流体作用等。重大的成果如:地幔柱-热点假说、新造山理论、岩浆起源、双变质带、边缘海盆成因、薄壳构造、比较俯冲学、海底热液活动、拓展展性和重叠性扩张轴等。现代三角洲、海洋碳酸盐沉积和珊瑚礁的深入研究，把富含油气的古三角洲砂页岩、碳酸盐岩的研究推到了一个崭新的阶段;深海浊流的发现和研究，不但动摇了沿用已久的沉积分异理论，还合理地阐明了古代复理石建造的成因。

在这一阶段，海洋地质学乃至整个地球科学发生了一场革命性的变革。在学术思想上，从早期(1970 年前后)信守旧地球观念到拥护新地球观念的关键性思想转变，而且这种基于预见或假说的转变很快得到了海洋地质调查资料和事实的证实。20 世纪 70 年代，新地球观终于在地球科学界确立了地位。20 世纪 70 年代末 80 年代初发展起来的地体构造学说逐渐得以完善，地体分析为板块构造理论和方法的发展开拓了新的局面。本阶段研究空间已不限于洋底，而是深入到洋底以下数千米处，并与日-地空间相互联系，上可联宇宙，下可联地核。在时间尺度上已在向10亿年前进。

（五）地球系统科学阶段——21世纪的海洋地质学

科学调查与研究使人们逐渐认识到，地球乃至其各个组成部分都不是孤立的，它们之间相互作用，一种过程是多种作用的结果。例如，全球气候变化绝不仅仅是大气圈作用的结果，其中包括岩石圈、水圈、生物圈（包括人类），甚至其他天体影响的因素。

20世纪80年代，国际科学界为迎接全球环境变化而提出了“地球系统科学”的概念和理论。强调：从整体出发，将地球的大气圈、水圈、岩石圈和生物圈看作一个有机联系的地球系统，发生在该系统中的各种时间尺度的全球变化是地球系统各分量（圈层或子系统）相互作用的结果，是三大过程（物理、化学和生物）相互作用的结果，其中包括人与环境（生命与非生命系统）相互作用的结果。首次将人类活动作为与太阳和地核并列的、能引发地球系统变化的驱动力之一。

地球系统科学概念与理论的建立为海洋地质学的发展打开了新的空间，在研究被海水所覆盖的岩石圈时，必须考虑该部分岩石圈与陆地岩石圈、其下的软流圈乃至更深层的地幔和地核，上覆的水圈、生物圈、大气圈，直到其他天体对该部分岩石圈的影响；在某些情况下，特别是在研究海岸带问题时，还必须考虑人类活动的影响。

进入新世纪，海洋地质学进入了地球系统科学的发展阶段。2001年整合大洋钻探规划委员会(IPSC)推出了综合大洋钻探计划(IODP)10年(2003～2013)科学规划，代表了这一时期的开始。早先的DSDP和ODP的科学主题和机构都是按学科领域划分的。在IODP的科学规划中则舍弃了分两个地球动力系统的观念，而是将地球看作一个内外紧密互动、环环相扣的复杂系统。钻探的目标主要包括三部分：

(1) 深海生物圈——在大洋海底存在着一个巨大的未知生物圈。这些生物生活在极端特殊的条件下（高温、高压、生存空间小），新陈代谢极端缓慢，基本处于休眠状态，但已经活了几十万、几百万年。IODP重点放在深部生物圈的生物、物理和化学过程的研究上。研究重大灭绝事件后生物群恢复的形式与过程。

(2) 全球变化——21世纪的钻探进一步加强全球环境变化方面的研究，探寻导致环境变化的重要因素及其变化过程。最初的重点放在探寻导致剧烈、快速气候变化的因素上；此后，对曾经造成全球突然变暖的气候、海洋及地壳结构的演化过程进行研究。

(3) 固体地球循环和地球动力学——调查大陆板块的分离机制及沉积盆地和大陆边缘的形成机制。研究玄武岩的形成过程、地球化学过程及对全球环境的影响；在洋壳打深钻以更好地了解洋壳在洋中脊如何产生、如何增长、如何冷却，以及在演化过程中结构、构造的变化。实现钻至莫霍面和钻透汇聚型板块边缘复合体的目标。

目前正在实施的国际大洋发现计划(IODP—International Ocean Discovery Program，2013～2023)是一个更具国际性的大洋钻探计划，重点发展四大领域中14个科学问题的研究，包括气候与海洋变化、生物圈前沿、地球表面环境的联系和运动中的地球。所有的地球系统——固体地球、水圈、大气圈、冰冻圈和生物圈之间均进行着彼此的相互作用。深海的埋藏物是几百万年前地球的气候、生物、化学及地质历史的真实记录，科学的海洋钻探为我们观察、探索及分析复杂地球提供一种手段。另外，安装钻孔的观测台能够即时监控流体运移过程，它们是形成地震和资源的主要原因。

可以预见，21 世纪将是海洋地质学发展更加辉煌的时代。在学术思想上，学科和分系统的观念逐渐被淡化，取而代之的是把地球甚至有关天体视作一个复杂系统，有时还要考虑人为的因素。海洋地质学正处于地球系统科学阶段。海洋地质学科将在更高的水平、深度和广度上发展，地球科学的各学科将相互渗透融合，达到一个更加系统综合的水平。

二、中国海洋地质学的发展过程

中国海洋地质学的发展历程大体可以分为孕育期、诞生和蓬勃生长期、快速发展期、融入国际发展期 4 个阶段。

（一）孕育期(1950 年以前)

从《山海经》至《郑和航海图》，直至明朝末年(16 世纪)，中国在地理学、博物学领域中的海洋地质学的水平和贡献是世界领先水平的。清初自康熙以后的“海禁”阻碍了海洋地质学的发展。更重要的是，西方工业革命推动的科技进步使海洋地质学得到快速发展，我国海洋地质事业明显落后，差距开始越来越大。

我国近代海洋地质学论文始于白月恒(1911 年)发表在《地质学杂志》上的《渤海的过去和未来》，该文开创了我国学者对海洋地质学研究之先声。稍后，俞肇康(1916 年)撰写的《渤海海域之研究》是国内最早运用地变的观点来讨论“渤海之现状与未来变化之趋势”的论文。我国海洋地质学研究始于地质学先驱马廷英对珊瑚礁和中国陆架的研究。从 20 世纪 30 年代开始，他根据海相化石开始系统地论证“大陆漂移说”，解释了西太平洋岛弧、火山及各种海洋底构造的分布规律。但是，在 20 世纪的民国时期，战乱频发，国力衰微，海洋地质学科非常落后，仅有零星论文发表。

（二）诞生和蓬勃生长期(1950～1966 年)

新中国成立后经历了一段恢复调整期，自 1956 年起，国家科委在采纳老一辈海洋科学家建议的基础上，制定了《十二年(1956～1967 年)海洋科学远景发展规划》。1957～1959 年，中科院海洋研究所、山东大学、水产部及海军联合开展了包括海洋地质在内的“中国近海海洋综合调查”。1957 年“金星”号调查船首航，标志着我国海洋地质学学科的正式诞生。1959～1966 年，我国相继成立了多个有关海洋地质学的研究、教育和调查机构，例如：中国科学院海洋研究所海洋地质室(1959，青岛)，中国科学院南海海洋研究所地质室(1959，广州)，中国科学院、地质部、中国石油总公司联合组建的海洋地震队(1959)，山东海洋学院(现中国海洋大学)海洋地质地貌系(1960)，北京地质学院(现中国地质大学)海洋地球物理教研室(1960)，长春地质学院(现吉林大学)海洋地质教研室(1960)，地质部海洋物理勘探队(1960)，同济大学海洋地质系(1964)，地质部海洋地质研究所(1964)，国家海洋局第一、第二、第三海洋研究所地质室(1964)，石油部和地质部则分别建立了海洋地质调查队和海洋物探队(1965)。建设了 10 多艘海洋考察船和专业物探船，锻炼培育了一批刻苦建业的海洋地质调查人员。

这是我国海洋地质学建立和蓬勃发展的阶段，大大缩短了我国和发达国家在海洋地质领域的差距。其主要特点是：① 根据国家规划，政府实施海洋地质学科建设的力度大，进展快；② 建设目的以满足国家所需海洋矿产资源和军事资料为主，基础科研为辅，是计划经济的产物；③ 调查完全集中在中国近海。

值得说明的是，1966 年之后国际上海洋地质学正是以“板块构造学说”为中心掀起地学革命的时期，但我国的海洋地质事业受“文化大革命”的影响，学术思想封闭，国际交流极少，不了解也不能谈论国际上学术思想和技术的进展。直到 1976 年“文化大革命”结束，国际上板块构造学说的“活动论”已取代了“固定论”很久以后，“固定论”在我国仍占统治地位。我国的海洋地质事业于 20 世纪的“地学革命”几乎没有什么贡献，这不能不说是我国海洋地质事业发展史上的一大遗憾。

（三）快速发展期（1977 年～20 世纪末）

1977 年，先前已有的海洋地质调查研究单位很快恢复了正常工作，同时又增加许多不同层次的新的海洋地质部门，实施了一系列重大国家和国际合作项目，使海洋地质学科的人员结构、机构设置、技术手段等都快速优化和发展，整体水平有了飞速提高。通过国际合作，研究工作逐步与国际发展接轨，学术思想上从“固定论”改变为“活动论”的思想体系。人才梯队茁壮成长，除原有的学部委员和院士外，学科中又新增了多位院士，涌现了一批中、青年学术带头人。装备了大量新的调查船和调查设备，对海洋油气及大洋多金属结核和富钴结壳进行了系统的调查采样。

在这期间，我国以不同的方式，参与了一系列国际上重大的涉及海洋地质的调查研究计划，例如：于 20 世纪 80 年代初，首先参加了国际 IGBP 计划，秘书处挂靠中国科学院；在 90 年代初，参加了国际海洋学研究委员会（SCOR），秘书处挂靠国家海洋局；于 2000 年，以 1/6 的成员身份正式加入国际大洋钻探计划（ODP）。

与此同时，我国自 20 世纪 90 年代初开始，直到世纪之末，在国家层面上设立了多个以海洋地质为主要调查研究内容的重大专项。例如，“八五”（1990～1995 年）904 专项和“九五”（1995～2000 年）126 专项等。值得提及的是，我国在 1986 年开始设立“国家高新技术发展规划”项目，并且自 20 世纪 90 年代开始设立专项领域支持发展用于海洋资源调查勘探的高新技术。在“九五”期间（1995～2000 年），我国围绕维护国家海洋权益，开发用于海洋资源勘探与开发的高新技术，建立了海底全覆盖高精度探查技术系统，开发集成海上油气资源快速探查与评价技术，研制了海上多波束地震勘探与成像测井设备。这些技术的发展主要是围绕海洋石油资源的勘探与开发，主要适用近海陆架海区，与海洋地质的基础研究关系不大，更是几乎没涉及深海大洋区的调查勘探技术。

（四）融入国际发展期（21 世纪）

进入新世纪，中国的海洋地质事业迅猛发展。海底调查由浅海逐步进入大洋，直至南极和北极地区。围绕海底资源（油气、天然气水合物、富钴结壳、海底热液硫化物等）和环境两大主题的大规模调查、勘查和评价接连不断，获得大量现场观测资料，取得了一大批高水平的研究成果。成功组织实施了 ODP184 航次在南海的钻探。国际合作全面开花结果。在国际高水平杂志上发表的论文数量和水平都得到快速增长，出版了大量既具有中国特色又与国际同类研究接轨的专著、图集和报告。此外，在大量引进国外先进设备的同时，通过海洋“863”计划和大洋专项项目等自主研制了一批现代化调查设备。

在此期间，中国的海洋地质学科无论是在技术水平上，还是在理论水平和学术思想上，都逐渐融入国际发展动态之中，同国际先进水平的差距大大缩小。

第三节　学科发展动力和趋势

一、学科发展动力

任何一门学科的发展都是为了满足人类社会的进步和社会发展需求。海洋地质学主要是顺应人类社会发展对资源和环境的需求而得以发展，在其中的每一阶段又都与高新技术发展息息相关。

众所周知，目前全球面临四大问题：能源短缺、环境恶化、生存空间狭小和自然灾害频发。可以这样来描述当前的人类社会发展形势：世界经济发展和社会进步日新月异，全球能源危机和资源短缺日渐紧迫，人类生存环境和科技暴力日渐凸显。世界对资源的需求日趋增高，而不可再生资源量却在逐日减少，许多陆地资源，如石油、天然气和贵重金属资源已近枯竭。人类不得不把寻求资源的眼光聚焦到海洋。人类社会对与海洋地质学有关的资源和环境的需求是海洋地质学科发展的基本推动力。

自 19 世纪中叶以后，在各资本主义强国为控制和掠夺海外殖民地资源、财富而争夺海上霸权的需求下，工业革命使生产力、科技水平和国家财力大幅度提升，为海洋地质调查所必需的财力和技术提供了支持，因此才有了英国“挑战者”号 1872～1875 年期间巡航三大洋航行 68 890 海里的划时代的海洋考察。德国和荷兰等国也进行了类似调查，这些调查活动孕育了海洋地质学的诞生。

海洋地质学的勘探调查和研究成果表明，海底岩石圈中蕴藏着难以想象的巨大资源和足以影响人类社会发展的生存环境的因素。人类对海洋矿产资源和土地(含底床)空间资源的直接需求是推动海洋地质学发展的主要动力之一。早期的海洋矿产资源和土地空间资源主要局限在海岸和近海，主要是三角洲和大陆架油气资源(占世界已探明储量的 45%左右)以及岛屿土地资源。第二次世界大战后，矿产资源消耗日益增加，各国都向海洋寻求新的矿产资源。美国于 1950 年宣布了对大陆架资源的主权要求。20 世纪 60 年代美国总统约翰·肯尼迪提出了海洋是美国要开拓的“新边疆”。各国对大洋多金属结核和富钴结壳、热液硫化矿产以及最近引起广泛关注的海底天然气水合物等固体矿产资源的调查和开发至今仍在持续不断地进行和加强之中。同时，大陆架专属经济区的各种资源(包括底床空间资源和矿产资源)的归属问题也日益突出。为此，联合国制定了新的海洋法公约，产生了以底床资源为中心的大陆架划界问题。各种经济实体、大公司对海底资源的调查、开发和各国对底床资源的获取及权益的维护，是当今推动海洋地质学发展的重要动力。当前，海底天然气水合物、深海生物圈及其相应的生物基因等都已被证明是具有极大应用前景的海底新的资源。可以预测，在不远的将来，人类对海底资源的需求及所伴随的勘探和开发必将推动本学科的飞速发展。

世界各国为保护国土(包括海洋“国土”)安全和海洋资源权益而进行的军事活动也是推动海洋地质学发展的动力。在第一次、第二次世界大战和美苏冷战时期，包括在近代数十年中，各国都竞相投入大量的人力和物力，致力于发展各种海洋军事高新技术，在客观上大大促进了海洋地质学的发展。例如，在第一次世界大战后出现了用于搜索潜艇的回声探测技术，借助该技术，德国“流星号”首次揭示了巨大的大西洋中脊、中央大裂谷、深海平原、大陆架和大陆坡、海岭等重大的海底形貌单元。荷兰用潜艇开展海洋重力调查，首次发现了海底重要的重力异常。“二战”中美军在太平洋滩头登陆作战中的重大伤亡，促进了对海岸及近海海底的调查研究。“二战”后美苏争夺海上霸权中为维持其核潜艇的“第二次核打击能力”，投巨资并采用最先进技术设备对全球海底进行了大规模调查。世界上第一艘海洋钻探船“格洛玛·挑战者”号就是用一艘打捞苏联沉没核潜艇的专用船改装成的。直到最近几年，世界各海洋大国竞相研发军民两用海洋高科技，如海底工作站、浮标和潜标、海底观测网等，仍然是推动海洋地质学科发展的重要因素。

随着社会发展和科技进步，对环境的需求也成了推动海洋地质发展的主要动力之一。海洋地质学中早期的环境问题源于海洋矿产资源开发中有关的工程环境和环境污染问题，至今仍是急需解决的重要问题。20 世纪 60 年代以来，人类对更高质量和更广阔的生存空间的需求推动着海洋地质学科的发展。随着科学技术的进步，发现全球气候环境的重大问题与海洋地质学密切相关，如天然气水合物中甲烷的释放导致全球变暖、海底固碳在全球碳循环中的重要作用、极端气候事件等均需通过海洋地质学研究揭示。海洋地震、火山、天然气水合物导致的滑坡灾害的预测预报等防灾减灾方面的需要也是推动海洋地质学发展的动力之一。

二、学科发展趋势

随着人类社会的发展和生活水平的提高，人类对资源的需求更大，对生存空间和环境的要求也越来越高。人口的快速增长和人类活动强度的增大都使得地球上可利用资源和生存环境所承受的压力逐渐增大。与此同时，随着信息化技术时代的到来，各种新技术、新方法和新的探测设备层出不穷，海洋地质学在调查研究等方面也得到了迅速发展。在调查研究方面，从区域性到全球性、从浅层向深层发展；在调查研究手段上，广泛采用先进的科学仪器和设备；在基础理论上，新理论和新观点不断产生，在许多方面正面临或实现了突破性进展；大规模的国际性合作逐步成为海洋地质调查研究的主旋律；通过多学科交叉的综合性研究，共同解决一个问题，已成为海洋地质学研究的新途径。21 世纪被誉为“海洋世纪”，海洋地质学的发展也已进入了一个崭新的阶段。

学科发展趋势之一：紧紧围绕国家和社会发展的需求，重点在资源和环境两个领域开展广泛的调查与研究，主要包括海底矿产资源、海洋环境保护、海洋权益和军事安全、近海海洋工程、减灾防灾等。

学科发展趋势之二:大力发展和使用高新技术。海洋地质学的每一个重要发展阶段,无不是伴随着高新技术的出现。海洋地质学的基础是海洋地质调查。因此,必须发展适用于海底高压(甚至高温)条件的专用海底定位技术、长期定点观测技术、可视化和现场采样技术、保真采样技术、更深更精细的勘探技术等,才能满足海洋地质学快速发展的需求。值得指出的是,进入21世纪海洋地质学的调查研究也正在向着信息化时代迈进,现场原位调查(观察、探测、采样、保真、监测等)正逐渐取代传统的海上调查和室内分析模式,局部调查逐渐为更大区域甚至全球性的同步调查所取代,定点观测逐渐被观测网络所代替,岸基和船基调查也在某种程度上逐渐为遥感遥测所取代,基于航空器(飞机和卫星)的调查正在应用于海洋地质调查之中。

学科发展趋势之三:多学科交叉与联合攻关。多学科相互交叉渗透与联合攻关是海洋地质学的突出特色,特别是进入地球系统科学时代以来,已由此产生了多个新的学科生长点,甚至已成为重要的学科分支,例如:早期的海洋(岸)动力地貌学、海洋沉积动力学、海底岩石学,以及近几年发展起来的古海洋学等。

小　结

海洋地质学是研究海洋水体覆盖下的地球岩石圈及其与相关的地球圈层相互作用的科学,主要为解决人类所需要的矿产资源和环境保护服务。海洋地质学是现代地质学的基础和学科前沿,也是海洋科学中的支柱学科之一。在地质学与海洋科学中具有重要地位。

本学科是一门交叉性很强的学科,在研究中广泛采用高新技术。具有解释性、定量性、动态预测性的特点,反映了现代科学的性质。

海洋地质学是一门相对年轻的学科,经历了5个发展阶段,每一阶段和该时期的社会、经济和科技发展水平相对应,社会经济需求和军事发展及高新科技的应用推动了本学科的发展。我国海洋地质学的发展相对滞后,自改革开放以来获得了快速进展,大大缩小了与世界水平的差距。

海洋地质学在短短的发展过程中取得了许多地学上的重大突破。以板块构造学说为代表实现了一场地学革命。目前海洋地质学以地球系统科学为主线,在取得重大成果的过程中正在向更高的阶段发展。

海洋地质学在矿产资源勘探与开发和环境保护中具有无可估量的潜力,目前该学科正以满足人类社会发展需要的资源和环境为己任,具有非常光辉的未来。

思考题

1. 海洋地质学与地质学和海洋学的关系是什么?
2. 推动海洋地质学发展的动力是什么?
3. 学科交叉和高新技术应用在海洋地质学发展中起什么作用?
4. 海洋地质学发展阶段是如何划分的?其学术思想有什么变化?
5. 海洋地质学的未来发展趋势有哪些?

第二章　海洋地理与海底地形地貌

海洋是海和洋的总称，是指被海水所覆盖的地球表面，其大小约占地球表面积的70.8%，也就是说地球表面大约3/4是被海水所覆盖。我们在陆地上所看到的高山峻岭、断崖峡谷、河床盆地、丘陵平原等地形地貌在海底也都有存在。海底地形地貌的复杂程度甚至远大于陆地，但因被海水所覆盖，人们的肉眼不能直接观察到。例如，存在于大洋底的大洋中脊是地球上最大的海底"山脉"，长度超过65 000 km。又如，马里亚纳海沟水深达11 034 m，比珠穆朗玛峰的高度还要大。

地形和地貌是两个密切相关，但又有所区别的名词，它们都是描述地物形状和面貌的地质学名词。地形强调的是地球表面的起伏（高程）变化，重视局部的几何因素，如鞍部地形、平坦地形等；地貌强调的是地物的整体形态，有时还要涉及地物的物质组成、成因、历史及发展变化，如冰川地貌（由冰川作用塑造而成）、河流地貌（河流作用于地球表面所形成的各种侵蚀、堆积形态）、丹霞地貌（由产状近于水平的层状铁钙质不均匀胶结而成的红色碎屑岩受近似垂直的解理所切割，并在差异风化、重力崩塌、流水溶蚀、风力侵蚀等综合作用下形成的城堡状、宝塔状、针状、柱状、棒状、方山状或峰林状的地物体）。海洋中的主要地貌单元包括大陆架、大陆坡、海沟、海山链、深海平原、大洋中脊等。

第一节　海洋与陆地的地理特征

地球的总表面积约5.1×10^{8} km^2。地球表面累积高度出现的频率曲线（图2-1）表明固体地球基本上由两个面积较大的地形组成，一是大致位于海平面附近并在其以上的陆地部分，面积约1.495×10^{8} km^2，占地球表面积的29%左右；二是位于海面以下的海洋部分，面积约3.62×10^{8} km^2，约占地球表面积的71%。水深大于4 700 m的大洋区为大洋盆地，这是海洋的主体。地球上的陆地相互分离，而海洋则连成一片。海陆的分布很不均匀，尽管东半球和西半球，或北半球和南半球，都是以海洋为主，但相比之下陆地主要分布在北半球和东半球，海洋则主要分布在南半球和西半球，频率曲线明显地呈双峰分布，界于这两个峰值之间的地带被称为大陆边缘。

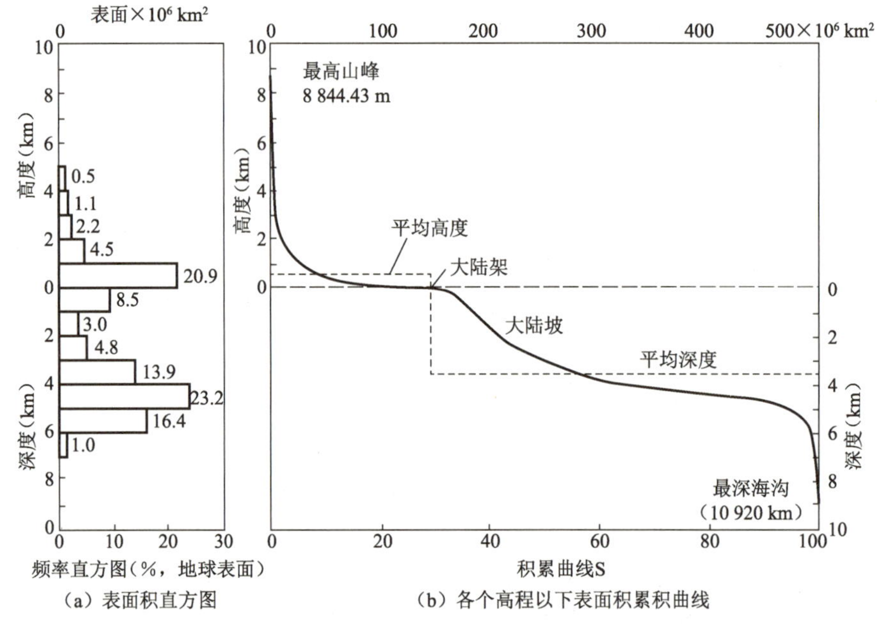

(a) 表面积直方图 (b) 各个高程以下表面积累积曲线

图 2-1 地球表面的高度分布(据 Thierry Juteau 和 Rene Maury,1999,有改动)

一、陆地

陆地是地球表面未被海水淹没的部分,平均海拔高度为 875 m,大体分为大陆、岛屿和半岛。大陆是面积广大的陆地,全球共分为六块大陆,按面积大小依次为欧亚大陆、非洲大陆、北美大陆、南美大陆、南极大陆、澳大利亚大陆。大陆和它附近的岛屿合称为洲,全球共有七大洲,按面积大小依次为亚洲、非洲、北美洲、南美洲、南极洲、欧洲和大洋洲。岛屿是散布在海洋、河流或湖泊中的小块陆地,彼此相距较近的一群岛屿称为群岛。世界岛屿总面积为 9.70×10^6 km^2,约占世界陆地总面积的 1/15。半岛是伸入海洋或湖泊的陆地,其一面同陆地相连,其余部分被水包围。

陆地地形高低悬殊,形态多样。按照高度和起伏形态,大体可分为平原、山地、高原、丘陵和盆地五大部分。此外,还有因受外力作用而形成的河流、沼泽、三角洲、湖泊、沙漠、戈壁等特殊的地貌景观。平原是指宽广平坦或略有起伏而边缘无崖壁的地区,海拔一般在 200 m 以下。陆地平原面积广阔,约占陆地总面积的 1/3。世界上最大的平原是南美洲的亚马孙平原,面积约 5.60×10^6 km^2。山地是海拔 500 m 以上的低山、1 000 m以上的中山和高峻山脉分布地区的总称。山地地面起伏大,山坡陡峻,相对高度大。线状延伸的山体叫山脉,成因上相联系的若干相邻山脉叫山系。世界上海拔 8 000 m 以上的山峰主要在亚洲的喀喇昆仑山脉和喜马拉雅山脉地区,其中珠穆朗玛峰海拔8 844.43 m,为地球的最高点。高原一般指高度较大、起伏较小、边缘通常以崖壁为界的地区。世界上最高的高原是中国的青藏高原,最大的高原是南美洲的巴西高原。丘陵一般指地表起伏小、坡度较缓、连绵不断的低矮山丘。丘陵的海拔和相对高度一般小于山地。盆地一般指四周高(山地或高原)、中部低(平原或丘陵)的地区,如中国的四川盆地和塔里木盆地等。

二、大陆边缘

大陆边缘是陆地与大洋底之间的过渡带，在地壳结构上是陆壳向洋壳过渡的接合部。该区主要的地形地貌单元有大陆架、大陆坡、大陆隆（又称大陆裙）、海沟、边缘海盆和岛弧。大陆边缘在不同地区差别很大，主要有两种形式（图 2-2）。一是由水深不断增加的大陆架、大陆坡和大陆隆组成，称为大西洋型大陆边缘；另一种除大陆架、大陆坡外，其组成部分还有海沟-岛弧-弧后盆地（边缘海盆）体系，称为太平洋型大陆边缘。相应的海岸也分为两类，在太平洋型大陆边缘的海岸称为碰撞海岸或前缘海岸，而大西洋型大陆边缘的海岸称为后缘海岸。

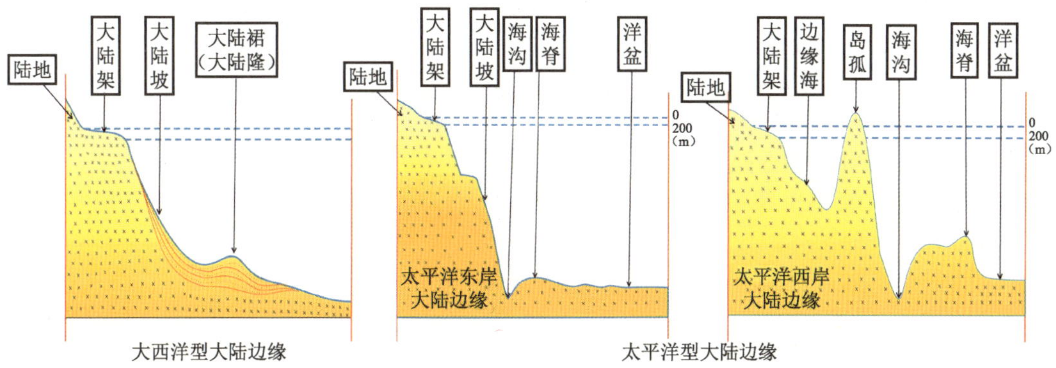

图 2-2 大陆边缘剖面的类型

海岸是海岸带的重要组成部分，海岸带是大陆边缘的一个特定地带，指从陆架到海岸平原或海岸山脉的大洋边缘区，包括海岸、海滨和近海（图 2-3）。两类海岸对应的海岸带所界定的范围有所不同。

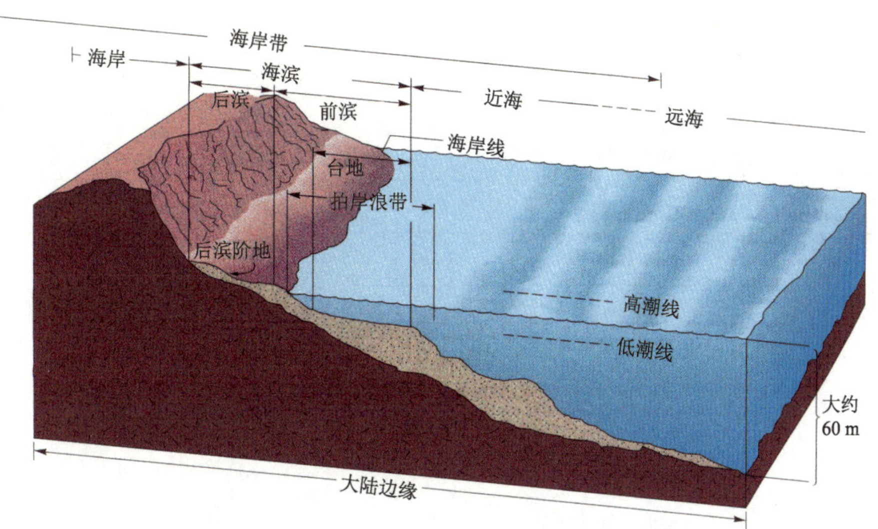

图 2-3 海岸带划分的立体示意图（据 Christopherson Robert W，1997）

三、海洋

从地理学角度，海洋包括海、洋和海峡。海是海洋靠陆的边缘部分，没有独自的潮汐和洋流系统，面积较小，深度较浅，温度和盐度受大陆影响较大。海又分为边缘海、内海和陆间海。边缘海是位于大陆和大洋边缘之间的海，其一侧以大陆为界，另一侧以半岛、岛屿或岛弧与大洋分隔，如日本海、中国东海和南海等。内海是指被陆地所环绕，又通过狭窄的水道跟外海或大洋相连的海，如渤海和波罗的海等。陆间海是指被陆地环绕、类似湖泊但又具有海洋特性的海，如地中海。尽管海大多都靠近大陆，其海底地形主要受毗邻大陆所控制，但其水文性质又互有区别，主要受气候、纬度、河流、与大洋的流通性等因素的影响差别较大，导致它们之间的沉积作用特征变化也很大（表 2-1）。从地质学角度看，海的大部分为大陆边缘的组成部分。

表 2-1　世界部分海的特征(据 Christopherson Robert,1997,有修改补充)

大洋	海	面积(10^3 km^2)	平均深度(km)	最大深度(km)
太平洋	珊瑚海	4 791	2.39	9.17
	白令海	2 344	1.64	4.19
	日本海	1 070	1.54	3.67
	爪哇海	480	0.05	0.09
	渤海	77.284	18	85
	黄海	380	44	140
	中国东海	770	349	2 322
	中国南海	3 560	1 212	5 567
大西洋	加勒比海	2 745	2.49	5.85
	地中海	2 505	1.50	5.12
	墨西哥湾	1 543	2.50	4.02
	北海	554	0.10	0.81
印度洋	阿拉伯海	3 683	2.73	5.88
	安达曼海	602	1.10	4.20
	红海	450	0.56	2.64
北冰洋	巴伦支海	1 470	0.19	0.60
	格陵兰海	1 205	1.44	4.85
	波佛特海	476	1.00	3.73

洋是海洋的主体，有独自的潮汐和洋流系统。全球共有四大洋，即太平洋、大西洋、印度洋和北冰洋，它们水深较大，有时也称为深海大洋。太平洋面积最大，约占地球表面积的1/3，平均水深最大，周围主要被山脉、海沟和岛弧系包围，使得深海盆与陆地隔离开来，大部分区域不受陆源沉积作用的影响。大西洋为第二大洋，是一个相对狭窄、延伸在北极和南极之间的"S"形深海盆地，起着使极地大洋寒冷的底层水流进世界大洋的通道的作用。印度洋是第三大洋，大部分处于南半球，印度洋和大西洋之间的边界位于南非南部，而与太平洋的边界是沿着印度尼西亚群岛至澳大利亚东部和南部、塔斯马尼亚岛南部至南极一线。北冰洋是一个水深相对较浅、呈圆形、中心在北极、面积较小并被陆地包围着的极地洋，一年之中大部分时间覆盖着厚达3～4 m的海冰。表2-2给出四大洋的主要特征。

表2-2　大洋的主要特征*

大洋	面积(10^6 km^2)	水体(10^6 km^3)	平均深度(km)	最大深度(km)
太平洋	181	723	3.94	10.9
大西洋	94	337	3.58	9.2
印度洋	74	292	3.84	9.1
北冰洋	12	17	1.30	5.4

*资料来自网络

深海海底地形大体可以分为以下4种(图2-4)。

深海盆地——又称洋盆，指洋底低平的地带，周围是相对高一些的海底山脉，类似于陆地上盆地的地形地貌，平均水深是4 753 m。深海盆地又可以进一步细分为深海平原和深海丘陵，前者是指地形平坦的部分，后者是指地形略有起伏的部分。深海平原可有每千米高差不大于1 m的坡度，一般水深为3000～5000m，由厚度在100 m至超过1 000 m厚的未固结沉积物组成，下部埋藏的是不规则的火山地形。深海丘陵主要由低矮的穹形或长垣状小山组成，距海底高度一般不超过900 m，宽度在100～100 000 m之间，主要由火山岩组成，上部可覆盖薄层细粒沉积物。深海平原和深海丘陵两者加起来占整个海底的41.8%，其范围之广堪与地球上的陆地总面积相匹敌。

大洋中脊——在大洋中存在有贯穿各大洋，连绵延伸超过65 000 km的地球上最大的山脉体系，称为大洋中脊体系。大洋中脊是两翼宽缓、倾斜对称的海底山脊，高1 000～3 000 m，宽约1 500 km，其面积约占大洋底的1/3 。

海沟——是指海洋中两壁陡峭、狭长、水深大于5 000 m的沟槽形洼地，主要环太平洋边缘分布，马里亚纳海沟(水深10 920 m)是海底最深的地方。

破碎带——由一系列平行的线状山谷和狭长的断丘组成，大多垂直大洋中脊轴部分布，主要是由横切大洋中脊的转换断层(见后)活动所形成。

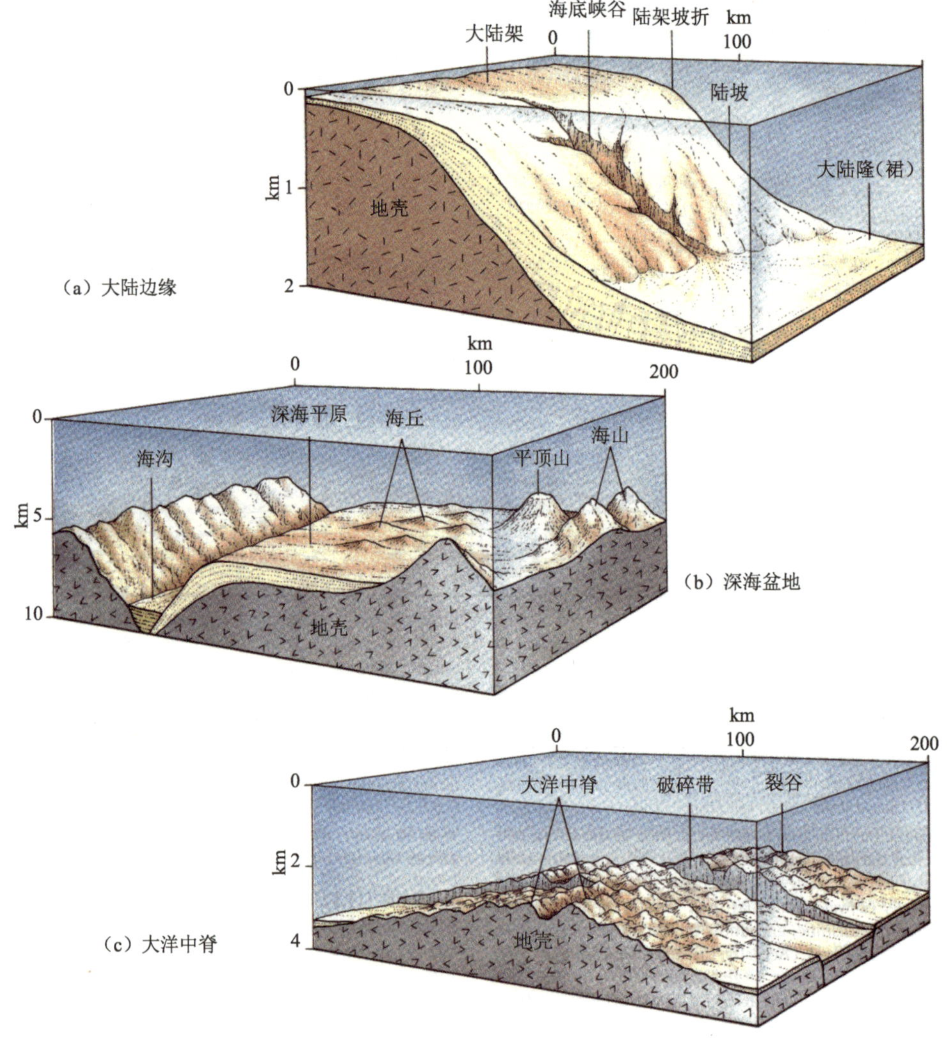

图 2-4　海底主要地貌类型(据 Paul R. Pinet,1992)

第二节　大陆边缘地貌

大陆边缘主要分为大西洋型大陆边缘和太平洋型大陆边缘两种。大陆边缘既是大洋沉积物的“源”,也是源于大陆的沉积物的“汇”。现在已成为内陆山脉的褶皱隆起带大多形成于地质历史某个时期的大陆边缘。最近几十年的调查研究已证实大陆边缘不仅蕴藏有丰富的油气资源,而且是天然气水合物(最近十几年新发现的、资源量巨大的新型有机能源)的主要蕴藏地。大陆边缘主要的地貌单元包括大陆架、大陆坡、大陆隆、岛弧、海沟、边缘海盆等。

板块构造理论问世后,人们对大陆边缘演化过程有了新的认识。更多地用动力学关系来识别它们各自的特征。根据板块运动性质和所处构造部位的不同,将运动板块前缘的大陆边缘称为主动大陆边缘，往往与板块的汇聚、俯冲消减、现代强烈的地震和火山活动密切相关，故又称之为活动型（或汇聚型、主动型、有震型）大陆边缘，与太平洋型大陆边缘相当；将板块后缘的大陆边缘称为被动大陆边缘，位于同一板块的内部，随板块向两侧做相背运动，在构造上相对稳定，故称之为稳定型（或背离型、被动型、无震型）大陆边缘，相当于大西洋型大陆边缘；另外，将板块之间发生剪切活动形成的大陆边缘称为剪切型或转换型大陆边缘，它可以是主动的，也可以是被动的，以浅源地震为标志，分布比较局限。由于剪切型或转换型大陆边缘分布极为有限，在本章主要讨论稳定型（大西洋型）和活动型（太平洋型）大陆边缘的主要地貌特征。

一、稳定型(大西洋型)大陆边缘

稳定型大陆边缘的基本地貌单元包括大陆架、大陆坡和大陆隆（图 2-2 和图 2-5）。不同的地貌单元有着特点极为不同的微地貌类型。

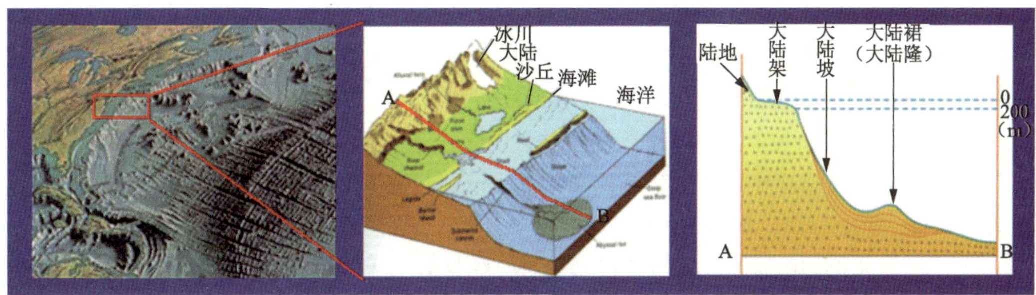

图 2-5　稳定型大陆边缘

(一) 大陆架

大陆架是大陆的自然延伸，通常指自海岸线（海陆交界线—平均高潮线）到海底地形明显变陡的陆架坡折之间的海区，简称陆架。陆架坡折的水深变化在 20～550 m 之间，平均约 130 m，历史上也曾将水深 200 m 等深线作为陆架的下限（特别是在陆架坡折不明显的地区）。陆架坡折以内的浅海区即是大陆架。几乎所有大陆岸外均有陆架发育，但各地陆架宽度变化在数千米至 1 500 km 之间，平均约 75 km。太平洋东岸、日本岛弧东侧、红海两岸等年轻的大陆边缘的陆架都较窄，而构造上稳定的大西洋型大陆边缘，陆架一般较宽。位于岛弧向陆一侧的边缘海的大陆架大多较宽。中国的大陆架相当宽广，渤海和黄海完全属于陆架区，东海大陆架向东南延至冲绳海槽西北侧斜坡顶部，长江口外陆架最宽处达 640 km；南海大陆架以北缘和南缘较宽，北部大陆架在珠江口外最宽，达 330 km。陆架坡度极为平缓，平均约 0°07′，总面积约 2 710×10^4 km^2，占全球面积 5.3%，约占海洋总面积 7.5%。

总的来说，陆架地形比较平坦，但也常有起伏达 20 m 左右的丘陵、洼地和谷地等。波浪、潮汐、海流的作用形成沙丘和沙脊，有时则形成谷地。河流将其三角洲推展至陆架上，可形成水下三角洲。由于海平面变化使得陆架上分布着多级水下阶地，有时会有古河道和水下古三角洲。陆架海营养盐丰富，生物繁盛。海底有丰富的矿产资源，包括砂矿、石油、天然气；陆架海是国家的重要门户，是一个国家维护安全和权益的重要地带。因此，大陆架不仅在海洋科学（海洋地质学）研究中占有重要的位置，而且是邻海国家重要的资源地和安全保障地带。

（二）大陆坡

大陆坡简称陆坡，是大陆架和大洋底之间的连接带（图 2-4 和 2-5），从陆架外缘（陆架坡折）向深海延伸至水深 2 000 m 左右，但不少地方的陆坡下限水深大于 2 000 m。陆坡是地球上最绵长、最壮观的斜坡，总面积约占海洋总面积的 12%。陆坡以坡度大为其突出特点，最大可达 45°左右。在太平洋型大陆边缘，陆坡平均坡度 5°20′，大西洋陆坡平均坡度 3°05′，印度洋陆坡平均坡度 2°55′。多数陆坡的表面发育有次一级的地形地貌，如海底峡谷和阶地等，其中尤以海底峡谷较为普遍。陆坡上的海底峡谷两壁通常是阶梯状的陡壁，横断面呈“V”形，其规模远大于陆地上最大的雅鲁藏布江及澜沧江大峡谷。大陆坡可类比于一个盆的周壁，又像一条绵长的带子围绕在大洋底的周围。陆坡地形十分崎岖，其上有构造断裂形成的峡谷、重力流刻蚀形成的沟谷、断层崖壁形成的构造阶地、陆架外缘滑塌作用所形成的陡坎以及由于密度较小的塑性岩石（如岩盐、石膏或泥岩等）受挤压向上拱起甚至刺穿上覆岩层所形成的穹窿或底辟等。

根据陆坡发育的控制因素不同，可将陆坡分为 5 种类型：

（1）断裂型或陡崖型陆坡，主要受断裂作用控制，而侵蚀堆积的改造作用较弱，多见于岩石台阶、陡崖等次一级的地形地貌。

（2）前展堆积型陆坡，陆源物质供应充分，陆坡在强烈沉积作用下逐渐向洋侧推进，有的陆坡下部沉积层厚达 10000m 左右，大西洋两岸陆坡多属这种类型。

（3）侵蚀型陆坡，沉积作用较弱，浊流和滑塌等侵蚀作用导致基岩裸露，地形复杂，主要存在于坡度较大、海底峡谷和滑坡作用发育的地区。

（4）礁型陆坡，与珊瑚礁生长有关，陆坡陡峭，主要见于低纬度地区。

（5）底辟型陆坡，低密度的蒸发岩或泥层在深埋后形成底辟，陆坡沉积层因而变形，海底呈不规则形态。

（三）大陆隆

大陆隆简称陆隆，又称大陆裾、大陆基和大陆裙等，位于大陆坡和深水大洋盆底之间（图 2-2 和 2-5），指陆坡坡麓向大洋缓倾的、由沉积物堆积而成的巨大楔状沉积体，常由许多海底扇复合、改造而成，组成物质主要源自大陆，浊流沉积和等深流沉积发育，沉积物厚 2 000 m以上。在通常情况下，大陆隆靠近大陆坡的地方较陡，向深海渐缓，平均坡度 0.5°～1°，水深 1 500～5 000 m，主要分布在大西洋、印度洋、北冰洋边缘和南极洲周围。在太平洋仅西部边缘海向陆一侧有大陆隆，在太平洋周围的海沟附近缺失大陆隆。大陆隆上的沉积物主要是来自大陆的黏土及砂砾，厚度在 2 000 m 以上。沉积物的搬运方式，主要是沿坡而下，另外还有沿陆隆而行和垂直下沉。

大陆隆的宽度为数百至上千千米，多数在 100 至几百千米，坡度平缓，大多不超过 1°，其总面积约 2 500×10^4 km^2，约占全球面积的 4.8%。除有树枝状海底谷及少数海山外，地形起伏和缓。大洋中沿等深线流动的等深线流遇到大陆边缘或海底高地时，多顺地形轮廓线流动。等深线流与地球自转有关，由海水的温度和盐度差异所引起，沿海底等深线连续流动，其流速不高，约 20 cm/s，变动幅度不大，主要搬运粉砂和黏土（偶有细砂），使沿坡而下和垂直下沉的物质发生再搬运，并可产生小至流痕、大到波长几千米的底形，等深线流在大陆隆的发育中起着重要的作用。

二、活动型（太平洋型）大陆边缘

活动型大陆边缘除了在前述稳定型大陆边缘所述及的地貌单元之外，由洋向陆方向还可分出海沟、岛弧和弧后盆地三种基本的地貌单元（图 2-6），三者组合构成所谓的沟-弧-盆体系。岛弧和弧后盆地也不是在活动性大陆边缘都存在，如在安第斯山型大陆边缘就没有岛弧和弧后盆地，取而代之的是平行海沟展布的火山弧或高大的山脉（图 2-7，剖面见图 2-2）。

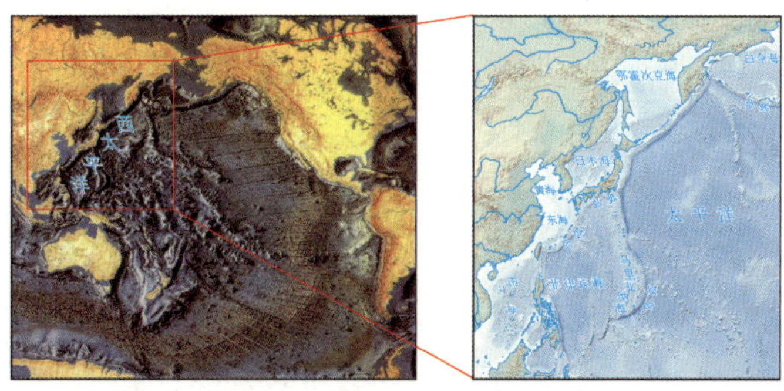

图 2-6　西太平洋型大陆边缘

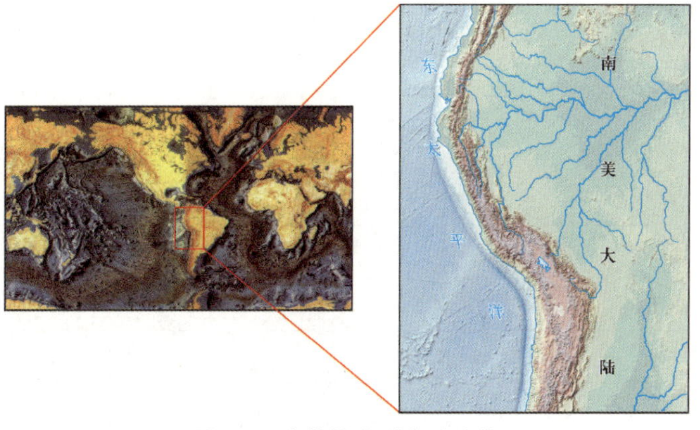

图 2-7　安第斯山型大陆边缘

（一）海沟

海沟一般指水深超过 6 000 m 的狭长深水洼地，出现于大陆（或大洋）边缘，多呈弧形，其侧坡比较陡急，横剖面呈“V”形，或有狭长的平坦沟底。海沟外侧（洋侧）沉积物一般都是未变形的水平沉积，而内侧（靠陆或岛弧一侧）沉积物因强烈挤压变形，表现有褶皱、混杂或扭曲。海沟是现代构造活动最强烈、最频繁的地带，主要分布于活动型（太平洋型)大陆边缘,但海沟不是活动型大陆边缘的独有地貌单元,它在大洋盆地内部也可以产生(如马里亚纳海沟)。全球各主要海沟的特征列于表 2-3 中。

表 2-3 全球主要海沟的特征(据小林和男,1980,有修改补充)

海沟名称	最大深度(m)	最深处的位置	海沟的长度(km)	海沟的平均宽度(km)
太平洋				
千岛·堪察加海沟	10 542	44°15′N,150°34′E	2 900	120
日本海沟	10 682	36°04′N,142°41′E	890	100
伊豆·小笠原海沟	9 810	29°06′N,142°54′E	850	90
马里亚纳海沟	11 034	11°21′N,142°12′E	2 550	70
雅浦(西加罗林)海沟	8 850	8°33′N,138°03′E	2 250	70
帛琉海沟	8 138	7°41′N,135°05′E	400	40
西南及琉球群岛海沟	7 881	26°20′N,129°40′E	1 350	60
菲律宾(棉兰老山)海沟	10 497	10°25′N,126°40′E	1 320	30
马尼拉海沟	5 400	—	350	10
东美拉尼西亚(维提亚兹)海沟	6 150	10°27′S,170°17′E	550	60
新不列颠海沟	8 320	5°52′S,152°21′E	750	40
布干维尔(北所罗门)海沟	9 140	6°35′S,153°56′E	500	50
圣克里斯托瓦尔(南所罗门)海沟	8 310	—	800	40
新赫布里底海沟	9 174	—	1 200	70
南新赫布里底海沟	7 570	20°37′S,168°37′E	1 200	50
汤加海沟	10 882	23°15′S,174°45′W	1 375	80
克马德克海沟	10 047	31°53′S,177°21′W	1 500	60
阿留申海沟	8 109	51°13′N,174°48′W	3 700	50
中美(危地马拉阿卡普尔科)海沟	6 662	14°02′N,93°39′W	2 800	40
秘鲁海沟	6 262	—	1 800	100
智利(阿塔卡马)海沟	8 064	23°18′N,71°21′W	3 400	10
大西洋				
波多黎各海沟	9 219	19°38′N,66°69′W	1 500	120
南桑的韦奇海沟	8 428	55°07′N,26°47′W	1 450	90
印度洋				

续表

海沟名称	最大深度(m)	最深处的位置	海沟的长度(km)	海沟的平均宽度(km)
爪哇(印度尼西亚)海沟	7 450	10°20′S,110°10′E	4 500	80
班达海沟	7 440	5°35′S,130°50′E	650	80

* 注:(1) 修改补充数据来自网络;(2) “—”表示缺失数据。

根据海底扩张学说,大洋中脊是地幔物质涌升的地方,涌升的地幔物质(岩浆)在大洋中脊处冷凝形成新的洋壳,同时推动早先形成的洋壳像传送带一样载着大洋沉积物向两侧推移,直到大陆边缘的海沟处,俯冲潜入地幔之中。因此,海沟是大洋地壳向下弯曲俯冲的地方,该处地壳处于不均衡状态,下倾的海沟区是一个质量亏损带(负重力异常)。由于海沟是冷的洋壳俯冲潜没的地方,其热流值(单位面积在单位时间内传播的热量值)很低,向岛弧或陆缘火山弧方向,热流值逐渐增高。海沟地带的负重力异常和低热流值与大洋中脊的正重力异常和高热流值形成鲜明的对照,说明在海沟之下与大洋中脊之下有着相反的构造作用力,前者以挤压应力为主,后者以拉张应力为主,同时发生着截然不同的地质作用过程。事实上,大洋中脊处的地幔物质上涌和海沟处的大洋岩石圈俯冲构成了全球最大规模的物质循环。

海沟虽是海洋中最深的地方,但底部并不是全部被厚层的沉积物所覆盖,只是在海沟靠陆(或岛弧)一侧存在有一个沉积物楔形体(图 2-8)。从打捞上来的样品看,这是一个混杂堆积体,既有岩浆岩(包括玄武岩、辉长岩、蛇纹石化橄榄岩等),也有深海软泥,还有高压低温变质岩类。在大洋海底岩石圈于海沟处向下俯冲的过程中,大洋海底之上的沉积物和部分岩石圈碎片(火山岩)便被仰冲的大陆或岛弧岩石圈刮削下来,加积于海沟向陆的侧坡上,形成增生楔状体。

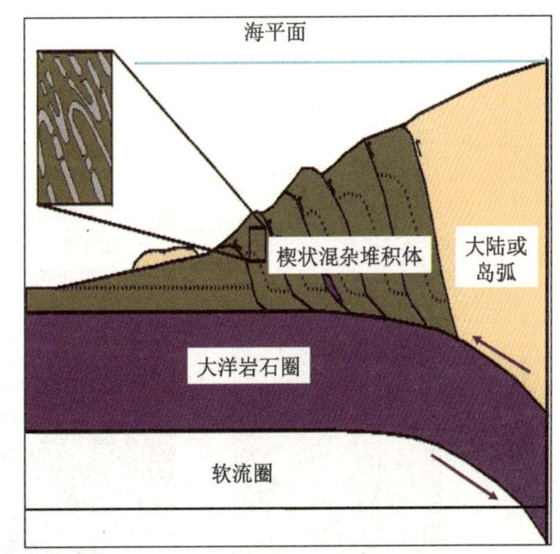

图 2-8　海沟靠陆侧的楔状混杂堆积体

(二) 岛弧和火山弧

岛弧是指位于海沟向陆一侧,且与海沟平行展布,连绵呈弧状的一长串岛屿,主要存在于西太平洋大陆边缘,其后(向陆方向)为边缘海盆地(图 2-6)。在东太平洋大陆边缘,呈弧状分布的一系列火山之后没有边缘海盆地,因此称为火山弧(图 2-7)。岛弧和火山弧都是强烈的火山活动的产物,构成了环太平洋火山带,这里是目前地球上岩浆作用、地震活动及造山作用都最强烈的地方。岛弧和火山弧主要出现在活动型大陆边缘,但也可以出现在大洋内部(如马里亚纳岛弧),因而岛弧不是活动型大陆边缘独有的地貌单元。此外,火山弧可以出露水面(岛弧),也可以在海面以下,这时称为海山弧或海山链。

火山弧的地表热流值较高，并在距离海沟一定距离后才出现火山活动和高热流值等现象，同时大陆边缘的岛弧表现为正重力异常，可能与源于地幔的岩浆活动和火山活动有关。

根据海底扩张和板块构造理论，当大洋底岩石圈板块在海沟处俯冲潜没于陆侧板块之下时，两个板块的摩擦作用以及俯冲大洋板块的脱水作用使地幔物质增温和熔点降低，发生熔融，岩浆上涌喷出地表形成的一系列火山构成了岛弧或火山弧。

（三）弧后盆地

弧后盆地是指岛弧靠大陆一侧的深海盆地，又称边缘海盆地。水深为 2 000～5 000 m，与海沟和岛弧一起组成沟弧盆体系。弧后盆地在世界许多大洋边缘均有分布，以西太平洋边缘的最为普遍，如白令海、鄂霍次克海、日本海、中国东海和南海、菲律宾海等（图 2-6）。如同海沟和岛弧的分布一样，弧后盆地主要分布于大洋边缘，但在大洋中也有存在，如马里亚纳海盆和菲律宾海盆等（图 2-6）。图 2-9 给出了西太平洋典型沟弧盆体系的分布及自海岸线，经大陆架、弧后盆地、岛弧、海沟，再到大洋盆地的剖面，可以看出在西太平洋大陆边缘，大陆架外的大陆坡位于弧后盆地向陆一侧，除此之外，在琉球岛弧向洋一侧还有类似于大陆坡的岛坡。

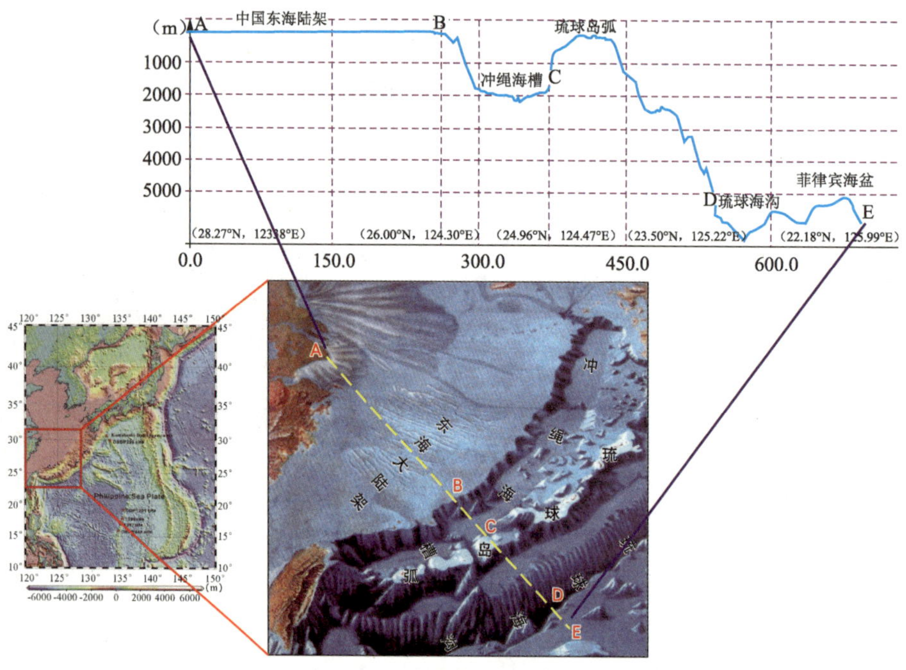

图 2-9　西太平洋边缘海盆地及沟弧盆体系剖面上的地形变化

关于弧后盆地的成因是长期以来令人费解的问题。自海底扩张学说问世和大量的调查资料获取之后，人们注意到这些弧后盆地相对于一般的陆缘海和内海具有一些独特性：多与海沟和岛弧相伴生，水深较大（多在 2 000～4 000 m 之间），生成年代多较岛弧及其相邻的大洋盆地年轻，张性断裂发育，地壳厚度介于大陆和大洋地壳之间且主要由类似于大洋海底的岩石组成，地壳活动强烈，热流值很高。以上特征不难使人们想到弧后盆地在成因上必然与沟弧系统有关。

板块构造理论认为，由于大洋底岩石圈板块在海沟处的俯冲作用，打乱了地幔的平衡，导致次生地幔对流和热地幔上涌，引起岛弧裂离大陆或岛弧本身分裂而在其间形成弧后盆地（图 2-10），这在海洋地质学中又称为“弧后扩张”。

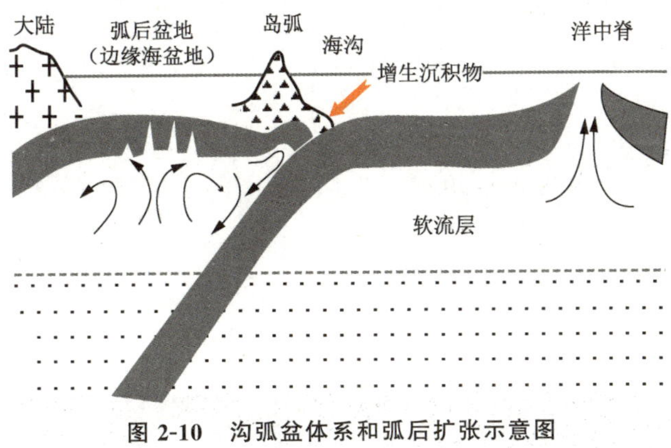

图 2-10　沟弧盆体系和弧后扩张示意图

第三节　深海盆地地貌

一、深海盆地

深海盆地又称深海大洋盆地，是指位于大洋中脊与大陆边缘之间、水深在 2 000～6 000 m的洋底区域。深海盆地地壳（洋壳）组成相对简单得多，主要由大洋玄武岩组成，其上覆盖有近代深海沉积物。主要的地貌单元包括海山（平顶山、海山链、海丘）和深海平原等（图 2-4b）。

（一）海山与平顶山

在地形上大体孤立、高出洋底数百米甚至更高、边坡陡峭的海底高地叫作海山。若多座海山呈线状排列，则称为海山链。海山主要是未被近代沉积物所覆盖的海底火山。高度略小、边坡平缓的海山又称为海丘，其上可覆盖有薄层细粒沉积物。

海山遍布海底，其出现似乎没有规律，但常见成群成列出现（图 2-11）。目前已知在太平洋水深 6 000 m 的平坦海底上耸立着高度为 4 000～5 000 m 的众多山峰。

在海山中引人注目的是顶部平坦呈圆锥状台地的海山，山顶的平顶面直径可达十几千米，顶面水深可达 2 000 m，人们把这种形状独特的海山称作平顶海山，简称平顶山（图 2-12）。海洋中的平顶山与陆地上的破火山口形状不同，在海底平顶山中部没有断块陷落的痕迹。因此，可以认为这种山形是在火山停止活动之后的某一时期曾经露出在海面之上遭到波浪侵蚀切削而成。用采泥器从平顶海山的山顶附近采到了带棱角的圆形玄武岩的砾石，也采到了被看成是只有在特别浅的海域才可生存的珊瑚和腹足类的化石，这些都被看成是地壳沉降的证据。也有人认为平坦的顶部形态并不一定都是由侵蚀造成的，而是伴随着海底火山喷发形成的。

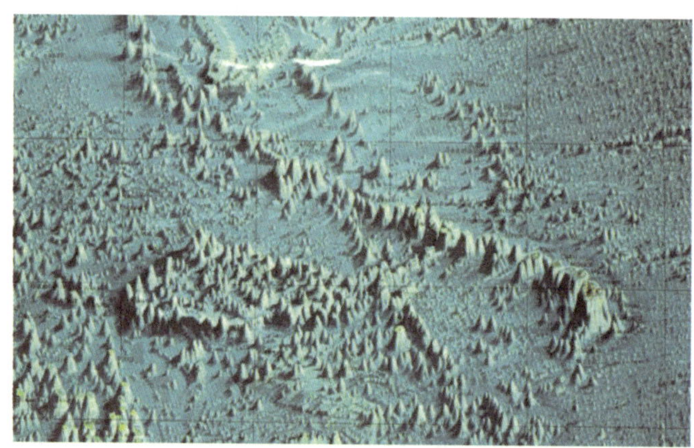

图 2-11　太平洋的海山及海山链

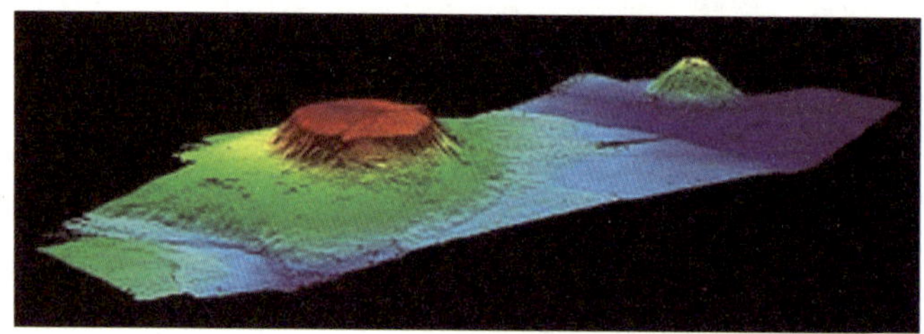

图 2-12　海底平顶山

（二）深海平原

深海平原是指大洋盆地的平坦区域，坡度通常小于 1∶1 000（1 m/1 km），为地球表面最平坦的部分（图 2-4）。深海平原多出现在邻接陆隆的外缘，水深在 3 000～6 000 m 之间，广泛分布在大西洋和印度洋，并出现在地中海西部、墨西哥湾及加勒比海的边缘海中。深海平原大约占海洋面积的 40%，其表面覆盖着较厚的沉积层，沉积物主要是随浊流自大陆边缘搬运而来的。

地幔物质在大洋中脊处上涌并形成新的洋壳，同时推动先前形成的洋壳向中脊两侧运移。新形成的洋壳由玄武岩组成，并起伏不平，但在离开中脊向两侧的运移过程中不断接受沉积物。洋壳（底）距中脊越远，年龄越老，其上的沉积层也就越厚，直至填平了原先的山间洼地而形成了深海平原。在一些深海平原沉积物的表层分布有大量的多金属结核，这是 Fe、Ni、Co 和 Cu 等金属元素的富集体，是未来可为人类开发利用的海底矿产资源。

深海平原中明显高起的丘状地形又称为深海丘陵，高度不大于 1 000 m，水平宽度通常在 1～10 km 之间，个别宽度可达 50 km 左右，丘陵的边坡从 1°到 15°不等。深海丘陵通常成群出现于深海平原和中央海岭侧翼之间，这时又被称为深海丘陵区。尽管海洋中存在有沉积成因的丘陵，但多数深海丘陵是海山成因的，因而其形状通常取决于基底表面的形状。虽然在大西洋和印度洋也有很多的深海丘陵，但它们却是太平洋深水盆地的重要地形特征。在太平洋，深海丘陵覆盖了 80%～85%的洋底。

二、环礁

礁(体)是指海洋中由岩石或钙质珊瑚堆积而成的接近水面的岩状物，可露出也可不露出水面。如果礁体直接生长在岸上，则称为岸礁；若生长在海岸附近而又不与海岸连接，且平行海岸生长则称为堡礁；若生长在离岸有一定距离的外海且形成孤岛，则称为岛礁。在大洋中还存在有逼临海面而生长的环状礁体，特称为环礁，其内常发育有潟湖(图 2-13)。

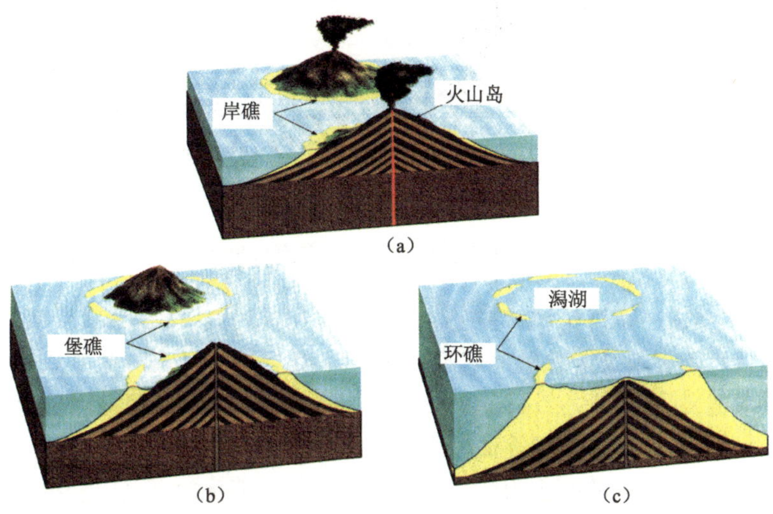

图 2-13　环礁构造及发育过程示意图

随着火山岛沉降，岸礁(a)逐渐变成堡礁(b)和环礁(c)(据 Fairbridge，1957，有改动)

环礁是深海中的另一种地貌，多数逼临海面，而且多半由珊瑚、双壳贝、有孔虫等钙质动物外壳和钙质藻堆积而成，并在其上茂盛地生长着椰子和红树林等。在赤道南、北大约 20°的范围内存在着众多的环礁，尤以赤道西太平洋为最多。由于环礁多是从水深为 4 000 m的四周海底升高到现今的海面附近，所以周围海面之下的坡度都相当陡，最大坡度接近 90°。环礁内侧多是水深 30～100 m 的礁湖，湖底沉积着钙质生物碎屑。

环礁之下多是玄武岩海山。因此，人们推测环礁的成因是在早期形成的火山岛上先形成岸礁，随着海底的沉降和礁体的生长，火山被淹没于水下，形成现在所见到的环礁(图 2-13)。

三、无震海岭、海山链和岛链

在深海大洋盆地中，存在有高出周围海底 2 000～4 000 m、宽 250～400 m、长 200～5 000 km不等、顶部起伏不大且无轴向裂谷的岭状地貌，因其无或很少地震活动而称为无震海岭。无震海岭主要分布在太平洋海盆中，如著名的夏威夷海岭和天皇海岭(图 2-14)，但在其他大洋中也有分布，如大西洋的鲸鱼海岭和里岛格兰德海岭，印度洋的东经 90°海岭等。

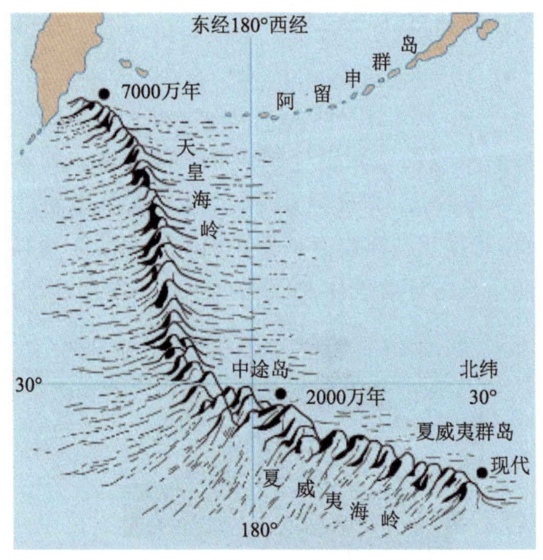

图 2-14　太平洋的天皇海岭和夏威夷海岭

无震海岭主要由一系列呈线状排列的海底火山组成,如若没有露出海面,又称为海山链(如天皇海岭),若有断续链状的海底火山露出海面,则构成岛链,如夏威夷海岭南端的夏威夷群岛(岛链)。无震海岭(或海山链或岛链)通常远离大洋中脊,构造活动微弱,不存在有大洋中脊那种扩张和产生洋壳的现象,也没有在大洋中脊普遍存在的转换断层及其所形成的破碎带。组成海岭的火山的形成年龄一般要比下伏的洋壳年轻得多。无震海岭的另一个突出特征是现代火山活动只发生在海岭的一端,而且自该端起沿海岭向外年龄逐渐增大(图 2-15)。

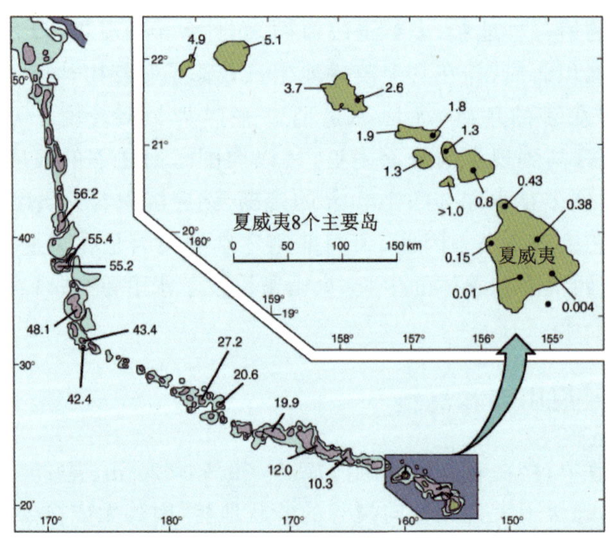

图 2-15　天皇—夏威夷海岭火山年龄的递变规律(据 John Wiley 和 Sons,1999,有改动)

关于无震海岭的成因主要有两种说法：① 热点说：认为这类海岭源于固定在外地核和上下地幔转换带的地幔柱，当洋底板块移动至热点（地幔柱顶部）之上时，随着热点处的岩浆喷发而形成火山，从而发育了无震海岭；② 板块裂缝说：认为无震海岭是由于洋底板块在海沟处的俯冲消亡中把洋底板块撕开裂口，导致地幔岩浆泄漏而形成。

四、深海盆地地形与海底年龄的关系

根据地球的演化模型和现今所能找到的证据，地球在距今大约 40 亿年出现了海洋。但是，迄今在海底的采样和钻探证明，大洋海底没有超过 2 亿年的岩石，而且在已确认的洋壳三层结构中上部的沉积层厚度平均只有 0.5 km 左右。如果按现在大洋的沉积速率 0.01 mm/a 计算，只要大洋存在 1 000 Ma（10 亿年）以上，就应当有厚约 10 km以上的沉积层。以上事实表明，洋底比预期的要年轻得多。地震勘探和钻探还证明海洋沉积物的分布极不均匀，沉积厚度在大洋中脊顶部几乎为零，从中脊轴部向两翼随着距离的增大沉积层厚度逐渐增大。深海钻探最重要的发现是证明了现今大洋地壳的年龄不但非常年轻（<170 Ma），而且年龄对称于大洋中脊轴部分布。从图 2-16 中可以看出，从大洋中脊轴部向两侧，海底年龄具有逐渐递增的规律性，并以大洋中脊为对称轴呈对称分布。

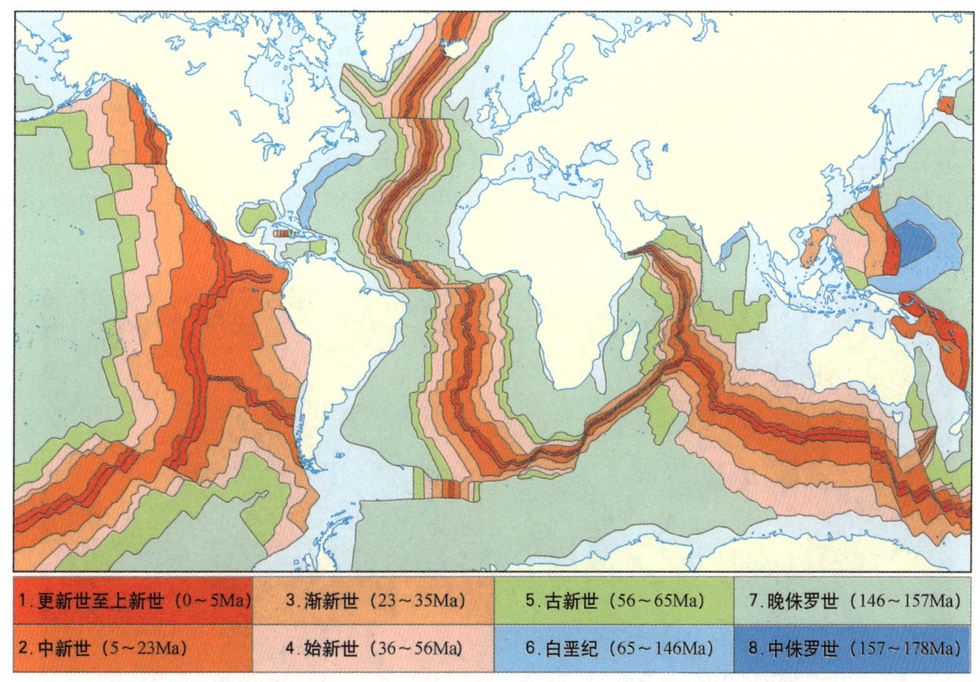

图 2-16 海底磁异常条带相对大洋中脊的对称性与世界大洋海底的年龄

（据 Hamblin W K 和 Christiansen E H，1998，有改动）

第四节　大洋中脊地貌

一、平面展布

在 20 世纪 20 年代，人类首先发现了存在于大西洋中部长达 17 000 km 的海底山脉。此后，回声测深技术的出现使得全球规模的大洋测深调查成为可能，相继在太平洋和印度洋发现了大洋中脊和中央裂谷。1965 年 B. C. Heezen 和 M. Ewing 总结了海底地貌资料，提出在世界洋底存在着一条贯穿各大洋的大洋中脊和裂谷体系，并识别出一系列与大洋中脊近似垂直的巨型断裂带。1967～1969 年，Heezen 和 M. Tharp 合作绘制的大洋立体地貌图被全世界广泛采用。大洋中脊体系是指贯穿世界各大洋、成因相同、特征相似的海底山脉系列的总称(图 2-17)。大洋中脊体系在各大洋中的展布并不完全相同，在大西洋中基本上沿大西洋的中轴线分布，在印度洋中则大体呈倒置的“Y”形展布于印度洋中部。大洋中脊体系在这两个大洋中多表现为两翼陡峭、沿中脊轴线有一明显的中脊裂谷，故分别被称为大西洋中脊(MAR)和印度洋中脊(IOR)(又分为北印度洋中脊、东南印度洋中脊和西南印度洋中脊)。大洋中脊体系在太平洋偏居大洋东南，并且因其边坡平缓，相对高度较小，又被特称为东太平洋海隆(EPR)。东太平洋海隆南部向西南延伸，与印度洋中脊的东南分支相接，其北端通过加利福尼亚湾后潜没于北美大陆的西部，至旧金山附近复出，称为戈达脊和 Juan de Fuca 脊，至温哥华岛附近再度潜入北美大陆西部。印度洋中脊东南分支与东太平洋海隆相连，北支延伸进入亚丁湾，一部分与东非大裂谷相连接，另一部分通过红海延伸进西南亚与死海裂谷相通；西南支则与大西洋中脊连接。大西洋中脊大体与大西洋两岸轮廓一致、呈“S”形弯曲，其南端与印度洋中脊西南分支相连，北端穿过冰岛成为北冰洋中脊，北冰洋中脊在勒拿河口附近潜没于西伯利亚。

图 2-17　全球大洋中脊体系(来自 www. cnrepair. com)

各大洋的洋中脊相互连贯构成全球大洋中脊体系。大洋中脊体系在太平洋、印度洋、大西洋和北冰洋内连续延伸，首尾相接，脊顶水深一般为 2 000～3 000 m，平均 2 500 m 左右，有些地方高出水面成为岛屿（如冰岛、亚速尔群岛，复活节岛等）。大洋中脊宽度变化较大，一般数百千米至数千千米，最宽（如东太平洋海隆）可达 4 000 km 以上。若从大洋中脊相对于深海平原隆起的地方算起，其面积约占大洋底的 1/3，可谓地球上规模最大的环球山系。

大洋中脊体系是全球性的现代火山活动带，全部由性质相对单一的拉斑玄武岩构成。中脊地形相当复杂，横向上表现为一系列的岭谷相间排列，纵向上呈波状起伏形态。大洋中脊体系具有较高的热流值（一般在 80 mW/m^2 以上），同时沿大洋中脊轴部有频繁的地震活动，是全球最主要的浅源地震活动带。所有特征表明，大洋中脊是当今地球上最为活跃的构造活动带之一。

二、中央裂谷

中央裂谷是指大洋中脊轴部的巨大地堑型裂谷（图 2-18），宽约 30 km，平均深度约 2 000 m，其内多分布有新鲜的席状熔岩和枕状熔岩，这是来自地幔的岩浆沿裂谷中的裂隙喷溢的产物。近几十年的调查还发现，在中央裂谷中或裂谷壁上还分布有众多的以黑烟囱著称的高温热液喷口（图 2-19），以及与热液喷溢伴生的不依靠光合作用生存的深海生物群落（图 2-20）。这种在极端环境（高压、高温、无光）条件下繁衍生息的生物在热液喷溢停止后即告死亡。海底喷出热液的最高温度可达 400℃左右，并伴生有富含多种贵重金属的热液多金属硫化物矿产。迄今，在三大洋（太平洋、大西洋和印度洋）和弧后盆地中已发现 500 多处热液喷口或热液活动所形成的多金属硫化物堆积体。例如，在 EPR21°N 处有热液活动所形成的丘状多金属硫化物，其矿石中含有 31% 的 Zn、14% 的 Fe、1% 的 Cu、5 盎司（每吨）的银和痕量金，金属总量达数千吨。

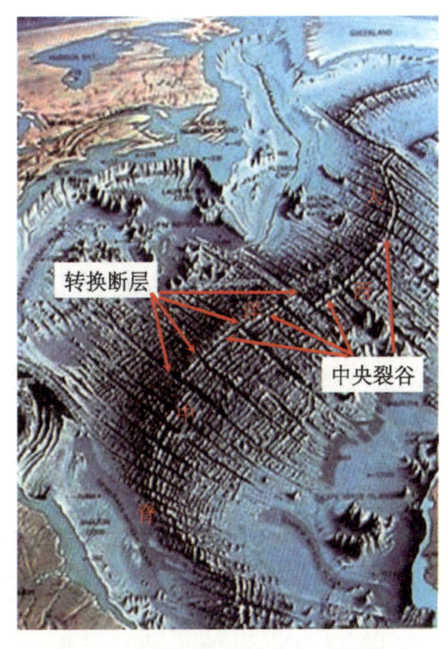

图 2-18　大西洋中脊及其中央裂谷和转换断层

中央裂谷是由一系列正断层从中脊顶部下切而形成，总长约 80 000 km，并与大陆上的裂谷带首尾相接，从而构成了世界上规模最宏大的张性裂谷带。沿此裂谷带存在有熔融的上地幔物质，大量的熔融地幔以岩浆的形式涌出，冷凝后形成新的洋壳。中央裂谷谷底几乎全部为新火山物质组成，火山岩呈新鲜的玻璃光泽，玄武质熔岩流具有水下喷发特有的枕状构造，并为断裂所切割。

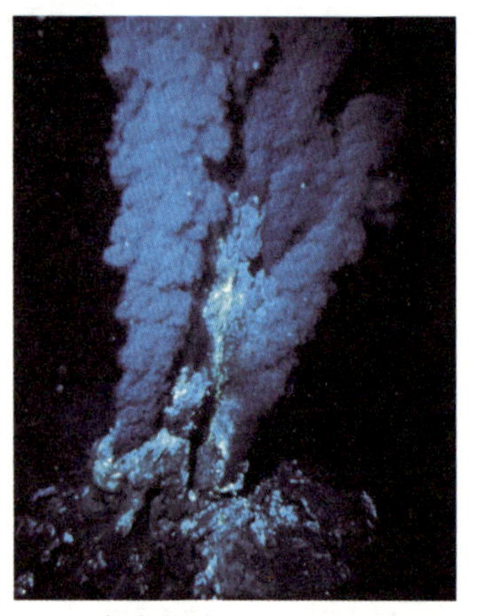
图 2-19 海底热液喷溢形成的"黑烟囱"

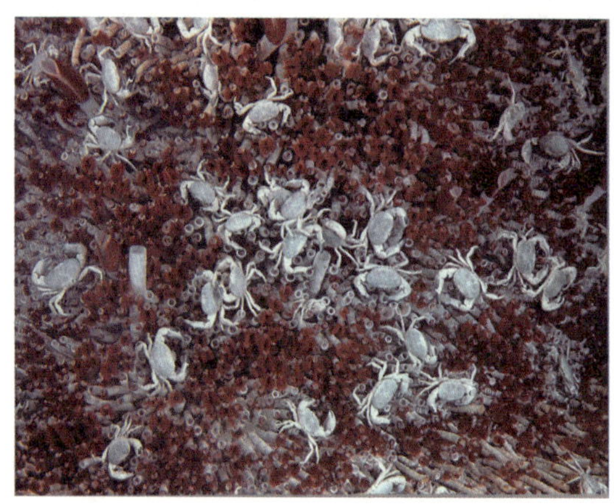
图 2-20 热液喷口周围的生物群落

三、转换断层与破碎带

大洋中脊在宏观上构成连续的全球性海底山脉，但在微观上并非连续不断的，它被一系列与脊轴垂直或近于垂直的横向大断裂所切割。横向大断裂把大洋中脊和中央裂谷错开，错移幅度数十千米至数百千米，如在赤道大西洋，最大错移距离超过 1 000 km。一系列大致平行的横向大断裂使大西洋中脊呈"S"形，并保持大体处在大西洋中央的位置(图 2-18)。

横切大洋中脊的大断裂不同于陆地上的平移断层，后者又称走滑断层，通常是指由来自两侧的剪切应力使两盘顺断层面走向相对位移而形成的断裂构造(图 2-21)。J. T. 威尔逊(1965)提出：大洋中脊为许多平行的貌似平移断裂的断层所错开，水平相对错动仅发生在两段大洋中脊之间，在大洋中脊的外侧，断层两侧地块不产生相对运动。这种由于海底扩张致使转换了性质的断层，特称为"转换断层"。转换断层是大洋中脊特殊环境下，由于不同脊段在扩张速度、方向和强度等因素上的差异所形成的断裂构造。

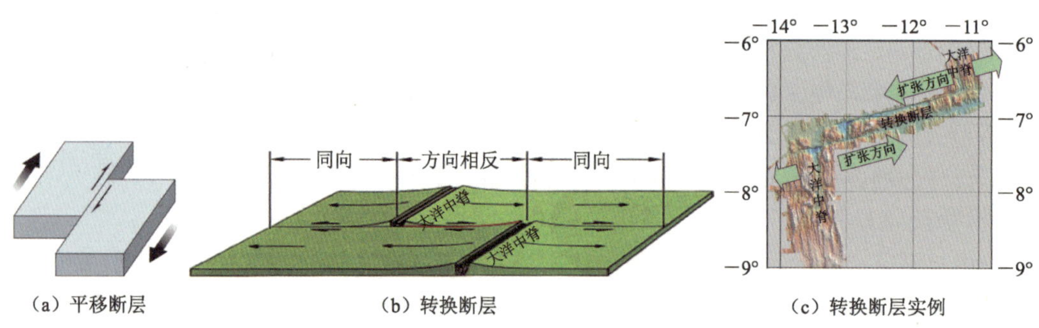

(a) 平移断层　(b) 转换断层　(c) 转换断层实例

图 2-21 转换断层与平移断层的区别
(底图据 Hamblin W K 和 Christiansen E H，1998，有改动)

转换断层与平移断层的另一个突出区别在于平移断层的两盘通常没有垂直升降，而转换断层的两盘的高差可以达数百米，甚至数千米。由于水平方向的错动和垂向的升降使得转换断层往往不是一个断层面，而是一个断层(破碎)带。Menard(1954)把这种地形极不规则、具线形脊和断崖的狭长断层带定义为破碎带。大洋中脊被破碎带错断，被错开的大洋中脊之间的一段破碎带上常常有地震发生。破碎带是地形参差不一的线形延伸带，它以海槽、陡崖及其他如大型海山或陡峻的不对称性为标志，通常穿过海岭两翼再延伸很长距离。在有些情况下，作为表层或地下构造，破碎带可穿过洋壳直至地幔，甚至到达软流圈，成为软流圈地幔物质上侵或溢出的出口(图 2-22)。

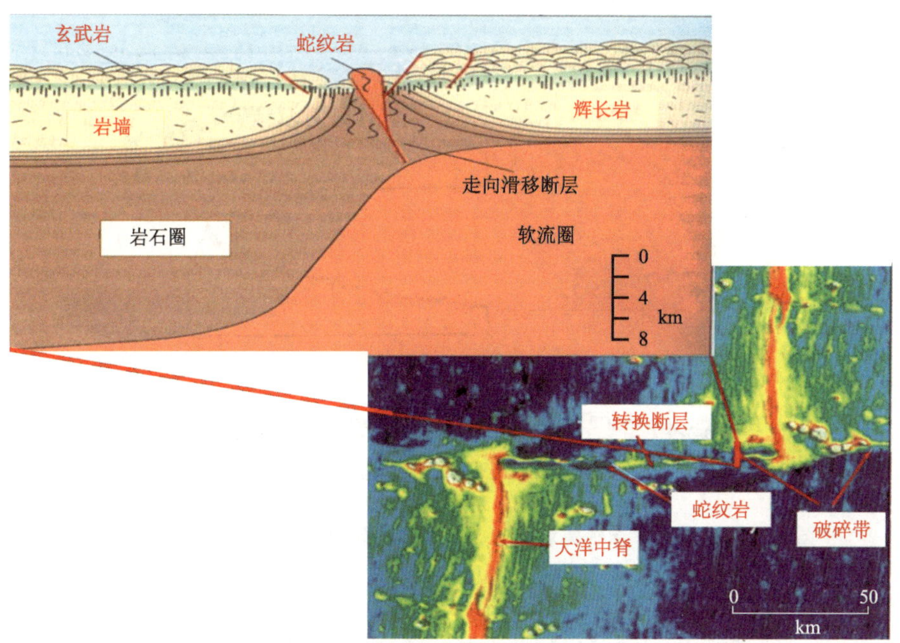

图 2-22　转换断层所形成的破碎带及其软流圈地幔溢出或出露
(底图据 Hamblin W K 和 Christiansen E M,1998,有改动)

四、剖面特征及区域性差异

大洋中脊的宽度变化较大，可以从数百千米到数千千米，最宽(如东太平洋海隆)可达 4 000 km以上。大洋中脊地形相当复杂，在横向上，中脊顶部有一系列的岭谷相间排列；在纵向上，中脊呈波状起伏形态，并被一系列的巨型断裂所切割错断。慢速(超慢速)扩张洋脊与快速扩张洋脊在形态上明显不同。统计结果表明：在全扩张速率(两侧扩张速率之和)1～5 cm/a 的慢速扩张脊，如大西洋中脊和西南印度洋中脊，通常有 1.5～3 km 深和 10～30 km 宽的中央裂谷；在全扩张速率 5～9 cm/a 的中速扩张脊，如科科斯-纳兹卡板块之间扩张脊，有 50～400 m 深和 7～20 km 宽的裂谷；在全扩张速率 9～18 cm/a 的快速扩张脊，如东太平洋海隆，无中央裂谷，相反出现 200～400 m 高和 5～15 km 宽的轴部高地。图 2-23 给出了不同扩张速率脊段垂直于洋中脊走向的地形剖面。可以看出，大西洋中脊地形相对陡峻、狭窄，具有明显的中央裂谷(图 2-23A，B)；印度洋中脊地形相对大西洋中脊平缓和宽阔，但也具有中央裂谷(图 2-23C，D)；太平洋中脊地形相对而言是最宽、最平缓的，不具有中央裂谷(图 2-23E)。

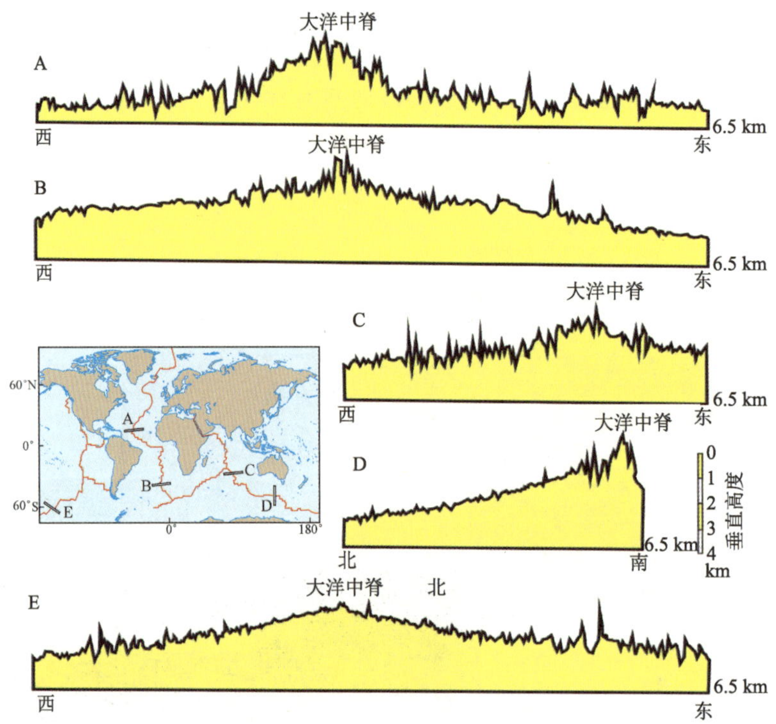

图 2-23 垂直于大洋中脊走向的地形剖面(据 Runcorn S K,1962,有改动)

沿大洋中脊，岩浆作用表现为熔岩喷发、岩墙侵入和深成岩体的冷凝结晶；机械拉张作用表现为近地表的断层和深层位的塑性拉张。岩浆活动和拉张作用是造成快速扩张脊与慢速扩张脊地形和构造差异的根源。在 EPR 发现了多处轴部岩浆房，说明快速扩张脊有充分的岩浆供给。慢速扩张脊的情况则相反，在 MAR 轴部地带不仅没有发现规模性的岩浆房，而且钻取到的多是蛇纹石化橄榄岩，洋壳底部或上地幔物质出露于洋壳表层，说明慢速扩张脊机械拉张作用占主导地位，岩浆供给明显不足。拉张作用导致慢速扩张脊出现典型的断块构造和裂谷地形。

在纵向上，大洋中脊具有明显的分段特征。一系列的转换断层将大洋中脊分割成相互错开的块体，错移幅度多在十千米至数百千米，在赤道大西洋，最大错移距离超过 1 000 km。转换断层是洋脊一级分段的标志，中脊区段长达 1 000 km 左右，存在寿命可达 10 Ma。大洋中脊还存在非转换型不连续带，包括叠复性扩张轴和不均一的岩浆作用等因素所造成的洋脊分段特征。次一级的分段间断出现在转换断层之间，中脊错位距离较小，分别表现为叠覆扩展中心、斜向剪切带、火山间隔和横向断错等，存在寿命也相应较短。

小　结

本章以介绍基本概念、基本现象等基础知识为特征，系统并重点介绍了海洋的自然地理特征及主要的地形地貌单元。首先从地理角度或平面分布对比了海洋、大陆边缘、陆地的地理分布、地形特征及其次级划分。重点介绍了大陆边缘、深海盆地和大洋中脊地貌类型及其特征等。对大陆边缘的类型与特点，尤其是稳定陆缘与活动陆缘的地貌特征，进行了对比；对深海盆地地貌的次级单元、深海盆地地形与海底年龄等作了描述；对洋中脊地貌的平面展布、剖面形态、不同大洋的洋中脊地貌的区域性差异等作了介绍和对比。

思考题

1. 大陆边缘基本类型与特征有哪些？
2. 大洋盆地的基本地貌单元及其主要特征是什么？
3. 海底磁异常条带与海底年龄有何对应关系？这种关系的成因机制是什么？
4. 你认为环礁及海底平顶山是怎样形成的？

第三章　地球结构与海底岩石圈

关于地球的生成众说纷纭,迄今最为经典或被大多数人接受的当属18世纪德国哲学家康德提出的“星云假说”。根据地球的星云成因说,太阳系在形成之前,是一片由炽热气体组成的星云。在大约46亿年前,由于气体冷却引起收缩,使得星云旋转起来。由于气体收缩和万有引力的作用,旋转速度逐渐加快,星云成为圆盘状。当旋转的星云边收缩边旋转,周围物质的离心力大于等于中心对它的引力时,就分离出了一个圆环来。一个又一个圆环逐步产生。最后,中心部分变成太阳,周围的圆环变成了行星,其中一颗就是地球(图3-1)。因此,地球是在40多亿年前产生的。

图3-1　太阳系主要行星(来自网络)

在地球诞生后早期的大约800 Ma(距今4 600～3 800 Ma,天文时期)没有在现今的地球上保留有任何地质证据。当时的地质情况主要是根据对月球及其他天体(陨石)的研究,结合“将今论古”的原则推断的。在地球形成初期,冰冷的星云物质机械碰撞及地球内部放射性元素衰变产生大量的热能,使原始地球内部某深度发生物质重熔。高温地球在旋转过程中,重熔物质发生重力分异。重的物质,如铁、镍沉到地心,形成原始地核;轻的物质,如铁镁硅酸盐物质则上浮,围绕地核形成原始地幔和原始地壳。后者失热而变硬,逐渐形成地球最外层的刚性层——岩石圈。地球圈层构造的初步形成历时500～600 Ma。由于太阳的照射,使地球温度慢慢升高,地球内部物质发生化学作用,地球放出大量二氧化碳、甲烷、氮气、水蒸气等。这些气体上升到地球外部,形成大气层。水蒸气在高空遇到冷气流后,便形成降雨。地球受大量雨水冲击,在低洼处汇成海洋、湖泊、河流,于是也就有了植物、动物和人类。地球经历了几十亿年的演变，终于成为今天这个样子。由于地球内部放射热的积蓄和内部各圈层物质与能量交换，导致地球最外层的岩石圈破裂解体、碰撞拼合、升降移位等复杂的构造运动，形成地球表面上的高山峻岭、丘陵平原、江海湖泊、裂谷断涧。

第一节　地球的内部结构

地球内部的结构与物质组成主要是通过地震信号处理、对陨石和岩浆岩的研究、室内模拟实验和岩石地球物理特征分析等加以推断的。在垂向上，地球分成地壳、地幔和地核三个一级圈层（图 3-2 和 3-3）。这种圈层结构的内部分层知识来自人类的地震观测技术，浅层结构可利用地震波接收器的局部排列来获得，而深部结构可采用全球地震监测台网接收穿过地球内部的天然地震信号并对其进行研究分析获得。

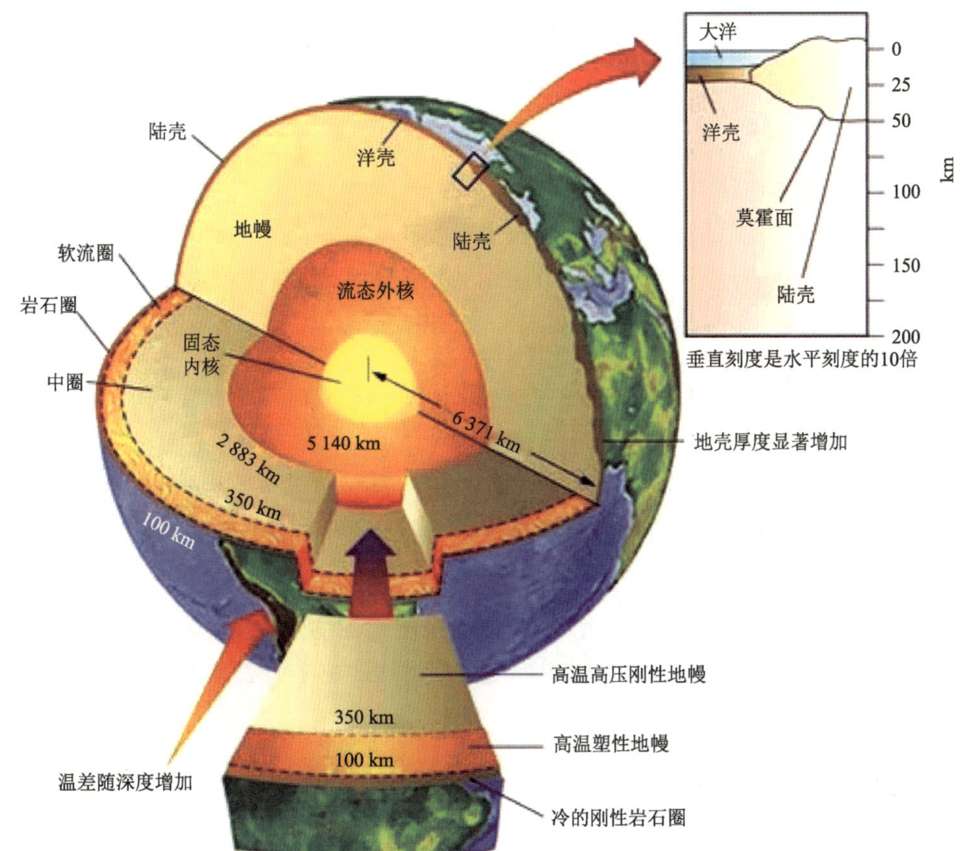

图 3-2　地球的结构分层（据 John Wiley 和 Sons，1999）

地壳约占地球总体积的 0.6%。大陆地壳（简称陆壳）首先由南斯拉夫的莫霍洛维奇（Mohorovicic）在 1909 年研究克罗地亚地震产生的地震波时发现。在距震中约 200 km 的范围内，初至波是 P 波（纵波，Primary Wave，又称初波），速度为 5.6 km/s，其地震相记录为 Pg。然而，在更大的范围内，初至波 P 波速度为 7.9 km/s，其地震相记录为 Pn。运用反射地震法的标准技术，这些数据表明地震波在大约 54 km 深处的一个不连续面发生了临界反射。这个不连续面随后被称为莫霍洛维奇不连续面或莫霍(Moho)面。后来的资料证实莫霍面在大陆下面广泛存在，以地震波速跃迁达到 8 km/s 为标志。大陆地壳平均厚度约35 km，在某些构造活动地区可以小于 20 km，在年轻的褶皱造山带则可厚达 80 km。大陆地壳内部的不连续面是由康拉德(Conrad)于 1925 年利用类似方法发现，地震 P 波速度由大约 5.6 km/s 跃迁到 6.3 km/s，后来该不连续面被称为康拉德面。康拉德面将大陆地壳分为两部分：上部陆壳和下部陆壳。康拉德面与莫霍面不同，在地壳内它并不是处处存在的，没有全球意义。

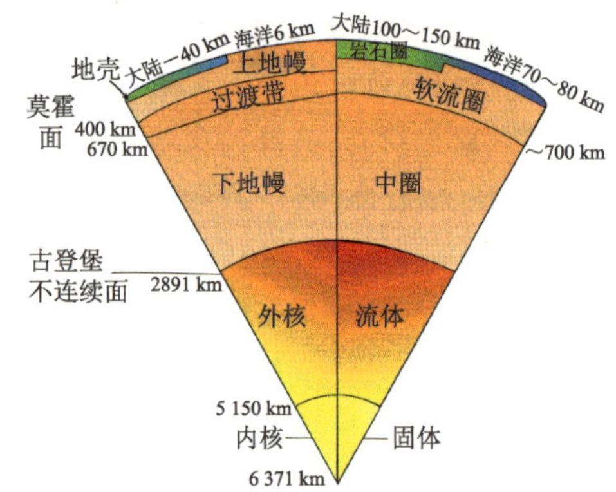

图 3-3　地球的成分分层和流变学分层对比(据 Condie，2001)

大洋地震勘探资料证明，大洋中同样存在有类似陆上的莫霍面，其上的地壳被称为大洋地壳(简称洋壳)，大部分洋壳的厚度在 7 km 左右。因此，陆壳和洋壳合称为地壳。地壳的最初含义是指那些地表之上或其附近的岩石。1955 年以后，地壳才被专门指那些在莫霍面以上的岩石物质。地壳厚度变化很大，最小不足 2 km，最大可超过 70 km，全球平均厚度约 15 km。地壳是一个不均匀的圈层，在水平和垂直方向上都有很大变化，主要表现在厚度、物质组成和结构进一步分层上。

第二节　地　壳

就目前的科学技术而言，在地球表面的绝大部分地区，人类只能(钻)采到地壳最上部的岩石样品。有关深部地壳的物质(矿物的、化学的)成分信息都是间接获得的，主要手段是依据地震波速随深度的变化与在相当于深部地壳温、压条件下进行的实验测定获得的速度进行对照分析。在通常静岩压力下，压力随深度增加的速率为 30 MPa/km，局部地区可能因为构造作用力的存在而变化；温度随深度增加的速率为 25℃/km，但在莫霍面附近该值变化较大。

一、陆壳

大陆地壳覆盖地球表面的 45%，主要分布在大陆和大陆边缘的大陆架海区。大陆地壳平均厚度 35 km，但很不均一。在构造稳定地区厚度较小，而在构造活动地区厚度则急剧增大。高山区最厚，可达 60~70 km，如我国西藏地区。中国陆壳的平均厚度为47 km。其上地壳厚约 31 km，沉积层厚约 5 km。地壳的化学组成以硅铝质为特点，可分为上陆壳和下陆壳。

上陆壳——由相对未变形的沉积岩或火山岩组成，化学组成总体上相当于花岗闪长岩，因此又称为“硅铝层”。中国上陆壳包括沉积层和硅铝层，位于康拉德面之上，平均厚度为 31 km。其中硅铝层厚 26 km，主要由花岗岩、花岗闪长岩、闪长岩、片岩、片麻岩、混合岩、混合花岗岩等岩类组成。沉积层和硅铝层的质量比为 1∶6。中国陆壳内的康拉德面在各地的清晰程度和稳定程度不一。例如，在塔里木块体内，康拉德面清晰而稳定；华南块体的康拉德面清晰，华北块体的康拉德面却不明显，而在青藏块体内则不存在稳定的康拉德面。

下陆壳——由已经变形变质的沉积岩、火成岩和变质岩组成。早先的理论认为下陆壳为玄武质成分，也称为硅镁层。最近的研究表明：如果下陆壳是干的，它应该是由花岗闪长岩到闪长岩成分的高压相岩石组成，如果下陆壳是湿的，它应该是由相当于玄武质岩化学成分的斜长角闪岩组成。深部地壳析离体和地壳混染岩浆岩的研究结果表明，下陆壳在成分(矿物与化学)、年龄和热历史等方面都有着明显的区域性变化。深部地震反射资料证明了这种成分与结构的复杂性。中国的下陆壳就是硅镁层，主要由辉长岩、辉绿岩、基性麻粒岩和少量橄榄岩组成，具有基性岩的化学成分。在华北地区，下陆壳可能有较多的麻粒岩相岩石。

需要说明的是：① 陆壳的上下分层并不十分明显，其界限并不具有全球性；② 人类目前钻探只能取到陆壳最上部的岩石样品，更深部陆壳的成分都是间接获得的，主要手段是依据地震波速变化和岩浆“俘虏体”分析所获得的；③ 地壳承受了板块构造运动中的强烈改造，目前所找到的地壳最古老的岩石年龄是 38 亿年左右。

二、标准洋壳结构

利用钻探采样，对大洋地壳上部的物质组成已有了较为清晰的认识，但对于洋壳深部的结构与物质组成，仍然是主要依据地震探测法，其次是根据对海底岩浆岩的研究结果所推断。自 20 世纪 50 年代以来，尽管发现不同洋区及同一洋区中不同的构造单元，其洋壳结构都有明显的变化，但深地震探测确认了洋壳在全球大洋盆地中总体很薄，并且普遍具有三层结构。在此所谓的标准洋壳结构主要指大洋盆地的理想地壳结构。表 3-1 列举了 Bott(1982)划分的大洋标准地壳结构的速度与厚度特征。

表 3-1　大洋地壳结构(据 Bott,1982)

	v_P(km/s)	平均厚度(km)
水层	1.5	4.5
第一层	1.6～2.5	0.4
第二层	3.4～6.2	1.4
第三层	6.4～7.0	5.0
	莫霍面	
地幔层(第四层)	7.4～8.6	

第一层(层Ⅰ)为沉积层,区域性差别相当大,厚度为 0～2 km,平均厚度约 0.4 km。地震纵波速度(v_P)为 1.6～2.5 km/s。沉积物主要是由浊流搬运到深海的陆源碎屑、海洋生物和自生沉积物以及火山沉积物等,深海沉积物的分布通常受底流和等深流的再搬运作用的影响。沉积层通常在大洋中脊轴部缺失或极薄,随着远离大洋中脊而逐渐增厚,洋盆边缘最厚可达2 km。

第二层(层Ⅱ)为基底层,亦叫火山岩层,是以玄武岩为主(图 3-4),夹有已固结的沉积岩,层面极不平坦,厚度变化较大,介于 1.0～2.5 km 之间,平均约 1.4 km;v_P 为 3.4～6.2 km/s。上部多为低钾拉斑玄武岩(即大洋拉斑玄武岩)、夹杂有深海沉积物的枕状熔岩及玻璃质碎屑岩。越往下沉积物越少,以至消失;下部多为呈岩脉或岩床形式的辉绿岩;底部为席状岩墙群。

图 3-4　大洋中脊出露的枕状熔岩

第三层(层Ⅲ)为基底层,又叫大洋层,是大洋地壳的主体。v_P 为 6.4～7.0 km/s,由此推测可能是辉长岩、角闪岩或蛇纹石化橄榄岩等。其厚度相对变化不大,平均厚约 5.0 km。

需要说明的是,迄今人类的取样能力,只钻取到洋壳第二层的部分样品(ODP504B 孔)。各层的进一步细分是随着地球物理探测精度的不断提高和研究目的的不同而提出的,但仍多属推断。

洋壳在横向上变化较大,在大洋中脊或海底火山上往往缺失层Ⅰ,在局部热点或大洋中脊处有时没有层Ⅲ,取而代之的是壳幔混合层。壳幔混合层起初是指在中脊轴部年轻洋壳地震波速度剖面上发现的低速层或异常地幔,顶面埋深从海底之下数百米至 2.0～4.0 km。低速洋壳层一般见于年龄小于 1.5 Ma 的洋底之下,与洋中脊轴部之下岩浆房局部熔融作用有关。

三、洋壳与陆壳的主要区别

(1) 物质组成:洋壳主要由玄武质岩及超镁铁岩石组成,陆壳则以巨厚花岗岩质岩为主。相对洋壳，陆壳富集 Si 和 K，而贫 Fe，Mg 和 Ca(表 3-2)。譬如，洋壳 SiO_2 含量不足 50%，而陆壳则在 60%以上；洋壳中 K_2O 的含量仅为陆壳的 1/7 左右。因此，在地球化学特性上，洋壳 Si 和 K 比陆壳低，而 Fe 和 Mg 高。

表 3-2　洋壳和陆壳各层的平均化学成分(wt%，据 A. B. Ronov 和 A. A. Yaroshevsky 1969)

地壳类型 含量组分	大陆型和次大陆型				大洋型			
	沉积层	花岗岩质层	玄武岩质层	平均	层Ⅰ	层Ⅱ	层Ⅲ	层Ⅳ
SiO_2	50.0	63.9	58.2	60.2	40.6	45.5	49.6	48.7
TiO_2	0.7	0.6	0.9	0.7	0.6	1.1	1.5	1.4
Al_2O_3	13.0	15.2	15.5	15.2	11.3	14.5	17.1	16.5
Fe_2O_3	3.0	2.0	2.9	2.5	4.6	3.2	2.0	2.3
FeO	2.8	2.9	4.8	3.8	1.0	4.2	6.8	6.2
MnO	0.1	0.1	0.2	0.1	0.3	0.3	0.2	0.2
MgO	3.1	2.2	3.9	3.1	3.0	5.3	7.2	6.8
CaO	11.7	4.0	6.1	5.5	16.7	14.0	11.8	12.3
Na_2O	1.6	3.1	3.1	3.0	1.1	2.0	2.8	2.6
K_2O	2.0	3.3	2.6	2.9	2.0	1.0	0.2	0.4
P_2O_5	0.2	0.2	0.3	0.2	0.2	0.2	0.2	0.2
C	0.5	0.2	0.1	0.2	0.3	0.1	0.0	0.0
CO_2	8.3	0.8	0.5	1.2	13.3	6.1	—	1.4
S	0.2	0.0	0.0	0.0	—	—	0.0	0.0
Cl	0.2	0.1	0.0	0.1	—	—	0.0	0.0
H_2O	2.9	1.5	1.5	1.4	5.0	2.7	0.7	1.1

(2) 厚度：洋壳平均厚度仅 7 km 左右，而大陆型地壳厚度一般在 35～40 km 之间。陆壳厚度变化较大，通常地势越高厚度越大，如青藏高原(>70 km)，而裂谷下可能只有几千米。大洋地壳厚度与地势的关系相对复杂，如贯穿四大洋的大洋中脊体系，虽是洋底最突出的隆起地形，其洋壳厚度比正常洋盆还小，仅 2～5 km；而海底山脉——无震海岭(如夏威夷海岭)，洋壳厚度却可达 20 km 以上。

(3) 地球物理特征：洋壳虽薄，却以正重力异常值为特点，大洋盆地的布格异常值可达+500 mGal；陆壳虽厚，其重力异常值却主要表现为负值，高山地区布格异常值一般为-500～-300 mCal。这种情况表明，构成陆壳的岩石密度较小，而洋壳密度要大得多，这就是通常所说的地壳均衡现象。

(4) 年龄：陆壳上最古老的岩石或矿物可达 39×10^8 a；而洋壳岩石一般都小于 1.6×10^8 a，最古老的洋壳也没有超过 1.8×10^8 a，而且 50%的大洋表面积形成于最近 65 Ma，这意味着 30%的地球表面是在地质历史的最近 1.5%的时间内形成的。因此，洋壳要比陆壳年轻得多。

(5) 火山活动:大部分陆地上很少有岩浆或火山活动,而大洋内火山活动相对普遍得多,尤以大洋中脊和大洋边缘的岛弧为火山与侵入活动最盛。大洋中脊以玄武岩和橄榄玄武岩等基性玄武质岩浆活动为主,大陆边缘则以安山岩、英安岩和流纹岩等中酸性火山岩为主。

(6) 构造活动:陆壳的褶皱和断裂构造都很发育,大部分山脉是由花岗岩质岩浆岩或(和)变形变质岩或(和)未变形变质的沉积岩组成;洋壳构造除大洋边缘沟—弧体系外,洋底是以断裂构造为主,特别是沿中脊轴分布的中央裂谷以及与之垂直的横向大断裂,是地球表面规模最大的两大断裂系统。

(7) 结构分层:陆壳的分层不明显,难以确定,变化较大,反映了其复杂的演化历史。尽管在有些地方可以分出上部的硅质陆壳和下部的镁铁质陆壳,但两层界面并不清晰连续,不具有全球性。相反,洋壳垂向上的三分结构在世界各大洋非常明显,尽管这些层(特别是层Ⅱ和层Ⅲ)的性质(岩性和厚度)在不同洋区随深度有明显变化,这只是反映了演化过程中的差异。

第三节　地幔和地核

一、地幔

地幔是指地壳下面(M 面)直到地核(古登堡不连续面——Gutenberg Discontinuity)的中间层,厚度约 2 865 km,约占地球总体积的 83.2%,这是地球内部体积和质量都最大的一层。地幔又可分成上地幔和下地幔两层(图 3-3)。上地幔顶部存在一个地震波传播速度减慢的层(古登堡低速层),一般又称为软流层,推测是岩石高温软化,并局部熔融造成的,很可能是岩浆的发源地。地幔主要由富 Mg 的岩石组成。根据地震波传播速度(表 3-3),考虑岩石的矿物组合关系,推测上地幔岩石应该是富含橄榄石的超基性岩。地幔最上部与莫霍面最下面的岩石,其平均 v_P 为 8.1 km/s,并具有各向异性。随着深度的增加其密度由 3.3 g/cm^{3}增大到 5.5 g/cm^3,地震波速也相应逐渐增大。密度的递增是不连续的。地幔在水平和垂直方向上都有着明显的变化,通常以深度为 400～1 000 km 的过渡带把地幔分为上、下地幔,但现今通常将深度 640～670 km 作为过渡带下界面。上地幔和过渡带的界面与橄榄石相变为尖晶石的深度(400 km)一致,而过渡带与下地幔的界面则与矿物转变为钙钛矿结构的深度(640～670 km)一致。

表 3-3　地幔矿物的弹性波传播速度

矿物	密度(g/cm^3)	v_P(km/s)	v_S(km/s)
橄榄石	3.31	8.42	4.89
斜方辉石	3.34	7.85	4.76
单斜辉石	3.28	8.06	4.77
尖晶石	4.00	9.20	5.10
石榴石	3.70	9.00	5.00

上地幔是由原始地幔发生部分熔融，产生玄武质岩浆分离析出后剩余的产物。出露于阿尔卑斯山的橄榄岩被认为是其典型代表。林伍德(Ringwood)认为上地幔的化学成分相当于由 3 份阿尔卑斯型橄榄岩(橄榄石 79%、斜方辉石 20% 和尖晶石 1%)和一份夏威夷型拉斑玄武岩组成。据最近同位素和微量元素地球化学研究表明，地幔组成非常复杂，在地球化学上可以划分出 6 种地幔端元或储库(Reservoirs)，通过这些地幔端元广泛的混合作用方可以解释观察到的各种幔源岩浆岩的同位素和微量元素组成。

需要说明的是，人类迄今还无法确切地知道地幔的结构和物质组成，现有的知识是来自对地震波传播速度、陨石和深部岩浆源物质的研究所推断的。

二、地核

地球内部中心存在核的假设是 Oldham(1906)提出的，其依据是离地震震中 180°角距离附近所记录的 P 波到达时间比预期的要晚得多。1913 年，在哥廷根大学，古登堡计算出在约 2 900 km 深处 P 波波速下降约 40%，这就是古登堡不连续面，它标志着地幔与地核的分界。

地核的密度非常大，虽然在体积上只占地球的 16.2%，但质量却占了约 32%，主要由 Fe 和 Ni 元素组成。地核物质的平均密度大约为 10.7 g/cm^3，温度非常高，推测可达 6 680℃左右。

地核又有外核、内核之分(图 3-5)，内核与外核的分界面大约是在深度 5 150 km 处。因为地震波的横波不能穿过外核，所以推测外核是由 Fe、Ni 和 Si 等物质构成的熔融态或近于液态的物质组成。液态外核会缓慢流动，故推测地球磁场的形成可能与此有关。由于纵波在内核是传播的，所以内核可能是固态的。关于内核的物质构成，学术界有不少争议，许多人认为主要是由 Fe 和 Ni 组成。此外，内、外核也不是截然分开的。有学者认为，在内、外核之间，还存在一个不大不小的“过渡层”，深度在地下 4 980～5 120 km 之间。

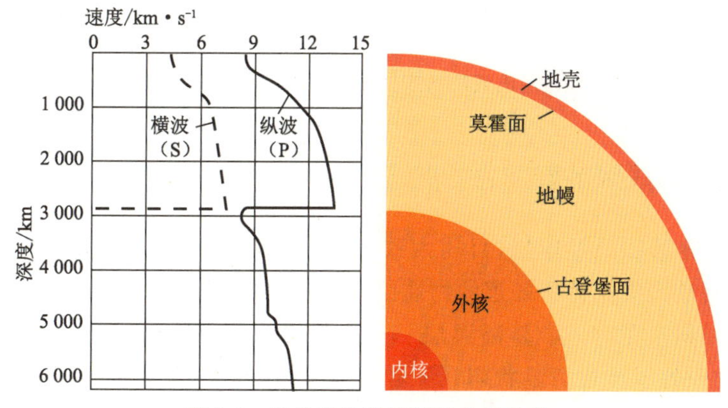

图 3-5 据地震资料推测的地核结构

第四节　低速层(软流层)

一、基本概念

根据对地震观测资料的分析,在地壳岩石圈以下 70～100 km 至地下约 640 km(有的地方可深达 1 000 km)之间,地震波的传播速度明显下降,地球的这一圈层在地球物理学上被称为低速层(带)。据推测,低速层内的温度约 1 300℃,压力达 3 万个大气压,这正是超铁镁质岩石的熔点。因此,低速层应是超铁镁物质的塑性体,在压力的长期作用下,以半黏性状态缓慢流动,故又被称为软流层。

软流层的深度各地不等、厚度各异。通常情况下,洋壳下的软流层厚度比陆壳下的软流层厚度大。早期认为洋壳下的软流层底界深度为 400 km,厚约为 350 km;而在陆壳之下,顶界深 100～150 km,底界深 200～300 km,厚为 100～150 km。最新研究多将 640 km作为底界,也有人确定 670 km 相当于下地幔的上界。软流层的顶、底部都不是一个平整的面,而是逐渐过渡的轮廓不清的层带。软流层的岩石处于部分熔融或塑性状态,当它受到很小的剪切力作用时就会发生相应的形变,也就是说只要有微小的应力就能引起物质的流动。板块构造理论认为软流层中的地幔对流是驱动岩石圈板块运动的动力(见第五章),刚性的岩石圈板块“漂浮”在软流圈之上移动(图 3-6)。

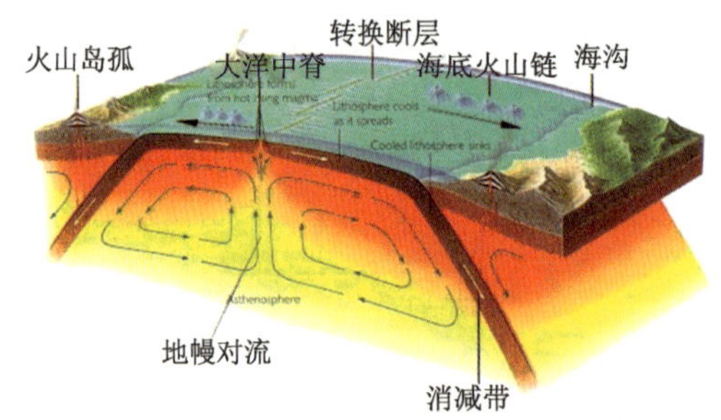

图 3-6　地幔对流驱动海底岩石圈板块运动模型(来自网络)

二、低速层的成因解释及力学特征

之所以在上地幔出现低速层,目前大致有三种解释(推测):① 物质组成不同——软流层可能是由目前人类还无法知道的物质组成,这种物质既可以表现为化学成分的不同,也可以是物质结构上的不同;② 高温层——推测这一低速层可能是放射性物质的聚集带,导致该层物质处于异常高温状态;③ 岩石部分熔融——低速层内岩石发生了部分熔融所致。根据实验室内高温高压实验和理论计算结果表明,只要有 1%～3%的地幔物质处于熔融状态,就能引起地震波传播速度和电阻的急剧衰减,而对地震波的吸收率大大增加。因此,目前通常认为低速层是由于上地幔在相应深度的物质发生部分熔融的缘故。

高温高压实验结果表明,地幔中的橄榄石相在水的作用下熔点降低,产生部分熔融,使得软流圈相对于地幔其他部分黏滞度变小，并且容易发生变形或流动。图 3-7 给出了理想情况下软流层的成因解释。随着深度的逐渐增大，地下温度也相应增高，在大约 100 km 的深度，有水参与的地幔物质固相线与地温线相交，表示地幔物质开始发生熔融；当深度超过大约 180 km 时，由于地温增加缓慢，压力增加，使得地温线与地幔物质固相线分开，说明地幔物质重归固相状态。近几年来的研究中亦有把软流层（低速层）称为塑性层、低刚度层或地幔对流层。

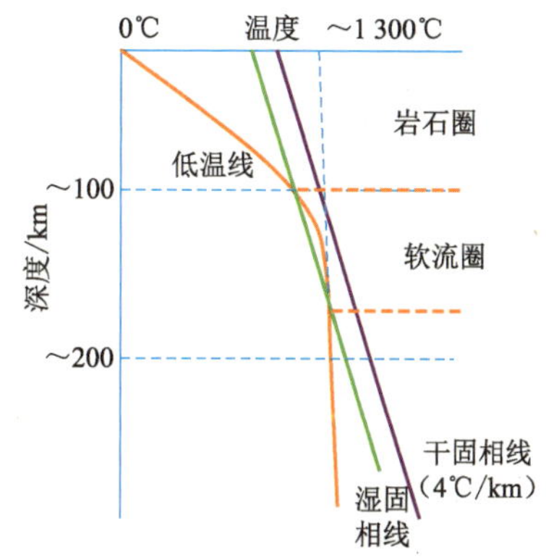

图 3-7 软流圈成因解释图

（引自 http://gore.ocean.washington.edu/）

在很长一段时间内，国际学术界普遍认为，软流圈对流导致元素扩散，并有效地消除软流圈中物质的不均一性，这得到了源于软流圈地幔的大洋中脊玄武岩地球化学性质相近的支持。然而，2008 年中国科学院学者刘传周等在 *Nature* 发表论文，指出在同一个采样点，地幔的 Os 同位素也存在着高度的不均一性。软流层虽有部分熔融，但地震横波仍能通过，说明熔融相当有限。有限的熔浆充填在难熔橄榄岩晶粒之间，橄榄岩构成软流层的岩石格架。对于地震波，岩石格架起着固体的功能，传播地震波。在晶体颗粒之间所充填的熔浆对晶体颗粒起着润滑作用，在哪怕非常微小但长期作用力下，软流层物质就会发生塑性变形或缓慢的流动。因此，这层呈软化或塑性状态的物质，不具有抗剪切应力的性能，长期成流动状态，不可能发生地震。

第五节 岩石圈

一、基本概念

从 18 世纪开始，人类开始探究地下深处，利用地震记录资料揭示固体地球是由不同圈层构成的。1914 年巴雷尔首先提出了岩石圈概念。1926 年，地震学家古登堡发现低速带（低速层或软流圈）。1950 年确定岩石圈下界为古登堡不连续面，深度约 100 km。

岩石圈是指地球最外面的刚性（固体）层圈，包括地壳和地幔的最上部，具有较高的刚性和弹性，厚度为 60～120 km，为地震高波速带。在地震学意义上，岩石圈是指上地幔低速层以上的物质，地震波速传播速度明显大于其下伏的低速层，是天然地震的主要震源带；在构造学上，是参与地球表层构造变形和构造运动的外部圈层，地球上的山海奇观无不是岩石圈构造变动的结果；在热力学意义上，岩石圈可以看作由蠕变强度和有效黏度控制的具有塑性特点的软流层之上的物质层。地壳和地幔间的莫霍面是岩石圈内部的结构界面之一。迄今人类所掌握的直接知识还只是岩石圈之上很小的一部分，还没有超出地壳的范围。岩石圈上覆水圈、大气圈和生物圈，下伏软流圈。因此，岩石圈同其他圈层相互作用的内容最为丰富，甚至包括同宇宙其他天体的相互作用。

岩石圈厚度（底界深度）变化很大，通常从大洋中脊之下接近于零，或只几千米，直到大陆年轻造山带超过 150 km。岩石圈厚度与其年龄有一定的关系(但非线性关系)。在最年轻的洋壳下面,岩石圈最薄。在造山带最老的陆壳下面,岩石圈最厚。在中国东部,岩石圈厚约 100 km,其中包括中国东北、中朝克拉通、扬子克拉通东部和华南造山带。青藏高原和塔里木克拉通以南地区的厚度变化较大,厚度在 160～220 km 之间。整个大陆岩石圈厚度分布并没有显示出与地壳年龄的线性相关关系,却表现出了与大地构造格局的直接关系。受板块碰撞强烈影响的地区,岩石圈较厚。

二、岩石圈的特性

(1) 刚性:岩石圈是地球最外部的刚性固体圈层,但相比之下岩石圈的地壳比地幔部分更柔软,更易发生形变。在地幔岩石圈中,岩石的刚性系数随深度变大而增加,至岩石圈底界面时,能达上部刚性系数的 4 倍,因而它使板块具有刚性的特点。岩石圈上部的地壳因主要由沉积岩和变质岩组成,相对柔软易变形,造就了地球表面千姿百态的地貌景观。

(2) 物质组成:纵向和横向上都变化非常大,但大洋岩石圈物质组成相对稳定。最上部的地壳部分主要由花岗岩(陆壳)和玄武岩构成,而下部的上地幔部分(岩石圈主体),过去大都认为由榴辉岩构成,现在多数人则认为由橄榄岩构成。据 Jordan T H(1979)的研究,在深约 70 km 的上地幔物质主要由 4 种矿物构成:橄榄石 60%,斜方辉石 12%,单斜辉石 15%,石榴石 13%。这 4 种矿物构成的橄榄岩称作石榴石二辉橄榄岩,其中每一种矿物的熔融温度都不一样。岩石圈主要由岩浆岩、变质岩和沉积岩三大岩类组成,三者通过地下深部岩浆作用、大气和水圈的风化作用与沉积作用、区域变质作用等地质作用相互转化,构成了岩石圈内的物质循环系统(图 3-8),使岩石圈处于持续的动态平衡之中。

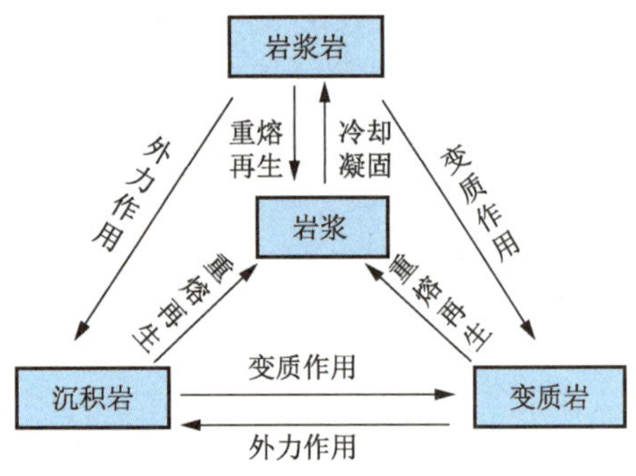

图 3-8　岩石圈内的物质循环

(3) 流变学特性:在垂向上,岩石圈具有流变学分层结构,韧性变形层分割了脆性层。岩石的强度取决于温度、压力和成分,因此,成分随深度的变化是导致大陆岩石圈具有“三明治”流变学分层结构(Ranalli 和 Murphy 1987)的原因。在大陆地区 10～50 km 深处为脆-韧性转换带(图 3-9),脆-韧性转换带的深度取决于当地的地温梯度,转换带以下的岩石力学强度较弱,极易变形。陆壳比洋壳厚,其下部温度在 400℃～700℃,其强度要比相应深度大洋岩石圈中橄榄岩软弱得多。因此,大洋岩石圈由于其较强的岩石圈基底而表现为单一的块体,而大陆岩石圈在下地壳深度有一特征的软弱层(图 3-9)。这种流变学分层性可以用来解释陆壳在板块碰撞期间为什么会与岩石圈地幔拆离并由地壳逆冲岩片发生堆垛而出现喜马拉雅山型山链。

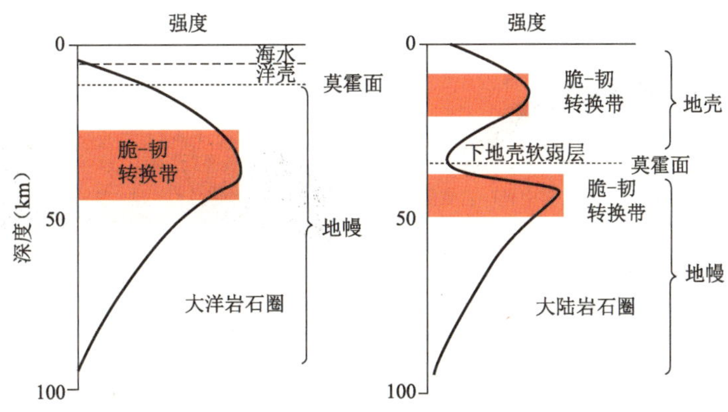

图 3-9　大陆和大洋岩石圈强度剖面示意图(据 Molnar,1988,有改动)

(4) 分块:岩石圈表现出分块特性。根据研究目的或地质作用规模的不同,板块可划分为大、中、小、微 4 个等级(详见第五章)。

三、岩石圈的形成

关于岩石圈的成因演化,有各式各样的模式解释。早期主要有岩浆侵入生长模式和分异结晶生长模式。前者是指软流层中部分熔融岩浆向岩石圈底部侵入,冷凝结晶而形成榴辉岩,并使岩石圈增厚;后者是指软流层中的熔融岩浆不是向岩石圈侵入,而是在岩石圈底部缓慢冷却,析出的晶体附着在岩石圈底部而使岩石圈逐渐变厚。

但是,由于迄今对岩石圈的层状结构仍存在有争议,正期待建立更准确的岩石圈演化模式。因此,关于岩石圈的成因及演化解释也就存在众多的不确定性。例如,在海洋岩石圈 50 km 以深部分,有一个 P 波速度为 8.5～8.6 km/s,S 波速度为 4.9 km/s 的高速层。根据 Shimamura 等(1977)的研究,在海洋岩石圈下部的温度、压力条件下,该层对应的岩石其石榴石含量必须在 60%以上,而天然榴辉岩中所含石榴石在 50%以下,自然界中似乎不存在石榴石含量超过 60%的岩石。上述岩石圈成长机理都很难产生含石榴石 60%以上的高速岩层。

根据陈国能(2011)的研究,岩石圈内能变化导致岩石的形成和消亡。组成岩石圈的三种不同类型岩石的形成和消亡过程在岩石圈表面引起不同的大地构造效应。大洋岩石圈和大陆岩石圈的演化效应存在互补关系:前者内能升高导致岩石形成,反之岩石消亡;后者内能升高导致岩石消亡,反之岩石形成。前者造成平面上自大洋中脊向外变老的岩石序列,后者造成平面上自陆核向外变新,剖面上自重熔界面向上和向下变新的岩石序列(图 3-10)。

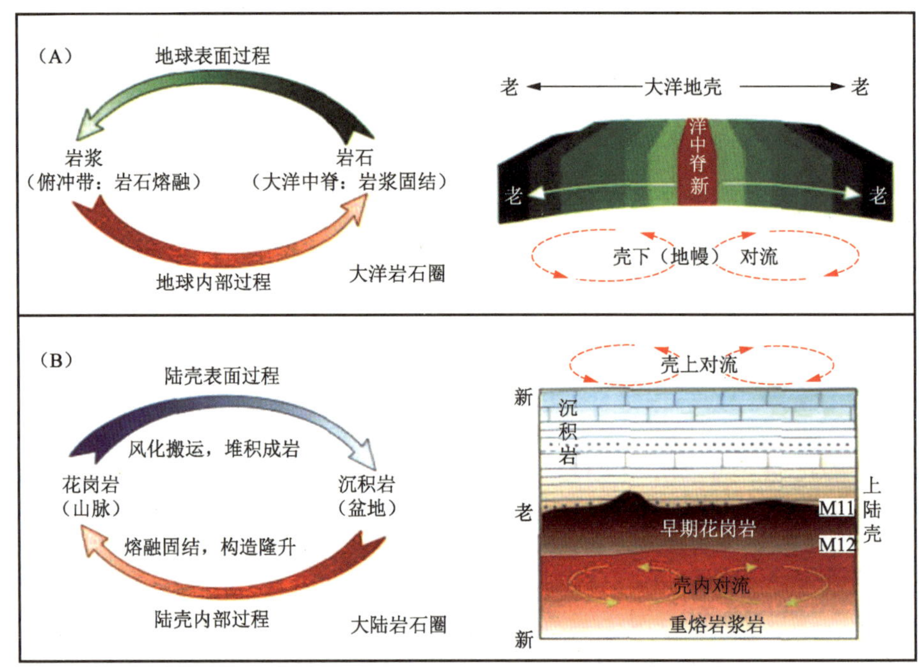

图 3-10 大洋(A)与大陆(B)岩石圈循环与岩石序列(据陈国能,2011)

小 结

本章主要介绍了地球的结构，首先将其从纵向上分为三大基本圈层：地壳、地幔、地核。将地壳又进一步分为陆壳和洋壳，并进一步讨论了二者之间的差异。低速层或软流圈在海洋地质作用中占有突出的位置，重要的地质作用源于软流圈，因而重点讨论了低速层与软流圈的特性与成因解释。海洋地质学主要是研究被海水覆盖的地球岩石圈及其与地球其他圈层的相互关系和相互作用。因此，把岩石圈作为单独一节，重点讨论了岩石圈的基本概念、特性、分块及其成因机制。

思考题

1. 你认为低速层或软流圈是怎么形成的？其存在的科学意义有哪些？
2. 软流圈不均一性的科学意义在哪里？
3. 大陆岩石圈与大洋岩石圈的主要区别？

第四章　海洋环境要素

浩瀚的海洋，是地表巨大盆地中的水体。它既是陆地水的主要供应源泉，又是各种陆地水的汇聚场所。大陆在各种自然动力作用下，遭受风化剥蚀，其破坏产物源源不断地输送到海洋中沉积，这些沉积物中保存着人类用来认识地球演变的丰富资料和赖以生存的宝贵矿产资源。

海洋通过自身的动力对海岸和海底进行侵蚀、对碎屑物质进行搬运和沉积等作用的过程，称为海洋的地质作用，它与海洋地质作用有着完全不同的科学内涵。海洋的地质作用主要是指由于海水运动和海水的物理化学过程对海底及沉积物的作用。海洋地质作用除了包括上述海洋水体对海底和沉积物的作用之外，还主要包括由于受其他能量（外力和内力）的作用，海底岩石圈所发生的物质组成、结构构造、海底形态等的变化过程。

在地质历史中，由于沧桑巨变，海水曾反复地侵入大陆内部，留下了广泛的遗迹。今天在陆地上见到的各个地质历史时期形成的沉积岩和沉积矿产，绝大部分都是古老的、已经消失的海洋中通过沉积作用形成的产物。因此，研究现在海洋的地质作用，可以按照“将今论古”的原则，查明各种海相地层的成因以及探讨地壳乃至地球的发展演化历史。

为了了解古老海洋的地质过程，海洋地质学家必须了解海洋水循环的特征以及控制这种循环的力。总体上，海洋的地质作用的动力主要包括三个方面，即海水的物理运动、海水的化学作用和海洋生物作用。在大洋深水区，海底沉积物的类型、生物和化学过程及其所导致的沉积物，主要是穿过水柱来实现的。而相比之下，海岸带则是极不稳定的环境，不仅是现代波浪、潮汐、风和海流多种动力的相互强烈作用区，而且是地史时期海平面频繁变化的地带，同时又是与人类活动关系最为紧密的区域。

根据研究工作目的不同，有各式各样的海洋环境分类方法，也就有了各种不同的环境要素体系。在此，我们主要从海水的物理运动、海水的化学作用和海洋生物作用三个方面简单地介绍与海洋地质关系密切的海洋环境要素。

第一节　海洋物理学特征

海水是运动的，运动着的海水是海洋地质作用重要动力之一。从物理角度讲，海水的运动形式主要表现为：波浪、潮汐、洋流和浊流。海洋的物理要素是指包括描述海水运动形式，以及引起海水运动现象在内的参数集合。

一、波浪

海水有规律的波状起伏运动称作波浪，也叫海浪。波浪主要是由风摩擦海水而引起，也可因潮汐、海底地震、火山爆发以及大气压力的剧烈变化而产生。由风引起的波浪称为风浪，其波形复杂多变。传至无风区的波浪称为涌浪，其波形平滑而规则，波长可达 1 000 余米。波浪在外形上有高低起伏，波形最高处称为波峰，最低处叫作波谷，相邻两波峰（或波谷）之间的距离称作波长，波峰到波谷间的垂直距离叫作波高。相邻的两个波峰或波谷经过空间同一点所需时间称为波周期，波形在单位时间内前进的距离叫作波速。波长、波高、波周期和波速称为波浪的四大要素（图 4-1）。

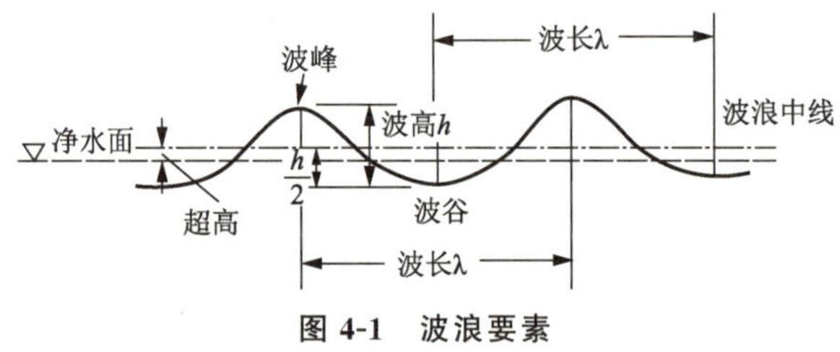

图 4-1　波浪要素

风、地震、火山爆发等因素，可以导致大洋深水区发育波高几十米、波长达千米的巨型波浪——深水波。但是，尽管这些波浪可以传播到很远的地方，然而对于深海的海底却影响很小，甚至说没有影响。当这些巨型波浪传播至浅水区或海岸带时，其破坏性是巨大的，甚至可以发展成为灾害性的海啸或风暴潮。

在大洋深水区，波浪只是波形和能量的传播，而没有水体的移动，水质点只是在原地做规律性的圆周运动。由深水区到浅水区，水质点由圆周形运动到椭圆形运动，再到往复运动。当波浪从深水区进入浅水区以后，水质点的运动轨迹由圆变成椭圆，称为浅水波。从水面往下，随着深度的增大，椭圆的压扁程度也越高，至海底扁度达到极限，椭圆的垂直轴等于零，水质点平行于海底做直线形往复运动。由于海底的摩擦作用，表面水质点的移动速度大于底部水质点的移动速度，水质点每次沿椭圆周运动后向前的位移量也显著增大。结果是波速变慢，波长缩短，多余的能量使波高加大，周期加快，波峰开始前倾。

波浪向浅水传播到水深为 1/2 波长时，开始作用海底。由于受海底摩擦影响，水质点运动轨迹发生变形，波浪的前坡变陡。波浪继续向岸运动，由于海底摩擦逐渐增大，表面水质点的运动速度（快）较水体底部水质点的速度（慢）越来越快，波浪前坡更加陡立，造成波形前、后坡的不对称，当水深为 1～2 个波高时（通常 D＝1.28H），波峰前坡变得过陡，甚至直立，进而波浪发生破碎——波峰向前卷倒、崩塌，碎解为饱含泡沫的浪花，形成破浪。破浪迅速涌向岸边，拍击海岸，称为拍岸浪。

波浪破碎所产生的动力效应使在海滩的横向上由海向岸依次出现破浪带（有时称破波带）、激浪带和冲洗带。破浪带是指波浪破碎的地带，破浪对海底发生较强的侵蚀作用，冲蚀海底的深度常达 5～10 cm。被搅动的碎屑多以推移质形式,垂直于海岸线做往复运动,少量沿岸迁移。波浪破碎后对海底发生较强的侵蚀作用,当以卷浪的形式破碎时,往往在水下形成沙坝(图 4-2),若波浪以崩浪的形式破碎,就不会有沙坝发育,而形成小沙波。

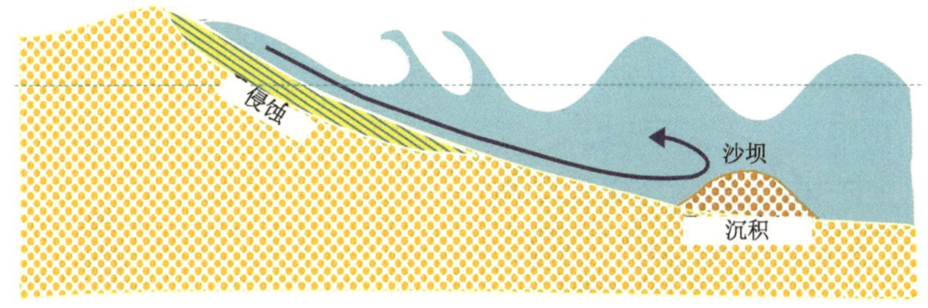

图 4-2 波浪侵蚀沙滩及沙坝形成机制示意图

当波向斜交于海岸线时,波动力平行于岸线的分量将在破浪带产生沿岸流,波高和波角(波峰线与岸线夹角,又称波浪逼近角,图 4-3)越大沿岸流就越大;如果波向线垂直于海岸线,只要波峰线高度不一,在破浪带产生沿岸流的同时,还会产生离岸流(图 4-3)。冲洗带是指推进波最后一次破碎形成冲流和回流的地带。水体以冲流的形式沿滩面上冲,重力、摩擦力以及水的下渗将造成冲流减速甚至停止。由于重力作用,上冲的水体会向海回流。波浪倾斜入射时,碎屑随着冲流向岸运动的轨迹平行于波峰线并与岸线斜交,而被回流挟带的泥沙运动轨迹与岸线垂直,故称之为“之”字形运动。

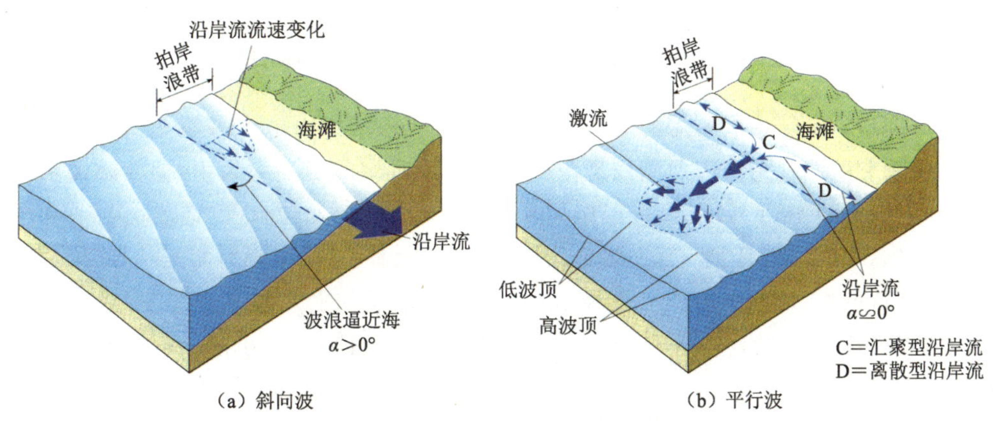

图 4-3 沿岸流与裂流(据 Pinet P R,1992)

关于激浪带和冲洗带的动力学性质详见第六章第二节。

波浪是海岸带的主要动力,尤其是在砂质海岸,成为塑造岸滩的主要动力。在波浪和潮汐的共同作用下,塑造了海岸带(特别是滨岸带)各式各样的地貌形态。

二、潮汐

海水表面在月球与太阳的引力作用下所发生的周期性涨落现象叫潮汐(图 4-4)。包括海面周期性的垂直升降运动和海水周期性的水平运动，前者叫作潮汐，后者称为潮流。在潮汐现象中，水位上涨为涨潮，水位下降为落潮。涨潮时海水的流动叫涨潮流，落潮时海水的流动叫退潮流。海面涨至最高水位称为高潮，而海面降至最低水位称为低潮。相邻高低潮水位之差，叫作潮差。

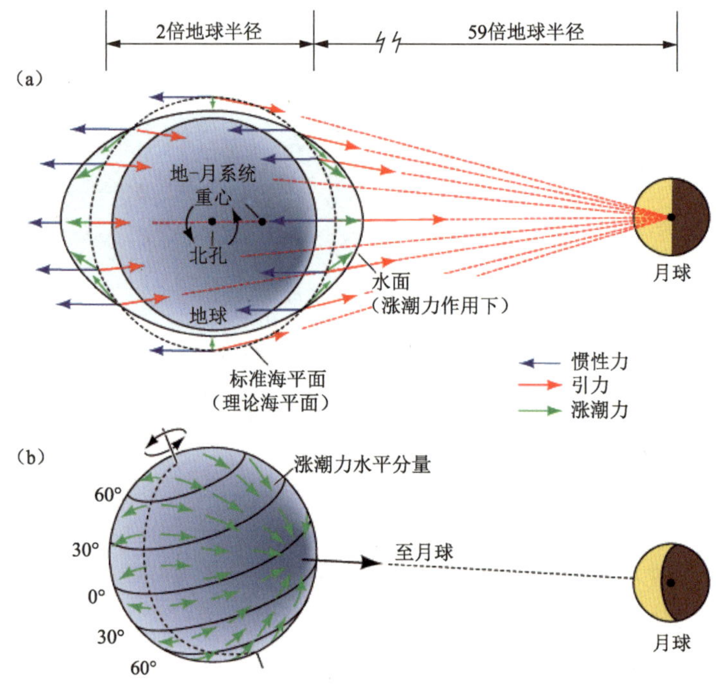

图 4-4　潮汐形成的力学模式(据 John Wiley 和 Sons,1999)

月球绕地球旋转一周所需的时间为 24 小时 50 分，故同一地点每隔 12 小时 25 分就有一次涨潮和落潮。地球表面潮汐现象的产生虽以月球的引潮力为主，但太阳的引潮力(为月球引潮力的 46.6%)也起一定作用。因此，当出现新月和满月(即农历初一和十五或十六)之后 1～2 天，月、地、日三者位于同一直线上，日、月的引潮力相互迭加，形成高潮特高、低潮特低的大潮；当出现上弦月或下弦月（即农历初七八及二十二三)后 1～2 天，月、地的连线与日-地的连线垂直，日、月的引潮力互相抵消，形成小潮。可见潮汐的大小同月亮的圆缺关系密切。

在一个太阳日(24 小时 50 分)内发生二次高潮和二次低潮，而且相邻的二次高潮和低潮的水位高度几乎相等，涨、落潮时也几乎相当，为正规半日潮；若相邻的高潮或低潮的高度不等，涨、落潮时也不等，则为不正规半日潮。如我国沿海从青岛附近往南直到厦门都属正规半日潮。在一个太阳日内出现一次高潮和一次低潮称正规全日潮；有的地方在半个月内大多数日子为不正规半日潮，但有时发生不超过 7 天的全日潮则称为不正规全日潮，也叫混合潮。

由潮汐引起的海面高度变化迫使海水做水平方向的周期性运动，从而形成潮流。涨潮时，潮水涌向海岸；落潮时，潮水退回外海(徐茂泉等，1999)。

（一）潮间带与潮坪

潮间带是指大潮期的最高潮位和最低潮位间的海岸，也就是自海水涨至最高时所淹没的地方开始至潮水退到最低时露出水面的范围。潮坪在空间上与潮间带是一致的，只是增加了沉积相的含义。多数的潮坪并不是单独发育，常与潟湖共生，称为潮坪-潟湖沉积相。按地理位置潮坪又可分为潮上带、潮间带和潮下带。潮上带是指位于平均高潮面以上的部分；潮间带是指位于平均高潮面和平均低潮面之间的部分；潮下带是指位于平均低潮面以下的部分。按水体能量和沉积物类型，又可将潮坪分为泥坪、混合坪和砂坪。泥坪是指位于潮坪的高潮线附近的低能环境，以泥质沉积物为主；砂坪是指位于低潮线附近的高能环境，以砂质沉积物为主；混合坪又称为砂泥混合坪，是指泥坪与砂坪之间能量中等的过渡带，具砂泥质沉积。潮汐是塑造粉砂淤泥质海岸的主要动力。潮坪的宽度取决于潮差和坡度，坡度小、潮差大，则潮坪宽广。

在一个潮周期内，潮间带的水位和流速变化（图 4-5）一般是不一致的，最大流速常常出现在涨、落潮中间前后，涨潮水流沿坡上溯至中潮坪时，水流速度接近最大值。之后，进入减速过程，潮水涨至高潮位已是强弩之末了。落潮时，流速由小增大，潮流速度未达最大值，潮水已退至中潮坪附近。

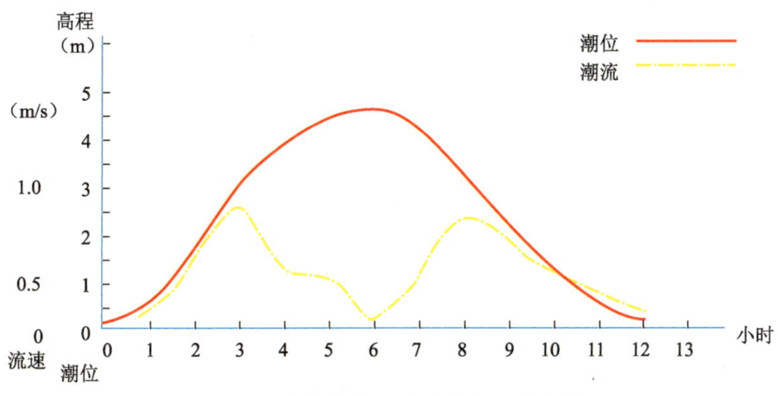

图 4-5　潮周期潮流流速与潮位的变化

（二）沉积滞后效应

潮流所携带的悬浮物主要来自滨外陆架（由涨潮流带到潮坪）和潮坪上的再悬浮沉积物。因沉积滞后效应和侵蚀滞后效应，使悬浮沉积物在潮坪上发生净向岸迁移并堆积下来。沉积滞后效应是指沉积物质点沉降到底床上的时刻晚于潮流流速减小到不能悬移搬运此质点的时刻。如图 4-6 所示，由于涨潮流的作用，质点从点 1 处被起动（流速为 2）带入 AA′水体中呈悬浮状态，随着流速低于起动流速，在点 C 开始向底部沉降（流速为 3），但由于涨潮流作用将继续向前运动，直到点 5 处才沉降到底部，此时涨潮流流速为 4。点 C 和点 5 之间的距离即为涨潮时的沉积滞后距离。在退潮时，BB′落潮流水体具有其所需要的起动流速，故该质点将从点 5 起动并搬运到点 7，在点 7 处又开始沉降，到点 9 处沉降到底部。点 7 和点 9 之间的距离即为退潮时的沉积滞后距离。由于沉积滞后效应和涨、落潮流在时间、速度上具有不对称性（通常涨潮流速大于落潮流速），使得沉积质点在每个潮周期过程中都净向陆迁移一段距离，直到该质点不能再被落潮流携带为止而沉积下来，其结果是潮汐逐渐把海底的沉积物搬运至潮间带海滩上沉积下来。

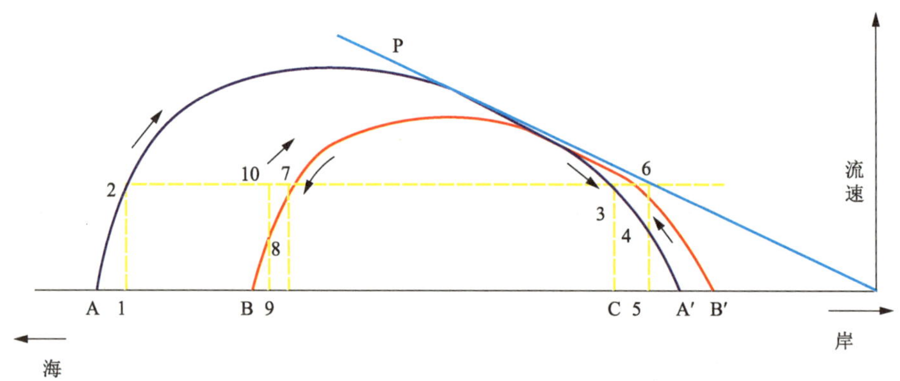

图 4-6　沉积滞后效应原理图

潮汐对海岸带地形作用非常强，特别是在浅海的峡形地区，由于潮流可以非常大，可以在海底塑造出特有的潮流沙脊地貌。在河口或峡角形海岸，潮汐往往会起到浪和流的双重作用，对滨海带沉积物的分选运移起着至关重要的作用。若涨潮或高潮时恰遇大气风暴的影响，使海平面大大高于平均高潮面，则形成风暴潮。风暴潮对浅海海底、滨岸海滩和沿岸影响（危害）非常大，有时会形成灾害。

三、洋流

受信风、科氏力、水密度、海岸与海底地形等因素的影响，海水做大规模的定向流动称为洋流或海流，它是一种在一定时间内流速、流向大致不变的水体。水平运动的有表层洋流（Surface Ocean Currents）和深层洋流（Deep Ocean Circulation）或海底洋流（Bottom Water），垂直运动的有上升流和下降流，它们在适当场所沟通起来可以构成全球性的海水循环系统。定期到来的信风（Trade Winds）是引起表层洋流的主要原因，风对水面的拖曳力及其施加于波浪迎风面的压力能使海水缓慢前进。各处海水的温度差对表层洋流的形成也有重要影响，如赤道地区温度较高的海水流向高纬度地区，称为暖流（Warm Currents）；高纬度地区的寒冷海水流向赤道地区，则为寒流（Cool Currents）。二者构成了表层海水的循环（图 4-7）。

洋流不仅存在于大洋中，在局部地区成为大陆架，乃至近岸带沉积物输运和沉积的主要的水动力条件。如西印度洋的厄加勒斯海流沿南非外陆架向南流动，流速很大（表层流速＞250 cm/s），可以搬运大量泥沙（图 4-8）。中国东海陆架外缘也受到黑潮流系的影响（图 4-9）。

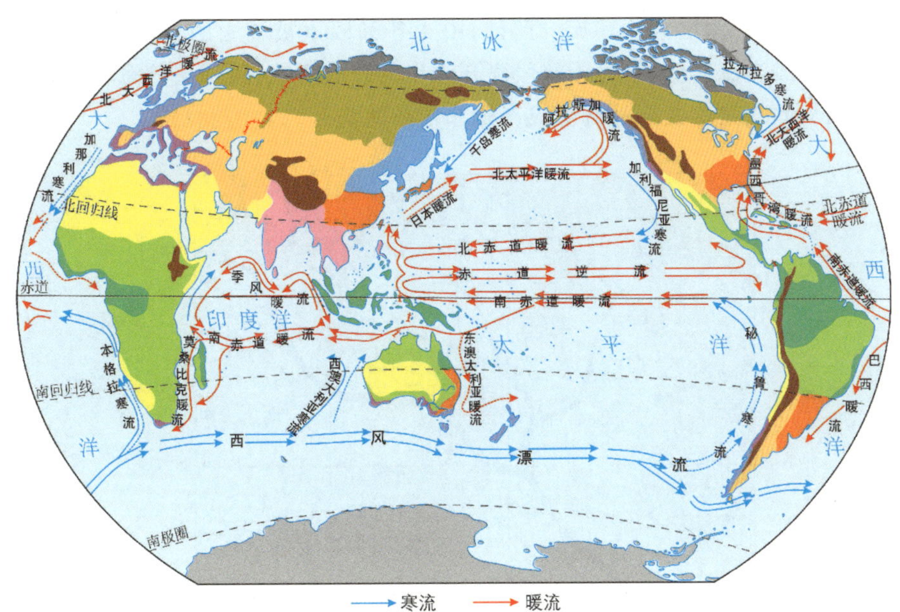

图 4-7　世界气候与洋流分布图（来自网络）

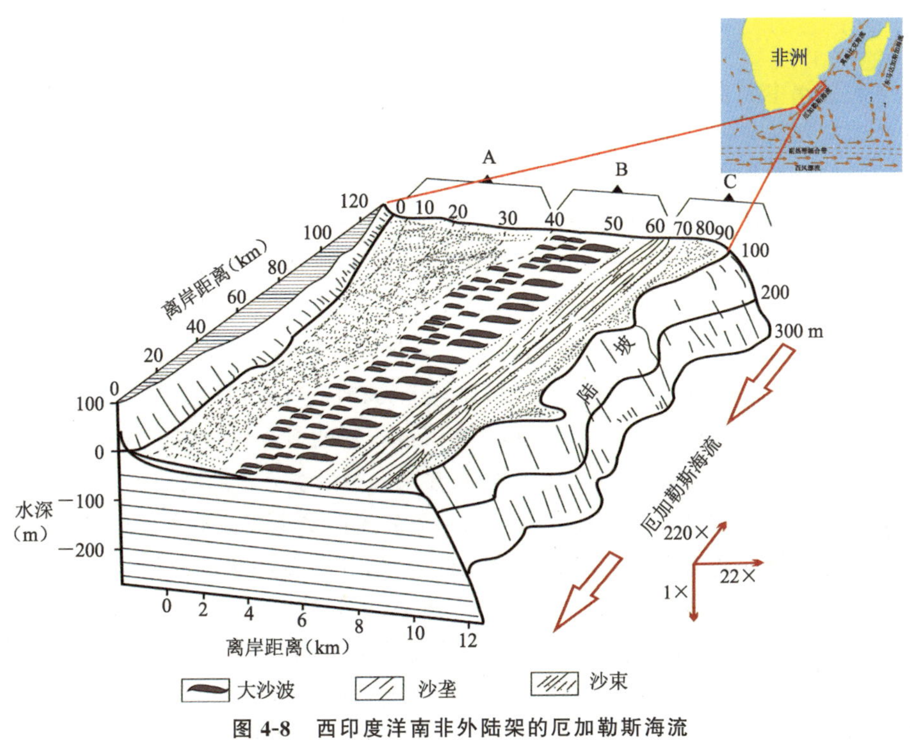

图 4-8　西印度洋南非外陆架的厄加勒斯海流

深层洋流的形成主要受海水密度控制。高纬度地区表层海水结冰，所含盐分便向下转移，从而提高下面海水的含盐度和密度，这种温度较低、密度较大的水体一面下沉，一面在靠近海底处向赤道方向流动，相应地促使低纬度地区的海水上升并向高纬度方向流动，遂构成大规模海水的深层大洋环流。此外，由于各种因素被移去的海水由另一部分海水来补充，也能形成洋流。例如，为了补偿离开海岸的表层海水，较深层的海水涌升而出，则形成上升流，从而在某些大陆沿海形成产量非常高的渔区。

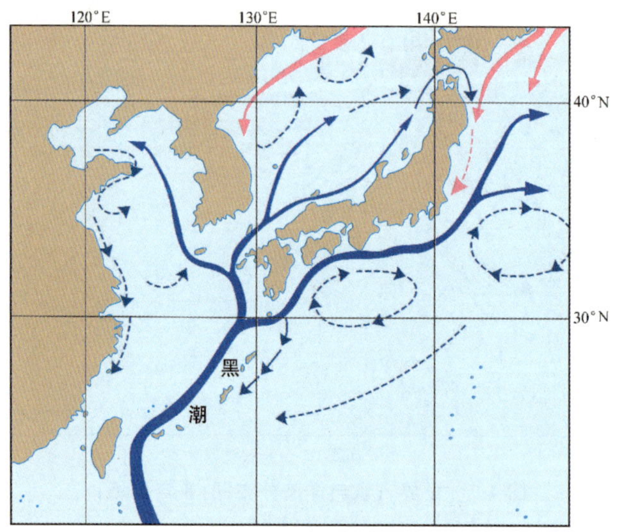

图 4-9　影响到中国东海陆架的黑潮流系

海洋底层水主要来源于南极和近北极的北大西洋（挪威海和格陵兰海）。海洋底层水所形成的深部环流是控制海洋地球化学过程、沉积物类型和洋底许多地貌特征的基础。由密度驱动的环流称为温盐环流。早在 1814 年，A. von Humboldt 就已认识到低纬度深部的冷水不能局部地生成，而必须从高纬度区向赤道方向流动。这些在洋底或在洋底附近的具最大流速的流受洋底地形的强烈控制。所以，洋底的地形形态对底层流的方向和速度产生影响，反过来，流对洋底地质也有着巨大的影响。更为重要的是底层水的特征对下列现象起重要作用：① 氧化深海大洋水；② 氧化有机物和沉积物；③ 侵蚀海底沉积物并产生不整合；④ 搬运和重新沉积沉积物，并产生具有特色的沉积层；⑤ 溶解碳酸钙和二氧化硅；⑥ 分配深海底栖生物；⑦ 在某些海底形成丰富的多金属结核矿区。

在大洋盆地周边深水区，还存在有一种沿着深海等深线分布的底层流，称作等深（线）流（Contour Current）。海洋中冷而高密度的水流的流向受海底地形和地球自转所产生的引力影响。地球的偏转力推动水流流向盆地的边缘，并沿着海水等深线流动。由等深流形成的沉积物称为等深流沉积（Contourite）。等深流主要发育在大陆斜坡处，其流速较小，沉积物多是一系列犬牙交错的薄层，呈纹层状，分选性好，磨圆度高。等深流通常位于水深 2 000～4 000 m，流速很慢（5～20 cm/s），在大陆隆的发育中起着重要的作用：一是把来自陆坡滑塌和浊流搬运而来的细粒或悬浮沉积物进行搬运和再分配，二是可以搅动深海的沉积，形成“雾浊层”。雾浊层是指在外大陆边缘至洋盆的水柱中观测到底部悬浮体浓度明显较中上层高的水层（图 4-10）。高浓度的雾浊层大多与大洋底层径向温盐环流共生。

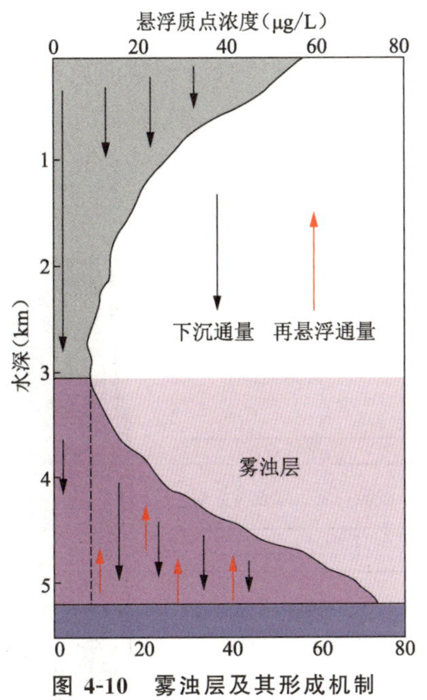

图 4-10　雾浊层及其形成机制

四、浊流

浊流(Turbidity Current)是指富含悬浮固体颗粒、密度大于周围水体的高密度水流，通常是在重力驱动下顺坡向下流动。浊流主要发源于大河的河口三角洲前缘和大陆架边缘与大陆坡上方(图 4-11)。浊流携带有大量的悬浮物(砂、粉砂、泥)，甚至还挟带有砾石。由于其密度大，在重力作用下呈束状或面状沿斜坡向下流动，造成对斜坡的冲刷切割，形成海底峡谷。进入平缓的海盆之后，随着流速减小泥沙沉积形成海底扇。

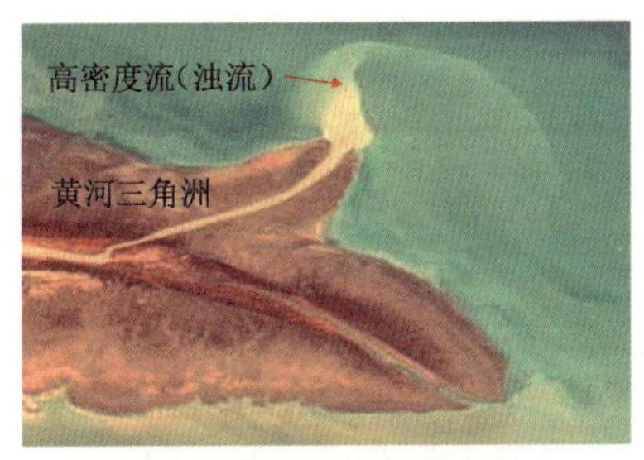

(a) 发育于黄河口外的浊流

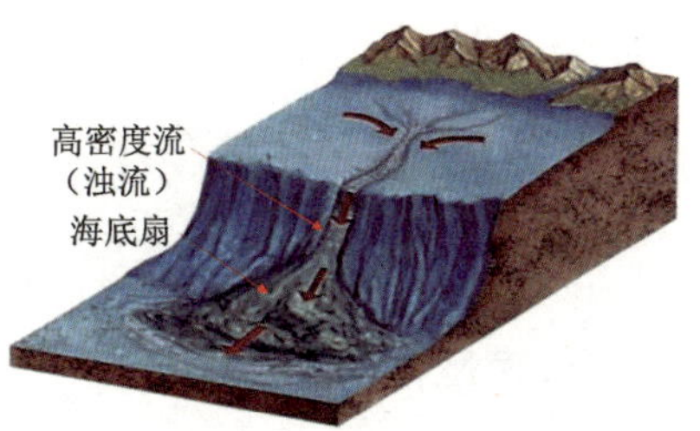

(b) 发育于外大陆架和大陆坡的浊流

图 4-11　浊流的主要发育区

浊流可分为头、颈、主体、尾四区。典型的浊流沉积具有明显的粒序层理、定向侵蚀等特征，砂层底部有充填痕，有呈互层出现的远洋黏土，具有特征性的鲍马沉积构造序列。等深流沉积在现代陆隆是很重要的沉积类型，常与重力流沉积、半远洋沉积成互层(图 4-12)。当浊流流到陆坡基脚时，其携带的大量物质便沉积下来形成扇形堆积体——浊积扇，又叫深海扇或海底扇(图 4-11)，有的学者也把大西洋大河三角洲外的类似堆积地形叫作深海锥。深海锥发育在具有广阔流域和大量沉积物载荷的大河三角洲外侧，通常出现在被动大陆边缘。世界三大河（亚马孙河、恒河和密西西比河）外缘都形成有大型的深海锥。其中孟加拉深海锥是恒河沉积物堆积而成，体积达 3 000 km×1 000 km×12 km。喜马拉雅山在第四纪上升了约 2 000 m，快速隆升导致巨大侵蚀，通过河流把大量沉积物供给到孟加拉湾。

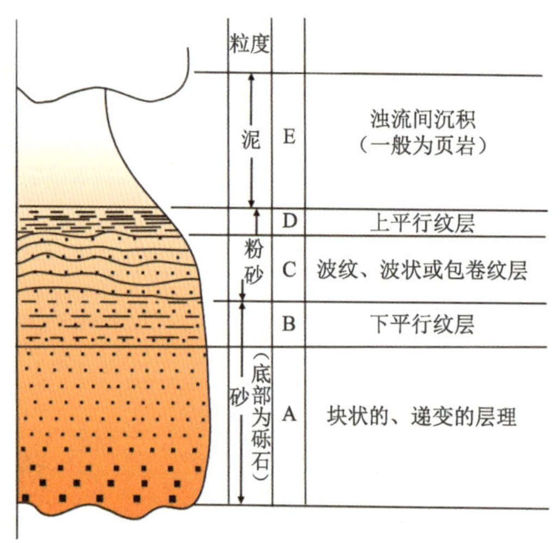

（a）理想的鲍马序列

（b）实际岩心中的浊流沉积

图 4-12　浊流沉积结构

浊积物识别标志主要包括鲍马序列和异位生物化石的存在。鲍马序列：由 5 个层构成固定的特殊粒级层序。从 A 层到 D 层是浊流沉积所成。粒度自下向上变小，是浊流流速慢慢减小的结果。完整的鲍马序列极少见，在以细粒沉积作用为主的海区经常缺失 A 层或 B 层，甚至缺少水流对下伏沉积物的侵蚀迹象。通常情况下，在深水以细粒沉积为主的海区岩心中出现粗粒沉积层，则代表一次浊流活动。浅水底栖微体化石以浊流方式被搬运到深海。异位生物种的存在是识别浊流的有力证据。一般来说，生于陆架浅水区的生物颗粒较大，首先随着较粗的底部浊积物沉积下来，而上部细粒沉积中则主要含深水生物种。

五、温跃层、密跃层与低氧层

海水在垂向上表现为明显的分层现象，主要体现在水温和海水密度变化上。通常可以分为三层：① 上部表水层（Surface Layer），表水层的温度相对高，所以也称为暖水层，通常呈透镜体状浮于庞大的较冷的和盐度较大的水团（层）之上（至约 200 m 深处）；② 冷深水层（Deep Layer），海洋中绝大部分水体是来自极地和亚极地的冷水，密度大，位于海洋的底部；③ 在上部表水层与冷深水层之间有一温度变化很快的层，称为温跃层（Thermocline）。密度通常和温度是相关的，海洋中密度发生急剧变化的水层称为密跃层。温跃层之下为冷水层，温跃层以下的海水大都源于极地和亚极地的高纬度处，冷水层和大气接触，这就使冷水处于充氧状态，没有这一过程，深海环境可能会是极度的缺氧环境。

海水中的氧主要来自大气。由于动力搅动和透光带生物光合作用，海洋表层水中的氧近于饱和。氧含量随水深增加而减少，在水深 150～1 000 m 的范围内降到比较低的值，这个溶解氧值明显较低的水层被称为低氧层，通常处于温跃层之下。在更深处，压力增大，生物数量减少，氧的含量又有所回升。由于大洋中的温度和密度的分层现象，在冷水层和暖水层之间正常情况下几乎没有水的交换，密度低的表层水很难穿过密跃层向下移动。

六、海水的侵蚀作用

海水通过自身的动力，即海浪、潮汐、洋流、浊流等对海岸和海底的侵蚀破坏过程统称海水的侵蚀作用（海蚀作用）。海浪、潮汐的机械侵蚀作用主要发生在海岸地区，随着海水深度增加，侵蚀强度减弱；而深层洋流和海底浊流则可对海底产生不同程度的侵蚀作用。

（一）海浪的侵蚀作用

海浪从深海进入海岸带后，以拍岸浪的形式对海岸进行有力的冲击和破坏。拍岸浪对由基岩组成的海岸能够造成强烈的侵蚀，它施加于海岸岩石的压力，每平方米可达上万千克。暴风浪更具有惊人的冲击力，在大西洋沿岸曾测得 300 t/m^2 的巨大压力。当海水挤进海岸岩石的裂缝以后，能够促使岩石迅速崩裂瓦解。强大的拍岸浪还可以抛掷岩屑，甚至巨大的石块撞击海岸，加速了海岸基岩的破坏过程。此外，海水的溶解作用能使可溶性岩石组成的海岸受到溶蚀。在物理破坏与化学溶蚀的双重作用下，海岸的破坏会更为快速。

海岸岩石抵抗海水侵蚀的能力不同，因而可以形成不同的海岸地貌。坚硬的以及断裂不发育的岩石抵抗海蚀的能力较强，软弱的或断裂发育的岩石抵抗海蚀的能力较弱，前者常突出成为海岬，后者常凹入成为海湾。在接踵而来的海浪反复作用下，沿着岩石的断裂带可以形成深切的沟谷，伸入海中的岩石可被侵蚀成海蚀拱桥、海蚀柱。坚硬岩石组成的海岸因受海蚀而崩塌，可形成陡峭的海蚀崖，海蚀崖的下部因受拍岸浪及其挟带石块的撞击可能形成海蚀洞穴。海蚀洞穴发展后成为平行海岸的凹槽，称为海蚀凹槽。随着海蚀凹槽的加深和扩大，其上部岩石悬空，因失去支撑而崩塌，海蚀崖便会发生后退。一般在岩性简单而松软的岩石海岸，海蚀崖分布不显著，且其下部大都没有海蚀洞穴。如果岩层向海倾斜，则海蚀崖不明显；如果岩层向陆倾斜而且岩性软硬相间，可有明显的海蚀崖和海蚀洞穴。

随着海蚀崖的后退，逐渐在其前方出现一个平台，称为海蚀平台。在拍岸浪的持续作用下，海蚀平台逐渐加宽。在地壳保持稳定或海平面无明显升降的条件下，海蚀平台发展到一定宽度后，波浪的能量全部消耗在沿宽阔平坦海底的摩擦上而不再引起侵蚀，海蚀崖的后退就会停止，这时的海岸横剖面称为海蚀平衡剖面。若地壳发生抬升或海面下降，原有的海蚀平台就会明显地高出海面，转变为海蚀阶地，不再被海水淹没。因而，海蚀阶地成为该地地壳抬升或海面下降的标志。如果地壳下沉，则可形成沉溺的水下海蚀阶地。

(二) 潮流和洋流的侵蚀作用

潮流主要作用于滨海带濒海一侧，特别是特大潮，其影响深度可以超过 100 m，流速可达 1 m/s 左右。落潮时底流速度更快，它能搅起海底泥沙，使海水浑浊，同时可以冲刷沙质海底，侵蚀出许多深浅不一的沟谷。另一方面，潮流可以加强海浪侵蚀作用的强度和范围。

在整个大洋里，无论表层还是深层，都有洋流存在。有些海盆和海峡的洋流，其流速接近于陆上的河流，因此，洋流对海底有一定的侵蚀作用。但由于水体中很少含有泥沙，这就减弱了洋流的侵蚀能力，它仅对海底峡谷或凸起的海槛进行微弱的冲刷，使这些地区缺失现代松散沉积物。

尽管在大洋底部沿大陆坡等深线方向流动的等深流的流速很低(一般仅为 3～30 cm/s)，但对大陆隆上的沉积物的冲刷、搬运和再沉积至关重要。等深流主要见于大西洋西部的大陆隆上。

(三) 浊流的侵蚀作用

浊流的侵蚀作用很强，主要发生在河口三角洲外缘、大陆坡上和水下火山、海山的斜坡上。目前已测出的数百条海底峡谷遍布于各大洋的大陆坡上，其成因，普遍认为是浊流的侵蚀和冲刷作用的结果。根据实验，密度为 2 g/cm^3、厚度 4 m 的浊流在倾斜度为 3°的斜坡上能获得 3 m/s 的流速，可以搬运 30 t 重的巨大石块。因此，饱含岩屑和泥沙的浊流沿斜坡向下运动时，具有极大的侵蚀能力。大陆坡是洋壳与陆壳的交界处，断裂构造十分发育，断裂运动引起的地震常触发滑坡，并促使浊流的形成。

第二节　海洋化学环境

海水中含有数十种元素，主要以悬浮微粒、胶体和离子三种形式存在。在海洋中，气候、海流、潮汐、蒸发与降雨等因素，造成了各地海水在化学成分上的重大差别。元素的相对含量一经改变，就会导致各种化学平衡朝着不同方向进行。这些化学变化可以使物质分解破坏、迁移或沉淀。通过长期缓慢的物质交换，造成地质时期各种类型的沉积物及有用矿物的富集。

就海洋系统而言，影响海水化学元素含量分布，并导致矿物溶解和沉淀的最重要的化学参数是 pH 值、Eh 值和 CO_2(碳酸盐系统)。其中 pH 值主要影响电解质的溶解/沉淀平衡，Eh 值主要影响变价元素的存在形式，也就决定着变价元素矿物的溶解与沉淀，海水中溶解的 CO_2决定了碳酸盐系统的地球化学平衡，不仅决定着生物(壳体)的沉淀与溶解，也是海洋与大气联系的纽带。三者密切联系，共同作用，决定海洋这个庞大的地球化学系统的平衡。

一、pH 值

众所周知，水存在有动态平衡：

$$H_2O = H^+ + OH^-$$

在 25℃条件下，纯水的平衡常数 $K_w=[H^+][OH^-]=10^{-14}$。在常温常压下，纯水的 $[H^+]=[OH^-]=10^{-7}$ mol/L，$pH=-\lg a_{H^+}=-\lg[H^+]$。因此，常温常压下纯水的 pH =7。海水中的 H^+浓度在 $10^{-7}\sim10^{-8}$ mol/L(克离子/升)之间，pH 值为 7.5～8.2，呈弱碱性。由于氢离子参与海水中大多数化学反应平衡，因此，很多矿物的形成和生物的活动都与氢离子浓度有关。海水的弱碱性有利于海洋生物利用 $CaCO_3$组成介壳，海水的 pH 值恰恰在适于方解石和白云石等矿物形成的 pH 值范围内(pH=7.2～9)，因此，海洋成为生命的摇篮。

海水的 pH 值主要取决于二氧化碳的平衡。在温度、压力、盐度一定的情况下，海水的 pH 值主要取决于 H_2CO_3离解形成的各种离子浓度，而海水中 H_2CO_3的浓度取决于 CO_2，而后者又与大气中的 CO_2含量有关。其相互关系式为

$$H_2CO_3 \Leftrightarrow H^+ + HCO_3^-$$

$$CO_{2(p_{CO_2})} + H_2O_{(aq)} \Leftrightarrow H_2CO_3$$

二、Eh 值

在海水中溶解有部分游离氧，其含量控制着海水的氧化还原性质。反映氧化还原强弱的指标称为 Eh 值(单位为伏或毫伏)，又称为氧化还原电位。

海水中的游离氧对于生物活动关系重大。在海水表层，由于生物光合作用和搅动，含氧量最大；在水深 100～200 m 范围内，由于生物耗氧量以及有机物的氧化使海水的含氧量降低为最小值(缺氧层)；底层水体由于受两极下沉水体充氧及温度较低而缺氧不明显，缺氧层往往位于水体中部。在海洋的某些特殊深海闭塞静水区，可以出现无氧带，以致这里的底栖生物完全绝迹。在地质历史中出现过多次海洋“缺氧事件(Anoxic Event)”，缺氧环境下形成了存在于海底的黑色、富含有机碳、无或少生物扰动、常含黄铁矿和重金属的海相纹层状沉积层。按 Eh 值的高低可将海水环境分为氧化、中性、还原等环境。氧化环境中常见的自生矿物有氢氧化铁和氧化铁，而还原环境下则形成白铁矿和黄铁矿等。其突出特征是：氧化环境下形成的矿物中变价元素呈高价态。

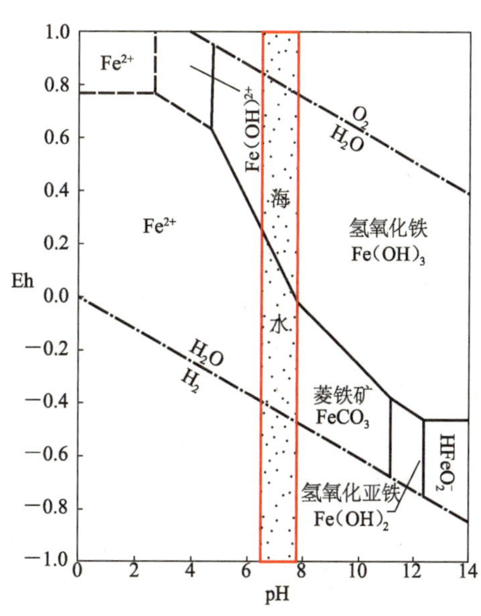

图 4-13 海水的 pH 值和 Eh 值控制着化学沉积矿物的类型

海水中的 pH 值和 Eh 值是反映海洋环境最基本也是最重要的两个指标，二者有着密切的联系。从某种角度看，二者控制着地球上整个生命系统。海水中的 pH 值控制着电解质的溶解平衡，也就控制着金属元素离子的浓度；Eh 值则主要影响变价元素的存在形式，也就控制着变价元素化合物的溶解与沉淀(图 4-13)。

三、CO_2和碳酸系

CO_2和碳酸系是地球上最重要的平衡系统之一，它和氧一样，在生物、大气、水之间进行着复杂的循环，对大气-海洋界面、海水的化学性质、生物的生存和海洋沉积物的沉积过程都起着重要作用。地壳岩石中分布广泛的碳酸盐类沉积，就是在CO_2参与下形成的。

一般气体在海水中的溶解量与其在大气中的分压成正比，但CO_2是个例外。CO_2与水的反应，大大提高了CO_2在海水中的浓度。海水对CO_2的吸收取决于3个过程：一是海水的静态容量(达到平衡后海水中的CO_2含量)；二是大气—海洋之间的CO_2交换，三是海水垂直混合速率。

海水从大气中吸收CO_2的能力很大，而且最初它所能吸收的CO_2是现今的几倍。要准确估计海水吸收CO_2的能力是较为困难的，因为整个体系处于动态之中。CO_2与水生成碳酸，碳酸离解得到碳酸氢根和碳酸根，这是海水中溶解碳的主要化学形式。CO_2浓度随深度的增加而增加，因为藻类光合作用消耗CO_2然后在呼吸中放出氧，另一个原因是CO_2的溶解度随压力增加而增加。

海水中的CO_2和碳酸系不仅控制了海洋中碳酸盐矿物的溶解和沉淀，而且由于其与水反应生成碳酸(H_2CO_3)，进而分解形成H^+和HCO_3^-，也就间接地控制了海水的pH值，影响着电解质的平衡。

$$CO_{2(p_{CO_2})}+H_2O_{(aq)}\Leftrightarrow H_2CO_3 \qquad K_1=\frac{[H_2CO_3]}{p_{CO_2}}=10^{-1.43}$$

$$H_2CO_3\Leftrightarrow H^+ + HCO_3^- \qquad K_2=\frac{[H^+][HCO_3^-]}{[H_2CO_3]}=10^{-6.37}$$

$$HCO_3^-\Leftrightarrow H^+ + CO_3^{2-} \qquad K_3=\frac{[H^+][CO_3^{2-}]}{[HCO_3^-]}=10^{-10.3}$$

$$[H^+]=\frac{K_2[H_2CO_3]}{[HCO_3^-]}=\frac{K_1K_2p_{CO_2}}{[HCO_3^-]} \qquad [H^+]^2=10^{-7.8}\cdot p_{CO_2}$$

$$[H^+]^2=10^{-7.8}\cdot p_{CO_2} \qquad H_2O=H^+ + OH^-$$

两个公式揭示了海水与大气之间相互联系或相互作用的重要关系。溶解CO_2可以与大气中的CO_2进行交换，这个过程起着调节大气CO_2浓度的作用。工业革命以来，由于大量使用矿物燃料，排放大量CO_2，使大气CO_2浓度上升，形成所谓“温室效应”，影响了全球气候变化。但是，“温室效应”并不像理论计算的那样明显，全球气温变化也没有出现仅根据气象模式所计算的那样剧烈，其中主要原因就是海洋起到了缓冲和调节作用。

近年来的研究结果表明，在大面积海域中添加微量铁盐，可以大大提高藻类的增殖速度，从而吸收更多的大气CO_2。因此，海水作为CO_2的汇集体，通过“铁施肥”可以促进初级生产力，吸收更多大气中增加的CO_2，可以吸收掉人类活动产生的1/3～1/2的CO_2，足以补救燃烧化石燃料引起的“温室效应”。这对于减缓全球变暖过程会有较大的影响。当然，过而言之，也有可能因光合作用持续增长吸收过多的CO_2，导致冰期的提前到来。

四、碳酸盐补偿深度(CCD)

碳酸盐补偿深度(Carbonate Compensation Depth,CCD),又叫方解石补偿深度(Calcite Compensation Depth)。碳酸盐矿物的溶解度随海水深度的增加而增大,在某一水深处,碳酸盐矿物的溶解速率开始大于沉积速率,该水深即CCD。在水深大于CCD的海底,由于沉积速率小于溶解速率,不会形成碳酸盐沉积,碳酸盐沉积只分布在水深小于CCD的海底区域。任何一种化合物的溶解度都与压力和温度有关。海洋中CCD的分布除与压力和温度有关外,还与生物生产力和海水中CO_2的浓度有关。在大洋中,CCD的平均深度为4 500 m。在太平洋大部分海域,CCD在4 200～4 500 m之间,而在大西洋,CCD则多在5 000 m或更深的位置。太平洋CCD较浅主要是因为太平洋底层相对缺少类似大西洋来自北极的冷水团,底层水的溶蚀性较强。在高生产力的赤道太平洋,CCD明显增加到5 000 m,这是钙质生物物质向海底供给量增大的缘故。CCD控制大洋海底碳酸盐(以生物碎屑为主)的分布。

CCD的大小还与海洋底层水中CO_2的浓度有关,因为在海水中存在下列平衡关系:

$$CO_{2(p_{CO_2})}+H_2O_{(aq)}\Leftrightarrow H_2CO_3$$

$$H_2CO_3+CaCO_3\Leftrightarrow 2HCO_3^-+Ca^{2+}$$

底层水中CO_2浓度的增加可以促进H_2CO_3的生成,H_2CO_3浓度的增加可以促进碳酸盐矿物的溶解,从而使得CCD抬高。

五、化学沉积作用

海洋中的化学沉积作用主要是指在通常海水化学条件下某些自生矿物的形成过程。自生矿物主要包括碳酸盐矿物、磷酸盐矿物、鲕绿泥石、海绿石、铁锰氧化物、自生硫化物等。化学沉积过程主要发生在沉积物—海水和颗粒—孔隙水界面上。常见的有海解作用、逆风化作用及化学沉淀作用等。

(1) 海解作用——是指沉积物与海水之间发生离子交换或化学反应,从而改变陆源矿物,并生成适于海水环境的新矿物。来自大陆的黏土矿物在海洋环境中被改造,转变为其他矿物。如蒙脱石通过海水中的Mg置换晶格中的Al,转变为绿泥石;高岭石通过吸附K转变为伊利石。再如,进入海洋后的黏土矿物在海水的改造下,会转化为海绿石。海绿石形成的最有利环境是沉积速率低、水动力较强、有机质较多的弱还原环境。

(2) 逆风化作用——指已风化的硅酸盐碎屑或硅酸凝胶与海水作用生成新的硅酸盐矿物,主要形成黏土矿物:

$$2Mg^{2+}+3SiO_2+4HCO_3^-+(n-2)H_2O\leftrightarrow \underset{\text{(海泡石)}}{Mg_2Si_3O_8\cdot nH_2O}+4CO_2$$

陆架沉积物中的有机质可使沉积物表层发生还原反应:

$$\underset{\text{(有机质)}}{2CH_2O}+SO_4^{2-}\rightarrow H_2S+2HCO_3^-$$

$$CH_2O + 4Fe(OH)_3 \rightarrow 4Fe(OH)_2 + H_2CO_3 + 2H_2O$$

(3) 化学沉淀作用——主要包括碳酸盐、磷酸盐的沉淀与溶解。一些沉积速率较低的陆架区可发生碳酸盐的胶结作用，形成钙质团块和结核。化学沉淀作用引起的沉积物胶结和黏结，也可增加底质的稳定性。

第三节　海洋生物与生物的地质作用

通常把海洋生物分为营漂浮生活的浮游生物和附着于海底的底栖生物。浮游生物环境包括横向分带和深度分带，前者可再分为陆架上的浅海区和与深的开阔海洋有关的大洋区。在底栖生物环境中，潮间带位于高潮和低潮之间，浅海带在陆架上（有人称之为陆架带），半深海带在陆坡上，深海带在深海平原之上，深渊带位于海沟。目前研究表明大洋中脊也是一个特殊的海洋生物环境。

浮游生物(Plankton)——一般生活在远洋或淡水中，易受水流运动的影响。按研究目的不同可以分为不同类型，例如：自养型（初级生产者）、异养型（消费者）；浮游细菌、浮游动物；超微浮游生物（$<2\ \mu m$）、毫微浮游生物（$2 \sim 20\ \mu m$）、微浮游生物（$20 \sim 200\ \mu m$）、中型浮游生物（$0.2 \sim 2$ mm）、大型浮游生物（$2 \sim 20$ mm）、巨型浮游生物（>20 mm）；浅海浮游生物、远洋浮游生物。按其所处的水深又可分为透光带浮游生物和半深海的浮游生物等等。

底栖生物——与浮游生物相对应生活在海底的生物。

热液生物——依赖于现代海底热液活动而生存的生物系统，这是一个在最近几十年新发现的海底生态系统。在海底热液喷口（热泉）附近高温、高压和极具毒性的环境中生存有一个特殊的生物群落。对这样一个特殊的生态系统，人类至今还知之甚少。

海洋生物的地质作用主要包括：生物造礁作用、生物沉积作用、生物成岩作用、生物成矿作用、生物侵蚀作用和生物化学作用等。

(1) 生物造礁作用。海洋生物主要通过光合作用、新陈代谢、分解作用以及对矿物质的固定等形式，进行着物质的凝聚和分散。例如，海洋生物能促使 $CaCO_3$ 的沉淀，甚至在未饱和的情况下就开始沉淀。在 $CaCO_3$ 含量较多的情况下，具有钙质骨骼的生物可以迅速生长，如造礁珊瑚等。

(2) 生物沉积作用。生物沉积作用是指生物死后其遗体沉降并在海底堆积的过程。据估计，表层海水中浮游植物的生产力（初级生产力）每年约 150 亿吨碳，所消耗的营养盐类大大超过了河流的供应量（约 7 亿吨有机质），所不足的营养盐是由浮游生物死亡之后，在下沉的过程中大部分（90%以上）被分解而使营养盐物质进入海水来补充的。

大洋中最主要的生物沉积是钙质沉积和硅质沉积，前者主要是由有孔虫和颗石藻的遗体及其碎屑组成，后者主要由放射虫和硅藻的遗体及其碎屑组成。

(3) 生物成岩作用。指生物直接作用或生物参与条件下的岩石形成过程。即生物在造岩、成岩过程中所起的作用、成岩的机理、过程和结果。海洋沉积物一旦被掩埋，即从沉积过程转变为成岩过程，生物（特别是微生物）在成岩过程中发挥着极为重要的作用，例如多金属结核的形成等。

（4）生物成矿作用。海洋生物对某些微量元素的富集作用具有惊人的能力。例如，海藻和海带富集碘，是提取碘的重要原料；扇贝体内富集的银是海水千倍以上，镉和铬则高达万倍以上。在封闭海区（如黑海），氧过量地消耗会出现缺氧或无氧区，使氧化还原电位降低，硫细菌大量繁殖并进行着还原作用，SO_4^{2-}离子因还原而产生 H_2S，高价铁还原为低价铁，形成黄铁矿、白铁矿等矿床。

（5）生物侵蚀作用。在海底聚居着一些钻孔生物，其中包括多种软体动物、一部分棘皮动物和蠕虫等。这些生物用自己的壳刺或分泌某些溶剂侵蚀海底或岸边岩石，甚至可用壳刺钻入坚硬的礁石，凿成数十厘米深的孔穴，对防波堤有很大的破坏力。在海岸带，海浪可以不断地削平这些孔道，生物便将孔穴钻得更深，从而加速了海岸的破坏。

（6）生物化学作用。生物化学是运用化学的理论和方法研究生命物质的边缘学科。其任务主要是了解生物的化学组成、结构及生命过程中各种化学变化。生物化学作用是指由于生物活动所导致的元素聚集或扩散、迁移或转化，以及同位素分馏等作用过程。

在地球表层生物圈中，生物有机体经由生命活动，从其生存环境的介质中吸取元素及其化合物（常称矿物质），通过生物化学作用转化为生命物质，同时排泄部分物质返回环境，并在死亡之后被分解成为元素或化合物（亦称矿物质）返回环境介质中。这一个循环往复的过程，称为生物地球化学循环。

小　结

本章主要介绍了塑造海底地形地貌特征的海洋水文、化学和生物中最基本的环境要素，包括物理海洋学中最主要的海浪、潮汐、洋流和浊流，海洋化学中的 Eh 值、pH 值、CO_2和碳酸系、碳酸盐补偿深度等，海洋生物学中的浮游生物和底栖生物等。重点是这些环境要素在海洋中的垂向和横向分布以及它们在海洋地质过程中的作用。需要掌握的几个重要概念：沉积滞后效应、等深线流与等深流沉积、雾浊层、浊流及浊流沉积、温跃层与密跃层、缺氧事件和 CCD。

思考题

1. 海浪、潮汐、洋流和浊流等在海底地形地貌及沉积物分布中的作用有哪些？
2. 温跃层、密跃层、碳酸盐补偿深度的基本概念及其成因解释？
3. CO_2和碳酸系在海洋环境中的作用？
4. 海洋生物在地质过程中的主要作用？

第五章　海底构造

18 世纪以来，随着物理、化学和生物等基础学科的研究进展，大地构造学不断地在批判中得以发展。到 20 世纪 60 年代，由陆地地质研究发展起来的大陆漂移学说与由海洋地质研究发展起来的海底扩张学说相结合，终于促成了可用于解释全球地质构造的统一理论——板块构造学说。

第一节　洋壳的起源与大陆漂移

一、早期的洋壳起源说

有关大洋盆地的形成曾有过许多学说和争议，例如，陨星说、创痕说、大洋化说、大洋永存说、大陆漂移说，以及现行的板块构造理论中的威尔逊旋回说等。

18 世纪后期，人们在地球上陆续发现了陨石撞击地貌。很快就有人提出海洋是由陨石或陨星撞击地球而成。自 1882 年发现月球表面的环形谷和 1891 年以后在一些陨击谷中或其周围发现陨石，越来越多的人接受了这一观点。尽管该学说一直存有争议，但在地学界持续了近百年。甚至在发现大洋中脊后，人们还提出大洋中脊是陨石撞击后的反弹和能量的释放，其成因类似陨石湖的湖心岛。

创痕说流行于 19 世纪末至 20 世纪上半叶。与陨星说相反，该学说认为海洋盆地是早期地球尚处于炽热熔融状态时，赤道附近的熔融物质在太阳引力和地球自转离心力共同作用下，脱离地球飞往星际空间形成月球后形成的。

大洋化说认为，洋底是由大陆下沉并发生大洋化作用而形成的。早在 19 世纪后半叶(1883～1909 年)，休斯发现欧洲和其他地方的海岸往往出现大规模断裂和下挠现象，这表明沿岸地区发生了沉陷，所以陆地可以变为海洋。

大洋永存说认为，在地球形成过程中，一直存在一个“原生”的大洋。通过岩浆作用(侵入、喷发)和原生硅镁层在地表条件下的改造，部分洋底逐渐转化成为大陆，“原生”大洋逐渐缩小至现今状态。

以上学说的共同之处是：都认为大洋现今的地理位置始终没有变化，大洋乃至陆壳只是发生了垂向升降运动——固定论和地槽/地台学说。其局限性主要是由于当时人们还不了解海底过程,还没有诞生海洋地质这一重要学科。尽管如此,在这些学说占主导的年代,也有一些学者提出了大洋相对位置变迁的认识,其中极为重要的当属 A. L. Wegener(魏格纳)于 1912 年提出的大陆漂移说,公开向固定论宣布全面挑战。

二、大陆漂移学说

大陆漂移理念的出现可追溯到 17 世纪。美国哲学家弗兰西斯·培根(1620)发现非洲和秘鲁西海岸之间有一种大致的吻合。法国施奈德(1858)在《地球形成及其奥秘》一书中首次把大西洋两岸大陆拼合起来,并利用欧、美两洲古生代煤层中的化石加以论证。美国泰勒(1910)发表了长篇论文,首次提出一个具有内在逻辑性的、连贯一致的假说,包含了大陆漂移说的重要内容。

魏格纳发表《根据地球物理学论地质轮廓(大陆及海洋)的生成》(1912)和《海陆的起源》(1915),提出了大陆漂移学说,主要内容包括:

大陆由较轻的刚性硅铝层组成,它漂浮在较重的黏性硅镁质洋底之上。在距今150 Ma前,地球表面只有一个统一大陆(泛大陆)和一个围绕大陆的统一海洋(泛大洋)。之后到中生代侏罗纪时,泛大陆开始分裂和漂移,最后转变为现今的海陆分布。大西洋、印度洋都是在大陆分裂漂移过程中形成的,太平洋则是泛大洋的残余。大陆漂移说认为地球在中生代以前曾结合成统一的巨大陆块——联合古陆或称泛大陆,其周围是围绕泛大陆的全球统一的海洋——泛大洋。中生代以后,联合古陆解体、分裂,先形成北方的劳亚古陆和南方的冈瓦纳古陆,之间为一个近东西向的、向东开口的喇叭状大洋,称为特提斯洋。随后,大陆逐步分裂为各大陆块,并逐渐漂移到现今的位置。由于各大陆分离、漂移,逐渐形成了大西洋和印度洋,而泛大洋(古太平洋)收缩成为现今的太平洋。

先前"固定论"的代表性学说为地槽地台说,该学说认为地球上的构造单元主要有地槽和地台两种类型。地槽是强烈下降并逐渐被沉积物所充填的坳陷,此后发生隆升,形成线状褶皱山脉,并伴随有强烈的岩浆侵入和火山活动,上升的山脉剥蚀夷平,活动性减弱,发生准平原化,逐渐演变为稳定的、不再遭受褶皱变形的地区——地台。随着地台的再"活化",又进入了地槽的发育阶段。以魏格纳的大陆漂移学说为代表的活动论则认为地球表面的地形地貌及构造都是由地壳大规模的横向运动所形成的。可以看出,固定论承认大陆与海洋可以易位,但把原因归之于大规模的垂直升降,认为地壳运动以垂直为主,不承认大规模的相对横向位移,也不承认一个地区大的地质要素,如构造线方向等,会随时代而发生变化。活动论则承认地壳的横向和垂向运动,但认为地壳运动是以大规模的水平运移为主。

(一) 大陆漂移的主要证据

魏格纳提出大陆漂移观点的主要依据有海岸线形态、地质构造、古气候和古生物的地理分布等。但是,该学说一提出便遭到了众多的非议,并没有引起广泛的重视。到 20 世纪五六十年代,古地磁学的出现使得大陆漂移说的证据由定性阶段发展到定量估计的阶段，并导致了大陆漂移说的复兴，使得大陆分裂边缘在地理、地质、古生物、古气候等多方面的吻合性研究越来越精细，取得的证据也越来越丰富。

（1）岸线几何形态。大西洋两缘的海岸线相互平行，岸线弯曲形状极为相似，若使两岸大陆拼合在一起，就像一张撕开的报纸。E. Bullard 等（1965）选择约 1 000 m 等深线（相当于大陆坡中点）作为大陆真正边缘，利用计算机对大西洋两缘大陆进行拼合，效果很好（图 5-1）。

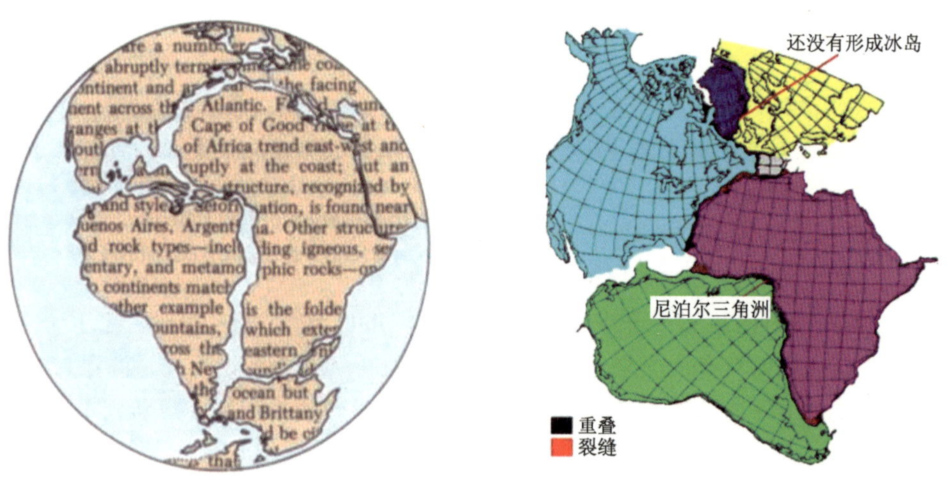

图 5-1　大西洋两岸岸线的吻合

（据 E. Bullard 等，1965）

（2）地质省对比。基底岩石年龄相近的地区称为地质省。大西洋两岸古生代以前的地质省（岩石类型、地层、构造线，甚至矿床等）可以很好地组合（吻合）在一起。在非洲西部大于 2 000 Ma 的地质省和 600 Ma 左右的地质省之存在着一条分界线，它在加纳的阿克拉附近向西南延入大西洋。在巴西北部同样确定了相似年龄的两个相邻的地质省。把非洲和南美移回到假定的大陆漂移前的位置上，两个地质省之间可完全衔接。如图 5-2 所示，不仅是轮廓线可以拼合在一起，岩石类型和地质构造都非常吻合。绿色区域代表变质岩和火成岩省；灰色区域代表更为年轻的岩省，其中大部分经造山运动而变形；虚线代表构造走向（例如褶皱轴），大部分变形作用发生在 450～650 Ma 之前，非洲省的几处边缘都与巴西海岸吻合在一起；绿色圆点代表 2 亿年之前的岩石，橘黄色圆点代表前寒武纪之后的岩石。

（3）构造（褶皱带）。如果把大西洋两岸陆块拼接在一起，非洲最南端的开普山脉恰可与南美的布宜诺斯艾利斯低山相衔接。巨大的非洲片麻岩高原与南美巴西的片麻岩高原遥相对应，两者所含的沉积岩、火成岩以及褶皱延伸方向基本一致。

（4）地层与矿床。非洲最南端的开普山脉与南美的布宜诺斯艾利斯低山，同属二叠纪的褶皱山系，两处山地中的泥盆系海相砂岩层、含化石的页岩层以及石炭系冰川砾岩层均可进行对比。根据巴西东南部和非洲西南部的地层层序，两者在距今 550～100 Ma 间（白垩纪前）具有相同的地质历史，距今 100 Ma 以来才出现明显的差异，说明南美与非洲之间在白垩纪以前是连接在一起的，它们的分裂（即南大西洋的形成）始于白垩纪初。

一些大型矿床，特别是大型层状矿床，似乎是被大西洋所断开，如欧洲石炭系煤层可以延续到北美洲，煤层中含有相似的化石。此外，分别位于欧洲和北美洲的铅锌矿床，虽然现在远隔大西洋，但却有着类同的成因联系。

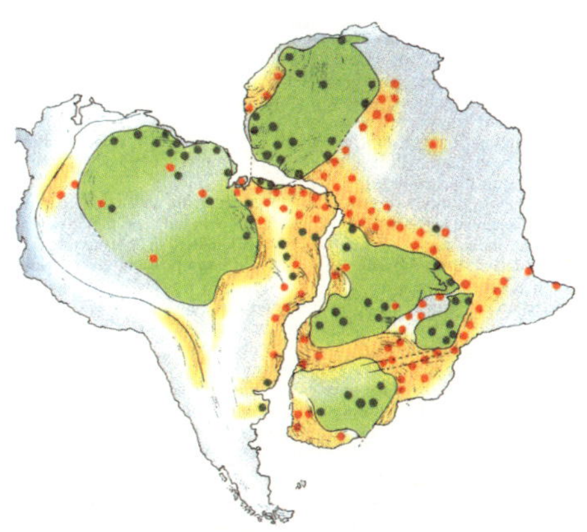

图 5-2 非洲与南美洲大陆间地质省的拼合（据 P. M. Hurley，1968）

（5）古气候。魏格纳首次提出大陆漂移观点时，许多证据来自他对古气候的研究。他注意到，有些沉积岩类型若处在现代气候条件下并不适于它们所沉积的地区。现代珊瑚礁都限于纬度 30°以内的暖水环境，但古生代的礁体却被发现于现代的较高纬度的格陵兰和加拿大北部等地；许多古代蒸发岩和红层被发现于潮湿或者寒冷的中、高纬地区，而现代广泛分布的红层和蒸发岩则只形成于干、热气候下，其位置介于纬度 15°～45°之间；中、高纬地区石炭纪含煤沉积中的植物化石没有年轮，它们应当是生长于热带或亚热带环境的典型植物；在南美、非洲、印度、澳大利亚和南极洲，广泛分布着石炭—二叠纪的冰川沉积，其中有些地区现在位于赤道附近，根据冰川擦痕判断，冰川移动的方向似是从大西洋和印度洋指向大陆（图 5-3a），这种关系令人费解，因为更新世冰盖几乎总是从大陆向大洋移动（图 5-3b）。

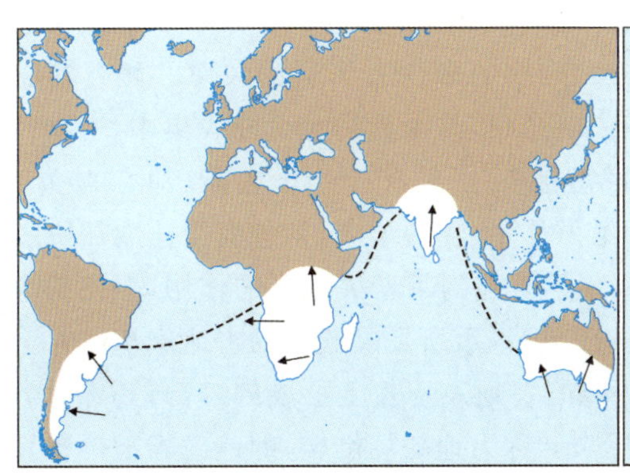

（a）古生代冰川现在所标示的移动方向

（b）根据魏格纳大陆漂移学说恢复古大陆后的古生代冰川移动方向

图 5-3 大陆漂移的冰川学证据（据 Paul R. Pinet，1992）

上述事实说明，某些岩层沉积时所在地区的气候条件与它们现今所处地区的气候条件有很大差异。但是，若按照魏格纳的大陆漂移说，对晚古生代的大陆进行复原，则可使古气候资料得到最好解释。如图 5-4 所示，在复原后的古大陆上，石炭—二叠纪冰盖就可由一个位于非洲南部和南极洲东部的中心向外扩散，冰川聚集的中心非常接近于当时的南极；而石炭—二叠纪的煤、红层、蒸发岩和珊瑚礁则位于低纬度地带上。

（6）古生物。早在 1912 年，古生物学研究就提出了“大陆是否曾有连接”这个尖锐的科学问题。某些在特定时代出现于地球上的具有亲缘关系的生物种类，其遗骸被发现于目前被大洋完全隔开的不同地点(图 5-5)。为了解释这些现象，古生物学家曾提出了“陆桥说”，认为被大洋分隔的大陆间一度曾有狭长的陆地(陆桥)连接，具有亲缘关系的生物种属通过陆桥从一个大陆蔓延到另一个大陆，后来陆桥沉陷，具有亲缘关系的动物被大洋分隔。然而，魏格纳认为较轻的硅铝层陆桥不可能潜入较重的硅镁层洋壳中去。在魏格纳看来，各大陆间古生物面貌的相似性是由于这些大陆本来是连在一起的，只是后来大陆破裂、漂移分开后才被分离开的。

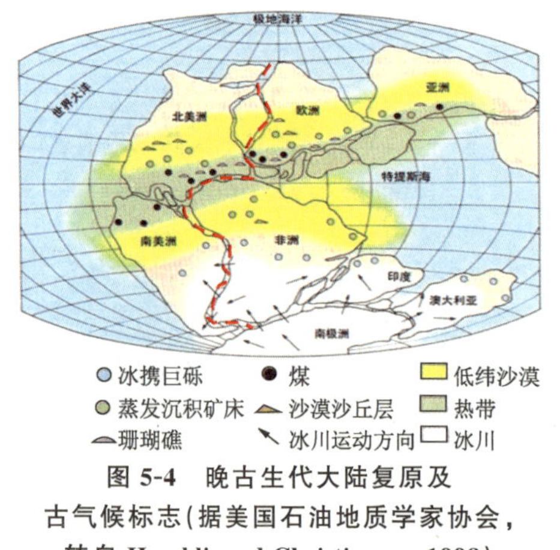

图 5-4　晚古生代大陆复原及古气候标志(据美国石油地质学家协会，转自 Hamblinand Christiansen，1998)

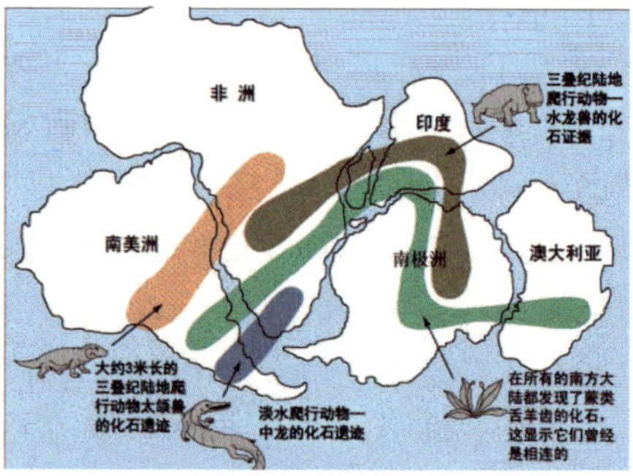

图 5-5　二叠—三叠纪(距今 200～270 Ma)的联合古陆及某些动物群的分布(据 W. Sullivan，1974)

(7) 生物变异。对爬行动物和哺乳动物的研究结果，从生物变异角度也证明了大陆发生过漂移。一般认为生物变异的速度与大陆块的多少有密切的关系。爬行动物时代(晚二叠纪至白垩纪末)持续 2 亿多年，只有 20 个目，是因为当时大陆块集中，生物变异速度慢；在新生代初哺乳动物代替爬行动物兴盛起来，虽只有 70 Ma 左右，却有 30 个目，这是由于北方劳亚古陆和南方冈瓦纳古陆相继解体，大陆块增多，生物变异速度加快之故。

以上大部分证据对魏格纳提出大陆漂移学说起到了至关重要的作用，但使得大陆漂移说得以复兴的主要证据则来自 20 世纪 50 年代以后所发展起来的古地磁学研究。

(8) 古地磁学研究。根据古地磁测量得知，在地质历史上形成的岩石，其磁化方向与现代地磁场方向并不完全一致，这种现象后来被称为地磁场倒转，即地磁场极性曾发生过频繁的转换。地磁场极性保持相同的时间在数十至上百万年叫作极性期，极性期内可能还有短时期(一万至数万年)的极性反向，称为极性事件。在岩石的形成过程中，因受地磁场的磁化而获得磁性。大部分岩浆岩，特别是含铁质的岩浆岩在冷却过程中经过居里点(磁石加热消磁或火成岩冷却带磁的临界温度)时获得的磁性叫热剩余磁性。含磁性的矿物颗粒在沉积和固结过程中同样会受地磁场作用呈定向排列，也可获得较弱的磁性。被磁化的岩石中往往保存了它们形成时间和地点的地磁场方向。这种古地磁记录具有较高的稳定性，可一直保持到现今。根据岩石标本的磁性方向，可得知当时古经线方向(指向当时的磁极)；根据岩石标本的磁倾角，可以求得岩石产地当时的古地磁纬度。因此，通过测量岩石样品的古地磁记录，不仅可以得知岩石形成时的地磁极位置，还可以得知岩石形成地的磁经纬位置，进而得知其近似的地理位置。古地磁测量结果表明，地球上绝大部分岩石标本的古经纬度位置与其目前所处的地理位置都有很大差距，如印度的孟买，目前位于19°N，但新生代初玄武岩的剩余磁性显示其原来是在32°S处，说明印度在近6000万年以来向北漂移了约6 000 km。

（二）大陆漂移过程与联合大陆重建

1970年，R. S. Diety和J. C. Holden采用几何学和地质学相结合的拟合方法，利用计算机技术，第一次精确地绘制了魏格纳关于联合古陆的构成图（图5-6），说明了在过去的225 Ma中各大陆的分离和漂移运动。图5-6a中各陆块的位置是按照固定参考点，从现在往前追溯各大陆的运动情况而组合起来的。重建联合古陆的步骤是应用计算机方法和在大陆边缘两侧寻求地质构造上的吻合，从而使各大陆拟合在一起。拟合并不沿海岸线进行，而是沿2 000 m等深线（约在大陆坡中部）进行，那里构成了大陆块的真正边界。

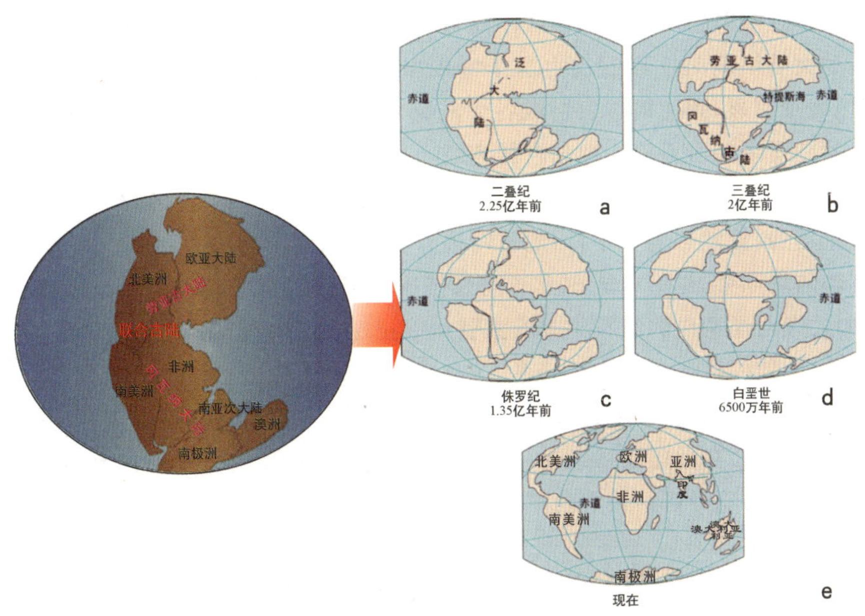

图5-6 过去225 Ma中联合古陆的分裂和漂移运动（据R. S. Dietz和J. C. Holden，1970，有改动）

联合古陆在大约200 Ma前沿着一些裂隙开始破裂，其时代与破裂带的熔岩年龄相当。经过大约20 Ma的分裂漂移后，劳亚古陆与冈瓦纳古陆分离并做顺时针旋转（图5-6b），在南、北美洲间发育出一条洋中脊，形成的大洋被称为特提斯洋。海底由该洋中脊扩张，各大陆随之分离运移开去。另一条洋中脊使得南美和非洲与冈瓦纳古陆的其余部分发生分离，同时印度也与南极大陆分开。

图5-6c表示经过约65 Ma（即135 Ma前）的大陆漂移之后，大西洋北部和印度洋不断扩展，特提斯海在其东端逐渐闭合，欧亚大陆相对于非洲向西滑动。一条断裂带开始将南美与非洲分离，起初它可能只是类似于现今东非大裂谷那样的一条裂谷，而后演变成类似红海那样的狭长海。

图 5-6d 表示 65 Ma 前的海陆分布状况，南大西洋展宽并与北大西洋连成一片，但尚未延伸到北极地区。美洲两大陆已向西漂移得很远，劳亚古陆继续做顺时针转动，非洲则做逆时针运动而向北漂移，几乎使特提斯海的东端闭合，同时产生巨大的压应力和剪应力，并导致造山运动。这期间，马达加斯加沿着一条新断裂与非洲分开，印度则继续向北运动。

图 5-6e 表示现今海陆分布格局。距今 65 Ma 以来，洋中脊和海沟体系得到了调整，大西洋中脊拓展进入北冰洋，澳大利亚大陆与南极大陆分离并向北漂移，美洲两大陆被主要由火山喷发造成的地峡连接起来；特提斯海东端完全闭合，形成了地中海；印度洋中脊分支的延伸形成了红海。印度次大陆因与亚洲大陆主体相撞而形成喜马拉雅山和青藏高原。

（三）大陆漂移的机制

魏格纳从海陆起伏曲线中发现大陆台地和大洋盆地间存在着明显高差，根据地壳均衡原理，他认为陆高而质轻，洋低而质重，较轻的硅铝质陆块浮在较重的硅镁层上。在大陆漂移过程中，在其前方，原来的洋底不断被大陆块掩覆，在其后方，新的硅镁层洋底不断露出。驱动大陆块侧向位移的动力源于潮汐摩擦力——地球自转速度因潮汐摩擦而减缓，尤其地表最明显，致使地球表层或各大陆相对于地球由西往东的自转有滞后趋势，宏观表现为大陆缓慢向西漂移。地球自转离心力导致陆地向赤道漂移。

大陆漂移说最大的缺陷是漂移机制问题：① 在力学上，将刚性的洋底硅镁层看作是塑性和可流动的，显然与事实不符；地球物理计算表明，潮汐摩擦力和离心力实在太小，既不可能驱动陆块漂移，也不可能在大陆前缘挤压形成高大的山脉；② 二维表面几何特征不精确，如北大西洋两岸的纽芬兰与欧洲就难以拼接；③ 构造布局方面，既然大陆经历了远距离漂移，大陆的构造布局应已打乱，为何大西洋两岸构造仍然吻合？④ 历史演化方面，地球有几十亿年历史，大陆的分裂为何始自中生代？⑤ 变形层次方面，既然洋底和地幔是塑性的，为什么在大陆漂移运动中发生褶皱形成山脉却主要出现在大陆表层呢？这些致命的不足或缺陷最后导致大陆漂移说沉寂了 40 年左右的时间。

第二节　海底扩张学说

第二次世界大战促进了海洋探测技术的快速发展，特别是回声测深技术用于海底调查，取得了三大发现：大洋中脊体系、沟—弧体系和大洋地壳的年轻性，从而改变了人们对洋底形貌及其发展演化的认识。直至 20 世纪 60 年代终于催生了海底扩张学说。海底扩张学说的提出主要基于以下事实：① 联合古陆的重建、拟合和越来越多的大陆漂移的证据；② 在大洋中存在有一贯穿全球的大洋中脊体系；③ 大洋中脊轴部强烈的火山活动和自中脊向两侧沉积物依次变厚的事实；④ 年轻的大洋地壳，且自大洋中脊向两侧年龄逐渐增大；⑤ 太平洋边缘的沟-弧体系及其强烈的地震和火山活动，等等。Hess 于 1960 年首先孕育了海底扩张的思想，并于 1962 年发表了《大洋盆地的历史》这篇著名的经典论文，提出了一个清晰而又使魏格纳大陆漂移学说得以复兴和立足的模式。在这一模式中，他吸取了 20 世纪 30 年代关于地幔对流的某些概念，这与大陆漂移说认为大陆是在洋壳上运动的观点有着本质区别。几乎在同一时期，Dietz(1961)针对大陆和大洋盆地演化的过程，发表了具有历史意义的论文《用海底扩张说解释大陆和洋盆的演化》，首先提出了“海底扩张”这一术语。

一、海底扩张学说的基本内容

(1) 大洋中脊轴部裂谷带是地幔物质的涌升出口。地幔物质自大洋中脊轴部裂谷涌出，并冷凝形成新的洋壳，新洋底同时推动先期形成的较老洋底逐渐向大洋两侧扩展推移，这就是“海底扩张”(图5-7)。

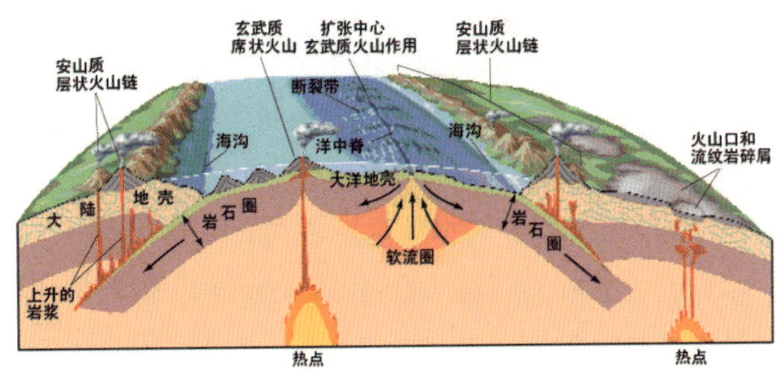

图5-7　海底扩张模式(据Wyllie,1975;有改动)

(2) 海底扩张有两种表现形式。一种是主动漂移扩张，指扩张着的洋底同时把与其相邻接的大陆向两侧推开，大陆与相邻海底镶嵌在一起。随着新洋底的不断生成和向两侧扩展，大洋逐渐变宽，两侧大陆随之远离，大陆与相邻洋底被地幔对流体驮载着缓慢运移是一种被动漂移运动。大西洋及其两侧的大陆属于这种形式。另一种形式是在海底扩张的同时，伴随有海底俯冲消亡的过程。当洋底扩展移动到一定程度，海底便向下俯冲潜没，重新回到地幔中去，相邻大陆逆掩于俯冲带之上。海底在扩张运动过程中接受的沉积物因密度小、质量轻，不随海底潜没而被刮削下来，加积于逆掩的大陆侧，形成岛弧或边缘山弧。海底俯冲潜没产生的牵引作用，则在俯冲带形成深海沟，从而构成沟-弧体系。太平洋属于这种被动俯冲消亡型。

(3) 洋底存在周期与地幔对流。洋底同时进行着产生、运动、潜没过程，具有一定的存在周期，周期不超过200 Ma。海底运动的原动力是地幔对流(图5-8)，洋中脊是地幔对流的涌升与离散区，大洋盆地是地幔物质的运动区，海沟是地幔对流的下降汇聚区。

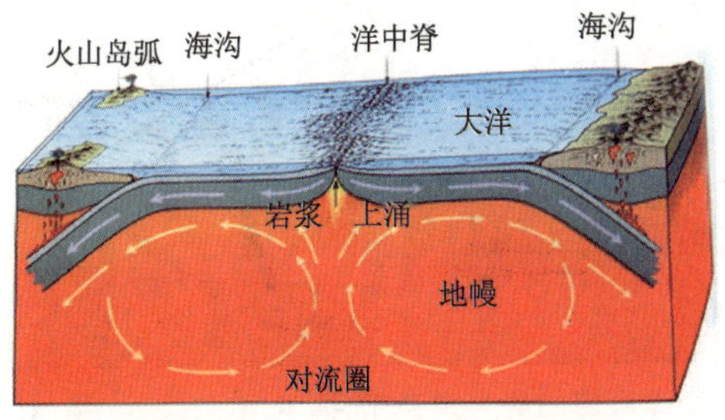

图5-8　地幔对流驱动大洋岩石圈生成、运动和消亡(来自网络)

在热地幔物质涌升的中脊轴部发生火山活动，并出现高热流异常。在经历了漫长运动的洋底向下俯冲的海沟区，则形成低热流异常带。由于洋底周期性地更新，洋底的年龄不超过中生代，因接受沉积的时间短，总体上比较薄，从中脊向大洋边缘呈增厚趋势。

海底扩张学说能够解释海洋地质学和海洋地球物理学领域的大部分现象或事实，其机理符合物理学理论和许多地质、地球物理观测结果，也为大陆分离和漂移学说提供了较合理的动力学机制——地幔对流。

二、海底扩张学说的论证

尽管海底扩张学说基于大量的科学事实，也能解释地质学和地球物理学所观测到的许多现象，但是，一个新学说的成立和得到广泛的认可，仍需要进一步的科学论证。在确立海底扩张学说的过程中，条带状海底磁异常和转换断层的发现，以及深海钻探的成果发挥了至关重要的作用。

（一）条带状海底磁异常与地磁场极性反转年表

1961 年，R. G. Moson 和 A. D. Raff 根据东北太平洋（北美岸外）详细的磁测资料，首先发现在洋底存在着条带状磁异常（又称磁线理，图 5-9），这种磁异常与陆上不大规则的磁异常有着明显的区别。它们近似对称的在洋中脊轴部两侧分布，并且年龄随离开中脊轴的距离增大而增加。

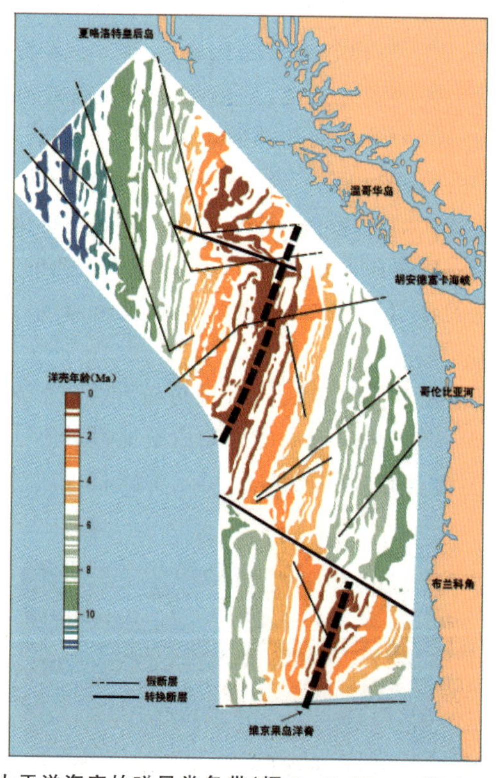

图 5-9　东北太平洋海底的磁异常条带（据 R. G. Moson 和 A. D. Raff，1961）

随后，在三大洋底都发现了具有共同特征的海底磁异常条带，其中北大西洋海底的磁异常条带最为典型(图 5-10)。

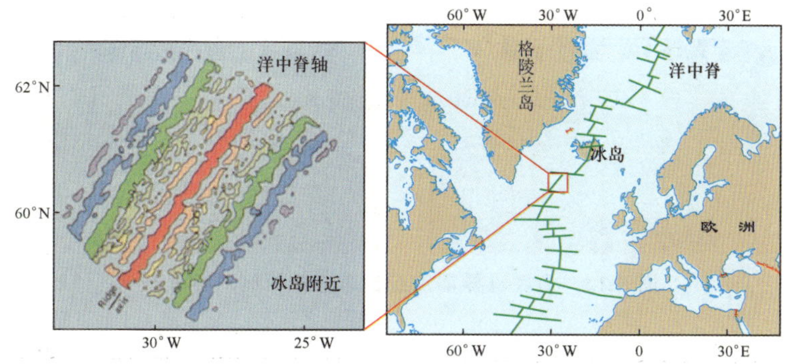

图 5-10　北大西洋海底的磁异常条带(来自网络)

条带状海底磁异常大致平行脊轴延伸数百千米，正负相间排列，单个磁异常条带宽数十千米，在大洋中脊轴部两侧一一对应出现，遇有横向大断裂时被整体错开，但断裂带两侧的磁异常剖面仍可以追踪对比。关于条带状磁异常的成因，Vine 和 Matthews 认为，海底磁异常条带是在地球磁场极性不断转换的背景下，海底不断新生、不断扩张的结果。地幔物质沿中脊轴部上涌，在冷凝形成新海底的过程中被当时的地球磁场磁化，在海底玄武岩层上记录下当时地磁场的方向和强度。随着海底扩张的持续进行，如果地球磁场极性发生反复倒转，就形成一系列正向磁化和反向磁化相间排列的异常条带(图 5-11)。由于海底扩张运动在中脊轴两侧是对称的，中脊轴两侧的正、负磁异常条带也就一一对应对称地保留下来(图 5-12)。实际上，每次地磁场倒转都在同期形成的海底岩石上留下了标记，海底磁异常条带就像录音磁带那样记录下了海底扩张和地磁场极性转换的历史。Vine 和 Matthews 提出的这种模式有力地支持了海底扩张学说。由于沉积物中也有磁性矿物，这些矿物在沉淀过程中，会根据当时的地磁场选择定向排列(图 5-13)。因此，沉积岩心中同样记录了地磁场磁性变化的信息。研究结果表明，沉积岩心中正、反向磁化段的厚度不仅可以与地磁场转向年表中正极性期和反极性期的时间长度对比，还可与洋中脊附近正、负磁异常条带的宽度相对比。

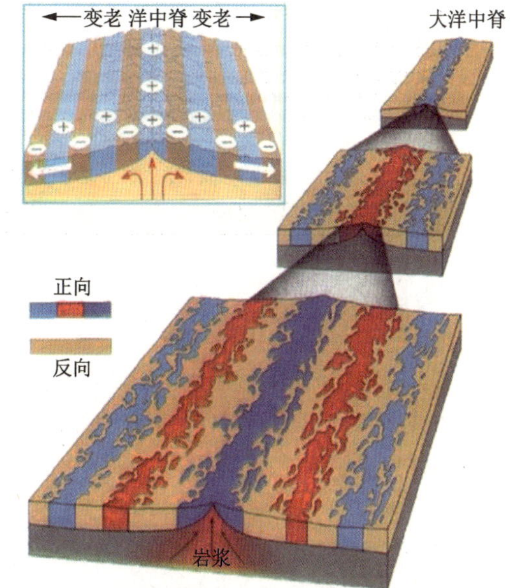

图 5-11　海底磁异常条带的形成过程(来自网络)

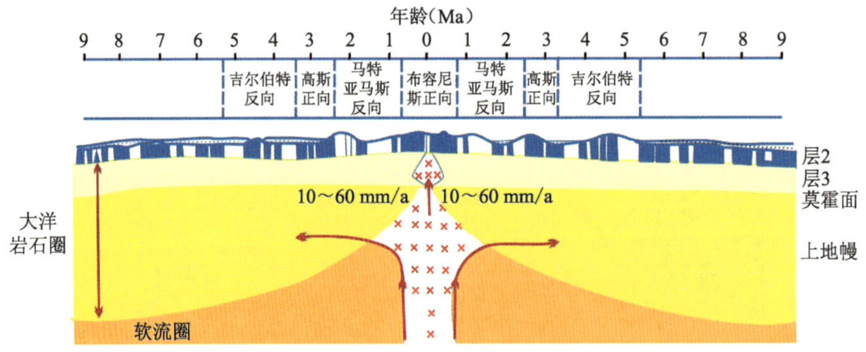

图 5-12　海底磁异常条带在洋中脊两侧对称分布

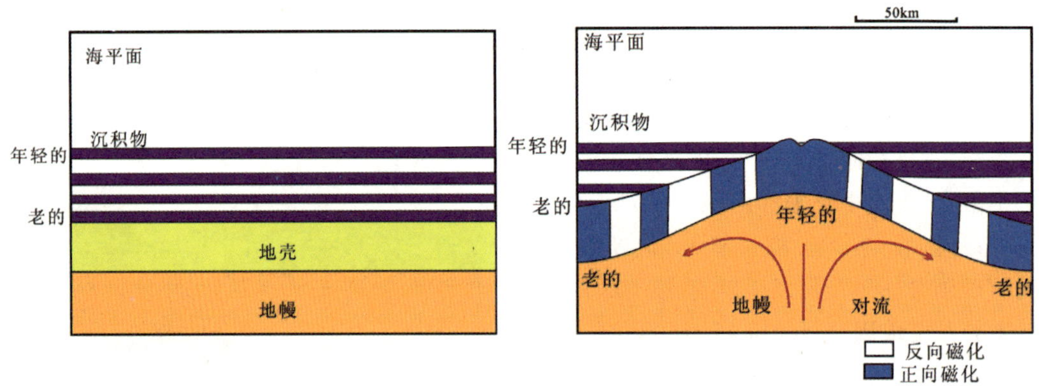

图 5-13　地磁场倒转对海底岩石和沉积物磁化的影响(据 P. J. Wyllie,1975,有改动)

在 20 世纪 60 年代中期,人们就根据陆地古地磁的研究成果建立了近 3 Ma 以来的地磁场极性反转年表。通过对东太平洋胡安·德富卡洋脊上的磁异常剖面与极性年表进行对比研究发现,海底正、负异常条带宽度与极性正、反时间长短成正相关。实测剖面与理论剖面一致,并且该一致性在各大洋中脊普遍存在。地磁场转向年表,洋中脊对称分布的磁异常条带,沉积岩心中正、反向磁化段的厚度与年龄,这三种相互独立的不同尺度指标具有惊人等同的定量关系,不仅证实了地磁场的频繁倒转,同时也证明了海底扩张移动和大规模的水平运动。因此,海底磁异常条带是海底扩张学说的强有力的三大支柱之一。

(二) 深海钻探与海底扩张

海底真的那么年轻?洋底年龄真的如同海底扩张说所预测的那样随距洋中脊轴距离的增加而增大?只有在洋底打钻才能一探究竟!在深海打钻的最初目的之一就是要验证海底扩张学说。钻探结果表明:① 洋底最深沉积物的年龄都与磁异常条带年龄相符,不仅证明了洋壳很年轻,而且证明了洋壳对称于洋中脊轴分布;② 洋壳层Ⅰ的沉积厚度与层序对称于洋中脊轴分布;③ 洋中脊轴部沉积层缺失或极薄,随着远离洋中脊逐渐增厚,至大洋边缘可增至 1.3～1.6 km;④ 40 多年的深海钻探尚未在洋底发现早于 170 Ma(晚侏罗纪)的洋底地壳。这无疑是从不同的角度验证了海底扩张学说!

(三) 转换断层与海底扩张

横切大洋中脊的一系列大断裂从20世纪50年代初被发现，直至20世纪60年代，一直被认为是平移断层。Wilson从动力学的观点出发进行分析后，于1965年提出，这类断层是由于海底扩张所引起的“转换断层”。转换断层包括三种基本类型(图5-14)：① 连接洋中脊与洋中脊的转换断层(R-R型)，是最先认识到的一种转换断层类型，其数量最多，分布广泛；② 连接洋中脊与海沟(俯冲带)的洋中脊—俯冲型转换断层(R-S型)；③ 俯冲—俯冲型(S-S型)转换断层，又叫海沟—海沟型转换断层。转换断层的错动方向代表了海底的扩张方向，其动力学机制与海底扩张模式密不可分。事实上，转换断层发挥着协调洋中脊扩张在扩张速率和扩张方向上差异的作用。因此，转换断层实际上是海底扩张学说的又一有力证据。

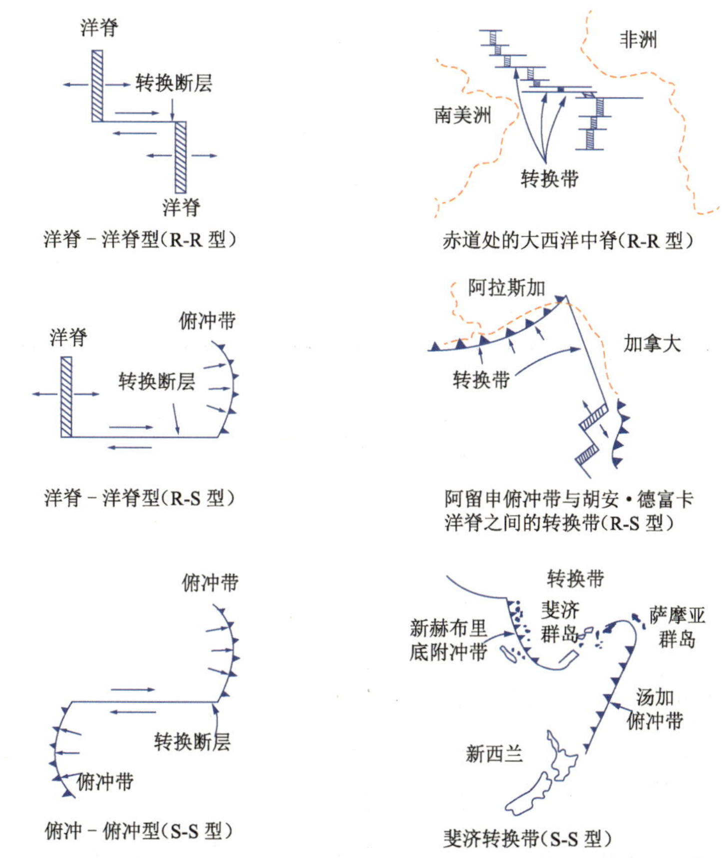

图5-14 转换断层的三种基本类型(左为理想类型，右为实例)(据C. J. Allegre，1983)

转换断层与平移断层的区别(图5-15)：① 运动方向：转换断层两侧只在被错开的大洋中脊段之间做水平滑动，而在洋中脊之外断层两侧没有错动；平移断层两侧的运动方向始终相反，错动沿整条断裂发生。转换断层两侧的运动方向永远与断层走向平行，而走滑断层两侧的运动方向可以与走滑断层线斜交。② 断距：平移断层标志物之间的断距随时间增加而增加，而转换断层两侧洋中脊之间的距离一般是稳定的。③ 地震活动：转换断层地震只发生在两洋中脊轴之间，且以浅源地震为主；而地震活动可沿整个走滑断裂发生，可以是浅、中、深源地震的任何一种或多种。④ 地貌特征：转换断层可以是非对称脊岭(岩浆作用)，线形断崖和狭长沟槽；而走滑断层多为负地形。走滑断层是构造运动的结果，是构造应力释放的形式。转换断层是海底扩张作用在时间、强弱、快慢和扩张方向上的变化所引起的构造形式，其作用是调整海底扩张运动的均衡或统一。

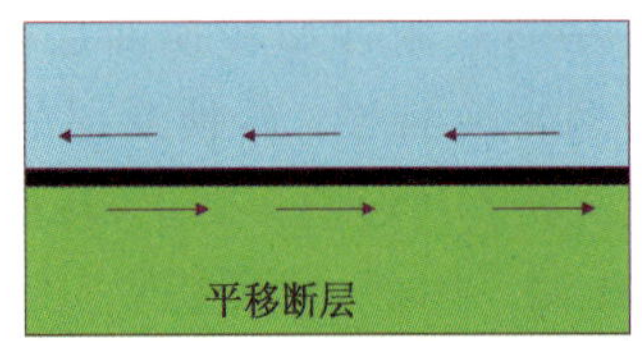

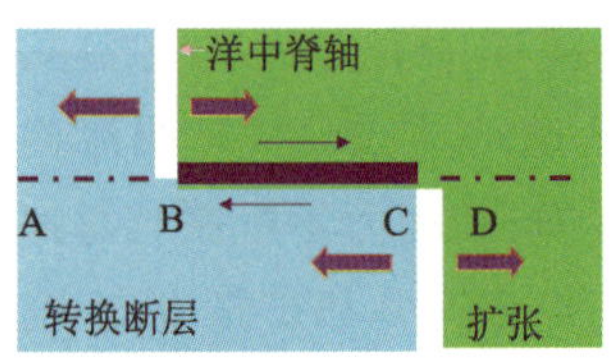

图 5-15　转换断层与平移断层的区别

(四) 海底扩张速率

不难理解，把洋中脊附近的磁异常条带顺序与极性反转年代联系起来，可得出每个磁异常条带形成时的年代。磁异常条带至洋中脊轴的距离除以其年龄，即可得出平均侧向运动速率。由于海底自洋中脊轴向两侧对称扩张，用这种方法得到的是单侧扩张速率，即通常所说的半扩张速率。以磁异常年龄为横坐标，以磁异常条带至洋中脊轴的距离为纵坐标，将各洋区资料投在图上，各洋区投点分别连成一条直线，斜率便是洋区的扩张速率(图 5-16)。

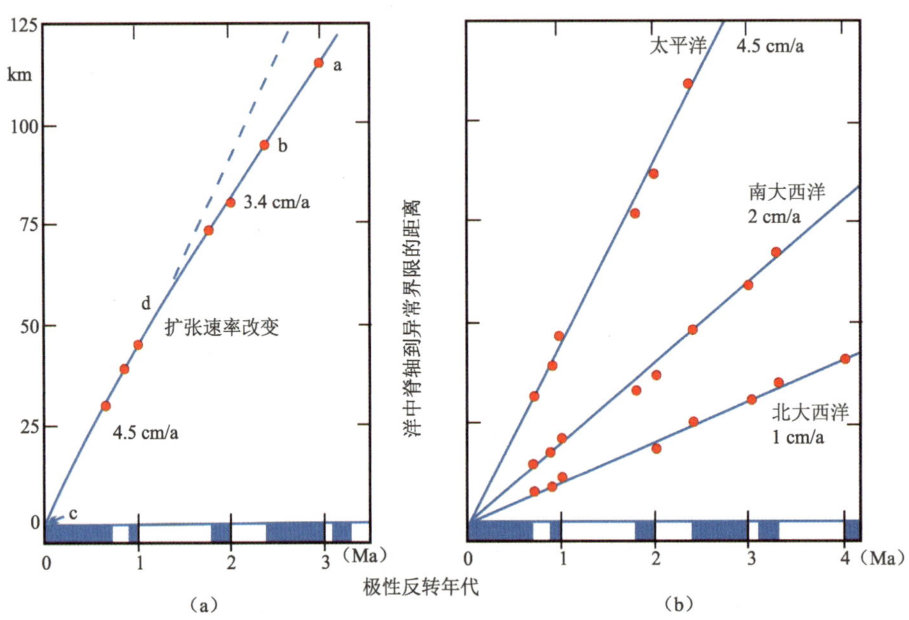

图 5-16　不同洋区的扩张速率(据 Wyllie，1975)

大多数洋中脊的图形表现为一条直线，说明 4 Ma 以来从某一特定洋中脊开始的扩张速率是恒定的。太平洋的平均扩张速率(4.5 cm/a)高于大西洋(1～2 cm/a)，说明具有俯冲作用的太平洋的扩张速率明显大于尚未发生俯冲作用的大西洋。事实上，海底扩张速率在各大洋(甚至不同洋中脊段)都不相同,有的每年增生 1 cm,有的甚至高达 12 cm/a,进一步说明海底扩张在时间、强弱、快慢和方向上,不同洋中脊段是有差异的。磁异常条带间距和转换断层规模上的差异恰好证明了扩张速率的差别。

三、弧后扩张学说

沿西太平洋边缘分布的一系列弧后盆地(图 5-17)的成因是一长期令人费解的问题。自海底扩张学说问世和大量的调查资料获取之后,人们开始关注这些弧后盆地,发现其具有一系列独特性:水深大多在 2 000~4 000 m,生成年代多较岛弧及其相邻的大洋盆地年轻,地壳厚度介于大陆和大洋之间,基底岩石类似于大洋基底,张性断裂发育,地震活动频繁,震源集中在一个平面上,岩浆作用强烈,热流值高。不难想到弧后盆地在成因上必然与沟弧体系有关,也就是说与板块俯冲作用有关。

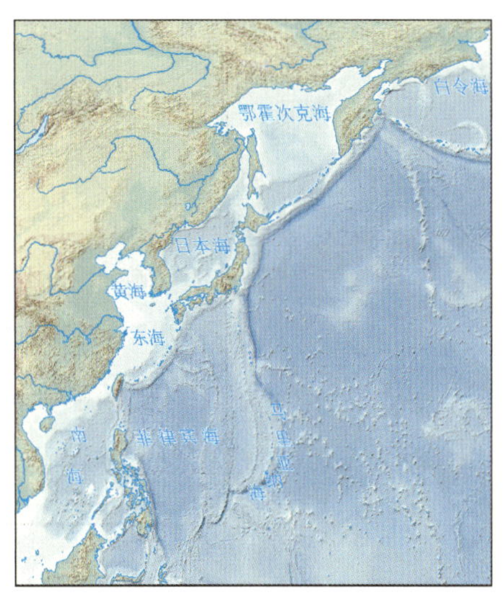

图 5-17 西太平洋大陆边缘的弧后盆地

Karig 于 1971 年在他的博士论文《西太平洋边缘海盆地的成因与演化》(*Origin and Development of Marginal Basin in the western Pacific*)中提出弧后扩张的观点(学说):当大洋板块俯冲到仰冲的岩石圈板块之下时,打乱了俯冲岩石圈板块之上地幔楔的平衡,导致地幔次生对流,从而引起弧后扩张,形成弧后盆地(图 5-18)。

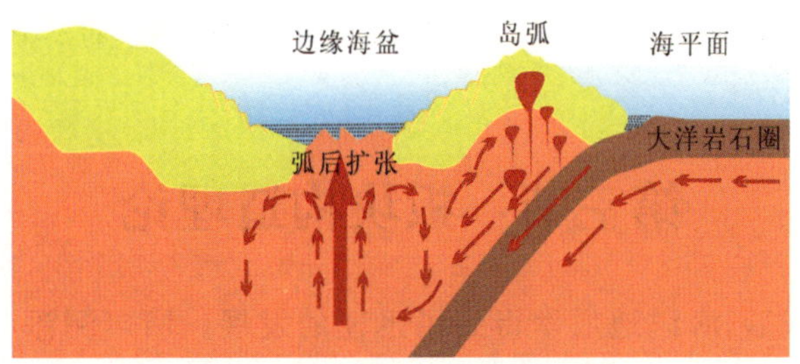

图 5-18 弧后扩张的地质模型

需要指出的是,尽管弧后扩张学说能够解释西太平洋大陆边缘大多数弧后盆地的成因,但是,关于弧后扩张的动力机制,目前尚有众多争议。一些学者认为板块俯冲引起热地幔主动底辟上涌,或引起次一级的地幔上升流,可成为弧后扩张的动力。而另有一些学者认为,弧后扩张学说或许能够解释西太平洋大陆边缘部分弧后盆地的成因,但是,却难以回答太平洋东缘及其他一些板块俯冲的地方并未形成边缘海盆地的事实。因此,俯冲带的存在还不是弧后扩张的充分条件。新的观点认为板块俯冲是否导致弧后扩张并形成弧后盆地可能与上覆板块和俯冲板块之间的耦合是否紧密有关。简言之,俯冲作用是否导致弧后扩张取决于俯冲带倾角的大小。如图 5-19 所示,在俯冲带倾角较大的西太平洋大陆边缘大多发育有弧后盆地，而在俯冲带倾角较小的东太平洋大陆边缘则没有弧后盆地的普遍发育。

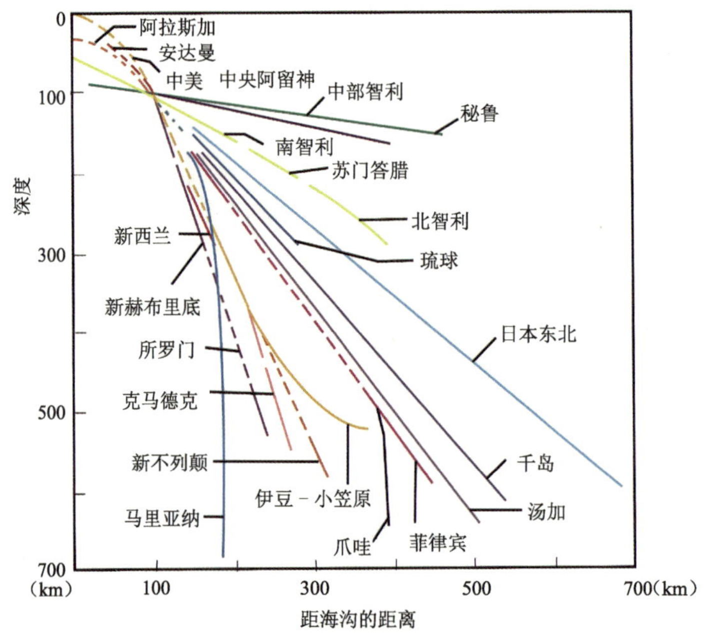

图 5-19　全球俯冲带倾角(来自网络，有改动)

弧后盆地是板块碰撞俯冲的产物。由于受到板块俯冲作用的影响，弧后盆地存在着广泛的岩浆活动，而且存在着许多与岩浆活动有成因联系的热液活动点(区)，在周边区域形成了大量的多金属矿床和硫化物矿床。

迄今，对俯冲带、弧后盆地的地下地质作用过程还不了解，岩浆作用研究仍是迄今唯一有效的“窗口”或“探针”。

第三节　板块构造理论

第二次世界大战后，海洋地质学得到了迅速的发展。回声测深(大洋中脊体系和海沟)、地震(震源分布)、重磁(异常带分布)、地热(热流值分布)等新技术被广泛应用于海洋地质调查与研究，使人们对海底及大陆边缘的形态和性质有了较全面的了解。要解释这些事实，就必须有新的理论。自 20 世纪之初出现“大陆漂移学说”到 20 世纪中叶的“海底扩张学说”，从本质上否定了传统的洋-陆“固定论”。人类接受了这样的事实：地球岩石圈是以大规模的“横向运动”为主，而不是以“垂向运动”为主。伴随着大量海底与陆地调查资料的积累，“板块构造学说”在“大陆漂移学说”和“海底扩张学说”的基础上油然而生。可以说，板块构造学说源于海底科学，但却可以应用于全球构造。板块构造理论的诞生是地球科学领域划时代的事件，标志着地球科学的一场革命。从此之后，地球科学从分门别类的、局部区域的视野进入了全球地质观，从分学科的资料搜集、整理、推理阶段进入了多学科综合、全面、系统的研究阶段，从固定的地球构造观转向了活动的地球构造观。这为解决与人类生活密切相关的矿产资源、地震灾害等地质问题提供了新的、全面的理论基础。

一、板块构造理论的主要内容

板块(Plate)概念首先由 Wilson(1965)提出，1968 年又出现了“板块构造(Plate Tectonics)”的概念(法国地质学家勒皮雄与麦肯齐、摩根等)。板块全称是岩石圈板块，是指构成地球上部岩石圈的不连续的球面板状块体。每个板块的厚度、大小不等，其内部被认为是稳定的、刚性的，很少发生变形。

板块构造学说是研究岩石圈板块裂解、离散、漂移、汇聚、消亡、增生和碰撞等构造作用过程与特点，并探讨板块动力学演化及其对矿产控制作用的大地构造理论的科学。板块构造理论的主要内容包括：

(1) 地球垂向结构与流变学划分：地球垂向上分为壳、幔、核三部分，它们有各自的化学性质、矿物组成及结构特征，壳幔间和幔核间的过渡带均为化学成分不连续面。地球最上部可分为岩石圈和软流圈。岩石圈包括地壳和位于软流圈以上的上地幔，岩石圈和软流圈的过渡带上无化学成分的改变。虽然作为地球最外部的岩石圈本身在化学成分上很复杂，但在力学上具有刚性特征。软流圈在缓慢而长期的作用力下，会表现出塑性变形和缓慢流动的性质，岩石圈漂浮在软流圈之上可做侧向运动。

(2) 地球表层平面结构与板块划分：地球表层的刚性岩石圈并非具有统一刚性强度的统一球壳，而是被一系列构造活动带(如地震带)分割成许多大小不等的称为岩石圈板块的球面板状块体(板块)。

(3) 板块活动性与活动结果：板块内部是稳定的，而板块边界是地球上最具活动性的构造带。那些基本上不发生构造活动(极少有地震)的板块，被活动的、具有频繁地震发生的洋中脊、海沟和边界断裂带所包围。板块间的相互作用是地表构造活动的主因，板块运动及板块间的相互作用导致了目前海陆的分布格局、地表形态、山脉的形成、地震、火山和构造活动等。

(4) 海底扩张与大陆漂移的本质：海底扩张是一对岩石圈板块沿洋中脊轴两侧的拉张运动，而大陆漂移则是位于岩石圈板块上的大陆作为“被载体”，随着板块的运动而被动地发生长距离水平位移，类似于传送带原理。

(5) 板块的旋回性：板块边产生、边运动、边消亡，周而复始。岩石圈板块是由洋中脊中央裂谷带涌出的炽热地幔物质经不断冷却而成。板块在洋中脊轴附近的增生区较薄，随着时间推移和板块远离洋中脊轴，逐渐冷却而增厚。海洋岩石圈板块最终将消亡于海沟之下的俯冲带。在消亡过程中，冷的岩石圈下潜沉入地幔。在岩石圈板块潜没的倾斜地带可发生浅、中、深源地震。

(6) 板块运动的原动力：地幔物质对流。

二、板块划分与边界类型

（一）划分依据

地震是岩石破碎应力释放的表现形式。地震发生地带就是地球表层最重要的活动带，所以地震活动带是板块划分的首要标志。地震资料表明，浅源地震既发生在离散型板块边界，也发生在汇聚型板块边界。但是，中、深源地震却只局限于汇聚型板块边界（图 5-20）。

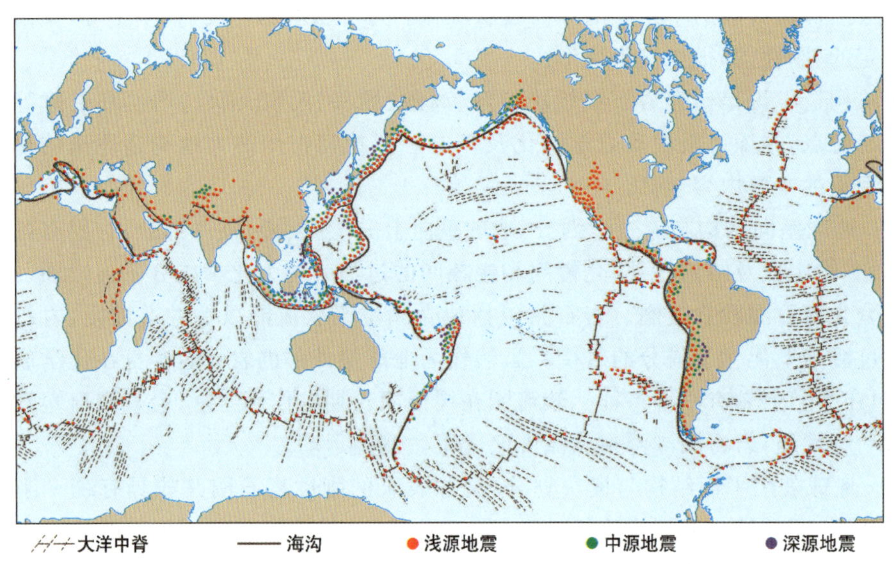

图 5-20　全球 5 年时间地震震中的分布（据 Hamblin 和 Christiansen，1998）

除地震活动带是板块划分的首要标志之外，由于两个板块间发生相互作用，往往在地表形貌和岩石上留下板块间活动的痕迹，如洋中脊体系、沟-弧体系、转换断层、年轻造山带等构造活动带以及岩石学标志等，可作为板块划分的二级标志。部分标志，特别是岩石学标志，在古板块边界的研究中具有重要的指示意义。

（二）划分方案

板块构造（Plate Tectonics）的基本观点为地球表层（岩石圈）是由厚度为 100～150 km 的巨大板块构成。Le Pichon 提出全球可划分为六大板块（图 5-21），即太平洋板块、印度洋板块、亚欧板块、非洲板块、美洲板块和南极洲板块，其中只有太平洋板块几乎完全处在海洋，其余均包括大陆和海洋。板块间的分界线是海岭、海沟、大的褶皱山脉和裂谷与转换断层带。它们属于一级大板块，决定了全球板块运动的基本特征。后来，又有了十二板块划分方案，在该方案中除了将美洲板块分为北美版块和南美板块外，又有五个较小的板块，它们分别是纳兹卡板块、科科斯板块、加勒比板块、菲律宾海板块和阿拉伯板块，称为中板块（图 5-22）。Morgan 则认为全球应划分为 20 个左右的板块。按照板块面积的大小，一般分为大、中、小、微四级。

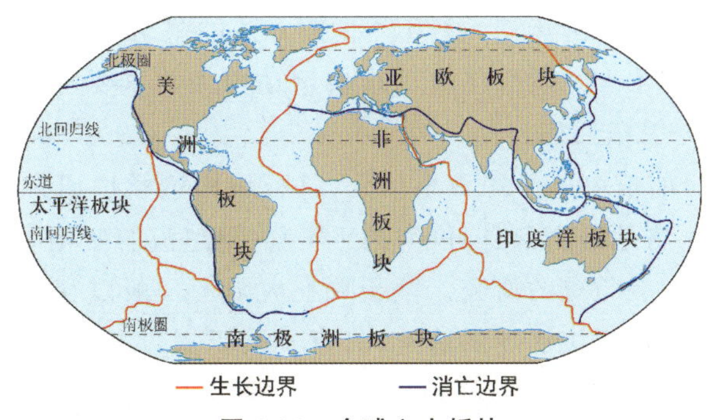

图 5-21 全球六大板块

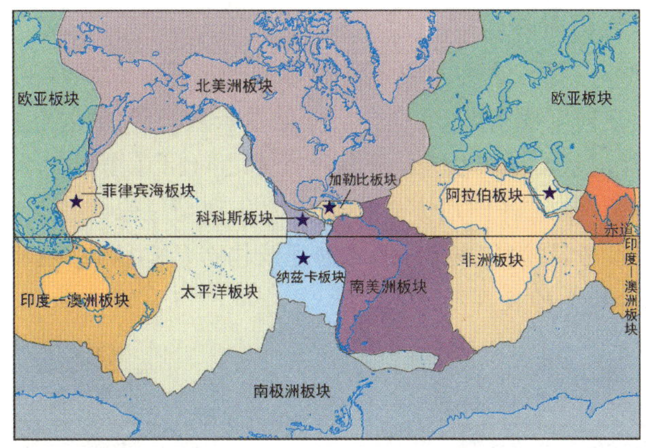

图 5-22 十二板块划分方案

(1) 大板块或称巨板块：即规模(范围)巨大的板块，相当于全球六大板块划分方案中的板块。后来，大多数学者又倾向于把美洲板块分为北美板块和南美板块，这样全球可划分为七大板块(七分方案)。大板块一般既包括陆地也包括海洋，如太平洋板块断裂以西的陆地和加利福尼亚半岛等陆地部分。大板块的运动方向每隔几千万年，甚至一两亿年才发生变化。

(2) 中板块：是比大板块规模小的板块，相当于十二板块划分方案中五个较小的板块。从图 5-22 上可以看出，纳兹卡板块、科科斯板块和菲律宾板块为海洋板块，其余两个中板块既有陆地也有海洋。中板块一般位于大板块之间或大板块前进的边缘，其位移和转动取决于大板块的运动方向。中板块的运动方向在几百万年或几千万年内即可发生变化。有些学者还进一步划分出若干中板块，如索马里板块、中国板块、南中国海板块等，由于缺乏围绕它们的连贯地震带而未被广泛承认。

(3) 小板块：指面积相当于 10×10^4 km^2 或更小的板块，它们往往出现于大陆与大陆或大陆与岛弧的碰撞带中。在这类碰撞带上，地震带非常宽广，很难单纯依据地震分布进一步划分出小板块。一般通过地震震源机制的研究，将断裂带作为小板块的边界。据此，就可以在欧亚板块、非洲板块与阿拉伯板块间进一步划分出土耳其板块、爱琴海板块、亚德里亚板块、伊朗板块等；在太平洋板块与澳大利亚板块之间可进一步划分出新赫布里底板块和汤加板块等。小板块的运动一般不受地幔对流的驱动，主要受控于大板块的运动，相对于主要板块的位移不大。它们在全球板块运动中无关紧要，但在区域构造研究中是不可忽视的因素。

（4）微板块：是目前板块划分的最小单元，是板块构造学说研究板内构造时提出的。主要借助于卫星照片、古地磁资料、同位素测年资料、地热流的变化以及岩石成分等资料，进行微板块的形成与发展历史的研究。微板块在大陆上一般以克拉通块体为主体，周边残存有被动或活动陆缘及板块活动的遗迹，具有不同于周边的演化历史。由许多微板块组合可形成联合板块，它们早期具有各自独立的演化历史，晚期作为一个统一的板块运动。此外，微板块也出现在洋中脊附近。

（三）板块边界类型及其特征

板块边界或边缘，一般是地质上最具活动性的构造带。在地球软流圈之上滑动着的整个板块体系，处于一种应变状态，大部分应变能在板块边界的地震过程中释放出来。分析由全球标准地震网记录的地震信息，可得到板块之间相互作用的 3 种主要形式：分离、汇聚和相互之间滑移。这 3 种作用方式的主应力分别是拉张、挤压和剪切力。根据板块边界上的应力特征，参考其地质、地貌、地球物理及构造活动特点，可将板块边界划分为 3 种基本类型（图 5-23）和 7 种表现形式。

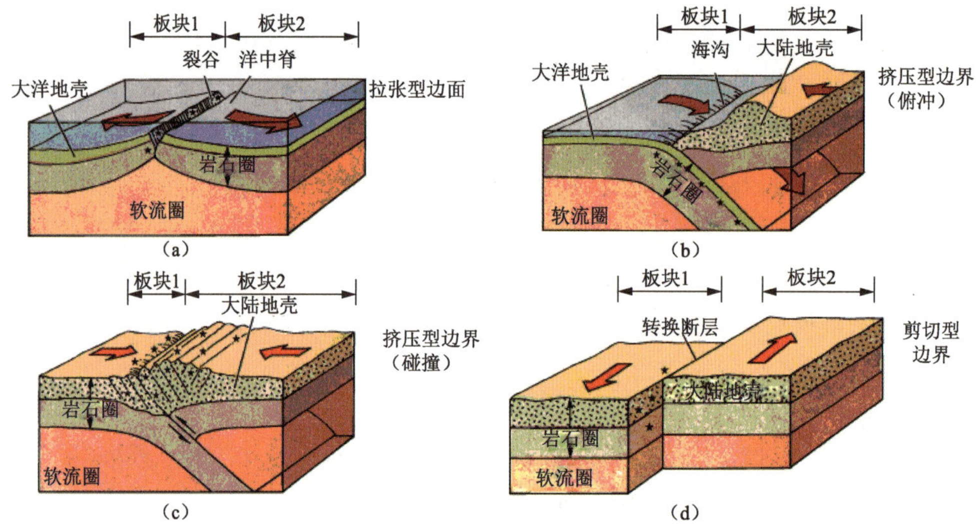

图 5-23　板块边界的 3 种类型（John Wiley 和 Sons，1999）

（1）拉张型板块边界：拉张型板块边界包括大洋中脊和大陆裂谷两种类型（图 5-24），二者共同构成了全球裂谷系统。但是，并非所有的大陆裂谷都是板块边界，只有大洋中脊及其延伸进陆地所形成的并且仍在扩张活动的裂谷才是板块边界。由于两板块做相背分离运动，故又称离散型（Divergent）板块边界。由于中脊裂谷是板块增生的地方，故也叫扩张型板块边界或增生型板块边界。

(a) 大洋中脊型

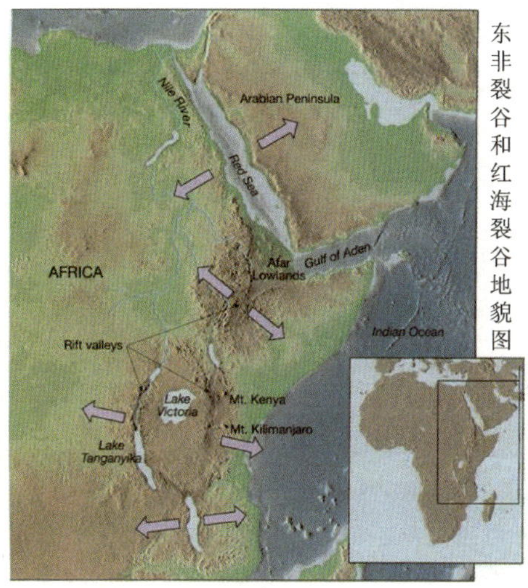

东非裂谷和红海裂谷地貌图

(b) 大陆裂谷型

图 5-24 拉张型板块边界的两种类型

该类板块边界的主要特征：往往伴有很高的热流值，地震震源极浅，发生的地震以正断层型为主，地震集中在极狭窄的地带，一般不超过 20 km。由于新生岩石圈的强度较低，所以发震频率低，震级小，大多地震在 5 级以下，最大震级也不会超过 7 级。

(2) 挤压型板块边界：两板块间的应力场以挤压作用为主，边界两侧板块向一起汇聚，故又称汇聚型或聚敛型(Convergent)板块边界。自拉张型边界形成的岩石圈经过远距离运动在这里消亡，所以也有的称其为消亡型或破坏型板块边界。由于两板块在这里聚合，在压性力作用下，地震活动以逆掩断层型为主。在挤压型边界，构造活动强烈而复杂，这就决定了这类板块边界的复杂性，因此可进一步细分为俯冲板块边界和碰撞板块边界两亚类 5 种形式(图 5-25)。

① 俯冲板块边界——大致与沟—弧体系相当，且主要分布在太平洋两侧，又叫太平洋型汇聚边界。边界两侧相向运动的板块前缘一般是大洋岩石圈和大陆岩石圈，而且总是大洋板块俯冲于大陆板块之下，这是因为大洋板块厚度小、密度大、位置低、易于下沉，而大陆板块则厚度大、密度小、位置高、容易上仰。俯冲板块边界又分为西太平洋俯冲型板块边界、洋壳—洋壳俯冲型板块边界和东太平洋俯冲型板块边界 3 种形式。前者主要分布于西太平洋边缘，后者见于东太平洋的中美和南美大陆边缘，洋壳—洋壳俯冲型见于马里亚纳海沟处。

该类边界特点：从海沟向岛弧或大陆方向，依次出现浅源、中源和深源地震，地震记录显示在平面上形成很宽的地震带；板块俯冲边界是世界上地震活动最强烈、频率最高的地带，如环太平洋地区，有“环太平洋地震带”之称，记录到的最大地震震级为 9 级；热流值从海沟向岛弧或陆侧呈升高趋势；在岛弧或陆缘山弧还会发生强烈的火山作用，“环太平洋火山带”即与俯冲边界的两板块的相互作用有关。

② 碰撞板块边界——相当于大陆现代年轻造山带，主要分布于欧亚板块南缘，又称阿尔卑斯—喜马拉雅型汇聚边界。由两相向运动板块前缘的陆块彼此接近或相遇碰撞而

形成。这种板块边界又有两种表现形式:一种是接近的两陆块间的海洋尚未完全闭合(如非洲与欧洲间的地中海,为陆间海式板块边界);另一种是碰撞的两陆块接触、挤压形成高大山脉,在两板块间只是留下残留有洋壳组成的狭窄构造带,又称为缝合线或缝合带,如亚洲与印度次大陆间的喜马拉雅造山带,就是缝合线式板块边界。

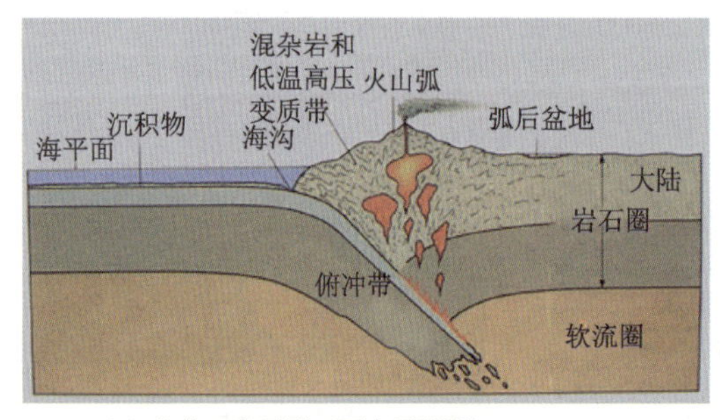

(a) 海沟—岛弧型(西太平洋型)

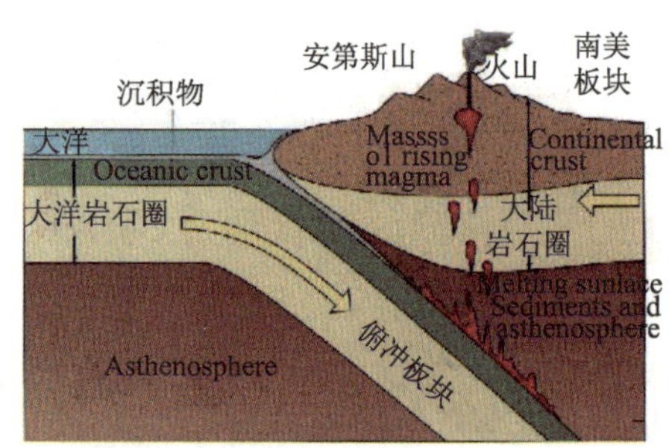

(b) 洋壳—大陆型(东太平洋型)

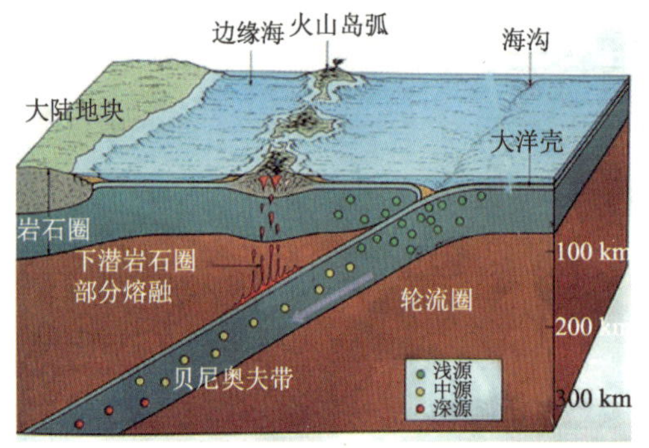

(c) 洋壳—洋壳俯冲型

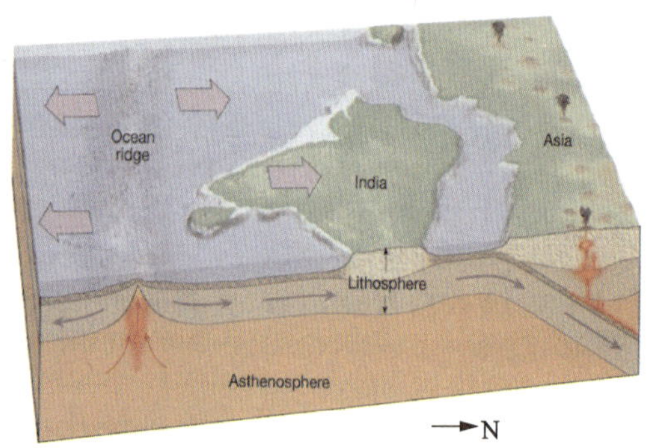

(d) 陆间海型(印度和亚洲大陆碰撞前)

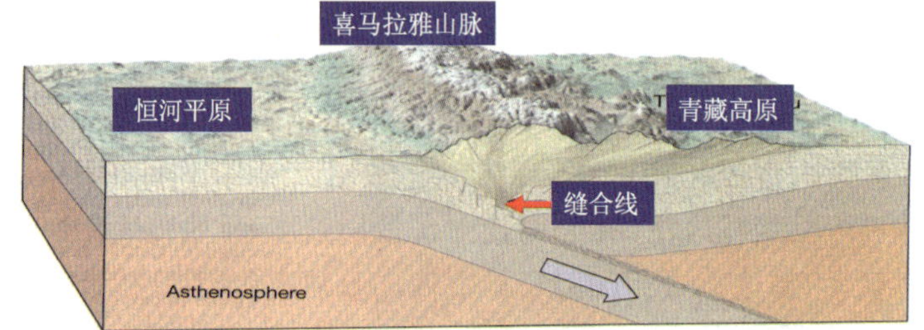

(e) 缝合线型

图 5-25 挤压型板块边界的 5 种表现形式

该类边界特点:地震带极宽,以浅、中源地震为主,最大震级可达 8.7 级;断层众多,有许多构造薄弱带;伴有比较强烈的岩浆活动;热流值相对较高;地壳厚度大,可达正常陆壳厚度的两倍以上。两陆块的相撞必然产生巨大的挤压作用,使岩层不断弯曲、破裂、逆掩、变质,不同类型的岩石相互混杂在一起。如果板块相对运动停止,则活动性消失,这时主要受外力作用,在地质历史上将成为古缝合线,标志着这里曾是板块边界,如作为欧亚分界线的乌拉尔山(脉)和北祁连山等。

挤压型边界的两亚类和 5 种形式是一脉相承的,它们代表板块俯冲—碰撞的不同阶段，构造活动强烈而复杂，以地震活动和火山活动频发为最大特征。

(3) 剪切型板块边界：即以转换断层为标志的板块边界。在转换断层上确定的震源机制属“剪切”型，表明这里的应力场以剪切作用为主，剪切方向与借助磁异常条带确定的板块相对运动方向一致，即相邻两板块沿边界彼此向相反方向滑动。在这样的边界，既没有板块增生，也没有板块消亡，仅只是一些滑移迹线，有人称其为守恒板块边界。在这里所发生的地震以走向滑动类型为主，地震活动大都为浅源地震，地震带较窄，地震频度和震级明显比拉张型边界大；地貌上表现为“地堑型”谷地，它不是一条通常意义上的断层，而是长而平直的破裂带，宽数千米至数十千米。

Juan de Fuca 板块由大洋岩石圈组成，其边界包括与北美洲板块相连的汇聚边界、与太平洋板块相连的离散边界、南部的转换断层边界(图 5-26)。

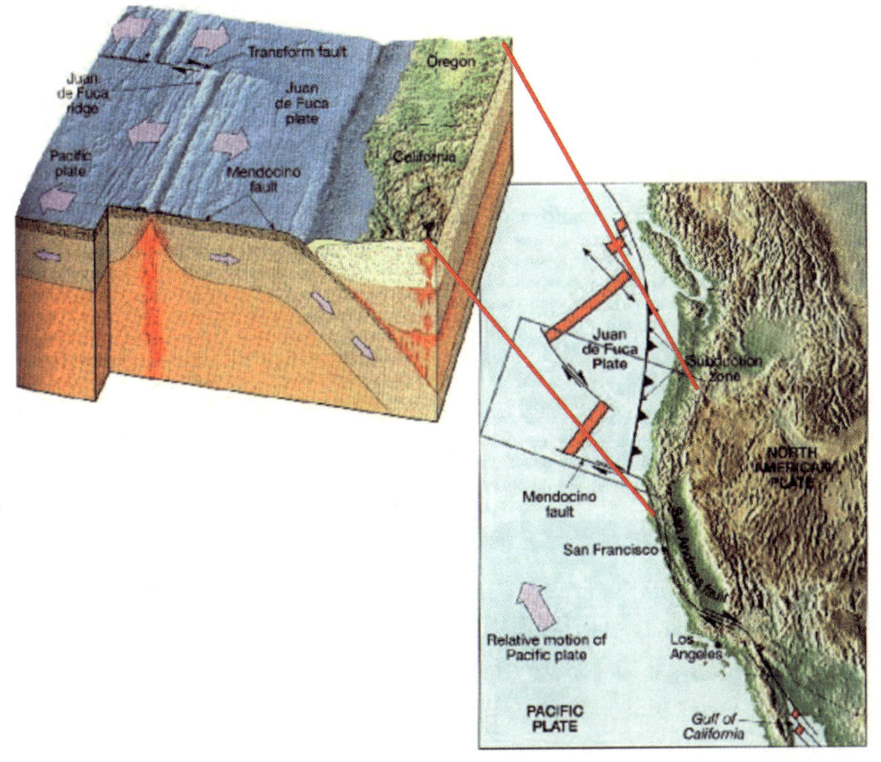

图 5-26 Juan de Fuca 板块南部的剪切型板块边界

(四) 板块边界组合

除两板块间的边界外，还可见到三个板块边界汇合交于一处的现象，为三板块边界的起点或终点，这个交点叫作板块三联点(Triple Junction，简称三联点)。与三联点相接的板块边界可以是拉张型(洋中脊—R)、挤压型(海沟—T)或剪切型(转换断层—F)边界(图 5-27)。

板块三联点的稳定性主要取决于相邻三个板块的运动方向。为了达到稳定状态，三联点必须有沿两两板块边界向上或向下移动(仰冲或俯冲)的可能。四节点通常是不稳定的，晚期经常转换为相对稳定的三节点。

McKenzie 和 Morgan(1969)讨论了海沟、洋中脊以及转换断层的 16 种组合的几何学和稳定性，其中 RRR 三联点是最稳定的，例如，红海、亚丁湾和东非大裂谷的 RRR 型三联点(图 5-28)和南印度洋中脊的三联点等。FFF 三联点都是不稳定的，其余可能的三联点只有在某些特定的方向上才稳定。

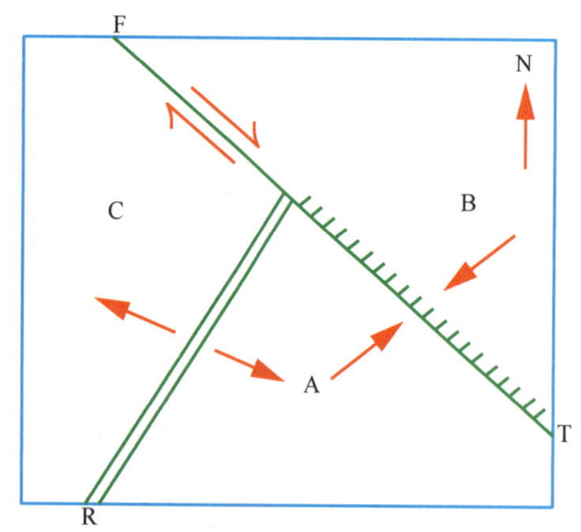

图 5-27　板块 A、B、C 之间的 RTF 型三联点

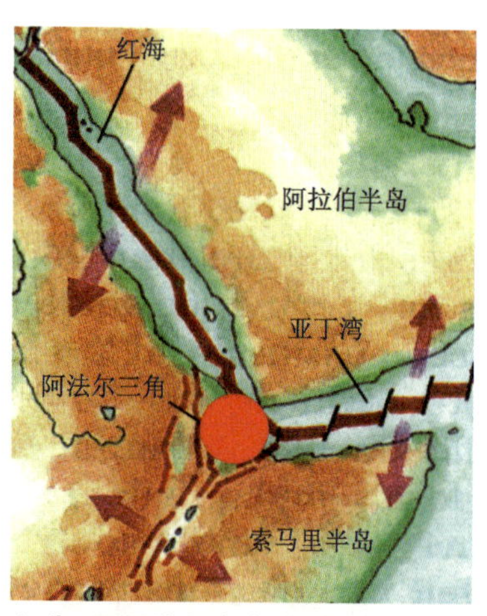

图 5-28　红海、亚丁湾和东非大裂谷的 RRR 型三联点

三、板块运动

板块构造学说认为，球面岩石圈板块是沿地球球面运动的(Morgan，1968；Le Pichon，1968)。板块是刚性的，而且拉张型边界增生的岩石圈和挤压型边界消亡的岩石圈大体相当，即地球表面积维持不变(或者说地球半径不变)。全球所有板块的运动都在一定程度上相互依存，一个板块的运动速率与方向的变化，必然由其他板块的运动变化反映出来，因此板块的运动都是相对的。

板块运动必须满足 4 个条件：① 能够产生足以推动巨大板块运动的力；② 必须符合物理学，特别是流体力学、热力学和力学的基本原理；③ 符合根据地球物理探测得出的地球内部的性质和状态；④ 板块运动的效应应该与现代岩石圈的性状和动态相一致，并能合理解释地质历史上的板块运动及其演变过程。因此，板块构造动力学就涉及板块运动的能源、动力和运动方式等方面的问题。

(一) 板块运动的动力

地球内部岩石和矿物中含有大量的放射性元素，放射性衰变可以产生巨大的能量，地学界公认衰变热是地球内热的主要来源。能为地球提供巨大热能的放射性元素是少量长寿命的放射性同位素铀(^{235}U、^{238}U)、钍(^{232}Th)和钾(^{40}K)等。

除放射性衰变热之外，还有机械热(地球物质密度不均匀分布和地球自转角速度变化所产生)、化学反应热(氧化还原反应所释放)、重力分异热(地球物质重力分异过程中产生)等，它们在地球内部热源中只占次要地位。

因此,地球内部可以产生足够的热能。地球内部热能向地表传输不外乎5种形式:① 热传导——依靠物质质点(分子或原子晶格)的相互作用进行传热,但岩石的热导率很低;② 辐射传热——从热源以电磁波的形式沿直线向四周发散热量,但硅酸盐矿物不易发生辐射;③ 火山喷发——高温熔融物质喷出地表,把大量的热能携带到地表;④ 热液喷溢活动——地表水下渗,在地下一定深度被热源加热后上升喷出地表;⑤ 对流传热——高温塑性物质发生宏观运移传递热量的方式。

在上述热传送的5种形式中,热传导和辐射传热效率很低,火山喷发和热液喷溢虽然传热效率很高,但不会产生大规模或大区域的水平方向推力。因此,上述4种热传导方式都不会驱动板块做规模性的横向运动。目前,越来越多的观测结果表明,地球内部热量的产生与对流传递是造成地球上层各种构造活动和地震活动的重要原因。

(二)地幔对流模型

早在1929年,Holmes就提出了固态地幔对流驱动大陆漂移的概念。1939年,Griggs进一步指出,海沟和岛弧形成于地幔对流下降的地方。板块构造理论建立后,越来越多的证据表明近地表的热异常区与板块构造最活跃的区域相对应。因此,多数人认为驱动板块运动的原动力是地幔对流(图5-29)。

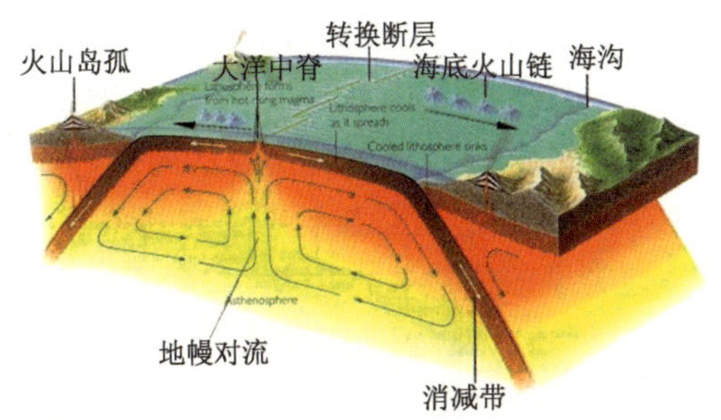

图5-29 简单地幔对流模型(来自网络)

地幔对流涉及许多复杂因素,至今仍有许多存在争论的问题。关于地幔对流的模式至少有5种基本动力学模型:① 浅地幔对流模型(图5-30a)——主张对流局限于上地幔的软流圈。② 深地幔(或全地幔,图5-30b)对流模型——认为由于俯冲板块可一直俯冲到600 km以深,故推测存在整个地幔尺度的大尺度对流,其中有部分热源来自地核。③ 双层浅地幔对流模型(图5-30c)——自20世纪80年代中期以来,海底岩石学研究发现,热点海岛玄武岩来源于非亏损的深部地幔,洋中脊玄武岩来源于亏损地幔。因此,出现了双层对流模型,即上、下地幔对流环相互分开,自成体系,上地幔对流环具有相互耦合的两种对流尺度并驱动板块运动,下地幔对流只对上地幔运动有影响。上地幔对流由一系列长约800 km、厚约700 km的小对流环组成,其合矢量驱动板块运动,好像传送带其下的滚棒一样。④ 与热幔柱相连的双层对流模型(图5-30d)——地幔柱起源于D″层,位置不发生迁移,但有物质和能量传输到上地幔,甚至地表,从而影响着地幔物质的性质和对流。⑤ 混合模型——地幔柱不仅起源于D″层,还能捕获地幔层物质,而且可以在660 km对流层面上发生迁移。

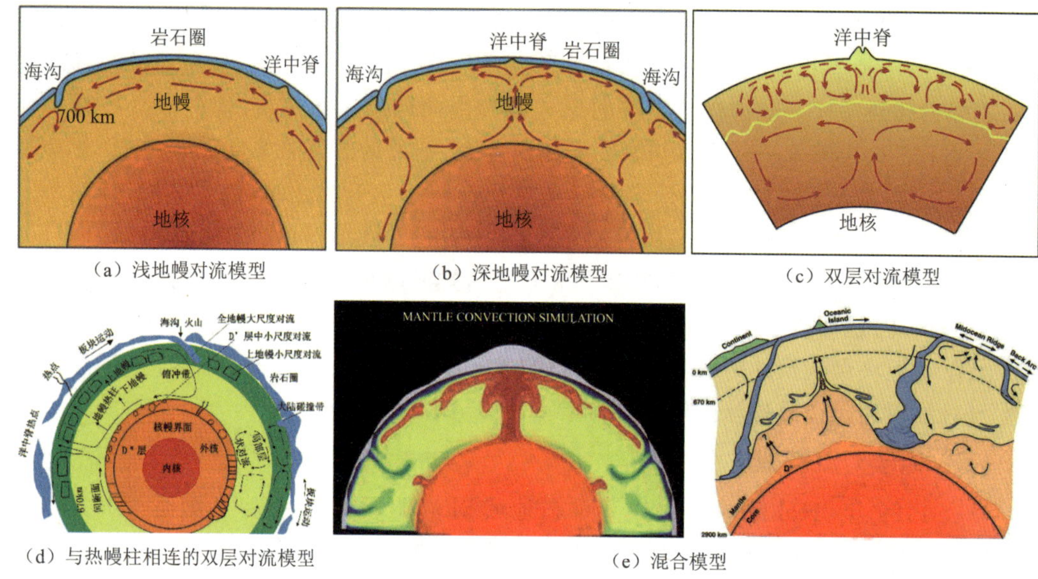

（a）浅地幔对流模型　（b）深地幔对流模型　（c）双层对流模型

（d）与热幔柱相连的双层对流模型　（e）混合模型

图 5-30　地幔对流模型(来自网络,有改动)

地幔乃至更深处的物质对流应是非常复杂的,可能存在有 5 种对流方式:上地幔小尺度对流、全地幔大尺度对流、层状对流、D″层中极小尺度对流和热柱形态对流,前四者也称为环状对流(傅容珊等,2001)。因此,尽管目前还无法用一个统一的数学模型描述上述所有对流方式,但混合地幔对流模型确实更适合现代观察的所有结果。现代地球化学方法和地震层析成像技术在地幔对流模式的建立与识别中起到了重要作用。地幔对流过程将深部岩浆带至地表,形成各种类型的玄武岩。因此,玄武质火山作用,尤其是微量元素和同位素地球化学的信息,可以用于研究地幔深部的情况。

总之,地幔对流与迄今所观测到的很多事实相符,最主要的是地幔对流模式与板块运动模式相对应,板块运动速度大体代表了地幔对流的速度。但是,同时也存在诸多地幔对流模式难以解释的事实,比如:洋中脊转换断层将板块错开成许多段,对流上升如何在洋中脊裂谷处处吻合?三条洋中脊相接或洋中脊与海沟相交,其下面如何对流?板块边界随时迁移,其下的对流体也同步位移吗?尽管如此,冰块在水面上漂浮给我们启示,板块运动与地幔对流不一定有直接绝对联系,如同水面上相互拥挤的冰块,不论其形态和运动如何复杂,其下水体流动比较规律,两者运动未必吻合,但不可否认的是冰块运动是由下面水流驱动的。

四、威尔逊旋回与大洋演化

根据板块构造理论,大洋的张开和关闭与大陆的分离和拼合是相辅相成的,大洋的形成和演化表现为张开和关闭的旋回运动。由于大洋盆地占据地球表面的 60%左右,因此,大洋张开和关闭的演化旋回就控制了地球表层岩石圈构造变动和演化的格局。

大陆裂谷是大洋形成中的胚胎或孕育中的海洋,东非大裂谷即为典型实例,裂谷北起红海,南至莫桑比克的赞比西河,全长 4 000 km 以上,宽数十至 300 多千米,两缘为高角度正断层构成的崖壁。裂谷内发育了一系列深陷谷地和狭长湖泊。东非裂谷的地壳厚度约 30 km，比相邻正常地壳减薄 10 km 左右，壳下观测到 v_P 为 7.4～7.6 km/s 的异常地幔，推测为上涌的高温低密度地幔物质。裂谷以高热流值(80～200 mW/m^2或更高)和浅源（<45 km)地震活动为特点，可与洋中脊中央裂谷类比。据推测，大陆裂谷的形成可能与地幔物质的上涌有关。地幔物质上升导致岩石圈拱升呈穹形隆起(图 5-31a)，岩石圈拉张变薄，隆起的相对高度为 1～2 km。地幔物质上升至岩石圈之下发生扩散，产生张应力。在张力作用下，穹隆上出现张性裂隙，进而发育成正断层，并伴有碱性玄武岩和双峰系列的岩浆活动。随着岩石圈继续拉张变薄，穹隆顶部断裂陷落，形成典型的半地堑—地堑系(图 5-31b)。各穹隆的地堑系彼此连接，沿整条断裂带延展，就形成了大致连续的裂谷体系。由于拉张裂陷使大陆岩石圈的完整性丧失，并导致压力释放，岩浆活动愈益强烈。不过，大洋诞生前的胚胎期(大陆裂谷阶段)相当漫长，大约需要几千万年的时间。

大陆岩石圈在拉张应力作用下完全裂开，地幔物质上涌形成新洋壳，裂谷轴发育于洋壳之上，并成为典型的分离型板块边界，两侧陆块分离，形成陆间裂谷(图 5-31c)。这样就意味着一个新大洋的诞生，并进入大洋发展的幼年期，以狭长海或海湾为特征如红海和亚丁湾。

幼年期海洋进一步发展，陆间裂谷两侧大陆随着板块的分离运动相背漂移越来越远，洋底不断展宽，逐渐形成宏伟的大洋中脊体系和开阔的深海平原，这标志着大洋的发展进入成年期。大西洋和印度洋即处于蓬勃发展的成年阶段(图 5-31d)。像大西洋这样正在成长中的大洋，其两侧发育着被动(稳定)大陆边缘，位于板块内部而不是板块边界，被动地随着板块运动而移动，因此现代无强烈地震、火山和造山运动。洋中脊一般位于大洋的中央位置，是板块的拉张型边界。由于其边缘缺失板块消亡的边界，不断增生的洋壳使海洋不断展宽，处在成长期。

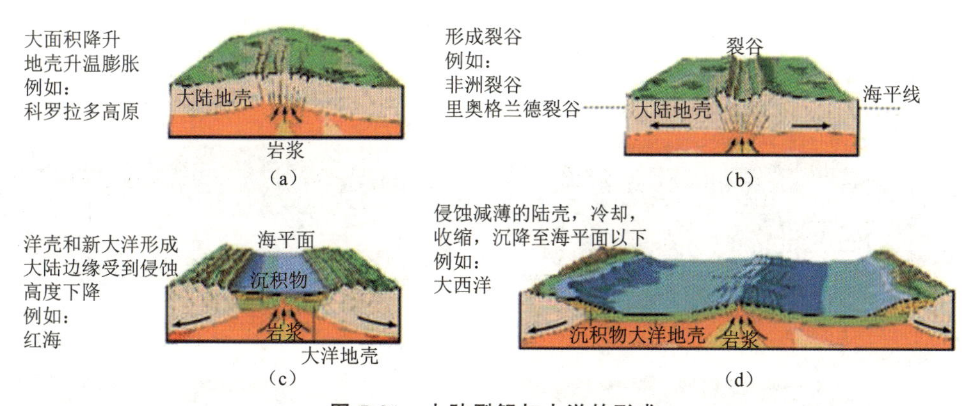

图 5-31 大陆裂解与大洋的形成

随着大洋不断张开展宽，大陆边缘被推离洋中脊轴的距离越来越远。岩石圈随时间推移不断冷却、增厚变重，加之被动大陆边缘长期积聚的巨厚沉积物荷载，在地壳均衡作用下导致洋缘岩石圈发生显著沉陷。在板块水平挤压应力作用下，大洋岩石圈向下潜没，形成以海沟为标志的俯冲带，被动大陆边缘转化为具有沟—弧体系的主动大陆边缘。俯冲带是板块向下潜没消亡的破坏型边界，当板块消减量大于增生量时，表观上是两侧大陆相向漂移(运动)、大洋收缩(面积减小)，大洋便进入衰退期，太平洋就是逐渐收缩的大洋。现在的太平洋是泛大洋收缩后的残余大洋，从中生代初联合古陆解体时的古太平洋至今日的太平洋，其面积减小了 1/3 左右。

由于太平洋两缘具有俯冲带，板块俯冲作用导致强烈的地震、火山活动及其他构造变动，形成了著名的环太平洋地震带、火山带、构造活动带和造山带(图 5-32)。尽管太平洋洋底岩石圈还在不断增生，但俯冲消减的总量超过了增生的总量，所以太平洋呈缩减趋势。残余海洋会进一步收缩，当洋壳俯冲殆尽，两岸陆块拼合、碰撞，海盆完全闭合、海水全部退出，大洋就消亡了，这一阶段称为终结期。

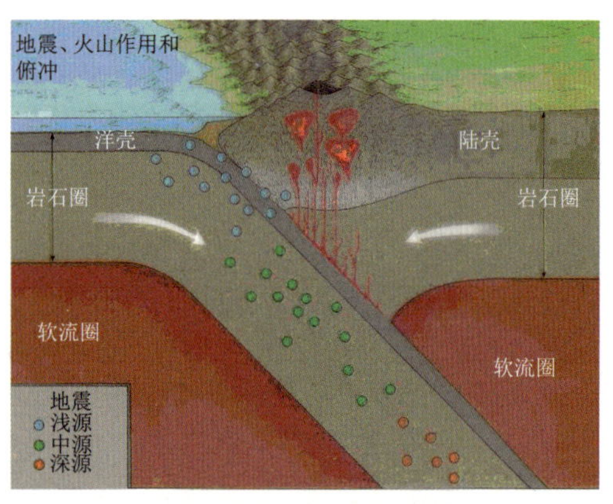

图 5-32　俯冲作用导致强烈的地震、火山活动及其他构造变动

大洋闭合、两侧大陆碰撞时，会有很大的挤压应力，在地表留下这一作用过程的痕迹(称为地缝合线)，故也把这一阶段称为大洋演化的遗痕期。这种由大洋封闭、陆陆挤压形成的缝合线(或地缝合线)是大洋消减形成的造山带的重要特征，是区别于板内造山带的根本。新生代以来，印度-阿拉伯板块以北的古地中海洋壳相继俯冲殆尽，印度-阿拉伯与欧亚板块的前缘大陆相遇，发生碰撞。大陆碰撞的巨大挤压力导致岩层褶皱、断裂、逆掩、混杂，地面向上隆升，形成地壳增厚的巨大褶皱山系——喜马拉雅山(图 5-33)。其中的古洋壳残块是消亡洋盆的遗痕。我国科学工作者对喜马拉雅山和青藏高原开展的多学科综合考察获得的地质和地球物理资料，支持古地中海关闭从而形成青藏高原和喜马拉雅山的观点。不过，作为印度板块与欧亚板块边界的地缝合线似乎不沿喜马拉雅山分布，而在雅鲁藏布江-阿依拉山-印度河一线(图 5-33)。

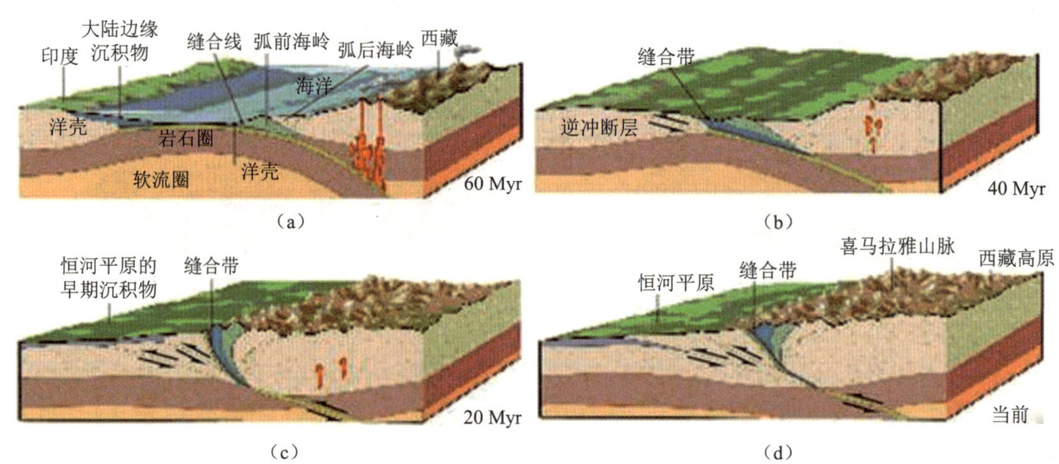

图 5-33　印度-阿拉伯板块与欧亚板块的碰撞

威尔逊将上述大洋盆地的形成和发展归纳为 6 个阶段(图 5-34)。其中,前三个阶段代表大洋的形成和扩展,后三个阶段标志着大洋的收缩和关闭,这就是迄今具有重要意义的著名的"威尔逊旋回"(Wilson Cycle)。根据"威尔逊旋回",现今的大西洋和印度洋正在扩展,太平洋则处于收缩阶段。

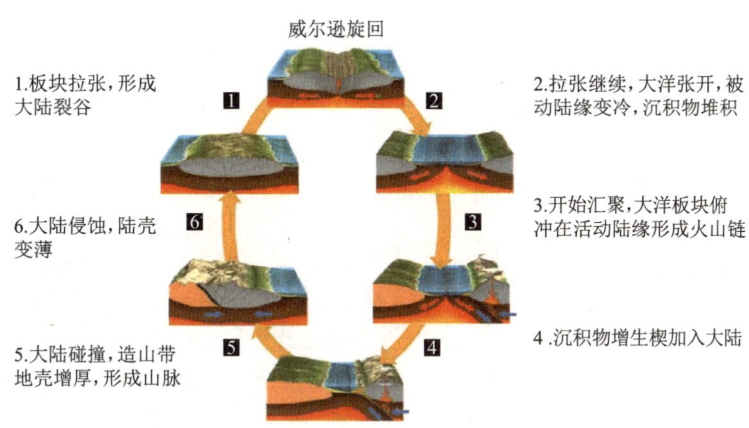

图 5-34 大洋盆地发育、发展和消亡的威尔逊旋回(来自网络)

第四节 大陆边缘构造

一、稳定型大陆边缘构造

稳定型大陆边缘(或被动型大陆边缘)位于板块内部,被动地随着板块移动,缺乏海沟俯冲带,故无强烈的地震、火山活动和造山运动,但是曾遭受显著的沉陷和张裂活动,发育有巨厚的沉积物。稳定型大陆边缘主要分布在北冰洋沿岸、大西洋和印度洋边缘以及南极大陆周缘。

(一) 主要特征

稳定型大陆边缘往往存在着明显的重力异常和磁力异常特征。陆架外部重力高,而陆隆地区出现重力低值,在远离大陆的大洋盆地区则为正常值。从反射和折射地震综合剖面图(图 5-35)可清晰地看到这类大陆边缘的地质特征:① 反射和折射地震资料同东岸磁异常一样反映出向海侧是典型的洋壳;② 陆侧基底深度大于洋侧深度;③ 陆壳向洋方向呈变薄的趋势;④ 陆壳受断裂强烈切割破碎形成一系列地垒和地堑、半地堑,它们逐级呈梯状下降,过渡到洋壳基底;⑤ 陆架盆地和陆隆盆地发育,并充填着巨厚的沉积物。

由于稳定大陆边缘是在张力作用下大陆发生离散而形成的,因此普遍发育有张性断裂。这种张性断裂最常见的类型是断面上陡下缓的犁式断层。被这些断裂切割的断块活动,导致一系列地堑、半地堑和地垒组合。由于引张作用占主导地位,常见有岩墙侵入和局部火山作用。主要是异常上地幔部分熔融作用和分异结晶作用形成的玄武质岩浆,经演化产生的碱性岩类,并且可形成自玄武岩(占绝对优势)到流纹岩的连续系列。

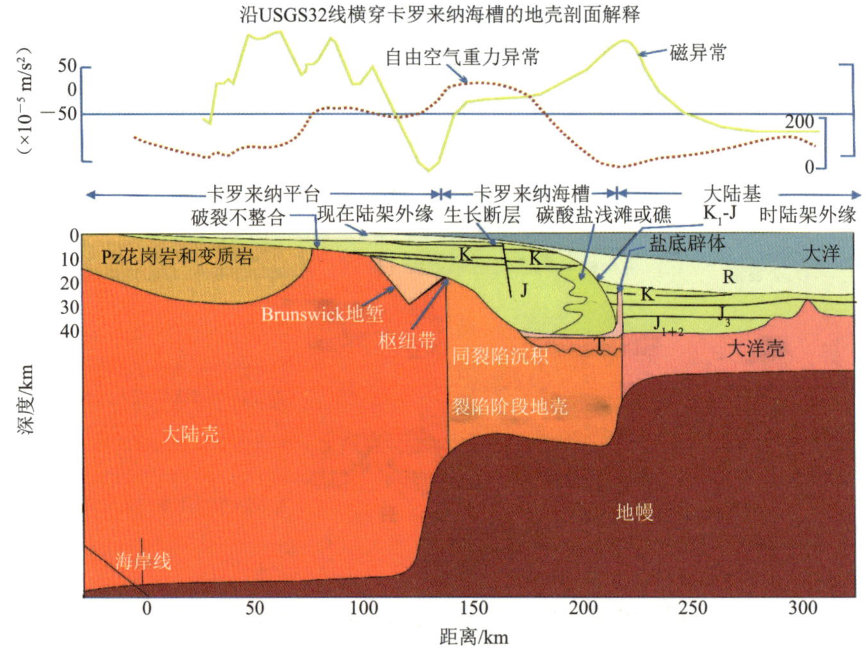

图 5-35　北美东岸大陆架边缘带的地貌单元及地质地球物理剖面(据 Schleeet 等,1976)

(二) 主要类型

可以把稳定型大陆边缘大致分为火山亚型、非火山亚型和张裂—转换亚型 3 种(图 5-36)。

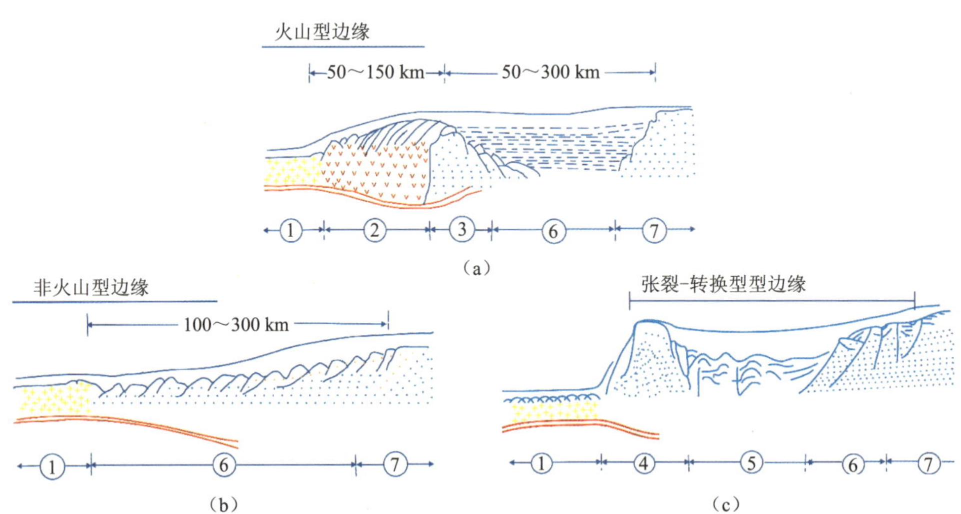

图 5-36　三种稳定大陆边缘类型组成单元的比较(据 COSOD Ⅱ,1987,有改动)

(a) 火山亚型稳定边缘;(b) 非火山亚型稳定边缘;(c) 张裂—转换型边缘。数字表示各构成单元:① 正常厚度洋壳;② 火山亚型边缘陆-洋边界处的巨厚火成岩;③ 陆壳上的构造高地,通常与巨厚火成岩地壳相邻;④ 边缘断裂;⑤ 变薄地壳上的拉张盆地;⑥ 变薄、沉陷的陆壳;⑦ 未受拉伸变形的地壳。

火山亚型最大特点是:地壳拉伸变薄作用有限,岩浆活动占主导地位。其宽度比较狭窄,在陆壳与正常洋壳之间有巨厚的火成岩地壳。北大西洋火山亚型边缘沿格陵兰东缘延伸达 2 000 km,而在另一侧的挪威西海岸和苏格兰附近也有将近 2 000 km。

非火山亚型边缘岩石圈以拉伸作用为主导,岩浆活动有限。在这种边缘上,脆性断裂、断块作用、下地壳—上地幔的塑性拉伸变形往往出现于 100～300 km 的宽广地带内。

张裂-转换亚型边缘是在岩石圈拉伸作用的基础上,受转换断层剪切挤压作用的影响,在一系列张裂性基底构造之上,还发育一些剪切挤压构造,甚至可出现陆块的挤压抬升。

(三) 形成与演化

稳定大陆边缘的形成和发展演化,与大陆岩石圈的分裂和扩张作用密切相关。大陆岩石圈在引张作用下减薄、裂解,随着裂解地块的漂移和新海底的扩张,逐渐形成新生的大陆边缘。与此同时,大陆边缘通过沉陷和沉积作用,逐渐塑造成稳定型大陆边缘。其形成与演化和大洋所历经的“大陆裂谷”“红海”“窄大洋”(或“内海”)和“大西洋”4 个阶段(图 5-37)是密不可分的。

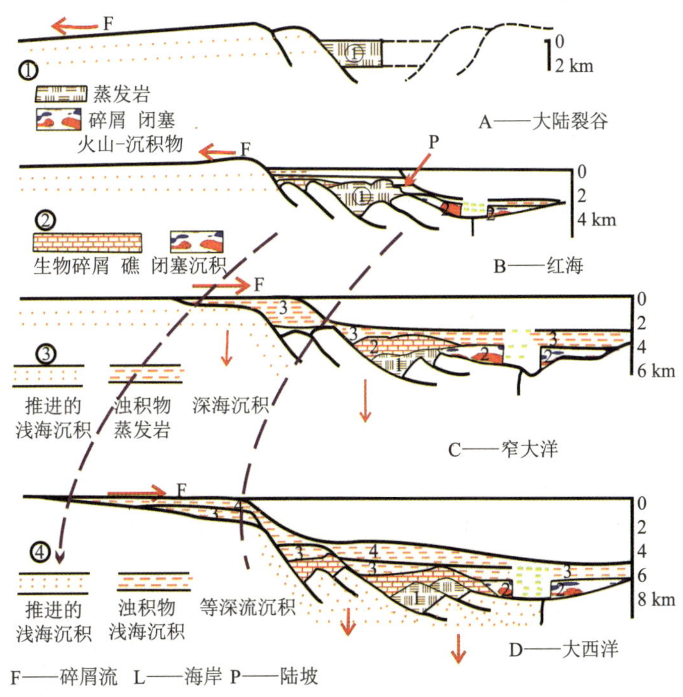

图 5-37 稳定大陆边缘的形成与演化(以欧洲大西洋边缘为例,据 Boillot,1979)

(1) 大陆裂谷阶段。这是稳定大陆边缘发育的初始阶段。先是受上涌热地幔的作用发生区域性穹形隆起,岩石圈拉张变薄。在引张应力下,穹隆上产生张性裂隙,进而发育成正断层,并伴有碱性和双峰系列的岩浆喷发活动。随着岩石圈的进一步拉张变薄,穹隆顶部断裂陷落,形成地堑,地堑彼此连接成地堑裂谷带。裂谷中主要为陆相沉积,沉积发生于封闭环境,有机质得以保存。在沉积层系中可见到熔岩流和火山碎屑夹层(图 5-38)。

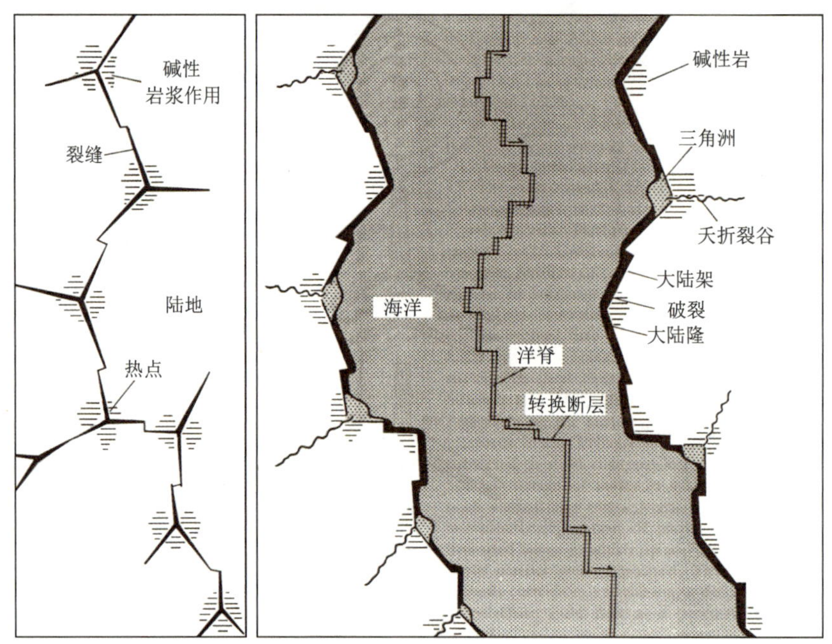

图 5-38　裂谷-裂谷-裂谷三节点串联的大陆裂谷演化成稳定型大陆边缘(据 Deway 和 Burke,1974)

(2) 红海阶段。随大陆岩石圈的开裂离散,新洋盆生成。新生大陆边缘的陆架较窄,陆坡也较陡,沉积物在自重作用下可发生崩塌或滑坡,浊流沉积发育。由于盆地呈狭长形,与开阔大洋之间仍不畅通,故水体滞流而成为封闭的还原性沉积环境,有利于有机质保存,在水体被蒸发且无淡水补偿的情况下,有时会在底部形成密度很大的卤水。

(3) 窄大洋阶段。又称内海阶段,大陆裂谷边缘上的地貌堤已经消失,这是由于大陆边缘远离大洋增生带,大陆地壳逐渐冷却并收缩下沉造成的。海水侵入,乃至进入陆内裂谷中。洋盆深水区既有深海沉积也有浊流沉积物。对于形成大洋环流来说,洋盆仍然太狭窄,沉积环境依然比较封闭,堆积下来的有机颗粒仍得以保存。

(4) 大西洋阶段。大西洋阶段也称为成熟大陆边缘阶段。随着海底的扩张运动,作为扩张中心的中央裂谷已完全退出大陆边缘地带,大陆边缘的岩浆活动渐趋平息。这时的大陆边缘已不再属板块边界范围,但它标志着原先的分离型板块边缘。

概括起来,稳定型大陆边缘的形成与演化是在以大陆分离为基础、以海底扩张为主导的背景下进行的;同时还经历了在沉积作用占优势的环境下由各种应力塑造的过程。在一些稳定大陆边缘的沉积剖面上,底部往往是代表大陆裂谷环境的湖相沉积(以砂岩为主的粗碎屑沉积或红层,并常含玄武质火山岩夹层),向上出现代表红海环境的闭塞海湾相沉积(黑色页岩、蒸发岩等),再过渡为相当于毗邻开阔大洋环境的陆架-陆坡-陆隆沉积相组合。剖面底部碎屑沉积的成熟度极低,向上逐渐升高。这种沉积序列反映了大陆裂离并逐渐发育成稳定陆缘的演化过程。

二、活动型大陆边缘构造

(一) 类型、空间分布与主要特征

活动型大陆边缘均伴随有板块的俯冲作用，主要分布在环太平洋大陆边缘。根据岛弧特征、空间位置以及主要构造地貌组成，可将活动型大陆边缘分为两大类型，分别是安第斯型和岛弧型活动大陆边缘。

(1) 安第斯型大陆边缘。安第斯型大陆边缘以太平洋东岸毗邻南美安第斯山脉的陆缘最为典型，其基本组成包括海沟、陆坡、陆架和陆缘海盆。高峻的陆缘山地，狭窄陆架和陡倾的陆坡，直落 6～7 km 的深海沟，形成全球高差最悬殊的地貌形态。与西太平洋的沟-弧体系一样，海沟向洋一侧有发育良好的外缘隆起，海沟与火山弧之间也出现弧沟间隙和弧前盆地。

在安第斯型大陆边缘，自大陆向海沟花岗岩层逐渐尖灭，地壳厚度变薄。如秘鲁－智利海沟，其西翼为厚 6～7 km 的洋壳，海沟轴部地壳厚 10～12 km；轴部以东地壳急剧增厚，至安第斯山脉可达 60～70 km。这类陆缘的俯冲带倾角(约 30°)较缓，可发生地震。俯冲带缓倾也许与板块的快速俯冲作用有关。在大洋板块向大陆俯冲的同时，还可能伴随有大陆板块向大洋的逆掩仰冲作用。在缓倾的俯冲带上方分布有火山-深成岩带，火山活动以钙碱系列岩石为主。钙碱性火山岩及花岗岩-花岗闪长岩岩基，在成分上与岛弧火山-深成岩系类似。与岛弧不同的是，酸性火山岩、钾质花岗岩等大陆性岩浆活动及碱性岩类也占有显著地位。

安第斯型大陆边缘的山弧往往遭受强烈的断块抬升，地势高峻，剥蚀作用强烈。剥蚀的碎屑除输送到海区外，也有相当部分被搬运至陆弧前缘和山间盆地，发育成磨拉石建造，它与不时喷出的火山岩交织在一起，成为安第斯型造山带的重要特征之一。在陆坡深处和海沟，沉积作用以未成熟型浊流沉积为主。

(2) 岛弧型大陆边缘。岛弧型大陆边缘主要分布在西太平洋边缘，以发育海沟-岛弧-弧后盆地体系为特征。按照岛弧后方有无洋壳盆地，将岛弧分为洋内弧和裾弧。前者有洋壳海盆与大陆分隔开，如马里亚纳弧；后者与大陆之间隔一具有陆壳的陆架浅海，如苏门答腊-爪哇弧。有些学者将安第斯型陆缘山弧与裾弧合称陆缘弧，使“弧”的含义比“岛弧”更广泛。

根据地壳结构和厚度、火山岩系列及年龄等特征，岛弧又可分为未成熟岛弧和成熟岛弧。前者通常由小岛组成，年龄不老于第三纪或白垩纪，缺失或极少有大陆型基底岩石，火山岩以拉斑玄武岩为主，地壳厚 10～20 km，如汤如-克马德克弧、中千岛弧、马里亚纳弧等；后者年龄为中生代或更老，由大陆型地壳组成，地壳厚 25～40 km，火山岩包括拉斑玄武岩和钙碱系列的安山岩等，如日本弧、菲律宾弧等。

活动型大陆边缘的主要特征与大洋板块俯冲作用密切相关。伴随板块的俯冲作用是地震多发地带。地震震源集中在自海沟起从洋向陆倾斜的一个面上，这个震源集中面(带)被称为贝尼奥夫带。海沟处为浅源地震，岛弧震源深为 60～100 km，弧后区震源深

度可超过 300 km。重力异常表现为海沟为负值，岛弧及弧后盆地为正值，两者符号相反、数值大体相当，说明岛弧质量剩余与海沟质量亏损彼此相抵。热流值分布具有明显的分带性：海沟为低热流带，海沟陆侧达到最低热流值，向岛弧过渡到高热流值，弧后盆地出现更高热流值(图 5-39)。活动大陆边缘是最强烈的火山活动带(火圈)，分布有 3 种火山岩系列，从洋到陆依次为拉斑玄武岩系列、钙碱性系列、碱性系列。

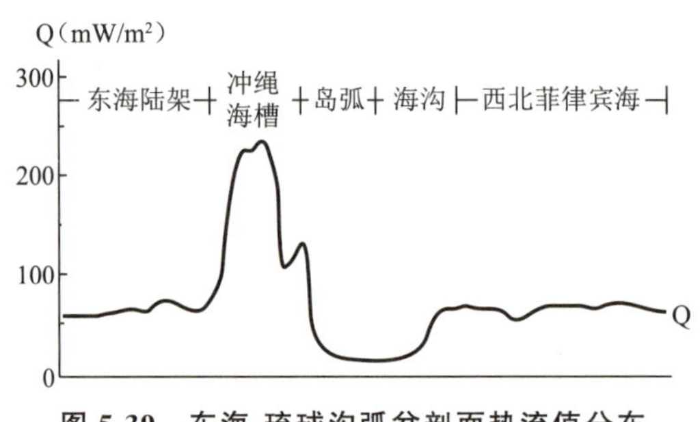

图 5-39　东海-琉球沟弧盆剖面热流值分布

(二) 岛弧的主要类型

活动大陆边缘最重要的特征是都具有火山弧这个构造单元，但不同地区的火山弧有所不同。

非火山弧，也称外弧、第一弧、构造弧。大陆板块在大洋板块俯冲过程中受到强烈的挤压而形成的大致与海沟走向平行的一条褶皱岭脊，局部出露水面，无火山活动，构造复杂，发育一系列逆冲断层，伴生浅源地震。

火山弧常指狭义的岛弧，也称主弧、第二弧、内弧，位于大陆边缘大陆侧的弧形列岛，一般常与弧形海沟平行分布，成对出现。

成熟岛弧由大岛组成，年龄为中生代或者更老，由大陆型地壳组成，地壳厚 25～40 km，火山岩类型包括拉斑玄武岩和钙碱性系列安山岩等。

陆缘山弧，也称山弧、岩浆弧，是由大洋板块俯冲引起、形成于大陆边缘并无弧后盆地的岛弧，它常由安山岩和英安岩组成，伴生深成岩体，且以花岗岩基为主，地貌上为大陆边缘的高大山脉。

裾弧是指与大陆之间隔一具有陆壳陆架浅海的岛弧。

残留弧，也称第三弧，是因弧后扩张作用而被新生弧后盆地与现代火山弧分隔开的、物质组成与火山弧相似的弧形断块。

(三) 活动型陆缘的形成与演化

1. 安第斯型大陆边缘形成与演化

安第斯型陆缘的形成与演化可能有两种方式：一是由稳定型陆缘转化而来；二是由岛弧与稳定型陆缘碰撞而形成。

在稳定型陆缘演化的末期，相邻洋底已完全冷却、收缩并向下沉陷，大洋岩石圈的密度超过了软流圈的密度。大陆岩石圈与大洋岩石圈的交接带曾是板块的分离边界，为岩石圈薄弱带。在挤压作用下岩石圈一旦沿该薄弱带发生破裂，大洋岩石圈就可能向下俯冲至软流圈中。这样，稳定型大陆边缘就开始向安第斯型陆缘转化。如图 5-40 所示：① 在稳定型大陆边缘，当大洋岩石圈折断并向下俯冲时，随之产生新俯冲带和新海沟。在新海沟内壁有向大洋侧逆推的洋壳楔，并接受复理石沉积，其厚度向大洋方向增大，在海沟内壁还形成了夹有蓝片岩的混杂岩体（图 5-40a）；② 当大洋板块俯冲超过 100 km 的深度时，俯冲作用导致的岩浆活动形成以辉长岩和花岗闪长岩为核心的穹隆，这便是造山带的雏形（图 5-40b）。穹隆进一步扩展，早先形成的沉积层、大陆裂谷阶段形成的粗碎屑沉积和火山岩开始发生高温变质和挤压变形；③ 当造山穹隆升出海面后，沉积物分别向洋侧和陆侧搬运，在火山前缘与海沟之间堆积而形成复理石建造。在造山带向陆侧，还可出现由重力作用形成的叠瓦状构造（图 5-40c）；④ 随着造山带的扩展，向陆侧出现逆掩推移，原大陆架上的浅水地层也卷入冲断和褶皱作用，并在凹陷中堆积起巨厚的磨拉石建造（图 5-40d）；⑤ 进一步的岩浆活动及其上侵，形成大规模花岗岩体（图 5-40e）。

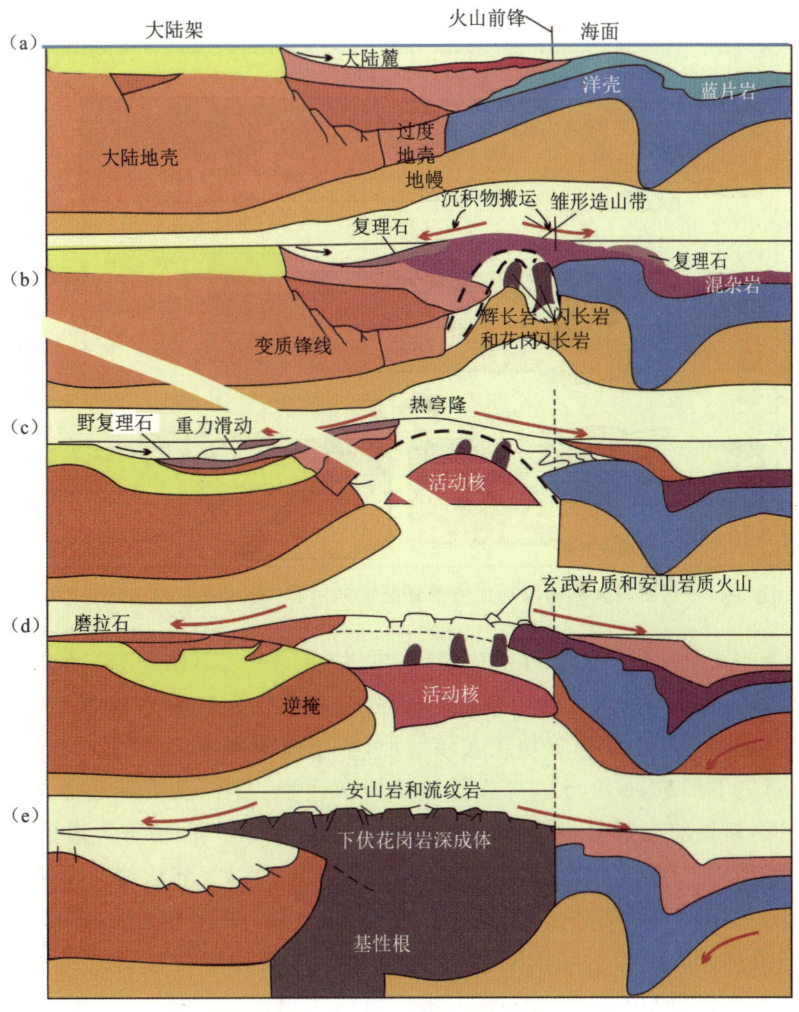

图 5-40 稳定型陆缘转化为安第斯陆缘的模式（据 Deweyet 等，1970）

岛弧或火山弧与稳定陆缘相互靠拢碰撞，一般总是岛弧或火山弧逆冲到稳定陆缘之上。两者之间原有的大洋盆地或边缘海盆则消减于岛弧之下。稳定陆缘通常覆有巨厚的沉积层，岛弧靠海沟侧则发育有复理石及含蓝片岩的混杂岩体(图 5-41a)。在俯冲作用下大洋盆地与边缘海盆地逐渐关闭。残留的小洋盆中堆积起更多的复理石沉积(图 5-41b)。当岛弧与稳定陆缘接触碰撞时，残留海盆的复理石和稳定陆缘大陆麓上的巨厚沉积物在俯冲带受到挤压、发生褶皱，以至产生逆掩推覆(图 5-41c)。由于大陆岩石圈很难向下俯冲，在挤压作用下出现一系列向陆方向推挤的叠瓦状逆掩断层。夹杂有蓝片岩或蛇绿岩套的混杂岩体被推覆于稳定陆缘的变形地层之上。当洋底俯冲殆尽时，厚而轻的大陆岩石圈又不能随之向下俯冲，而挤压作用仍在继续，最终势必造成岛弧另一侧大洋岩石圈的破裂，遂形成倾向相反的新俯冲带及新海沟，新俯冲带可沿循与原俯冲带共轭的、倾向相反的断裂带发育(图 5-41d)，这就是俯冲带的极性反转或反弹现象。俯冲带的极性反转表明原岛弧演化阶段的结束和安第斯陆缘的形成，并由此开始了安第斯陆缘的发展演化。

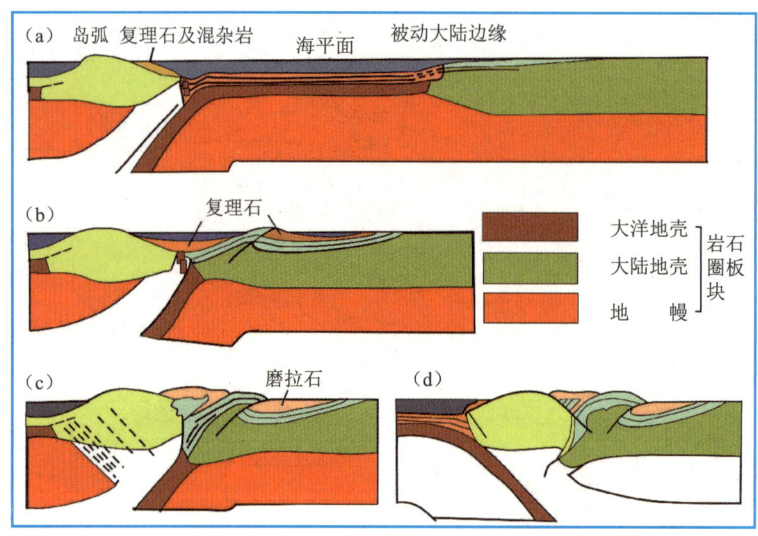

图 5-41　岛弧与大陆碰撞形成安第斯陆缘的过程(据 Dewey 和 Bird，1970)

岛弧与老的安第斯型陆缘相互靠拢碰撞，可以有 3 种形式(图 5-42)，最终形成新的安第斯型陆缘。① 岛弧与活动大陆边缘之间的碰撞，碰撞前存在着相背倾斜的一对俯冲带(图 5-42a)，其间可以是边缘海盆地或大洋盆地，在碰撞前两者之间的洋壳同时相背向大陆边缘和岛弧之下消减，最终导致岛弧与活动陆缘碰撞；② 活动大陆边缘从后面追上岛弧并与其相撞，碰撞前有倾向相同的一对俯冲带(图 5-42b)，其间通常为边缘海盆地，活动陆缘处的俯冲消亡作用，导致边缘海盆地收缩关闭；③ 活动大陆边缘与不活动岛弧之间的碰撞(图 5-42c，d)，不活动岛弧随大洋板块向陆侧推移，并且大洋板块向大陆边缘之下俯冲消减，最终导致岛弧与活动大陆边缘碰撞，碰撞后俯冲带转移到原不活动岛弧的洋侧，俯冲带的倾向保持不变。

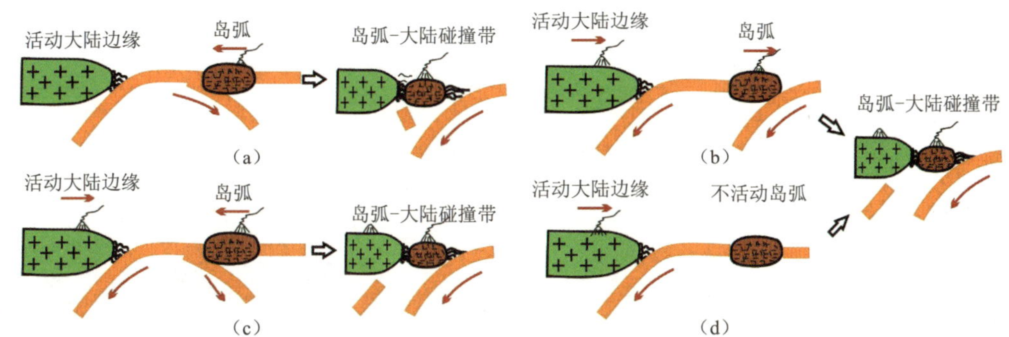

图 5-42 岛弧与活动大陆边缘碰撞的 4 种形式(据金性春,1984)

2. 岛弧型大陆边缘的演化

包括陆缘弧的演化和洋内弧的演化两种情况。大洋板块的俯冲作用刚开始时是沿大陆边缘发生的,与安第斯陆缘目前的情况类似。如果俯冲作用导致弧后盆地张开,由陆缘山弧裂离的碎块漂离大陆成为边缘弧(如日本岛弧),但其陆壳结构仍然保留着。俯冲作用导致的火山—深成岩浆活动,常使陆缘系列岛弧的地壳增厚,如日本岛弧轴部地壳厚约 35 km。如果弧后盆地在俯冲作用下逐渐关闭,边缘弧重新与大陆汇合,又可转化为裾弧或陆缘山弧。陆缘系列岛弧多由安山岩和英安质岩石组成,伴生的深成岩体以花岗岩岩基为主,还有陆相火山碎屑岩层和少量辉长岩与闪长质岩体。其年代一般较老,往往具有较古老的地块核心,周围被新生代和现代沉积地层环绕,如日本弧(有前寒武纪的变质岩)、琉球弧、菲律宾弧和苏门答腊—爪哇弧等。它们在地质历史上经受多次褶皱、变质和花岗质岩浆活动,表现为新老岩浆弧的交切和重叠。

在洋内弧系列中,俯冲带发育于离开陆缘一定距离的洋盆内。当大洋岩石圈断裂(图 5-43a),一侧大洋岩石圈俯冲于另一侧大洋岩石圈之下,逐渐形成海沟。俯冲和另一侧的仰冲持续进行(图 5-43b),初期岩浆作用产物以拉斑玄武岩为主。随着火山作用的继续,火山岩发生堆积并上翘抬升,海底火山露出水面(图 5-43c),并逐渐发育起弧沟间隙、海沟坡折等单元。这种岛弧位于原始俯冲带上,相对于弧后区并未发生位移,一般称作稳定弧(Dickinson,1974)或原地弧(金性春,1984)。稳定弧将大洋盆地主体与陆缘洋盆分隔开,弧后区成为残留型弧后盆地,如阿留申海盆。若稳定弧在俯冲作用下发生分裂,其向洋移动的部分演化为漂移弧(图 5-43d)。漂移弧的后方是新张开的弧间盆地,如马里亚纳岛弧

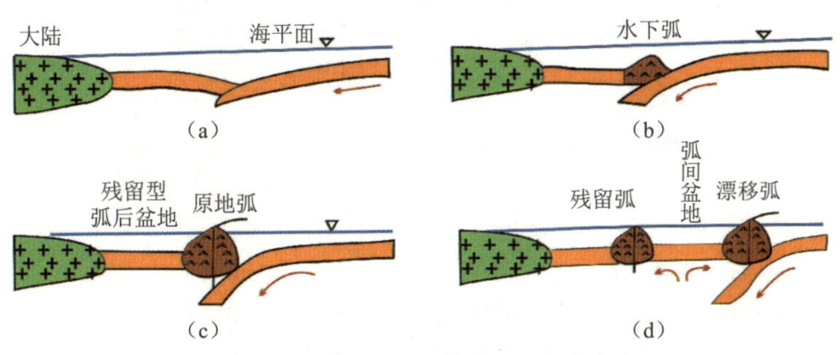

图 5-43 洋内岛弧演化示意图(据金性春,1984)

后的马里亚纳海槽等。稳定弧和漂移弧都是在洋壳基底上发育的，上覆有大量玄武质火山岩，其发育前期深成岩体一般很小。随着时间的推移，俯冲带持续发生火山作用和岩浆侵入，地壳逐渐增厚，火山岩趋向钙碱性系列，区域变质作用使岛弧岩石的结晶程度日益增高，最终岛弧的海洋性地壳过渡为偏陆壳性质，意味着洋内弧趋向成熟。

三、转换型大陆边缘构造

转换型大陆边缘是由转换断层所界定的大陆边缘。转换断层可以横切主动陆缘和被动陆缘。其特点是裂陷作用和火山活动均较微弱，甚至缺失，常伴有浅震活动，陆坡较陡峭，陆隆发育较差，陆缘宽度较小。全球主要转换型陆缘的分布比较局限，主要分布在大西洋边缘（图 5-44）。转换型陆缘是由使洋壳与陆壳接触的转换断层的走向滑动造成的。

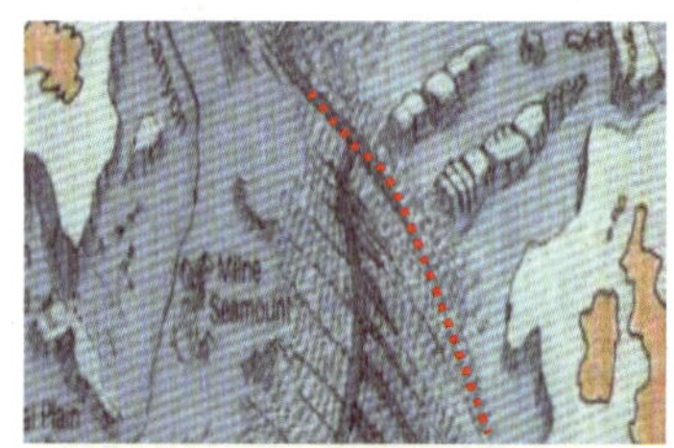

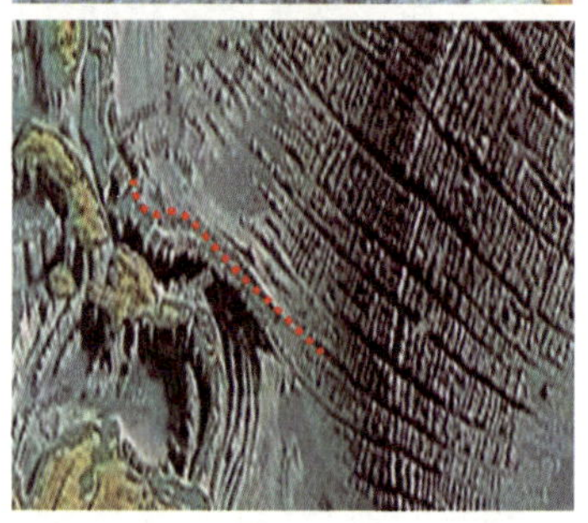

图 5-44　转换型大陆边缘实例

如图 5-45 所示，假设一个大陆板块上原已存在有一条南-北向和另一条北东-南西向断裂系，当其受东西向张力作用时，沿南-北向的断裂就会发育成陆间裂谷，而北东-南西向的老断裂 CD 会重新活动，并在陆间裂谷 R_1 和 R_2 两端形成转换断层 FT。因此，陆间裂谷和转换断层的形成都受原有断裂构造的控制，而边缘的沉降幅度在先前大陆裂谷区内的地堑处最大。此外，在 R_1-R_2 裂谷左、右两侧的 CD 断层实际上不是转换断层，而是这种错动的延续方向，故称为“转换方向”DT。转换方向往往并不严格地按照转换断层延伸，这是因为当大洋张开时，两板块旋移的相对位置可能发生移动，从而导致活动中的转换断层的方向发生改变。转换方向没有发生走向滑动，但它却可能起着正断层的作用，即在陆间裂谷活动期间，转换方向 DT 分隔了正在抬升的 A 地壳部分和保持稳定的 B 地壳部分；相反，当裂谷开始收敛时，DT 又把稳定的 B 地壳部分与正在沉降的 A 地壳部分分隔开来。

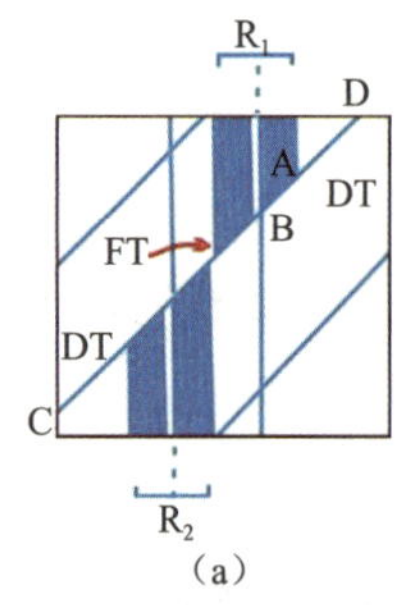

（a）

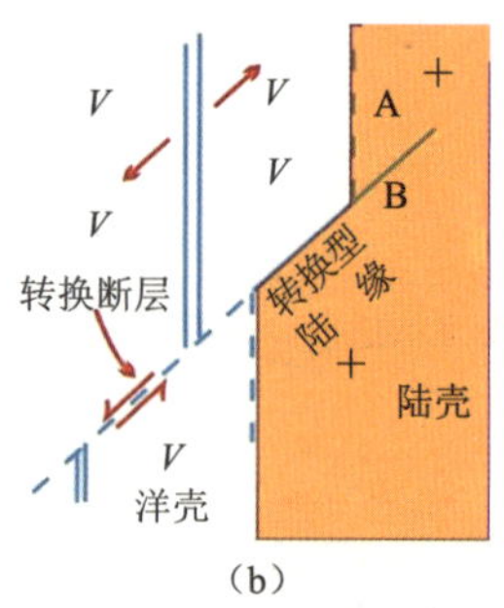

（b）

图 5-45　转换方向与走向活动边缘的概念（据 Boillot，1979，有改动）

DT：转换方向；R_1-R_2：初始大陆裂谷；边缘 1：产生于岩石圈离散的稳定边缘；边缘 2：产生于转换断层走向活动的稳定边缘。

转换型大陆边缘演化的复杂性在于同一剪切边缘的不同部分在各个发展阶段中经历了不同的热动力学机制。错断的内端将经历大陆裂谷带的高温状态并有极小量板块间的剪切；外端将同时经历高温状态和广泛的剪切；中间部分则要经历裂谷之间地区较低的温度状态和中等程度的剪切。由于上述复杂性和对剪切型大陆边缘的研究程度不高等原因，故对其演化进程只能作定性的讨论。

第五节 大洋中脊构造

一、中脊地形与扩张速率

洋中脊的形态，尤其是中央隆起区的发展，与扩张速率和岩浆供给速率有关（Morgan 和 Chen，1993）。正在扩张的大洋，如大西洋和印度洋，扩张速率低，洋中脊趋向位于大洋盆地中心，地形崎岖，两坡较陡。正在收缩的大洋，如太平洋，扩张速率高，地形宽缓，中央裂谷不发育（图 5-46）。统计结果表明，全扩张速率（两侧扩张速率之和）为 1～5 cm/a 的慢速扩张脊，如大西洋中脊和西南印度洋中脊，具有 1.5～3 km 深、10～30 km 宽的中央裂谷；全扩张速率为 5～9 cm/a 的中速扩张脊，如科科斯—纳兹卡板块间扩张脊，具有 50～400 m 深、7～20 km 宽的裂谷；全扩张速率为 9～18 cm/a 的快速扩张脊，如东太平洋海隆，无中央裂谷，相反出现 200～400 m 高、5～15 km 宽的轴部高地（McDonald，1982）。

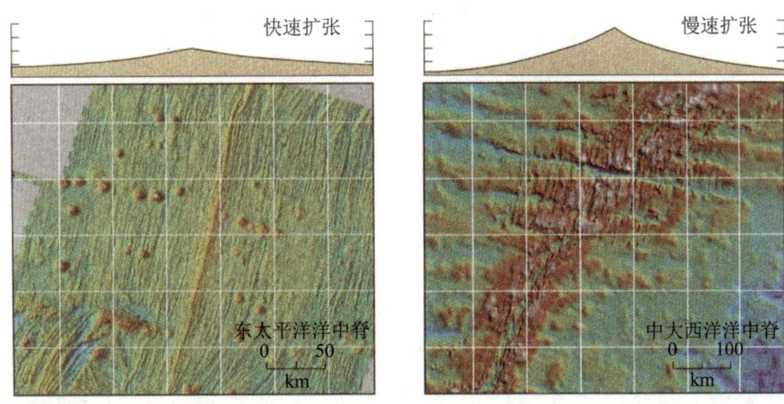

图 5-46 快慢扩张速率与洋中脊形态（转引自 Hamblin 和 Christiansen，1998）

大洋中脊是地幔岩浆上涌形成新洋壳的场所。岩石圈底部受到地幔对流和熔体析离过程所施加的应力，还有差异性冷却收缩以及脊轴地形等所产生的应力。沿大洋中脊，岩浆作用过程表现为熔浆喷发、岩墙式侵入和深成岩体的冷凝结晶；机械拉张作用表现为近地表的断层以及与拉张断层耦合的深层位的塑性拉张。岩浆活动和拉张作用是造成快速扩张脊与慢速扩张脊地形和构造差异的根源。岩浆收支平衡是一项重要的控制因素，即板块分开每单位距离沿脊轴所补给的岩浆量和释放热量的多少起着控制作用。地震探测已在东太平洋海隆发现了多处轴部岩浆房（图 5-47）。快速扩张脊有充分的岩浆供给，即岩浆上涌形成新洋壳跟得上板块分离的过程。

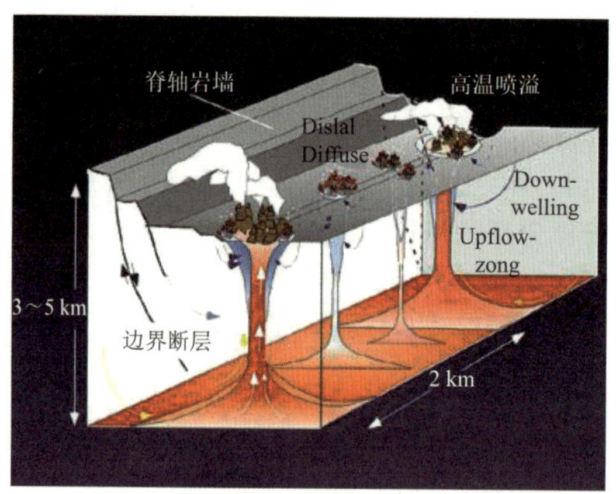

图 5-47　沿快速扩张脊轴部分布的岩浆房(据 Kelley 和 Delaney,2000)

慢速扩张脊的情况恰好相反,ODP 第 109 航次在大西洋中脊轴部地带钻遇蛇纹岩和蛇纹石化方辉橄榄岩。橄榄岩应是洋壳底部或上地幔的产物,当时却出露于洋壳表层。因此,推测在多数慢速扩张脊处机械拉张作用比岩浆作用更占优势,其岩浆供给明显不足,脊轴下即使有岩浆房,也可能是短暂的、不稳定的。拉张作用导致慢速扩张脊出现典型的断块构造和裂谷地形。

与快速扩张脊相比,慢速扩张脊扩张至同样的水平距离处所需时间较长,从而可以冷却下沉至更大深度。相邻转换断层之间的距离间隔也与扩张速率有关:扩张速率最慢处的距离间隔小于 200 km,中速—快速扩张脊为 600～1 000 km,在扩张速率大于14 cm/a 的脊段上未发现转换断层。总体上看,转换断层间距随扩张速率的增大而增加(Nnar 和 Hey,1989)。

二、拓展性裂谷与拓展性扩张轴

对洋底磁异常条带的详细分析发现,一些以转换断层为界的洋中脊段,其端部可以伸长或退缩。向前伸展的裂谷称为前展性裂谷或拓展性裂谷(Propagating Rift),相应的扩张轴称为拓展性扩张轴。拓展性扩张轴在先前衰退性扩张轴所生成的洋壳中不断延伸,转换断层长度逐渐加大。这种拓展性扩张的发现进一步丰富和发展了板块构造学说。

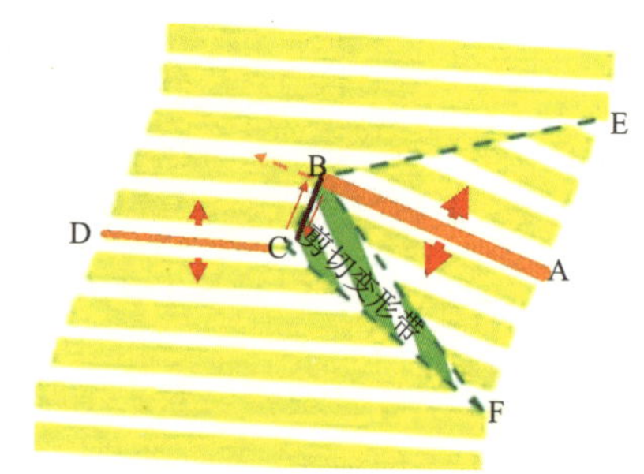

图 5-48　拓展性扩张模式
(据 Hey,1980,有改动)
AB——拓展性扩张轴;CD——退缩性扩张轴;
BC——转换断层;BE 和 BF——假断层;
CF——夭折扩张轴;BCF——剪切变形带;
黄色部分为正磁异常条带

如图 5-48 所示,扩张轴 AB 和 CD 被转换断层 BC 错开。与正常的中脊—转换断层连接形式有所不同,转换断层外侧断裂带被呈 V 字形斜向延伸的假断层 BE 和 BF 所取代。这种磁异常展布格局正是扩张轴 AB 不断向前延伸,而扩张轴 CD 随之后退(可称为衰退性或退缩性扩张轴)的结果。CF 是衰退性扩张轴后退的迹线。拓展性扩张轴 AB 在衰退性扩张轴 CD 生成的洋壳中不断延伸。在这一过程中,拓展性扩张轴与衰退性扩张轴之间转换断层的长度逐渐加大。通常,拓展性扩张轴的走向与板块扩张方向垂直,而衰退性扩张轴则与板块扩张方向斜交(图 5-48)。扩张轴的向前延伸是适应板块相对运动方向的结果。如果板块运动方向发生改变,就可能通过新扩张轴的向前伸展来调整整个扩张轴的走向,从而适应板块运动方向的改变。在大洋中脊上,以两条并列的扩张轴为界可构成微板块,如复活节微板块。作为微板块边界的扩张脊是有利于发生扩张脊前展的场所。

拓展性扩张轴的拓展作用不仅可以调节适应板块运动方向的改变,而且可以影响海底磁异常条带的分布。如图 5-49 所示,伴随拓展性扩张轴的不断延伸和退缩性扩张轴的后退,磁异常条带的分布将发生一定程度的错乱。

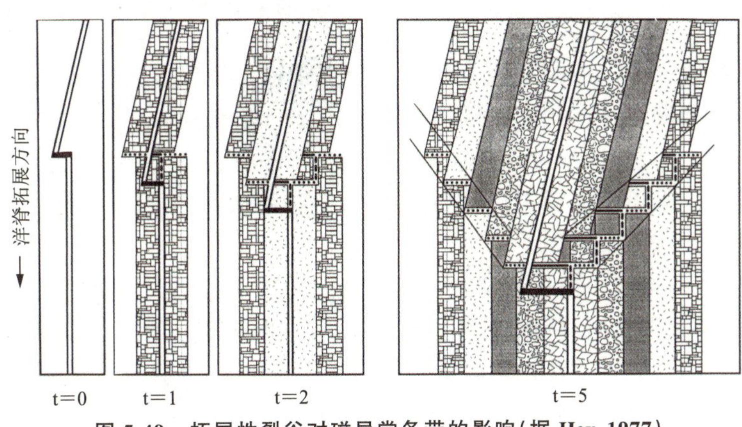

图 5-49 拓展性裂谷对磁异常条带的影响(据 Hey,1977)

在自然扩张的情况下,板块边界扩张轴的走向与两板块相对运动的方向垂直。因此,拓展性扩张作用是为适应板块相对运动方向和快慢的变化而产生的。这种观点可对频繁发生的拓展性扩张的 Juan de Fuca 卡脊(图 5-26)作出合理解释。Juan de Fuca 脊位于太平洋东北部,其东侧是 Juan de Fuca 板块,该板块正在向北美大陆之下俯冲。俯冲板块以其本身重量可以对整个板块产生拉张作用。随着 Juan de Fuca 脊向大陆靠近,因俯冲带长度发生变化,由板块自重产生的拉张作用的影响也发生相应变化,结果导致板块运动方向发生频繁变化,故太平洋板块与 Juan de Fuca 板块的相对运动亦频繁发生变化。与此相应,Juan de Fuca 脊亦被迫不断地修正其方向。扩展性扩张轴便能起到这种修正方向的作用。

三、重叠性扩张轴

重叠性扩张轴是 20 世纪 80 年代以后发现的一种新的海底扩张构造(K. C. Macdonald 等,1983; S. W. Fox 等,1983),也有人称之为雁列式超复(Overlapping)扩张轴和叠覆式扩张轴,是指两个扩张带重叠分布的现象,即两段中脊轴带的端部相互错开,其间却没有转换断层连接,两脊轴自由端彼此相向弯曲,并列在一起,其模式如图 5-50 所示。

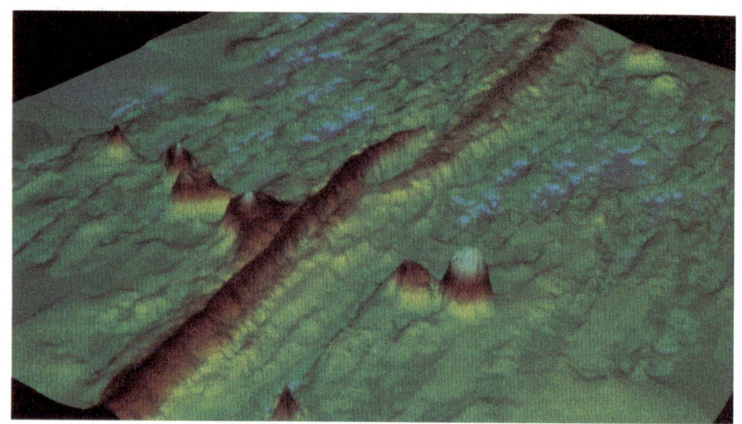

图 5-50　EPR 的重叠性扩张轴(据 K. C. Macdonaldet 等,1983; S. W. Fox 等,1983)

具有刚体特性的岩石圈板块通常只有一个扩张轴,很难理解扩张轴重叠现象。先前一直认为只有转换断层才能使扩张轴错开分支。迄今的调查表明,重叠扩张轴广泛分布于东太平洋海隆、加拉帕戈斯和 Juan de Fuca 脊的全部区域内。但是,在大西洋中脊所进行的非常详细的多波束扫描调查,却没有发现重叠扩张轴,只不过是在冰岛附近发现存在规模巨大的重叠扩张轴现象。

实际资料表明,重叠扩张轴普遍见于扩张速度超过 3 cm/a 的扩张带。在快速扩张情况下,洋中脊岩石圈年龄小,不能保持板块的刚性,转换断层无法发育。在冰岛出现重叠扩张轴的原因可能与热点岩浆作用有关。冰岛是一个热点,地幔物质和热量供应都很大。所以,扩张速率和岩浆供应是控制重叠扩张轴形成的主要因素。

为了阐明重叠扩张轴的产生,K. C. Macdonald 等人和 D. W. Oldenburg 等人用蜡制板块进行了模拟实验,分别以慢速和快速移动蜡制板块,成功地再现了转换断层和重叠扩张轴的产生。因扩张速度不同所导致的太平洋和大西洋的差异与实验结果完全一致。在实验的基础上,他们又进一步指出,重叠扩张轴中的一条轴不断成长,与另一条扩张轴连接,结果变为一条扩张轴,重叠扩张轴以外的成对扩张轴被隔离而消亡。

四、洋中脊分段

随着海底调查技术的发展,对大洋中脊高分辨率填图成为现实。在地形地貌、岩浆岩分布、地球物理特征或构造连续性上,大洋中脊都具有明显的分段特征。

(一) 洋中脊分段级别划分

Macdonald 等比较系统地论述了洋中脊分段结构及其层次性。在综合分析快速扩张洋中脊(东太平洋)和慢速扩张洋中脊(大西洋和印度洋)分段现象的基础上,依据洋中脊走向上的不同规模和不同样式的间断,将洋中脊分段(结构)层次初步划分为 4 级(图 5-51)。其中,Ⅰ级间断是转换断层,洋中脊错位距离大于 30 km,Ⅰ级洋中脊区段的长度可达 1 000 km 左右,存在寿命可达 10 Ma;Ⅱ～Ⅳ级间断出现在转换断层之间,使洋中脊错位的距离逐渐减少,分别表现为叠覆式扩张中心、斜向剪切带、火山间隔和横向断错等(图

5-52 和图 5-53)。Ⅱ~Ⅳ级区段的长度愈来愈小,存在的寿命也愈来愈短,例如,Ⅳ级区段的长度一般小于 10 km,存在寿命只有 100 a 左右。

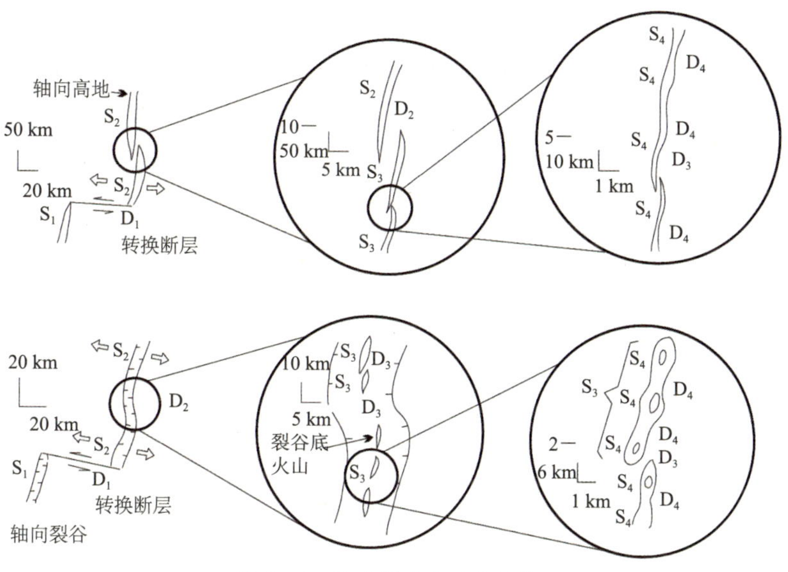

图 5-51 洋中脊分段层次图解

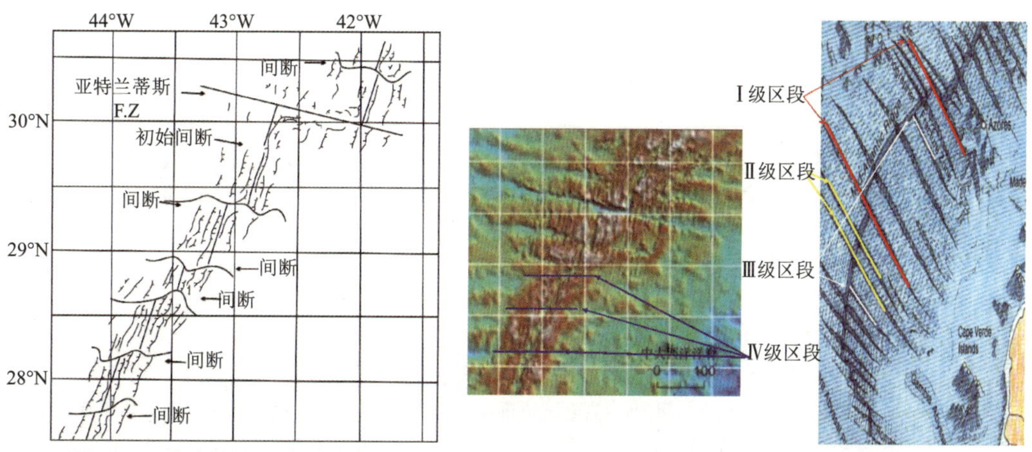

图 5-52 北大西洋中脊断层带附近的分段现象及断裂分布

图 5-53 大西洋中脊分段实例结构地形图

相对较长的洋中脊段通过相邻较短区段的不断耗损而逐渐增长,这使得长段的长度和寿命不断增长,而短段则在一定时间范围内耗损完。在横向上,大多数洋中脊分段主要涉及洋中脊内部谷地,特别是熔岩集中喷发的轴向火山脊。在纵向上,各段洋中脊的中部裂谷表现为中间宽(膨胀区)、两端渐窄,中部岩浆供给和地热梯度比两端和边缘高。目前,洋中脊构造的这种 4 级分段层次不断得到证实,尤其是 1、2 级分段已得到不同学者的普遍认同。

（二）特征与机制

洋中脊分段是普遍存在的。尽管对于洋中脊分段的成因机制还不清楚，但是，其成因必然是沿洋中脊动力过程的差异所致。洋中脊的动力过程表现为洋中脊扩张过程，而扩张作用主要取决于张力和岩浆供应。针对洋中脊的分段现象，不同学者提出了多种假说试图解释洋中脊分段扩张增生过程。严格地说，洋中脊分段机制和过程分析还处于推测假说和模拟探讨阶段。在此只简单地讨论岩浆供应模型（图 5-54）和断裂增生模型。

Schouten 等在 1985 年将洋中脊划分出稳定扩张单元，在大西洋中脊长度大致为 50 km，在东太平洋中脊长度大致为 80 km。这些单元的深部受 Rayleith—Taylor 重力不稳定性控制，使低密度的地幔底辟熔岩像热气球一样上升通过高密度的上覆地幔。在熔岩与残余固体一起上升的途中，由于速度差异，导致不同程度的分割，形成Ⅰ～Ⅲ级分段现象。

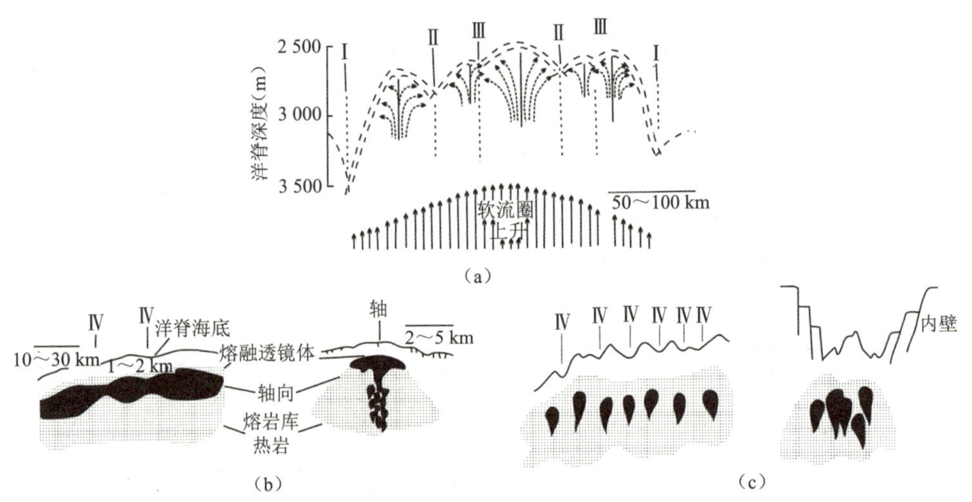

图 5-54　洋中脊分段的岩浆上涌模式（据陈永顺，2002）

a 为地幔上升导致洋中脊分段图，当洋中脊下软流圈上升到 30～60 km 时，由于绝热减压导致部分熔融，在熔岩与残余固体一起上升的途中，由于速度差异，导致不同程度的分割，形成Ⅰ～Ⅲ级分段现象；b 和 c 为岩浆上涌供应导致洋中脊分段图，分别表示快速（b）和缓慢（c）扩张洋中脊；左边表示被Ⅳ级不连续带分割的洋中脊走向分段剖面，右边表示垂直洋中脊的横剖面。图中比例尺只具有示意性的相对意义。

Hey 等在 1986 年提出另一种模型，考虑由洋中脊轴向的地貌起伏差异所产生的重力扩张，在不连续带附近，具有更大的重力扩张力的洋中脊段会增长，并迫使不连续面向低洼地迁移，导致有的区段增长，有的区段缩短。此外，Macdonald 等依据洋中脊分段结构特征，提出地幔岩浆周期性脉动上涌导致洋中脊分段的岩浆供应模型，其基本内容包括：在洋中脊下部有一个来自上地幔的轴向熔岩库，受围岩性质、构造环境和温压条件的不均匀性影响，熔岩库顶面上涌的高度和速度有差异，使离地壳表面越浅的区段，岩浆供应充足，成为一段洋中脊的膨胀域或发源地，而向两端岩浆逐渐耗尽。主体岩浆囊在上升途中，受到不同导热性质围岩的吸热、分解和隔挡，逐步分化为不同等级的熔岩流中心，每个不同规模熔岩流中心对应于一个分段级别的洋中脊发源地，导致洋中脊分段伸展。熔岩的连续注入使局部岩浆喷发，或从上升源向周围迁移，导致轴向岩浆囊沿走向扩展。岩浆囊在洋中脊下一定深度沿走向稳定扩展延伸。当深部走向迁移岩浆沿张性破裂上涌到海底时，火山喷发会导致破裂进一步沿轴向扩展。轴向洋中脊的间断发生在脉动岩浆源的远端，形成以岩浆膨胀源为中心的洋中脊分段现象（图 5-54）。洋中脊分段在缓慢和快速扩张下可能有不同的起因。洋壳年龄零点处海底深度和地幔布格重力异常的变化与扩张速率的相关性，被认为是由洋中脊处的地幔上涌和洋中脊分段机制的根本性差异所决定的（图 5-54）。

目前，洋中脊构造的分段研究正处于方兴未艾的阶段，在分段机制和过程以及推广应用研究方面还有很多疑问和难题需要不断探索，主要包括：① 长段的岩浆是否来自比短段更深的部位；② 当构造分段与地球化学和岩石分段一致或不一致时，控制因素有些什么变化；③ 洋中脊初始分段裂开和扩张增生是板块分离的被动反应，还是地幔上涌的主动作用；④ 导致洋中脊长段增长和短段消减及小段新生的各因素之间的相互作用；⑤ 洋中脊分段与大陆构造及全球构造分段的关系。

第六节 地幔柱

一、地幔柱学说

J. T. Wilson（1963）为了解释夏威夷岛链火山分布与形成年代所表现出的迁移规律，提出形成火山岛链的岩浆来自上地幔中相对固定的岩浆源，并称其为热点。后来，在 Wilson 的热点假说基础之上，Morgan 于 1972 年提出热点火山活动所需的岩浆物质是由地幔柱（Mantle Plume）提供的，首先提出了“地幔柱”的概念。地幔柱的提出与板块构造的提出基本同期，但限于当时的条件人们对于地幔柱的认识非常有限，地球的表层构造相对易于研究，因而板块构造得以迅速发展。地幔柱概念的提出与板块构造学说的形成和发展是密不可分的，同时也是 20 世纪提出的地幔对流观点发展的必然产物。直至 1994 年，Maruyama 等（Kumazawa 和 Maruyama，1994；Maruyama，1994）提出了一种全新的全球构造观，或简称为地幔柱构造（Plume Tectonics），并指出地幔柱构造是继大陆漂移学说和板块构造理论之后人类认识地球的第三次浪潮。

热点是指板块内部现代火山活动的小区域，热点火山作用的岩浆源于现代火山活动中心之下的地幔中，其位置相对于地球自转轴是固定的。热点处的岩浆烧穿岩石圈板块，在地球表面形成火山。因板块运动是持续的，就如同纸带穿孔机在电子计算机的出口处打出一系列孔洞一样，板块移动经过热点，就形成间隔较为规则的一系列火山。先形成的火山随板块运动移出热点，停止活动成为死火山，在后面热点处又生成新火山。这样，便形成一串沿海底扩张方向分布的由新（热点处）到老（板块运动远端）的死火山链。这种火山链位于稳定的板块内部，无地震活动，往往被称为无震海岭，它不同于以浅源地震活动为特征的大洋中脊体系。

随着地幔柱概念提出，热点的成因有了进一步解释。地幔柱是指源于地幔深处(有人认为可能源于核-幔边界)、呈圆柱状涌升的热地幔物质流。炽热地幔物质向上运移，导致岩石圈下物质的盈余，并把上覆岩石圈向上拱起，在地表形成巨大穹隆，同时表现为正重力异常。根据重力异常值推断，地幔柱的直径可达 200～300 km，甚至更大。地幔柱导致的物质盈余足以引起 15～20 mGal 的正重力异常，并在地表出现高热流值。热地幔柱的涌升不断向上地幔乃至岩石圈之下输送热量、质量和动量，在烧破岩石圈的地方便成为热点。因此，热点的岩浆直接源于地幔柱，或者说热点处的火山活动就是地幔柱热物质喷出地表的反映。从这个意义上说，可以把地幔柱当作热点假说的引申。

热点火山的岩石为富含碱质的碱性玄武岩，大洋中脊为拉斑玄武岩，两者所含的相关微量元素也不相同，说明它们的岩浆源于地幔的不同部位。据此，可在洋中脊上识别出一些地幔柱-热点，如大西洋中脊的冰岛、亚速尔岛、特里斯坦达库尼亚岛，印度洋中脊的爱德华太子岛，东太平洋海隆的复活节岛、加拉帕戈斯岛等。全球识别出并经过严格检验确认的地幔柱-热点有几十个之多(图 5-55)，大部分位于板块内部。

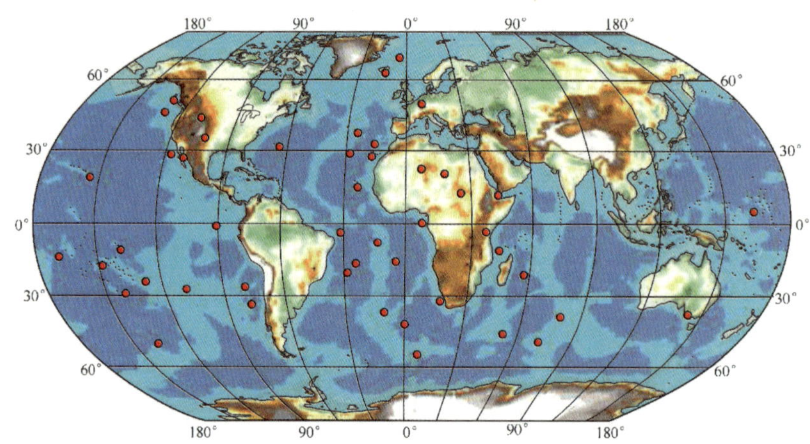

图 5-55　地球表面上的热点(据 Morgan，1972)

二、热幔柱

地幔柱与板块构造并非相互独立，两者实际上构成了一个统一的全球构造体系。在该体系中，地幔柱上升、板块水平运动和板块俯冲运动相互约束与影响。

(一) 热幔柱形态

地幔柱在地表表现为隆起地形。当其从地幔中上升至近岩石圈底部时，变成“蘑菇”状，头部粗大而颈干细小。地幔柱直径大小目前还不十分清楚，估计从十几千米至几千千米都有。地幔柱顶头直径可达 500～3 000 km(Hill 等，1992)，而地幔柱尾直径在 100～200 km(Condie，2001)。板块构造主要研究的是地球的表层构造，而地幔柱所涉及的深度和范围显然要大得多。地质学家们认为地幔柱起源于地幔的 D″层，D″层从地核吸收热量，使其具有较高的温度和较低的黏度，因此地幔柱具有高热流、低速带的特征（赵国春等，1994），一般称为热幔柱。

目前有关热幔柱基本特征的认识主要来源于对热幔柱作用产物——热点火山链和大陆溢流玄武岩的直接观察与对热幔柱所进行的各种模拟实验研究。

有关热幔柱具有球状顶冠和狭窄尾柱形态特征的认识最先来源于 Whitehead 与 Luther(1975)的实验研究。然而，Duncan 与 Richards(1991)认为，实验不能准确地反映热幔柱的真实特征，原因在于实验条件与地球自然状态相差太大。实验所获得的各种柱体都是以恒定速度由底部注射产生，而实际热幔柱是由深部核-幔边界不稳定热对流所产生，并上升在具有较高瑞利指数的、黏度可变（随温度变化）的、三维对流流体（地幔）中。Olson 等(1988)对热幔柱所做的二维对流模拟也许是目前最接近真实条件的实验。实验中所产生的热幔柱在上升过程中的形态变化如图 5-56 所示。地幔深部的低密度物质上升，形成地幔柱，在上升过程中尾部逐渐变细，而头部逐渐变得扁平，呈蘑菇状形态（图 5-56a，b，c），到达岩石圈底部后侧向伸展，并逐渐冷却（图 5-56d）。部分冷却的地幔物质可能再下沉回到地幔，然后再生成新的地幔柱（图 5-56e，f）。这些形态变化特征也许更接近于产生在核幔边界附近的热幔柱形态的真实情况（图 5-57）。

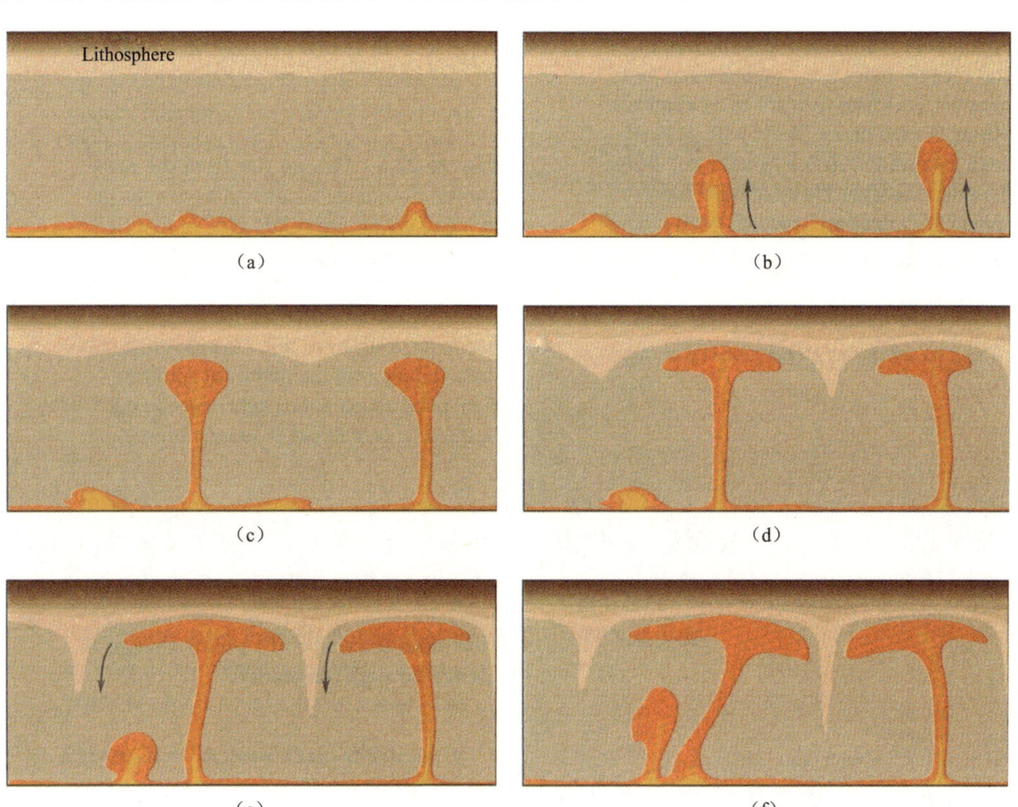

图 5-56　实验中热幔柱在上升过程中的形态(据 Richards,1991)

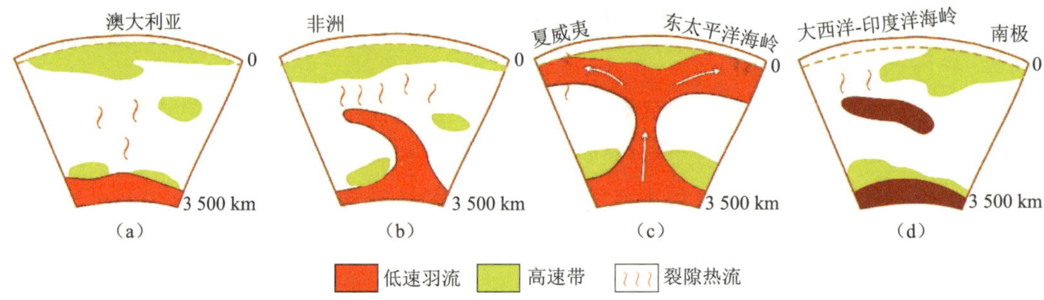

图 5-57 根据全球地幔地震层析图(Fukao,1993)总结的热幔柱发育模式

(a) 萌芽期热幔柱,外核微微上隆,热流及岩浆上涌;(b) 发展期热幔柱,地幔中下部为热幔柱密集区;(c) 全盛期热幔柱,热幔柱密集区连通外核与软流圈;(d) 衰亡期热幔柱,由于上下堵塞而残留的热幔柱。

(二) 热幔柱的起源与规模

自 20 世纪 90 年代以来,关于地幔柱的研究有了新的进展。许多证据表明,地幔柱源于核-幔边界附近(Davies,1992;Richad,1991;Loper,1991;Hill,1991)。导致核-幔边界附近物质层发生热扰动并生成地幔柱的热动力源于外地核的不均匀加热作用(Loper,1991)。一个新启动的地幔柱在穿过整个地幔的缓慢上升过程中会形成巨大球状顶冠和狭窄尾柱。巨大的地幔柱球状顶冠会引起岩石圈发生穹隆、区域变质作用、地壳深熔、构造变形和大规模火山作用,形成大陆或大洋溢流玄武岩。地幔柱狭窄尾柱的长期活动会在上覆运动板块上形成一系列热点火山链。地幔柱从 D″层处产生后,在其后上升过程中遇到地幔或岩石圈不均一时,地幔柱整体会发生分叉,形成次级地幔柱。

Maruyama 和 Fukao 等以地幔底界(2 900 km)、上地幔底界(670 km)和地壳底界(100 km)为限,将热幔柱分为一、二、三级热柱,也有人分别称其为下地幔柱(或超级热幔柱)、上地幔柱和板内柱。

(三) 热幔柱的岩石化学成分

构成热点的洋岛玄武岩(OIB)的化学成分能够很好地反映热幔柱的化学成分特征。与大洋中脊玄武岩(MORB)相比,洋岛玄武岩富含大离子不相容元素,并有较高的 $^{87}Sr/^{86}Sr$ 和 $^{143}Nd/^{144}Nd$ 比值。大量证据显示地幔成分具有不均匀性,这种不均匀性尤其反映在上、下地幔上。一般认为上地幔为亏损型地幔,下地幔底部为富集型地幔。热幔柱的化学成分特征支持了这一观点。另一方面,一个新生的热幔柱在上升过程中其自身化学成分也会发生变化(Campbell 和 Griffths,1992)。这种变化主要表现在热幔柱的头部部位。头部在上升过程中会不断地加热周围地幔物质,使其黏度降低、浮力加大,并与热幔柱头部融合一起上升。因而,热幔柱头部化学成分是不断变化的,具有源区化学成分和捕获的地幔成分的混合特征。热幔柱狭窄的尾柱在上升过程中保持近乎直立,基本不捕获周围地幔物质,因而其化学成分变化较小,主要反映源区化学成分。

(四) 热幔柱的运动学特征

热幔柱的运动学特征主要表现在热幔柱的启动、上升速率、脉冲运动和与地幔对流相互作用等方面(赵国春等,1994)。

1. 热幔柱的启动和上升速度

当岩石圈板块在“热点”之上漂移时,从深部地幔上升的热地幔柱在地表上形成线性火山链。这种火山作用是在地幔柱到达近地表时由于减压熔融而引发的,然而关于这些地幔柱到底起源有多深的问题尚未解决。热幔柱的启动需要一个热边界层。这个热边界层在地幔中,或是上、下地幔之间的密度界面,或是核-幔边界(CMB)的 D″层。热幔柱的启动条件是地核能够提供足够的热,致使热幔柱能够穿过整个地幔上升至地表(Campbelland Griffths,1992)。愈来愈多的证据表明整个地幔在对流,而并非是分层对流。因此,上、下地幔之间的热边界层产生热幔柱的可能性很小(但不排除产生小规模的热幔柱的可能性)。

理论分析表明,要产生直径为 1 000 km 的热幔柱扁球状头部,形成大规模的大陆溢流玄武岩和大洋高原玄武岩,热幔柱只能启动于下地幔底部才能实现。如果热地幔柱起源于上地幔底部,这很难解释热点之间相互位置固定这一特征,而热点至少在最近50 Ma 内或更长时间内彼此位置是固定的(Steinberger 和 O'Connell,1998)。热幔柱的化学成分特征表明它主要来源于富集型地幔。一般认为下地幔底部具有原始富集型地幔特征,而上地幔常呈亏损特征。总之,热幔柱起源于核-幔边界(CMB)附近的 D″层的观点得到多数学者的认可。

Christensen(1984)的实验结果表明,热幔柱从 D″层到达地表(或近地表)大约需要 100 Ma。Boss 与 Sach(1984)和 Olson 等(1987)的研究也肯定了这样的时间尺度。他们认为,大规模的溢流玄武岩是热幔柱经过长期积累和捕获周围地幔物质所形成的巨大球状顶冠减压熔融喷发产物。Loper(1991)认为,在通道打通之前,热幔柱不可能快速上升,因为上升过程和喷发过程都会导致热量的大量散失,从而减少热幔柱的活动能力。

2. 热幔柱的脉冲运动特征

Scott 等(1986)首先在实验中发现了热幔柱的脉冲运动特征。他们用一个细管将稀溶液从盛满蜂蜜容器的底部注入,在液柱中产生了单波。当注射速度加快时,液柱中的单波由线性转变为非线性。据此,Scott 等认为热幔柱是以单波脉冲形式向上运动。Olson 与 Christensen(1986)的实验表明,热幔柱从启动阶段就以单波脉冲形式向上运动,而且尾柱部分波速要快于球状顶冠部分。Loper(1988)的实验研究表明,热幔柱的单波脉冲运动特征遵守 Kortewege—Devries 方程,热幔柱的单波具有流线特征并以波速向上运移物质。Larson(1991)认为,热幔柱的单波脉冲运动特征是导致地磁极周期反转、气候和海平面周期变化的一个重要原因。

3. 地幔对流对热幔柱运动的影响

一个新生的热幔柱从 D″层启动后至上升到地表要穿过整个地幔对流层。因而一些学者认为地幔水平对流会改变热幔柱的直立形态,使其尾部发生弯曲倾斜,当其轴线与垂线交角大于 60°时,尾部不稳定分裂为多段(图 5-58,Stenberger 和 O'Connell)。但近年来许多研究证据表明,地幔并非是分层对流,而是整体对流,对流速度很慢,尤其下地幔基本上是在无应力条件下的对流。因此,多数学者认为地幔对流对热幔柱不会产生明显的影响。Duncan 与 Richards(1991)认为,热幔柱这种固定属性使其成为测量全球板块运动的最佳坐标系。

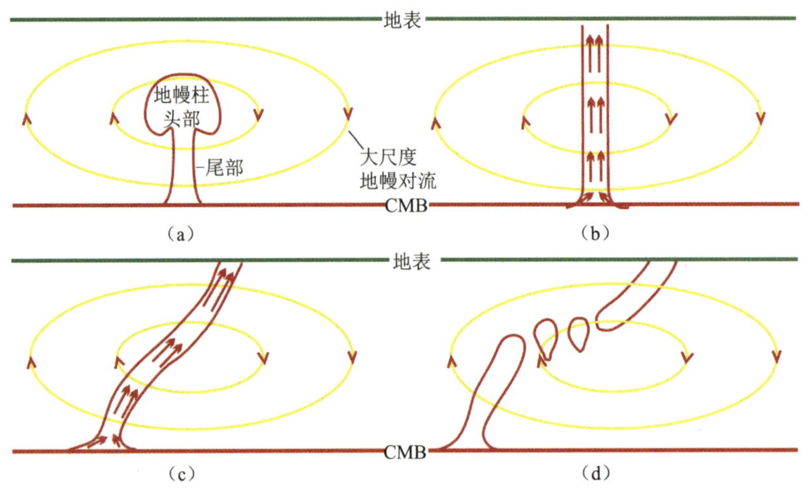

图 5-58　地幔柱穿过岩石圈时可能存在的 4 个演化阶段

(CMB:核幔边界,参照 Whitehead,1982,有改动)

不论地幔柱—热点假说的有效性如何,它至少明确了这样一些事实:板块内部亦发生着重要的地质现象——热点火山作用和构造活动,地幔深层同样也是活动的,深地幔(乃至地核)对地表板块构造的发展过程有重要影响。地球本身是一个物质实体,该体系的各组成部分是密切相关的,将其中任何一部分孤立出来研究都是片面的,这正是地球系统科学的核心思想。因此,地幔柱—热点假说应该是对板块构造学说的重要补充和发展。

三、冷幔柱

20 世纪 80 年代,人们开始关注洋壳板块俯冲之后的去向、归宿和状态。对板块的行踪大体分为三种观点:第一种认为板块不能潜入到下地幔,第二种认为可以俯冲到下地幔;第三种观点介于其间,认为不同的岛弧同时潜入和未潜入下地幔的情况都有。近年来,高精度的地震层析成像分析表明,与俯冲板块相关的高波速异常体在 670 km 附近的上、下地幔界面处积聚增厚,且常呈近水平状扩展。高速异常体还伸至下地幔,有的已抵达核-幔边界。这种高速体主要沿环太平洋和特提斯-喜马拉雅两大板块汇聚边界发育,明显地表明高速体的存在是俯冲板块的反映。俯冲板块在上、下地幔界面之所以受到阻滞,可能与下地幔黏度较高以及板块本身温度升高、黏度下降等因素有关。随着停滞积聚的冷板块体积增大,在间断面处的温度差越来越大,当板块体积增大到超过一个临界值时,巨大的积聚体坍塌,沉入下地幔,最终堆积于核-幔边界上。积聚的大洋板块物质在下地幔的沉潜可能并非呈连续的帘状而是呈不连续的团块状下沉。目前核-幔边界上规模最大的高速体位于东亚和中亚之下,看来是众多板块沉落于地幔底部的产物。晚古生代以来,亚洲作为全球陆块汇聚的中心地带,形成了一系列纵横交叠的复合造山带,即可能与一系列古洋盆关闭、众多板块积聚沉潜有关(金性春等,2003)。

根据 P 波层析成像分析,俯冲滞留的板块在地幔中有 4 种存在形式(图 5-59)。

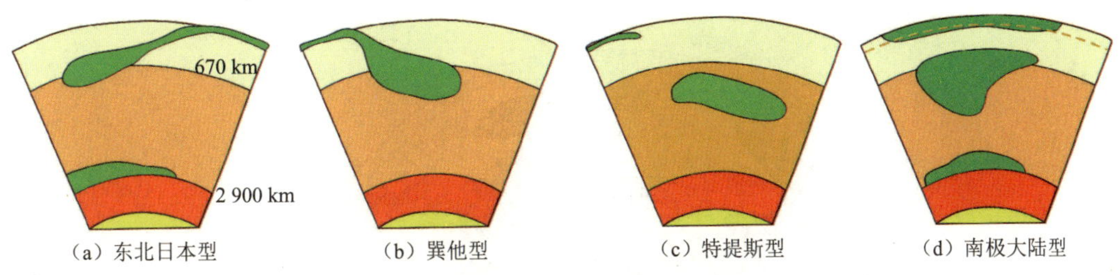

图 5-59 俯冲滞留板块的 4 种类型(来自网络)

东北日本型:板块从地表连续并以板状形态滞留在 670 km 深度面上,较厚部分深入到 670 km 之下(图 5-59a)。巽他型:板块从地表连续,而且穿过 670 km 深度达到 1 200 km深度(图 5-59b)。特提斯型:板块与上面不连续,与消失了的古海沟大致平行,且正在潜入 1000～1 200 km 深处(图 5-59c)。南极大陆型:现在南极周边为被动陆缘,没有板块下沉,因此,滞留在 670 km 以下深处的板块为古老的(图 5-59d)。

以上不管哪种类型,在 670 km 深处附近,板块从外观上看其厚度超过 100 km,呈现从碟状变成水滴状的倾向。这也许意味着板块在靠近 670 km 深处附近时变成塑性,易于变形而处于停滞状态。东北日本型滞留板块的重心位于比 670 km 深度浅的地方,但其他类型的板块重心都位于下部地幔中。特提斯型的滞留板块与表层的板块相隔断,并正在潜入下部地幔。在东北日本和南极大陆的下面,地核的正上方可以观察到显示 P 波高速异常的物质,这些可能是滞留板块下落所堆积的产物。滞留板块一般具有 P 波高速异常特征,表现为冷的块体,因而称为冷幔柱。

670 km 为冷幔柱的板块墓地。当下潜板块俯冲至 670 km 深处便发生相变,因相变反应具有负的梯度,下潜板块将滞留在这个界面上。由于相变生成物的黏性显著变小,滞留板块被软化以至于不能再保持刚性状态。板块滞留量和滞留时间取决于板块俯冲速度。当板块的滞留量超过某一限度时就会发生塌落。

地幔中有的高波速异常体是古板块沉潜的反映。在西南极洲 670 km 深度以下的高波速异常体,应是与年龄为 450～100 Ma 的西南极洲造山带有关的古俯冲板块沉潜的产物。在贝加尔湖以西一系列高速体下延至至少 2 500 km 深处,而其东侧另有一高速体对应于向西下插的太平洋板块。贝加尔湖以西的高速异常体被解释为蒙古-鄂霍茨克洋古俯冲板块沉潜于深地幔的产物。利用层析成像成果对沉潜古板块的识别,反过来又为古板块再造提供了依据。

四、地球全局性物质对流

滞留板块塌落到下地幔会造成上地幔物质亏损,必然会从下地幔产生向上运动的热地幔柱。所以,从全局看,滞留板块的下落和地幔柱的上升必然是相互约束的运动。如果把下落的滞留板块称为“冷幔柱”,上升的地幔物质称为“热幔柱”,冷幔柱为窗帘状的下降流,热幔柱为圆筒状的上升流,那么,地幔全局性物质对流主要是由这种向下运动的冷幔柱和向上运动的热幔柱所支配(图 5-60)。

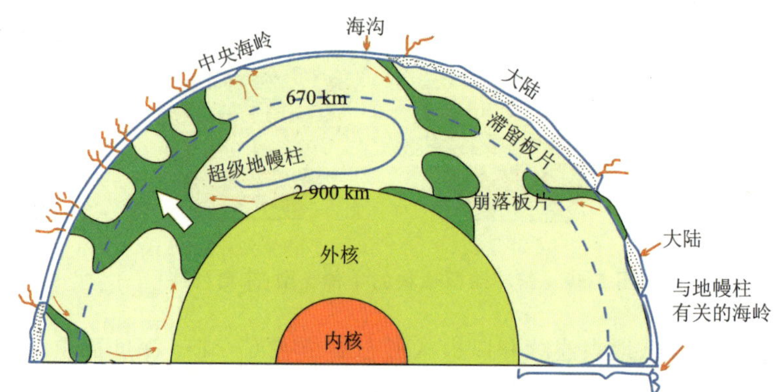

图 5-60　地幔柱与板块运动(来自网络,有改动)

板块构造中的威尔逊旋回对地球浅表板块的形成与消亡过程作了系统研究和论证,但对板块在海沟处消亡之后的去向未作出合理解释。随着地震层析成像技术的进步,20 世纪 90 年代以来,提出了与威尔逊旋回可比肩的地球深部物质旋回,即冷板块与热幔柱之间的转换过程。威尔逊旋回与地球深部物质旋回构成了地球全局性的物质循环过程。

地幔柱携带的热地幔物质上升到大陆岩石圈之下,有可能引起"分裂增殖"现象。地幔柱先是造成大陆岩石圈穹形隆起。穹隆破裂可演化为三叉形裂谷,一连串地幔穹隆的破裂进一步连接成纵长的裂谷,板块从抬升的穹隆向外顺坡下滑,从而演化为大洋中脊和大洋盆地。洋中脊形成后,其下的地幔柱继续补给深地幔物质,其中的一部分可能在软流圈中做横向蠕动扩散,成为驱动板块的原动力之一,另有一部分可能通过洋中脊处的热点火山作用形成高出水面的火山岛,洋中脊火山岛与大洋中脊岩性及微量元素的差异也支持这种观点。

在板块内部,其下地幔柱的存在亦是一种有利于板块运动的因素。地幔柱不断地把热地幔物质输送到岩石圈之下的软流圈,使失去活动性或活动性变弱的古老岩石圈的底部(至少是局部的)得到重新加热,获得动量,比重减轻,黏滞力减小,使板块变得易于运动。从此意义上讲,地幔柱应是构成板块构造的原动力。

俯冲板块随着沉降而冷却消减周边的地幔,直到 670 km 深度处板块基本保持刚性体的性质,可以根据地震波及层析成像技术确定其板状构造形态。但是,由于 670 km 深处的相变反应具有负的梯度,板块滞留在该界面上。一旦相变反应开始进行,由于生成物的黏性显著减小,板块被软化而发生大的形变。当板块的滞留超越某一阈值时,它就会开始崩落,称"雪崩效应"。

滞留板块下落到下部地幔时,作为其下落部分的补偿,必然从下部地幔向上部地幔产生地幔柱的上升。从全局来看,滞留板块下落和地幔柱上升必然是成对出现。在最近的地质时代,约 100 Ma 前(85～125 Ma)南太平洋超级地幔柱突然变得活跃起来,造就了现在太平洋上的几乎所有无震海岭。推测那时下落的滞留板块(巨石体)的位置就相当于亚洲中央部位。亚洲中部在那个时期正形成巨大的沉积盆地，这也许可以看作亚洲中央部位 670 km 深处滞留的板块突然向下部地幔崩落时的响应。南太平洋超级地幔柱在这个时期激烈活动，这可能与突然崩落的滞留板块的沉降速度有关。

利用超大型电子计算机所得到的地幔对流的计算结果表明，地幔是通过数个圆筒状的上升流和窗帘状的下降流进行对流运动。但是，名古屋大学的 P 波层析成像数据以及考虑相变反应这一因素的近期数值实验表明，与其说下降流是窗帘状倒不如说是下降流在 670 km 深处一度滞留后，再向下部地幔以滴水状形式下落。不保持刚体板块的形状而以巨石状下落的物质移动被称为"冷的地幔柱"。

热幔柱的密度因热膨胀比周围地幔小而具有较强的上浮力，使上部物质发生变形，当其上侵到岩石圈底部或上地幔顶部时，地幔柱温度比周围的物质高得多。因此，它不仅能衍生出玄武质岩浆，而且会造成地壳上隆甚至开裂，但能否产生上述地幔柱构造现象要取决于地幔柱本身头部的大小和上覆岩石圈的厚薄。一般，普通的地幔柱不可能穿透（哪怕是正常厚度）大洋岩石圈，只有那些异常"强劲"的地幔柱才能做到，这就是为什么夏威夷链是太平洋北部地区见到的现今唯一活动的地幔柱的原因。当大洋岩石圈异常薄时（如太平洋南部），地幔柱的穿透相对容易。在岩石圈更厚的大陆区，绝大多数地幔柱一般不会穿透大陆岩石圈，而只能在岩石圈下面聚集，地表效应仅仅表现为上升。因此，时代明显递变的地幔柱行迹在大陆上很少见到，但大陆上所有体积巨大的大陆溢流玄武岩都应是由超级地幔柱形成的。

另外，地幔柱本身不是板块运动的动力，而是通过影响对流循环间接作用于运动的板块。但在极少数情况下，地幔柱的上侵力可作为缺乏软流圈地区的大陆板块漂移的动力（图 5-61）。

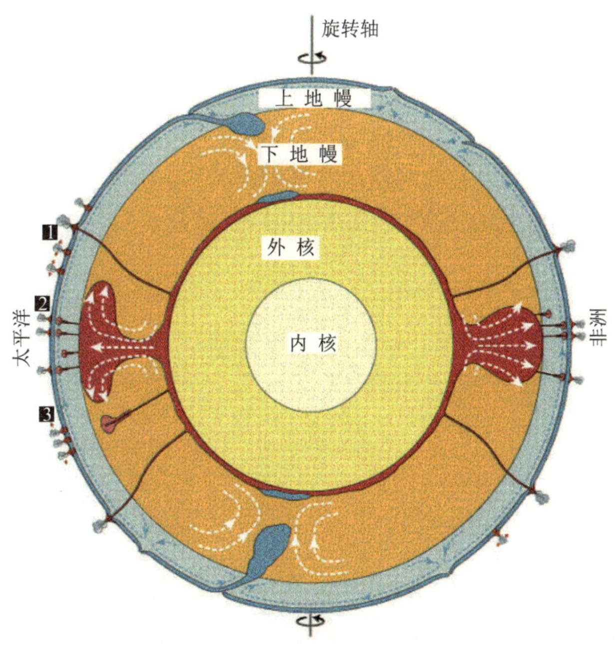

图 5-61　现今冷幔柱、热幔柱及其与板块间的关系(来自网络)

小　结

本章主要按照理论知识的发展顺序，以介绍基本原理、基本过程等推理知识为特征，系统并重点介绍了洋壳起源与海底构造。在了解大地构造学术思想演变的基础上，介绍了有关大洋地壳起源的种种学说。重点论述了大陆漂移学说、海底扩张学说、板块构造理论和地幔柱理论。系统总结了大陆漂移说的立论依据、学说的基本内容、存在的缺陷等，系统介绍了海底扩张说的基本内容、海底磁条带的特征及成因机制，大篇幅介绍了板块构造的基本原理、板块划分与边界类型、板块运动学、板块动力学和威尔逊旋回。专门论述了稳定型、活动型、转换型三大类大陆边缘构造的特征，系统地讨论了大洋中脊构造、快速扩张脊与慢速扩张脊、扩展性裂谷或扩展性扩张轴、重叠性扩张轴、洋中脊分段等。最后，介绍了超越板块构造的地幔柱理论，从其思想溯源，到热幔柱与冷幔柱的形态、特征、类型、形成与演化过程，及其构成的地球全局性物质对流系统。

思考题

1. 魏格纳所设想的联合大陆和泛大洋是否可能存在？其形成机制是什么？

2. 先有冷地幔柱还是先有热地幔柱？或者两者同时出现？请阐述您的观点并加以论证。

3. 地幔柱或热点，是固定的吗？为什么？

4. 简述大陆漂移说、海底扩张说、板块构造说的基本内容，并指出其主要的异同点。

5. 从大地构造理论的发展历程来看，如何理解板块构造理论的出现标志着一场地学革命？

6. 海底扩张学说还有不足吗？试列举。

7. 如果陨石足够大，撞击地球后会产生哪些结果？

8. 地球表面岩石圈有单纯的升降运动吗？机制？

9. 与板块俯冲相伴生的主要地质作用及其结果？

10. 如何用地球系统科学观点理解（解释）板块构造学说？

第六章　河口与海岸

海岸是海洋与陆地相接触和相互影响的地带，通常指的是受以波浪为主的海洋动力作用的沿岸地带。狭义的海岸带(近岸带)指特大高潮线至浅水波半波长水深的范围，即从波浪开始作用于海底的地方(浪基面)起向陆地延伸至风暴浪所能到达的地带。经验上，大致从水深10～20 m处至高潮线以上3 m左右高程处。广义的海岸带为特大高潮线至陆架外缘。国际海岸带陆海相互作用(LOICZ—Land Ocean Interactions in the Coastal Zone)委员会把海岸带定义为“自陆架外缘到海水所能影响到的地方”。

目前的陆架外缘在世界各地不一，而且不一定是历史时期的海岸带；海水所能影响的地方是变化的(受入海河流、海水入侵、海平面变化等影响)。因此，在本书中海岸带是指自波浪(包括潮波)能影响到海底的水深处，直到现在海水所能影响到的地方。海岸带的范围是变化的。

海岸带范围内的外动力有波浪、潮流、河流和生物等，从动力环境和海岸发育的过程来看，海岸带由几个不同的环境单元组成，即后滨、前滨和内滨(图6-1)。

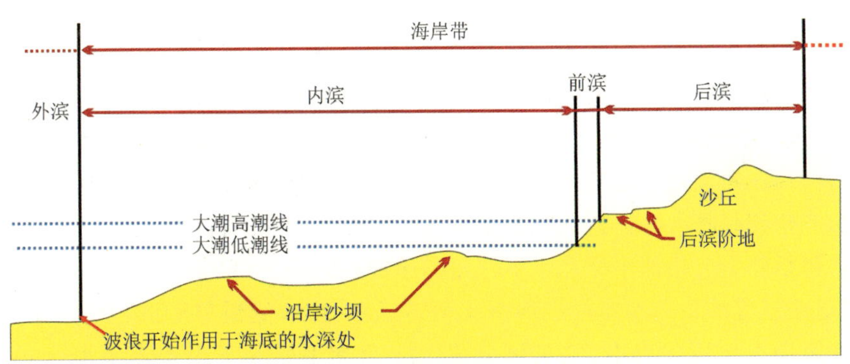

图6-1　海岸带环境单元

后滨(Backshore)是指平均高潮线至特大高潮线之间的地带，地形平坦，与前滨分界处常为滩肩外边缘。前滨(Foreshore)指平均高、低潮线之间的海岸区域，又称为潮间带，通常呈一向海倾斜的斜面，前滨上部滩坡较陡，常发育滩角等韵律地形，下部较缓，一般发育沿岸沙坝和凹槽。内滨(Inshore)是从平均低潮线向海延伸到波浪破碎带外缘，这里波浪活跃，多发育一道或多道水下沙坝和凹槽；在粉砂淤泥质海岸，该带又称为潮下带；在砂质海岸，与滨面(Shoreface，低潮线向海延伸至海底几乎水平的地带外缘)的含义相近。外滨(Offshore)，内滨外界向海海底较平坦的浅海区，其外缘为陆架边缘。在潮汐非常弱(主要受波浪影响)或海岸基岩高耸的海岸地区，前滨和后滨都非常狭窄，甚至缺失。

由于海岸的地质差异和动力的不同，可以形成多种类型的海岸。通常按海岸带的物质组成可以将海岸划分为砂砾质海岸、粉砂淤泥质海岸、岩石海岸和生物海岸(如珊瑚礁、红树林海岸等)。按照主要动力来划分，可分成浪控海岸、潮控海岸、河口三角洲海岸和生物控海岸。按照海岸的剖面特征，又可将砂砾质海岸分成有坝(岸外坝)海岸和无坝海岸。按照动力作用下的海岸线形态，可分成夷平海岸和岬湾海岸。按照海底构造学特征，可分为与洋盆相适应的拖曳海岸和两个板块相撞的碰撞海岸，等等。海岸分类上的差异，主要是出于研究工作的需要或研究目的不同。

在本书中，主要是按物质组成分为砂砾质海岸、粉砂淤泥质海岸、岩石海岸和生物海岸，同时考虑到河口三角洲海岸的特殊性与重要性，将其单列一类介绍。

第一节　河口三角洲海岸

一、河口三角洲

关于三角洲较早的定义是由巴雷尔在1912年提出的，他认为三角洲是“河流在一个稳定的水体中或靠近水体处所形成的、部分露出水面的一种沉积物”，这个定义至今仍有较好的实用性。目前，对于研究三角洲的学者来讲，对三角洲的理解和判断在某种程度上已经达成默契，他们认为在三角洲上河流向沿岸和内陆架输送并堆积的碎屑沉积物远远大于海洋动力的转移。研究古老岩石的地质学家认为，三角洲是指那些在露出水面和浅水的环境中形成的碎屑沉积体，从中可以识别出作为主要沉积物来源的一条或多条河流的影响，并明显看出离岸向海粒度逐渐变细的特征。来自陆源的风化剥蚀产生的碎屑物质在河口三角洲堆积下来，形成陆源沉积物的“汇”；在浪、潮、流的作用下，河口陆源物质又持续不断地扩散到近海乃至大洋中，河口三角洲又成为海洋中陆源沉积物的“源”。

总之，河口三角洲海岸是河海相互作用的结果，是以陆源碎屑沉积物为主形成的堆积体。因此，三角洲是指入海河流所携带的陆源沉积物在入海河口附近堆积所形成的三角形沉积体，包括陆上三角洲平原和水下三角洲平原(图6-2)。陆上三角洲平原主要是指河道经常改道或迁移的顶点到海岸之间由于河道迁移、决口泛滥等所沉积的三角形平坦地区，根据河海动力作用的程度，它又可分成上三角洲平原和下三角洲平原(Coleman 和 Wright，1971)。水下三角洲平原分布在近岸和内陆架浅海区，可分出三角洲前缘和前三角洲两大沉积环境(图6-2)。前三角洲的外缘难以确定，但是，它具备以下两个特征：① 仍然是以陆源为主的细粒级沉积物(一般为黏土)；② 从河口到外海，沉积速率由快变慢。三角洲剖面呈楔状，一般会有一个堆积中心，其厚度向其周围逐渐变薄。

(a)

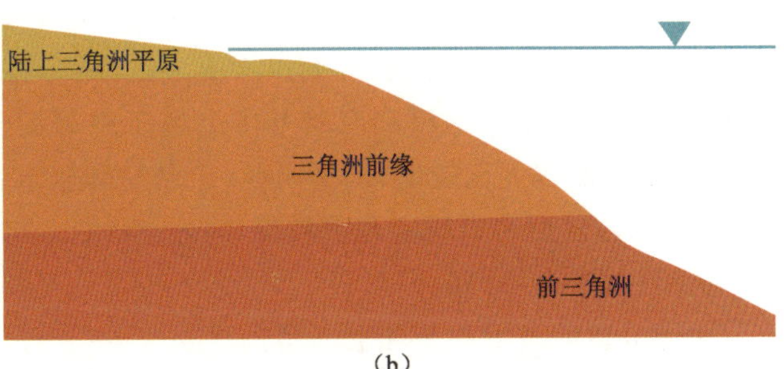

(b)

图 6-2 三角洲的平面图(a)与剖面图(b)

大型三角洲堆积的先决条件是有一个能搬运大量碎屑物质的大河流系统，这个系统是由流域盆地、冲积河谷、三角洲平原和受水盆地组成。流域盆地通过冲刷提供沉积物，并将单独的支流汇合形成一条大的主干流，然后，来自流域盆地的沉积物和水通过主干流限制的冲积河谷输送到海岸和受水盆地形成三角洲。

无论多大的河流，它流入任何地方的受水盆地后都可以形成三角洲。但是，大型三角洲在世界很多地方都见不到，它的分布还与全球性构造运动相关。Inman 和 Nordstrom (1971)收集了流域盆地面积大于 100 000 km^2 的 58 条大河资料，结合板块理论对全球构造带的划分，研究发现其中有 46.8％的河流沿美洲型后缘海岸入海，34.5％的河流沿边缘海海岸入海，8.6％沿非洲型后缘海岸入海，1.7％沿新板块后缘海岸入海，调查的河流中只有 8.6％流入碰撞型海岸。所以，大型三角洲在构造稳定或下沉的海岸发育，一般不会在构造活动强烈或距离分水岭很近的海岸形成。中国的三个大型三角洲——长江、黄河和珠江三角洲都发育在与受水边缘海相邻的大陆边缘。

二、河口动力过程

三角洲沉积动力学是一门介于三角洲沉积学、泥沙运动学和流体力学之间的边缘学科。它主要通过定量观测挟沙水流运动状态和沉积状态(沉积速率、密度、形态、粒度分布、颗粒启动等)，综合分析河流、海洋和大气因素相互作用的动力机制，研究河流输送的泥沙进入三角洲后，在陆上三角洲平原、水下三角洲平原和陆架海中的输运—扩散—沉积—再搬运—再沉积的规律。三角洲沉积动力学研究的焦点是河-海动力相互作用下的物理沉积过程，其研究重点是河口内(主要是感潮段)海洋动力响应和挟沙水流进入海洋后的扩散与沉积规律等。

(一) 河口(Estuary)的概念与类型

Pritchard(1967)从物理海洋学角度定义河口“是一个半封闭的沿岸水体，在那里来自开阔海的水体被陆地水稀释”，并认为 0.01 的盐度是其陆地边界。根据这一定义，Biggs 和 Cronin(1981)对所区分出的 4 种河口类型的特征进行了总结：A. 河流控河口，很高浊度、弱混合(混合指数≥1),底床稳定性差;B. 河流和潮汐控河口,中等浊度和混合度(混合指数<1/10),底床稳定;C. 潮汐控河口,高浊度,强混合(混合指数<1/20),底床不稳定;D. 潮汐和风控河口,高浊度和很高的混合度,底床不稳定。研究证明,黄河口在汛期属 A 型弱混合河口,在枯水期(近期以断流为主)属 C 型强混合,具有潮沟特征;长江口北支属强混合 C 型,北港、北槽和南槽基本上属于中等混合的 B 型(沈焕庭等,1985);珠江口水系繁多、观测程度比较低,根据研究(徐君亮和李永兴,1985)它应属于低浊度的 A 型河口;世界上对 D 型河口研究程度较低(Biggs 和 Cronin,1981),根据资料比较,杭州湾应属此种类型(陈吉余等,1989)。

三角洲分流河道沉积是陆上三角洲平原的骨架。根据海洋动力影响的程度可区分为 3 个区段(图 6-3):① 河流段,三角洲顶点到不受海洋影响的河道,其长度会随着河口生长而延长;② 近口段,以河流作用为主但大型的海洋波动(大潮波或风暴潮波、浪、激流)能够影响到的范围,大型的河道决口、摆动往往在这一区段内发生;③ 河口段,上界是小尺度、频繁活动的海洋波动(如小潮波)能够影响的位置,下界是口门拦门沙坝、浅滩的外缘,或者是水边线,其中潮流界是重要的组成部分。河口是三角洲分流河道重要的组成部分,应属于河口段范畴,由于它与人类生存密切相关(如发展航运、渔业和农业等),所以历来是河口海岸研究的重点。

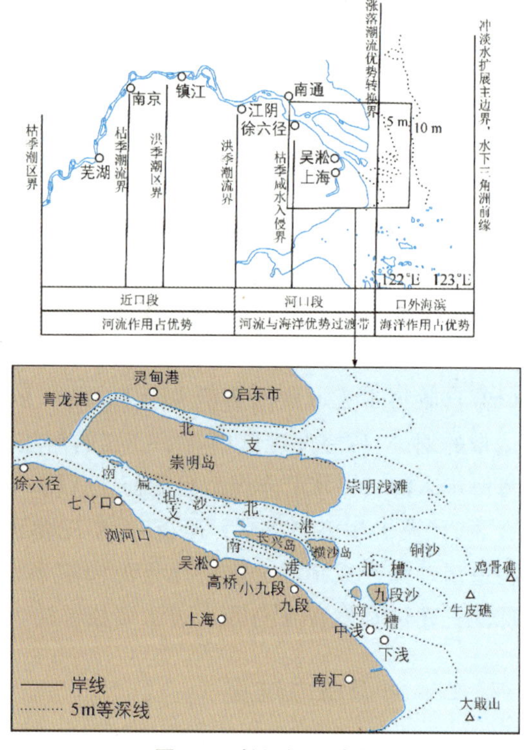

图 6-3　长江河口分段

1980 年 Fairbridge 又从地貌学角度定义河口湾为“涨潮海水侵入进河谷的通道”,根据形态将其分为 6 种主要类型,这些类型主要反映长期的海面变化、构造运动、淡水和沉积物供应状况。

上述两种分类方法只是侧重点有所不同,Pritchard 等主要注重短期河海相互作用,表现在同一河口在不同季节或不同潮汛时类型之间可以转换;Fairbridge 分类注重于长期作用后的最终表现形态。两种定义及分类在不同河口和河口不同发育阶段都得到广泛应用。

在河口研究中,另一个有价值的分类依据是潮差。1973 年 Davies 将大潮潮差小于 2 m的河口划分为小潮河口,大于 4 m 的为大潮河口,2~4 m 为中潮河口。在中国,黄河口潮差小于 1.6 m 属小潮河口,长江口、辽河口和珠江口大潮潮差都大于 2 m 属中潮河口,鸭绿江、钱塘江属大潮河口。

(二) 河口环流与沉积物搬运

影响河口发育的主要水动力有河流、潮汐和波浪等。在大多数河口中,河流和潮汐相互作用,决定着沉积物搬运和堆积的河口环流过程,而盐度能够很好地指示咸淡水的混合类型及过程。一般情况下,盐度由内河口向外逐渐增大,由于科氏力作用,河口右侧盐度较左侧大(由受水盆地面向河口观测)。Pritchard(1955)对河口环流类型做了研究,认为当其他因素不变的情况下,潮流强度的变化可依次形成 3 种典型的河口环流类型(图 6-4)。

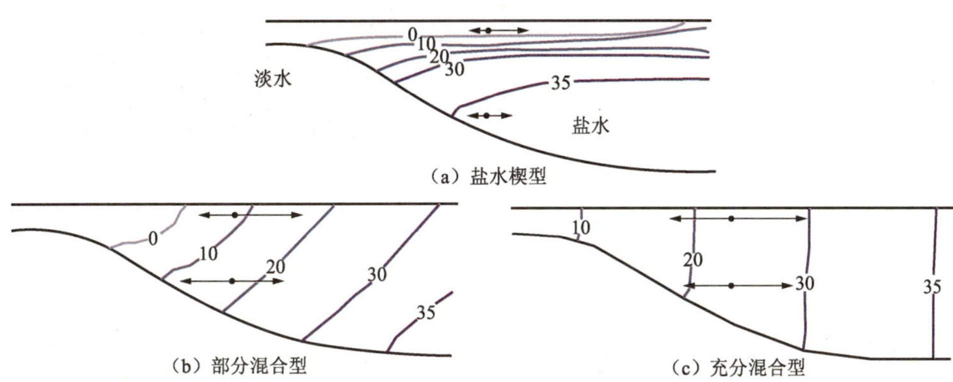

图 6-4 三种河口环流类型示意图(据 Postma,1980,有改动)

盐水楔型河口(A 型):这类河口以河流作用为主,其环流形式是河流淡水水体位于高密度盐水之上向海扩散,此时的盐水楔可称为盐水异重流。在潮周期内,下部盐水楔随涨、落潮流移动,而大部分陆源沉积物随河水由表层向海扩散,咸淡水之间存在一个明显界面,由于双向水流切变,界面处有内波产生,并由此造成盐度向上的扩散。密西西比河口是这种类型的典型代表。

部分混合型河口(B 型):潮流作用增大,河流作用减弱,潮汐混合作用使得咸淡水之间盐度突变界面消失,盐度呈过渡变化状态。在潮周期内,上层落潮流大于涨潮流,下层涨潮流大于落潮流。很明显,向陆运动的流增强,在盐水入侵的头部,形成最大浑浊带,通常还形成河口浅滩或拦门砂体。

充分混合型河口(C 型):属大潮差、强潮流河口,盐度垂向分层完全被破坏,河口湾被海水控制,此时水流具有侧向运动特征,即湾的右侧涨潮流强,左侧落潮流强,来自河流和潮流再悬浮的沉积物随这种湾内侧向环流向海扩散。美国 Delaware 河口湾属于此类型。

上述是一种动态的分类方法,对于同一河口,在不同季节,流量不同,河口类型可能会发生转换。另一方面,对于不同河口,随着流量增加、潮汐减弱、河口宽度减小或深度增加,C 型河口逐渐向 A 型过渡。

① 最大浑浊带

在河口内,尤其是在部分混合河口,水体底部常存在一条含沙量明显高于上、下游的浑浊带,称其为最大浑浊带。在长江河口最大浑浊带内,悬浮体含量普遍很高,越往底层,含量越高,可达 1 400 mg/L,甚至更高。悬浮体垂向层化现象明显。最大浑浊带内水体盐度在 1～25 之间，是细颗粒泥沙在水体中发生絮凝作用强烈的区域。长江径流带来的泥沙在这里产生絮凝沉降，导致悬浮体含量的迅速增大（图 6-5）。

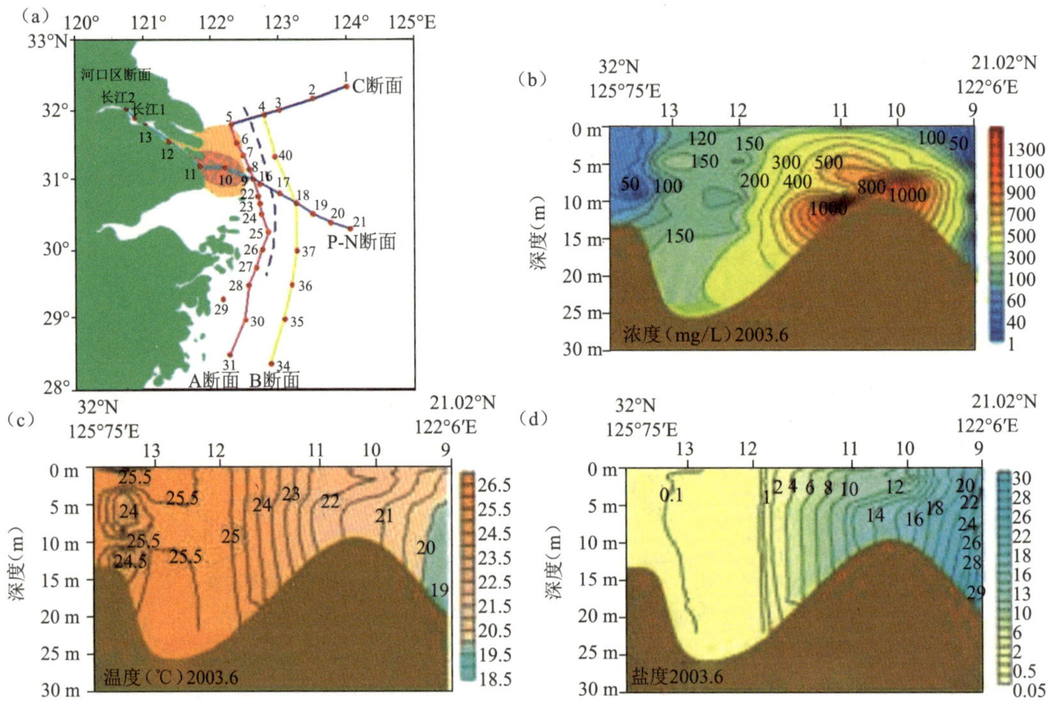

图 6-5 长江口最大浑浊带位置(a)和悬浮体浓度(b)、温度(c)、盐度(d)分布剖面(据翟世奎等，2008)

最大浑浊带基本上可分为 3 种成因类型（图 6-6）：河口环流捕获型、潮流冲刷型和潮流捕获型（Nichols 和 Biggs，1985）。

河口环流捕获型：如图 6-6a 所示，在河口纵向剖面的下层，悬浮沉积物浓度在盐水的陆地边界即零速带达到最大，悬浮沉积物来自三个方面：一部分由河流从陆地搬运，一部分由盐水楔从海向陆地方向搬运，一部分是再循环搬运。再循环搬运是指在河口环流中，上层向海流动的悬浮泥沙下沉到下层盐水楔，向零速带富集。由于最大浑浊带处于一个动态的富集、再搬运过程中，所以，其沉积物粒度成分和矿物成分比较均一。最大浑浊带浓度与河流和海上供应悬浮泥沙多寡有关，河口环流强度对最大浑浊带发育也有控制作用（Postma，1967）。

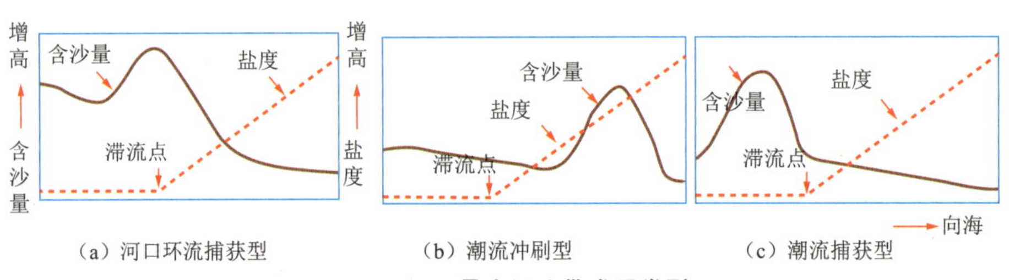

图 6-6 河口最大浑浊带成因类型

潮流冲刷型：在强潮流河口（表层流速>3 m/s），最大浑浊带常位于盐水楔内部（图 6-6b），而且最大浊度核常随潮汐在几十千米范围内摆动，这种变化主要与潮流冲刷、再悬浮、沉积作用过程有关。一般情况下，高潮时，最大浊度核小、浓度低；当落潮流加强后，由于底泥被冲刷，造成最大浊度核发育增大；接近低潮时，悬浮泥沙沉降，最大浊度核衰弱；当涨潮流加强时，最大浊度核又随之发育，但位置比落潮期靠向陆地。这样周而复始，实际上在河口盐水体底层形成一个浮泥层。

潮流捕获型：最大浑浊带位于盐水楔头部的陆地一侧（图 6-6c）。在大潮河口，当潮波向河流上游传播过程中发生强烈变形时，涨潮历时比落潮历时短，造成底床冲刷的涨潮流强于落潮流，使得悬浮泥沙产生向陆净搬运。长此以往，在盐水体与河流交接的位置，悬浮泥沙被捕获、富集，最大浑浊带形成。

② 河口分选沉降作用

河口是河流动力的分散点，河流携带的悬浮泥沙离开河口进入滨海区后，将被海洋动力转移并沉积。早在 1884 年 Gilbert 就对河流泥沙出口门后所遵循的一般规律进行了描述，他认为："三角洲建造过程中几乎都遵循以下规律：河流对碎屑物质的搬运能力和起动能力，随流速的增大而增大，随流速的减小而减小。"当河流离开口门后，其动量由于与周围海水的相互作用而被分散，流速减小，搬运沉积物能力也随之减弱，泥沙将发生分选沉降作用，其结果是由河口向外沉积物由粗变细，沉积速率由快变慢，这一规律至今仍适用于三角洲研究，尤其是河控型三角洲，如密西西比河和黄河三角洲等。

③ 河口入海泥沙的扩散与沉积

河流入海后的扩散形式主要取决于河流惯性力、底床上的摩擦力、河海水密度差产生的浮力。河口犹如一个喷嘴，根据河水与海水的密度差，可区分出三种河口喷流类型，即高密度流、等密度流和低密度流。等密度流在海岸三角洲中不多见，一般在淡水湖泊中发育，形成规模较小的 Gilbert 型三角洲。自然界中，高密度流很常见，如洪水携大量泥沙进入水库、湖泊中，可形成高密度流；地震、风暴等造成海底滑坡所形成的浊流等。但是，在河口，高密度流并不多见，河流必须携带大量泥沙，才能使河水密度大于海水而下潜。据黄河口资料（李广雪，1999），河口滨海区平均盐度为 27。计算表明，要超过这种咸水密度的河流含沙量必须大于 18 kg/m^3，如此高的含沙量十分罕见。黄河口是典型的高密度流河口，其含沙量在大河口中属世界之最（Milliman 和 Meade，1983）。

根据黄河利津水文站 1950 年以来的观测资料统计，黄河年平均含沙量为 25.1 kg/m^3，汛期平均含沙量为 34.7 kg/m^3（Li 等，1998a），如此高的含沙量决定了黄河口是研究河口异重流的最佳场所。河口浑水异重流是挟沙水流的一种特殊运动形式，它不是水流挟带泥沙，而是泥沙的存在造成有效重力（g'），而驱使水流运动，因此称之为重力驱动底流（Gravity Driven Underflow）。有效重力与异重流密度（ρ'）和上覆水体密度（ρ）有关，可表示为

$$g'=\frac{\rho'-\rho}{\rho}g=\Delta g$$

式中，Δ 称为重力修正系数，其大小决定异重流的强度。在其他条件不变的情况下，含沙

量越大,异重流的流速就越大,运动的距离就远。Wright 等(1986)将黄河口异重流分为三种类型,一种是云状异重流,两种水体的密度差较小,Δ 值一般小于 0.001,呈阵发性云状,沿水体底部,有时在中部扩散,运动距离短;第二种是 Δ 值介于 0.001～0.01 之间,形成低密度异重流,这种异重流具有连续运动的特征,但运动距离仍不远,一般在三角洲前缘斜坡上消失;第三种是高密度异重流,Δ 值较大,有时可达 0.1,这种流体运动距离较远,可达到三角洲前缘下部和前三角洲上,具有爬坡的能力。如果将异重流简化成均匀流的话,其流速 U'可由下式表达:

$$U' = \sqrt{\frac{8}{f'}}\sqrt{g'h' \cdot \sin\beta}$$

式中,f'是异重流阻力系数,h'是异重流厚度,β 是底坡坡度。由此可见,当河口含沙量较大时,尤其是黄河洪水期,g'和 h'都大,有利于异重流的发生和运动。当异重流运动到前三角洲时,β 值减小,异重流最终将消失并堆积泥沙。围绕三角洲前缘斜坡外的隆起带可能与异重流的卸载有关。造成异重流减速的另一因素是底床及两种流体之间的摩擦阻力。现场观测表明(图 6-7),两种流体之间的摩擦能够产生内波,这些内波是异重流能量消耗的标志。在现场观测中发现,自河口流出的异重流主要特征是高含沙、低盐度,其运动方向受潮流场控制,具有向河口两侧摆动的特征。

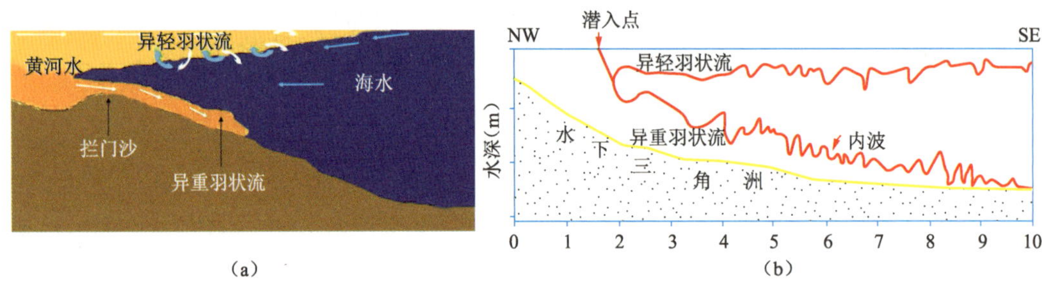

图 6-7 黄河口异重羽状流和异轻羽状流(a)及其声学解释剖面(b)(据 Wright,1988,有改动)

河口低密度流是最常见的类型,就是在黄河口也同样存在,由于河流密度低于海水,注入流的扩散在海水上层进行。在海流搬运下,扩散距离较远,可达几十千米(如黄河),甚至几百千米(如长江),又称为异轻羽状流(图 6-7)。

④ 河口切变锋

河口是河、海两种水体相互作用的过渡带,流场结构和地形都比较复杂,经常出现各种各样的锋。锋是指两个不同性质的流体之间的界面,在这个界面附近,流体的悬沙、盐度、温度或流速等变化比较大。在河口地区常见的锋有盐度锋、悬沙锋、“V”字形盐水入侵锋、羽状流锋以及切变锋。切变锋是指速度场形成的锋,主要有两种,一种是同向切变锋,即锋两侧流向相同,但速度相差较大;另一种是反向切变锋,即锋两侧流向相反。

黄河口切变锋活动在三角洲前缘斜坡上(李广雪等,1994),属反向切变锋,具有潮周期活动的规律,是造成黄河口快速堆积的重要因素(Li 等,1998b)。黄河口切变锋的形成与潮流和地形两方面因素有关。在现代黄河三角洲浅水区,潮流具有沿等深线流动的往复流特征，决定了河口出流与潮流主轴垂直(图 6-8)。黄河携带的巨量泥沙在河口区堆积，使得一个新的河口在 1～2 年后就会突出于海中，随着河口淤积生长，水下三角洲前缘潮流场逐渐加强(李广雪等，1995)。

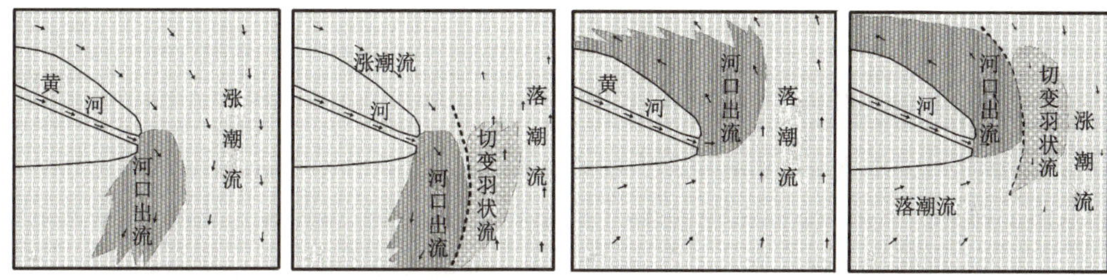

图 6-8　黄河口切变锋在潮周期内平面演变模式(Li 等，2000，有改动)

在长江口普遍存在切变锋(朱慧芳和孙介民，1995)，位于河口内，由滩槽之间流速切变形成，这种现象在南港、北港、南槽和北槽都曾观测到。形成的主要原因是涨、落潮流首先在滩面发生，由此与主槽之间形成流速切变锋。锋面的向滩一侧存在着上层净水流归槽和下层净水流上滩的横向环流，由此引起的滩槽水、沙交换沿着锋面螺旋行进，并形成锋面附近含沙量较高的特征。

三、三角洲沙体

河流携带的泥沙进入受水盆地后，由于动力分选作用，大量的粗粒级沉积物在河口附近沉积，形成了特有的三角洲沉积沙体。由于三角洲沉积体是良好的储油层，对三角洲沙体的研究历来受到人们的重视。

三角洲沙体分布形态主要受河流、波浪、潮汐三种基本动力因素控制，这三种基本动力因素同时也决定了河口及三角洲的地形形态。Postma(1995)通过对控制三角洲沙体动力因素的研究，将海洋三角洲沙体归为 6 种典型类型。最典型的有三类，即河控型、潮控型和浪控型(图 6-9)，其他都是这三种的过渡类型。

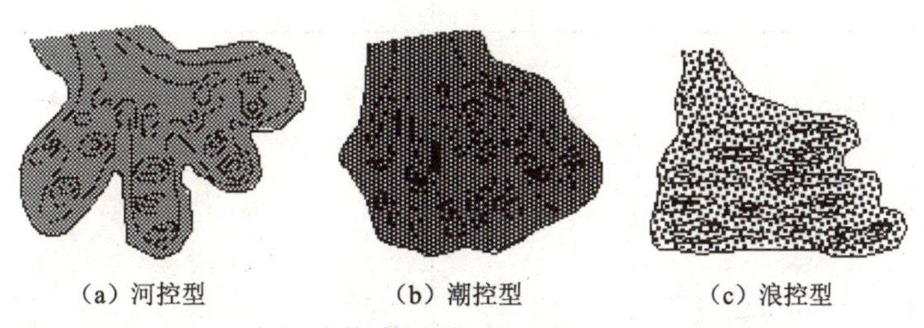

(a) 河控型　　(b) 潮控型　　(c) 浪控型

图 6-9　三角洲沙体类型(据 Coleman 和 Wright，1973)

河控型三角洲沙体(图 6-9a)以密西西比河最为典型，河流输沙量较大，河口海区波浪和潮汐作用较弱，分流河口沙坝生长较快，沙体呈鸟足状分布。在现代密西西比河三角洲上，这种沙体堆积厚度可达 120 m。潮控型三角洲沙体(图 6-9b)以多级分汊的河口拦门沙为主体，向海与潮流沙脊型沙体联合，这种类型的主要动力特征是河口区潮差大、潮流强，下辽河三角洲沙体是这种类型的代表，河口外发育着广泛的潮流沙脊体系。浪控型三角洲沙体(图 6-9c)主要受波浪控制，一系列长而连续的沙脊与海岸平行分布，典型代表是西非萨纳加(Senegal)河三角洲。

四、三角洲地层

(一) 垂向地层序列

建设型河口三角洲地层组合有很大的相似性，基本上符合 Gilbert(1884)的三元结构模式：由下向上沉积物由细变粗再变细，下部是粉砂质黏土粒级的前三角洲相，中部是粉砂质三角洲前缘相和细砂粒级的河口相沉积，顶部是相对较细的陆上三角洲平原相(图 6-10)。同期三角洲沉积层的厚度与盆地地形有关，变化很大，主要特征是三角洲前缘沉积层由陆向海呈透镜状。

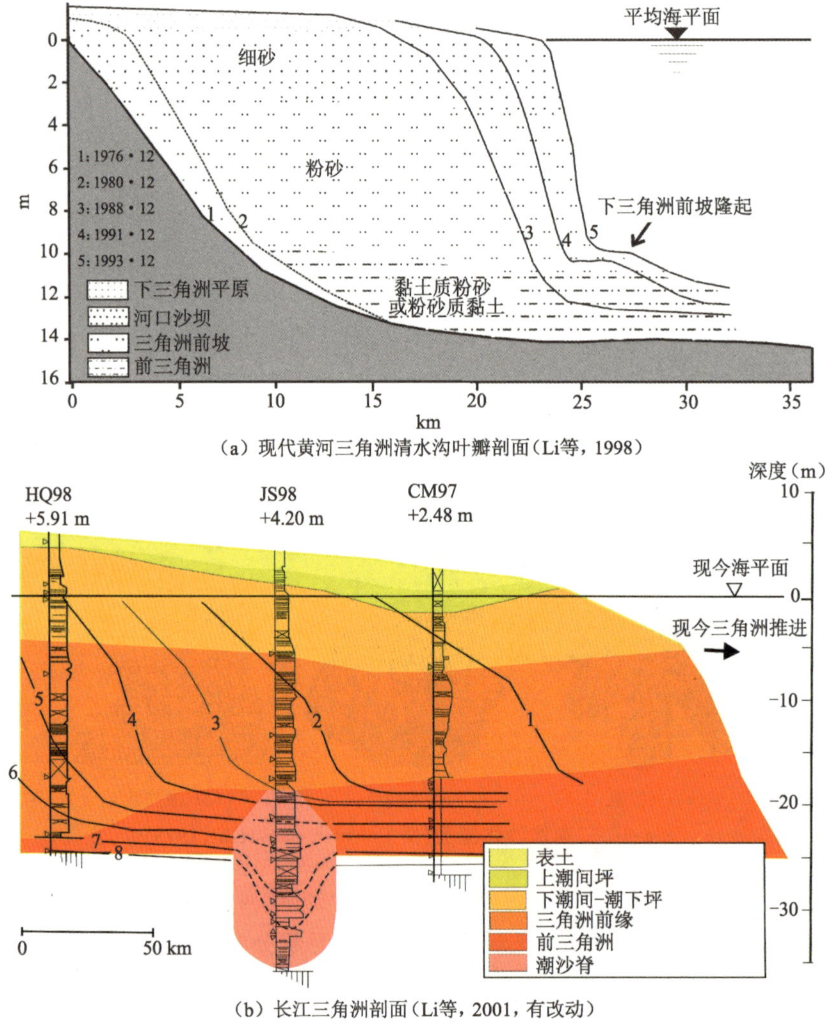

(a) 现代黄河三角洲清水沟叶瓣剖面(Li等，1998)

(b) 长江三角洲剖面(Li等，2001，有改动)

图 6-10 黄河、长江三角洲地层剖面

不同三角洲在垂向层序上也有差异，主要是由于河口动力条件的不同所造成的沉积物分配形式上的差异。对于以河流作用为主的三角洲，与 Gilbert 型三角洲的主要区别在于顶部的三角洲平原沉积相，其沉积物相对于三角洲前缘要细，主要由泛滥平原、河间洼地、沼泽等沉积相组成，夹有河道充填、决口扇等粗粒沉积物。对于浪控和潮控型三角洲，在剖面上，三角洲前缘沙体常不连续，具有细粒充填结构，如滦河三角洲和长江三角洲都具有这种不连续特征（大港油田地质研究所等，1985；黄慧珍等，1996）。现代黄河三角洲前缘沉积中同样夹有泥质沉积层（成国栋等，1997）。

（二）三角洲复合体

从空间和时间的角度看，三角洲沉积体的发育并非单一的生长过程，而是既有前进也有后退，主要取决于沉积物供应和相对海平面的变化。相对海平面变化主要是由盆地下沉和全球海平面波动所决定。

关于海平面变化对三角洲复合体的控制，Postma（1995）总结出 4 个典型的海平面变化与三角洲复合体模式：

（1）Rs 型：海平面以上升为主，伴有周期性的停顿，无下降或仅有短暂的下降。这是一个冰后期模式，在研究全新世海岸三角洲复合体中有代表意义。在坡度较陡的陆架上，随着海平面上升，不同的三角洲沉积体在垂向上相互迭置，在海平面最大变化速率点，产生不整合界面。中国东部海区陆架地形宽缓平坦，自末次冰期后海岸线后退了大约 1 200 km。海平面上升造成了海岸的快速后退，使三角洲复合体在纵向上相互迭置，以浅滩型三角洲沉积为主。Gilbert 型三角洲地层的三分性不明显，有时缺失部分层位，沉积地层较薄，具有海侵型沉积序列。

（2）Rf 型：波动上升的海平面变化曲线。随着海平面波动上升，河流相和浅海相沉积地层相间出现，海平面下降形成的河流相顶部是滞留砾石层，被海平面上升过程中的波浪改造砂层所覆盖，这种砂层通常称为海进砂层，在现代黄河三角洲地区也普遍存在。

（3）Fr 型：海平面以下降为主，伴有明显的波动。这种三角洲建造类型常见于晚更新世三角洲底层。在纵向上，随着海平面波动下降，多期三角洲体向海推进，以陆上三角洲平原沉积为主，夹有海面上升过程中形成的水下三角洲沉积层；在垂向上，一般由浅海过渡相向上变为水下三角洲和分流河道沉积为主的陆上平原沉积地层。

（4）Fs 型：海平面以下降为主，伴有周期性停顿。河流随海岸向海运动，形成广阔的河流冲积平原，以河道和滨岸沉积层为主。

在末次冰消期，海面快速上升，在距今 5～6 ka 后，海岸基本上稳定，全球河口处于稳定发展阶段，形成了广泛发育的三角洲海岸。河流在科氏力、地形和河道堆积等因素影响下，发生弯曲变形，出现周期性的决口改道。河道每摆动一次，都将形成一个三角洲叶瓣。因此，现代三角洲实际上由很多的三角洲叶瓣叠加而成。不同的三角洲上，叶瓣形成的周期各不相同。

第二节　砂砾质海岸

由砂和砾质砂组成的海岸称为砂砾质海岸，在世界上分布很广，在我国主要分布于鲁、辽、冀、粤和琼等省。主要海岸动力是波浪，驱动泥沙做垂直海岸的横向运动和沿海岸的纵向运动，塑造成海滩、沙坝、潟湖及其他砂质地貌。

一、海滩沉积系列

海滩(Beach)是沿岸分布的砂质沉积物堆积体。谢帕德(1973)认为海滩是砂或砾石覆盖的海滨，不包括淤泥质和岩石海岸。其范围在狭义上是指平均低潮线向陆延伸，直到现代暴风浪作用到的上界，广义上也包括滨面和内滨（Komar，1976；图 6-11）。曾科维奇从形态上把海滩划分为完全式(双坡式)海滩和不完全式(单坡式)海滩。前者向陆一侧往往是平原、潟湖或湿地；后者，滩肩以上为沙丘或高地。若按物质组成来分，有砂质海滩和砾质海滩(图 6-12)，有时砂与砾石混杂或者砂、砾分带相间分布。海滩宽数十米至数千米，是近岸堆积环境中最广泛出现的地貌单元，虽可在各个气候带中发育，但低纬度和雨量充沛的环境较常年被冰覆盖的高纬度地带更有利于海滩的发育。在三角洲、河口湾、潮坪等的岸边，也可发育局部的海滩。在海滩横剖面上，可以划分为 4 个地貌沉积带：后滨、前滨、内滨和滨面(图 6-11)。

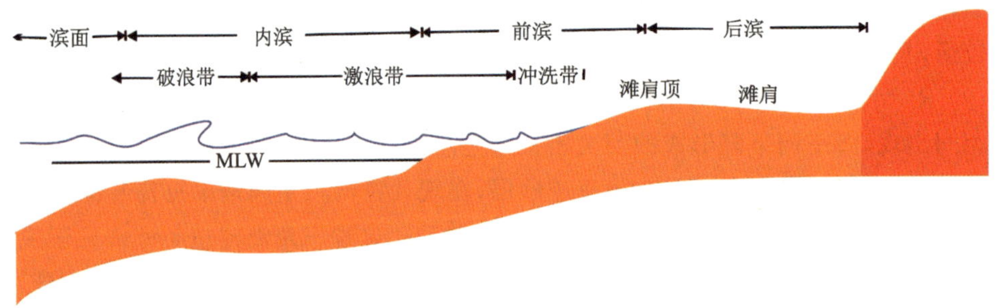

图 6-11　海滩剖面(据 Davis，1985，有改动)

(a) 青岛第一海水浴场砂质海滩　　(b) 青岛八仙墩砾质海滩

图 6-12　砂质海滩和砾质海滩

海滩的后滨带位于平均高潮线至特大高潮线之间，地形平坦，与前滨分界处的平坦地带称为滩肩。由后滨至前滨为一向海倾的连续斜面，且稍下凹。在后滨顶部，常发育风成沙丘，丘高数米至十几米。前滨位于平均高、低潮线之间，常呈一向海倾的斜面，坡度多为3°～8°，但也可大到20°左右，这取决于沉积物的类型及作用过程。有潮海岸海滩前滨剖面可分为三段，即高潮陡坡段（坡度5°～8°，坡麓发育滩角和较多的流痕，包括冲流痕、渗流痕等）、中潮平滩带（坡度1°～3°，发育滩脊、沿岸堤和凹槽）和低潮凸坡带。内滨带的范围是从平均低潮线到破波带外侧。内滨的微地貌除凹槽外，还有一条或几条水下沙坝，或沙坝的雏形。破浪带外侧即滨面带为一向海倾斜的斜面，坡降为1∶200（约0°18′）左右。

（一）波浪作用和海滩动力分带

影响海滩发育的因素很多，如波浪、潮流、物质组成和物源，以及原始地形和改造方式等。但波浪是控制海滩发育的主要作用力和能量的来源。波浪破碎产生的冲流及回流（图6-13a、b）塑造了海滩剖面，波浪及其派生的沿岸流、裂流驱动沉积物运移，造成沉积物不断地再分布。潮汐使波浪作用带的范围加宽。

（a）冲流

（b）回流

（c）卷浪和破浪

图6-13　波浪作用

波浪从外海向浅水区传播到水深为1/2波长的浅水区时，开始作用于海底（见第四章）。随着波浪向岸的传播，海底摩擦力逐渐增大，波形变得前后坡更加不对称，直至发生波峰向前卷倒、崩塌，碎解为饱含泡沫的浪花（图6-13c）。波浪破碎所产生的强大湍流搅动海底底质，使大量碎屑物质暂时处于悬浮状态从而被水流搬运。

波浪破碎所产生的动力效应在海滩的横向上由海向岸依次出现破浪带、激浪带和冲洗带（详见第四章）。

（二）海滩淤蚀动态

海滩的淤蚀取决于众多的因素，例如，泥沙的供给、地壳或海面的升降、水动力条件强弱等，在一定时间段内，有时甚至还要考虑人类活动和压实作用的影响。在不考虑长期因素的影响，并假定沉积物供应不变的情况下，海滩的淤蚀主要受海洋动力条件的影响，表现出一定程度上的旋回性（谢帕德，1973）。

(1) 波浪旋回。指由于波浪作用强弱的周期性变化所导致的海滩形态的周期性变化。在海滩以涌浪为主，或低于6级风情况下，海滩处于中、低能环境，此时波浪波陡小，波浪不断将砂推移到海滩上，导致海滩淤长，海滩剖面线呈上凸形；在暴风浪期间，海滩处于高能环境下，波浪侵蚀内滨和前滨，使滩肩变窄，向海的强劲底流将前滨泥沙带至滨面和内滨，海滩剖面线呈上凹形。海滩从暴风浪期侵蚀淤积到平常涌浪期，经历了一个循环，称为海滩的波浪旋回。中国东部沙岸大体上每隔3～4年遭受一次强台风（特大暴风浪)作用,造成海滩大规模蚀退,甚至彻底改观,与非台风期间海滩旋回相比较,这似乎也属于大周期的波浪旋回(图 6-14)。

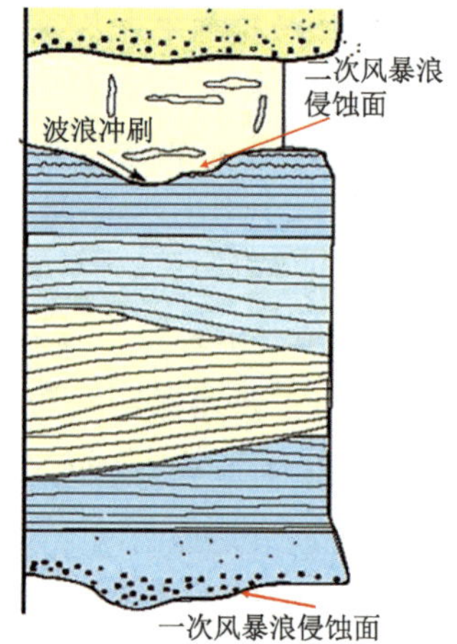

图 6-14　两次风暴浪形成的侵蚀面

(2) 季节旋回。在南方的海岸上,受季节气候变化(主要是风力)和洪枯季沉积物供应变化(有时有人类活动,包括人工调流调沙)的影响,海滩淤蚀剖面在一年中交替出现的交替变化淤蚀,称为海滩的季节旋回。季节旋回在黄河口附近的海滩也有明显表现。

(3) 潮汐旋回。大潮(朔望潮)潮差大,海滩剖面的范围大,海滩发生侵蚀;小潮(上、下弦潮)潮差小,海滩范围也变小,则海滩发生淤长,每 14.5 天为一个周期。海滩随大、小潮而一蚀一淤的轮回现象称为海滩的潮汐旋回。

海滩的三个动态旋回普遍存在于砂质海滩上,不能以某点某时刻的淤蚀动态代表海滩的持续动态,一个海滩长期的淤蚀动态变化描述必须建立在对海滩的长期观测资料的基础上。

(三) 海滩沉积

组成海滩的物质虽然在粒度、形态和成分方面多种多样,但具有海滩沉积物独特的成分和结构。

(1) 物质成分和物源。海滩沉积物主要是陆源矿物碎屑,以石英和长石为主,这些矿物较稳定,可经过长途搬运和经受波浪淘洗筛选作用,经历若干沉积-侵蚀旋回而保持稳定;海滩沉积物中还有少量重矿物,如角闪石、绿帘石、石榴石、磁铁矿等;在部分低纬度地区,生物碎屑(如软体动物介壳和有孔虫等)有时可成为海滩沉积物的主要类型。

组成海滩的物质主要来自邻近陆地,其中海岸侵蚀是海滩物质的最直接来源(除河口外),另一物源是内陆架沉积物的向岸搬运,在高纬度地区,冰川堆积物是海滩的重要物源。波浪作用的有效水深是物质向岸搬运的控制因素,除特大风暴外,一般限于水深 10 m范围内,这也是海滩物质分布的下限。

(2) 沉积物粒度结构。海滩沉积物粒度变化很大,从粉砂到巨砾,以砂为主。控制海滩沉积物平均粒径的因素有三个:物源的粒度、波能强度和海滩坡度。海滩沉积物粒度常显示负偏态,这是因为细粒组分被海水簸选并带走,或者是加入了粗粒的陆源物质、生物碎屑等缘故。如为后种情况,或多物源时会出现双峰态,分选程度降低。

波能的强弱控制着海滩沉积物结构的横向和纵向变化。在横向上,粗颗粒多分布于破浪带,由此向岸、向海,粒度均变细,向海变细的程度较向陆要大得多。前滨为砂及少量砾石,滨面为砂-粉砂的互层,这反映了正常天气与风暴天气的交替。强波浪的高能海滩沉积物颗粒粗,开阔海滩较隐蔽海滩粒度较粗。斜射波较垂直入射波能形成较强沿岸流,可将细颗粒带走,残留较粗组分。

海滩坡度影响着颗粒的自悬作用(由海底表面进入悬浮状态),因为海滩坡度越大,颗粒越能保持悬浮状态，因而从滩面移走的颗粒越粗。坡度大且波能很高时，粗砂也可进入悬浮状态而被移走，滩面上只残留砾石。因此，海滩粗化是受侵蚀的表现。

(3) 沉积构造。海滩剖面不同部位受到的动力有差异，故有不同的沉积构造特征。

后滨的主要营力为风和冲越流，常见的表面构造是风成沙波和沙丘。层理构造为与后滨表面平行的平行层理，并向陆微倾，是由向岸风、大潮或风暴潮形成的越过滩肩的冲越流生成的，称为后滨层理。有时与前滨层理构成“假背斜”构造(图 6-15)。

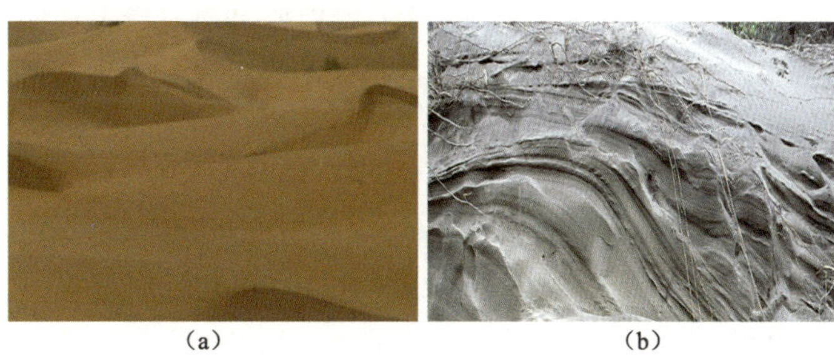

(a) (b)

图 6-15 后滨沙丘(a)和假背斜构造(b)

前滨冲洗带主要形成冲洗交错层理(图 6-16)，又称楔状层理或前滨层理。该层理特征有三个：① 细层相互平整接触，向海倾斜，伸展较远；② 细层与其下伏层系界面平行，并被其上覆层系界面斜切；③ 细层中有时可见反递变粒序层。

激浪带的沿岸滩脊和凹槽具有复杂的沉积构造。滩脊上向陆倾的单斜交错层理与平行层理交错，沟槽内可出现叠瓦状干涉沙波。

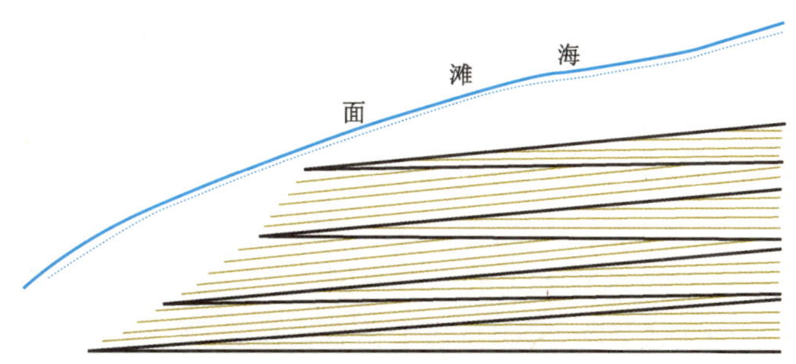

图 6-16 海滩冲洗交错层理结构图

细实线：细层；粗实线：层系界面

二、沙坝-潟湖沉积体系

按海岸的坡面特征可将砂砾质海岸分为无沙坝海岸和有沙坝海岸。砂砾质有沙坝海岸的主要特征是岸外分布一条或几条沙坝，坝内发育潟湖，潟湖依沙坝存在，潟湖通过潮流通道与外海联系，潮流通道两端沉积内、外潮流三角洲，它们之间互有联系，总称为沙坝-潟湖沉积体系。

(一) 沙坝沉积

沙坝是波浪在破浪带附近堆积的砂砾质堤坝。现代沙坝称滨外坝，第三纪及以前地质时期的沙坝沉积体称为障壁或堡岛，是重要的储油砂体。沙坝和沿岸堤均系波浪破碎作用下形成的堆积体，但前者向岸侧发育有潟湖。

(1) 沙坝形成和发育的条件。沙坝形成于水下破浪带附近、水深大约 1～2 个波高的地方，波浪在这里发生破碎，泥沙堆积成水下沙坝，进而长成水上沙坝。沙坝形成和发育的条件有：① 通常波陡大于 0.03(H/L)；② 水下岸坡的坡度为 0.002～ 0.005；③ 充足的沙源；④ 稳定或缓慢下降的海面。同时满足这四个条件的岸段和时期，必然是大尺度沙坝发育的岸段和时期。冰后期发生海侵，淹没了冰期低海面时所形成的冲积平原。在距今 7～5 ka 期间，海面基本稳定或缓慢下降，这正是沿海发育大型沙坝的时期。目前中国东部大部分沙坝均形成于这一时期。

(2) 沙坝沉积的粒度结构。滨外坝形成于水下，泥沙颗粒经受了流和浪的淘洗、簸选和搬运，成熟度较高。表现为：① 砂粒的分选好，含泥少；② 石英/长石(含量)比值相对高，不稳定矿物与稳定矿物含量比值相对低；③ 粗砂和小砾石磨圆较好。粒度频率曲线呈明显的负偏态。频率曲线以三段型为主，包括推移、跃移和悬移组分，其中，跃移组分可占 60%～70%，或者更高。中国东部的沙坝以中粗砂和细中砂为主，中值粒径界于 1.3Φ～1.7Φ之间，标准偏差为 0.39～0.78。

沙坝的沿岸粒度变化自卷波点向海随着水深的增大，浪力变弱，海底表层沉积物变细，在垂向上表现为下细上粗的沉积序列。

(3) 层理构造。沙坝的滨岸和水上部分相当于双坡式海滩，受激浪和冲流的作用，层理构造比较丰富，主要是前滨的冲洗交错层理和向陆倾的后滨层理，二者组成假背斜构造。

(二) 潟湖环境及其沉积

由沙坝从毗邻海水中隔离出来的水域称为海岸潟湖，简称潟湖。按照潟湖的发育程度可将其划分成 4 类(图 6-17)：① 海湾潟湖(被水下沙坝部分隔开的海湾水域)；② 半封闭潟湖(水上沙坝或沙嘴隔出的水域，仍与海水相通)；③ 封闭潟湖(湖水与海水完全隔离)；④ 埋藏潟湖(被冲积物等充填成平原的潟湖区)。潟湖被封闭以后，可以被陆地水(地表径流和地下水)冲淡成淡水湖，也可由于蒸发被咸化，浓缩成盐沼区，视所处气候带而定。因此，谢帕德(1973)又按照潟湖所处的气候条件将其划分成三类：温带湿润地区潟湖，干旱地区潟湖和热带湿润地区潟湖。

(1) 潟湖沉积环境。潟湖脱胎于浅海和海湾，必然继承若干浅海环境的“基因”，如浪、流、潮的作用；同时，作为湖泊的一种，又遵从陆上封闭水域的规律，如动力弱、具大陆性等；潟湖作为海、陆两栖环境的水域还具有许多交叉环境的特征，如海水与湖水的交换、盐度变化、浅水低能、多物源和特有的生物组合等。

潟湖与海水处于日夜交换之中，涨潮时，海水经潮流通道流入潟湖，落潮时，湖水流入海。这主要受制于海面的起伏、径流的洪枯变换、风和湖水的温盐变化等。Emery 曾就潟湖水的盐度特征从理论上总结出两种交换模式(图 6-18)。

（a）半封闭潟湖　（b）海湾潟湖　（c）封闭潟湖　（d）埋藏潟湖

图 6-17　潟湖的 4 种类型

河口环流型交换：在湿润地区，入湖径流量和降水量高于蒸发量，潟湖低盐水从表层流入海，海水从底层呈楔状流入潟湖（图 6-18a），在咸、淡水界面处发生絮凝并导致细粒物质沉淀。

逆河口环流型交换：在干旱地区，蒸发量远大于径流量和降水量，潟湖高盐水从潮流通道底部流入海，海水从表层流入潟湖（图 6-18b），这样既延缓了潟湖的超盐发育进程，又不断补充盐源。

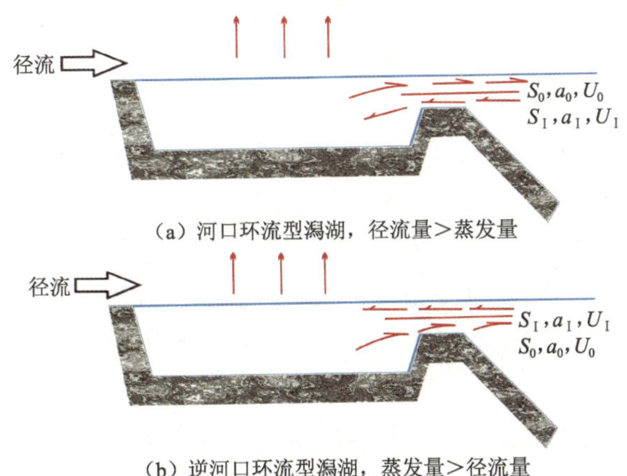

图 6-18　潟湖水体的双层结构图（据 Emery，1958，有改动）

S—盐度；a—横截面面积；U—流速；I—入流；O—出流

潟湖纳潮量 P 与潟湖潮流通道横截面面积 a 之间存在 $A=CP^n$ 的关系，式中，C 和 n 均为实验参数，其大小与海岸类型、岸线轮廓、沿岸漂沙量等因素有关。n 值常变化于0.85～1.0 之间。C 值差别较大，美国多用 1 000；日本多岩石海岸，漂沙少，C 值常成倍地大于美国；我国海南省数个潮道计算所用的 C 值在美、日之间。可以根据此公式预测潟湖的演化动态。纳潮量 P 与沿岸漂沙 M 之比也可标志潟湖潮流通道的动态：$P/M>200$，潮流通道稳定；$P/M<100$，潮流通道将被淤塞；P/M 在 100～200 之间为过渡型。

不同潟湖，盐度不同，这主要取决于蒸发与径流和降水的关系、水体交换状况以及潟湖的发育阶段。同一潟湖不同地方盐度也有所不同，一个大型潟湖通常存在 4 个盐度带：① 近海水带（口门附近，盐度接近海水）；② 超盐带（远离口门的封闭湖区，蒸发量远大于淡水的汇入量）；③ 近淡水带（有大量淡水补给的湖区）；④ 半咸水带（界于①和③之间）。潟湖盐度也像湖泊一样存在日内变化、季节变化和年际变化。

（2）潟湖沉积。潟湖是浅水低能环境，一般水深为 1～2 m，水浅削弱了湖浪的能量，但风仍可以扰动湖底。这有利于水生生物的繁殖和生长，增大了潟湖的沉积速率，加之涨潮流三角洲、入湖河流三角洲和冲越扇在浅水区淤进较快，大多潟湖很快被淤成平原，最大寿命也不过几千年。

潟湖沉积物有静水细粒沉积和化学沉积，也有大量碎屑砂砾加入，后者主要来自沙坝、潮流口、滨外和陆地河流。沉积物以砂为主，粉砂和黏土次之。由于物源多、流程短和动力多变，潟湖沉积物的粒度频率曲线多为双峰或多峰。若潟湖水深较大，沉积物则为粉砂和黏土，含有机质。热带海岸潟湖的沉积物可能全由碳酸盐碎屑（生物碎屑）组成。高盐潟湖中可沉积石膏和石盐等化学沉淀。

潟湖的沉积构造可为斑团、块状及层理构造。因底栖及湖底内生物的扰动作用而成的斑团构造发育于近岸的富有机质的沉积物中，是潟湖沉积普遍存在的构造。块状构造见于潟湖中部水深较大的细粒沉积物中，也可称为纹层构造。大部分潟湖区分布有水平层理，常由细粉砂与黏土互层，纹层平均厚 0.4～0.5 mm，偶见细砂夹层，这些均与大小潮和风暴潮有关。

（三）沙坝-潟湖沉积层序

沙坝的横向迁移，使平面上的沉积相特征在垂向层序中也能反映出来，从而可通过岩心揭示海岸发育特征和演化历史。沙坝沉积层序与海面的升降运动有关。在距今 12～7 ka期间，海面上升速度超过沉积速率，发生侵蚀。自距今 7 ka 以来，海面趋向稳定。在距今 5 ka 左右，海面稳中有降，加之沉积加积作用，曾发生海退。在近数十年乃至百余年，海面又明显上升。因此，冰后期沙坝沉积层序可按海进和海退来划分类型。中国东部沙坝层序模式主要有两种：

（1）海进型层序（或称蚀退型）。沙坝-潟湖沉积形成于海面上升或供砂不足、岸线向陆蚀退的条件下，通常垂向地层组合呈现自下而上依次为陆相、滨海沼泽湿地相、潟湖相、水下沙坝相和浅海相的层序。

我国广东电白县东港沙坝是我国全新世早、中期海进型沙坝-潟湖沉积体系的实例（图 6-19）。在剖面上，自下而上由晚更新世古潟湖或洪积地层、全新世早中期潟湖相黏土层、海进型沙坝砂层组成。在早中全新世沙坝砂的底部高程有随海面的升高而增高的趋势，说明陆架砂为适应海面的上升曾不断向陆迁移。在近百年来，随着海面上升和物源减少，在部分地区也可见到现代海进型沙坝的发育。

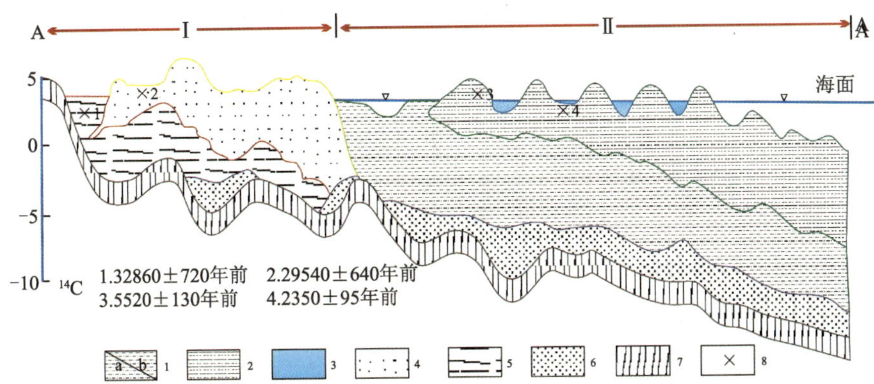

图 6-19 广东电白县东港沙坝-潟湖体系地层横剖面图（据李春初等，1986，有改动）

1—全新世海积，风积砂（a 海进型，b 海退型）；2—全新世早中期潟湖黏土；3—全新世晚期潟湖黏土；4—晚更新世沙坝砂；5—晚更新世潟湖黏土；6—晚更新世洪积冲积沙砾；7—基岩；8—^{14}C 测年样品位置

(2) 海退型层序（又称淤进型）。沙坝-潟湖沉积发育于海面稳定或微降、供砂充足、岸线不断向海淤进的条件下，通常其层序特征具有自下而上由浅海相渐变过渡到水下沙坝相、沙坝相和陆相沙丘层序。我国海退型沙坝分布甚广，胶、辽半岛分布的所谓"大沙坝"（或称"老沙坝"）、苏北盐城一带的数条半掩埋式沙坝以及苏南的冈身沙坝几乎均属于这种类型。山东莱州沙坝地层为海退型的典型实例（图 6-20），该剖面反映出最大海侵到距今 5.8 ka 期间沉积了浅海—滨海相地层。在大约距今 4.4 ka 时，该沙坝形成，逐渐封闭海湾，形成潟湖相地层；自距今 4.4 ka 至 1.8 ka 甚至更近一些时间里沙坝一直处于向海淤长状态，岸线水平淤进率达 0.1 m/a 以上，淤长成 6～8 m 厚、0.8～1 km 宽的莱州沙坝。

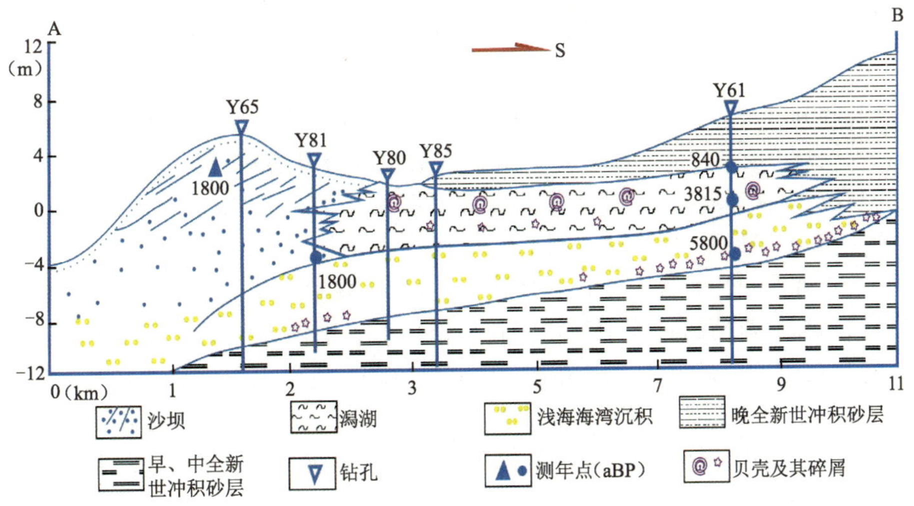

图 6-20 山东莱州沙坝-潟湖地层剖面图（据庄振业，1992，有改动）

第三节 粉砂淤泥质海岸

粉砂淤泥质海岸通常是由砂、粉砂、黏土、贝壳碎屑以及植物腐殖质等多种泥沙粒级和有机物混合组成的。由于淤泥质海岸环境的海洋动力条件较弱，而且沉积物结构较细，因而海岸坡度相当平缓，一般为0.1%至0.01%。这种海岸的主要海洋水动力是潮汐。由于中国邻海陆架宽阔，主要是最后一次冰期后海侵淹没的冲积平原，中国海岸大多为粉砂淤泥质海岸。绝大多数河口和海湾都是典型的粉砂淤泥质海岸。

粉砂淤泥质海岸环境基本上摆脱了外海波浪的直接作用。沿岸泥沙的供给量远大于海洋动力所能搬移的数量，导致海岸前缘的陆架淤浅，波浪能量相应地减弱，从而构成粉砂淤泥质海岸发育的环境。如苏北平原的粉砂淤泥质海岸是历史时期黄河下游河段南迁流注黄海时，由巨量的泥沙营造而成的。

一、沉积动力过程

在粉砂淤泥质海岸的前沿地带基本都发育有坡度平缓、宽度不一的淤泥质潮坪。宽阔的潮坪是粉砂淤泥质海岸普遍发育的地貌特征。因此，潮汐作用是塑造粉砂淤泥质海岸的主要动力，塑造着宽阔的潮坪，同时还拓宽了波浪作用带。波浪也是潮坪塑造过程中的重要因素，特别是在有暴风浪时，波浪对滩面的掀沙作用十分强烈，往往可使滩面水体的平均含沙量较平时增大10倍以上。由于地势平缓，波浪从外海传至潮坪，能量损失高达96%左右。因此，平常波浪对淤泥质海岸的作用要相对弱得多。

碎屑潮坪在地貌上又称为潮滩，主要由粉砂淤泥质组成。潮坪的宽度取决于潮差和坡度，坡度小/潮差大，则潮坪宽广。潮坪沉积的动力条件不仅造成潮坪亚环境沉积物的规律分布，而且对沉积物的垂向构造也具有重要的影响。在粉砂淤泥质混合的潮坪结构中，通常的沉积动力强度比砂质潮坪要小。由于粉砂淤泥质潮坪的沉积构造出现淤泥（或黏土）和砂交替沉积，从而产生了砂（或粉砂）和黏土的纹层理、扁平层理及透镜状层理。赖内克和旺德利西（Reineck 和 Wunderlich）认为：所有这些交互的沉积构造都与潮流流速的韵律性交替变化相关（见第四章）。在高潮憩流和低潮憩流时黏土物质落淤，而其他阶段则为砂沉积，从而在一个潮周期内形成砂和黏土互层的纹理。当然，这样的互层沉积构造必须在高含沙量的海岸环境才能见到。

虽然在水体中可以存在着不同粒级的泥沙，但是砂和淤泥交互沉积的层理实际上是不同粒级的泥沙从紊动的水体中间隔沉积而形成的。潮坪上的浅层水体因波浪活动频繁，并对底部泥沙扰动，使水体变得混浊，其中砂和淤泥或黏土产生分离并发生间隔沉积而形成互层。在水流速度变小和波浪扰动较弱的情况下，砂颗粒只被搬移很短距离就沉积下来，而淤泥或黏土则仍然悬浮水中，这种分离和间隔沉积形成了砂层和黏土层之间清晰的沉积层面（图6-21）。

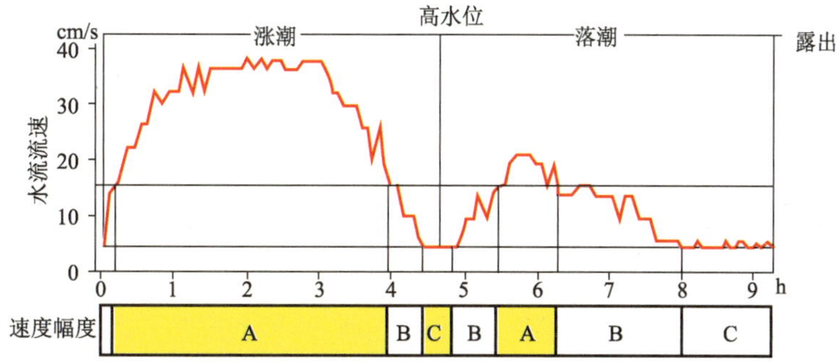

图 6-21　潮周期内水体流速的变化及沉积层序实验结果(据 Gadow 和 Reineck 1974,有改动)

在底部以上 30 cm 连续观测 9 h 15 min 分钟的水流实验结果。当持续 3 h 的时候潮滩出露,水流流速幅度(A≥16 cm/s,B =4～16 cm/s,C≤4 cm/s)变化形成砂和淤泥的薄交互层。

大潮和小潮的月变化对潮坪的沉积结构和构造也有一定的影响。从小潮至大潮或者从大潮至小潮的周期性变化,主要表现在二者的潮差变幅。如果二者的潮差幅度相差 1 m,而滩坡为 0.1%,那么,从小潮至大潮期间的海滨线将水平迁移约 1 000 m。据此,潮坪沉积作用的亚环境也将相应地迁移。例如,小潮期间的高海滨线和低海滨线都紧靠中潮坪附近,中潮坪相应也变窄,高、低潮坪沉积带向中潮坪延伸,使水平沉积结构和垂向沉积构造发生变化。在大潮期间,则出现相反的现象。随着大小潮的周期性变化,中潮坪也出现复杂的沉积规律。迭加在这种周期性变化上的是年海面波动,对潮坪的泥沙沉积和侵蚀也具有明显的影响。此外,非周期性的天气变化及其伴生的波浪随涨、落潮流往返于潮坪地带。在波浪作用于潮坪时常产生较为丰富的砂质层理,如扁平层理或砂与黏土互层的粗层理。特别是在风暴以后,大量悬浮物质沉积产生较厚的淤泥层和透镜状层理。

二、碎屑潮坪沉积

碎屑潮坪在地貌上又称为潮滩,由粉砂淤泥质组成。潮坪的宽度取决于潮差和坡度,如北海的潮差为 2.4～4 m,潮坪宽 7～10 km;我国苏北沿岸的潮差为 2～4 m,潮坪宽 10 km。我国淤泥质海岸广泛分布,总长度约为 4 000 km,占岸线总长的近 1/4。

(一) 碎屑潮坪沉积动力机制

潮流所携带的悬浮物主要来自:① 滨外陆架(由涨潮流带到潮坪);② 潮坪上的再悬浮沉积物。因沉积滞后效应(见第四章)和侵蚀滞后效应,悬浮沉积物在潮坪上发生净向岸迁移并堆积下来。由于潮坪上涨、落潮流在时间和速度上具有不对称性,涨潮流流速大于落潮流流速,较大的流速具有较强的搬运及侵蚀能力,这也是产生侵蚀滞后的原因。这两种效应使得质点在每个潮周期内都滞后一定的距离,从而使之净向陆迁移,直到该质点不能再被落潮流携带而沉积下来。但风暴浪、风暴潮可使其再悬浮。

当潮流流速超过 10 cm/s 时,潮坪上的砂质点可被带动,随着流速的增大,砂质沉积物呈滚动(推移)或跃动(跃移)状态随潮流迁移。沉积物的迁移形式除了与沉积物本身的性质(粒径、密度、形态等)有关外,更重要的是与流速有关,同一沉积物颗粒,在不同的流速条件下,有时既可以呈推移质搬运,也可以呈跃移质或悬移质搬运。

(二) 碎屑潮坪分带

随着潮位周期性升降变化,涨、落潮流往复于滩坡上,使潮滩出现周期性的淹没和出露水面的交替变化。在潮滩横向剖面的不同位置,经受海水淹没的时间、深度、水流速度以及破波活动强度都有所不同。因此,潮滩可划分为潮上带(或称超潮滩)、潮间带(或称潮滩)及潮下带(或称潮下浅滩)三部分。

潮上带(超潮滩)指平均高潮位以上的海滨平原,基本上摆脱了潮汐的周期性影响,只是在特大潮和风暴潮时,海水可以侵漫到这一地带。泥沙淤积作用非常小,基本呈稳定状况。滩地通常出露在空气下,成为盐碱沼泽湿地。滩面上有潮沟或龟裂纹。

潮间带(潮滩)指平均高潮线和平均低潮线之间的地带。在潮差大的海岸有时也以平均大潮高潮线和平均大潮低潮线为其上、下界限。

潮下带指平均低潮线(或平均大潮低潮线)以下的近岸浅滩,外界一般以波浪开始破碎的地方为界,大致在平均海面以下 12～15 m 的深度处。

在沿岸泥沙来源充沛的条件下,潮上带淤积较为缓慢,潮间带和潮下带淤积都比较迅速,导致这三个地带由陆向海依次演替。

(三) 砂砾质潮坪沉积

砂砾质潮坪主要由砂和砾石组成,颗粒由岸向海逐渐变细。海滩砂的突出特点是分选优良。若有砾石,砾石的长轴大多平行滩体走向展布。层理构造以低角度的交错层理为主,滩面上常有各种类型的波痕、流痕及障碍物形成的新月形流痕等。

图 6-22 潮汐形成的羽状交错层理

在潮坪环境中,潮流的双向性以及能量的周期性变化,使得潮坪沉积形成了一系列的特征沉积构造:各种波痕、羽状交错层、潮汐层理及再作用面等。波痕,包括双脊波痕(不同时间形成的波痕叠置在一起)、削顶波痕(退潮时潮流或波浪将波脊上的物质搬运到波谷中所致)和干涉波痕(不同方向的潮流或波浪同时作用所形成的两组以上的波痕)。羽状交错层是由于涨、落潮流的双向流动所造成的独特的交错层理,也称作人字形交错层理(图 6-22)。涨潮流使砂向岸迁移而产生主要交错层系,落潮流又在其上形成潮汐韵律层理。所谓潮汐韵律层理是指由悬移质与推移质的交替堆积所组成的沉积构造,亦为潮坪环境的特征沉积构造。脉状层理是由悬浮的泥质沉积在沙波波谷内而构成的。透镜状层理是因砂量不足而形成了不连续的沙波,继而沉积泥质而组成的。介于两者之间的则为波状层理。再作用面构造是一截切交错层系的曲面,与下伏交错层系的倾向一致,但倾角较缓。

高潮坪被海水淹没的时间较短,并且高潮阶段潮流流速又很低,故以细粉砂、黏土的悬浮搬运沉积为主。沉积物多由黏土质粉砂夹透镜状细砂组成，常见脉状层理，此外，还常见干裂构造和较发育的生物扰动构造。中潮坪有一半的时间被海水淹没，悬浮沉积与推移质沉积的量近乎相等，从而产生砂泥互层，常见脉状层理或透镜状层理，生物扰动构造中等发育。低潮坪被海水淹没的时间较长，沉积物多为砂，发育羽状交错层理，生物扰动构造发育。

沉积物不断向海加积，使得高潮坪、中潮坪、低潮坪沉积物依次叠覆，故而潮坪沉积的垂向层序自下而上依次为低潮坪、中潮坪和高潮坪。沉积物自下而上逐渐变细，沉积构造从低潮坪的小型交错层理为主过渡到中潮坪的潮汐韵律层理为主再到高潮坪的水平层理为主。

第四节　岩石海岸

岩石海岸主要是岩石被海浪冲蚀而成的海蚀岩台或珊瑚礁。岩石海岸约占世界海岸的 80%。在山地、丘陵绵延的滨岸地带，地质构造和岩性对海岸过程来说是不可忽略的因素，海岸线的曲折程度则主要取决于沿岸的地质构造。在岩石海岸的滨岸地带有一些港湾、岬角相间分布，海岸线蜿蜒曲折，它们反映出地质构造对海岸的分割程度。冰后期海侵，海面上升到现海面高度时，基本上形成了现代岩石海岸的轮廓。在地质构造和海面变化相对稳定或微缓变化的情况下，各岸段经历着侵蚀和堆积的复杂过程。

一、主要类型与动力环境

(一) 岩石海岸的主要类型

岩石圈板块离开扩张带朝着汇聚带运动，这个过程对世界海岸轮廓和海岸的发育具有广泛的影响。自 20 世纪 70 年代以来，有些学者从海底扩张和板块构造的观点出发来区分海岸的类型，即包括板块前缘碰撞海岸、板块后缘拖曳海岸、边缘海海岸三大类型。

1. 碰撞海岸

形成于两个板块汇聚的地方，在岛弧碰撞海岸上，是由厚度较薄而密度较大的海洋板块在大陆边缘的地方俯冲到厚度较小、密度也较小的大陆板块下面而造成的，在那里形成了深邃的海沟和一系列的火山岛。在大陆碰撞海岸上，则由海洋板块在大陆边缘俯冲到厚度较大、密度较小的大陆板块下面，使大陆边缘的地块产生褶皱和抬升。

碰撞海岸主要见于环太平洋大陆边缘，在其他地区(如印度的东部和西部)也有分布。但是，在地中海的碰撞海岸和俾路文(Baluchistan)海岸则没有海沟，因为它们所处的板块汇聚带只有山地建造。

板块前缘碰撞海岸的线性构造与海岸是相平行的。海岸高耸且相当平直，内陆构造是活动的，而在海岸前缘的大陆架则很狭窄。这种海岸是世界上火山和地震活动的重要地带。沿着海沟的地震活动是地震海啸灾害性波浪的主要成因。新构造运动对海岸的影响最为显著。

2. 拖曳海岸

主要是指大西洋型海岸，通常都有着宽阔的大陆架。在拖曳海岸外侧是否发育有宽阔的大陆架主要取决于海岸和毗邻海洋的发育程度。在新的拖曳海岸（如红海和加利福尼亚湾）则基本没有大陆架，代之的是陡峭的内陆海岸。其他类型的拖曳海岸，通常在内陆地区是高原、丘陵或低起伏的地形，而在其海岸前缘则具有宽阔的大陆架。非洲型和美洲型的拖曳海岸主要表现为张裂带和转换断层。例如，沿着非洲和南美洲的大西洋海岸，主要是与南大西洋扩张带有关的转换断层。

在拖曳海岸上，由于沿岸泥沙荷载的不均匀，使局部岸段可能发生挠曲，如密西西比河和尼日尔河三角洲就是两个很好的例子。沿着美洲拖曳海岸正在建造着巨大的泥沙堆积体，所以这种由沉积载荷所造成的强制挠曲似乎是一种重要作用。然而，有一些拖曳海岸却一直是十分稳定的，特别是非洲的地盾海岸、澳大利亚和南美洲东部的部分海岸，这些海岸已被广泛地认为是所有海岸中最为稳定的岸段。

3. 边缘海海岸

指弧后盆地周边的海岸。边缘海海岸常受到冲积平原和三角洲的改造。大陆架的宽度主要依赖于内陆地区的地势和河流情况。例如，中国东海因受冰期海平面变化和长江、黄河入海物质的影响，华北平原沿岸不仅陆架宽阔，而且主要是淤泥质海岸，只是山区沿岸（如山东半岛）才表为岩石海岸。

显而易见，上述分类中的碰撞海岸位于板块汇聚带，即板块的边界；拖曳海岸则为板块嵌接海岸，它们分别主要对应于太平洋和大西洋海岸类型。

（二）岩石海岸的侵蚀

岩石海岸多为侵蚀性海岸，主要作用力来自海浪。当波浪侵蚀海岸基底时，不仅可以将剥蚀下来的碎屑物质带离海岸，而且还可以引起海岸岩石滑坡和崩塌等块体运动。块体运动所导致的碎屑在短时间内可能会阻止波浪的侵蚀作用，但不久即会被波浪所产生的沿岸流带离海岸。因此，在岩石海岸，波浪对海岸的侵蚀是一不可逆的过程。

如果沉积物充裕，沉积物的堆积将阻止波浪作用于基岩，此种海岸将转换为砂砾质岸滩。值得指出的是，有许多海岸介于岩石海岸和砂砾质海岸之间，属过渡类型。在一定的时间段内，由于沉积物堆积，会使岩石海岸变为砂砾质海岸，在有风暴潮的时间段内，沉积物被搬运走，海岸基岩裸露，又成为遭受波浪侵蚀的岩石海岸。研究海岸的侵蚀和淤积往往是选择一个区域，建立长期观测的控制剖面（图 6-23），从而实现研究工作的定量化。图 6-23 中 R 代表河流输沙，RC 为侵蚀的基岩物质输沙，L 为沿岸输沙，O 为离岸输沙。如输入的沉积物少于输出的沉积物则引起沉积物亏损，造成海岸的侵蚀，如输入的沉积物多于输出的沉积物则造成沉积物堆积。有时，人工采沙或填海，也可影响沉积物的平衡。海岸沉积物在岩石海岸的侵蚀过程中扮演着两种角色：可以是润滑剂，促进对岩石的侵蚀；也可以是庇护层，阻碍对岩石的侵蚀。这是岩石海岸侵蚀的一个特色。

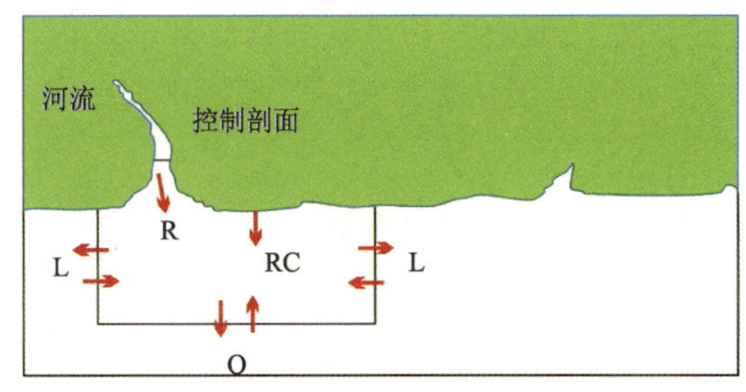

图 6-23 岩石海岸的沉积物输运

R—河流输沙；RC—侵蚀的基岩物质输沙；L—沿岸输沙；O—离岸输沙

当波浪侵蚀基底时，岩石海岸由于基底遭受侵蚀，其坡角和坡应力增大，从而导致基岩不稳定。这种不稳定将引发诸如滑坡、撒落、崩塌等块体运动。块体运动的发生取决于基岩岩性、结构、构造和基岩组成物质的岩土力学性质以及基底遭受侵蚀的程度，通常块体运动的发生滞后于基底侵蚀。块体运动提供碎屑给基岩底部，如果碎屑物质阻碍波浪抵达基底则基底侵蚀不再发生。波浪的持续作用使碎屑物质由波浪或由其产生的沿岸流输运。图 6-24 是岩石海岸侵蚀过程示意图。

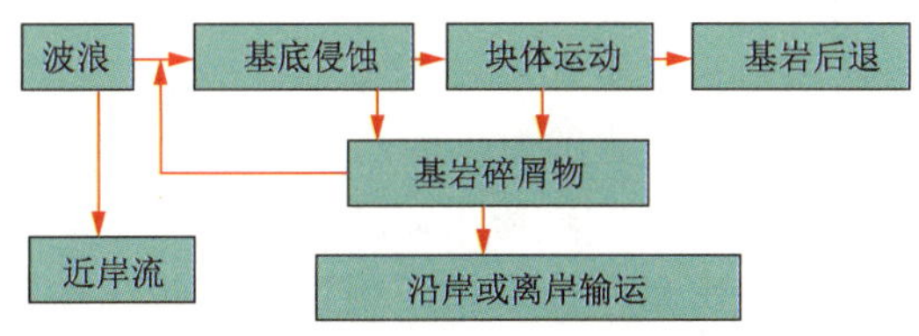

图 6-24 岩石海岸侵蚀系统

基底入射波侵蚀力用 F_w表示，其直接影响因素是深水区的波能，而间接影响因素有：① 海面高度；② 岩石前缘海底地形；③ 岸滩沉积物。它们的特点决定了岩石前入射波的类型，并控制其波高。波浪对基底的作用包括水力作用和机械作用，因为水中包括岸滩沉积物。F_w的大小具有周期性，主要是因为波浪和潮汐等有周期性，这与河流和冰川等其他动力有所不同。在野外测量中，目前尚没有测量 F_w的有效方法，因为影响 F_w的因素太复杂。

岩石的岩性反映其机械强度，从而决定了基岩物质抗击波浪的阻力 F_R。F_R可能由于层面、裂隙、节理、褶皱、断层而强度大为降低。在有些地区，褶皱和断层是基岩后退的主导因素。

对于岩石海岸的侵蚀，曾经有研究详细探讨过压力、张力、黏结力、剪切力、渗透力和 Schmidt 锤击数等多种因素与 F_R的关系。目前尚没有较好的方法来恰当地表示阻力，假如选择其一作为代表，压力有可能是最有效的指标。Flaxman(1963)、Inozemtsev 等(1965)、Kamphuis 和 Hall(1983)曾将压力代表侵蚀阻力加以应用。另一方面是将基岩的不连续性与 F_R联系起来，这一问题在由节理状的岩石组成的岩石海岸中表现得尤为突出。由于基岩遭受风化，冲刷作用等会加剧裂隙和节理的发育。

当 $F_w > F_R$时发生侵蚀，当 $F_W \leqslant F_R$时没有侵蚀。如果基岩物质不易风化，F_R不会减小，F_w 不超过 F_R 时，是不会发生侵蚀的，如果基岩物质易于风化，F_R 会变小，即使 F_w 不增加，当 F_R 减小到小于 F_w 时也会发生海岸侵蚀。波浪引起的基底侵蚀的基本关系可以表示为

$$x=f(F_W,F_R,t)$$

式中，x 是侵蚀的距离，t 是时间。由于自然条件极其复杂，加上测量手段不完备，目前还不可能在野外工作时同时测量出波浪侵蚀力 F_W 和基岩阻力 F_R，因此也无法确定出这个复杂的函数关系。

二、岩石海岸形态

组成海岸的岩石性质多种多样，沿岸波浪的强度不同，地质构造的作用也不尽相同，这些因素导致了岩石海岸平面形态的众多差异。

树枝状海岸，类似橡树的叶瓣，是由于河流在水平岩层和均匀物质上的侵蚀作用而形成的。

格子状海岸，是由河流在不同硬度的倾斜岩层上的侵蚀作用形成的。

海浪裁直的海崖海岸，麓部具有倾斜平缓的海底，与断层海岸向海的陡峻斜坡成鲜明对照。该海岸类型包括：在均匀物质中切出的海岸、鬃丘走向海岸（褶皱中坚硬岩层的走向大致与海岸平行，所以被侵蚀成平直的海滨线）、断层线海岸（受蚀的老断层使硬岩层出露于地表，海浪从一边侵蚀并运移掉松软物质而留下一条平直海岸）、抬升的海蚀平台海岸（近代地壳运动稍微抬升海蚀崖和海蚀平台于现代海浪侵蚀作用之上的地方）、下陷的浪蚀平台海岸（近代地壳运动稍微下陷了浪蚀平台，所以深度位于海浪作用之下，并且浪切海崖也沉没于海面之下）。

浪蚀作用造成的不规则海岸所形成的海湾通常不会深凹进陆地内，其中包括倾斜海岸（软硬交互岩层与海岸相交成一定角度，常与格子状海岸不易区分）和不均质岩层海岸（海浪侵蚀作用使较弱地带切割后退，而留下大的曲折形状）。

岬角海岸，具有尖角形的大型突出岬角。

第五节　生物海岸

在自然界里，生物对海岸的影响虽然不像波浪、潮流等所表现得那样突出，但是，在某些地带的海岸形成过程中生物却有着特定的意义，甚至转化为海岸发育过程中的主导因素，从而形成一些特殊的海岸类型。

一、生物海岸类型

生物海岸除了根据海岸形态和与陆地的关系分类外，经常是根据主要造礁生物的种类进行划分。例如，珊瑚礁海岸、龙介虫礁海岸、牡蛎礁海岸、红树林海岸、沼泽草地海岸等。

珊瑚礁海岸包括珊瑚或藻类所建造的礁所形成的海岸，一般见于热带。通常情况下，礁体都是围绕在海滨边缘，内侧见有海浪堆积起来的堤垒滩。该类海岸包括岸礁海岸（在海岸外缘建造的礁体）、堡礁海岸（与海岸之间隔以潟湖的礁体）、环礁海岸（围着一个潟湖的珊瑚群岛）、抬升了的礁海岸（礁体直接在海岸之上形成阶地或台地）。

龙介虫礁海岸是由龙介虫虫管对岩石或沙滩进行胶结、沿着海滨向外建造的海岸。海岸规模通常较小，大多也见于热带。

牡蛎礁海岸是由牡蛎壳堆成堤垒形成的海岸。牡蛎礁沿着海滨建造，贝壳由海浪抛堆成堤垒，有时则会形成以牡蛎壳体为主的礁海岸。

红树林海岸系由红树植物扎根于海湾的浅水地带，其根部周围的沉积物逐渐露出海面所形成的海岸，这类海岸亦发育在热带和亚热带。

沼泽草地海岸是指盐碱沼泽草类在不受风浪袭击的海域中，生长到浅海区，并像红树林那样，聚集沉积物，扩展成陆地而成为海岸。这些海岸又被划分为泥滩和盐碱湿地（谢帕德，1979）。

二、海岸形成过程中的生物作用

生物对海岸的作用形式是多种多样的，如机械作用、化学作用等，在一定程度上加剧了海岸侵蚀的进程。有些生物对海岸则起着建设性作用，如珊瑚以它的骸骨堆建成保护海岸的礁石，从而减弱了波浪对岸的侵蚀。

生物对岩石的破坏，常常是机械作用和化学作用的结合。有些动物能够分泌出一种溶解岩石的有机酸，在石灰岩等可溶性的岩石海岸带有着明显的效应。钻孔生物对海岸的破坏是通过扩大裂隙进行的。有些水生植物的生长可改变海水成分，如植物光合作用产生的 CO_2，会导致海水 pH 值发生变化，从而可能影响岩石的稳定性。

有些软体动物如海笋属（Pholas）、海绵属（Cliona）和帽贝属（Patella）等以它们的壳和角质的刺对其附着的岩石做旋转运动，使十分致密的岩石变得孔穴交织，犹如海绵状。有的泥炭质黏土岩海岸被大量的无脊椎动物所破坏，在表面上一平方米平均有数千个孔眼，这些孔眼的大小由 1 mm 到 10 mm 不等，说明这些生物以其毕生之力，从幼小到老死都在进行钻孔，这就大大地削弱了岩石抵抗波浪侵蚀的能力。

海草对海岸的作用包括两种方式。有些水底植物的根和假根深扎海底，而有些水生植物则以其叶状体上的突起部分伸入海底的岩石裂隙或者碎石之间，当有大风浪时，波浪能够把它们的根部及其所附着的石块掀动起来并移到岸边。爱德华在研究澳大利亚维多利亚海岸时，曾指出海藻有助于海岸的侵蚀作用，外海滨的海藻被波浪冲散，当它随波前进时，常夹有许多岩石碎屑，因而对海岸过程产生很大影响。有些研究者认为，海水生物对海岸也具有一种直接或间接的建造作用。无论是动物或植物，它们的残骸都会成为堆积场中的物质，并直接参与海岸带疏松物质的堆积。随着波浪的向岸运动，这些动植物残骸被搬移和堆积在海岸剖面的上部，如贝壳堤或海藻堆。在波浪作用下，海藻堆和贝壳堤一样，与泥沙砾石一起堆积成坝。在法国的普罗文斯海岸，由海草（Posidonia）堆积的坝，每一百年可以抬高 1 m。在潟湖环境中，生物作用所形成的水下堆积物常常作为泥炭层被保留下来。

在有些海岸上发育的海滩岩，其胶结物质的来源与生物分解的有机酸有关。在有机物生长的过程中，海水的碳酸含量发生变化，进而引起碳酸钙的沉淀作用。换言之，当白天植物进行光合作用时，海水的碳酸盐含量降低，使 $CaCO_3$ 沉淀产生，导致海滩表面沙砾胶结。在炎热而干燥的海岸带碳酸钙沉淀现象特别明显（王宝灿和黄仰松，1989）。

第六节　海面变化与海岸响应

一、海面变化

海面，指某地某时海水的平面。然而，海水并没有一个平坦的面，波浪和潮汐夜以继日的运动，可使海面有数米乃至数十米的起伏。不同季节的平均海面高度也不相同，这很大程度上是由于加入了风的因素；各年平均海面的高度也有很大变数，这又加进了构造运动和气候变化等的作用（图 6-25）。平均海平面是指某地在某一段时间内的平均海面。

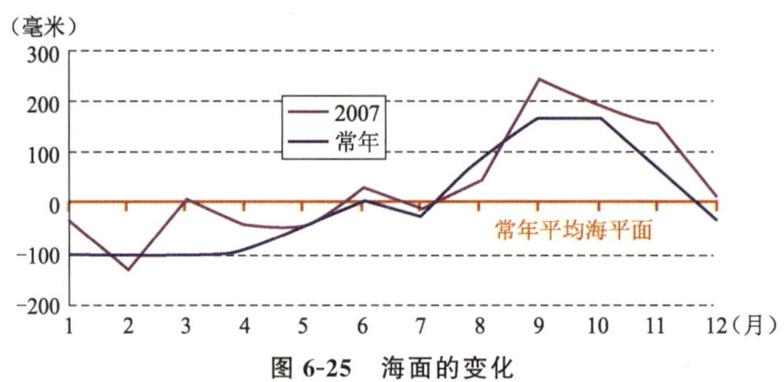

图 6-25　海面的变化

研究海面变化就要有一个相对稳定的参考基准面，通常使用大地水准面作为参考系，这是一个假想的全球洋面的光滑面，是连续穿过大陆的平均海平面（图 6-26），也是一个等势面，处处与重力方向垂直。大地水准面在各地不一。例如，新几内亚大地水准面隆起 76 m，而马尔代夫大地水准面下凹 104 m，二者相差 180 m。所谓的海面只能是某一时段某一地点的海水表面平均高度。海面变化有全球标准和区域标准，即全球海面和相对海面两个概念。

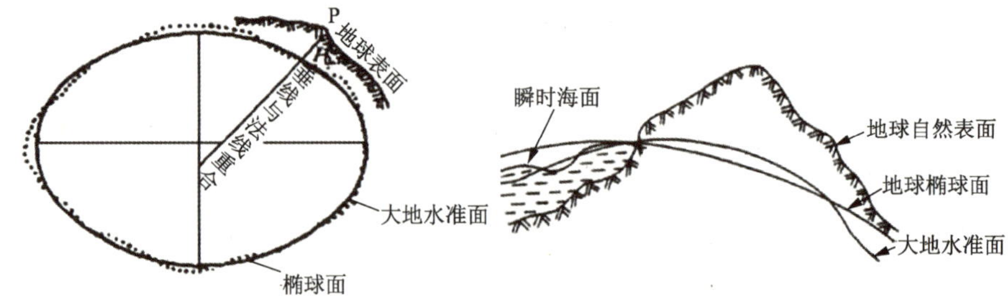

图 6-26　大地水准面

引起海面变化的因素很多，如气温升降、海盆变形、构造运动、陆源沉积和冰川均衡作用等。引起短期海面变化的主导因素是气候的冷暖变化，气温升高不仅造成大陆冰川融化引起海水量的增加而且引起海水膨胀，导致海面上升。第四纪期间（距今 1.8 Ma 至今），海面升降几乎与气候暖冷变化同步。引起长期海面变化的主导因素是板块构造运动和海盆扩张与收缩。

全球海面变化是指全球水准面的升降。地球上某一点（或某一地区）的海面变化是全球海面变化值与当地陆地升降值的代数和。全球海面升降主要考虑气候变化对海平面的影响，时间跨度大，在研究地质时期的海面变化时意义重大；某一地区海面的相对变化主要考虑了区域气候、区域构造活动的影响，对人类社会和区域经济有着更为直接和重要的影响。

（一）地质时期的海面变化

第四纪以来，地球至少经历了 20 多个冷期和暖期的交替，冷期和暖期的温差可达 10℃～12℃。这将影响大气环流的变化、生物带的变迁和古地理的演变，也改变了海水蒸发和结冰的物理过程，引起海水体积的变化，从而影响了全球海面的变化。

深海钻探证明，中更新世（距今 12.6 万年左右）以来地球经历了 8 个冷期和 9 个暖期。在冷期，大量海水被封存在大陆冰川中，导致海面下降；暖期，冰川融化入海，导致海面上升。与地球的冷、暖期相对应，中更新世以来也应有 8 个海退和 9 个海侵期。但是，这些海面的反复变化，已经不能使每次变化的遗迹完全保存下来。要想建立中更新世以来的海面升降曲线，迄今的研究方法和技术还难以实现。

（1）末次间冰期的海面。尽管地质时期里间冰期海岸线的遗迹可以被后期构造运动所改造，但是，使用沉积地层学和年代学的方法，结合地壳的升降运动，仍可以推断出某些地质历史时期的海面高度。最容易或最直接可以得到的当是最后一次冰期以来的海面变化。

根据对加勒比海巴巴多斯岛珊瑚礁的研究，在晚更新世早期（距今 75 ka～125 ka），末次间冰期出现过三次高海面，分别为距今 122 ka，103 ka 和 82 ka。这三个年龄相当于末次间冰期里三个暖期（氧同位素曲线 5e，5c，5a），其中距今 122 ka 的高海面相当于末次间冰期最暖时期，海面高出现代海面大约 6 m。

（2）末次冰期及冰后期全新世海面。末次冰期气温较低，海面降低，但也含温暖期，称间冰阶，引起海侵。大约在距今 23～39 ka B. P.，我国渤海西岸平原发生海侵，其范围大约相当于现代的海岸线（杨子赓等，1996），对应于氧同位素曲线 3 期。晚更新世末次冰期盛冰期大约距今 2 万年左右（氧同位素曲线 2 期），海面低到陆架外缘。许多学者搜集陆架海底若干贝壳、沼泽黑泥、海滩岩以及陆相生物化石（F. P. Shepard 和 J. R. Curray，1967；J. Milliman 和 K. O. Emery，1968），并利用^{14}C法测年，绘制出了过去 4 万年以来海面变化曲线（图 6-27），该曲线较好地反映出末次冰期盛冰期前后的海面变化情况。

由图 6-27 可以看出，在距今 15～17 ka 期间，海面开始上升。开始时，海面上升速率为 8～10 mm/a，在距今 15～10.5 ka 的冰消期里海面因仙女木期（指在末次冰期冰消过程中冰川突然短暂前进的阶段,时间为距今 12.5～11.5 ka)的气候变冷而下降,但自距今 10.5 ka 以来又恢复了快速上升。这次海面快速上升是近代最重要的地质事件之一,与第四纪冰盖发育的海退事件同样重要。海面快速上升持续到约距今 7 ka。

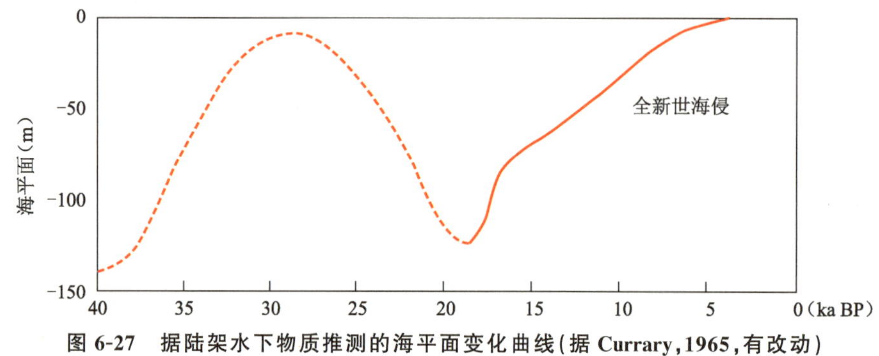

图 6-27　据陆架水下物质推测的海平面变化曲线(据 Curray,1965,有改动)

20 世纪 70 年代以来,发表的全新世距今 10.5 ka 以来海面变化曲线足有 20～30 条,具代表性的有三条(图 6-28)。在 Fairbridge(1961)的曲线上,自距今 7 ka 以来,在距今 5.7、4.9、3.7、3.4、2.4、2.2 和 1.0 ka 的海面都曾高出现代海面,其中在距今的 5.7 ka 和 4.9 ka的海面高出现代海面 3.7 m 左右。1976 年 Fairbridge 又根据巴西资料修改了原来曲线,自距今 7 ka 以来,只有在距今 5 ka 左右的时候海面高于现今海面,这可用大西洋东岸、地中海、北欧、日本和中国北方广泛分布的距今 5 ka 高 2～4 m 的海成阶地来印证,人们称其为中全新世高海面。在 Shepard 和 Moner 给出的曲线上,距今 7 ka 以来海面一直是缓慢地上升,他们认为 Fairbridge 描述的那些阶地是暴风浪作用的产物或解释为局部现象。

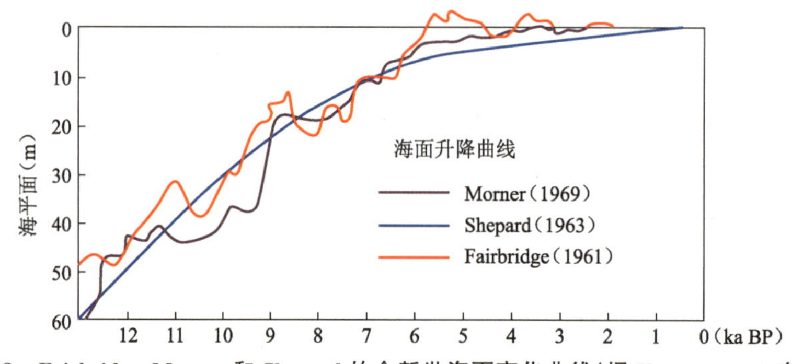

图 6-28　Fairbridge,Morner 和 Shepard 的全新世海面变化曲线(据 Komar,1976,有改动)

围绕中全新世是否存在高海面的争论持续了 10 多年。1976 年 Morner 把现代大地水准面起伏不平的概念引入海面变化,他认为由于各地地球重力场的不同,引起大地水准面的起伏变化,后来该观点得到卫星测高的证实。另外,冰盖消长所引起的地壳均衡运动也使得各地海面的升降不一。因此,到 20 世纪 80 年代,人们逐渐认识到:各地资料建立的全新世海面变化曲线只能代表当地海面变化过程,而不具全球性。

我国海洋地质工作者根据东海陆架海底贝壳、沼泽黑泥以及陆相生物化石等的 ^{14}C 法测年资料，恢复了我国邻海海面变化的历史。在距今 18～17 ka，我国邻海海面开始上升。开始时，海面上升速率为 8～10 mm/a，在距今 15～10.5 ka 海面上升有所变缓，局部甚至出现海面下降，但自距今 10.5 ka 以来又恢复了快速上升。这次海面快速上升是近代最重要的地质事件之一。海面快速上升持续到约距今 7 ka，然后趋于稳定。

（二）验潮时期的海面变化

地质时期的海面数据大都依靠沉积物样品的^{14}C等方法测定年代，但该方法存在一定误差，在讨论现代海面变化时，精度不够。技术的发展和条件的改善使得验潮观测成为现实。人们普遍认为，根据连续的验潮资料所得出的海面变化能更精确地反映当地海面变化的真实情况。

世界上较早的验潮站为荷兰阿姆斯特丹站，建立于 1682 年，验潮记录表明 1725～1770 年间海面以现代速率上升，1800～1850 年海面下降，但随后又继续上升(Fairbridge, 1960)。

由于各验潮站受所在陆地升降控制，世界上各验潮站所反映的同期海面的升降速率相差很大。为了消除区域性因素的影响，Gornity(1982)根据世界 700 余个验潮站记录，以 1940 年海面高度为零作为参考，绘制了 1880～1980 年期间全球海面变化曲线(图 6-29)，得知近百年全球海面以波动式上升，平均速率为 1.2±0.1 mm/a。这种上升大部分可解释为是由地球气温升高引起海洋上部热膨胀和海水量增加所导致的。联合国政府间气候变化专门委员(Intergovernmental Panel on Climate Change, IPCC)1995 年的报告(Warrick 等，1996)认为在过去的 100 年海面上升了 10～25 cm，未来一段时间里仍将持续下去，而且由于空气中 CO_2 等气体及其他痕量元素含量的急剧增加所产生的温室效应，海水温度上升将更快，海面上升的速率也将进一步增加(图 6-30)。据 IPCC 在 1995 年所做的估算，到 2050 年全球海面将上升 20 cm，到 2100 年将上升 49 cm(杜碧兰，1997)。当然，上述预测仍存在有许多不确定的因素，但应认识到 21 世纪海面上升的速率将明显高于过去近百年的上升速率。

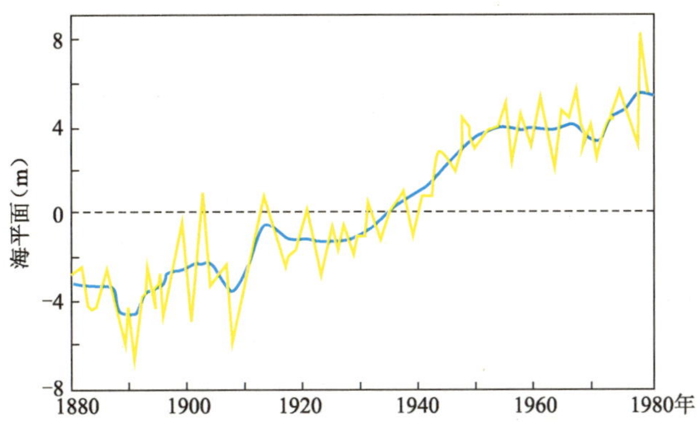

图 6-29　由验潮资料得出的全球海平面变化曲线(以 1940 年为零，据 Gornity, 1982)

值得指出的是，人类活动正在放大地球的变暖效应(图 6-31)，这在一定程度上将导致海平面的加速上升。自工业革命以来，由于人类焚烧化石燃料(如石油和煤炭等)数量剧增或砍伐森林并将其焚烧，产生大量的 CO_2 等气体，这些气体对来自太阳辐射的可见光具有高度透过性，并对地球发射出来的长波辐射具有高度吸收性，导致地球温度上升，即所谓的温室效应，造成全球气候变暖和海面的加速上升。

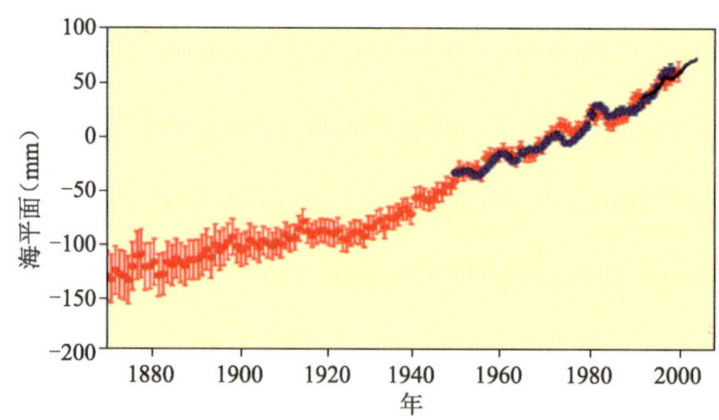

图 6-30　全球海平面变化(据 2007 年 IPCC 技术综述，包括最近的卫星数据)

过去 2000 年：0.0～0.02 mm/a；1870～1890 年：0.6 mm/a；1990～2008 年：3.0 mm/a。

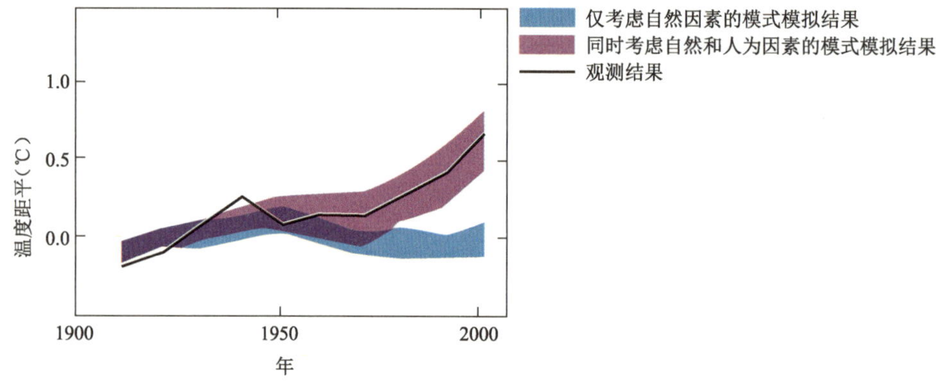

图 6-31　近期全球气温变化趋势(来自网络)

二、海面变化在海岸带的响应

在晚第四纪的若干万年里，海面曾因气候的大幅度冷暖变化而升降百余米，引起海岸位置在平面上往返迁移数十到数百千米。据估计，若海面上升 170 m，世界上将约有 15% 的陆地面积被淹没；若海平面下降 120 m，则世界大陆架将几乎全部裸露，占全球面积的 5%左右，或者说将有 7%左右的海洋成为陆地。海侵和海退使近海动力过程、海岸与海底地形地貌和陆架沉积层序均发生了根本性的变化。

(1) 陆架上的古海岸。海岸带最重要的动力特点是随着波浪变形的加强，波能愈加增强，直到破浪。近岸带是一个粗粒碎屑沉积带，若海面较长时间地连续下降(或上升)，海岸带就随之迁移。在地质历史中，若海平面经历了一个较长时期的稳定，就会在当时的海岸线附近形成古岸线(带)。在距今 20 ka 左右(Saito，1998)的盛冰期时，全球海面比现在低约 100 米，而且在那里稳定的时期较长(6～7 ka)，从而形成了世界上广泛分布的盛冰期古岸线(带)。这种现象在中国东海陆架外缘表现得尤为明显。

在我国东海陆架外缘水深约 120±5 m(Saito,1998)处,保存了宽 100 余千米富含近岸带动物贝壳及其碎屑和海岸带生态有孔虫壳的砂砾质沉积带,^{14}C 年龄均在距今 20 ka 左右。它们是盛冰期海岸的岸堤、沙坝、潟湖及河口三角洲等的综合沉积体。在我国黄、东海 45±5 m(Saito,1998;Hanebuth,2000)水深处还存在有一定宽度的砂质古海岸沉积带,按 ^{14}C 测年,应是冰消期里新仙女木期(距今 10.5～11.5 ka)的古海岸带。目前长江口外的大片扬子浅滩就属于这一古海岸带。这两条古岸线之间的东海陆架区是距今 4～5 ka 及 10.5～7 ka 期间海面快速上升时期的沉积产物,由于海面上升速率较大,陆架上没有保存下较宽的古海岸线遗迹。

(2) 陆架沙脊对海面的响应。陆架沙脊是水深 10～100 m 附近海底最突出的砂质地貌。沙脊宽 1～2 km,长 10～100 km,厚 20～30 m,由分选较好的细中砂组成。在欧洲北海,美国东部海域和我国黄、东海均有广泛分布。陆架沙脊又称潮流沙脊,有些沙脊是现在潮流沉积的产物,但大部分陆架沙脊区是现代潮流(底流)流速根本达不到细砂起动流速的区域,因此它们应是海面变化的产物。在中国邻海陆架,广泛发育有沙脊地貌(图 6-32),分布在水深数十米到百米的范围内。就现今的水动力条件而言,潮流流速不可能塑造出如此宏观的沙质地貌。因此,它们应该是低海平面时,近岸强潮流条件下的产物。

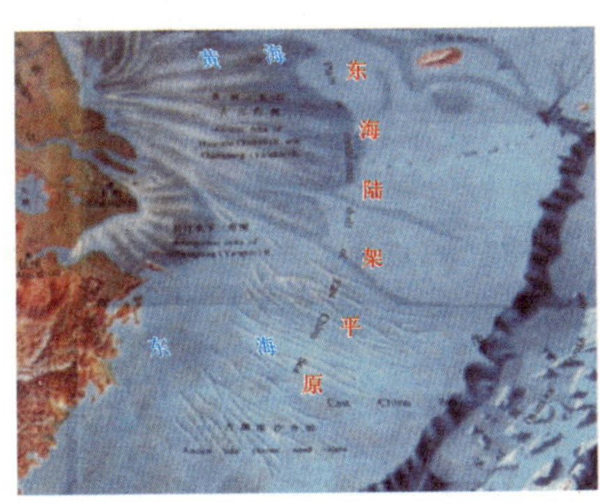

图 6-32　中国邻海陆架上的沙脊地貌

(3) 三角洲对海面变化的响应。海面是河流最终消能的基面,当海面下降速率大于河流沉积速率时,河水的溯源侵蚀作用响应海面下降而使河床切深,只要河流有一定流量,就可切出深河谷。目前保留的最显著的峡谷是哈德孙峡谷(图 6-33),哈德孙峡谷横穿大陆架并切入大陆坡,它代表盛冰期海岸线位于陆架边缘时,哈德孙河流所流经的路径。我国钱塘江在盛冰期低海面时河床下切到－80 m(张桂甲,1998)。当时的长江河床下切到－100 m 以下(李从先,1992)。

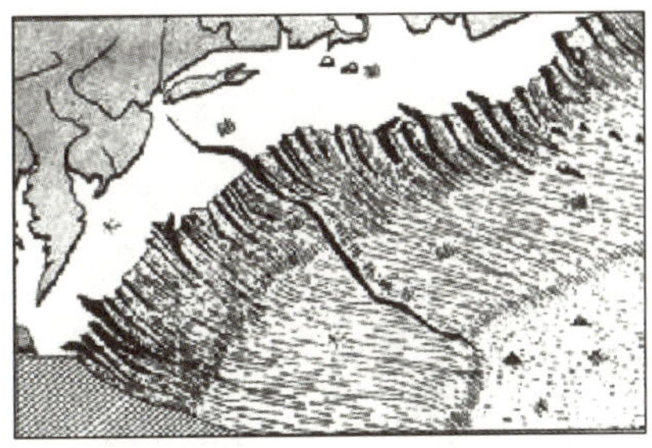

图 6-33　哈德孙海底峡谷(来自网络)

在冰消期和冰后期里,海面又迅速上升,河流下游的溯源沉积作用随基面上升而增强,河流和海洋的泥沙又顺次充填了深切河谷。若沉积物供应不足(相对海面上升),古河口就成了现代陆架上未被沉积物充填的古河道或陆架上的峡谷地貌。大量的地球物理探测(浅地层剖面)表明,在最后一次冰期最低海平面时,我国的黄河与长江很可能穿过了现今陆架,到达陆架外沿,并在那里形成三角洲沉积体系。

(4) 沙坝沉积对海面变化的响应。在海面稳定或缓慢下降的条件下,波浪作用可以形成平行于海岸分布的沙坝,坝内为潟湖。先期低海面时形成的沙坝在海面缓慢上升时可逐渐向岸迁移,持续的向陆迁移可使沙坝地层覆盖于潟湖黏土地层之上;若海面上升较快,则可能沦为地质上的障壁岛 (barrier),即岸外坝或离岸坝。

(5) 海滩对现代海面变化的响应。海滩是陆海界面特有的沉积体,随海面的升降,海滩也分别做向陆或向海的迁移。若在一段时间内海面快速上升,海滩也会被淹没,成为与现代沉积环境不相适应的沉积体,如中国东海外陆架广泛发育的"残留沉积"或"残余沉积"。

Bruun(1962)根据在美国佛罗里达海滩观测到的资料建立了海面上升和海岸线后退的模式(图 6-34),称为 bruun 法则,即

$$R=SL_*(B+h_*)^{-1} \tag{1}$$

式中,R 为岸线蚀退距离;S 为海面上升值;L_* 和 h_* 分别海滩沙在浪场运动的宽度和深度;B 为滩肩或侵蚀沙丘的垂直高度。

该式也可改为:

$$R=S\ \tan\theta^{-1} \tag{2}$$

式中,$\tan\theta=(B+h_*)L_*^{-1}$,$\theta$ 即海滩剖面的平均坡度,$\tan\theta$ 的常见值为 0.01～0.02,则可得到 $R=50S\sim100S$,即海面上升 1 cm,岸线后退 0.5～1.0 m。Bruun 法则在平衡剖面上部随海面上升岸线向陆迁移的理论预测是正确的,但若按 Bruun 公式计算岸线迁移量是行不通的,这是由于海滩发育由初期达到平衡需要一个过程,海滩对海面升降的响应除了滞后性之外还具有明显的区域性和海岸泥沙运动的多向性。

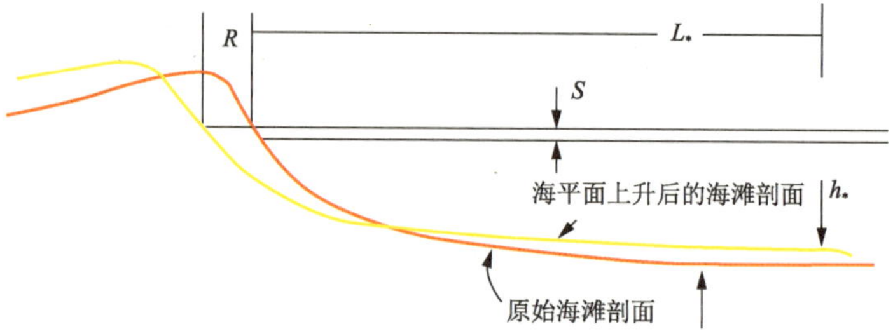

图 6-34　海平面上升引起的海滩侵蚀(据 Bruun,1962,有改动)

小　结

(1) 海岸带是指海浪开始作用于海底的水深处到现在海水所能影响到的陆岸地区。在一些特殊的研究中,有时把海岸带的范围扩展到陆架外沿。海岸带主要分为河口三角洲海岸、砂砾质海岸、粉砂淤泥质海岸、岩石海岸、生物海岸。

(2) 海岸带是陆海相互作用的地带,往往也是人类活动剧烈、社会进步和经济发展的龙头地带。因此,海岸带的研究至为重要。开发、保护、研究海洋,目前重点仍在海岸带,其中河口三角洲海岸尤为重要。

(3) 河口三角洲位于岩石圈、生物圈、大气圈、水圈密集交汇的地带。河口是河流将包括人类活动在内的陆地流域信息输入海洋的主要途径,直接影响着邻近海域乃至边缘海的环境及沉积模式。根据入海河流与河口海洋动力条件的相对强弱,河口分为盐水楔河口、部分混合河口和充分混合河口。几个重要概念:切变峰、最大浑浊带、高密度流、三角洲沉积体系。

(4) 砂质海岸是以波浪为主要动力所塑造的海岸地貌类型。其发育过程存在有旋回性,在不考虑海面升降和构造运动的情况下,沙滩总体呈现不断发育增长的趋势。由于动力条件的改变,在砂质海岸发育有特殊的沉积构造(交错层理、人字形层理、韵律性层理构造等)。

(5) 随着沙坝的不断发育,所隔离的部分海水区将发育成潟湖。潟湖环境具有盐度多变、沉积构造复杂、粒度及物质组成变化大等特征。潟湖最终将被陆源物质充填而消失,进而转为陆地。

(6) 潮汐是塑造粉砂淤泥质海岸的主要动力。由于涨落潮流速的差异和沉积滞后效应,潮汐作用于海岸泥沙的最终结果是不断地将沉积物推向岸边。

(7) 在海岸带研究中,必须考虑海平面变化的影响,有时还要重视人类活动的影响。海平面变化是造成海岸带及入海河口变迁的主要因素,也是造就近岸沉积物分布的主要因素之一。

思考题

1. 简述海岸带的概念及海岸的主要类型。
2. 河口三角洲海岸动力环境的主要特征有哪些?
3. 三角洲沉积体系(横向分布与纵向层序)的主要结构?
4. 海平面变化对海岸的主要影响有哪些?
5. 砂质海岸的主要特征有哪些?
6. 简述砂质海岸和粉砂淤泥质海岸的主要塑造动力及其相互作用的机制。

第七章 大陆架地质

大陆架，是大陆的自然延伸，通常指自海岸线（海陆交界线——平均高潮线）到海底地形明显变陡的陆架坡折之间的海区（图 7-1）。1958 年联合国第一届海洋法会议通过的《大陆架公约》对大陆架的定义是："大陆架是沿海大陆被海水淹没的浅海地带，海底地形开阔平坦，一直延展到海底坡度剧烈增加的转折处，这一转折处被称为陆架外缘，又叫陆架坡折，陆架坡折以浅的水域被称为大陆架。"陆架外缘强调的是"地形明显变陡"或"海底坡度剧烈增加"的地方。因此，世界各地陆架外缘的水深不完全一致。在很多地方，陆架坡折处的水深在200 m左右，但也有的是把末次冰期低海面的古海岸线作为陆架外缘，平均水深在 130 m 左右（图 7-1）。

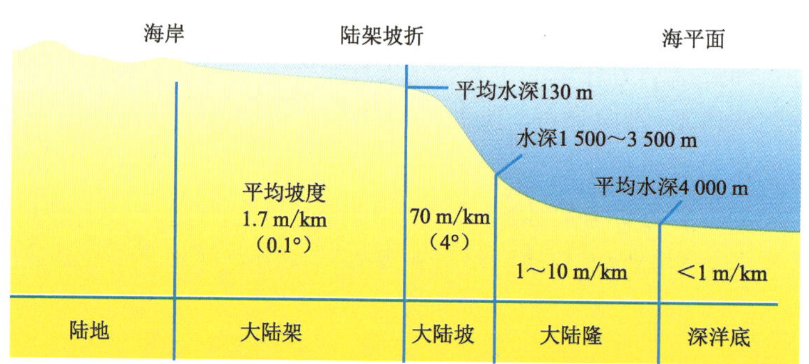

图 7-1 大陆架-大陆坡-大陆隆-深洋底地形剖面

陆架位于大陆与大洋之间，是大洋和大陆相互作用的区域。这里既可反映大洋所产生的全球变化信息，又能体现陆地和人类活动对海洋的影响。陆架同时又是冰期和间冰期交替变化过程中环境变化最剧烈的区域之一。

陆架海营养盐丰富，生物繁盛（图 7-2），海底有丰富的矿产资源（包括砂矿、煤、石油、天然气和天然气水合物等）。陆架海同时又是国家的重要门户，是一个国家维护安全和权益的重要地带。因此，大陆架不仅在海洋科学（海洋地质学）研究中占有重要的位置，而且是邻海国家重要的资源地和安全保障地带。因此，陆架在当今海洋科学研究中占有重要的位置。

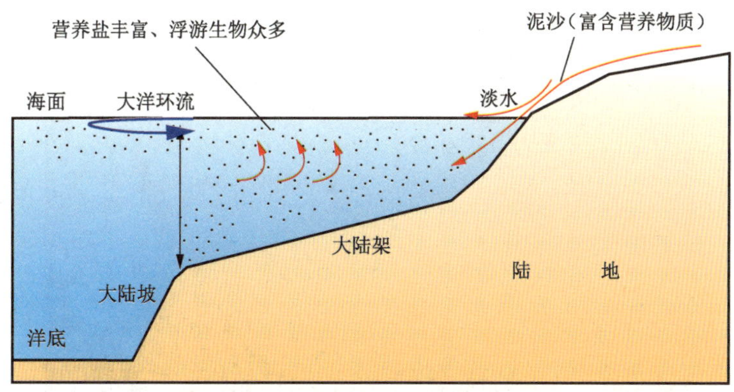

图 7-2 海洋中营养盐与生物量分布

第一节 地质概况

一、地形地貌

大陆架在地形上是一起伏很小、坡度平缓的水下侵蚀堆积平原。由浅至深经常发育有堆积台地、陆架堆积平原、陆架侵蚀—堆积平原、外陆架残留砂平原等。在河口附近是水下三角洲平原,向外多为以细粒沉积为主的现代沉积平原,外陆架经常有冰期低海面时形成的潮流沙脊。

无论从地形地貌,还是根据沉积物分布特征,大陆架通常可分为内陆架和外陆架。内陆架通常属于沿岸入海河流泥沙堆积台地的前沿斜坡区,地形坡度相对较大;外陆架的海底地形十分平缓地倾斜,一直延伸到陆架外缘,沉积物主要是"残留沉积"或"残余沉积"。

中国东海陆架十分宽广(图 7-3),自浙江沿岸水域一直延伸至台湾岛东北方向的陆架外缘,可明显地分为内陆架和外陆架。东海陆架 60 m 以浅等深线平直且大体与海岸线平行,而 60 m 以深等深线与岸线斜交或基本垂直。两区地形特征不同,反映了不同动力条件对地形发育的制约作用,也表明了沉积物源对地形发育的差异影响,因此 60 m 等深线可作为东海内陆架与外陆架的分界线(图 7-3)。根据地形特征,可以将东海大陆架分为 6 个不同的区域:琼港辐射沙脊地形区、长江口外水下三角洲地形区、浙江近岸地形区、陆架线状沙脊地形区、台湾海峡地形区和陆架外缘地形区(图 7-4)。

(1) 琼港辐射沙脊地形区。在江苏省南部琼港外的海底地形十分奇特。整个地形区呈北宽南窄的扇形,南北长约 320 km,在北部东西向最宽达 200 km,总面积约 33 000 km^2。该区属于潮流沙脊地形区,沙脊脊部水深一般为 5～20 m,宽约 10～15 km,相对高差为 10～15 m,沙脊长数十千米。

(2) 浙江近岸地形区。在浙江近岸以南海区,等深线呈密集状、近似平行海岸线延伸。这种平直等深线一直向海到水深 60～70 m 处。浙江近岸地形较陡,沉积物主要是来自长江的细粒物质。

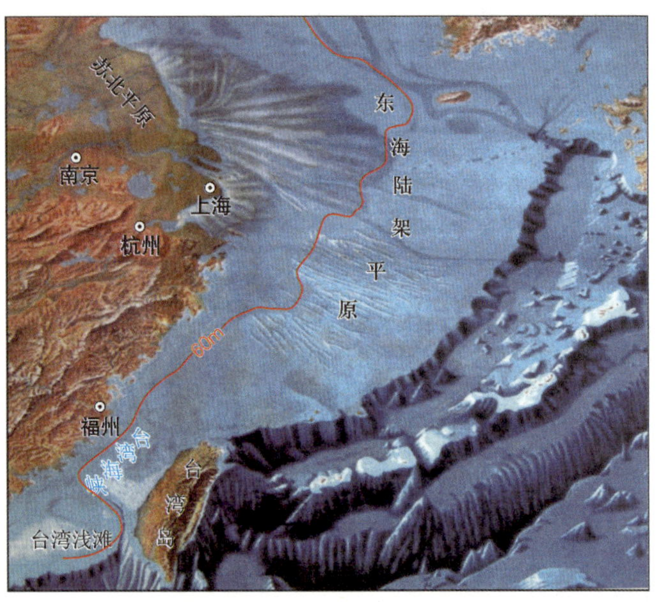

图 7-3　东海大陆架地形图(据李家彪,2008,有改动)

(3) 长江口外水下三角洲地形区。该区在长江口外呈块垛状展布,整个地形区 NW-SE 向长约 560 km,SW-NE 向宽约 300 km,总面积约为120 000 km^2。

(4) 东海陆架线状沙脊地形区。东海陆架最典型的地形单元就是槽脊相间的线状沙脊地形,呈 NW-SE 向、近平行、线状排列(图 7-3 和图 7-4),单个主支沙脊长逾 200 km,宽 10～15 km,沙脊高 10～15 m。线状沙脊分布甚广,向陆侧几乎达到 60 m 等深线,向海侧南部达到 150 m 等深线、北部达到 120 m 等深线,几乎到达陆架边缘。

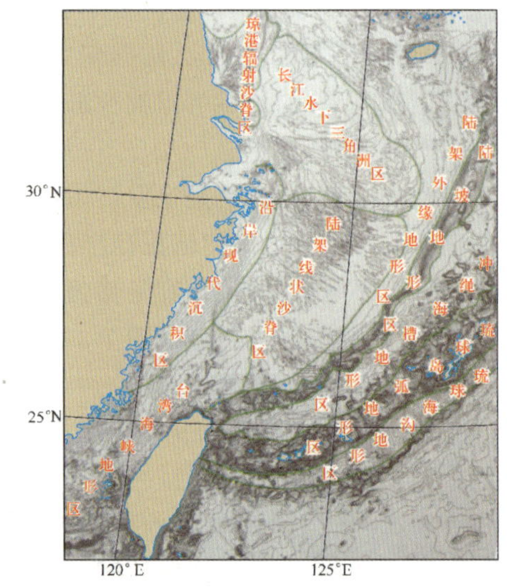

图 7-4　东海大陆架地形分区(据李家彪,2008)

(5) 陆架外缘地形区。陆架外缘地形区等深线走势与相邻两个近岸区的等深线趋向完全不同,反映影响陆架海底地形发育的水动力条件发生了变化。

(6) 台湾海峡地形区。从等深线走势来看,台湾海峡地形与东海陆架地形存在较大差异。等深线曲折多变,只是在大陆一侧较为规则。这里是一洋流水道,沉积物分布很有限,地形主要受基底构造控制。

二、构造格架

大陆架是陆地的自然延伸。因此,大陆架的构造格架基本上延续了沿岸陆地的构造格局。

在拖曳型海岸，大陆架一般为构造台地，张性断裂发育，其走向多与海岸线一致。在碰撞型海岸，大陆架构造取向多与沿岸挤压构造线一致，往往是褶皱隆起与坳陷盆地相间排列。

中国黄、渤、东海陆架的构造走向同中国东部沿岸的地质构造走向基本一致，以NNE向为主，包括一系列的构造隆起和凹陷，以及延续性较好的压扭性区域断裂。NNE向构造常被一系列的NW向张性断裂所切割，形成断陷盆地(图7-5)。总体上看，自西向东依次分布有北黄海-胶辽隆起带、南黄海-苏北沉降带、浙闽隆起带、东海陆架盆地(沉降带)、钓鱼岛岩浆岩带(陆架外缘隆起带)，向外是冲绳海槽、琉球岛弧和琉球海沟所构成的沟-弧-盆体系，构造隆起和构造坳陷相间排列(金翔龙等，1981；李家彪，2008)。在东海陆架盆地中又分布有次一级的隆起和坳陷，以及断陷盆地(图7-6)。

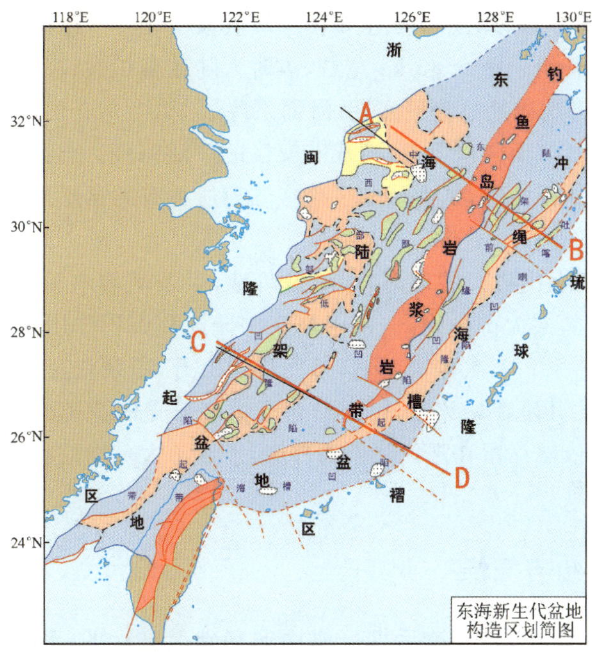

图7-5 东海新生代盆地构造区划简图(据李家彪，2008)

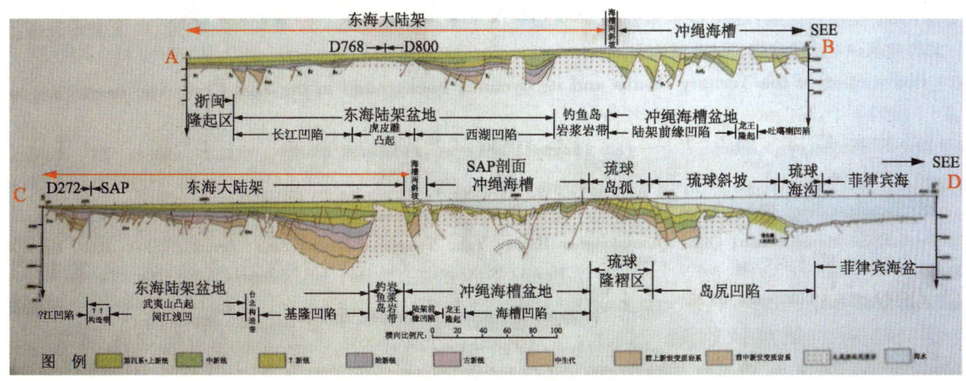

图7-6 东海大陆架及邻区构造剖面图

(剖面 **A-B** 和 **C-D** 的测线位置见图 **7-5**；据李家彪，**2008**，有改动)

第二节　控制陆架沉积作用的因素

大陆架是洋陆过渡区，是大陆边缘的重要地质组成单元之一。陆架沉积作用主要受陆源物质供给和海洋环境各种营力（波浪、潮汐和海流等）作用的影响，同时也受到海平面变动、气候、生物和化学作用的影响。

一、海平面变动

海平面的位置影响着水深和自然地理环境，从而控制着水动力环境和沉积物的补给、搬运与沉积。全球海平面的剧烈变化主要由全球气候变化——冰期和间冰期的循环所引起。例如，末次冰期开始于距今 85 ka 左右，该时大陆冰盖扩大，岸线后退，海面下降。大约在距今 20 ka 前，末次冰期达到最盛期，海面下降了 130～150 m，大部分陆架区成为陆地。冰后期气候转暖，海面再次上升，造成陆架区的广泛海侵。自距今 7 ka 以来，海侵速度减慢，海平面大致保持稳定，从而形成了现代陆架所特有的自然地理特征和沉积作用过程。

海面变动塑造了现代陆架的地形，如多级阶地，以及平均水深为 130 m 的陆架坡折带。在低海面时期，陆架大部分出露，由于河流的侵蚀和沉积作用使陆架变得平坦，在外陆架发育有三角洲体系。末次冰消期后，海面迅速上升，岸线快速向现代海岸推进，陆架逐渐被海水覆盖。尤其是在融冰事件时期，由于大陆冰盖的快速融化，海侵速度很快，使得陆相、滨岸相沉积依然存留在现代陆架的外缘，形成了大范围的粗粒残留沉积或残（变）余沉积（图 7-7）。

二、沉积物补给与气候

陆架的现代沉积作用，是在冰后期高海面的基础上进行的，其物质来源主要是由河流、冰川等从陆地上搬运来的陆源物质。陆源入海泥沙绝大部分是细粒的悬浮物，通常在一些大河流的河口及近岸带发生大规模的泥质沉积，如我国的黄河、长江和珠江，印度的恒河等。黄河以携带巨量泥沙入海而著称，这些入海泥沙形成了巨大的现代黄河三角洲沉积体系；长江入海泥沙也形成了巨大的长江水下三角洲，同时在长江口和闽浙沿岸形成了快速堆积的泥质沉积区（金翔龙，1992）。河流入海沉积物被搬运到中陆架及外陆架堆积的泥质沉积物则很少。粗颗粒的陆源入海沉积物，则主要沉积于河口－海岸及近岸带。

地球上的气候一方面决定了大陆上岩石的风化、侵蚀的类型和速度，从而决定着可供搬运的沉积物的类型和搬运方式；另一方面还决定了海洋中的海流体系、海洋生物生产力和海水的化学性质，从而直接影响陆架沉积物的类型及分布。一般来说，赤道附近为生物沉积物，由于暖流的影响，大洋西部的生物沉积物比大洋东部的分布范围要大；高纬区多为冰川沉积物，受寒流影响，大洋西侧的冰川沉积比大洋东侧的分布更偏向低纬区；以磷

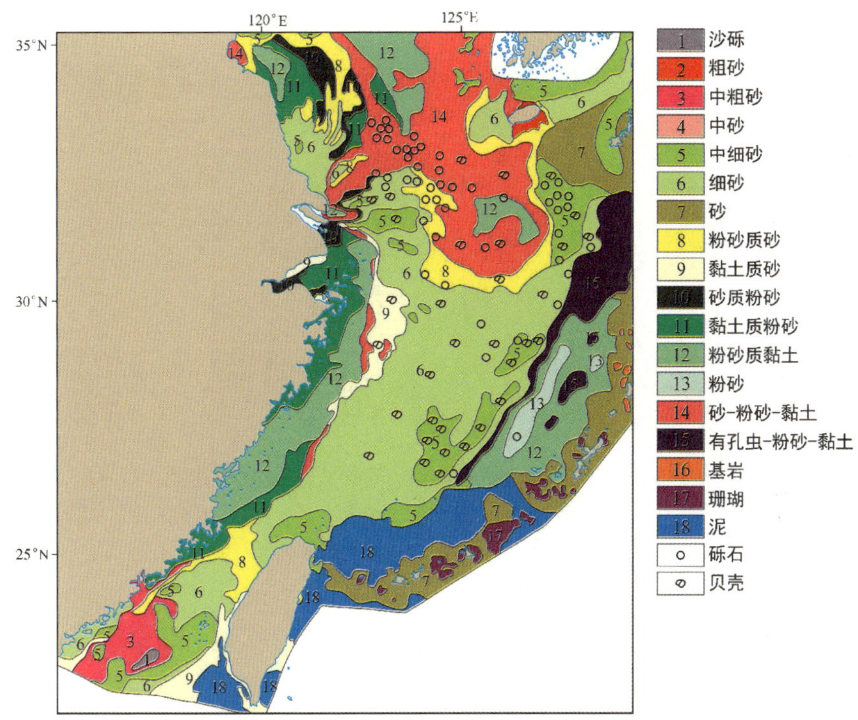

图 7-7 东海沉积物类型分布(转引自李家彪,2008)

钙石为主的自生沉积物则主要分布在中纬区大洋东侧的上升流区;河流搬运的沉积物则可以分布在从热带到极地的所有气候带内。

三、陆架水动力环境

陆架水动力包括洋流、潮流、密度流和气象流等,这些因素综合影响的结果决定了陆架沉积物的侵蚀、搬运、沉积、沉积物类型的分布及海底地形地貌特征等。由于不同陆架或同一陆架的不同区域水动力类型和强度不同,所经历的构造运动和环境演化也不尽相同,使得陆架沉积作用的内容丰富而又复杂。

就一般规律而言,在近岸带,河流、波浪和潮流作用强烈,内陆架以潮流及风暴浪的作用为主,外陆架则以海流(图 7-8)的作用为主。

陆架上的水动力过程直接控制着陆架沉积物的输运、沉积过程,因而对陆架沉积物的"源"与"汇"效应来说至关重要。

(一) 潮汐

当潮波从大洋传播到陆架外缘,变得向岸不对称,并使海面明显升高,形成了潮流。潮流可分为往复流和回转流。在海峡、水道及狭窄港湾内为往复流;在开阔海域为回转流。潮流流速随水深变浅而增大,涨潮流速往往大于落潮流速,造成碎屑物的净向岸搬运,是挟带、搬运碎屑物质的主要营力。狭窄水道中常存在强大潮流,发生较强的侵蚀作用,如渤海海峡、台湾海峡。

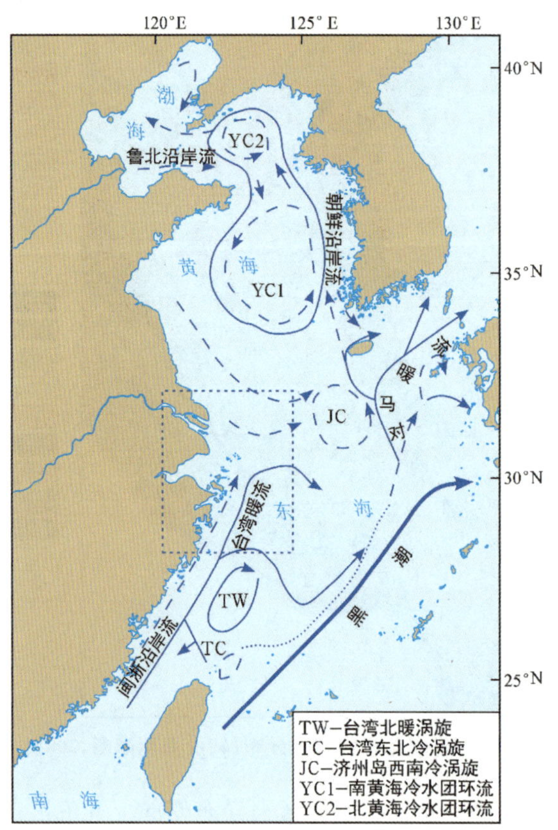

图 7-8　我国渤、黄、东海大陆架夏季海流系统(据海洋图集编委会,1992)

(二) 波浪

普通波浪对陆架泥沙的搬运影响不大,仅在外滨沙坝的顶部可搅起沉积物。风暴浪作用可达约 200 m 水深,因此对整个陆架的动力过程有重要影响。波浪的效应是搅动沉积物,使碎屑进入悬浮状态而被搬运。陆架底部泥沙活动层的厚度约为 10 cm。Aigner(1985)认为,在现代陆架上,波浪作用水深随季节而强烈变化,冬季风暴时浪基面的水深可以是夏季的 3 倍左右。所谓风暴潮(Storm Surge)是在风暴时由于向岸风应力的作用发生沿岸增水,通常引发三种效应:① 气压效应——由于气压出现水平梯度而形成气旋式低压可使沿岸海面升高(沿岸增水),因为 1mbar(毫巴)的压力差可引起海面升高1 cm,典型的气旋可造成沿岸海面升高约 0.5 m;② 风效应——向岸风的拖曳力不仅可造成向岸增水,还可形成向岸风海流,流速可高达 200 cm/s。形成风海流的底层补偿回流(梯度流)流向与风海流相反(离岸)。这种向岸的表层流和离岸的底层回流使水体发生复合运动,导致表层悬沙主要向岸搬运,而底层的泥沙搬运则以离岸为主;③ 波浪效应——引起底层的往复流,搅动海底泥沙,并使沿岸泥沙向海搬运,形成粒序风暴层。

由风暴浪产生的周期性应力可造成当地沉积物的液化,产生重力流,故陆架上分选差、具变形层理的沉积物常与具大型丘状交错层理的沉积物紧密共生。

(三) 风海流

风作用在海水表层的剪切应力使其产生了单向流,称为风海流。在风暴频率高的陆架,风海流对泥和砂的搬运具有重要的意义。较强的风海流多与沿岸风及向岸风有关。沿岸风形成了近乎平行陆架边缘的单向、单层流系。在太平洋东岸陆架上,这种单向流流速超过 80 cm/s,可以搬运砂。向岸风多形成双层海流,上层向陆、下层向海运动。此种流与波浪过程一致,促进了对沉积物的搅动和搬运。双层风海流可加强或抑制潮流的作用,在潮控陆架上(如北海)风海流可以加强或短暂地压倒潮流。

表层风海流的体积运输,将在海岸附近引起海水的辐散或辐聚,并伴随着海水的上升和下降运动,产生上升流及下降流。上升流在各大洋东侧特别发育,因为东北信风(北半球)、东南信风(南半球)由海岸向赤道方向吹,把海岸附近的海水吹离海岸,表层以下的海水上升以补偿流走的海水(图 7-9)。上升流的深度一般不超过 300 m,上升流的流速是很缓慢的。

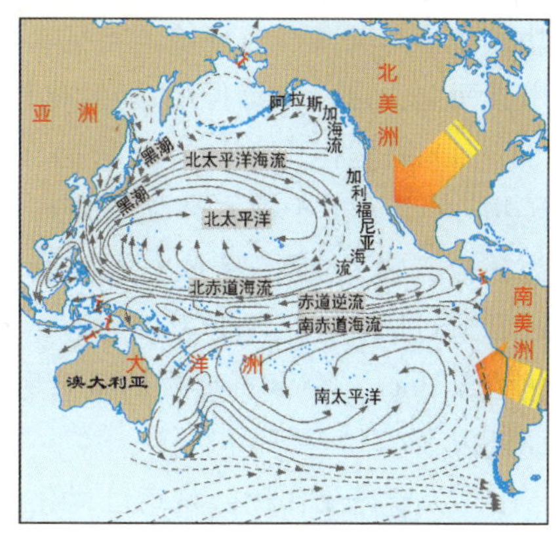

图 7-9 信风与风海流(来自网络,有改动)

(四) 密度流

由于海水密度不均匀而产生的海流称为密度流,在水平及垂直方向上都可出现。造成密度差的因素是淡水注入、浅水层的暴晒和蒸发速率的不同。一般说来,近岸水较轻,向海扩散,较重的陆架水向陆流动,但近岸水的过量蒸发也可形成向海潜流的重咸水。向海流动的覆于较重海水之上的冲淡水羽状体,将陆源黏土带到陆架。丰水期的河流可出现含泥羽体,进入陆架后常平行海岸扩散,为泥质沉积带的形成提供物源。夏季,在约 30 m深度上存在有温跃层,把海水分为上、下两层。

(五) 洋流

部分洋流可以影响一些陆架的外部,如西印度洋的厄加勒斯海流沿南非外陆架向南流动,流速很大(表层流速$>$250 cm/s),可以搬运大量泥沙。

四、生物作用

在海洋环境中,陆架是底栖生物活动最强烈的区域,沉积物不断地受到生物作用和生物化学作用的改造。底栖生物的许多形式和生理适应性与底质沉积物的物理化学性质有关,两者是一种互相依存的关系。一般来说,底栖生物的丰度随着底质粒度的变细而增大,因此泥质沉积区是生物作用强烈的地方。

生物作用过程非常复杂。例如,有些生物在沉积物表面分泌有机质薄膜,从而对沉积物产生黏结作用,而有些生物则对沉积物起着扰动作用,从而减小沉积物的黏结性及抵抗再悬浮的能力。再如，食泥及食悬浮物的动物可生产粪球粒，从而改变底质的粒度，在一些陆架区几乎全部的泥都发生这种球粒化作用。

五、海洋化学与生物化学作用

陆架区海水的化学性质主要控制着某些自生矿物的形成，如鲕绿泥石、海绿石和磷酸盐矿物等是某些浅海环境的特征矿物。化学过程主要发生在沉积物—海水和颗粒—孔隙水界面上。通过海解作用、逆风化作用及沉淀作用形成各种海洋自生矿物。

(1) 海解作用。是指沉积物与海水之间发生离子交换或化学反应，从而改变陆源矿物，并生成适于海水环境的新矿物。来自大陆的黏土矿物在海洋环境中被改造，转变为其他矿物。例如，蒙脱石通过海水中的 Mg^{2+} 置换晶格中的 Al^{3+}，转变为绿泥石；高岭石通过吸附 K^+ 转变为伊利石。再如，进入海洋后的黏土矿物在海水的改造下，会转化为海绿石。海绿石形成的最有利环境是沉积速率低、水动力较强、有机质较多的弱还原环境。

(2) 逆风化作用。是指已风化的硅酸盐碎屑或硅酸凝胶与海水作用生成新的硅酸盐矿物，主要形成黏土矿物：

$$2Mg^{2+}+3SiO_2+4HCO_3^-+(n-2)H_2O \leftrightarrow Mg_2Si_3O_8\cdot nH_2O+4CO_2$$

（海泡石）

逆风化反应还可通过从海水中获得 K^+ 来实现：

$$3Al_2Si_2O_5[OH]_4+2K^++2HCO_3^- \leftrightarrow 2KAl_3Si_3O_{10}(OH)_2+2CO_2+5H_2O$$

（高岭石）　　　　　　（白云母）

陆架沉积物中含有大量的有机质，可以促使沉积物表层发生还原反应：

$$2CH_2O+SO_4^{2-} \rightarrow H_2S+2\ HCO_3^-$$

（有机质）

$$CH_2O+4Fe(OH)_3 \rightarrow 4Fe(OH)_2+H_2CO_3+2H_2O$$

(3) 化学沉淀作用。主要包括碳酸盐、磷酸盐的沉淀与溶解。在一些沉积速率较低的陆架区可发生碳酸盐的胶结作用，形成钙质团块和结核。化学沉淀作用引起的沉积物胶结和黏结，也可增加底质的稳定性。

第三节　陆架碎屑沉积

总体说来，陆架碎屑沉积物可以分为两大类：一类是与现代沉积动力环境相平衡，由正在起作用的现代营力带入的沉积物，称为现代沉积物；另一类则是在与现代截然不同的沉积动力环境条件下形成的较老的沉积物，即残留沉积物，它约占现代陆架总面积的 70%。在陆架某些部分的残留沉积物，正受到现代陆架上水动力和生物作用的强烈改造，这种残留沉积物被称为残余沉积物或变余沉积物(Swift，1972；Alexander 等，1991)。

陆架沉积物分布在横向上通常主要包括两种碎屑沉积物:一是广泛但不连续覆盖于第三纪或更老基岩之上的陆架残留砂沉积,其特点是颗粒粗大,有铁质浸染和陆上风化作用形成的风化圈,包括淡水泥炭、陆相动物化石以及牡蛎贝壳层等;另一类是厚度向海变薄,粒度向海变细的陆架现代沉积楔状体,它由现代近岸砂质沉积物和向海方向的现代陆架泥共同组成(图 7-10)。

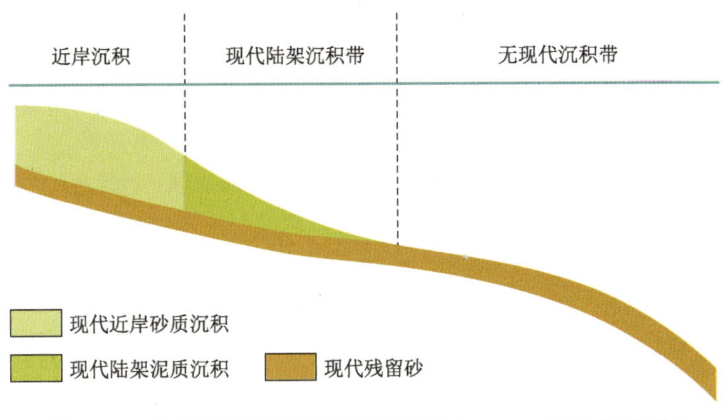

图 7-10 现代陆架沉积剖面示意图(据 Kennett,1982,有改动)

有关陆架碎屑沉积的类型,不同学者从不同的角度进行了不同的分类。例如,根据陆架水动力状态和类型,Reading(1986)将陆架分为潮控、浪控、风暴控和洋流控等类型。根据沉积物来源,Swift(1972)将陆架分为内源陆架和外源陆架。内源陆架的特征是在现在的环境条件中原有的陆架沉积物被再搬运、再沉积,并与现在环境条件相适应。外源陆架的沉积物则主要来源于周围地区,特别是河流的输入。一般来说,陆架沉积物的分布类型可以分为粗粒沉积——砂质沉积和细粒沉积——泥质沉积。砂质沉积又可分为潮流作用下的砂质沉积、风暴作用下的砂质沉积和洋流作用下的砂质沉积。

一、潮流作用下的砂质沉积

在具有中等或高潮差的陆架,连续地经受着强烈的潮汐作用,潮流的流速为 50～100 cm/s,这导致沉积物在相当长的时间内以某种循环的形式大规模地运动,如北海、黄海的朝鲜湾、东海及澳大利亚以北的陆架等。由于潮流具有向两个相反方向流动的特征,这往往形成与潮流流动方向平行的长形沉积体。随着沉积物供应量及潮流流速的变化,沿潮流流路会形成不同的底质沉积物底床形态,其中与潮流流向垂直的,称为横向底形,与潮流流向平行的称为纵向底形。通常形成横向底形所需的流速(40～90 cm/s)较形成纵向底形所需的流速(90～200 cm/s)要低。

(一) 横向底形

横向底形主要有沙斑、沙纹及沙波,这些底形都形成于低流速环境,所需的流速依次加大(图 7-11)。

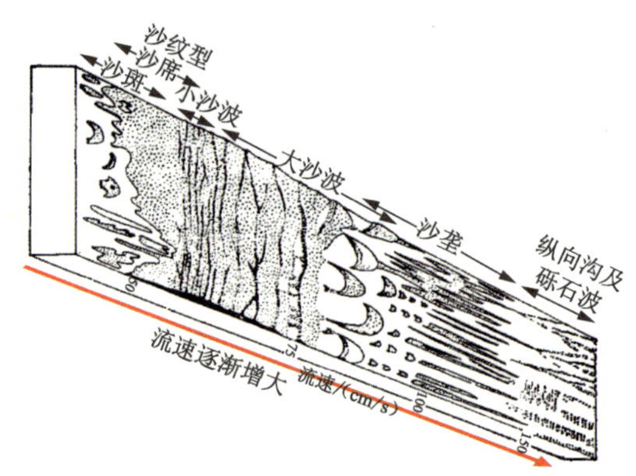

图 7-11 陆架潮流成因底形的变化(据 Stride,1982,有改动)

(1) 沙斑。广泛分布于潮流峰值流速较低(<50 cm/s)、并且无连续砂层覆盖的陆架。沙斑的长轴近乎垂直或平行主潮流流向。横向沙斑为碎片状至新月形。长数十米至千余米,宽数米至数百米,厚 2~3 m,边界清晰。沙斑砂的运动可能是潮流与风暴流、浪等的综合效应。在海底糙度较大的地方,这种效应会而引起湍流,并搅起沙粒,沙粒经潮流的往复运动而聚集成沙斑。

(2) 沙纹。沙纹的形成流速为 50~60 cm/s。潮流成沙纹与优势流向一致,且具有不对称形态。浪成沙纹由风浪的往复运动水体形成,因此具有对称形态。由风浪、潮流或两者共同形成的沙纹可以分布在砂质陆架的任何区域,亦可叠加在其他底形之上。

(3) 沙波。沙波形成于流速为 60~90 cm/s 的情况下,其波高一般大于 1.5 m,波长大于 30 m,波长与波高之比在 20~100 之间。沙波峰脊的形态取决于流速,多呈弯曲状,而舌状、新月状较少发育。在砂源不足的砾石浅滩区,孤立沙波多呈新月形,两端各有一个尖角指向砂净搬运方向。小沙波可以叠置于大沙波之上,大多分布在大沙波的向流坡及背流坡。

(二) 纵向底形

在潮流流速>150 cm/s 时,海底受到强烈冲刷而形成冲蚀坑。冲蚀坑平行于峰值潮流流向延伸。进一步冲刷,可形成近似平行潮流流向展布的纵向沟。潮流形成的纵向沟横切面有时不对称。在平面上这些沟或平直或弯曲,延伸方向平行于峰值落潮流或涨潮流,因此可指示砂、砾石的净搬运方向。潮流在海底流动时常被天然或人工障碍物所阻挡,引起局部的冲刷和沉积,从而形成障碍痕。较大障碍痕有时长几千米、高几十米,但小型障碍痕更为常见。在潮流流速较大,并且沉积物供应充裕的情况下,会形成走向与潮流流向一致的沙垄(顶部平缓的沙脊,流速达 100 cm/s 以上)或纵向沙斑(潮流流速在 50~100 cm/s 情况下形成),这种底形是在潮流流过广阔海域时形成的纵向沙体。沙垄的规模变化极大,有的长约 15 km,宽约 200 m,长宽比多超过 40,边界很清晰。沙垄带和纵向沙斑带之间常被沙波隔开,因此,沙波是两者间的过渡底形。形成此沙波的峰值潮流流速约 80 cm/s,因为沙垄的沙层很薄,容易受到改造,如果形成后流速持续减小,则可被改造成沙波甚至沙斑。只有形成该底形的强潮流突然中止,并不再出现其他能起动砂粒的流时,沙垄才能保存。在近表层平均大潮峰值潮流流速大于 90 cm/s,并且有充足沉积物供应的情况下，将形成最为典型的潮流沉积体——潮流沙脊。潮成沙脊往往是不对称的，一般都有一个较陡的坡面。在近岸带比较普遍发育的是抛物线形沙脊，高可达 20 m，长几千米，间隔 1～2 km，并具有很强的活动性。向海侧为线状沙脊，其间隔为 3～10 km。沙脊的长轴并不平行于潮汐椭圆的主轴，而是沿其反时针方向偏离 7°～15°，这些沙脊相对其长轴是不对称的，有一个较陡的坡面。若沉积物供应十分充裕或各种潮成地貌组合在一起则构成潮沙浅滩。

陆架上各种底形或潮成地貌无时无刻不在发生变化，主要取决于两方面的因素，即潮流流速和沉积物的供应量。随着流速的增加，底形递变序列为沙纹、沙斑、沙席（流速 45～55 cm/s）→小沙波（50～60 cm/s）→大沙波（60～90 cm/s）→沙垄或沙脊（80～150 cm/s）→纵向沟及砾石波（大于 150 cm/s）。当供沙量较小时，递变的顺序为沙斑→小沙波→大沙波→纵向沟及砾石波。当供沙量丰富时，则会依次出现沙席→小沙波→大沙波→潮沙浅滩→沙垄（图 7-12）。

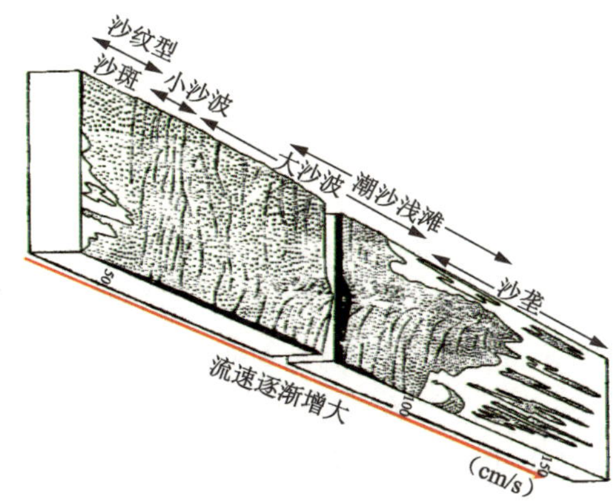

图 7-12 沉积物供应充足情况下陆架潮流成因底形的类型（据 Stride，1982，有改动）

二、风暴作用下的砂质沉积

风暴过程通常可分为五个阶段：① 前风暴阶段，即正常天气，风和浪都很微弱；② 成长阶段，风的强度增大，波浪的级别及周期也显著增加；③ 高峰阶段，较前期受极强风、浪的作用；④ 衰减阶段，风速、波浪逐渐减小；⑤ 风暴后阶段，海面恢复风暴前状况。风暴越过宽 50～100 km 的陆架需要数小时，效应是短暂搅动和搬运沉积物。在风暴成长阶段，流速迅速增大，并能保持相当长时期稳定；在衰减阶段，流速减速也较缓慢。风暴袭击内陆架，陆源物质由于强波浪及风暴潮作用而向岸搬运，但又被风暴潮的回流带回深水区。在风暴前，整个陆架区沉积泥、砂呈带状分布于沿岸；在风暴高峰阶段，内、中陆架以侵蚀作用为主，外陆架一般不会发生沉积物的搬运和沉积。风暴历时的长短决定着砂向海扩散的距离。

内陆架沉积的典型特征是厚的异地砂与较薄的原地泥的互层。砂层底部大都有清晰的侵蚀面，是风暴作用的结果。砂层的厚薄取决于一次风暴持续时间的长短。由于砂层是在风暴衰减阶段形成的，因此具有正粒序构造（由下向上，粒度逐渐变细）。由于风暴前期首先侵蚀原地泥质沉积，在砂层底部往往会有贝壳和其他生物碎屑组成的滞留沉积。

中陆架水深相对较大，受风暴作用的强度和历时都不如内陆架强烈，沉积物多为薄的异地砂与较厚的原地泥互层。风暴砂层底部具清晰的侵蚀面。砂层较薄，通常具有正粒序层理，反映了风暴衰减阶段的沉积作用。

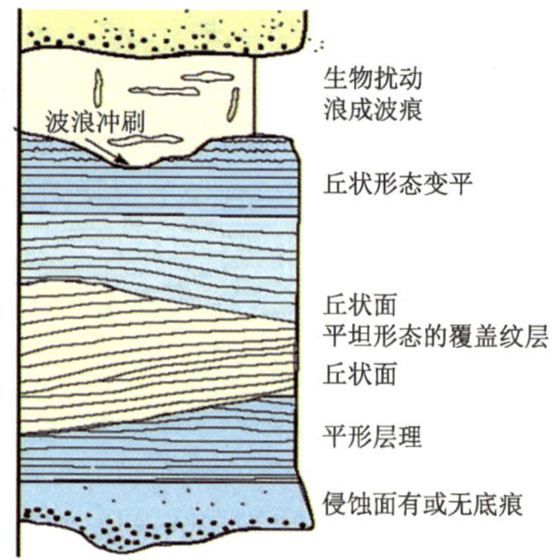

图 7-13　风暴潮沉积剖面

风暴沉积作用的特征取决于风暴强度及风暴历时。风暴沉积在剖面层序（图 7-13）上的规律性反映了风暴发展阶段的更替，这包括：① 侵蚀面；② 底部滞留沉积（砾石成分为生物碎屑、泥砾及岩屑，形成于风暴高峰阶段）；③ 细砂沉积（具有水平至低角度平行层理，垂向上具有正粒序层理，形成于风暴衰减阶段）；④ 风暴后泥质沉积，具生物扰动及潜穴构造，水平层理。

三、洋流作用下的砂质沉积

在某些陆架，洋流作用比潮流更为长期而稳定。南非东部陆架狭窄，最窄仅 3 km，最宽处也只有 40 km，与之相邻的陆坡很陡，可达 12°。在这里，海底地形及沉积物分布主要受洋流作用的控制（图 7-14）。沉积物主要来源于河流物质和现代及残留的生源沉积物。潮汐作用很弱，陆架区主要水动力是海流。由于陆架狭窄，厄加勒斯海流成为世界上离岸最近、流速最快的洋流之一。位于陆架边缘的表层流速可达 2.5 m/s，受风、洋流主流位置和流速变化的影响，在陆架形成了独具特色的砂质沉积地貌。

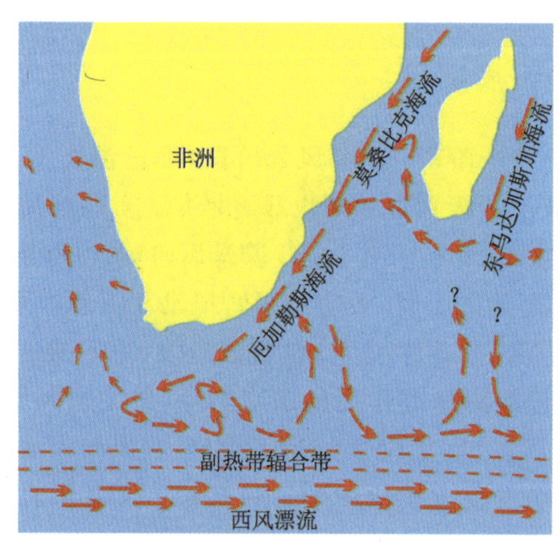

图 7-14　南非陆架的洋流系统（据 Flemming，1980，有改动）

受洋流和波浪的共同影响，砂质沉积物的扩散、搬运可分为平行海岸的三个区。近岸带为一受波浪作用的近岸砂楔，宽 1～5 km，大约在水深 50～60 m 处过渡为由洋流控制的、平行海岸、宽 5～20 km 的中陆架砂质沉积带，其上发育着沙丘、沙垄、沙束等各种形式的规则不等的底床形态。在外陆架上分布的是由洋流筛选而成的滞留砾石。在厄加勒斯海流的作用下，砂质沉积物主要在中陆架区像传送带一样平行于海岸搬运；近岸带海岸地形与动力已达到平衡，过量的陆源物质则进入中陆架区；只有在陆架边缘的某些构造缺口处，砂质沉积物才可能被搬运到陆坡上部，并且有可能被洋流再带回到陆架上（图 7-15）。

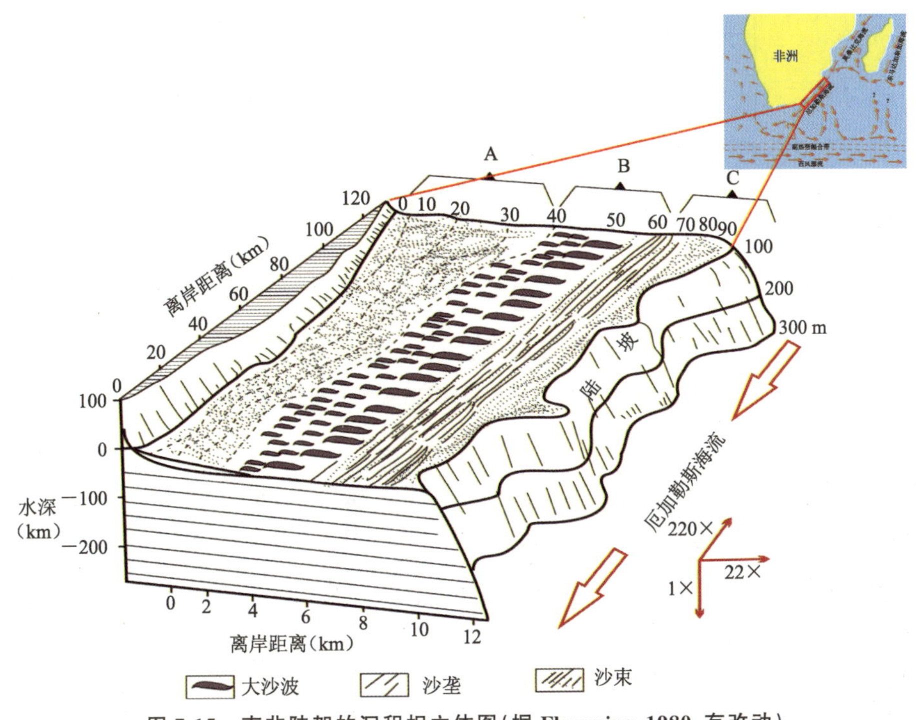

图 7-15　南非陆架的沉积相立体图（据 Flemming，1980，有改动）

四、陆架泥质沉积

陆架泥质沉积是陆架沉积的另一突出特征，通常发育在现代陆架的弱沉积动力环境，是悬浮细颗粒沉积物的堆积场所，也是相关物质如碳和氮等的“汇”。

陆架泥可存在于泥质海岸、近岸泥带、内陆架泥带、外陆架泥带及三角洲外陆架等区域（图 7-16）。

(1) 泥质海岸。泥质海岸主要出现在有巨量陆源物质供应的河口区周围，如密西西比河河口、亚马孙河河口西北、黄河河口等。这些河流向河口及邻近海区输入了巨量的悬浮颗粒物。在这种情况下，不需要有障壁来减弱波浪作用，就可以形成泥质带。即使波浪作用使得沉积的泥质沉积物再悬浮，但由于悬浮的泥沙浓度很高，快速的絮凝和重力作用会将这些悬浮的泥沙再次沉积下来。

(2) 近岸泥带。近岸泥带出现在陆源供应悬浮物浓度较低的区域，如莱茵河以北的荷兰海岸、波河以南的意大利海岸、德国湾内部、南加利福尼亚海岸及长江口以南等。在这种情况下，在水深 5～26 m 范围内，由海岸砂质沉积逐渐过渡为砂质泥和泥质沉积，再向外海陆架则为典型的残留砂沉积。在中国黄海和东海都存在有近岸泥带沉积，主要分布在黄河口和长江口附近，如长江口以南的闽浙泥质沉积带（图 7-17）。

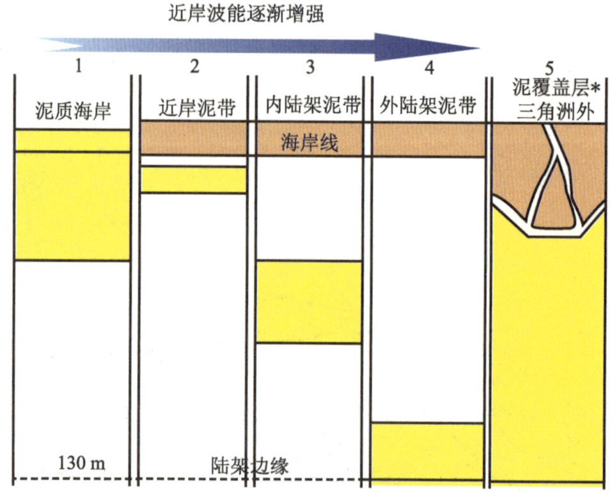

图 7-16　陆架泥分布的五个位置（据王琦和朱而勤，1989，有改动）

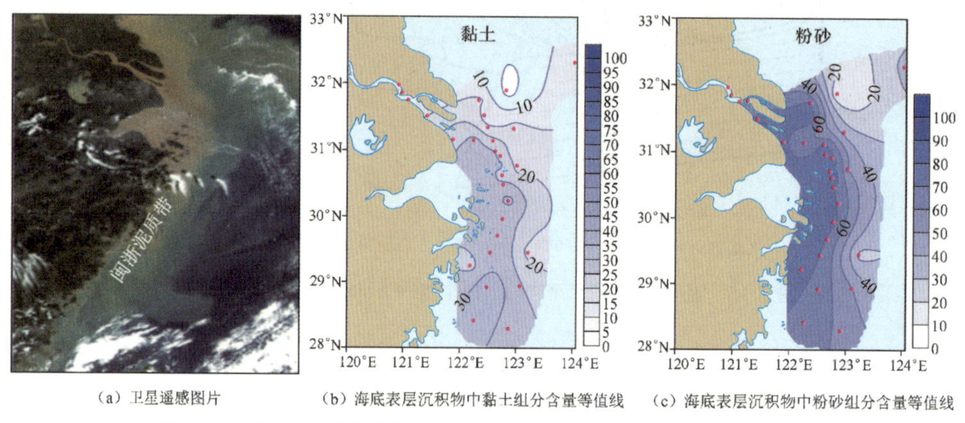

图 7-17　长江口以南的闽浙近岸泥质沉积带（据翟世奎等，2008）

(3) 内陆架泥带。当陆架区波浪能量较高时，近岸泥带向外海迁移，形成内陆架泥带，近岸带则为一宽广的以波浪作用为主的砂质沉积带。通常见于陆架狭窄或坡度较大的陆架区，如南非以西、澳大利亚东南及华盛顿陆架等。

(4) 外陆架泥带。外陆架区悬浮物的浓度一般很低（小于 1 g/m^3），并且由于潮汐、内波和峰面等作用使这里的流速加快，所以，多数外陆架区主要是粗-中粒的残留砂沉积，只有很少的外陆架区被泥覆盖，如墨西哥湾西北陆架和俄勒冈陆架等，其悬浮体可能分别来自密西西比河和哥伦比亚河。

(5) 三角洲外陆架泥带。在许多发育大型三角洲的陆架，特别是热带的大河三角洲，整个陆架常被泥覆盖。如恒河、印度河、密西西比河、伊洛瓦底河和亚马孙河等大河的三角洲，有的覆盖了整个陆架宽度，并且到达陆坡范围。

在中国的三大入海河流——黄河、长江和珠江河口外都存在有大片的泥质沉积区。在中国黄海和东海陆架区，泥质沉积区呈斑块状分布，有的存在于近岸(图 7-17)，有的存在于内、外陆架(图 7-18)，但各斑块泥质区的成因有所不同，其中有的甚至是多年来一直争论未决的科学问题。长江口外的泥质沉积区和闽浙泥质沉积带显然是长江入海悬浮细颗粒物沉积的结果，其中的闽浙泥质沉积带应该是受到了沿岸流系的作用或搬运。关于其他泥质区的成因，目前仍有许多争议，首先是物源是哪里？来自河口陆源？还是来自外陆架沉积物的再悬浮、搬运和沉积？其次是动力机制是什么？早在 20 世纪 80 年代，就有学者提出黄、东海陆架区的泥质沉积是黑潮及其分支形成的上升流作用的结果。也有人认为是环流搬运，并在涡旋区沉积的结果(图 7-18)。总之，中国黄海和东海陆架的泥质沉积区呈斑块状分布，除了与物源及海底地形有关外，可能还与海流系统有着密切的关系。

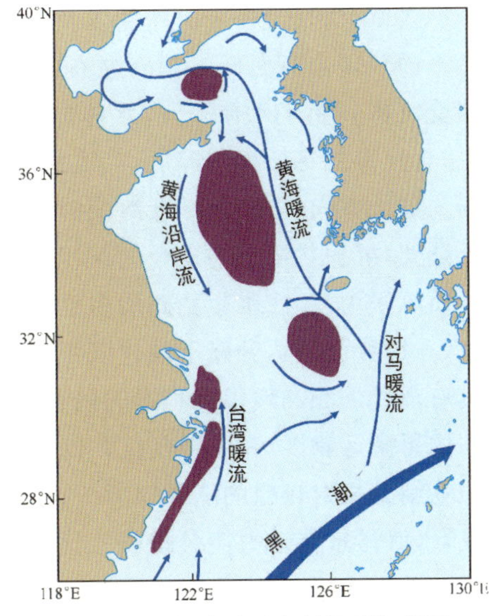

图 7-18 黄、东海陆架的泥质沉积区(紫色斑块)(据 Hu，1984，有改动)

五、陆架碎屑沉积的一般模式

现代陆架是在末次冰期以来海平面快速上升的背景下发展和形成的，尽管不同地区的陆架在所处的大地构造环境、海洋动力特征、陆源物质输入等因素上存在差异，但是其基本沉积特征相似，可以分为现代沉积体、过渡沉积体和残留沉积体三部分，见图 7-19。

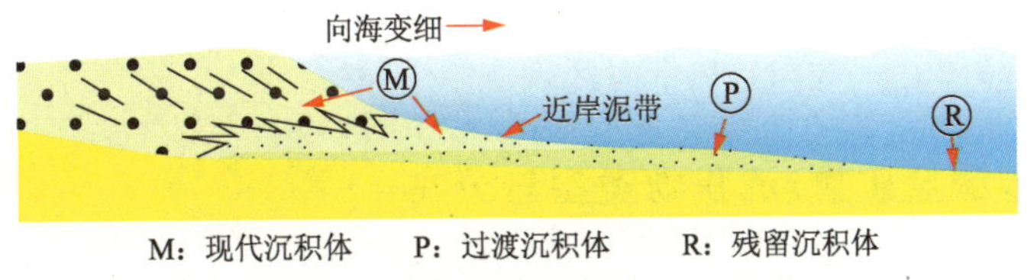

图 7-19 陆架碎屑沉积的一般特征

现代沉积体：大致自冰后期海平面上升至与现今海平面相当的位置时开始发育，并一直到现在还进行着沉积作用，该沉积体与现在的陆架沉积环境相适应。现代沉积体主要分布在内陆架，该处海水盐度正常，生物繁盛，沉积物主要来自河流入海沉积物、海岸侵蚀沉积物、再悬浮沉积物，在机械搬运和沉积作用下于较低能陆架环境之中发生的沉积。沉积物以细颗粒物质为主，如粉砂、黏土等，夹砂质沉积层，生物扰动构造发育。在通常情况下，现代沉积体紧邻海岸沉积体系发育，向海方向沉积物颗粒逐渐变细。最近的调查研究表明，陆架现代沉积体除了出现在内陆架外，也偶尔见于距离海岸较远的中陆架或者更远的地方，它们以斑块状形式出现，如陆架环流沉积、海洋洪水沉积等。

残留沉积体：在末次冰期以及冰后期初期低海平面时期形成的沉积体。末次冰期时海平面较现今海面低 130 m 左右，大部分的陆架露出水面，只有少量陆架位于海面以下并接受沉积。由于水体较浅，水体能量强劲，底栖生物发育，沉积物以粗颗粒的陆源碎屑为主，含较多的钙质生物碎屑，其沉积环境相当于海岸环境。随后，海平面快速上升，海岸不断向陆地方向推进，但是低海面时所形成的沉积则被保留下来。残留沉积体广泛分布于外陆架，沉积物组成与现今的沉积环境不相适应，最大特征是颗粒粗，以粗砂（含砾石）和砂质沉积为主，浅水生物碎屑多见，生物碎屑测年表明它们形成于距今约 15 ka。

过渡沉积体：分布于现代沉积体与残留沉积体之间的广阔陆架海域，其沉积物性质也具有现代沉积和残留沉积之间的过渡特征。沉积物来源既有现代沉积物源，又有残留沉积的再搬运物源，其中现代沉积物源主要是细颗粒的陆源沉积物，而残留沉积的再搬运沉积物则为相对较粗的陆源碎屑。过渡沉积区主要见于中陆架，海水盐度正常，底栖生物较发育，海洋水体动力能量较弱。只是在极端海况下（如风暴潮）能量较强，沉积物主要由粉砂和砂构成。

第四节　陆架碳酸盐沉积

世界大部分陆架的现代沉积以陆源碎屑为主，但现代碳酸盐沉积在世界陆架的某些地区仍占据优势，如在陆源碎屑供给率很低而生物生产率高的陆架区，碳酸盐沉积占明显优势。现代陆架多数碳酸盐是生物成因的，它们或是生物的骸骨，或是生物活动的间接产物。

海洋中生物生产力的高低由许多因素控制，一般从高纬度到低纬度随太阳光照度的增加而增加。在某些海区，如热带、亚热带海区，由于上升流给海水带来大量营养物质，从而促进了生物的生产力。大量研究结果表明，现代陆架碳酸盐沉积并不像传统上认识的那样仅分布于低纬（30°S～30°N）热带海区。

一、陆架碳酸盐矿物、沉积物类型与分布

组成陆架碳酸盐的矿物主要为方解石、高镁方解石、文石和白云石。

方解石和高镁方解石[$(Ca,Mg)CO_3$]，属三方晶系碳酸盐矿物，其晶体结构中 Ca 原子层和 CO_3层沿 C 轴互相交替；而在高镁方解石中 Mg 代替 Ca 并无序地分布于 Ca 的晶位上。方解石中以类质同象形式代替 Ca 的 Mg 含量达 1% 以上者，称为高镁方解石。许多生物骨骼的矿物成分为高镁方解石，有些生物，如红藻、底栖有孔虫、海绵、八射珊瑚、棘皮动物的某些种属的骨骼中 $MgCO_3$的克分子百分含量可达 15%，甚至 30%。

文石与方解石成分相近，但晶体结构不同，属斜方晶系。它在一些生物壳体中却是主要矿物，是现代钙质生物骨屑、鲕粒、灰泥的重要组成部分。由于文石中 Ca 的配位数为 9，所以容易被相对大半径的阳离子所替代。在现代文石质壳体中，代替 Ca 的最主要元素是 Sr（Sr = 0.7%～0.94%），还有少量的 Na（约 0.15%）和 Mg（0.075%～0.63%）。由于

不同门类、不同环境下形成的壳体中 Sr 的含量差异很大，因此文石骨屑中的微量元素含量可作为古环境判别的重要指标。文石中微量元素的分配系数是生物生存物理化学条件的函数。溶液中 Sr^{2+}/Ca^{2+} 比值与文石骨骼中的该比值呈线性关系。在某些生物文石骨骼中，Sr^{2+}/Ca^{2+} 比值与水的温度呈负相关。文石不稳定，易转变为方解石。更新世形成的生物壳体文石已部分地发生了这种转变，并产生了特征的组构：或者呈新生变形晶体（假亮晶）但保存了文石母体的残余固体或液态包裹体；或者因原有文石已完全溶解，呈充填空隙的亮晶。

可将白云石[$CaMg(CO_3)_2$]的晶体结构看作是方解石结构中的钙阳离子层间隔地被镁离子层所代替，因此白云石整体结构中阳离子层为镁离子层和钙离子层相交互。通过高分辨率的电子显微镜研究，Reeder(1981)将白云石划分为三种类型：① 近理想白云石，这种白云石是均匀的，由较大单晶畴组成，产于年代老、埋深大的地层中；② 普通白云石，是沉积白云石中最常见的类型，整个晶体中由厚几百埃且结构和化学成分均稍有差别的调幅晶片组成，晶片畴紧密交生，平行于菱面体面；③ 现代白云石，是富钙白云石，由几十或几百埃的微晶组成的镶嵌集合体，微晶成分多变，晶格不连续。

上述碳酸盐矿物中的高镁方解石、文石为亚稳定矿物，常见于现代海洋钙质生物的骨骼中，它们在成岩作用下趋向于向低镁方解石转变。白云石则形成于同生、准同生阶段，虽然关于白云石的成因目前尚未达成共识，但是现代白云石的存在环境较有力地支持白云石的交代成因观点。除了这些碳酸盐矿物外，海洋中还有少量菱铁矿、菱镁矿等碳酸盐矿物。

Lees(1975)综合了全球砂级和较粗粒级颗粒类型在水深小于 100 m 海底沉积的碳酸盐沉积物的分布情况，将其归纳为骸骨颗粒组合和非骸骨颗粒组合两大类。

(1) 骸骨颗粒组合。“温水”碳酸盐组合中的生物主要有：① 动物，包括软体动物、底栖有孔虫、棘皮动物、苔藓虫、藤壶、介形虫、钙质海绵骨针、蠕虫管和非造礁珊瑚等；② 植物，主要是钙质红藻。各种组分出现的范围是不同的，软体动物和底栖有孔虫普遍存在，棘皮动物和苔藓虫也较常见，其他的组合则偶尔出现。这一组合又称为有孔虫-软体动物组合。“暖水”碳酸盐组合中包括“温水”碳酸盐组合中的几乎所有生物，其特点是含有大量造礁珊瑚组分和钙质绿藻，但缺少藤壶，苔藓虫也较少。这一组合又称绿藻-珊瑚组合。

(2) 非骸骨颗粒组合。该组合按颗粒类型主要分为球粒和鲕粒两种颗粒集合体。鲕粒集合体组合基本上仅限于绿藻-珊瑚组合分布区，而球粒集合体组合可一直扩展到有孔虫-软体动物组合分布区。

二、控制碳酸盐分布的主要因素

虽然现代海洋碳酸盐沉积物分布形式多样，既可出现于热带、亚热带海域，也可以见于较高纬度的海域，同时还见于海底（包括深海底）的冷泉活动区，但从统计学观点来看，现代陆架碳酸盐主要见于南、北纬 30°以内的温暖和远离陆源的海区（图 7-20），它们主要受到海水的温度、盐度以及水体清洁度的影响。

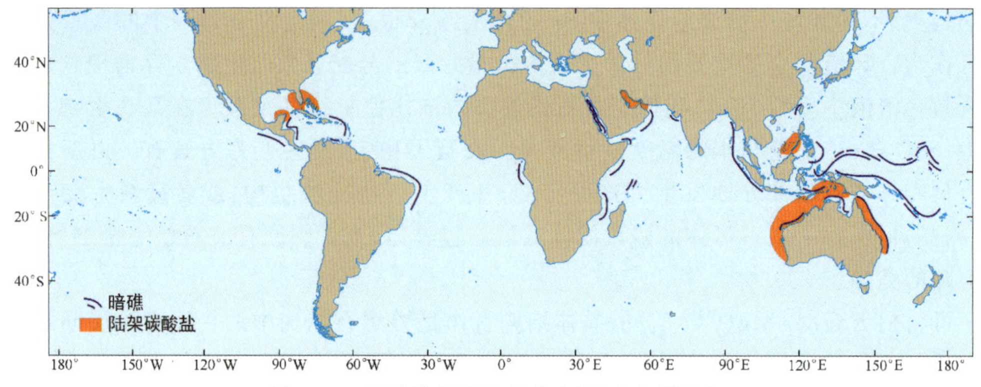

图 7-20 现代陆架碳酸盐分布图(来自网络)

绿藻-珊瑚组合和非骸骨颗粒组合的分布主要受温度所控制,大都局限于赤道两侧纬度 30°以内的海区。绿藻-珊瑚组合只分布于近表层最低水温超过 14℃的海区,而有孔虫-软体动物组合能忍耐的温度要低得多,但在一些最低温度超过 15℃的海区也有发现。非骸骨颗粒组合的出现与否,也与水温有关,它只出现在最低温度超过 15℃和平均水温超过 18℃的海区。但是,水温不能控制碳酸盐颗粒的类型。

在海水盐度低于正常大洋盐度值的海区,有孔虫-软体动物组合沉积物的出现并不遵循温度变化的规律。现代鲕粒集合体组合集中在热带,但在赤道带缺失,此带恰与大洋的高盐度带相对应。由此来看,盐度也是一个非常重要的控制因素。

绿藻-珊瑚组合以及有孔虫-软体动物组合适应生活在水体清洁的海域,而在陆源物质供给丰富的情况下,一方面降低了水体的透光度,影响了光合作用,浮游植物的生长受到制约;另一方面,陆源物质容易堵塞浮游动物的口腔,影响其进食,不利于钙质生物的生长。因此,在有陆源碎屑影响的海区,海洋碳酸盐沉积少。

虽然温度、盐度及陆源碎屑输入是控制陆架浅水碳酸盐类型的主要因素,但其他的环境因素也不可忽视。如在鲕粒集合体分布区,环境能量则会决定是出现鲕粒还是出现颗粒集合体,或者可能形成针状文石。而在适合绿藻-珊瑚组合的环境中,其较浅部分是绿藻-珊瑚组合,由于阳光穿透深度的影响,在其较深的陆架上,则可能出现有孔虫-软体动物的组合。同样地,在适合绿藻-珊瑚组合的环境中,如果缺乏适当的底质条件或营养物质,则可能导致绿藻组合的形成。

三、陆架碳酸盐沉积的分布

根据温度和盐度对碳酸盐的控制作用,Lees(1975)依据大西洋的温盐资料,做了一个北半球理想大洋陆架碳酸盐分布的预测模式。根据全球大洋 60°N~60°S 之间每 10°纬度的温度、盐度资料,得出现代海洋碳酸盐分布的预测(图 7-21)。绿藻-珊瑚组合分布于赤道与南、北 30°纬度之间,其中在大洋东侧被有孔虫-软体动物组合所取代。绿藻-珊瑚组合由于其要求盐度特高,不适合生成于开敞的海岸环境。球粒组合出现于绿藻-珊瑚组合分布区并稍向高纬区大洋东部边缘扩展。鲕粒颗粒集合体组合仅限于绿藻-珊瑚组合区内,中心在纬度 25°的干燥带,向高纬度方向直到 30°,在赤道带缺失。

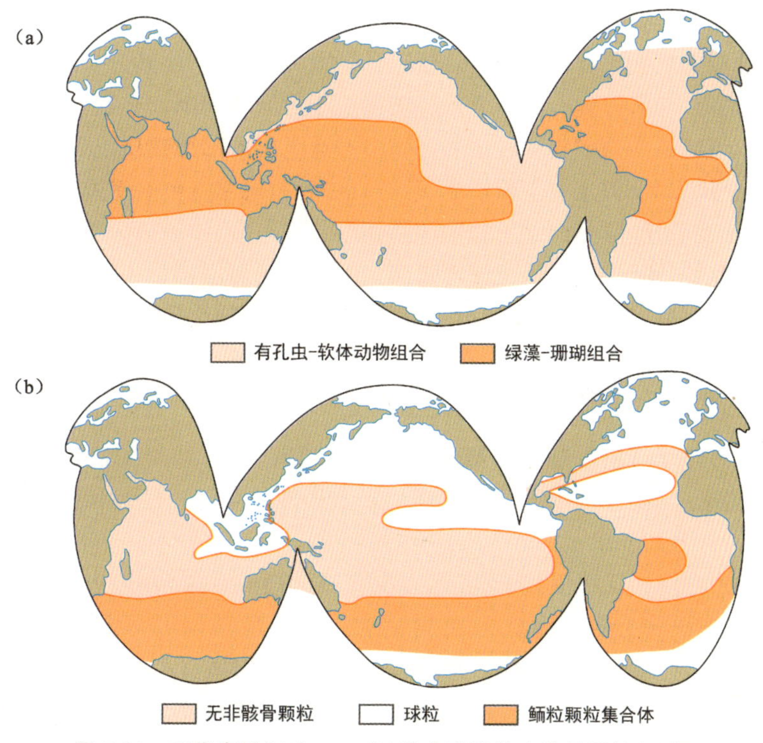

图 7-21 现代海洋(60°N～60°S)浅水碳酸盐中骸骨颗粒(a)与非骸骨颗粒(b)组合的预测分布(据 Lees,1975,有改动)

除了粗粒碳酸盐外,陆架上许多地区还存在有细粒(<60 μm)的碳酸盐泥。例如,大巴哈马滩的文石泥以及南佛罗里达陆架的碳酸盐泥等,其成因一直存在着争议。Lees(1975)认为,碳酸盐泥主要来自生物组分,在有孔虫-软体动物组合区中,碳酸盐泥主要来自有孔虫和软体动物骸骨的破碎物。而在绿藻-珊瑚组合区中,则主要来自绿藻和珊瑚的破碎物质。非生物的沉积作用很可能只发生在鲕粒颗粒集合体形成的区域内(图 7-22)。

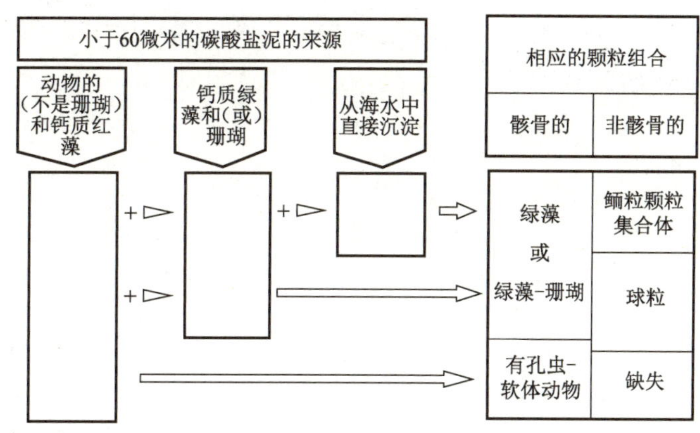

图 7-22 碳酸盐泥(<60 μm)不同类型和颗粒组合之间可能的相互关系(据 Lees,1975)

在中国邻海陆架海区,碳酸盐沉积主要分布在南海陆架区,主要是由生物壳体或碎屑组成的骸骨颗粒，在陆架台地普遍发育有礁体碳酸盐建造。在渤、黄、东海陆架区，碳酸盐组分有骸骨颗粒、陆源碳酸盐矿物颗粒、钙质结核、自生碳酸盐矿物等，其分布通常与河口和泥质沉积有关。在渤海，碎屑方解石的高含量分布区位于黄河口周围。在这里，也有少量陆源白云石矿物分布，说明碳酸盐矿物颗粒主要是黄河搬运入海的陆源物质。在黄海，碎屑方解石的高含量分布呈斑点状，但主要是位于老黄河口区周围，说明方解石矿物仍然主要是来自黄河搬运入海的陆源物质，只是经过了长期改造而已。在东海，碎屑方解石的高含量分布位于长江口附近的江、浙、闽沿岸地带，大体与长江口附近的泥质沉积带一致，说明物源是长江入海物质。在外陆架的残留沉积区广泛分布有贝壳碎屑和钙质结核等碳酸盐沉积物。

四、陆架碳酸盐沉积模式

Read(1985)等学者根据现代陆架碳酸盐的沉积特征，总结出了三种陆架碳酸盐岩的沉积模式：陆架镶边碳酸盐岩沉积模式、陆架斜坡碳酸盐岩沉积模式和陆架孤立碳酸盐岩沉积模式。

陆架镶边碳酸盐岩沉积模式：在陆架上发育碳酸盐岩台地，台地边缘为隆起的珊瑚礁及浅滩，从边缘向陆侧为陆架潟湖，而向海侧通过坡度急剧变化的陡坡与深水盆地相连。台地边缘隆起处水体波动强烈，能量大，促进了水层的物质交换以及海气相互作用的进行，有利于珊瑚等生物的大量生长。受到边缘隆起的阻隔，陆架潟湖水体运动和交换受限，其中紧靠边缘的部分水体温度和盐度尚属正常，属于正常台地沉积，而远离边缘的部分水体的温度和盐度出现异常，为局限台地沉积。碳酸盐岩沉积物常呈带状分布，从近岸侧向海方向依次出现的沉积物为灰泥沉积物(可能含/夹黏土沉积)、碳酸盐异化粒沉积物、珊瑚礁沉积、礁前砾石质碳酸盐沉积、再作用碳酸盐沉积以及灰泥沉积等(图 7-23)。

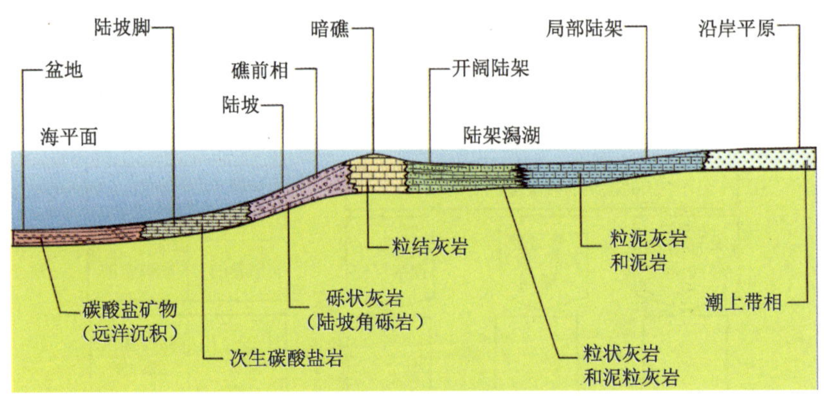

图 7-23　陆架镶边碳酸盐岩沉积模式

陆架斜坡碳酸盐岩沉积模式：在陆架上发育碳酸盐岩台地，该台地呈现平缓的斜坡，通常情况下坡度小于 1°，无明显的陆架坡折，不发育珊瑚礁，但是可以出现由呈斑块状分布的碳酸盐颗粒构成的浅滩。浅滩代表了水体能量较强的环境，浅滩的向陆侧和向海侧水体能量相对较弱。该模式中的碳酸盐岩沉积物也呈带状分布，从近岸向广海方向出现的沉积物依次为灰泥沉积物(可以含/夹泥质沉积物)、碳酸盐颗粒沉积物、砾石质碳酸盐沉积、再作用碳酸盐沉积以及灰泥沉积(图 7-24)。

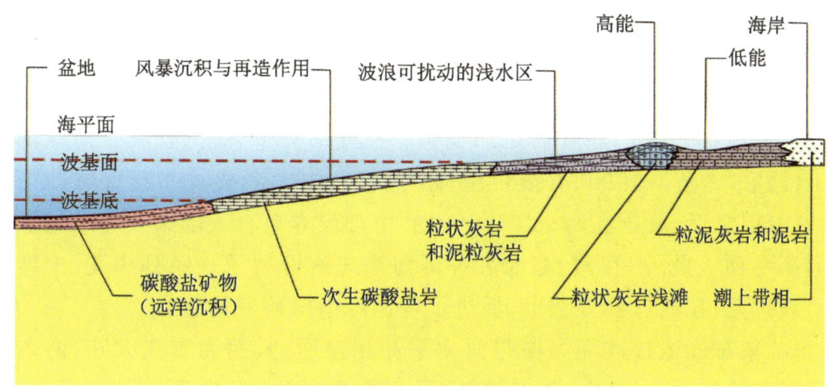

图 7-24　陆架斜坡碳酸盐岩沉积模式

陆架孤立碳酸盐岩沉积模式:孤立碳酸盐沉积模式也称为“巴哈马型”沉积模式,见于加勒比海的巴哈马碳酸盐岩台地上。它为宽度几十到上百千米的陆架浅水台地,周围被深水峡谷环绕,峡谷水深数百米甚至达数千米(图 7-25)。孤立台地边缘常发育有珊瑚礁,并可以发育成环台地边缘分布的环礁。孤立台地中央部分水体循环不畅,具有潟湖的性质特征,其沉积类似于陆架镶边碳酸盐岩台地沉积模式,碳酸盐岩沉积物由灰泥、碳酸盐颗粒、珊瑚礁以及砾状碳酸盐沉积物等构成。平顶的孤立台地比较少见,这类台地水体浅,波浪作用强烈,碳酸盐岩沉积物以颗粒碳酸盐为主。

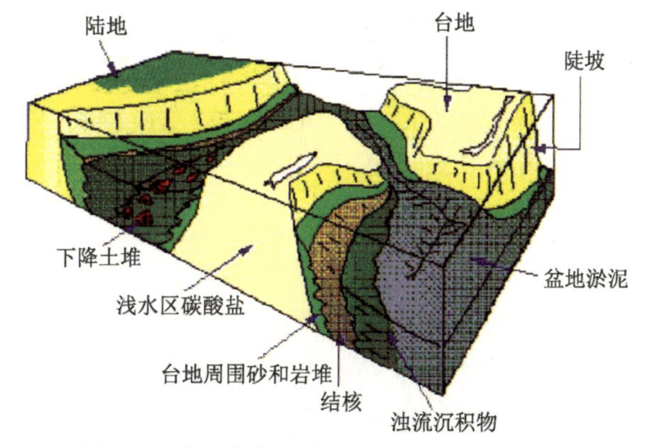

图 7-25　陆架孤立碳酸盐岩台地示意图(据 Scoffin,1987,有改动)

第五节　中国黄、东海陆架沉积模式

黄、东海陆架是世界上最宽广的陆架之一,其中东海陆架不仅经受了各种陆架动力因素的塑造,而且保留了末次冰期低海面以来的沉积记录。对该区域的地质学和沉积学研究始于 20 世纪初。新中国成立以来,各科研机构和大学相继开展了对中国东部陆架海的调查研究,并先后出版了《黄海地质》(秦蕴珊等,1989)、《东海地质》(秦蕴珊等,1987)、《东海海洋地质》(金翔龙,1992)、《东海底质中的有孔虫和介形虫》(汪品先等,1988)、《中国第四纪地层与国际对比》(杨子赓等,1996)、《渤海、黄海、东海海洋图集,地质地球物理篇》(李全兴主编,1990)、《中国近海地质》(许东禹等,1997)、《东海区域地质》(李家彪主编,2008)等专著和图集,为黄、东海陆架海的研究奠定了坚实的基础。20 世纪 80 年代之后,随着《联合国海洋法公约》的确定和生效,200 海里海洋经济专属区被提出并逐渐被各国接受,使得黄、东海的划界问题变得更加复杂。在此形势下,我国加大了对东部陆架海的调查力度,自国家"八五"(1990~1995 年)期间设立了"大陆架及邻近海域勘查和资源远景评价"国家专项之后,我国在每个"五年计划"中都设立有有关陆架及邻近海域地质与环境调查的国家专项。此外,在黄、东海和冲绳海槽先后开展了一系列中美、中韩、中法、中日等联合调查研究,在概念和方法上,促进了与国际前沿研究的接轨。

黄、东海陆架东面通过冲绳海槽与西太平洋相连通,其西为东亚大陆,两条世界性的大河——黄河和长江注入其中,为其带来了大量的泥沙,占世界河流入海泥沙总量的 10%左右(Miliman 和 Meade,1983),加上由大气输运的风尘物质,在陆架上堆积了大量的沉积物。在末次冰盛期期间,受全球变化的影响,海平面下降到－125 m 左右,此时黄、东海陆架海大部分出露成陆地。随后,全球变暖,海平面波动式上升,太平洋海水经由冲绳海槽入侵陆架,几经变迁,形成了现代黄、东海陆架海。太平洋经由其强大的西部边界流——黑潮及其衍生流系(台湾暖流和对马暖流等)从东面对陆架海的海洋环境产生控制性影响,使陆架海海洋环境的演化经由太平洋而与全球海洋变化遥相呼应,息息相通。此外,丰富的全球变化信息还从陆架海西边界的东亚大陆传递到东部陆架海,全球变暖会引起东亚季风发生一系列的变化(如夏季风增强、气候温暖湿润、降水增加等),这些变化信息可以通过长江和黄河向海输送的陆源物质传递到黄、东海陆架。中国东部大陆是世界上人口分布最稠密的地区,是世界上有早期人类活动记载的地区之一,黄、东海陆架的地质记录中同样保存了全新世后期人类活动的信息。黄、东海陆架已成为国际上研究全球变化和陆海相互作用的重要区域之一。

一、沉积动力环境

在黄、东海陆架区,影响沉积物分布的主要水动力环境因素包括波浪、潮汐(流)和海流(包括海洋环流和沿岸流)。此外,注入渤、黄、东海的两大世界级河流——黄河与长江也影响河口乃至内陆架区沉积物的分布。

近岸和内陆架沉积物的分布主要受到波浪和潮汐作用的影响,潮流作用塑造了中陆架区潮流沙脊沉积地貌,海流在局部泥质沉积物的分布上可能起着主导作用,风暴浪几乎可以影响整个陆架区沉积物的分布,黄河和长江冲淡水以及异重流主要影响河口区沉积物的搬运与沉积。

二、沉积物的横向分布

东海大陆架地势宽阔平缓,新生代盆地通常已充填了近代沉积。除了现代沉积动力条件塑造的地形地貌(如水下三角洲、潮流沙脊和冲蚀沟槽等)外,陆架区面貌没有大的起伏变化。诚如先前所述,中国东海陆架区表层沉积物主要包括两大类:现代沉积和残留

(变余)沉积。

在近岸带、河口三角洲以及部分内陆架海区,主要分布有现代沉积,这是在现行水动力环境条件下沉积物经过搬运和沉积作用所形成的沉积物分布格局。现代沉积物的粒度分布表现出自陆向海,粒度逐渐变细的沉积作用分异规律。

在中、外陆架海底,主要分布有残留沉积或变余沉积,这些沉积物粒度较粗,其分布不符合现行弱的水动力环境条件。尽管不排除现行水动力因素(风暴浪、潮流和海流等)的改造,但其主要是在末次冰期低海面时近岸滨海环境条件下的产物。

在大的沉积物分布格架上,呈斑块状分布有泥质沉积,其中河口近岸带的泥质沉积区(浙闽近岸泥质沉积带)是现代入海河流和沿岸流共同作用的结果。分布在中、外陆架的泥质沉积区可能主要是海洋环流作用的结果,其沉积物除了来自陆地河流外,可能还有残留沉积区再悬浮、搬运沉积的细颗粒物质。

三、近代沉积层序

研究大陆架的近代沉积层序,通常是选择具有代表性的岩心和岩心剖面(图 7-26),分析其沉积物组成及其在岩心沉积层序中的分布,借此分析陆架地区的沉积环境演变。

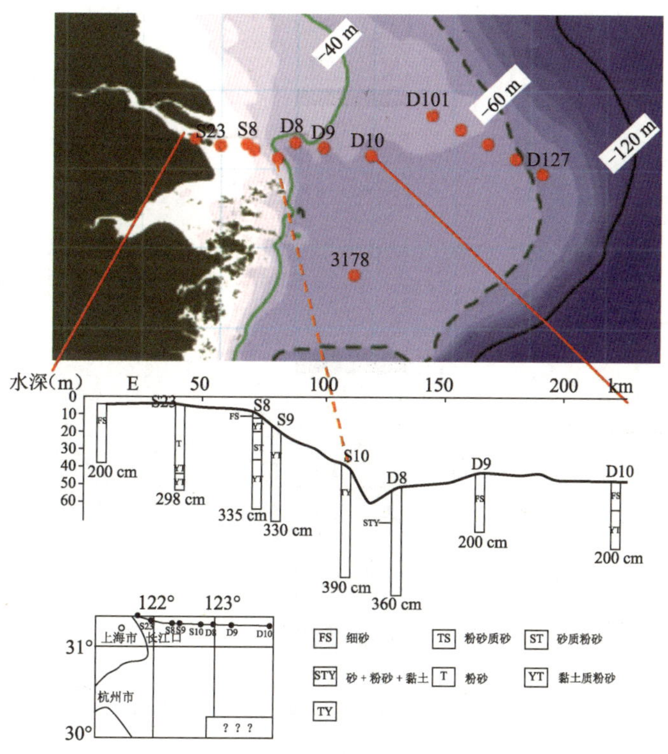

图 7-26 长江口外海底岩心剖面位置

(一) 长江河口区现代沉积

由长江口外的海底岩心剖面(图 7-26)可以看出,位于长江口现代水下三角洲平原的

1 站、S23 站和 S8 站表层沉积物都是由细砂组成，向外到三角洲前缘和前三角洲的 S9 站和 S10 站表层沉积物则逐渐变为黏土质粉砂和粉砂质黏土，粒度逐渐变细，符合现代沉积物的分选规律。长江口现代沉积区以外的 D9 和 D10 岩心上部由粉砂质砂和粉砂组成，该两站位已位于受改造的陆架残留沉积区。沉积物分选好，含有少量贝壳碎片。D8 岩心大体位于现代沉积和受改造的残留沉积区之间的过渡带，是由砂-粉砂-黏土组成的混合沉积。

就 S23 站岩心而言，岩心具有明显的三层结构（图 7-27）。上部为细砂（MdΦ 为 3.15Φ），分选很好；中部为粉砂（MdΦ 为 5.25Φ），分选好；下部为黏土质粉砂（MdΦ 为 7.36Φ），分选差。可以看出：由下往上，沉积物粒度由细变粗，三层结构组成一个反向沉积韵律，反映了推进型三角洲沉积的特点。

（二）中陆架沉积

采自中陆架、缺乏现代沉积砂质区的 3178 站岩心（水深 66.2 m，图 7-28）。垂向层序

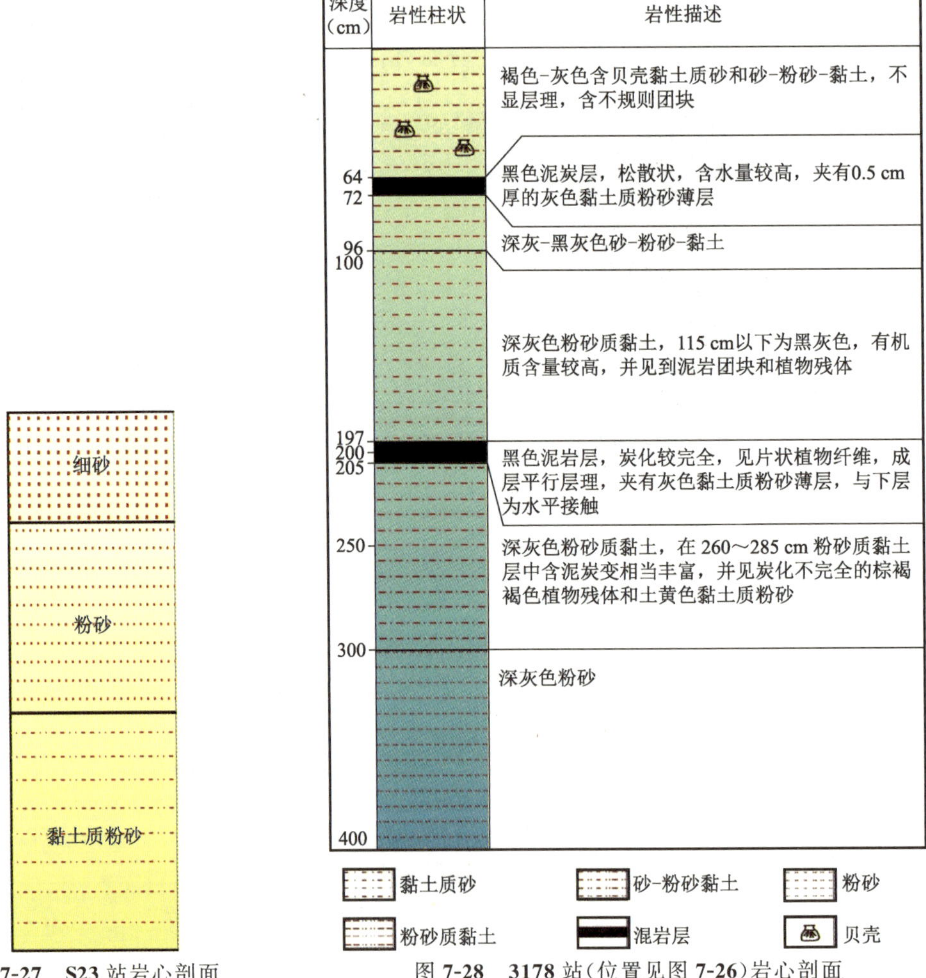

图 **7-27**　**S23** 站岩心剖面

图 **7-28**　**3178** 站（位置见图 **7-26**）岩心剖面

表现为大的三层结构，其间夹有两个厚约 8 cm 的泥炭层。顶部 0～64 cm 为褐灰、灰色黏土质砂和砂-粉砂-黏土，含破碎的生物贝壳，磨蚀强烈，为强水动力条件下形成的高能滨海相沉积，在现今水动力条件下被改造，形成不具层理的混合沉积，即所谓的变余沉积。64～72 cm 层段为黑色泥炭层，未见植物残骸，^{14}C 测年结果为距今 1.2 万年左右。向下到 96 cm 处为深灰色砂—粉砂—黏土。其中的泥炭层应该是全新世初海侵过程中的潟湖沼泽湿地沉积。96～300 cm 为深灰色粉砂质黏土，中间（197～205 cm）夹有黑色泥炭层，见片状植物纤维，夹灰色黏土粉砂薄层。反映了近岸弱动力环境条件下的滨海相沉积，并表明了海平面的波动变化。300～400 cm 为深灰色粉砂，分选好，代表了较强水动力条件下的滨海相沉积。

在该岩心中，自下而上，沉积物粒度总体上由粗变细，表现为正常沉积韵律，反映了海进（海平面上升）层序。在海平面上升过程中，曾有过波动。但在后期，海平面上升较快，上层的近岸滨海相沉积至今并没有被掩埋，而是遭受了现行水动力环境条件的改变。

（三）外陆架沉积

在穿过内、外陆架分界线（－60 m）的岩心剖面上（图 7-29），近代沉积较均一，基本上都是由砂、粉砂和细砂组成，只是在水深较大处的岩心表层有部分泥质沉积。反映了在变余沉积的基础上，混合了现代深水条件下的细粒沉积。

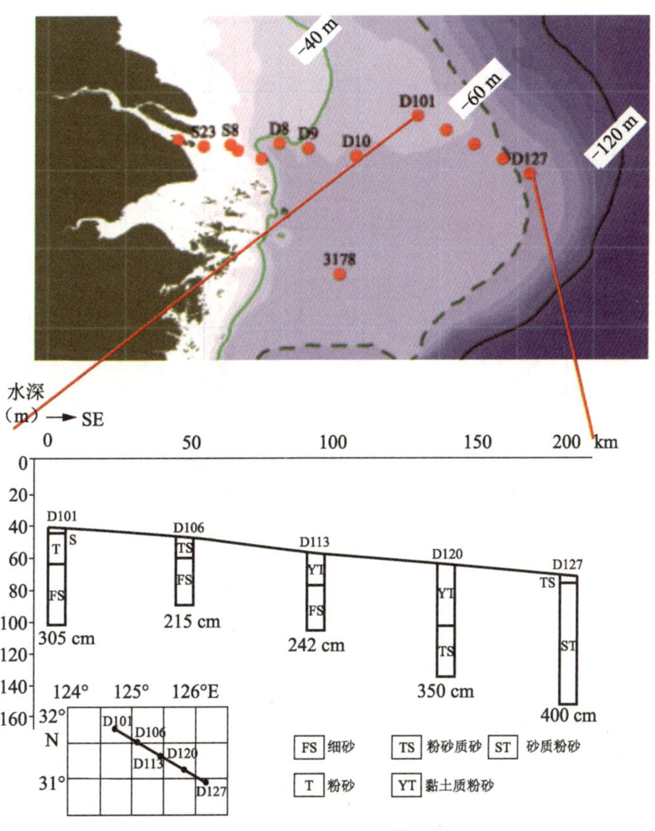

图 7-29　穿越内、外陆架分界线的岩心剖面位置

四、纵向地层与沉积环境演化

(一) 近代沉积地层

在东海陆架区，目前所钻取到的岩心自下向上主要包括中更新统上部（未见底）、上更新统和全新统地层，即自距今约 13 万年以来的沉积地层。

采自长江水下三角洲的 CJ-4 岩心(图 7-30a)长约 50 m。底部是叉道河床与湖泊沼泽相沉积，年龄在 2.05 万年左右，向上基本上是浅海环境下形成的粉砂或粉砂质黏土沉积(图 7-30b)，说明 CJ-4 岩心所在位置在距今约 2.05 万年的末次冰盛期时为陆地(图7-30c)，后来由于海平面快速上升，其上覆盖了浅海环境下形成的粉砂或粉砂质黏土沉积。

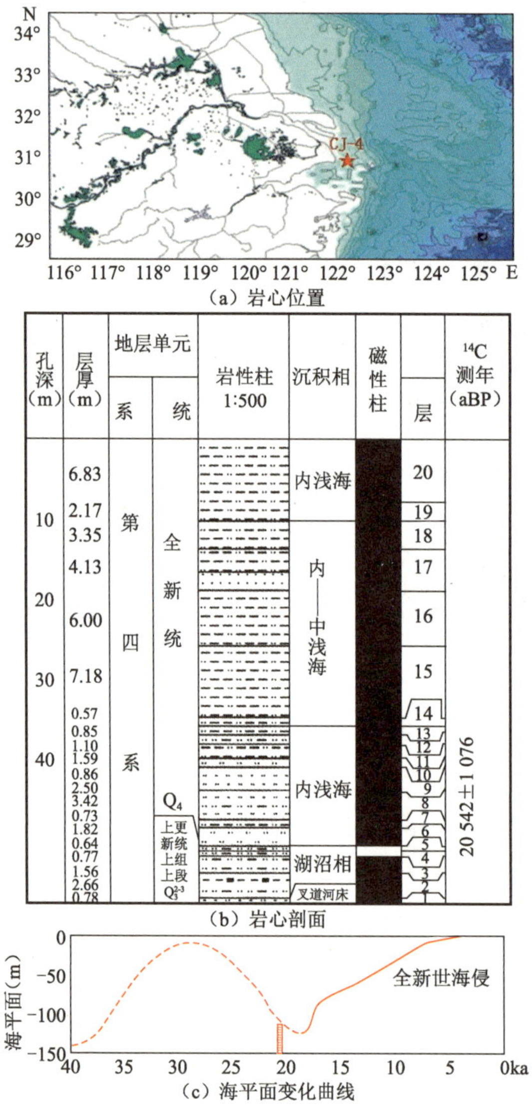

图 7-30　长江水下三角洲的 CJ-4 岩心位置及剖面

EA1 号岩心(图 7-31)采自东海外陆架水深 67.1 m 处，岩心长 60.11 m。岩心底部年龄为 11.4 万年，属于晚更新世早期。值得注意的是全新世(距今 1.15 万年以来)沉积只有 0.35 m。以上特征表明，东海外陆架迄今主要保留了晚更新世冰期低海面时的滨浅海沉积，全新世以来的沉积层很薄，甚至缺失，说明全新世以来的海平面上升很快，早期的沉积物没有被后来的沉积所覆盖。在全新世以来的 1 万多年里，沉积速率十分缓慢，或者说基本上没有沉积。表层的含贝壳砂质沉积应是原来滨浅海沉积的改造产物。

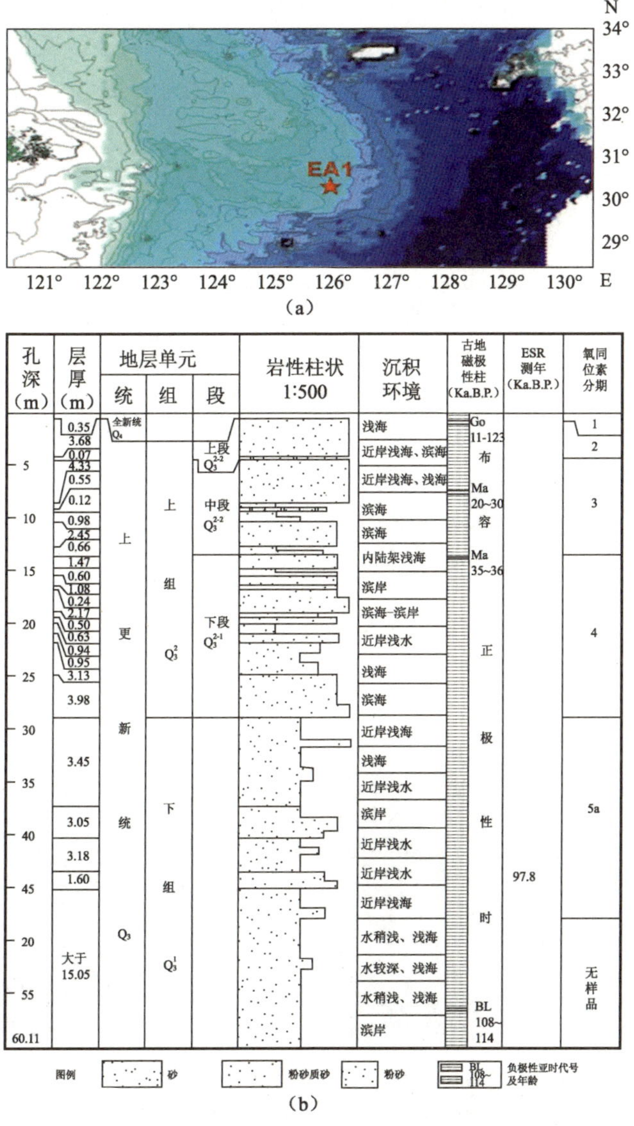

图 7-31 东海外陆架的 EA1 号岩心位置(a)及其剖面(b)

(二) 中深层地层结构

根据地震资料，在东海陆架海底以下约 3 000 m 深范围内的地层包括 4 个地震层序，即Ⅰ、Ⅱ、Ⅲ和Ⅳ地震层序(图 7-32)。Tg 为强相位的地震反射界面,起伏大、连续性差,在盆地基底的隆起部位均清晰可辨,但往南在凹陷区域因其深度过大难以追踪。因此,Tg 界面是黄海与东海北部陆架区的基底反射界面。T_2^0反射界面在东海陆架北部(29°N 以北)近于水平状,略有起伏,连续性较好。T_2^0界面下伏地震层序常为褶皱形态,上覆地震相多为平行反射结构。T_2^0界面与下伏地层呈明显不整合接触。经与钻孔资料对比,T_2^0反射界面为上新统与中新统之间的界面(距今 5.3 Ma)。T_1^1反射界面埋深浅,略有起伏,与下伏地层呈平行不整合关系。在东海陆架的中北部(28°~32°N),该反射界面呈近水平状,略有起伏,与T_2^0反射波基本平行,呈西北浅、西南较深的趋势,连续性较好,与下伏地层呈假整合关系。T_1^1反射界面相当于更新统与上新统之间的分界面(距今 1.8 Ma),是东海新生代地质发展史中最近一次构造运动——冲绳海槽运动造成的不整合面。但由于此次构造运动主要发生在东部海槽地区,对东海盆地影响极小,故在包括本区在内的东海陆架海盆地内不存在地层不整合接触关系,多为假整合。

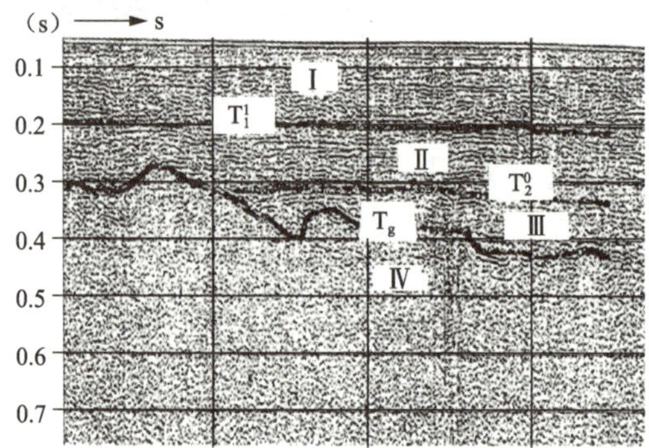

图 7-32 东海陆架海底地层结构(据中国地质调查局、国家海洋局,2004)

T_1^1和T_2^0界面自中陆架向东南方向的陆架外缘上翘,向东北方向埋深加大(图 7-33)。

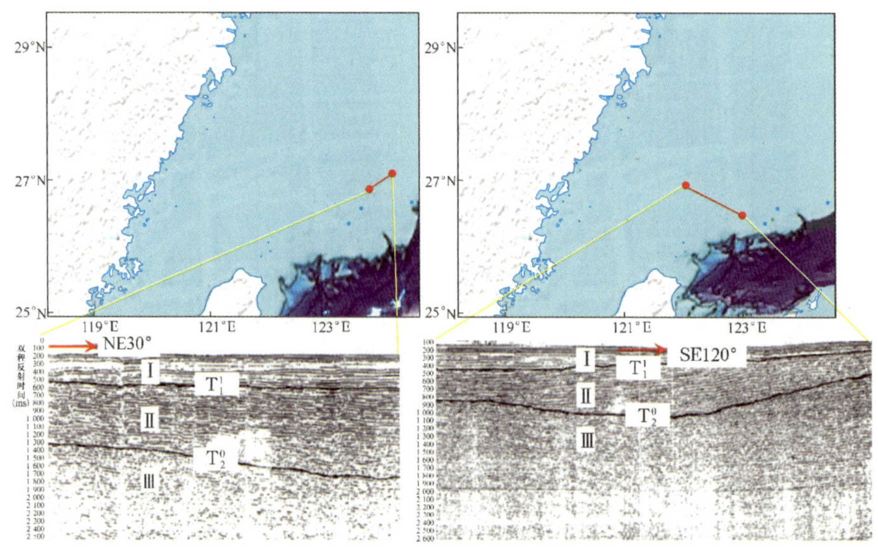

图 7-33 东海陆架主要地震反射界面的展布(据中国地质调查局、国家海洋局 2004 年资料编绘)

综合地震（包括浅地层剖面）和钻孔资料，可以看出，自晚更新世以来，东海陆架（特别是内陆架）地层的沉积层序为（自下向上或由早到晚）海相→河流斜交前积相→陆相→海相→河流湖泊相→海相→三角洲相（滨岸带）、潮流沙脊相（内、中陆架）和残留变余沉积（中、外陆架）（图 7-34）。

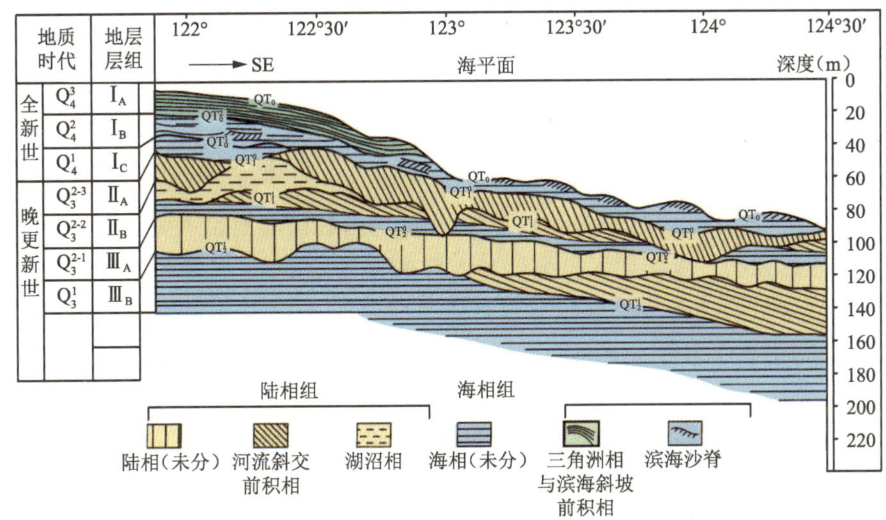

图 7-34 东海陆架区浅地层结构剖面示意图

（三）沉积环境演化

自上新世（距今 5.3 Ma ）以来，虽然菲律宾板块的俯冲与挤压作用仍然影响着欧亚大陆边缘，但是东海陆架区整体结束了“削岭填盆”阶段，进入区域沉降阶段。在上新世早期，东海陆架区以平原河流相沉积为主；中期主要为海陆交互相沉积；晚期则变为浅海相沉积。由于地形和物源供应的差异，在陆架各个局部区域之间存在有一定的差异。

进入第四纪以来，海相与陆相的交替沉积成为东海乃至整个中国东部陆架区的主要沉积特征。海平面升降变化成为控制陆架沉积的主要因素。在这期间，东海陆架一直处于较快的区域性沉降中，造成沉积厚度明显大于黄海。在早更新世（距今 1.8～0.78 Ma）和中更新世（距今 0.78～0.12 Ma）期间，东海陆架都至少经历了两次海平面升降变化；晚更新世（距今12.6～11.5 ka）是中国近海陆架频繁变迁的重要时期，东海陆架至少经历了三次大的海平面变化。

自距今 12.8 万年的晚更新世早期开始，进入末次间冰期，气候转暖，气温回升，海面逐渐升高，发生了向陆方向的海侵。整个东海陆架被海水淹没，形成正常的浅海环境。在距今约 7.5 万年进入末次冰期早期，气候变冷，海水退出东海西部海区。海岸线在 125°E（现水深 60 m 等深线）附近徘徊，在东海西部形成以河湖相为主的陆相沉积，在海岸线附近形成海陆过渡相-浅海相沉积。距今 3.5 万～2.3 万年为末次冰期亚间冰期，相当于氧同位素 3 期。气候逐渐回暖，海面上升，东海陆架再次为海水淹没，形成滨海、内浅海-浅海沉积。距今 2.3 万～1.0 万年为末次冰期晚期，相当于氧同位素 2 期。气候再度变冷，导致全球性海平面下降，海岸线在现今海面下 130～160 m 深处。在距今 18～15 ka 盛冰期时海岸线在现陆架外缘(现水深 150～160 m 处),在东海陆架形成河流、湖泊相沉积,东海陆架成了广阔的滨海平原。在距今约 11.5ka 进入全新世,气候进一步变暖,海平面不断上升,发生大规模海侵,岸线向陆快速推进。在距今约 12 ka 的海岸线位于内陆架外缘,即现今水深 50～60 m 附近。之后,海平面又加速上升,陆架环境由早期的滨岸、河口湾至中期的广阔浅海和晚期(现在)的内浅海、河口、三角洲,构成了现今东海陆架沉积环境的组合面貌。

小　结

1. 大陆架是大陆的自然延伸,大陆架的基底构造格架受相邻陆地的控制。由于陆架通常接受了大量的陆源沉积,地形一般平缓,小的地形起伏和地貌主要受现代水文动力条件和物源供应的控制。大陆架又是大陆与大洋的过渡地带,是大洋和大陆相互作用的区域。影响大陆架沉积的基本要素主要包括海平面变动、沉积物补给、气候、陆架水动力环境、生物作用和化学作用等。陆架碎屑沉积主要包括潮流、风暴和洋流作用下的砂质沉积及泥质沉积;泥质沉积物的分布除了与物源和海底地形有关外,水动力条件中的海流(环流或洋流)也是不可忽视的重要因素。

2. 陆架碳酸盐沉积包括骸骨颗粒组合和非骸骨颗粒组合两大类,这两类碳酸盐的分布主要受控于海水的温度和盐度。其中,海区温度和盐度的最低与最高值对生物碳酸盐的沉积作用影响很大。

3. 在东海陆架区的近岸带、河口三角洲以及部分内陆架海区,主要分布有现代沉积,这是在现行水动力环境条件下沉积物经过搬运和沉积作用的结果。现代沉积物的粒度分布表现出自陆向海,粒度逐渐变细的沉积作用分异规律。在东海中、外陆架海底,主要分布有残留沉积或变余沉积。这些沉积物粒度较粗,主要是在末次冰期低海面时近岸滨海环境条件下所形成的砂质沉积。

4. 东海陆架纵向地层分布最突出的特征是海相与陆相地层的交替变化,局部区域出现泥炭层,海平面升降变化成为控制陆架沉积地层结构的主要因素,特别是自第四纪以来,这种变化和控制作用尤为明显。

思考题

1. 大陆架的地形及构造格架有哪些主要特征?
2. 陆架碎屑沉积物主要有哪些类型?其分布有哪些特征?
3. 控制陆架沉积作用的主要因素有哪些?
4. 中国黄、东海陆架现代沉积物分布有哪些基本规律?
5. 试述东海陆架沉积地层结构的主要特征及其控制因素。

第八章　沟-弧-盆体系

在西太平洋大陆边缘，尤其是东亚大陆边缘最引人注目的构造地貌格局就是沟-弧-盆体系（TAB）。紧邻大陆的海岸线外侧是宽窄不一的大陆架，具有被动大陆边缘的性质。陆架外侧是边缘海，这些边缘海在构造属性上多表现为拉张。沿西太平洋大陆边缘由北向南，依次有白令海、鄂霍次克海、日本海、中国东海、中国南海及菲律宾海等（图 5-17）。边缘海的外侧为岛弧，岛弧外侧常有与岛弧平行展布的深海沟（个别岛弧内侧也有海沟）。这种在地理地貌上紧密相连，在构造成因上又有着密切联系的构造地貌组合被称作沟-弧-盆体系。

第一节　地质概况

一、分布与边缘海盆地的主要类型

（一）分布

根据俯冲带的地理位置、岩浆活动、地壳性质等特征，可将沟-弧-盆体系分为两类：发育在大洋环境中的“洋内沟-弧-盆体系”和发育于活动大陆边缘的海沟-陆缘岛弧-弧后盆地（边缘海盆地）体系，可称之为“陆缘沟-弧-盆体系”。

洋内沟-弧-盆体系是指大洋岩石圈板块俯冲到另一洋壳板块之下所形成的海沟、火山岛弧和弧后盆地组合。洋内岛弧有时被弧后次一级的海底扩张裂解，产生洋内弧间盆地，或者在洋内岛弧形成之初，围捕了一小块儿原来的洋盆，形成小洋盆而与原大洋分隔（图 5-25(c)）。总之，洋内沟-弧-盆体系与陆缘沟-弧-盆体系的区别除了地理位置在大洋内之外，其弧后盆地往往具有大洋型地壳结构。另外，洋内沟-弧-盆体系环境中的火山活动通常主要形成拉斑玄武质岩浆岩，岩浆源于俯冲板块之上的楔形地幔的部分熔融。

陆缘沟-弧-盆体系是指洋壳俯冲在仰冲大陆岩石圈板块之下所形成的沟-弧-盆组合（图 8-1）。在陆缘沟-弧-盆体系中，岛弧的岩浆作用要相对复杂得多。岩浆岩分布表现为：自近海沟一侧向陆依次出现拉斑玄武岩系列、钙碱性火山岩系列和碱性火山岩系列。就整个岛弧而言，火山岩以钙碱性系列为主，安山岩是主要的岩石类型。岛弧地带安山岩的形成一般都要经历复杂的变异作用过程，包括不同源岩浆的混合作用、俯冲的水化洋壳脱水去气对上覆地幔的改造作用、相对富 SiO_2（与地幔橄榄岩相比）的熔浆与地幔橄榄岩的反应、岩浆上升过程中的结晶分离作用以及岩浆与地壳岩石的相互作用等。弧后（边缘海）盆地多是半封闭的盆地，或处在岛弧体系之间的一系列海槽式小海盆。它们同样是弧后区次级海底扩张的产物（见第五章）。

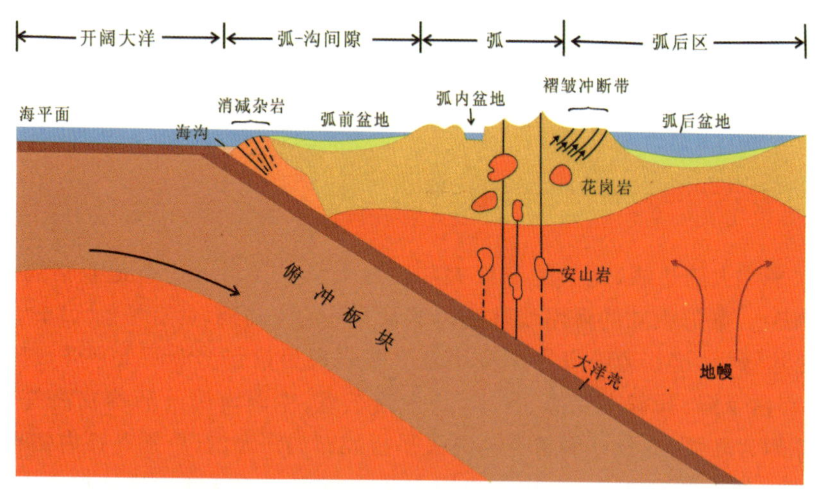

图 8-1　岛弧型活动大陆边缘地质剖面(据 Condie，1982，有改动)

在地形地貌上，海沟是世界上水深最大的狭长地带；岛弧则构成地形地貌上的隆起带，成熟岛弧表现为弧形岛链，正在发育的未成熟火山弧则表现为弧形海底隆起或弧形海山链；弧后盆地则为形状与大小不一的海盆。陆缘沟-弧-盆体系主要分布在环太平洋大陆边缘，完整的陆缘沟-弧-盆体系又集中分布在西太平洋大陆边缘，在东太平洋大陆边缘（北美和南美西海岸）往往缺失弧后盆地（详见第二章）。

（二）边缘海盆地的主要类型

边缘海，又称“陆缘海”（Marginal Sea），是指位于大陆和大洋边缘的海洋部分，其一侧以大陆为界，另一侧以半岛、岛屿或岛弧与大洋分隔，但水流交换通畅。例如，中国的东海和南海、白令海、鄂霍次克海、日本海、马里亚纳海等。板块构造理论和弧后扩张学说问世以来，边缘海盆地（Marginal Sea Basin）通常又等同于位于岛弧后方的弧后盆地（Back-arc Basin），主要分布在西太平洋型大陆边缘，是沟-弧-盆体系的组成部分。边缘海盆地概念强调三点：位于大陆边缘、岛弧后、过渡型地壳或洋壳型基底。

根据边缘海盆地的扩张性质及构造活动性，Karig（1971）曾将其分为活动的、高热流非活动的和正常热流非活动的三种盆地类型。Toksoz 等（1977）根据边缘海盆地的特征和构造演化将其分为未发育型、成熟型、活动型和非活动型四类。李学伦等（1997）认为边缘海盆地的形成并不都与大洋岩石圈的俯冲作用有关，可能有多种成因。按边缘海盆地的成因将其分为残留型、大西洋型、陆缘张裂型和日本岛弧型四类。

（1）残留型边缘海盆地。是古大洋的残留部分，相当于所谓新俯冲带发育过程中圈闭的一小块洋盆，这类海盆具有典型的洋壳结构，应力场以挤压占主导地位，其年龄一般大于毗邻岛弧，磁异常条带展布方向与俯冲带不一致，如西菲律宾海盆和阿留申海盆，也可称为围捕型边缘海盆。

（2）大西洋型边缘海盆地。在被动大陆边缘背景上由陆块裂离而成，与大洋板块的俯冲作用无关，如南海，又称为被动陆缘裂解型边缘海盆。

（3）陆缘张裂型边缘海盆地。由大洋板块向大陆板块俯冲所引起的陆缘张裂作用所致，一般经历陆壳拉伸减薄、陆壳张裂沉陷和海底扩张沉降几个阶段，随后可进入挤压关闭阶段（又称为安第斯活动陆缘裂解型边缘海盆）。如日本海盆和千岛海盆。

（4）日本岛弧型边缘海盆。由日本岛弧分裂而成，其形成的区域板块构造背景是俯冲带毗邻洋内弧的洋侧，为低应力型俯冲带，弧后区为张性应力场，在弧后拉张作用下岛弧裂离，进而扩张形成边缘海盆地。

中国东海外缘的冲绳海槽是在上新世（距今 5.3 Ma ）才开始裂陷形成的陆缘张裂型边缘海盆地，目前正处于初生期，应该说是一边缘海盆地的雏形。因此，其一系列的构造与地球物理特征都不同于其他的边缘海盆地。

二、构造与地球物理特征

海沟基底为洋壳结构，其上常为深海黏土沉积和混杂堆积（见第二章）；岛弧基底多数为陆壳结构，但主要为火山岩建造，向海沟一侧多分布有增生楔状体或混杂堆积体；发育成熟的弧后盆地基底多为洋壳结构，而发育初期或正在发育的弧后盆地基底既有洋壳结构，也有陆壳结构，或呈过渡性地壳结构。

沟-弧-盆体系是一多地震带，震源分布在一个从洋向陆倾斜的面上（图 8-2）。为纪念美国地震学家 H. Benioff，将这个平行于海沟展布的震源带特称为贝尼奥夫带（Benioff Zones）。海沟处多为浅源地震（震源深度<70 km），岛弧及弧后区则依次多为中源地震（震源深度 70～100 km）和深源地震（震源深度大于 300 km）。贝尼奥夫带不仅是震源的分布带，而且是岩石圈板块插入地幔中的板块实体，代表了板块俯冲的形迹。

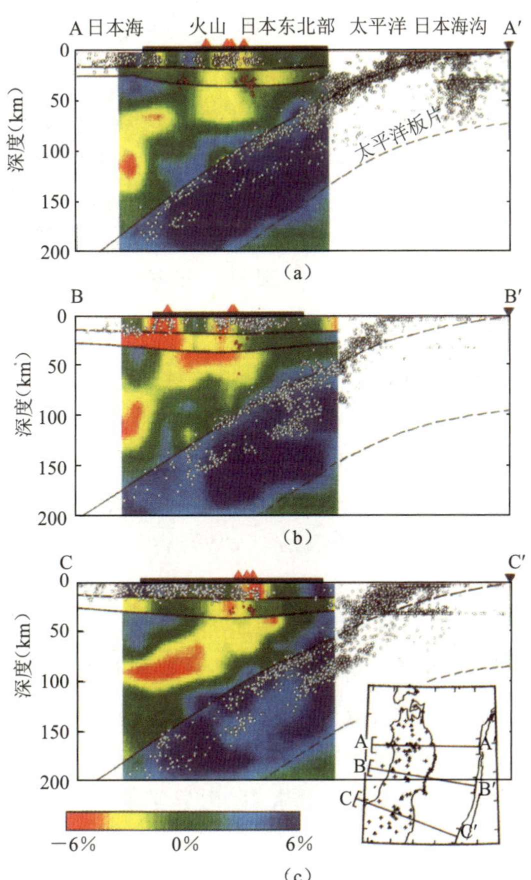

图 8-2 日本岛弧北缘俯冲板块与双地震带特征

重力异常表现为海沟为负值，岛弧及

弧后盆地为正值，两者符号相反、数值大体相当，说明岛弧质量剩余与海沟质量亏损彼此相抵。冲绳海槽盆地、琉球岛弧和琉球海沟的空间重力异常表现为条带状分布，等值线走向近 NE 向，与东海乃至中国东部大陆的构造走向大体一致(图 8-3 和图 8-4)。自东海陆架外缘向东南方向(垂直于构造走向)依次出现高值(陆架外缘隆起)→低值(冲绳海槽盆地)→高值(琉球岛弧)→低值(负值，琉球海沟)。

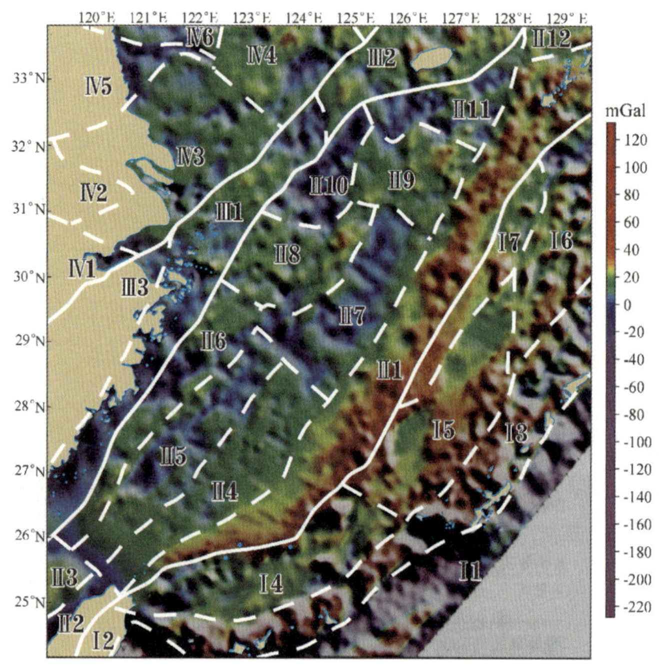

图 8-3　东海及其邻区空间重力异常(据李家彪，2008)

在沟-弧-盆体系的横断面上，热流值的分布(图 5-39)表现为：海沟为低值，特别是在海沟向岛弧一侧的斜坡上，往往出现热流的最低值；岛弧通常表现为较高的热流值；弧后盆地热流值分布较为复杂，在成熟的弧后盆地，热流值通常近似于大洋盆地，表现为正常值，但在正在发育或处于弧后扩张早期的弧后盆地则会出现异常高的热流值。在冲绳海槽盆地、琉球岛弧和琉球海沟所构成的沟-弧-盆体系中，热流值的分布非常复杂。东海陆架：2 344.61～3 662.21 mW/m²，8 个热流值平均 2 784.22 mW/m²；冲绳海槽：376.81～423 243.21 mW/m²，平均 19 195.64 mW/m²；琉球岛弧：6 个热流值平均2 750.74 mW/m²；琉球海沟：8 个热流值平均 1791.95 mW/m²；菲律宾海：52 个热流值平均 2 097.59 mW/m²。冲绳海槽的热流值可以说是目前在世界范围海洋中所测得的最高值。异常高的热流值大多沿海槽的中轴线分布，并且主要出现在海槽中部。这说明冲绳海槽是一热的活跃区。冲绳海槽地下的地温梯度变化剧烈，软流圈地幔有明显的隆升现象，说明热主要来自隆升的地幔。结合其张性构造特征、磁异常条带特征、岩浆岩石学和地壳结构特征(图 8-4)等，使人相信冲绳海槽是一目前处于弧后扩张作用早期的边缘海盆地。

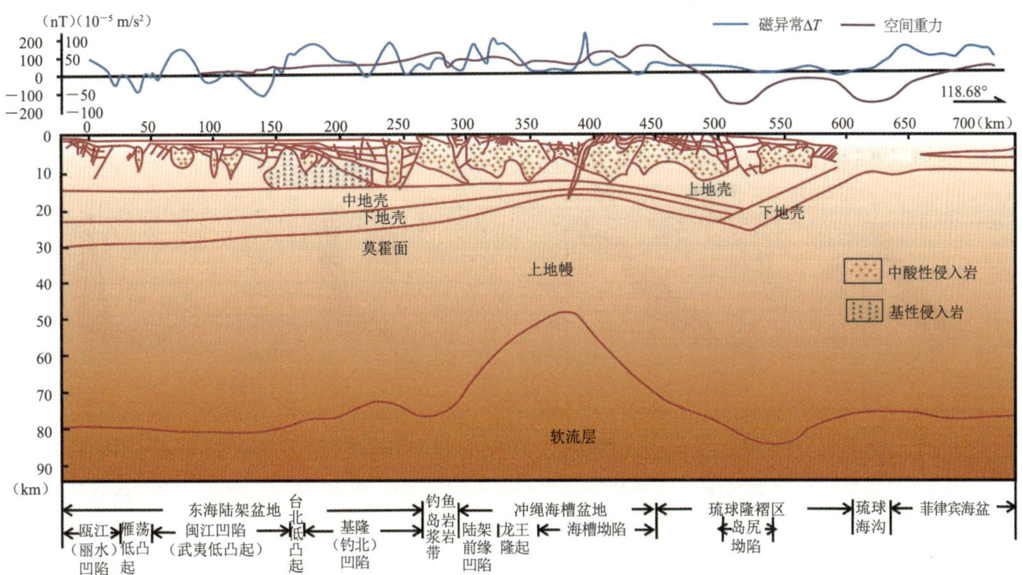

图 8-4 琉球海沟-琉球岛弧-冲绳海槽-东海陆架盆地地球物理特征剖面(据李家彪,2008,有改动)

三、成因机制

根据板块构造理论,海沟是大洋板块俯冲消亡的地方。在"冷"的和"湿"的大洋板块俯冲到一定深度时,由于压力和温度升高,会造成俯冲板块的失水和矿物的相转变。水和其他挥发组分可使俯冲板块之上和仰冲板块之下的地幔物质熔点降低,并导致熔融产生岩浆。岩浆上升,导致岛弧带的岩浆作用或火山喷发,从而形成平行于海沟或俯冲带的岛弧或海山型火山链。由于大洋板块的俯冲挤压作用和岩浆作用,在海沟岛弧一侧,形成构造挤压带、双变质带、加积楔状体等。

板块俯冲还会在更深和距离海沟更远的地方扰动其上覆的软流圈地幔,从而导致地幔的隆升和次生对流,造成弧后区扩张,弧后扩张是边缘海盆地形成的动力因素(见第五章)。这种弧后扩张作用在一定程度上类似于大洋中脊的海底扩张和板块增生作用。因此,弧后扩张所形成的成熟型边缘海盆地大多具有类似于大洋盆地的地壳结构(地壳薄或介于陆壳与洋壳厚度之间,地壳基底上层主要是由拉斑玄武岩组成等)。

世界各地俯冲带的倾角(图 5-19)是多种多样的。原来认为俯冲带的倾角一般在 45°左右,但地震震源面显示,不仅不同地区的俯冲带的倾角变化极大(10°~90°),就是同一俯冲带在不同深度上也有变化。板块俯冲带倾角的大小具有一定的规律性,通常情况下表现为:① 岛弧下的俯冲带较陡,大都在 45°以上;② 陆缘弧下的俯冲带比较平缓,一般不超过 30°;③ 俯冲带的倾角往往随着深度的增加而变陡;④ 俯冲带倾角的大小与板块俯冲速度有关,俯冲速度越大,俯冲带的倾角就越小。俯冲带倾角的控制因素大致有四个:① 板块相对汇聚速率;② 仰冲板块绝对运动的方向和速率;③ 俯冲板块的年龄;④ 俯冲板块内是否存在无震海岭、海底高原、大洋岛屿、海山和微大陆等。

地震层析成像技术的发展使得研究俯冲板块形态成为可能。最新成果表明,俯冲的大洋板块形态与地幔楔构造特性在不同的活动陆缘具有明显的差别。这种差别除了表现在俯冲带倾角上之外，还表现在俯冲板块在上、下地幔界面处的变化上（图 8-5）。大多俯冲板块在 670 km 的界面附近倾角变小，甚至水平，水平延伸可达近千千米。但是，也有的俯冲板块越过该界面，俯冲进入下地幔，直到 1 300 km 深处。

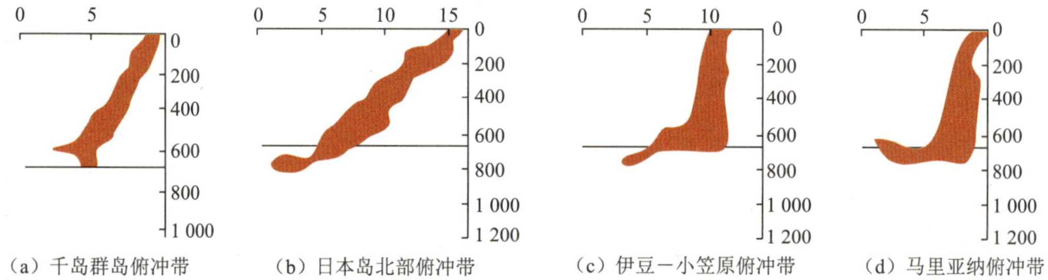

图 8-5　地震层析成像反映的俯冲板块形态（据 H. W. Zhou 和 R. W. Clayton，1990，有改动）

（一）千岛-日本-琉球-台湾俯冲带

由于太平洋板块的俯冲，在千岛群岛岛弧西侧发育了拉伸成因的由大洋地壳和过渡性地壳构成的鄂霍茨克边缘海。该区层析成像研究表明，俯冲板块在地壳和上地幔中具有较大的倾角（大于 45°，图 8-5a）。然而，当俯冲板块俯冲到达 500～670 km 深的上下地幔过渡带时其形态发生了突变，即由高倾角俯冲转为近水平状。由高倾角转折为近水平的深度可能在上下地幔过渡带的底界 670 km 处。近水平楔入的冷而硬的洋壳板块在这一深度分布长度可达近千千米。之后，由于板块前缘不断增大引起负浮力增大而使冷板块继续向下地幔中楔入。其最大深度至少可达 1 300 km 深处。通过对比，这一由高角度俯冲突变为近水平的转折点大致对应于岩石圈变形所形成的鄂霍次克海盆地的中央部位。

日本岛弧下俯冲板块形态决定了日本岛弧是一个十分复杂的火山弧。它的发育除了受控于太平洋板块向日本岛弧下俯冲外，在它的南端还受控于菲律宾板块沿琉球-台湾海沟向西的俯冲。大约在 40 Ma 前，由于菲律宾板块向亚洲大陆下俯冲，日本海开始发育。太平洋板块向西的俯冲稍晚，大约是在 26 Ma 前，洋壳以约 9 cm/a 的速率向日本岛弧下俯冲。由此，发展成现今具典型洋壳结构的日本海弧后盆地。由于这个沟-弧-盆体系受上述两板块俯冲的共同影响，目前在日本岛弧的南、北两端俯冲板块的形状不尽相同。在日本岛弧南端，俯冲板块的倾角大致为 40°，且明显穿越了 670 km 深上下地幔过渡带。之后，俯冲板块也具有转折成水平分布的特征。在日本岛弧的北端，俯冲板块的倾角与南端相似。但从形态上看，它似乎没有穿越 670 km 深上下地幔过渡带（图 8-5b），而是在 670 km深过渡带附近就转折成了近水平分布。然而，这种形态与岩石圈变形的对应关系是不论俯冲板块在 670 km 深过渡带的什么部位发生倾角转折成水平，这一转折点在地表上均已偏向了中新生代具有裂陷性质的华北板块东缘。而日本海弧后盆地几乎已完全位于以冷板块为东界的上地幔三角楔之上。

（二）马里亚纳和伊豆-小笠原俯冲带

自距今大约 43 Ma 始，太平洋板块沿着伊豆—小笠原和马里亚纳海沟向菲律宾板块下俯冲。几乎所有的研究成果均表明，该俯冲带俯冲板块的倾角高达 80°左右，高角度俯冲直达 670 km 深的上下地幔过渡带。之后，俯冲板块就转折成近水平状，并在过渡带分布长达近千千米(图 8-5c，d)。板块正好分别位于硫黄岛海岭和马里亚纳海岭到各自俯冲带所相应的海沟之间。近水平状分布在上、下地幔过渡带的部分又正好与地表上四国海盆和 Parece-Vela 海盆位置吻合。而且，这些弧后海盆形成的起始时间均略晚于火山岛弧的形成时代。根据现有资料，四国海盆始成于约 30 Ma 前，Parece-Vela 海盆大约在23 Ma 前才开始发育。因此，这种弧后盆地演化的时序和俯冲洋壳形态上的吻合表明弧后的拉伸作用与板块的俯冲作用具有密切的动力学联系。

(三) 汤加俯冲带

汤加海沟是太平洋西岸所发育的沟-弧-盆体系最南端的一条海沟。在距今 34～25 Ma期间，太平洋板块向西俯冲于澳大利亚板块之下从而发展成汤加海沟、火山岛弧和拉伸的弧后盆地。俯冲板块的形貌特征与西太平洋区相类似，也表现为在上地幔中具较大的倾角。该俯冲冷板块已穿越了 670 km 深的上下地幔过渡带到达了下地幔中 1 000～1 600 km深处，而拉乌盆地正位于由俯冲板块构成东界的上地幔三角楔形体之上。

由上可知，当岛弧内侧发育有拉伸的弧后盆地时，俯冲板块的形貌有一定的规律，即在上地幔中均以高角度俯冲，当俯冲到达约 670 km 深的上下地幔过渡带时，俯冲板块要么发生转折呈近水平沿过渡带楔入，要么继续以高角度穿越过渡带向下地幔楔入。

(四) 智利型俯冲带

该类型俯冲板块主要分布在环太平洋东海岸。由于转换断层的影响，发生在北美西岸的俯冲在 25～30 Ma 就已终止。但在南美西岸由于纳兹卡板块的作用，俯冲作用现在仍在继续。这一类俯冲板块的形貌特征与太平洋西岸相比具有明显的区别。

秘鲁海沟俯冲板块的形态表现为，纳兹卡板块在约 100 km 深的岩石圈内以约 30°倾角俯冲深达 200～300 km，之后在上地幔软流圈中近水平俯冲长达 300～400 km，最终再以较大的倾角向深部楔入。三维 P 波走时层析成像研究表明，当俯冲板块继续向深处俯冲时，就以中等倾角一直达 670 km 深上下地幔过渡带。现今还不能确定它是否继续楔入达 670 km 深上下地幔过渡带或更深处。但不论怎样，俯冲板块在 670 km 深以上是以十分平缓的倾角分布在科迪勒拉和安第斯岩石圈变形带之下(图 8-6)。

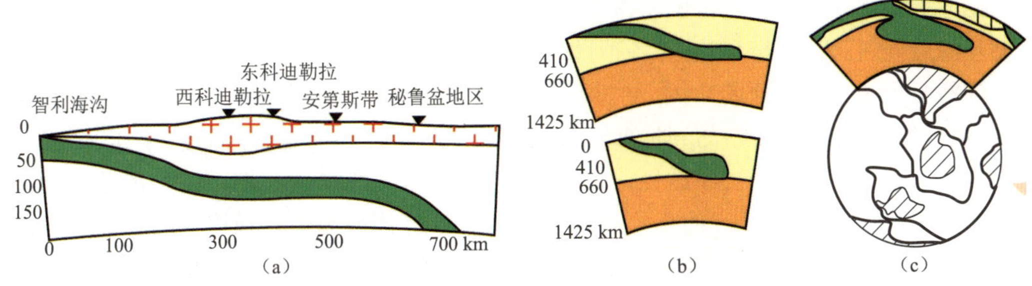

图 8-6 太平洋东岸智利海沟俯冲板块形态

(a 据 Norabuena 等，1994，b 据 Engdahi 等，1995，c 据 Fukao 和 Maruyama 等，1994，有改动)

第二节 俯冲带地质作用

一、俯冲加工厂与俯冲再循环

板块的俯冲消减过程会引发一系列的变质、变形、岩浆、流体等作用,涉及壳幔之间的物质循环,乃至大气圈、水圈、岩石圈之间多圈层的相互作用。在一定条件下,洋壳上的沉积物可以随下伏岩石圈的岩石一起消减进入地幔,也可以被仰冲岩石圈板块刮削下来而在海沟的岛弧一侧堆积形成增生楔状体。俯冲岩石圈(包括洋壳和沉积物)在消减带内的构造消毁,称为消减作用。在很狭窄的地带内存在与消减作用有关的强烈的构造变形作用。

板块俯冲系统可以比拟为一个俯冲工厂(Subduction Factory)。俯冲的大洋板块,包括海底沉积物、火成岩洋壳和大洋岩石圈地幔部分是输入工厂的原料;从弧前区逸出的流体(包括水和其他挥发性组分)、蛇纹岩底辟、从岛弧与弧后区喷出的岩浆、生成的矿床和建造的陆壳等是工厂的产品;俯冲带所发生的脱水、变质和熔融等过程则是这个工厂的"生产"流程(金性春等,2003)。

俯冲工厂的关键过程是俯冲再循环(Subduction Recycling),也称俯冲带再循环或地壳再循环(简称再循环)。进入俯冲带的大洋板块(包括其上覆的陆源和生物源沉积物及其所包含的流体和蚀变产物)随着温度和压力的升高,释放出水和其他挥发性组分,部分流体和气体返回水圈和大气圈,部分流体和沉积物则加入火山弧下的岩浆源区,并作为弧火成岩返回大陆。俯冲再循环过程中释放出的水和其他挥发组分在导致爆发型岛弧火山活动中起着重要作用。另一方面,俯冲板块释放出的元素和流体卷进矿床的形成过程,在俯冲带上方的岛弧和弧后盆地形成富含 Au 和 Ag 等金属元素的热液矿床。在俯冲工厂的最浅部,在一定压力作用下水和有机质的富集则会导致油气或天然气水合物的形成或破坏,并为海底下的深部生物圈以及弧前区流体渗出口的化学合成生物群提供营养。经过俯冲工厂加工后残留的大洋板块下潜返回地幔深处。这样,来自陆地、大气圈、水圈和地幔的物质,通过俯冲工厂的运作再循环返回陆地、大气圈、水圈和地幔。这一再循环过程改造了俯冲板块和上覆板块,联系着地表和地球内部,几乎涉及地球的所有圈层。

俯冲再循环研究的重点是俯冲物质的各种组分(如沉积物和流体等),通过俯冲工厂再循环的过程、行为、归宿和效应,各种再循环组分的通量及物质平衡问题(图 8-7)。俯冲再循环的两个基本研究领域是:① 再循环过程,即岩石、沉积物和流体通过俯冲带所涉及的物理的、热力学的、矿物学的和地球化学的过程;② 再循环通量,即固体、流体、元素和溶解物质通过俯冲带的通量和途径。目前,我们所能见到的仅仅是俯冲工厂的原料和产品,而对深达数十至上百千米的工厂内部过程还难以直接观测到。利用地球物理层析成像技术和对输入、输出物的地球化学示踪研究,结合较深的钻探,可望逐步了解工厂内部的运作过程,以最终解决俯冲再循环涉及的种种科学问题。

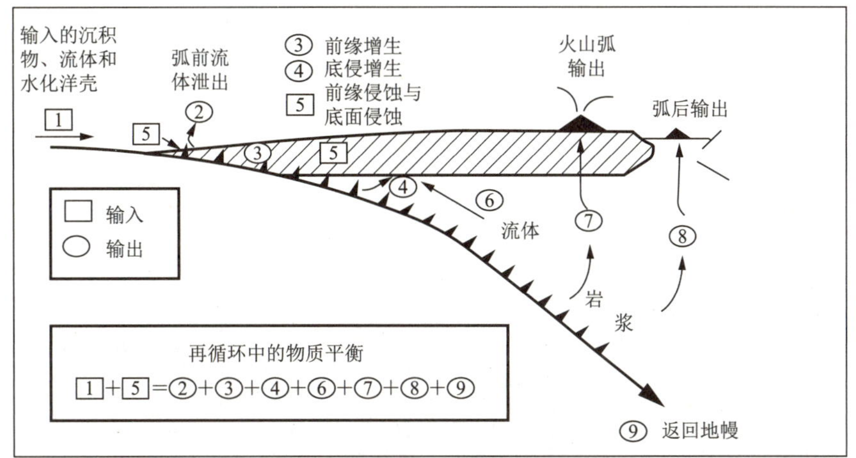

图 8-7 俯冲再循环中的物质平衡(箭头表示运移的方向;据金性春等,2003,有改动)

等式表示俯冲再循环中物质的整体平衡,等式左面为输入物,包括进入的沉积物、流体和水化洋壳,加上前缘俯冲侵蚀和底面俯冲侵蚀产生的物质(主要是大陆物质);等式右面为输出物,包括弧前输出物(流体等)、增生楔、底侵物质、俯冲带释出的流体、沿火山弧及弧后的输出物、返回地幔深处的洋壳板块。输入和输出二者应相互平衡。

二、双变质带

图 8-8 日本俯冲带双变质带(来自网络)

在板块俯冲带,由于在板块接触带温度和压力变化分布而形成高压低温和高温低压两种变质带,被称为双变质带(图 8-8 和图 8-9)。双变质带通常成对出现,形成年代大致相同(若有早晚,高压带比高温带稍早),两者之间通常被一条完全未变质的岩带分开,也有直接接触者。高压低温变质带是一狭长的变质岩带,一般位于海沟的陆侧,它形成于温度为 250℃~400℃,压力为 5~7 千巴的环境。一般随着埋藏或俯冲深度的增加,温度、压力同时升高,很难达到高压低温条件。但在俯冲开始的海沟地区,热流值低,当板块向下俯冲至 20~30 km 深处,上覆岩石圈板块的荷载压力在 5 千巴以上,加上板块俯冲作用产生的动压力,便远远超过 5 千巴。在这一深度,温度只有 200℃~300℃。这样的压力、温度条件与蓝闪石的形成环境相当,所以高压低温变质带的特征变质矿物为蓝闪石,变质岩为蓝闪石片岩(图 8-9)。在高压低温变质带,挤压和剪切构造十分发育,宽度较窄。高温低压变质带位于沟-弧体系的火山弧部位。随着板块进一步向下俯冲,深至 150~200 km 处时,温度随深度逐渐升高,加上板块俯冲过程中摩擦所生热量的积聚,下行大洋板块上部发生部分熔融,熔融的岩浆上升进入上覆地幔楔或直接在火山弧喷出。在火山弧下方较深部位处于高温高压环境的岩浆向上运移至较浅部位,过渡为高温低压环境(上覆岩石荷压减小),使火山弧弧内的岩浆岩及沉积岩发生变质现象,形成高温低压变质带。它常与花岗岩、花岗闪长岩及中酸性火山岩相伴。分布在火山弧下较浅部位的高温低压变质带以含红柱石和硅线石等变质矿物为特征，变质带较宽（图 8-9），带内断块构造较为发育。

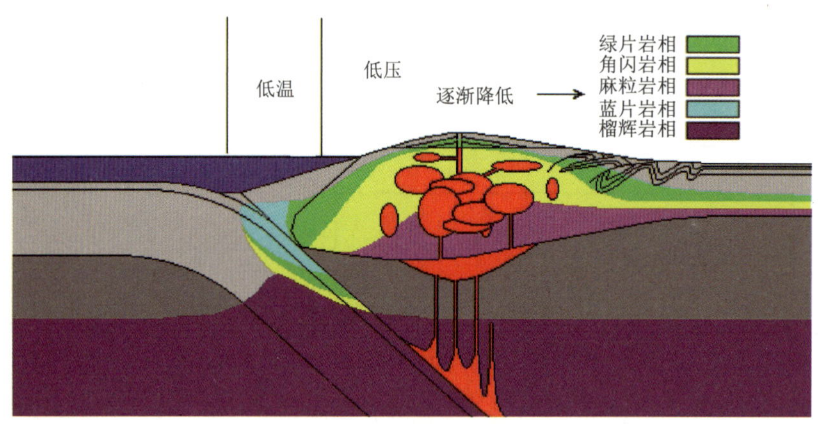

图 8-9　双变质带剖面结构图

有关双变质带的特征对比见表 8-1。双变质带多形成于中生代和早第三纪，中新世以来的尚未出露地表。据双变质带所出现的位置，可分为陆缘双变质带（安第斯陆缘）、岛弧双变质带（千岛和日本东北）等。对岛弧双变质带的研究意义在于：其排列反映了沟-弧体系的位置关系，标出了沟-弧体系的极性，从而可推测古俯冲带的倾向。同时高压低温变质带还大体标志着古俯冲带出露地表的位置。

表 8-1　双变质带特征对比

	高压低温变质带	高温低压变质带
部位	海沟靠陆侧	火山弧上
成因	20～30 km 深，俯冲带浅部和两个板块对冲处，压力大但温度不高，变质岩为蓝闪石片岩；挤压、剪切构造发育，常与混杂堆积体和蛇绿岩套伴生；T：250℃～400℃，P：5～7 千巴	火山弧下方较深部位处于高温高压环境的岩浆运移至较浅部位，过渡为高温低压环境，深度大于10 km；火山弧岩浆岩和沉积岩变质形成高温低压变质带；常与花岗岩、花岗闪长岩及中酸性火山岩伴生
特征矿物	蓝闪石、硬玉、硬柱石、绿泥石等	红柱石、矽线石、蓝晶石
出露原因	抬升，或被逆推到高处；若俯冲减缓或停止，海沟地带在均衡补偿作用下隆升、剥蚀	岛弧区隆升引起地表层强烈剥蚀
分布	既可以发现于现代俯冲带，又可以在大陆内部造山带（古俯冲带及古板块边界）出现	

双变质带除发现于现代俯冲带外，在大陆内部的造山带也有发现，如我国雅鲁藏布江高压变质带与冈底斯低压变质带，很可能是印度板块与欧亚板块碰撞前特提斯（古地中海）洋底向北俯冲时产生的双变质带。它对研究古俯冲带及古板块边界具有重要意义。

三、蛇绿岩套与混杂堆积

（一）蛇绿岩套

早期的蛇绿岩套是指在层序上有规律地组合在一起的一套岩石的总称。早在1927年，人们就发现了"三位一体"的蛇绿岩套，这是主要由蛇纹石化橄榄岩和少量辉长岩、玄武岩组成的岩石群体，强调的是它们与深海远洋沉积的放射虫硅质岩密切共生。Hess（1955）建议将蛇纹岩、基性火山岩、燧石岩的组合称为"斯特曼三位一体"，表示它们是紧密的共生岩石组合。1959年，Brunn首次提出把蛇绿岩套的研究与大西洋中脊进行类比，认为蛇绿岩套是与板块扩张轴和海底环境有关联的深海沉积物以及基性和超基性火成岩的集合体。1974年，F. Press和R. Siever在其名著《地球》一书中，把蛇绿岩套定义为"与板块扩张轴和海底环境有关联的深海沉积物以及基性和超基性火成岩的集合体"。

完整的蛇绿岩套剖面（图8-10）自下而上包括：A——以橄榄岩为主的超镁铁质杂岩，大部分遭受强烈蚀变而转变为蛇纹石化橄榄岩或蛇纹岩；B——以辉长岩为主的结晶堆积体；C——以辉绿岩为主的彼此平行的岩墙群，单条岩墙以只有远离洋中脊的一侧具有冷凝边为特征，并区别于侵入陆壳的普通岩墙；D——以拉斑玄武岩为主的枕状熔岩，枕状熔岩的顶面与深海沉积物穿插，再上全被深海沉积（放射虫硅质岩、含钙质超微化石的灰岩和页岩等）所覆盖。

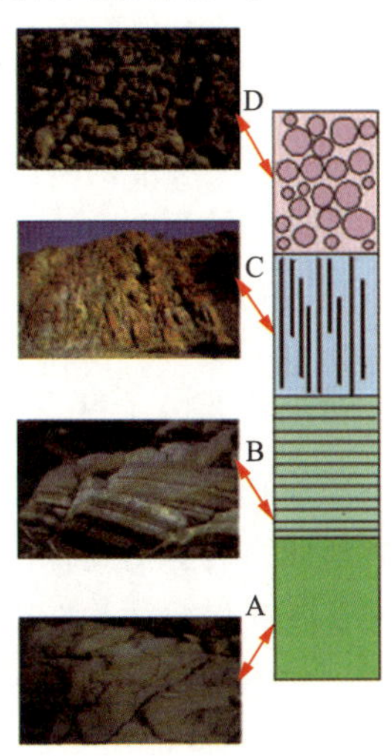

图8-10 典型的蛇绿岩套

自板块构造理论建立以后，才对蛇绿岩套的成因有了较合理的解释：是在陆缘板块俯冲带附近由于海洋岩石圈的俯冲或逆冲而遗留的海洋地壳残块。经对比，海洋岩石圈与存在于造山带中的"橄榄岩-辉长岩-辉绿岩-枕状熔岩"的结构组成相似，说明古老的造山带中存在有残存的洋壳。现代蛇绿岩套的概念是指包括洋壳和上地幔的一系列岩石（如玄武岩、辉绿岩墙群、辉长岩、斜长花岗岩、超镁铁岩及地幔橄榄岩）的组合，代表消减或增生的大洋岩石圈碎片（图8-11），但并非"正常"的大洋岩石圈，多形成于与现代岛弧、弧后盆地、转换断层以及小洋盆类似的环境。强调"地幔橄榄岩"和"洋壳顶部的玄武岩和辉绿岩墙"的共生。

蛇绿岩套通常与混杂堆积体（图8-11）、高压低温变质岩共生，它们同为板块俯冲作用的伴生产物，是研究古板块构造史和古俯冲带的重要标志与依据。

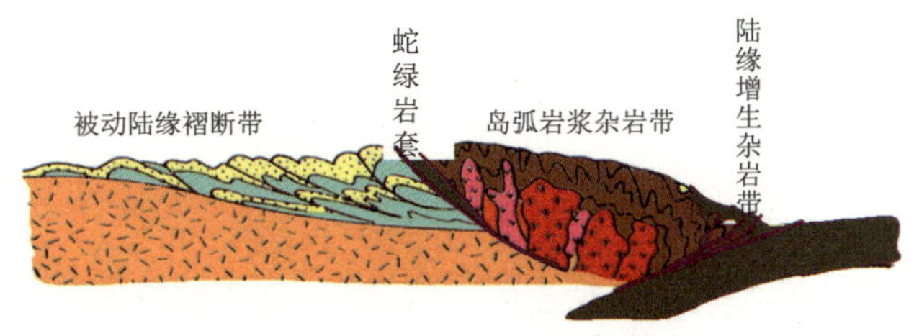

图8-11 产于增生带的蛇绿岩套

(二) 混杂堆积体

混杂堆积体是指时代、成分、性质、来源不同的岩石和沉积物无规则相互混杂组成的变形岩石堆积体。在板块构造学说提出之前，不同岩石混杂在一起的现象在大陆早有发现，并给予诸如“飞来峰”(Klippe)、外来岩块(Exotic Block)、野复理石(Wildflish)、自碎混杂体(Autoclastic Mélange)、推覆体(Nappe)等名称。板块构造学说问世后，混杂堆积体专指那些与板块俯冲作用有关的复杂的岩块和沉积物的混合体。归纳起来，混杂堆积体具有下述主要特点：

(1) 混杂堆积体组分相当复杂，由不同性质、不同年代的外来岩块、原地岩块和基质三部分组成。它们来自海沟带的浊积复理石、板块俯冲刮削下来的蛇绿岩套、逆冲板块脱落下来的岩石碎块、各种沉积岩和不同变质程度的变质岩等；基质以泥质为主，也有蛇纹岩质等。

(2) 混杂堆积体中的岩块(或碎石)大小不等、形状各异(有些具有棱角)，岩块差异悬殊，小的只有几厘米，大的可延伸数百米至几千米，最大者可达几百平方千米、厚数千米的“岩板”。混杂堆积体宽窄不一，延伸较长，甚至有的整个一条山脉全部由混杂堆积体构成。

(3) 混杂堆积体内剪切构造比较发育，其中的岩块和基质普遍受到剪切作用，常见到有石香肠、菱形石香肠和楔形构造等。混杂堆积体下界以及其中的岩块通常以断层面或剪切面为界。岩块在基质中经常发生自身旋转和位移，所以混杂堆积体是一种变形岩石形成的复杂岩体，是典型的构造混杂体。

(4) 混杂堆积体常含有蛇绿岩套的碎块和蓝片岩等高压低温变质岩，所含蛇绿岩套碎块较多时称为蛇绿混杂体。它们共生于板块俯冲带前端海沟坡折地带，形成俯冲带前端迭瓦状楔状体构造带，是识别古俯冲带或板块缝合线的重要标志。

从上述特征不难看出，混杂堆积体是与板块俯冲作用相伴生的产物。当两个板块相向运动，彼此前缘相接触时，俯冲板块上边的沉积物(主要是放射虫和有孔虫软泥，也有少量以复理石浊积物为主的深海碎屑沉积物)，一部分随大洋板块向下俯冲，另一部分连同蛇绿岩套受到仰冲板块的刮削，堆挤在一起，停积在接触线上，与沉积在海沟或弧沟间(弧前)盆地中的杂砂岩、仰冲板块滑落下来的破碎岩块以及从俯冲板块侵位或推挤上来的蛇绿岩套(洋壳残块为主)或蓝片岩等，挤压、搅拌、混杂、堆积在一起形成混杂堆积体。也有可能是俯冲板块上的沉积物在俯冲时受到对面仰冲板块的拖曳，构成平卧的向斜构造，使下部较老地层倒转覆盖在新地层之上，再经挤压、褶皱、破碎，致使较老地层成为外来岩体，覆盖在新地层之上或被包围于新的褶皱地层以内。总之，混杂堆积体是在板块俯冲作用下，不同地点、不同成因、不同年代、不同性质的各种岩石和沉积物，经过破碎作用和混杂作用而形成的复杂岩体。

四、增生楔状体

大洋板块在大洋中脊生成之后，逐渐离开扩张中心向大陆边缘运移，其间会接受各式各样的沉积物。这些沉积物主要是深海钙质软泥、硅质软泥和红色黏土。板块移动至海沟附近还接受了浊流沉积。这些沉积物固结程度较差，特别是新生代以来的沉积层大都未固结成岩，板块俯冲时很容易被刮削下来，与俯冲板块基底脱离，加积于海沟向陆的侧坡上，形成增生楔状体(图 8-12)，或称增生棱柱体。增生楔状体不等同于混杂堆积体和蛇绿岩套，但是增生楔状体的组成中有时主要是混杂堆积物，有时还包括蛇绿岩套。

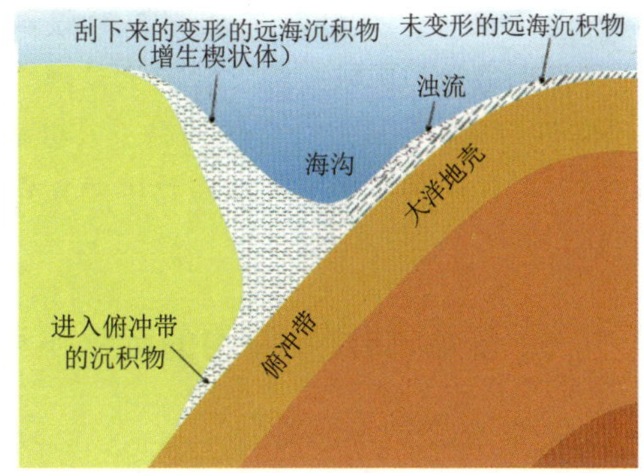

图 8-12　大洋板块上的远洋沉积物和浊流沉积物在俯冲作用下被刮下在海沟内壁构成增生楔形体(据 F.Press et al.,1978,有改动)

增生楔状体的形成和发展与板块俯冲作用密切相关。在板块俯冲作用的挤压下，新生的年轻沉积楔状体将推挤老的沉积楔状体不断向上抬升，从而形成类似叠瓦状的扇形构造楔状体，增生楔状体的年龄由下向上依次变老，产状依次变陡，愈接近增生楔状体底部，年龄愈年轻，产状愈平缓。

随着板块俯冲作用的持续进行，增生楔状体不断增大，引起海沟陆坡向大洋方向扩展。与此同时，海沟和俯冲带亦向大洋方向迁移。增生楔状体不断加积至大陆边缘，大陆不断增生，弧前盆地亦随之加宽，洋壳逐渐向陆壳转化，大陆边缘不断向外扩展。

第三节　陆坡、陆隆、海沟和弧后盆地的沉积作用

海沟常呈弧形或直线形展布，长 500～4 500 km，宽 40～120 km，水深多为 6～11 km。大多数海沟呈不对称的“V”形横剖面。其洋侧坡(也称外壁)较缓，陆侧坡(也称内壁)较陡；沟坡的上部较缓，下部较陡，平均坡度 5°～7°。海沟斜坡地形多复杂，分布有众多的峡谷、台地、堤坝和洼地等。

海沟沟底可被沉积物填充成不宽的平底。沟底的沉积物不厚，大多不超过 1000 m，主要是红黏土和硅质沉积，有时有火山灰夹层，也有来自相邻大陆或岛弧的浊流沉积和滑塌沉积。在海沟的靠洋一侧主要分布有正常的深海远洋沉积。在海沟与洋盆之间，常有宽缓的海底高地，随海沟走向延伸，这种高地高出洋盆底部 300～500 m，被称为外缘隆起，是俯冲的大洋岩石圈板块在这里发生弯曲所致。在海沟的靠岛弧一侧(岛坡)，常常是混杂堆积体(见第二节)。

弧后盆地大部分水深超过 2 000 m，弧后扩张作用控制着盆地的水深。通常情况下，成熟型弧后盆地水深较大，而处于弧后扩张作用早期的弧后盆地(如冲绳海槽)水深较小。弧后盆地内的沉积作用取决于洋流循环、生物生产力、陆源和岛弧物质供应、区域火山活动等。在一些成熟型的弧后盆地边缘也发育有陆坡，甚至有陆隆沉积。

从地理位置上讲，大陆隆(见第二章)是指位于大陆坡末端和深海平原之间缓坡地带，靠近大陆坡的地方较陡，向深海减缓，平均坡度 0.5°～1°，水深 1 500～5 000 m，宽度在 0

～600 km 之间。大陆隆在大西洋、印度洋、北冰洋边缘和南极洲周围广泛分布。在太平洋仅西部边缘海向陆一侧发育有大陆隆，在太平洋周围的海沟附近缺失大陆隆。大陆隆上的沉积物主要是来自大陆的黏土及砂砾，厚 2 000 m 左右。大陆隆地带是深海扇从海底峡谷向外扩展的地带。沉积物主要来自陆架和陆坡，由重力崩塌、滑坡及浊流搬运和堆积而成。

一、陆坡、陆隆和海沟的沉积作用

（一）主要影响因素

影响陆坡、陆隆和海沟沉积作用的主要因素有地质构造环境、海面变化、物源和生物活动。

地质构造环境是控制沉积作用的一级制约因素。构造活动（如地震和断裂活动）的频度和强度影响着沉积物重力流的频率与体积。构造活动的水平与垂直运动速率也影响着陆坡、陆隆和海沟的沉积作用。一般来说，抬升速率大能增加碎屑供应量，下沉速率快则促进碎屑物的搬运和沉积。

海面变化是气候环境变化的结果。在气候温暖的高海面时期（间冰期），河流输送入海的沉积物大多堆积在陆架内，只有很少部分被海流搬运至陆坡，因而不利于陆隆的发育。在气候寒冷的低海面时（冰期），陆架大部分出露，河流可将其载荷物质直接堆积在陆架坡折带附近，当受到地震或大风暴等营力触发时以浊流、碎屑流或滑塌的形式搬运至陆坡、陆隆及深海平原，从而有利于陆隆的发育。

岛弧通常也是火山弧，火山活动不仅向与岛弧毗邻的海沟提供了火山沉积物，而且可以促进浊流、碎屑流或滑塌等形式的沉积物运移。

物源也是影响陆坡、陆隆和海沟沉积作用的重要因素。在陆坡和陆隆，主要是再沉积作用。大河三角洲系统可以输送大量陆源碎屑物质至陆架边缘，为再沉积作用提供了丰富的物源。在高纬区，冰川及浮冰也能将大量陆源碎屑搬运到陆架边缘。低纬区的物源常是来自碳酸盐礁及台地的生物碎屑，但供给速率较低。因此，物源不仅决定着陆坡和陆隆的发育程度，而且控制着其沉积物类型。

生物生产力以及生命活动对陆坡、陆隆的沉积作用主要是影响着水柱中质点的类型和浓度，从而影响着底质的沉积速率。在外陆架边缘，衍生于生物的絮凝体——“海洋雪花”对海水水柱中的细颗粒物质（生物骨屑和陆源碎屑）来说，不仅是沉积物的“捕集器”，而且是沉积的“加速器”。浮游动物的排泄物也有类似的沉积作用。在海沟，由于水深较大（超过了碳酸盐补偿深度，见第四章），通常没有钙质沉积。

（二）陆坡沉积物的输运

陆坡和陆隆的沉积物主要来自外陆架或陆坡上部，海沟的沉积物则主要来自岛坡或岛架，它们经由不同的输运形式而沉积下来。

（1）块体运动。块体运动是指沉积物以分散颗粒或块体形式在重力作用下的顺坡运动，包括岩崩、滑动和沉积物重力流。岩崩是指岩块、砂和泥的自由坠落，大多发生陆坡峡谷和海沟的陡坡处，运动形式是坠落。滑动是指刚性坍塌（见后，图 8-14），以内部有凝聚力的块体运动形式造成沉积物的输运，但周边可能发生塑性变形，块体的尾部、底部甚至发生组构重组。滑动可分为滑移和滑塌，滑移是沿板状剪切面平行滑动；滑塌是沿剪切破裂曲面滑动。

沉积物重力流是指沉积物在重力的影响下进行搬运，并且沉积物的运动能带动孔隙水的移动。根据沉积物的主要支撑特征，可将重力流分为碎屑流、颗粒流、液化沉积物流和浊流，孔隙水含量依次增加（图 8-13）。碎屑流是由重力引起的粗、细碎屑和水的混合物呈塑性块体向下的移动。碎屑流沉积常分布于大于 10°的斜坡上，连续或间歇性顺坡流动可达几十千米。颗粒流通常发生在坡度大于 18°的斜坡上，靠颗粒间碰撞产生的扩散压力支撑下行的沉积物流。通常是粒度较均一的砂质沉积物的运移形式。颗粒流是陡坡和峡谷头部很局限的事件。液化沉积物流是液化的、无黏合性的沉积质点的运动形式。在松散砂质沉积物中，当孔隙压力大于周围静水压力时，颗粒则由孔隙水所支撑，砂则成为流体的一部分。这种沉积物流即使在缓坡上也可向下移动。浊流是由密度大于水的沉积物同水的稀释混合物组成的短暂而强大的重力驱动流，其运动由内部湍流所支撑。浊流对陆源物质从浅海区搬运至深海起着重要作用，是大陆边缘沉积作用中最重要的一种沉积物重力流。浊流可分为头、颈、主体、尾四区。

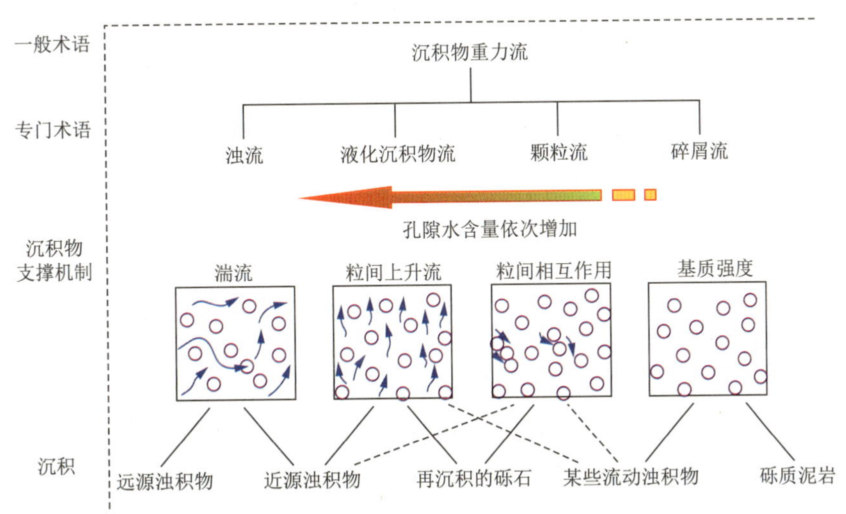

图 8-13 沉积物重力流的 4 种形式

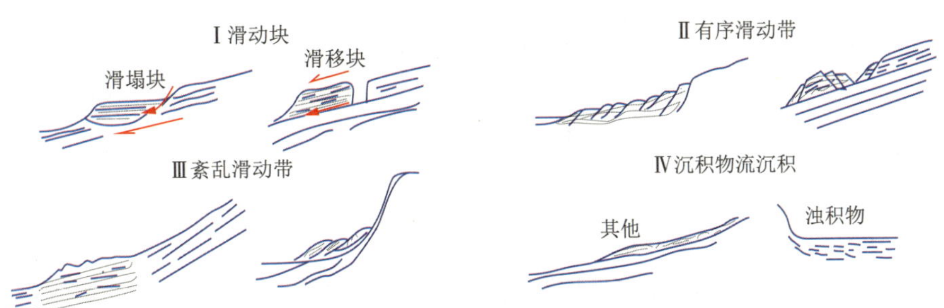

图 8-14 沉积物的块体运移形式

（2）浑水羽状流。在大河三角洲分流河口外的陆坡区，常出现低浓度的浑水羽状流。在河口陆架区，浑水羽状流搬运的主要是细颗粒的陆源物质，在外陆架和陆坡区由于波浪、潮流、海流及风暴等作用所导致的浑水羽状流可将富含生物组分的再悬浮沉积物搬运很远的距离。浑水羽状流可存在于水体的表层、中层和底层。

（3）底层流。在大洋底层存在有全球性的温盐环流（密度流），其中具有等深流性质的边界流对大陆边缘的沉积作用特别重要。底层流的再悬浮作用是形成底层雾浊层（见第四章）的重要原因之一。陆坡处的等深流通常位于水深 2 000～4 000 m，流速很慢（5～20 cm/s）。底层流对底质能产生侵蚀效应，分选出细粒物质使底层粗化，并形成纵向波痕等特征构造。雾浊层的悬浮体成分为矿物碎屑和有机碎屑。矿物碎屑是陆源成因；有机碎屑则主要为浮游硅质和钙质生物骨屑、浮游动物的排泄物、有机絮凝体（海洋雪花）以及少量有机碎屑（如木质素、孢粉等）。悬浮的颗粒物质既可来自表层水体中的沉降作用，也可来自底层流、生物及内潮对海底的侵蚀再悬浮作用。

（三）沉积物特征

不同输运形式所形成的沉积具有明显不同的特征。仅呈块体搬运的沉积就有多种形式，包括滑动块沉积、有序滑动沉积、紊乱滑动沉积、沉积物流沉积等形式（图 8-14）。浊流沉积和等深流沉积是陆坡、陆隆和海沟沉积中最重要的沉积类型。典型的浊流沉积具有明显的粒序层理、定向侵蚀、砂层底部有充填痕，有呈互层出现的远洋黏土，具有特征性的鲍马沉积构造序列（见第四章）。等深流沉积（Contourites）在现代陆隆是很重要的沉积类型，常与重力流沉积、半远洋沉积成互层。等深流是沿海底等深线流动的相对稳定的底层流，它一般由沿着大陆边缘流动的边界流产生。等深流沉积物与浊积物不同，它具有清晰的薄层理，粒级较细而且分选良好。等深流沉积主要出现在陆坡脚部，特别是在现代陆隆发育中起着重要作用。等深流沉积常与重力流沉积、半远洋沉积成互层，岩性有泥质、粉砂—砂质（细砂）。泥质等深流沉积多呈块状体层，数厘米至数十米厚。粉砂—砂质等深流沉积则多为不规则的层状（厚度小于 30 cm）。

单就水深而言，陆坡下部直到陆隆都属于半深海。半深海沉积是指由水柱中缓慢沉降的质点所形成的沉积物，主要出现于没有明显的底层流和浊流的海区或时间段内。半深海沉积通常缺少粗粒沉积物，主要由原地浮游生物（特别是有孔虫）碎屑及平流扩散输入的悬浮陆源粉砂、黏土质点组成。没有明显的交错层理、波痕及冲刷面等沉积构造。由于沉积速率低，氧化环境下将受到底栖生物的强烈扰动，缺氧环境下可保留层理。

（四）大陆坡海底峡谷沉积作用和浊积扇沉积

海底峡谷是陆源沉积物进入深海盆地的主要通道，多数海底峡谷始于陆架外缘（图 8-15）。深潜直接观察发现，海底峡谷通常具有平坦谷底和横向波痕以及漂砾周围的冲痕，堆积在平坦谷底上的漂砾是由谷壁基岩崩塌下来的。取自谷底的沉积岩心通常具有粒级层理、纹层或斜交纹理，这反映了一种动态和成幕的沉积环境。沿着海底峡谷下移的沉积物运动可能是缓慢的蠕动和浊流混合方式。浊流深切和侵蚀海底峡谷，冲刷沉积物向下运动。

有关海底峡谷生成和维持机制主要有两种成因解释：① 当大陆边缘上升时存在深切的侵蚀作用，下沉时被充填，再由崩塌或浊流作用重新切开；② 海底峡谷是在低海平面沉积物大量供应时由密度流切割而成。海底峡谷的侵蚀作用需要大量陆源沉积物供应到峡谷谷顶，因而峡谷的形成与大河供应物源的位置是密切相关的。

当浊流流到陆坡基脚时，其携带的大量物质便沉积下来形成扇形堆积体——浊积扇，又叫深海扇。有的学者也把一些大河三角洲外的类似锥形的大型堆积地形叫作深海锥(图 8-15b)。深海扇的沉积物来源于峡谷顶端。一个扇面包括谷、天然堤和谷间区。谷以天然堤为标志，谷底形成在扇面上。天然堤的高度顺着深海扇向下减小并最后消失。在谷口外的沉积舌，叫作叠复扇。深海锥发育在具有广阔流域和大量沉积物载荷的大河三角洲外侧，通常出现在被动大陆边缘。世界三大河(亚马孙河、恒河和密西西比河)外缘都形成有大型的深海锥。其中孟加拉深海锥是恒河沉积物堆积而成，体积达 3 000 km×1 000 km×12 km。喜马拉雅山在第四纪上升了约 2 000 m，快速隆升导致巨大侵蚀，通过河流把大量沉积物供给到孟加拉湾。

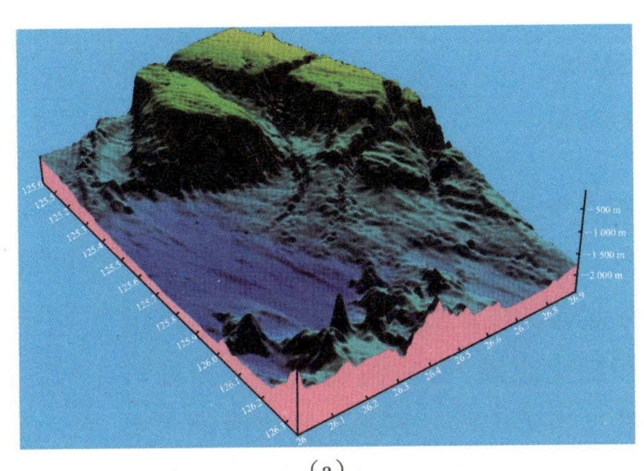

(a)

(b)

图 8-15　存在于东海陆架坡脚的浊积扇(a)和大西洋陆坡外的深海锥(b)(来自网络)

二、边缘海的沉积作用

大多数边缘海盆地的地壳结构与标准洋壳结构相同或相近，有些边缘海盆的地壳厚度稍大是因为其上覆沉积层较厚所致。DSDP 和 ODP 在菲律宾海盆、珊瑚海盆和塔斯曼海盆等均钻遇玄武岩基底，证明这些海盆具有大洋型地壳基底。另有少数海盆地壳厚度较大，但花岗岩质壳层明显减薄，属过渡型地壳。另外，在边缘海盆地莫霍(Moho)面变浅，有地幔抬升现象。大部分边缘海盆地的年龄都相当年轻，并且比被岛弧分隔的相邻洋盆的年龄要小得多。DSDP 和 ODP 的钻探结果表明，边缘海盆地的海底(残留型边缘海盆地除外)都是新生代以来形成的。大部分边缘海盆地都发育有与大洋底类似的磁异常条带，但其磁异常强度偏低，如日本海盆、西菲律宾海盆等。热流值高是边缘海盆地的另一突出特征，活动的或较年轻的边缘海盆地热流值尤其高，如冲绳海槽的平均热流值高达 695 mW/m^2。大部分边缘海具有类似大洋中脊的扩张中心，并且同样具有海底热液活动及其所形成的多金属硫化物矿产资源。

据深海钻探资料(表 8-2),西太平洋边缘海盆地的沉积物类型及体积频率为:浊积物占 25.7%、生物碳酸盐沉积占 23.8%和半远洋黏土沉积占 21.8%。三种主要沉积物所占比例大体相当。在成熟型边缘海盆地,来自陆源的沉积和来自生物的自生沉积占有明显的主导地位,而在弧后扩张初期的弧后盆地(如冲绳海槽),火山碎屑沉积所占比例相对要高。

表 8-2　边缘海不同沉积物所占体积频率(%)

<table>
<tr><th colspan="2">沉积物类型</th><th colspan="3">体积频率(%)</th></tr>
<tr><td rowspan="3">硅酸盐质重力流沉积</td><td>碎屑流沉积</td><td rowspan="3">26.9</td><td colspan="2">1.2</td></tr>
<tr><td>深海扇浊积物</td><td>20.0</td><td rowspan="2">25.7</td></tr>
<tr><td>粉砂浊积层</td><td>5.7</td></tr>
<tr><td rowspan="2">黏土</td><td>半远洋黏土</td><td rowspan="2">26.0</td><td colspan="2">21.8</td></tr>
<tr><td>远洋黏土</td><td colspan="2">4.2</td></tr>
<tr><td rowspan="3">生物沉积</td><td>硅质生物沉积</td><td rowspan="3">37.6</td><td colspan="2">4.3</td></tr>
<tr><td>生物碳酸盐沉积</td><td colspan="2">23.8</td></tr>
<tr><td>碳酸盐质重力沉积</td><td colspan="2">9.5</td></tr>
<tr><td colspan="2">火山岩屑沉积</td><td>9.5</td><td colspan="2">9.5</td></tr>
</table>

在边缘海盆地,重力流沉积中以浊积物为主,主要发育在陆坡坡脚(见本节第"一"部分)。在有些边缘海盆地(如四国海盆和珊瑚海盆等)内靠岛弧一侧,由于岛弧的快速抬升,也有浊积物大量堆积成深海扇,由砂、粉砂和黏土组成,有时浊积层主要由粉砂组成。

半远洋-远洋黏土质沉积主要存在于水深超过当地 CCD 线以下的边缘海盆地内。沉积物来源主要有硅质生物残骸、呈悬浮状态被海流搬运而来的陆源沉积物、大气搬运的尘埃等。半远洋黏土颜色多种多样,含生物组分低于 30%。

远洋生物沉积包括钙质和硅质两类生物沉积。两者的分布受纬度和盆地水深的控制,低中纬度一般为碳酸盐沉积,高纬度为硅质沉积。

火山碎屑沉积大多为玻屑、晶屑组成的安山质凝灰沉积,常含有浮岩砾石。火山碎屑沉积常呈薄层状夹在正常沉积层系中,但也可被浊流搬运出现粒序层理。在冲绳海槽,火山碎屑沉积可以成层产出(见本节第"三"部分)。

三、冲绳海槽地质

冲绳海槽是东海的一个组成部分,又与岛弧和海沟相毗邻。自西向东,可以将东海划分为 5 个大的地质单元:东海陆架盆地、东海陆架边缘脊、冲绳海槽、琉球岛弧和琉球海沟(图 8-16)。无论是构造性质、现代沉积作用,还是基底岩石类型,在它们之间都有着不可分割的联系。

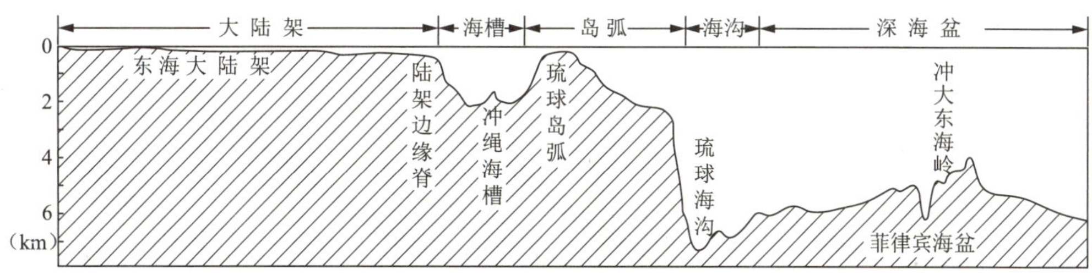

图 8-16 冲绳海槽地理位置图(据翟世奎等,2001)

(一) 地形地貌

冲绳海槽位于中国东海大陆架边缘,北起日本九州,南抵中国台湾岛,长约 1 200 km,宽为 100～120 km,大体呈 NNE-SSW 向,平行琉球岛弧呈向东南突出的舟状盆地,与琉球岛弧和琉球海沟构成了一个完整的沟-弧-盆体系。冲绳海槽中间被一系列 NW-SE 向横断裂分割成数段,通常以吐噶喇断裂构造带和宫古断裂构造带为界分为北、中、南三段(Shinjo 等,1999;图 8-17)。北部水深小于 1 350 m,中部水深 1 850～2 050 m 之间,南部水深大于 2 050 m,南部最大水深约 2 334 m(黄福林,1989;赵金海等,2003;杨文达,2004)。在冲绳海槽北部,地形崎岖,海山、海丘极为发育,高出海底达 500～600 m,多为海底火山;南部槽底相对平坦,横剖面近于"U"形,但个别孤立的山峰可以高出海底达 1200 m(图 8-18)。冲绳海槽东、西两侧分别为向海槽轴部倾斜的高角度正断层,沿两翼断裂有岩浆侵入或火山喷发,在海槽北部的东侧槽坡尤为明显。在海槽轴部还发育有平行于海槽走向的地堑构造,地堑轴断断续续呈北北东向雁行斜列,纵贯整个冲绳海槽(Kiumra,1985;黄福林,1989)。沿海槽轴部偏东展布有一条槽底峡谷,自北向南由窄变宽。Wageman 等(1970)认为该峡谷可能是由沿海槽轴向流动的浊流造成,而 Kimura (1981)则认为该峡谷是一条张性断裂带。

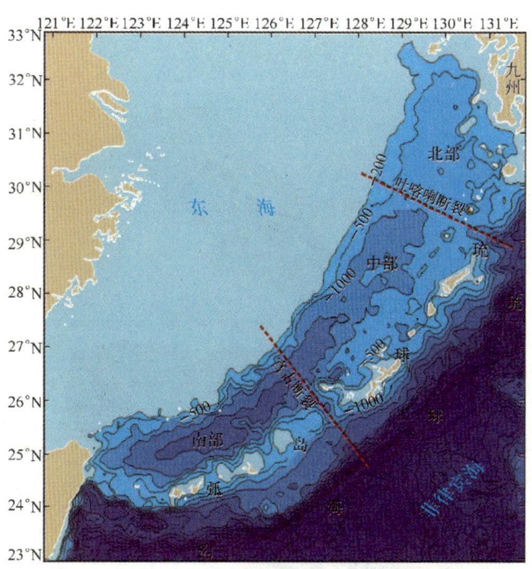

图 8-17 冲绳海槽地形图

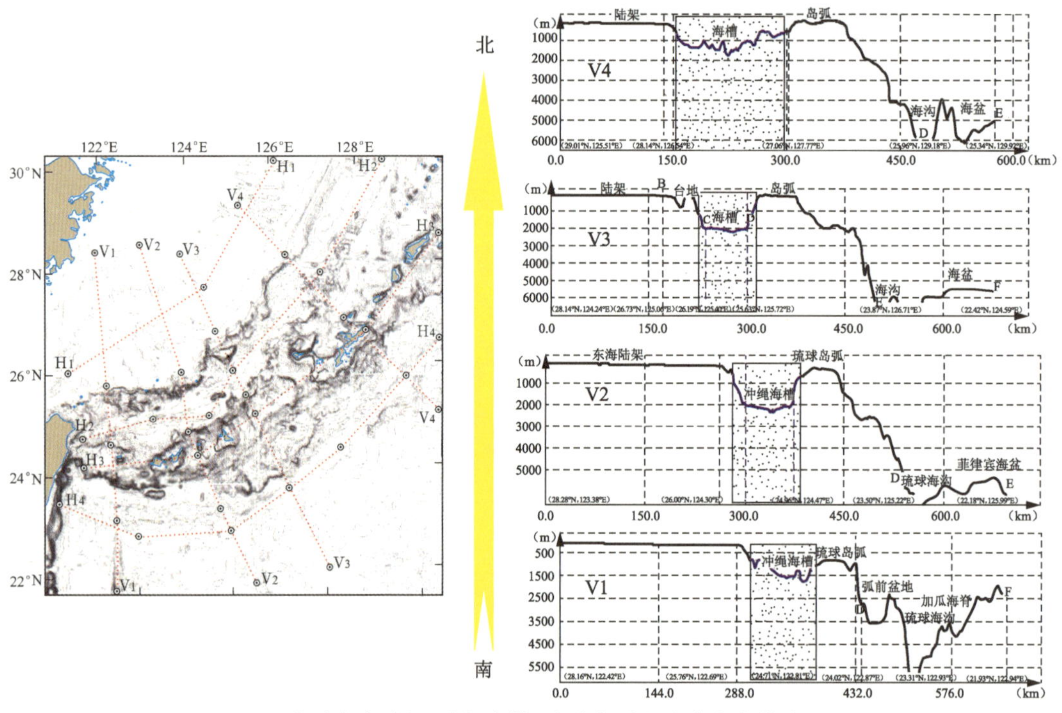

图 8-18　穿过东海陆架、冲绳海槽、琉球岛弧和琉球海沟的地形剖面

冲绳海槽西槽坡即东海大陆坡，地形陡峭，呈阶梯状。北部槽坡宽缓，坡脚水深约 700 m；中段窄陡，坡脚线在 1 000 m 左右；向南陆坡又变宽，地形复杂。西坡上发育有典型的被动陆缘陆坡的地形地貌，主要有海底峡谷、断块台地、断裂沟、浊积扇等（图 8-19a）。海槽槽底比较平坦，发育有海山、海丘，断陷盆地、扩张裂谷，火山链等地形地貌类型。东槽坡即琉球群岛的西岛坡，槽坡的地形非常复杂。琉球岛弧北段和中段为双列岛弧，南段单列岛弧，岛屿和海山众多，岛间有许多水道联系着太平洋（图 8-19b）。

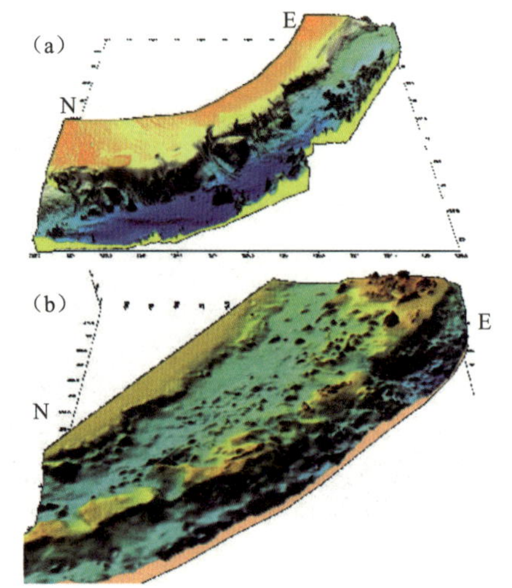

图 8-19　冲绳海槽西槽坡(a)及东侧岛坡(b)地形

（二）构造与地球物理特征

如图 8-20 所示，冲绳海槽及其邻近地区自西向东依次划分为 5 个构造带，即东海陆架边缘隆褶带、冲绳海槽张裂带、琉球岛弧系、琉球岛弧弧前区、琉球海沟。

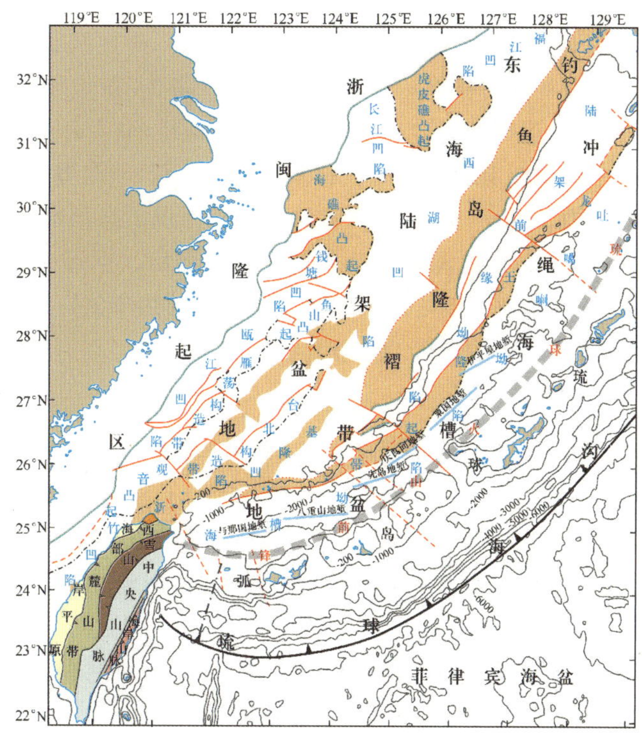

图 8-20　冲绳海槽及邻近海域区域构造图

冲绳海槽是典型的发育在大陆边缘、由陆壳扩张而成尚处于扩张早期的弧后盆地，具有高热流、强地震、多火山、活断层（图 8-21）等现代构造活动的典型特征。张性断裂十分发育，总体走向 NNE 向，被一组近似 NNW 向的剪切断层所切割（图 8-21）。地堑构造普遍，中部和南部发育有众多的裂陷盆地。拉张性盆地主要分布于海槽西部。

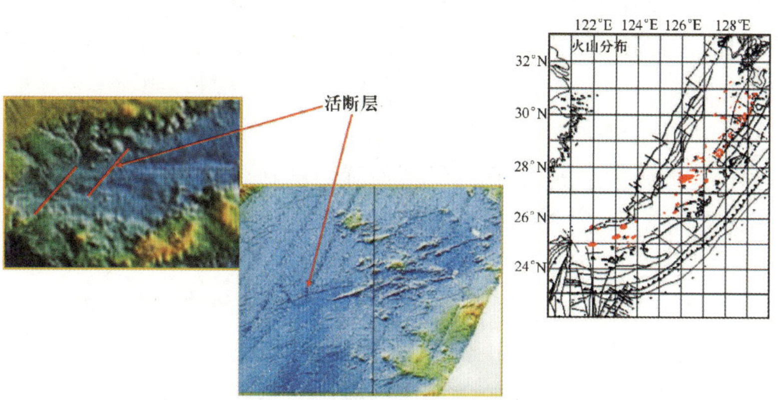

图 8-21　冲绳海槽的火山及活断层

作为一个整体，琉球海沟、琉球岛弧和冲绳海槽是一个强地震带。冲绳海槽主要发育中源地震，而琉球岛弧和琉球海沟区则以浅源地震为主。据 Katsumata 等(1969)和 Shiono 等(1980)等的研究，震源的分布表明在沟弧盆之下存在着板块俯冲而产生的贝尼奥夫带，其形态上缓下陡。整个海槽区由相间分布的正、负块状磁异常组成，南部和北部以正异常为主，最大值达 200 伽马，中间则表现为宽缓的负异常，磁性基底埋藏深度为 3 km 左右(金翔龙等，1983)。沿冲绳海槽有一个高的布格异常带(一般大于 100 mGal)，而琉球岛弧和东海陆架区的重力值则相对较低(一般为 20 mGal)，说明海槽区的地壳处于极大的不均衡状态，表明下伏地幔有上隆现象。据重力资料计算，冲绳海槽区的地壳厚度变化于 15～28 km，平均值为 20 km(金翔龙等，1983)，并且表现出南部地壳薄、北部地壳厚的特征。冲绳海槽最突出的地球物理特征是异常高的热流值。据迄今所收集到的热流资料，最大值为 26 008 mW/m^2(喻普之等，1992)。如此高的热流值即使是目前正在扩张的“新生海洋”，如红海、亚丁湾等也不能与之相比。

(三) 沉积作用

冲绳海槽的沉积作用主要包括陆源碎屑沉积作用、浊流沉积作用、火山沉积作用和碳酸盐沉积作用。

陆源碎屑沉积作用主要是来自黄河和长江的物质经河流和海流输运到冲绳海槽的西坡及其邻近的海槽区。特别是在末次冰期低海面时，两大河流的物质可能直接进入了冲绳海槽。

浊流沉积作用普遍发育于冲绳海槽偏西部的坡脚处，形成典型的浊积扇地貌。自北向南可以分出五个浊积区。

冲绳海槽内的火山物质有浮岩、火山玻屑和火山成因的紫苏辉石、普通辉石、磁铁矿、普通角闪石、长石与石英。在调查区内还发现了与火山作用有关的新矿物——钓鱼岛石。在冲绳海槽的中部和南部分布有玄武岩(翟世奎等，1995；李巍然等，1997)，在中北部零星分布有粗面岩性质的“黑色浮岩”(翟世奎，1986；秦蕴珊等，1988)。冲绳海槽表层火山沉积物主要存在于粉砂质泥中，有时含有浮岩砾石，直径几毫米到几十厘米不等，极易碎解成细小的颗粒，主要分布在 27°N 以北的海区(图 8-22)。冲绳海槽的火山沉积物主要是海槽内火山喷发形成的碎屑沉积，但也有少量火山沉积物来自琉球岛弧的火山活动。

在冲绳海槽分布最为广泛的火山石是灰白色浮岩，这是一种酥松多孔、极易破碎、SiO_2 含量在 70%(wt%)左右的酸性火山岩。拖网采到的浮岩样品大多棱角尖锐，没有或很少磨圆现象。在海底表层沉积物中，呈不连续的链状分布，主要分布于冲绳海槽 26°N 以北的海槽区(图 8-23)。上述特征说明浮岩源于海底火山的水下喷发，而非来自邻近的陆架和岛弧。

在柱状岩心中，火山物质(浮岩、火山玻璃、火山成因的碎屑矿物等)成层产出(图 8-24)，在约 5 m 长的岩心中可以划分出五个浮岩层或浮岩砾石层。五个浮岩层又可归为三个大的火山沉积层，分别代表三次较大规模的海底火山喷发。据迄今所获浮岩样品的同位素测年结果表明，冲绳海槽最早的火山喷发发生在距今约 7 万年以前，而最近一次喷发是在距今1万年左右。在这期间共有三个大的火山喷发旋回，它们分别对应于晚更新世中期、晚更新世晚期和全新世早期。

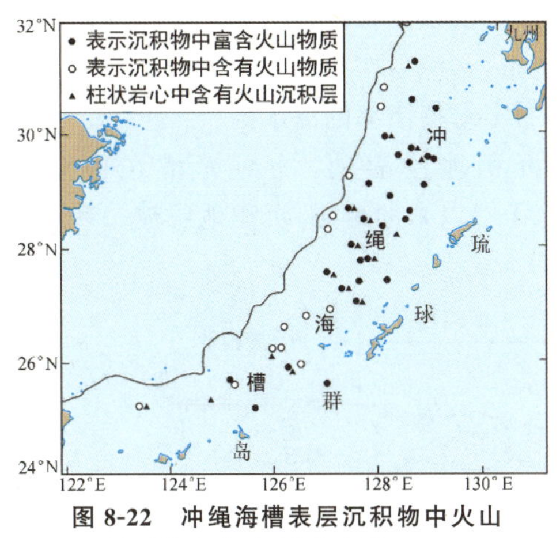

图 8-22 冲绳海槽表层沉积物中火山物质的分布(据翟世奎等,2008)

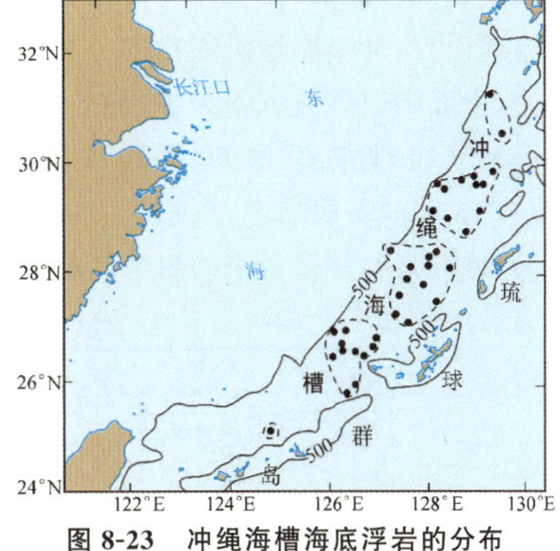

图 8-23 冲绳海槽海底浮岩的分布(据翟世奎等,2008)

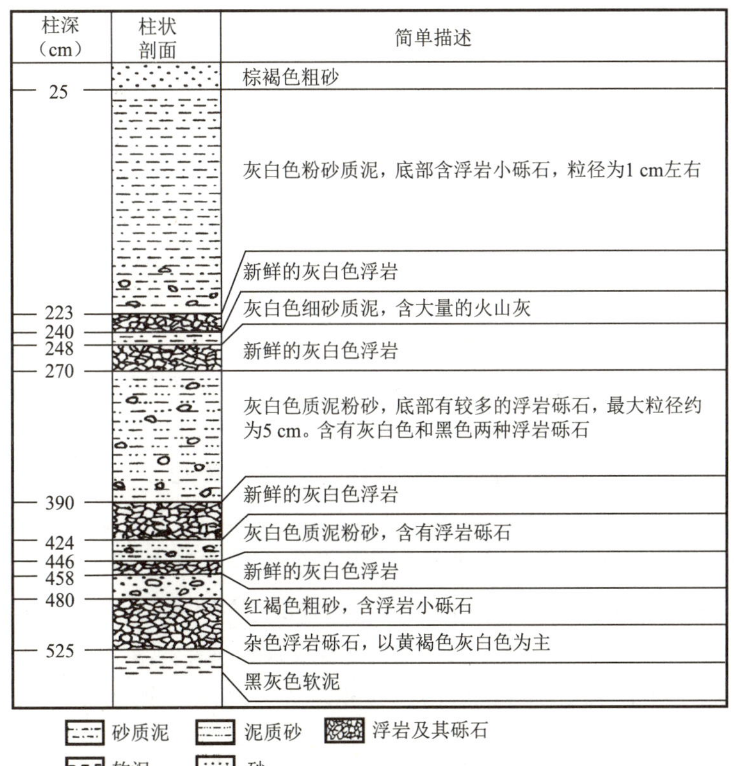

图 8-24 岩心中浮岩的层状分布(据翟世奎等,2008)

冲绳海槽的碳酸盐沉积主要分布在水深超过1 500 m的海槽区，主要是有孔虫壳体。值得注意的是，冲绳海槽有孔虫壳体大多有不同程度的溶蚀现象，说明冲绳海槽水深应该是位于该区溶跃面之下，而又在CCD线之上。

不同于其他弧后盆地或大陆架沉积，四种沉积作用在冲绳海槽平面上相互交叉，各自占有不可忽视的比例，很难严格地进行沉积区划分。大体是陆源沉积几乎遍布整个海槽，火山沉积区在北部，浊积区在海槽偏西侧一半，碳酸盐沉积在海槽中南部。仅就沉积物粒度组成而言，冲绳海槽沉积物的分布主要取决于地形（水深），在北部火山区以砾石分布区为主，中部则以砂质沉积为主，泥质沉积则主要分布于海槽南部的深水区。

地球物理勘探所揭示的冲绳海槽近代沉积地层表明，冲绳海槽在中新世（距今 23 Ma）基底之上，沉积了上新世（距今 5.3 Ma ）以来的地层，沉积地层被一系列的正断层所切割，并被后来的岩浆岩所侵入（图 8-25）。

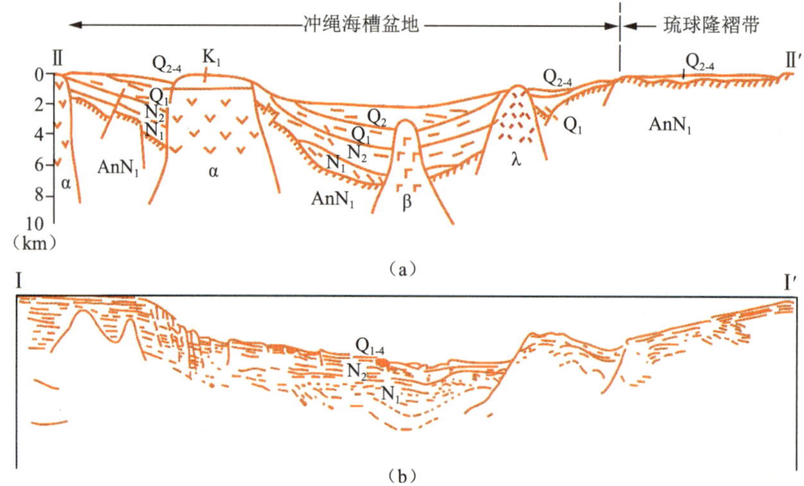

图 8-25　冲绳海槽近代沉积地层结构(来自网络)

（四）形成与演化

在成因上，冲绳海槽是由于菲律宾海板块西北向俯冲至欧亚大陆板块下部所导致的弧后扩张而形成的弧后扩张型盆地（林长松，1999）。菲律宾海板块现今仍以 5～7 cm/a 的速度在俯冲（Seno 等，1993；Shinjo 等，1999）。王舒畋和梁寿生（1986）、Sibuet 等（1995）和吴自银等（2004）认为冲绳海槽主要经历了三个阶段的扩张运动。Sibuet（1987）和梁瑞才等（2001a，2001b）则认为在冲绳海槽局部已有洋壳形成，并持续发展。

（1）在中新世末（距今 5.3 Ma ），冲绳海槽大致沿 NNE-NE 方向发生张裂，使琉球岛弧与东海陆架边缘裂离，伴随海槽地壳的拉张，形成狭长的半地堑型断陷盆地，海槽的陆壳被大规模减薄。拉张方向为 NW-SE 向，拉张过程由北向南进行，但只发生在 26°N 以北的冲绳海槽北段和中段。

（2）自上新世以来，伴随北吕宋岛弧在台湾东部发生的弧陆碰撞作用，西菲律宾海板块的西缘在台湾以东发生旋转并向北俯冲于欧亚板块之下，使冲绳海槽的拉张方向由 NW-SE 向逐渐转成近南北向，从而形成了一系列 NEE～近 EW 向的断裂构造。

（3）在晚更新世～全新世时，冲绳海槽进入了第二次 N-S 向拉张阶段。拉张作用从冲绳海槽南段开始，向北延伸至中段。随着冲绳海槽轴部地壳的进一步减薄和张裂，在海槽轴部形成了数段 NEE 向中央裂谷带，呈雁行排列。在南段和中段可能已发生海底扩张作用，并在局部地区生成了新洋壳(拉斑玄武岩)。

第四节　沟-弧-盆体系内的岩浆作用

一、岛弧的岩浆作用

除大洋中脊外，世界上 80%以上的火山集中在太平洋周边，火山活动带与岛弧和地震带大体吻合(图 8-26)，三者都是板块俯冲作用的结果。

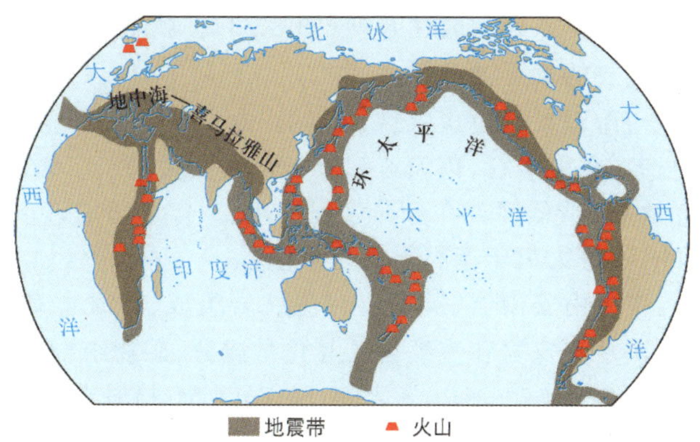

图 8-26　环太平洋地震带和火山带(来自网络)

板块俯冲作用一是导致俯冲板块脱水去气作用，所产生的流体进入上覆地幔楔，使地幔楔物质的熔点降低而产生岩浆；二是导致俯冲板块岩石圈的部分熔融，同样产生岩浆(图 8-27)。岩浆上行导致火山喷发，形成主要由火山岩组成的岛弧。

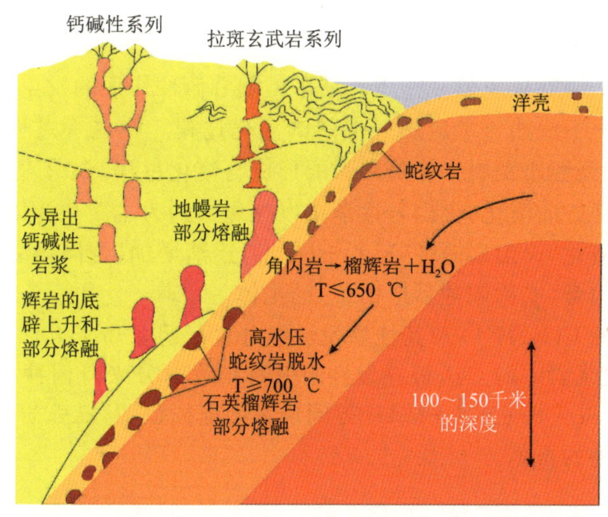

图 8-27　陆缘弧之下的岩浆作用(据 Ringwood，1974，有改动)

洋内岛弧环境的岩浆活动主要与俯冲板块之上的地幔楔形区的部分熔融有关。因此，以拉斑玄武质岩浆作用为主。陆缘弧岩浆活动比较复杂，其原因主要有二：一是至少有部分岩浆源于俯冲板块的熔融；二是在岩浆上升过程中要穿过相对较厚的仰冲的大陆性质的岩石圈板块，要不同程度地遭受仰冲板块物质的混染。陆缘弧的岩浆岩分布表现为：自近海沟一侧向陆依次出现拉斑玄武岩系列、钙碱性火山岩系列和碱性系列（图 8-28）。就整个岛弧而言火山岩以钙碱性系列为主，安山岩是主要的岩石类型。

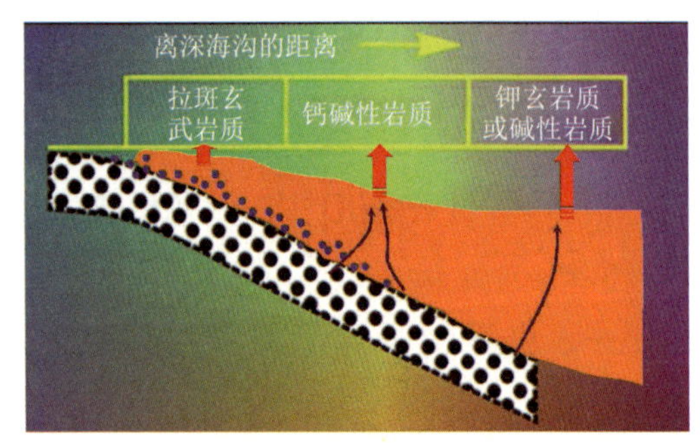

图 8-28　陆缘弧岩浆岩的分布（来自网络，有改动）

拉斑玄武岩系列岩石：以大量拉斑玄武岩为主，含少量安山岩、英安岩和流纹岩。所含的暗色矿物主要是辉石和橄榄石，角闪石和黑云母极少或缺失。SiO_2的含量在 48%～63%之间，Al_2O_3含量高，富铁低钾。在分异过程中，SiO_2含量增加，FeO/MgO 比值增大，TiO_2及 Rb、Sr、Ba、Th、U 等大离子亲石元素含量极低。

钙碱性系列岩石：主要由安山岩、英安岩和流纹岩组成，有时含有高铝玄武岩。其中以安山岩最为常见，其次是英安岩和流纹岩。其化学成分、矿物组合处于拉斑玄武岩和碱性系列之间，SiO_2含量大多在 52%～70%之间，随 FeO/MgO 比值增大，SiO_2含量增加较快。K_2O、TiO_2及大离子亲石元素的含量较拉斑玄武岩系列高。

碱性系列岩石：以含较高的碱金属及有关元素为特征，碱含量（Na_2O+K_2O）总值可达 5%～7%，甚至更大，大离子亲石元素的含量极高，如 Rb 含量比拉斑玄武岩系列高 2 个数量级，可达 $7.5\times10^{-5}\sim12\times10^{-5}$。岩石中的 SiO_2都不饱和，而且含有典型的碱性长石和副长石。

三个岩石系列的区分很难靠肉眼或显微镜完成，主要是依据岩石化学成分，借助经验性的岩石系列判别图来完成。

岛弧火山活动是洋壳板块俯冲作用的结果。随着俯冲作用的发生、发展与演化，岛弧也将经历一个诞生→不成熟→半成熟→成熟的演化过程。在这一过程中，岛弧的地壳厚度逐渐增大，并向陆壳性质发展。伴随岛弧的形成与演化过程，火山岩系列的平均成分也逐渐向长英质和富钾方向演化，火山岩逐渐由以拉斑系列为主演化为以钙碱性系列为主。随着岛弧的进一步演化，火山岩碱性（K_2O+Na_2O）逐渐增加，花岗质岩石开始产出，并构成活动大陆边缘造山带（或称俯冲型造山带）的主体。

岛弧岩浆岩中的 CO_2、H_2O 和其他挥发性组分含量明显高于大洋中脊玄武岩和洋岛玄武岩，说明岛弧岩浆岩中的 CO_2等挥发性组分有很大部分来自俯冲的板块。现有 B 元素和^{10}Be 以及 Sr（$^{87}Sr/^{86}Sr$）、Nd、Pb、Hf 等同位素的证据证明，岛弧岩浆岩在形成过程中有俯冲的陆源沉积物的贡献。

二、弧后盆地的岩浆作用

弧后盆地的成因与大洋板块俯冲引起弧后地区张裂扩张有关。发育成熟的弧后盆地以具有典型的大洋地壳结构及高热流值为特征，其基底岩石大部分是构成大洋基底的深海拉斑玄武岩。其中一些洋盆被认为是今天新洋壳活跃生长的地区，另一些海盆则具有被圈闭的较老的洋壳碎块的证据。

弧后盆地的早期研究强调它与MORB的相似性，只是挥发性成分和碱金属含量异常高，后来发现有些样品与岛弧熔岩类似。弧后盆地玄武岩与岛弧玄武岩具有一定的亲缘性。相对于MORB，岛弧与弧后盆地玄武岩均具有较高的Al_2O_3和Na_2O含量以及较低的FeO和TiO_2含量。这一特征最早在Mariana海槽玄武岩中发现，也适用于多数其他弧后盆地，但不是适用于全部弧后盆地。弧后盆地火山岩一般具有较高的水含量和H_2O/CO_2比值，这是弧后盆地岩石的普遍特点。

除了主要元素，在微量元素方面弧后盆地熔岩也与MORB有所不同，并与岛弧熔岩具有一定的相似性，表明其成因和所处的环境都与俯冲带密切相关。洋中脊玄武岩被认为来源于早先熔融的相对亏损的地幔。俯冲带的岩浆源要复杂得多，俯冲洋壳或沉积物可能直接或间接地以流体或熔体形式参与了岩浆作用。

ODP钻探已经证明弧后盆地的新洋壳与其周围的火山岛弧是同一时期形成的。海底扩张和岩石圈拉伸断裂是弧后盆地形成与演化的重要过程。形成火山岛弧和弧后盆地地壳的岩浆主要来自俯冲环境下上涌的地幔楔。

弧后盆地和岛弧岩浆岩主体部分来自上涌的地幔楔，使得弧后盆地玄武岩具有大洋地壳的特征。但是，这些主体源自地幔的岩浆又都受到俯冲带的影响，俯冲板块中沉积物、流体和部分熔体的加入导致弧后盆地玄武岩又不完全等同于MORB。

另外，弧后盆地上涌的地幔岩浆很可能与扩张早期的岛弧岩浆发生了混合作用，或受到岛弧岩石圈物质的混染，而使得弧后盆地和岛弧岩浆岩具有相似性。值得重视的是：世界上（包括陆地和海洋）岩浆岩的化学成分（包括同位素组成）是多种多样的，造成岩浆岩千变万化的因素主要包括：① 岩浆的物质来源；② 地幔的不均一性；③ 地幔熔融的方式和程度；④ 结晶演化过程；⑤ 混染过程或同化过程等。

岩浆岩石学研究首要解决的就是岩浆的物质来源问题。岩浆的物源决定了岩浆岩的主体性质，甚至包括岩浆作用的过程和形式。岩浆可以来自地核之外的所有圈层，如下地幔、上地幔和包括地壳在内的岩石圈上部。

早在20世纪80年代，人们就已经注意到地幔物质是不均一的，不同地区甚至同一地区的不同地点都有差异。区域性的差异甚至比它们之间的相似性更为重要。

地球上大多数岩浆来源于上地幔物质的熔融，熔融的比例（0.5%～35%，或更高）和熔融的方式（批式熔融、分离式熔融等，详见第十一章）决定着岩浆岩的基础岩石化学性质和元素分异作用的程度。

岩浆岩的结晶演化过程是一个至今仍无法观测到的复杂过程，其中包括结晶分异过程、结晶分离过程、重力分异过程等。这些过程不仅影响到岩浆岩的化学组成，还决定着岩石的矿物组成及其结构性质。

在岩浆自生成到喷出地表的过程中，都和围岩密切接触。炙热的熔体岩浆可熔蚀围岩而改变岩浆的物质组成（同化），围岩也可以呈固态或液态等多种形式混入岩浆之中（混染),从而改变岩浆的组成并使其温度降低。

小　结

本章在第二章和第三章基本概念和第五章基本理论等的基础上系统地介绍了沟-弧-盆体系的基本现象、特征和成因机制等。

1. 沟-弧-盆体系是破坏型(主动型、汇聚型)大陆边缘的典型构造地貌单元,主要分布在西太平洋边缘;在太平洋东岸,主要是沟-弧体系,而相对缺少弧后盆地。

2. 沟-弧-盆体系的成因和演化与大洋岩石圈板块的俯冲作用密切相关。俯冲的大洋板块在一定深度上发生失水和局部熔融,挥发性组分进入俯冲板块其上的楔形地幔,导致地幔物质熔融产生岩浆,这是火山弧岩浆作用的根源。

3. 在大陆边缘的岛弧岩浆岩主要是钙碱系的安山岩,自岛弧近海沟一侧向大陆方向,依次会出现拉斑玄武岩系、钙碱性岩系和碱性岩系;洋内弧的火山岩主要是拉斑玄武质岩系。

4. 板块俯冲还会在更深和距离海沟更远的地方打乱其上覆软流圈的热动力平衡,而导致地幔的隆升和次生对流,从而造成弧后区扩张,弧后扩张是造成边缘海盆地的动力因素。

5. 弧后盆地多具有大洋型地壳结构,但在处于弧后扩张早期的弧后盆地往往具有陆—洋过渡型地壳,具有双峰式岩浆活动。弧后盆地岩浆岩性质既类似于大洋拉斑玄武岩,又与岛弧岩浆岩有亲缘关系。

6. 浊流沉积和等深流沉积塑造了陆坡和陆隆的沉积地貌,它们同半深海和深海沉积有着明显的区别。边缘海盆地沉积以陆源为主,其次为生物沉积和火山沉积。

7. 位于中国东海大陆架外缘的冲绳海槽,自中新世末(距今 5.3 Ma)开始张裂,早期张裂仅限于冲绳海槽 26°N 以北。在晚更新世—全新世,冲绳海槽进入 N-S 向拉张阶段。拉张作用从海槽南段开始,向北延伸至中段。目前在海槽南段和中段已发生海底扩张,并在局部生成了新洋壳。

思考题

1. 绘图说明典型的沟-弧-盆体系的主要构造单元,并简要说明其主要特征。

2. 板块俯冲带的地质作用及其效应有哪些?

3. 试从地球系统科学的角度,论述沟-弧-盆体系在地球圈层相互作用中的重要性。

4. 混杂堆积体的主要特征有哪些?

5. 简述俯冲造山带类型及其特征。

第九章　大洋盆地沉积

大洋盆地通常是指水深在 2 500～6 000 m 之间的深水大洋盆形地区(图 9-1)，其中又可分为三类地貌单元：① 深海平原，水深多在 3 000～6 000 m 之间，坡度一般小于 1∶1 000，为地球表面最平坦的部分；② 深海丘陵，指高出深海平原不足 1 000 m 的小型隆起，直径一般小于 50 km，是由于基底起伏造成；③ 海山，高出洋底 1 000 m 以上的火山，多呈锥形，下沉可形成平顶山。

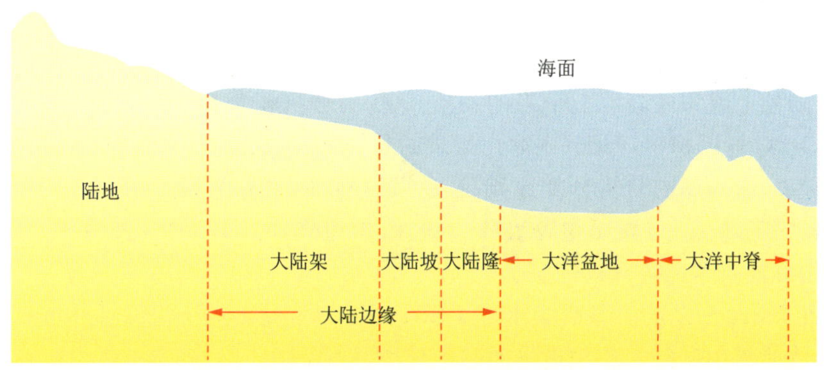

图 9-1　海底地形剖面示意图

大洋盆地沉积物是指沉积在水深大于 2 500 m 海底的沉积物。自深海钻探计划(DSDP)以及其后的大洋钻探计划(ODP)的实施以来，经综合大洋钻探计划(IODP)，直到现在正在进行的国际大洋发现计划(IODP)，人们获得了大量的大洋沉积物岩心，并且通过深海大洋的反射和折射地震剖面，人们更加了解了大洋沉积物的分布、来源、性质和沉积作用等。

第一节　大洋沉积物分类

在本书中，大洋沉积物主要是指分布于大洋盆地的沉积物，等同于深海远洋沉积物。单从科学术语上讲，深海通常是指水深大于 2 000 m 的海域，不一定远离陆地；远洋是指远离陆地，陆源沉积物难以到达的海域，但不一定是深海。

一、国际分类

早在 1891 年，Murray 和 Renard 就对深海沉积物进行了分类，把水深大于 200 m 的海底沉积物都看作是深海沉积物，共分为两大类：

（1）陆源性沉积物：青泥、红泥、绿泥、火山泥、珊瑚泥；

（2）远洋性沉积物：红黏土、放射虫软泥、硅藻软泥、抱球虫软泥、翼足虫软泥。

此后，不同学者又提出了多种分类方案，其中影响较大的是谢帕德（1973）的结构分类方案，此分类一直是我国海洋沉积物分类命名的基础。在谢帕德的深海沉积物分类方案中，根据物源分为远洋沉积物和陆源沉积物两大类：

Ⅰ. 远洋沉积物，包括：① 褐黏土（生物源物质含量小于 30%的岩石成因物质）；② 自生（海解）沉积（绝大部分由在海水中结晶的矿物组成，如钙十字沸石和锰结核等）；③ 火成碎屑物沉积（来自火山喷发的物质）；④ 生源沉积（生物成因组分含量达 30%以上）。生源沉积物又可分为：有孔虫软泥（含 30%以上的钙质生物源物质，大部分为有孔虫，通常称为抱球虫软泥），白垩（微体浮游生物）软泥，硅藻软泥（含有 30%以上的硅质生物源物质，大部分为硅藻），放射虫软泥（含有 30%以上的硅质生物源物质，大部分为放射虫），珊瑚礁碎屑（从珊瑚礁崩落到深海底的物质，包括珊瑚沙和珊瑚泥）等。

Ⅱ. 陆源沉积物，含有 30%以上肯定是陆源成因的粉砂和砂的沉积，包括：① 浊积物（由浊流从陆地上或海底高地上带来的物质）；② 滑坡沉积物（由滑移或崩塌带进深水中的物质）；③ 冰川（沉积物）海泥（由冰川运来的外来物质或异地物质占相当大的比例）。

可以看出，谢帕德的结构分类原则是：① 沉积物的来源为第一原则；② 物源组分≥30%为命名的基础；③ 15%≤物源组分＜30%，参与修饰冠名，如含火山灰硅质软泥、含珊瑚沙有孔虫软泥等。

1974 年，Berger 根据深海钻探计划（DSDP）的需要，提出一个深海远洋沉积物的分类（表 9-1）。这是目前国际上应用最早的一个分类方案。

表 9-1　深海远洋沉积物的分类（Berger，1974）

Ⅰ. 远洋沉积物（软泥和黏土）
大于 5 μm 的陆源、火山源和/或浅海成因的组分＜25%
平均粒度小于 5 μm（自生矿物和远洋生物除外）
A. 远洋黏土：$CaCO_3$ 和硅质生物化石＜30%
（1）$CaCO_3$　1%～10%　含钙质黏土
（2）$CaCO_3$　10%～30%　钙质黏土（或泥灰沉积）
（3）硅质化石　1%～10%　含硅质黏土
（4）硅质化石　10%～30%　硅质黏土
B. 软泥：$CaCO_3$ 或硅质化石＞30%
（1）$CaCO_3$＞30%，但＜2/3　泥灰质软泥
$CaCO_3$＞30%，且＞2/3　白垩质软泥
（2）$CaCO_3$＜30%，硅质化石＞30%　硅藻软泥或放射虫软泥

续表

Ⅱ. 半远洋沉积(泥)
大于 5 μm 的陆源、火山源和/或浅海成因的组分＞25%
平均粒度大于 5 μm(自生矿物和远洋生物除外)
A. 钙质泥：$CaCO_3$＞30%
(1) $CaCO_3$＜2/3　灰泥质泥
$CaCO_3$＞2/3　白垩质泥
(2) 生物骨架 $CaCO_3$＞30%　有孔虫钙质泥、超微化石钙质泥、介壳钙质泥
B. 陆源泥：$CaCO_3$＜30%
石英、长石、云母为主时，分别加石英、长石、云母等前缀
C. 火山源泥：$CaCO_3$＜30%　火山灰、橙玄玻璃等为主
Ⅲ. 远洋和/或半远洋沉积
(1) 白云岩-腐泥岩旋回
(2) 黑色(炭质)黏土和泥：腐泥岩
(3) 硅化黏土岩和硅质泥岩：燧石
(4) 石灰岩

深海钻探第 75 航次后，Dean 等(1985)又提出了新的分类方案，并在此后被沿用。此分类方案最突出的地方是将过去命名的单组分含量标准由先期的 30%改为 50%。总体来说，大洋沉积物主要可分为大洋黏土、超微化石(钙质)软泥和硅质软泥三大类或三个端元组分(图 9-2)。

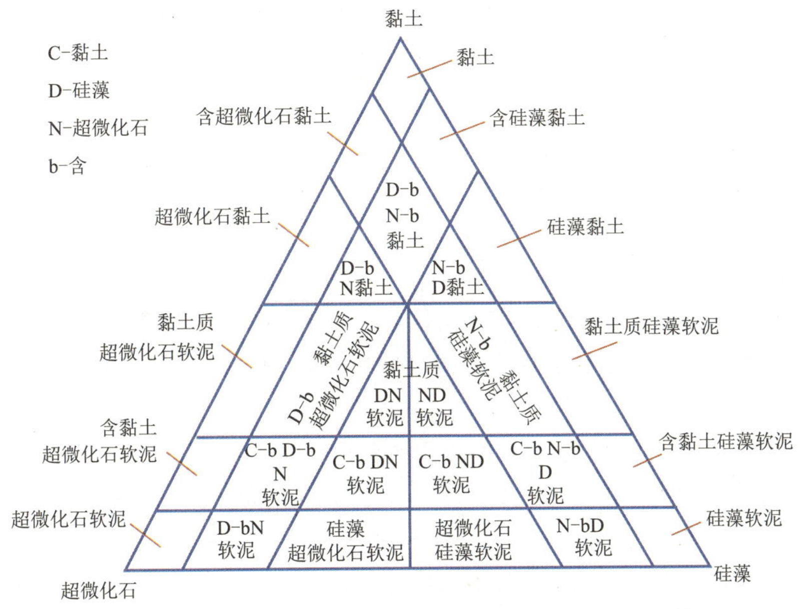

图 9-2　DSDP75 航次以来采用的远洋深海沉积物的分类(Dean 等，1985)

大洋钻探所使用的大洋沉积物分类命名主要有三个原则：① 如果某一组分含量大于 50%就直接用该组分名称命名，非生物组分用粒径，即黏土、粉沙、沙；生物组分则称为软泥，并在其前冠以生物种类，如有孔虫软泥和抱球虫软泥等；② 含量为26%～50%，作为一级修饰词参与命名，非生物成因沉积称为“质”，如粉沙质黏土；生物组分则直接冠以名前，如硅藻超微化石软泥等；③ 含量为10%～25%，作为次要修饰词，称为“含”，如，含有孔虫粉沙质黏土、含黏土有孔虫硅藻软泥等。

二、我国实施的分类方案

在自然界中，碎屑沉积物的粒度（粒径大小）分布并非正态分布而是呈对数正态分布。为了更加准确地反映客观存在的沉积物粒度分布规律，常用 Φ 值表示粒径的大小，其定义式为 $\Phi=-\log_2 D$，其中 D 为颗粒直径（单位为毫米）。可以看出，Φ 值大反映的沉积物颗粒直径小（颗粒细），Φ 值小则反映颗粒直径大（颗粒粗）。用来反映沉积物颗粒大小（粗细）的另一个重要参数是中值粒径（d_m），其物理意义是粒径大于和小于该值的颗粒数各占50%。

在我国20世纪90年代初期的近海地质编图项目中采用的分类方法（周海伟等，1997）如下。

(1) 生源泥：生物 $CaCO_3$ 和 SiO_2 含量>30%，小于 8Φ 的陆源和火山碎屑含量>30%，沉积物的中值粒径 $d_m<8\Phi$。

若生物遗壳为单一种，用生物名命名，如有孔虫泥、放射虫泥；若为多种生物且为同一成分，也可用化学成分命名，如钙质泥、硅质泥；若含多种生物遗壳，也可按含量多少命名，含量高者为主名，含量低者为辅名，加在主名的前面，如含有孔虫放射虫泥。

$d_m<4\Phi$ 时，也称为生物砂或砾，如有孔虫砂。

(2) 生源软泥：生物 $CaCO_3$ 和 SiO_2 含量>30%，小于 8Φ 的陆源和火山碎屑含量<30%，沉积物的中值粒径 $d_m<8\Phi$。

命名原则与泥一样，可有放射虫软泥、有孔虫软泥、含有孔虫软泥、钙质软泥、含钙质软泥等。

(3) 火山碎屑沉积：火山碎屑含量>30%。如玻屑泥、玻屑砂、玻屑砾等。

(4) 深海黏土：多源沉积。粒径<8Φ 的陆源碎屑、生物碎屑、火山碎屑含量皆<30%，$d_m<8\Phi$。当所含的铁锰或火山碎屑物质达5%～10%时，也可参加命名，如含铁深海黏土等。

在大洋调查中，我国海洋地质工作者将深海沉积物分为软泥和黏土两类。生物组分含量>50%者称为软泥；非生物组分含量>50%者称为黏土。软泥按化学成分分为钙质软泥或硅质软泥。黏土、钙质或硅质的含量<10%时不参加命名；含量达10%～25%时，以含“××”作为前缀放在主名词的前面；含量在25%～50%时，以“××质”作为前缀加在主名前面。如黏土、钙质黏土、含钙硅质黏土、含硅钙质黏土、含黏土钙质软泥、含硅钙质软泥、硅质钙质软泥、含黏土硅质软泥、黏土质硅质软泥、硅质软泥等。

需要说明的是，分类方案大多取决于研究工作的内容和目的。我国上述分类系统与国际通用分类相距较远，在使用其资料时要多加注意。在本书中主要根据沉积作用的不同，同时考虑前述分类原则进行论述。

第二节 大洋沉积物来源

全球海洋每年接受相邻陆地输入的风化剥蚀产物超过200亿吨（包括悬浮和溶解物质），其中河流输入约177亿吨，海岸侵蚀的约5亿吨，这两类陆源碎屑的绝大部分堆积在滨岸和浅海陆架区，堆积成三角洲和沿岸沙堤等，只有其中13亿吨悬移组分通过河流、冰川、风和海流等进入深海区。大洋本身具有独特的生态系统，也是一个最大的化学反应系统，通过海洋生物过程和各种化学作用生成积累了各类生物软泥和各种自生矿物沉积。此外，海洋中还有来自地球外部的宇宙物质和来自地球内部的火山与热液沉积物质等。

一、陆源物质

河流将陆源风化剥蚀产物输入海洋。若陆架狭窄，河流输入物质可快速地输入到深海；但在具有宽缓陆架的海区，大部分物质首先堆积在陆架上。在一定的条件下（沉积物堆积足够厚、发生液化、沉积物蠕动、滑塌或地震引起崩塌等）堆积在陆架上的沉积物可以通过浊流等形式被再次搬运到深海。部分进入海洋的细颗粒悬浮物也可通过海流被输运到大洋各处。

风从陆上（主要是沙漠或半沙漠地区）卷起的尘沙，随信风或季风飘向大洋。通过风输入大洋的物质每年约有16亿吨，远多于海岸侵蚀产物。大西洋和印度洋上空信风中尘沙的含量为0.68～7.7 $\mu g/m^3$，邻近撒哈拉大沙漠的大西洋海区有“昏暗海”之称，风起时尘沙遮天蔽日。太平洋信风带中的尘沙要少得多，中国海上空的尘沙含量为0.21 $\mu g/m^3$左右，在西北太平洋深海沉积物中可检出我国黄土高原和蒙古戈壁的粉尘。

二、海洋源物质

海洋源物质是指在海洋环境下形成的海底沉积物，主要包括生物沉积、海底风化或海解沉积物和海洋自生化学沉积。

（一）海洋生物沉积

海洋生物的遗骸下沉到海底是深海沉积物的主要来源之一。海洋生物主要有钙质（有孔虫、颗石等）和硅质（硅藻和放射虫等）的浮游生物（图9-3），通常生活在水深500 m以上的水体内，底栖生物相对很少。浮游生物的生长和繁殖依赖于陆地供应的营养盐（主要由河流输入）。浮游动物吞食浮游植物（藻类等）、细粒悬浮物以及吸取上升流所带来的巨量营养盐类组成有机体、骨骼和壳体。浮游植物因为要依赖阳光进行光合作用，所以通常生活在水深100 m以内的表层海水中，作为海洋第一食物链，它的生产力直接影响着浮游动物的生长和繁殖。据估计，表层海水中浮游植物的生产力（初级生产力）每年约1.5×10^{11} t碳，所消耗的营养盐类大大超过了河流的供应量（约7×10^{9} t有机质），所不足的营养盐是由浮游生物死亡之后，在下沉的过程中大部分（90%以上）被分解而使营养盐物质再进入海水来补充的。

营养盐物质再进入海水是通过水体充分的对流和循环，并需要适于生物生长的温度和阳光的环境。由于温暖的表层海水在地球自转和大气环境影响下，以暖性洋流运移方式向南、北两极流，而南、北两极的海水由于温度低密度高而下降，潜入海底，以冷性洋流运动的方式向赤道方向流，当这一低温水体上升到海面，就会将深层海水中丰富的营养盐物质带到表层海水。赤道带是上升流辐散带，所以成为生物繁盛带(即高生产力带)。洋流和气候的分带性不但控制了浮游生物的生产力，而且也控制了洋底生物源沉积物的特点和分布。

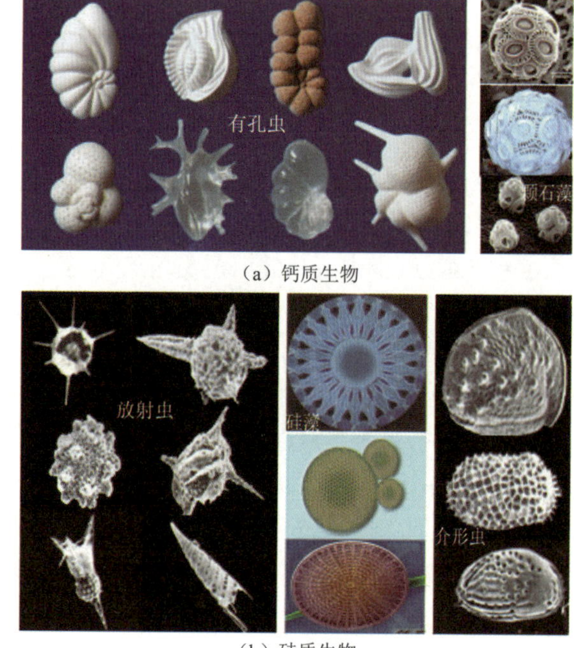

(a) 钙质生物

(b) 硅质生物

图 9-3　部分海洋生物图板(来自网络)

(二) 海底风化和自生化学沉积

海底基岩经海解作用(海底风化作用)所形成的物质也是深海沉积的一部分。海底的海解速率远低于陆上风化作用，但在洋底地形高起或陡峭的部位，如陆坡、峡谷的岩壁以及断裂破碎带等处的海解速率较高，其产物堆积在附近低洼处，粗细不一，磨圆度较差。大洋底流不仅能促使海解作用加速进行，而且还可把海解产物搬至较远处，碎屑颗粒的分选性和磨圆度也随之变好。

在海水中，通过电解质的化学反应可沉淀出各种水成矿物，称为自生化学沉积，主要包括铁锰结核、结壳、钙十字石、重晶石、黄铁矿、蒙脱石等，其中部分为固体物质水化蚀变所成。化学沉淀反应在海水和沉积物界面上以及有海底火山和热液喷出的富含溶解和挥发性组分的海区尤为重要。

三、其他物源沉积物

(一) 火山源

大洋周围和大洋内部(火山岛屿和海底火山)的火山活动每年向海洋提供大约 3.0×10^{10} t 的沉积物。海底基岩主要是枕状熔岩,火山喷发的火山碎屑物质可以散落在火山周围数十千米乃至更远的海域内,火山灰在大气中可飘扬几千千米,甚至绕地球几圈后才慢慢散落入大洋中。因此,火山源沉积物广泛分布于全球各大洋中。在某些海区,特别是在邻近火山弧或热点附近的洋盆中,火山源沉积物可成为主要的沉积类型,在岩心中可明显地区分出火山沉积层。

(二) 宇源沉积物

宇源沉积物是指降落在海底的来自宇宙的物质(陨石和尘埃),每年约有几千吨(每日有 1 000 万～2 000 万颗)落到地球表面,其中约有 3/4 落入海洋中,主要见于沉积速率非常低的褐色黏土中。它们常呈直径 0.1～0.5 mm 的黑色强磁性小球(图 9-4),多者在每平方米内可发现 20～30 颗,甚至几千颗,从沉积物表层向下迅速减少,5 m 以下便难以检出,其可能原因一是石陨石不易和其他沉积物相区别,二是微玻璃陨石易被蚀变而较难辨认。

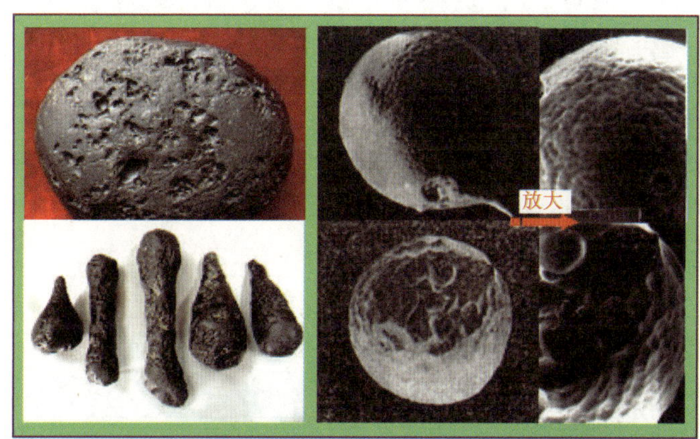

图 9-4 宇源物质(来自网络;陈丽蓉,2008,有改动)

(三) 海底热液源

自 20 世纪 70 年代,人们通过深潜现场观察到海底热液活动的壮观景象,发现了“一个未知的生物世界”(图 9-5),引起了举世关注。近十几年研究表明,海底热液活动向海洋中输入了大量的物质。就地球内部与海洋之间物质和能量的输运规模来讲,海底热液活动可能是仅次于板块俯冲和火山活动的第三种形式。就海水化学成分的演化及控制因素来讲,海底热液活动可能不亚于全球河流对海洋的影响(图 9-6)。现代热液沉积主要分布在大洋中脊和弧后扩张盆地,但在地质历史中的海底热液活动沉积却构成了大洋沉积的最底层。

图 9-5　海底热液活动及活动区的生物(来自资料交流)

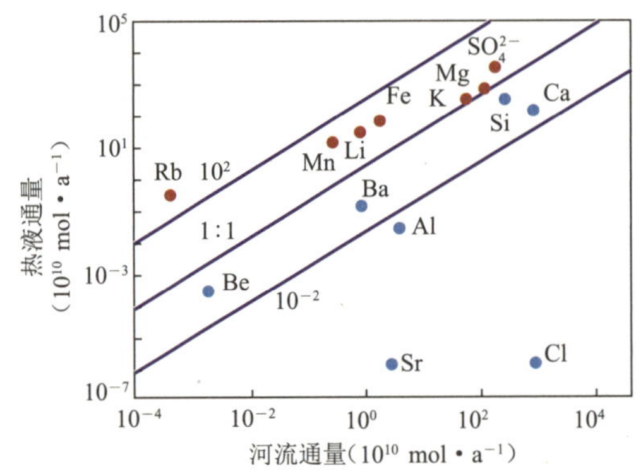

图 9-6　部分元素热液通量与河流通量的对比(据有关资料绘制)

总之，大洋盆地沉积物有自空中降落（宇源、火山源和陆源风尘）的沉积物，有河流和冰川输入的陆源物质，有海水中自生的沉积物（生物沉积、自生化学沉积和海底风化产物），也有自海底之下输入海洋的物质（海底火山和热液沉积）。不同来源的物质通过相应的输运形式，再经海流的搬运和分配，最后沉积在海底（图 9-7）。

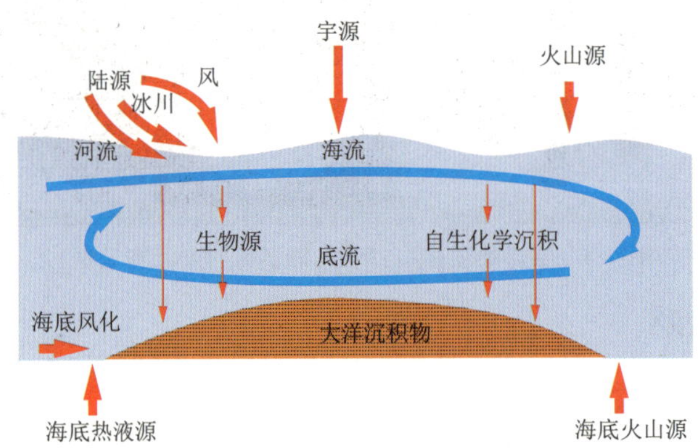

图 9-7　大洋沉积物的来源

第三节　大洋沉积作用

除了沉积物物源之外，大洋沉积作用还包括沉积物的搬运形式与过程（动力条件）和沉积机理，大体可以分为五大类：① 经大洋水体沉降到海底的沉积作用，包括冰川沉积作用、风尘（包括陆源和宇源）沉积作用和火山沉积作用等；② 海底重力流沉积作用，包括浊流、碎屑流、颗粒流及滑坡等的沉积作用和海底雾浊层沉积作用；③ 由地转流所引起的沉积物搬运和沉积作用，主要包括等深流沉积作用；④ 发生在大洋水体中或海底附近的自生化学和生物沉积作用；⑤ 由海底热液活动系统所导致的热液沉积作用。

以上沉积作用类型并不是截然可分的，而是相互间有着密切的联系，例如，在海底也发生有火山沉积作用；又如，海底热液活动不仅造就了独特的热液沉积，还向大洋中输入了大量的溶解物质，促进了海洋自生化学沉积作用的进行。

由于冰川沉积作用主要发生在两极高纬度地区，风尘（包括陆源和宇源）沉积作用和火山沉积作用对大洋盆地沉积物贡献很有限，一般不构成独立的区域性分布的大洋盆地沉积类型，在本章不作重点讨论。另外，由于重力流沉积、等深流沉积和浊流沉积作用主要发生在大陆坡和陆隆区，并且已在第八章中详加论述，此处不赘述。

一、生物沉积作用

生物沉积作用是指主要由海洋生物（动物和植物）遗体沉降至海底，并堆积成海底沉积物的作用过程。主要有四个因素控制着生物沉积的特征：生物量、生物物质的溶解作用、被非生物沉积物的稀释程度、沉积后的成岩变化。最重要的生物沉积物是生物软泥，它至少含有30%远洋生物骨骼遗骸，其余为黏土质沉积物。在三大洋中生物沉积的分布见表9-2。

表 9-2 三大洋中深海生物沉积物分布(%，据沈锡昌和郭步英，1993)

成因类型		大西洋	太平洋	印度洋	全世界
钙质软泥沉积	钙质软泥	65.1	36.2	54.3	47.1
	翼足类软泥	2.4	0.1	—	0.6
硅质软泥沉积	硅藻软泥	6.7	10.1	19.9	11.6
	放射虫软泥	—	4.6	0.5	2.6

（一）钙质软泥

1. 类型与分布

钙质软泥覆盖约50%的洋底，即覆盖面积约1.40×10^8 km^2，主要分布在世界大洋热带和亚热带深海的边缘部分，沉积速率较高，达1～3 cm/ka。它约占据海洋表层沉积物中碳酸钙总量的67%。钙质软泥又可分为有孔虫软泥、超微化石软泥和翼足虫软泥三类。

有孔虫软泥，也称作抱球虫软泥，以浮游有孔虫壳为主。有孔虫软泥常呈乳白色，有时出现棕黄色或淡蓝色。生物碎屑中绝大部分为浮游有孔虫，其中常见抱球虫，底栖有孔虫不足1%。具砂状结构的有孔虫软泥的粒径为10～1 000 μm。

超微化石软泥，或颗石藻软泥，以现代藻类颗石鞭毛科和灭绝的盘星石群等钙质超微化石为主。由于钙质超微化石具有比浮游有孔虫稍强的抗溶能力，所以超微化石软泥往往见于紧靠 CCD 深度稍微深一点的地方。组成颗石软泥的颗石由低镁方解石组成，直径 3～15 μm。颗石多数被浮游动物吞食，包裹在粪粒中排出，由于粒径可达 0.1 mm，22～100 天便可以沉到海底。

翼足虫软泥，翼足类和异足类是比大多数浮游有孔虫稍大的浮游软体动物，它们的壳体由文石构成。由文石构成的壳易受到溶解而破坏。因此，翼足虫软泥的分布只限于水深小于 3 000 m 的热带大西洋和更浅的太平洋热带海域。

钙质软泥在大洋中分布最广，但在洋盆内钙质软泥的分布并不均匀(图 9-8)，许多次生因素控制着碳酸盐沉积物的分布及其在洋盆内的保存状态。

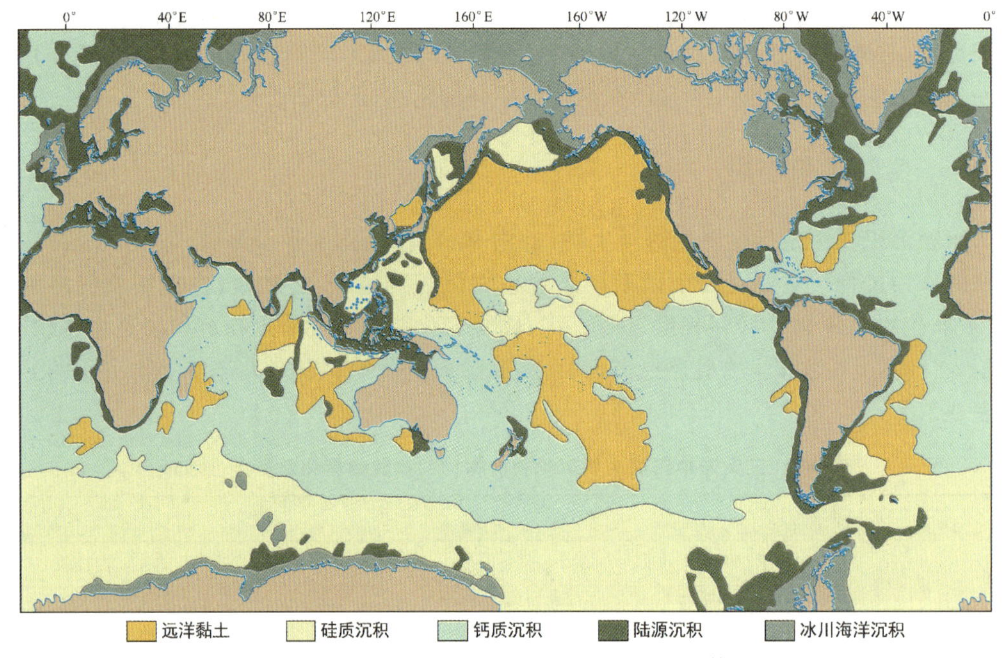

图 9-8　大洋海底钙质软泥的分布(据 Davies T A 等，1976)

钙质沉积在大西洋中分布最为广泛，约有 67.5%的海底被钙质软泥所覆盖。北大西洋比南大西洋、东南大西洋比西南大西洋更富钙质沉积。在大西洋内，地形是控制钙质沉积分布的主要因素。在大西洋中央海岭以及与其有关的海隆和海台上，如沃尔维斯海岭、里奥格兰德海岭以及福克兰海台等地钙质沉积含量最高。

在太平洋海底，钙质软泥只占约 36.3%。钙质沉积含量高的地区包括东太平洋海隆和诸如东南太平洋及赤道太平洋中的智利海岭、卡内基海岭以及可可海岭等隆起区。西南太平洋的碳酸盐沉积高含量区与洛德豪海隆和新西兰浅台相伴生。在北太平洋，唯一富含现代碳酸盐沉积的区域是在更靠西的部分，即在新几内亚以东和菲律宾海内。

印度洋介于富钙质沉积的大西洋和贫碳酸盐的太平洋之间，在高地上碳酸盐含量较高(大于 75%)，而在海盆内含量则很低(小于 10%)。在邻近印度次大陆的孟加拉湾和阿拉伯海以及西南非洲岸外的莫桑比克海盆内，陆源物质的稀释作用很显著。

2. 影响钙质软泥分布的主要因素

影响钙质软泥分布格局的最重要因素是生物生产力、深度溶解效应、骨屑的差异溶解作用、沉积物的稀释作用以及全球性气候和环流的变化。深海沉积物中碳酸钙的保存状况控制着钙质软泥的分布状况。

(1) 浮游钙质生物的生产力。虽然钙质生物死亡后在下沉过程中大部分被溶解掉，但生产力越高，在海底堆积的生物残体的绝对数量就越多，所以钙质软泥主要分布在热带和温湿带生产力高的范围内。另外，生物量大时介壳产量高，但是生命周期严重影响介壳的产量。将生物量相同的两类生物群相比，短周期生物群的产量高，长周期的产量低。如大洋中浮游有孔虫活体数量与翼足虫的数量相比相近或略少，但有孔虫的生命周期短，两者相差约 4 倍，加上介壳成分不同引起的差异溶解，因此沉积物中有孔虫壳体数量远大于翼足虫类的量。

(2) 深度溶解效应。海水对生物壳的溶解能力随海水深度而变化，在不同水深生物壳遭受溶解的程度不同。碳酸盐矿物的溶跃面和方解石补偿深度（CCD，见第四章）是两个重要的深度界面。

溶跃面，是指碳酸盐溶解度显著增加的深度面，这是根据实验所做的早期预测和热力学理论得出的。海洋在上部水深二、三百米（各地不一）之下所有深度上都处于碳酸钙不饱和状态。这种推测从后来在中太平洋地区所做的现场实验中得到证实。这些实验表明在表层数百米深度内由方解石过饱和状态过渡到不饱和状态，而在这个深度之下所有深度上海水都处于不饱和状态。但是，在大约 3 700 m 深处，水柱中的溶解速率明显增大（图 9-9），这个面就是溶跃面，也是分隔保存良好的和保存不好的有孔虫（有孔虫溶跃面）、翼足虫（翼足虫溶跃面）及颗石藻（颗石藻溶跃面）的深度，其上，钙质生物壳只受轻微溶蚀，在其附近溶解率急剧增加，而在其下溶蚀则更加剧烈乃至全部被溶蚀掉。溶跃面在大西洋位于水深 4 000～6 000 m，太平洋位于水深 3 500～5 000 m。组成生物壳体的矿物的溶解度不一，其溶跃面也不同，如翼足虫的溶跃面浅于有孔虫。溶跃面的现象是由于水深越大，压力就越大，温度越低，相应的溶解度也越高造成的。因此，洋流和水温常可以引起溶跃面的变化。

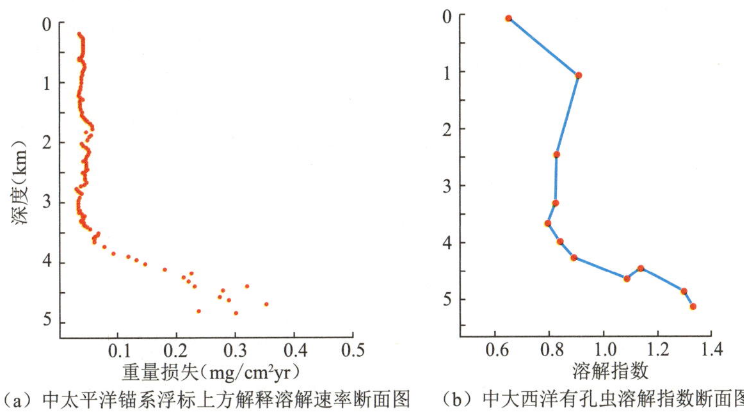

(a) 中太平洋锚系浮标上方解释溶解速率断面图　(b) 中大西洋有孔虫溶解指数断面图

图 9-9　海洋中碳酸钙溶解曲线（据 Berger W H, 1975）

方解石补偿深度(CCD),是指在这个深度上从上覆水层沉降而供应的碳酸盐和因溶解而失去的碳酸盐数量相等,因此又称碳酸盐补偿深度。在该深度以上,浮游有孔虫的方解石壳尽管已经强烈溶蚀,但仍有许多抗溶的壳体;而在此深度以下,沉积物中的碳酸盐含量小于10%,甚至几乎不含碳酸盐,浮游有孔虫壳已经完全溶失,只有钙质的深水型胶结壳底栖有孔虫和丰富的放射虫和硅藻等生物骨骼。方解石补偿深度的平均值约为4 500 m。CCD的深度在各大洋中有很大差异。在太平洋,CCD典型地处在4 200～4 500 m的较浅的水深上;而在北大西洋大部和南大西洋部分地区,则处在5 000 m或更深的深度上。CCD的位置主要受生物生产力、钙质壳溶解速率的控制,而溶解速率与海水的溶蚀性成正比。太平洋CCD较浅的原因是由于太平洋年代较老和具有较高的CO_2含量,也就是说底层水的溶蚀性较强。在高生产力的赤道太平洋,除东部之外,CCD明显下降到大约5 000 m深处,概因生物生产力和钙质生物物质向海底供给量增大之故。在向大陆方向上,由于生物生产力的增长趋向于使底层水中的CO_2含量增加,从而产生了碳酸并增强了溶解作用,因而CCD有所抬高。翼足虫的壳体由文石构成,有孔虫和颗石藻的壳体则由方解石构成,因此其溶解度亦各不相同,相应地也就有各自的补偿深度。文石较方解石易溶,故翼足虫的补偿深度(PCD)最浅,有孔虫补偿深度(FCD)次之,而钙质超微化石的抗溶性稍强于有孔虫,故其补偿深度(NCD)最深。

CCD的深度和钙质-非钙质沉积物之间转变的清晰度是三个主要变量的函数,即深海温跃面的深度、随着深度递增而递增的溶解速率以及碳酸盐和非碳酸盐物质向沉积物供给的速率。

(3) 钙质微体化石的差异溶解作用。溶解作用使得抗溶性的有孔虫类富集起来,这种情况也适用于其他类的生物组合,其中包括颗石藻以及含有放射虫和钙藻在内的钙质生物类。颗石藻和底栖有孔虫的抗溶能力一般比大多数浮游有孔虫强得多。由于大部分有孔虫壳体在到达海底前,尤其是在水深超过溶跃面的海区,有孔虫壳体会很快被溶解,甚至溶解殆尽,这大大影响了保存于深海沉积物中有孔虫组合的性质。经过溶解、簸选和混合,有孔虫组合可能与上覆水体中本来的浮游有孔虫组合存在显著的差别。对深海拖网中浮游有孔虫壳保存程度的鉴定统计表明,大部分溶解作用是发生在海底,而不是发生在水体内的沉降过程中。差异溶解作用受壳厚度、大小、形态以及其他因素的控制,壳厚度似乎是最主要的因素。现代有孔虫种可分为不同的溶解等级,生活于上部水层的种往往比生活于较深处的种更易破碎,因此它们对溶解作用也就更加敏感。生活在比较深处的一些浮游有孔虫种的成年组合,以骨瓣和壳的形式分泌出附加的方解石,从而增强了它们的抗溶能力。

(二) 硅质软泥

1. 主要类型

硅质软泥主要是由硅藻和放射虫遗体沉降到海底堆积而成的软泥。因为在具硅质介壳的四种海洋生物中,硅藻和放射虫的数量最大,因此分别形成硅藻软泥和放射虫软泥,而硅鞭藻和硅质海绵的数量较少,一般不单独构成软泥。

含 SiO_2 的陆地岩石是硅酸的最大来源。海水中的硅酸被活的生物所利用，形成硅质生物骨骼。一些海洋生物，包括硅藻、放射虫、硅质海绵和硅鞭藻的骨骼是由蛋白石质(非晶质、水化的)生物成因的 SiO_2 组成。生物 SiO_2 的沉积作用是由海洋环境条件所控制，而不是由化学过程所控制。不管是从什么地方搬运到海洋里的 SiO_2，它只能在生产力高的、富营养盐的表层水之下以生物成因的 SiO_2 形式发生沉积。

SiO_2 在大洋所有深度上都处于不饱和状态，这是因为硅质生物不管地球化学状态平衡保持得如何，每年产生的生物 SiO_2 总量大大超过每年河流的输入量。海洋中 SiO_2 的不饱和状态使生物在死亡后立即发生大部分硅质骨骼的破坏，通常只有一小部分(1%～10%)作为沉积物沉积在海底。

(1) 硅藻软泥。硅藻大多为浮游单细胞，是硅质软泥的最主要组分，也是海洋浮游植物的主体。硅藻的细胞壁 95%由蛋白石组成。现代硅藻细胞长 5～2 000 μm，大多为 20～200 μm。海洋有机碳总产量的 70%由硅藻生产。

硅藻软泥呈棕黄色，干时呈乳白色，在还原环境中呈淡灰绿色，非晶质 SiO_2(蛋白石)含量可达 80%以上。硅藻软泥的大部分颗粒粒径为 5～10 μm，且分选较好。当硅藻含量为 30%～50%时，粒度和分选性受其他成分颗粒控制。

(2) 放射虫软泥。放射虫全部为海生浮游生物。放射虫软泥中主要是多囊虫壳体，三孔虫、棘刺虫的壳不易保存。放射虫大多为单体，个体大小为 50～400 μm，少数为群体。放射虫软泥呈暗灰色，非晶质氧化硅含量很少超过 50%。

2. 硅质软泥的分布

现代大洋中的硅质软泥主要有三带：太平洋赤道带、环北极的不连续带和环南极的连续带(图 9-10)。另外，各大洋东侧的沿岸上升流区也有硅质沉积发育。南极辐聚带以南的辐散区是生物 SiO_2 沉积速率最大的区域(0.02 g/cm^2)。由于来自南极的强风把表层水体向北吹，使富含营养盐的中层水上升，故生物生产力很高。硅质沉积带宽 900～2 000 km，此带的北部边界与南极辐聚带一致。大洋中硅质软泥的 75%堆积在这一区域，硅藻残骸可占沉积物总重的 70%左右。在北半球的高纬度海区，沉积物中的生物 SiO_2 浓度较南极附近要低得多，可能是因为陆源沉积的稀释作用。赤道区表层水体的辐散导致了广泛的上升流，故水体肥度高，生物生产力增高。硅质物质以放射虫骨屑为主，但沉积速率比高纬度带要低得多，仅 0.0089 $g/cm^2 \cdot a$。大西洋赤道带缺乏硅质沉积是由于逆河口型环流及钙质软泥的稀释作用。但在早第三纪古新世早期，巴拿马地峡张开，使富营养盐的太平洋底层水进入大西洋赤道带而出现硅质沉积。太平洋东侧的沿岸上升流带出现较高速率的生物 SiO_2 沉积作用，以加利福尼亚湾沉积速率最高，可达 0.089 $g/cm^2 \cdot a$，比南极辐聚带还高得多。由于分布面积小，虽沉积速率高，也只占此类沉积总量的 10%左右。

放射虫软泥主要分布于赤道辐散区，呈暗灰或灰绿色，粒径多为 0.002～0.005 mm。主要呈东西向条带状分布在赤道太平洋的钙质软泥和褐黏土之间。

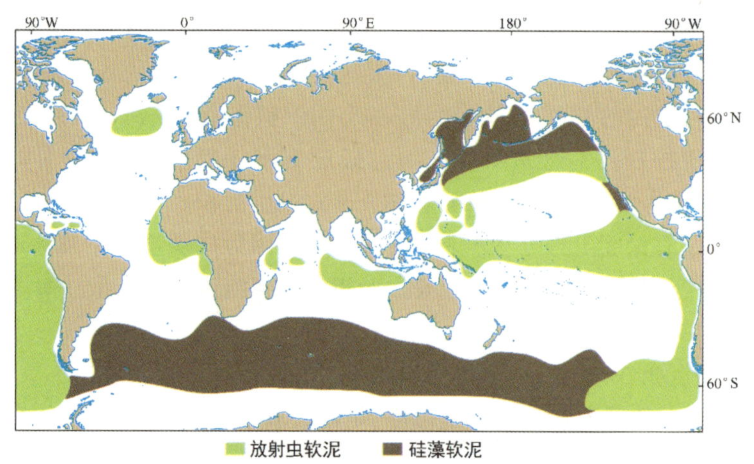

图 9-10　硅质软泥的分布(据 Kolla,1981,有改动)

硅藻软泥主要分布在 50°S 附近的宽 900～2 000 km 的环带中，其沉积量占了硅质软泥总量的 75%左右，其次分布在北半球高纬度地区(如白令海、鄂霍次克海、阿拉斯加湾、日本海等)，通常呈棕黄色，干时呈乳白色，粒径多为 0.0024～0.010 mm。

3. 硅质软泥形成和分布的控制因素

影响硅质软泥形成的因素是硅质生物的生产力、硅质壳的溶解作用以及其他沉积物的稀释作用。

硅藻软泥和放射虫软泥都分布在较高生物生产力的海区。大洋表层水中结成蛋白石质骨骼的 SiO_2，只有少部分可以到达海底，而大部分则被溶解，转化成 H_4SiO_4 返回水体中。生物 SiO_2 的溶解作用主要发生在表层水体中，即绝大部分硅质生物在死亡后立即被溶解。在赤道太平洋，计算结果表明产生于表层水中的生物蛋白石有 90%～99%在到达沉积物－水界面之前就被溶解，而另外一些是在沉积物内进行溶解并扩散到底层水中，原来由生物作用产生的蛋白石大约只有 2%留在沉积物记录之中。与钙质生物壳的溶解作用不同的是，硅质壳体的溶解度向大洋深处随压力增高、温度降低而逐渐减小。虽然整个海水层中 SiO_2 均不饱和，但表层水的不饱和尤为严重，这与 $CaCO_3$ 的不饱和程度随水深增大而加剧的趋势正好相反。由此可见，对于 SiO_2 来说，不可能存在像 $CaCO_3$ 那样的补偿深度。按照抗溶强度增大的次序，可把生物群列为如下次序：硅鞭藻、硅藻、细弱的放射虫、粗壮的放射虫和海绵骨针。放射虫中棘刺虫和暗囊虫的壳易溶，因此化石稀少。据实测资料，放射虫壳(蛋白石)的侵蚀带位于 1 000 m 的浅水层，大于 1 000 m 水深处只有微弱的溶解作用。

硅质软泥的形成不单要求有较多的硅质生物壳体产量，还需要陆源碎屑或火山碎屑的量不能太多；至于钙质壳体的多少，也会影响单一硅质软泥的形成。如水深在 CCD 线以下，溶解作用可以溶解掉钙质介壳，使硅质壳体得以保持数量上的优势。

二、自生化学沉积作用

自生化学沉积作用是指在一定的环境条件下，由海水中的电解质结晶沉淀而形成自生矿物沉积的过程。因此，有时可以利用自生矿物来恢复古环境。深海沉积物中有五类自生矿物，即富金属沉积物与铁的氧化物、多金属结核、磷块岩、沸石以及重晶石等。大部分自生沉积物是矿物从海水中缓慢沉淀而成的。

1. 富金属沉积物和铁的氧化物（软泥）

富金属沉积物和铁的氧化物是指富含 Fe、Mn、Cu、Cr、Pb 以及其他金属的大洋沉积物，又叫富金属沉积物，或多金属软泥，以 Fe 和 Mn 的氧化物为主。在现代洋脊顶部环境中已发现有三类富金属沉积物：富铁锰的、富锰的（基本上是纯 MnO_2）、富硫化铁但贫锰的沉积物。这三类沉积物的形成都归因于热液活动，无论是浅成的还是深成的都与洋脊火山活动有关。值得注意的是，尽管富金属沉积物的生成可能与现代海底热液活动有关，但并不是热液沉积物，其形成环境和机制都不同于海底热液成因多金属沉积物（主要为多金属硫化物）。前者是在正常（海底常温常压）海水环境氧化条件下生成，后者是在异常（高温高压）海水环境还原条件下形成。

2. 多金属结核的沉积作用

多金属结核，又叫锰结核，是指在大洋海底分布的以富 Mn 为主，同时富含 Ni、Cu、Co 和 Fe 等 20 多种金属元素的结核状沉积物，其密度非常大（图 9-11），有时可达 20 kg/m^2 以上。多金属结核是一种非常重要的海洋矿产资源。

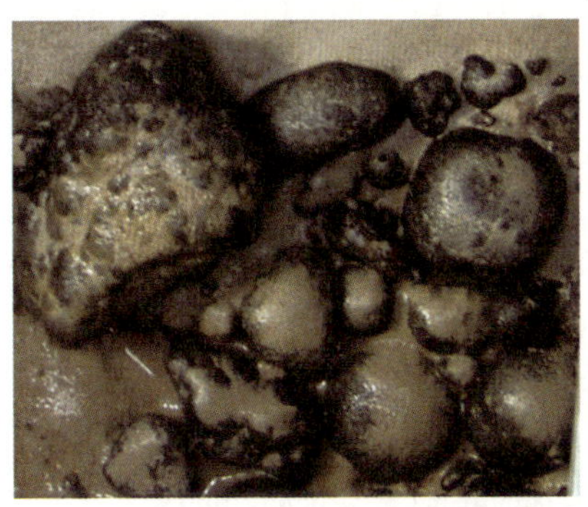

图 9-11 海底多金属结核及其剖面

多金属结核一般呈土黑色、绿黑色到褐色，由多孔的细粒结晶集合体、胶状颗粒和隐晶质物质组成，常为球形、椭圆形、圆盘状、平板状、葡萄状和多面状，直径多为 3～6 cm 的块状体。锰结核的硬度为 1～4 度，平均密度为 1.95 g/m^3，孔隙度为 55.2%～62.6%（平均为 58.3%），干密度为 1.22～1.65。多金属结核主要由隐晶质和极细粒的水合铁锰氧化物矿物组成。例如，氢氧化锰矿物：钙锰矿、水钠锰矿、水羟锰矿、拉锰矿、恩苏塔锰矿、硬锰矿等；含铁矿物：针铁矿、纤铁矿、赤铁矿、磁赤铁矿等。多金属结核的化学成分十分复杂，除了水、挥发组分和常量元素（O、Mn、Fe、Si、Al、Ca、Na、Mg）外，还含几十种有色金属和稀有、稀土元素。与地壳成分相比，结核中的 Mn、Fe、Ni、Cu、Co、Zn、Mo、Ba 和 Pb 都相对地富集，其中 Cu、Ni、Co、Mn、Mo 达到工业利用品位。

多金属结核广泛地分布于深水大洋盆地，尤其在水深大于当地 CCD 的海底。如图 9-12 所示，多金属结核主要分布在太平洋，其次是印度洋和大西洋的所有洋盆和部分海盆中。在太平洋区域，又主要分布在中太平洋和东北太平洋区，如在夏威夷和加利福尼亚之间的洋区海底多金属结核相当富集。值得指出的是，最近也曾在西太平洋水深只有2 000 m左右的边缘海中发现有密度高达25 km/m^2的多金属结核富集区。

关于多金属结核的成因机制至今仍无定论，主要有三种观点。① 自生化学沉淀说，又称接触氧化和沉淀说：认为当海底的pH值增高时，氢氧化铁便会围绕一个核心进行沉淀，氢氧化铁的沉淀物可吸附锰离子，并且产生催化作用，促使二氧化锰不断生成，从而围绕作为“核”的岩石碎屑成长为结核；② 生物成因说：用扫描电子显微镜观察多金属结核的表面和内部细微构造时，发现结核的表面有很多由底栖微生物形成的空管和微小洞穴，在结核内部也发现有细菌和生物遗体，该观点强调生物过程对Mn和其他金属元素的富集作用；③ 火山活动成因说：认为火山爆发喷发出大量气体，在气体从熔岩中析出的过程中，伴随着大量的Mn、Fe、Cu及其他微量金属元素，这些微量金属进入海水中后，沉淀出铁的含水氧化物，使锰和其他金属经过氧化富集和沉淀，形成多金属结核。

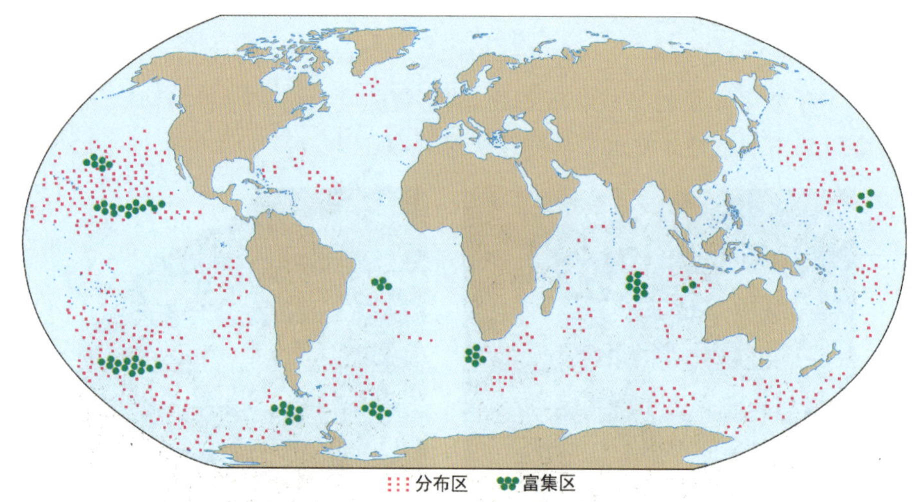

图 9-12　世界大洋中多金属结核的分布(据 Cronan,1980)

3. 磷块岩、沸石和重晶石的沉积作用

磷块岩是主要由磷酸盐矿物，特别是微晶质磷酸盐(氟磷灰石)组成的沉积物。磷块岩常与富营养盐的上升流或历史上的上升流相伴生。一般认为磷块岩可以在缺氧生物沉积物中通过碳酸盐被磷酸盐交代而形成，这种磷酸盐是由表层水中的浮游生物的产物衍生出来的。大多数人认为高的生物生产力对在浮游生物中形成磷块岩沉积是必需的，并因此产生了非常高的沉积速率。这样未氧化的生物碎屑大部分都留在半固结的沉积物中，这种有机质以后将转变为磷块岩。也有人认为磷块岩直接从富营养盐的中层水中形成。在厄加勒斯浅滩上，富营养盐的海水通过上升流上升到陆架边缘(大约50 m深)，这个地区的富磷酸盐的水从温跃层扩散到海底。海洋磷块岩沉积在世界各地的晚中新世地层中广泛分布，证明在那个时期浅水陆台上广泛发育着上升流。除上升流之外，还必须有其他环境变化来引起这种沉积物的广泛分布，但是现在对此还不了解。

沸石是与长石成分相似的白色或无色的含水铝硅酸盐，是海底次生风化作用的产物。这种矿物与缓慢沉积的深海沉积物特别是褐黏土相伴生。在深海沉积物中分布最广的是钙十字沸石和斜发沸石。钙十字沸石是呈"十"字形或"X"形的四连晶或镰状连晶，是深海沉积物中最重要的沸石，在太平洋中分布较广。它在沉积速率非常缓慢的地区，如夏威夷群岛周围和东南太平洋，可构成无碳酸盐沉积物的50%左右。太平洋的钙十字沸石与铁锰氧化物、蒙脱石类黏土、橙玄玻璃以及其他火山碎屑相伴生。钙十字沸石是由海底火山碎屑的蚀变（风化）作用所产生的。斜发沸石在三大洋中都有，但在大西洋中最为常见。一般认为斜发沸石是由酸性火山物质（玻璃）蚀变生成。

重晶石为深海自生硫酸盐矿物，以晶体或微晶体相或者作为粪粒的取代物质广泛分布在深海沉积物中（含量<10%）。重晶石可通过海底热液活动或生物沉积作用产生，来自火山物质及生物遗体的钡和锶，在还原条件下与 SO_4^{2-} 结合而形成重晶石等矿物。

三、海底热液沉积作用

在全球性大洋中脊和弧后扩张中心的板块增生带以及海底火山和转换断层处普遍存在有热液（水）的喷溢作用（Hydrothermal Venting，图 9-5），这种热液流体呈酸性（pH≈3），温度从几十摄氏度到 365℃以上，喷出海底形成海底热泉（Submarine Hot Spring）。热泉有高温（High-temperature）和低温（Low-temperature）之分，高温热泉（喷出热液温度一般在 200℃以上）喷出海底后常呈黑色，形如滚滚黑烟，故又称"黑色烟囱"（Black Smoker），低温热泉常喷出乳白色的热水流体，又称"白色烟囱"（White Smoker）。

海底热液沉积作用主要有两种表现形式：① 海底热液喷出海底之后，由于环境条件的改变和与海水不同介质的混合作用，在热液喷口附近形成典型的热液沉积硫化物，甚至成为富含贵重金属的矿体（详见第十章和第十二章）；② 海底热液活动向海洋输入了大量的溶解物质（元素），其数量可能超过全世界河流对海洋的贡献。喷出的（高温）热液流体可形成数千米规模的水团，有时水团可离开热液活动区漂移在大洋盆地中（"深海幽灵"），并在一定的海区形成多金属沉积物（多金属软泥、结核、结壳）。

现代海底热液活动大部分（约 70%）集中分布在大洋中脊扩张中心。著名的大洋中脊海底热液活动区有：① 大西洋中脊的 TAG 热液区（26°～30°N）、Famous 热液区（36°～37°N）、Snakepit 海区（23°N）、中大西洋脊的 Romaneche 断裂带等；② 太平洋海隆的东太平洋海隆热液区（11°N，13°N，21°N）、Galapagos 扩张中心（86°09′W）、Juan de Fuca 断裂带（45°～49°N）以及 Bauer 盆地的转换断层带（10°S，100°W）等；③ 印度洋西南印度洋脊的 46.9°E 和 63.5°E 热液区、Aden 海湾热液区、中印度洋脊的 Edmond 热液区（69.6°E）和 Carlsberg 洋脊热液区（9°N）等。大洋中脊是岩石圈板块扩张增生的地方，随着洋中脊的海底扩张作用和洋底岩石圈板块的增生，海底热液沉积成为大洋盆地基底之上最早的沉积层（图 9-13），该事实已被大洋钻探所证实。

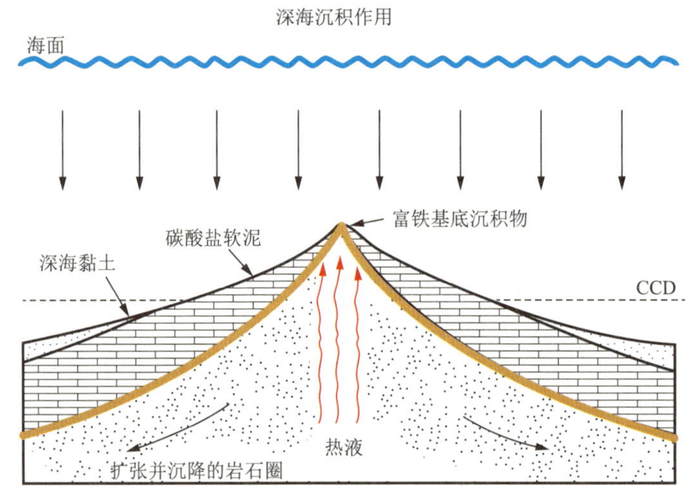

图 9-13　海底扩张与洋底沉积结构(据 Davies 和 Gorsline,1976,有改动)

海底热液活动成因的沉积物主要有:① 金属沉积物(软泥);② 多金属包壳;③ 块状硫化物;④ 浸染状和细脉状热液沉淀物和岩浆岩的热液蚀变物等。迄今为止所发现的热液成因矿物不下 70 种,以金属硫化物为主,其次有硫酸盐、氧化物和氢氧化物、碳酸盐和硅酸盐等。常见矿物有黄铁矿、黄铜矿、磁黄铁矿、白铁矿、斑铜矿、闪锌矿、纤维锌矿(Wurtzite)、自然硫、黄钾铁矾(Jarosite)、钠铁矾(Natrojarosite)、针铁矿、赤铁矿、氯铜矿(Atacamite)、钠锰矿(Birnessite)、绿脱石(Nontronite)、石膏、重晶石、文石、滑石、非晶质铁锰氧化物及二氧化硅等。其中许多矿物含有丰富的有用金属元素。例如,在大西洋中脊 15°S 附近热液区硫化物中:Fe=26.83%~42.5%(平均值 37.22%),Cu=0.28%~21.22%(平均值 7.74),Zn=0.22%~29.67%(平均值 8.60%),Pb=(107.4~1389)$\times10^{-6}$(平均值 448.5$\times10^{-6}$),Ag=(9.4~122.6)$\times10^{-6}$(平均值 54.22$\times10^{-6}$),Cr=(10.7~22.8)$\times10^{-6}$(平均值 15.75$\times10^{-6}$),Co=(129~1307)$\times10^{-6}$(平均值 571.83$\times10^{-6}$),Ni=(84.9~386.7)$\times10^{-6}$(平均值 211.77$\times10^{-6}$),Ga=(145~218.5)$\times10^{-6}$(平均值 74.65$\times10^{-6}$)(Wang Shujie 等,2017)。

第四节　大洋沉积物的分布规律

大洋沉积的分布主要受气候、距陆地的远近、水体深度、地质构造等因素的控制,具有明显的地带性,主要包括:① 气候(纬度)地带性;② 环陆地带性;③ 垂直地带性;④ 构造地带性等。

图 9-14 给出了深海现代沉积物的分布。可以看出,大洋沉积物分布的基本格局:钙质软泥覆盖于洋隆或浅台之上,而褐黏土则遍布于整个深海盆地,硅质沉积分布在生物高生产力地区,特别是大洋边缘、赤道辐散带及南极辐聚带以南的洋区,而冰川-海洋沉积物则主要分布在高纬度地区。

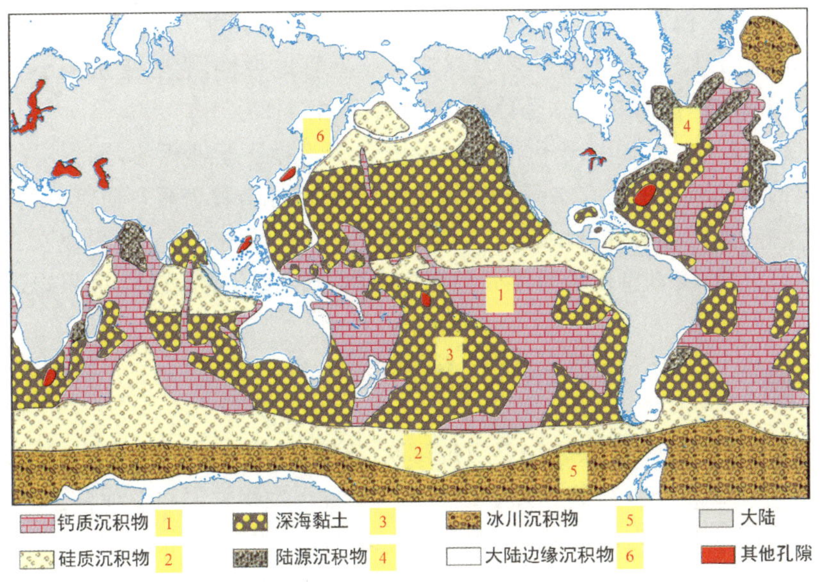

图 9-14　现代大洋沉积物的分布(来自网络,有改动)

(1) 气候地带性。不同的气候带具有不同的基岩风化(物源供给)和物质搬运方式,从而使得气候带与陆源沉积作用息息相关。不同气候带及其所造成的大洋环流又控制着海洋生物的繁衍和分布规律。因此,气候带的差异必然会在海洋沉积中得到反映。据李西津的研究,气候地带性在南、北半球对称分布,自极地向赤道可分为冰带、温带、干燥带和赤道带。

① 冰带。广布着冰川-海洋沉积,其他沉积物类型十分少见。黏土矿物主要是绿泥石和伊利石。

② 温带。在温带以硅质软泥占优势,该带南部边界是南极辐聚带,北部是大洋环流的上升辐散带。在北温带除硅质沉积外还多钙质和陆源沉积。温带的黏土矿物主要是伊利石和绿泥石。深海黏土仅见于邻近干燥带的地方。

③ 干燥带。以钙质软泥和深海黏土为主。陆源物质主要是风成物质。由于风力强劲,带入的火山灰较多,且大多被改造为沸石、橙玄玻璃等自生矿物,形成了特有的沸石沉积。

④ 赤道带。尽管本带陆源沉积速率相当高,但由于处于辐散带,生物生产力很高,故广布放射虫、有孔虫和颗石藻软泥。由于陆上化学风化强烈,输入的陆源物质几乎全是细颗粒物质。黏土矿物主要是高岭石和蒙脱石。深度大的地方有深海黏土,在浅水的海山或海岭上发育了珊瑚礁。

气候地带性不但表现在沉积物的种类和性质上,而且也表现在沉积速率及沉积物的厚度上。最低的沉积速率见于干燥带,小于 0.1 cm/ka;最高的沉积速率则见于湿润带,大于 10 cm/ka。相应地,干燥带沉积物厚度最小,在太平洋小于 100 m,湿润带沉积物厚度最大,在太平洋达 600 m。

(2) 环陆地带性。在环绕陆地的洋缘地带,广泛发育了陆源沉积,而在远离陆地的远洋地带，则沉积了深海黏土、钙质软泥、硅质软泥等远洋沉积物。

(3) 垂直地带性。碳酸盐沉积物严格服从于垂直地带性，它见于水深小于碳酸盐补偿深度的海域，相反，深海黏土总是分布在深水区(图 9-13)。

(4) 构造地带性。大洋沉积作用是在板块运动的背景下进行的，沉积层的厚度随距洋中脊距离的增加而增加。在水深较浅的洋中脊顶部，通常覆盖着钙质沉积物；洋中脊轴部是热地幔物质上涌的地方，形成特有的重金属软泥；海底火山活动可形成玄武质玻璃组成的火山碎屑夹层，随着新形成的洋底向洋中脊两侧运动，水深增大，沉积物逐渐过渡为硅质软泥或深海黏土。

小　结

1. 大洋盆地的沉积物主要来源于通过河流、冰川、风和海流等输入至海洋底部的陆源沉积物，大洋本身通过海洋生物和化学作用积累了各类生物软泥和各种自生矿物，还有来自地球外部的宇宙物质和地球内部的火山物质及热液沉积等。

2. 大洋沉积物进入海洋后，经过海洋动力条件的搬运与改造，通过不同的沉积作用方式沉积下来。沉积作用主要包括：重力流沉积作用、等深流沉积作用、海底雾浊层沉积作用、生物沉积作用、自生沉积作用、海底热液沉积作用、火山沉积作用等。

3. 大洋沉积的分布主要受气候、距陆地的远近、水深、地质构造等因素的控制，具有明显的地带性，主要包括：气候(纬度)地带性、环陆地带性、垂直地带性、构造地带性等。其中垂直分带性主要受物源和沉积物溶解性的控制。

4. 碳酸盐补偿深度(CCD)是指海洋中碳酸钙(生物钙质壳的主要组分)输入海底的补给速率与溶解速率相等的深度面，也称碳酸钙补偿深度。大洋中碳酸盐沉积的分布主要受 CCD 的控制，碳酸盐沉积只能出现于水深小于 CCD 的海域；在水深大于 CCD 的海区主要是深海黏土沉积。

思考题

1. 大洋盆地的沉积物来源主要有哪些?
2. 大洋盆地沉积物的分布规律及其影响因素有哪些?
3. 大洋盆地的沉积作用主要有哪几种?
4. 海底热液活动所导致的入海物质通量是怎样计算的?

第十章　大洋中脊体系

大洋中脊体系，简称洋中脊，是地球表面最宏观、最长且连续的地形特征。大洋中脊体系还是地表最大的火山活动带，其火山作用之强烈远远超过陆地上任何类型的火山，除少数由地幔柱形成的洋壳外，洋壳主要在这里产生。大洋中脊体系下地幔物质绝热减压上涌，熔融形成岩浆，喷出海底或在裂隙及岩浆通道中冷却固结，形成大洋地壳（或岩石圈）。新生（岩石圈）自大洋中脊向两侧扩张运移，最终在海沟附近俯冲到其他板块之下，重新进入地幔。沿洋壳裂隙下渗的海水不断地冷却着新生洋壳，在洋中脊两翼形成热流低值区。被加热的海水与洋壳岩石发生反应，淋滤其中的金属，再以海底热泉的形式喷溢出海底，即海底热液喷溢活动。喷出的热液流体与冷的海水混合，沉淀堆积成多金属硫化物，形成矿产资源。与此同时，热液所携带的大量微生物支撑了热泉喷口附近非常独特的大型生物生态系统。

第一节　基本特征

地形地貌　大洋中脊体系是地球表面最长的、宏观上连续的海底山脉地形，贯穿全球各大洋（图 10-1），长约 65 000 km，宽 1 000～3 000 km，脊顶平均高出海底 2 500 m，像垒球的缝合线一样，把各大洋岩石圈板块连接在一起。

洋中脊贯穿全球所有大洋，在泛大陆解体期间形成的年轻大洋（大西洋和印度洋）中，洋中脊距两侧大陆距离大体相等。在年老的太平洋中，洋壳沿陆缘向下俯冲，洋中脊距两侧大陆距离差别较大。大西洋的打开和美洲板块的向西漂移导致太平洋东半部洋壳的俯冲，洋中脊明显位于偏东一侧。不同脊段向两侧扩张的速率不同，可以分为快速（9～18 cm/a）扩张脊、中速（5～9 cm/a）扩张脊和慢速（1～5 cm/a）扩张脊（图 10-1）。洋脊地形地貌特征在很大程度上取决于扩张速率的大小。在快速扩张脊（如东太平洋海隆），洋脊表现为宽缓的隆起，顶部通常缺少明显的轴部裂谷；在慢速扩张脊（如大西洋中脊），洋脊陡峻，轴部裂谷明显（图 2-23）。

在快速扩张的东太平洋海隆（EPR），两翼分布有大量离轴火山，它们或独立存在，或组成火山链或火山脊。关于离轴海山的岩浆来源和萃取机制还所知甚少，控制其分布的过程也不清楚，可能受区域岩浆通量变化的控制。离轴火山多分布于一级或二级不连续带附近，或者位于二级脊段的中央附近，其分布可能反映了二级脊段范畴上离轴熔体产生率的变化。离轴海山的存在表明海底在侧向离轴运移期间整个剖面仍保持连续完整。

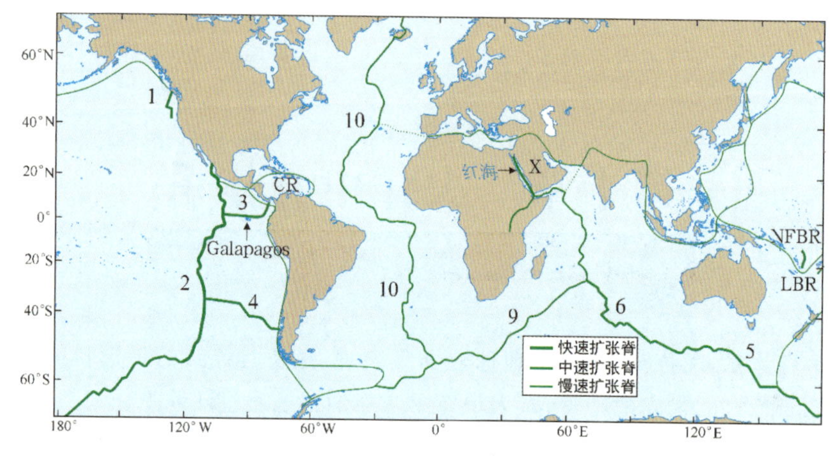

图 10-1　洋中脊分布图(线的粗细正比于扩张速率)

1—Juan de Fuca 脊；2—东太平洋海隆；3—Galapagos 脊；4—Chile 脊；5—澳大利亚/南极不整合带；6—东南印度洋中脊；7—Carlsberg 脊；8—红海；9—西南印度洋中脊；10—中大西洋中脊；NFBR：北斐济海盆；LBR：Lau 海盆；CR：Cayman 裂谷带；转引自 Juteau 和 Maury，1999。

轴部火山带　无论洋中脊的扩张速率大小，都具有狭长的轴部火山带，这是地球表面最大的火山活动带。中脊轴部火山带通常宽约 1 km，局部只有不足百米，主要是成分相对均一的拉斑玄武岩，表面以黑色闪光的玄武质玻璃、易碎玻璃边点缀在枕状熔岩基底之上，通常缺乏或有少量沉积物。在快速扩张脊，轴部火山带表现出较好的连续性，熔岩流发育；在慢速扩张脊，轴部火山具有不规则和不连续性，熔岩流少见，主要是由枕状熔岩形成的陡峭火山。在轴部裂谷的整个宽度上都分布有轴部火山，这些火山或者独立，或者成线形组合形成火山脊。

轴部裂隙与轴部地堑　张开的裂隙是轴部最常见的构造特征，反映了轴部的张性构造特性。这种裂隙均平行脊轴，两盘之间没有垂向断距，张开宽度从几厘米到几米不等，长度为几十米到几百米。在快速扩张脊，狭窄的、切割轴部带的直线形轴部地堑有时可以延续非常长的距离，火山和热液活动主要集中在这种轴部地堑中。平行脊轴分布的、近乎垂直的正断层崖，其垂直断距从几十厘米到几十米。平均来看，断崖随距轴部的距离增加而增加。在活动火山带两侧，这些断层将洋壳切成一系列平行脊轴、或升高或塌陷的断块。在 EPR，构造地堑是汇集席状熔岩流和形成海底熔岩湖的主要场所。在慢速扩张的中大西洋中脊还发现有一种低角度拆离断层(图 10-2)，这些断层可以用于解释洋中脊两翼构造和火山活动的不对称性，以及轴部带深部岩石的出露。

洋壳增生带　大洋中脊是大洋岩石圈板块增生的地方。洋中脊之下的地幔物质绝热上涌，减压熔融，形成岩浆，喷出海底或在裂隙及岩浆通道中冷却固结，形成大洋地壳(图 5-7 和图5-8)。

地球物理特征　洋中脊是一个高热流异常带，通常是在中脊轴部热流值最高，向两翼随着离中脊轴部距离的增大热流值迅速减小(图 10-3)。轴部高热流值显然与轴部强烈的岩浆作用有关。随着洋壳年龄和离开脊轴距离的增大，洋壳逐渐冷却，岩浆作用也逐渐减弱。

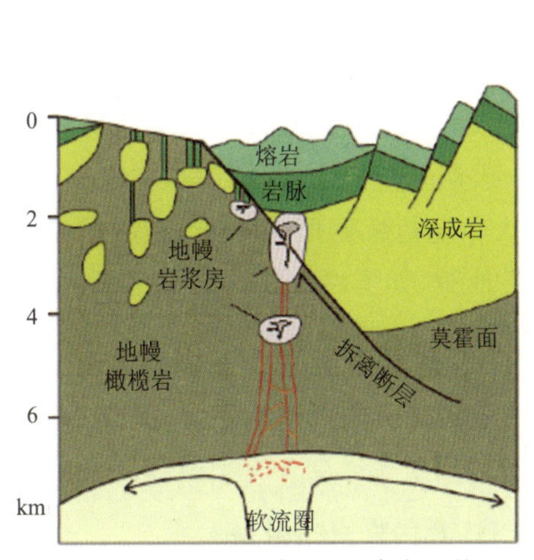

图 10-2　低角度拆离断层(来自网络)

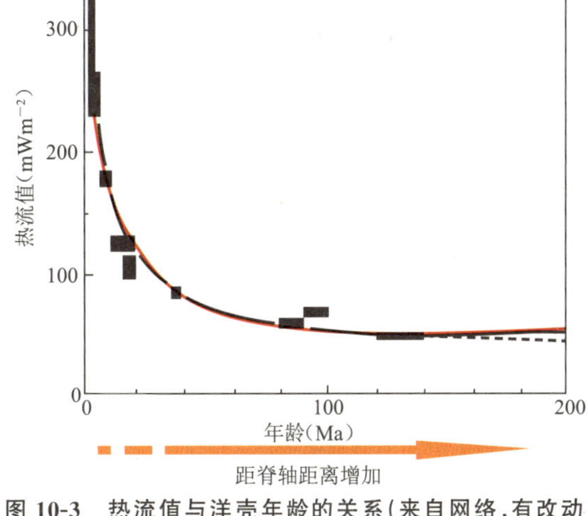

图 10-3　热流值与洋壳年龄的关系(来自网络,有改动)

洋中脊还是负重力异常带和地震活动十分频繁的地带，但以浅源地震为主。这些特征显然是由于中脊洋壳较薄，并且其下有涌升的部分熔融地幔而造成的。磁异常条带平行洋中脊在中脊两侧对称排列是洋中脊的另一重要地球物理特征(详见第五章)。

洋壳结构　在早期的洋壳结构模型中，在缺乏沉积层的洋中脊，洋壳主要有三层结构：上部的枕状玄武岩层(层Ⅰ)、中间的岩席和岩脉复合层(层Ⅱ)和下部的辉长岩层(层Ⅲ)。随着研究工作的不断深入，特别是大洋钻探成果的取得，人们认识到洋中脊的洋壳结构要复杂得多。在不同扩张速率的洋中脊，中脊下的洋壳结构具有明显的差异，这种差异性甚至表现在岩石圈结构上(图 10-4)。在慢速扩张脊有明显的层位缺失。事实上，在不同的脊段，洋壳结构都有不同程度的差异。在西南印度洋中脊，甚至出现地幔橄榄岩直接裸露在海底的情况。

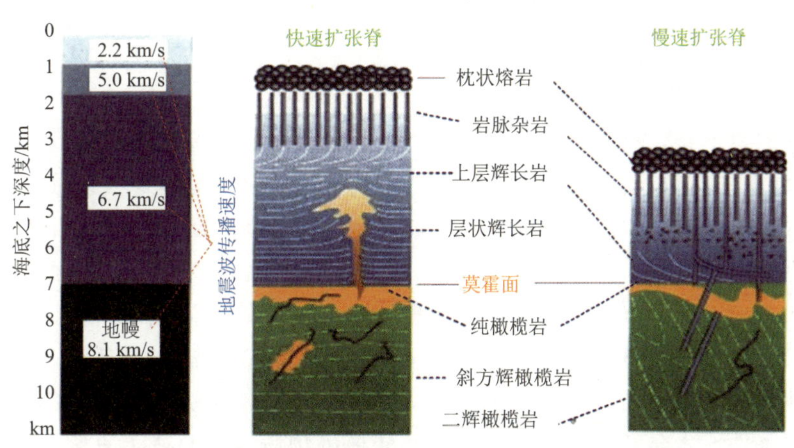

图 10-4　洋中脊岩石圈结构示意图(来自网络,有改动)

分段性　在宏观上，洋中脊是连续的、贯穿世界各大洋的海底山脉，但实际上它被一系列大断裂（转换断层）切割成不同的脊段（详见第五章），转换断层是大洋中脊体系的一级分段标志。在转换断层之间的脊段内，又由于构造特性的不连续或岩浆作用的差异导致洋脊的次级分段。

洋脊火山-构造循环　洋中脊火山活动是间歇性的，增生过程是连续的，洋脊扩张实际上是两种作用的结果。岩浆增生阶段时间相对较短，对应海底火山活动期，以穹隆状地形剖面为特征；构造拉张作用对应火山活动的间歇期，该期间洋壳主要受到构造拉张应力的作用，形成非常发育的轴部地堑。在快速扩张脊，火山期持续时间常等于构造拉张期，导致相当平缓的轴部地貌，或者火山期更长，形成穹隆地貌，如 EPR13°N（扩张速率：10.3 cm/a）一个循环平均持续约 50 000 a。在慢速扩张脊，构造拉张期（0.5～0.74 Ma）长于火山期（0.25～0.5 Ma），形成轴部以地堑为主的地貌，如 MAR14°N（扩张速率：2 cm/a）一个构造拉张期平均持续 0.7～1 Ma。

第二节　大洋中脊岩浆作用与洋壳增生

尽管目前我们已有足够的证据说明洋中脊是海底扩张中心，是板块增生带，是来自地幔的岩浆溢出海底并形成新洋壳的地方，但是，我们对洋中脊的岩浆作用过程仍不十分清楚。一系列重要的科学问题至今仍然无法确切地得出答案。这些问题主要包括：① 地幔物质的不均一性有多大？② 岩浆产生的条件及过程？③ 地幔熔融的比例和萃取过程？④ 岩浆自生成到喷出海底的过程？

迄今，人们对上述科学问题的认识主要是依据间接性的证据，这些证据主要来自：① 大洋钻探的成果，包括对钻取岩芯样品的分析与研究和现场实地探测的资料；② 对被认为是地幔岩的橄榄岩、榴辉岩和蛇绿岩的研究结果；③ 地球物理探测资料的分析解释；④ 高温高压试验；⑤ 数值模拟基础上的理论分析等。

一、洋中脊岩浆作用过程

（一）地幔物质熔融

地幔橄榄岩主要有两种类型：二辉橄榄岩和斜方辉石橄榄岩。与原生地幔物质（地核已经分离，但地壳尚未形成时的地幔）相比，MgO 含量从原始地幔到二辉橄榄岩再到斜方辉石橄榄岩逐渐增加，而 Si、Al 和 Ca 的含量逐渐降低。因此，相对二辉橄榄岩，斜方辉石橄榄岩是不相容元素亏损的橄榄岩，可能来自前者在一次或多次部分熔融事件期间岩浆萃取后的产物。二辉橄榄岩可能是发生熔融分离前的原始固体地幔岩，对来自地幔深处的碱性玄武岩中地幔捕虏体的研究证明了上述推断。在正常温压条件下，大洋之下地温线与无水地幔岩的固相线没有交点（图 3-7），地幔并不会发生熔融，这意味着洋壳下地幔只有在特定条件下才会发生部分熔融。若要使地幔物质熔融并产生岩浆，必须要有其他条件，这些条件包括压力减小（地幔物质上涌）、温度上升（热点出现）、加入水的作用。

在洋中脊这种典型的张性构造带，地幔物质上涌减压更符合实际情况。地幔物质上涌的动力可能来自软流圈的对流作用；在局部地区，也可能来自与周围地幔的局部密度差异。地幔上升速度非常快（每年几厘米），以致上升地幔在到达熔融深度前几乎没损失多少热量，即属于绝热上升。如图 10-5 所示，当二辉橄榄岩（无水系统）底辟绝热上升轨迹与二辉橄榄岩固相线相交时，上升的二辉橄榄岩开始熔融。实验表明熔融发生在大约 75 km深处的石榴石二辉橄榄岩区。

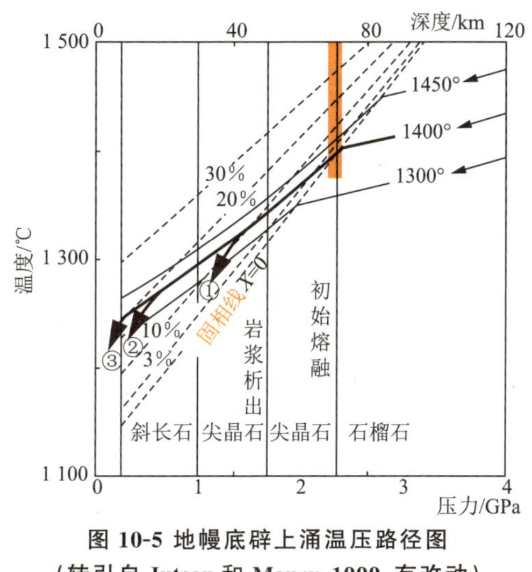

图 10-5 地幔底辟上涌温压路径图

（转引自 Juteau 和 Maury，1999，有改动）

任何多晶物质均由几种多面矿物组成，详细的结构学研究表明天然地幔橄榄岩即是如此（Mercier 和 Nicolas，1975）。在大多数情况下，天然地幔橄榄岩矿物在显微镜下呈很好的多边形马赛克结构，在矿物晶粒之间有很多三向甚至四向节点，晶面夹角通常接近 120°，尤其是对同一矿物相之间更是如此（图 10-6）。

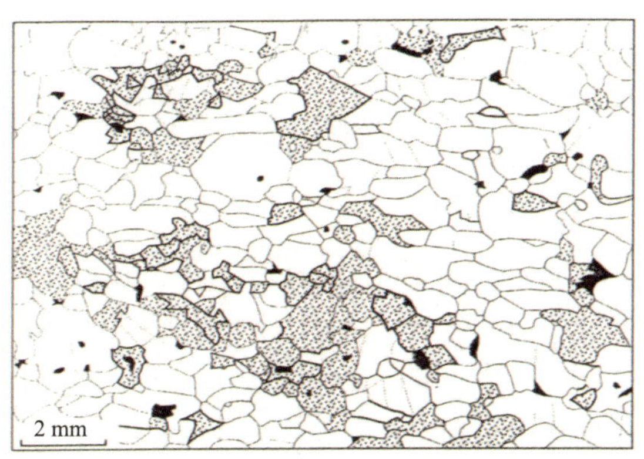

图 10-6 尖晶石二辉橄榄岩的马赛克结构（转引自 Juteau 和 Maury，1999）

在高温高压条件下，熔融过程必定从固相线温度最低的地方开始，也就是最多矿物相互接触的地方。因此，第一个岩浆滴应出现在橄榄岩、单斜辉石、斜方辉石和石榴石等矿物颗粒间三向甚至四向接合点，然后沿晶体边缘扩展，最后随熔融不断扩大沿晶体面向外扩展(图 10-7)。

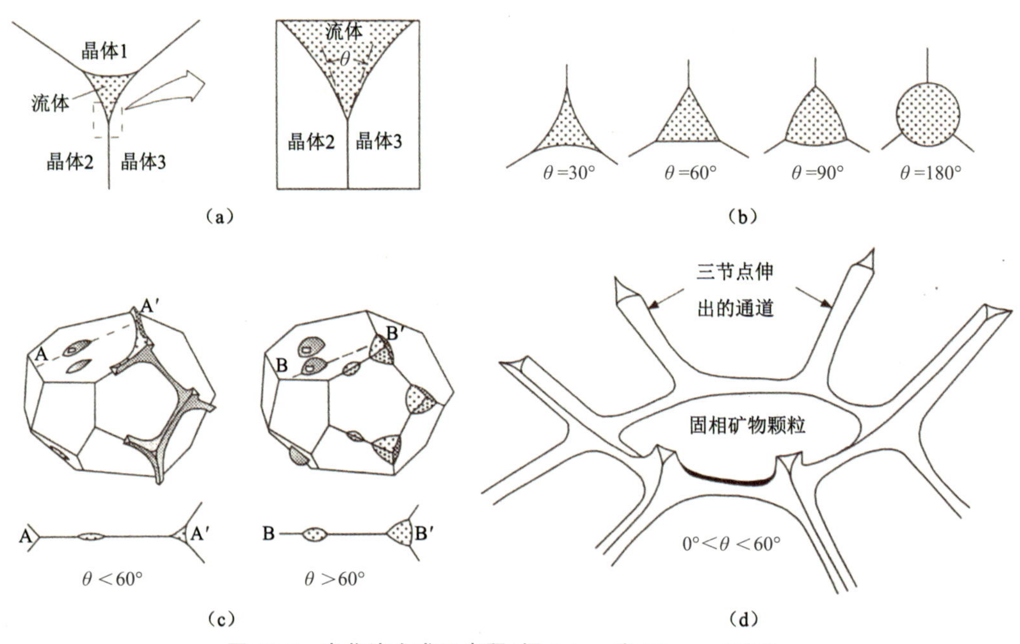

图 10-7　岩浆滴生成示意图(据 Juteau 和 Maury,1999)

(二) 熔体萃取与运移

目前，还无法准确地知道地幔物质熔融的程度范围，地球化学模型估计及高温高压实验研究表明：一般的玄武质岩浆来自 3%～15%的地幔物质部分熔融，只有极特殊条件下出现更高或更低的熔融。一般认为熔融程度>1%时熔体便可以从地幔中萃取出来。纯橄榄岩在 2%～3%部分熔融时达到渗透率阈值(下限)。二辉橄榄岩越富集，辉石含量越高，渗透率阈值(下限)越高。在无水条件下，至少需要 3%的熔融才能达到这一临界值。当然，很少量水的存在可能会大大降低这一临界值。一旦达到渗透率下限，岩浆就可以在压力梯度存在的条件下沿晶体边界和晶体面扩展，最后穿越晶体基质连通在一起，并顺着裂隙通道向上运移。

1. 岩浆的萃取

关于岩浆的萃取方式，早期存在两种极端模型，即批式熔融和分离熔融。在批式熔融(也称平衡熔融)模型中，液态岩浆在熔融过程结束时从源区橄榄岩中萃取出来，其成分均一，而且均衡了熔融过程中每一步造成的化学变化。在分离熔融模型中，岩浆一旦形成即从地幔橄榄岩中萃取出来，因此早期岩浆中富含不相容元素，后期富集程度逐步降低。在地幔物质的熔融过程中，源区橄榄岩中的不同矿物的熔融次序不一致，易熔的单斜辉石将比别的矿物对早期熔体成分贡献大一些，而难熔的橄榄石则正好相反，这又进一步加强了熔融过程造成的化学成分变化。

随着研究的逐步深入，以上两种模型都不能对大洋玄武岩和剩余地幔岩的岩石地球化学特征给出很好的解释。洋中脊玄武岩(MORB)是扩张脊下地幔二辉橄榄岩绝热减压部分熔融的最终产物(McKenzie 和 Bickle,1988)。然而，MORB 与剩余橄榄岩(斜方辉橄榄岩)并不平衡。例如，在莫霍面附近的压力下，MORB 中斜方辉石(Opx)不饱和，而 Opx 是从洋中脊拖网或钻孔采到的深海橄榄岩以及蛇绿岩等地幔橄榄岩的主要成分(Stolper,1980;Elthon 和 Scarfe,1980)。大量观测资料表明，MORB 是脊下不同深度、不同程度亏损源区衍生熔体的岩浆混合物，它保留了地幔橄榄岩在一定范围的压力下部分熔融的证据，而且这些压力远高于地壳底部的压力(Klein 和 Langmuir,1987;Salters 和 Hart,1989;Kinzler 和 Grove,1992)。另外，由于在剩余橄榄岩中的轻、重稀土元素之间，Ti/Zr 和 Lu/Hf 比值等有强烈的分馏或差异，说明 MORB 应该是源岩不同层次和比例的熔融地幔物质萃取后又发生混合形成的。由于 MORB 和熔融残留地幔岩中保留了这些分馏特征，并且在低压(喷出海底)条件下熔体和 Opx 间并不存在岩石化学平衡，说明大多数熔浆必须不经过与周围橄榄岩的再平衡作用就运移到地壳内。上升地幔演化过程必定是多压力和绝热的。地幔熔融产生一系列不同组分的熔体，熔体在一系列压力范围内发生分离和混合作用，但在熔浆上升至地表的过程中并没有和岩浆通道的围岩发生平衡反应(Langmuir 等,1992)。

2. 地幔岩浆的上涌

洋壳增生集中于洋中脊轴部几千米宽的区域内，那么熔体如何运移并集中到洋中脊呢？目前主要有两种解释模型：① 二维席状模型——地幔沿每个扩张脊段呈席状上涌；② 三维柱状模型——地幔从宽阔的脊段中央注入地壳，然后再在地壳中向脊段两端侧向运移，又称岩浆集中供给模型。

关于产生于地幔深处的玄武质岩浆是如何在岩石圈中向上运移的，运移过程中与其周围的固体地幔物质发生了什么样的反应，我们还知之甚少。由于大多数熔浆必须不经过与周围橄榄岩的再平衡作用就运移到地壳，这就要求熔体是汇集在空间有限的通道中向上运移。然而，在低熔体/岩石比的情况下，不能排除少量熔体以扩散反应流形式存在。可能存在两种孔隙模型：① 在空间有限的通道中的熔浆会聚流，熔体运移过程在化学组成上是彼此隔离的；② 扩张脊下存在扩散式反应孔隙流。大部分熔浆运移可能是发生在具有高渗透性的岩浆上升通道中。但是，大量微量元素特征也反映出存在只涉及通道间缝隙中的扩散反应流(Wang,1993)。总之，反应流扮演了一个重要的角色。在涌升地幔里的某个位置，熔融作用一定是近乎分离形式的，粒间孔隙度不到 1%，而大部分熔体萃取作用一定是发生在分离的通道里。野外调查和地球化学资料证明，交代型纯橄榄岩标志着产生于地幔中的洋中脊玄武岩熔体流具有涌升通道，大规模的熔体运移是在纯橄榄岩通道中通过集中流的形式自绝热上涌的地幔中分离出来的，在这些通道周围，少量的熔体通过反应孔隙流运移。

洋中脊下地幔流主要受两种机制(图 10-8)驱动：被动流和浮力(主动)流。在快速扩张脊，似乎以二维席状上涌(被动流)为主，地幔沿洋中脊上涌相对均一，只是在转换断层附近，上涌减弱，传导冷却作用的穿透深度也加深。在慢速扩张脊，似乎以三维柱形上涌

(浮力流)为主,从洋中脊的一个脊段长度上看,其下地幔上涌率沿脊轴变化很大,由于洋壳增生反映了熔体供给,因此熔体供给量少的地方地壳厚度变薄,可相差50%。

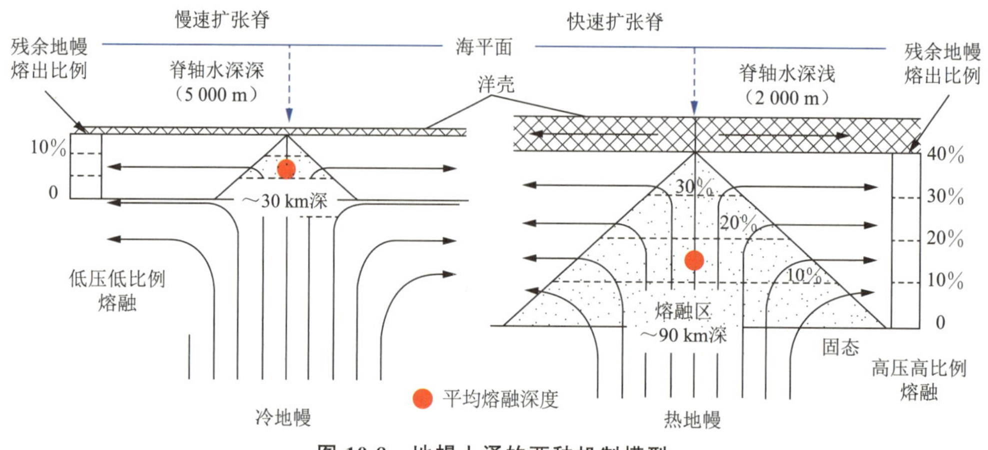

图 10-8　地幔上涌的两种机制模型

(三) 岩浆房与岩浆供给

洋中脊是不断生产洋壳的巨大加工厂,这个工厂的核心车间是岩浆房。在海底扩张理论提出之初,人们认为洋中脊下必须存在岩浆房。Cann(1990)假定在洋中脊之下的地壳中存在一个液态岩浆房,软流圈减压上涌部分熔融形成的液相在这里汇集(图10-9)。岩浆房顶部周期性破裂张开,向海底喷出MORB型海底熔岩流。若岩浆在上升裂隙通道中冷凝,则在近乎垂直的裂隙中形成玄武质岩脉。与此同时,由于粗粒辉石在岩浆房周壁的缓慢结晶,不断地形成洋壳的层Ⅲ(图10-9,详见第五章)。迄今,在年轻洋壳和蛇绿岩中观察到的许多岩性特征(例如,采自洋中脊的MORB样品代表了经历演化的拉斑玄武岩,其中玻璃质和斑晶均未与上地幔达到平衡)和结构特征都要求在海底之下不超过几千米的范围内存在有轴部岩浆房来予以解释。洋壳岩浆房概念的重要性在于它提供了最初的原始熔浆逐渐结晶为岩石的环境(Sinton 和 Detrick,1992),提供了以岩脉方式注入新生洋壳,或以熔岩方式喷出海底的岩浆贮存器,同时也提供了慢速结晶形成深部洋壳岩石的位置。

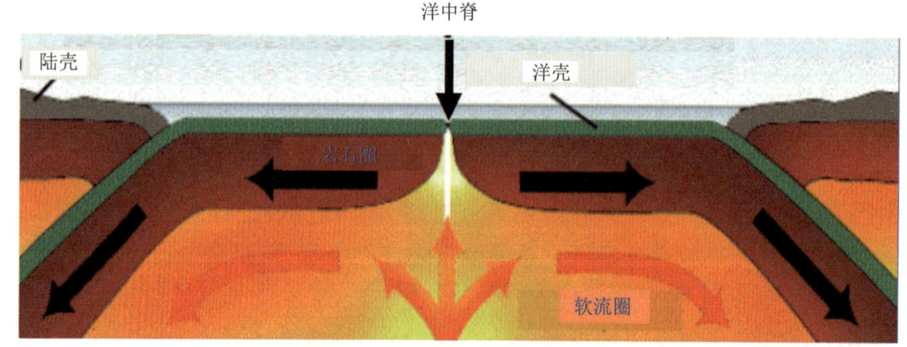

图 10-9　软流圈减压上涌为洋中脊提供岩浆模式图

最早的岩浆房模型来自对蛇绿岩的观测与研究。随着海底探测技术的发展,目前关于岩浆房存在与否、所在位置、形态特征等的研究主要依赖于地震探测(例如,Detrick 等,1993;Kent 等,1993),也有人根据热液喷口的分布(Baker 和 Hammond,1992)、洋中脊轴部剖面的面积(Scheirer 和 Macdondald,1993)以及 Fe 的富集程度(Sempere,1991)等来探讨岩浆房的形状。

1. 二维岩浆房模型

(1) 无限圆葱模型 在 19 世纪 70 年代,所谓的岩浆房"圆葱模型"十分盛行(Cann,1974)。这是一个二维模型,只考虑横截面,认为岩浆房沿洋中脊走向是无限延伸的。岩浆房形状(图 10-10)像圆葱一样,有分层,而且在所有边界均有结晶。在顶部和两翼,结晶出均匀不分层的辉长岩。在底部,岩浆中斑晶由于重力分异不断堆积,层状辉长岩堆在不同厚度的超基性岩之上,这些超基性岩又位于剩余地幔岩之上。岩浆房顶部覆盖一层逐渐扩展的玄武质岩墙,席状岩墙复合体之上是主要由枕状熔岩组成的海底火山层。

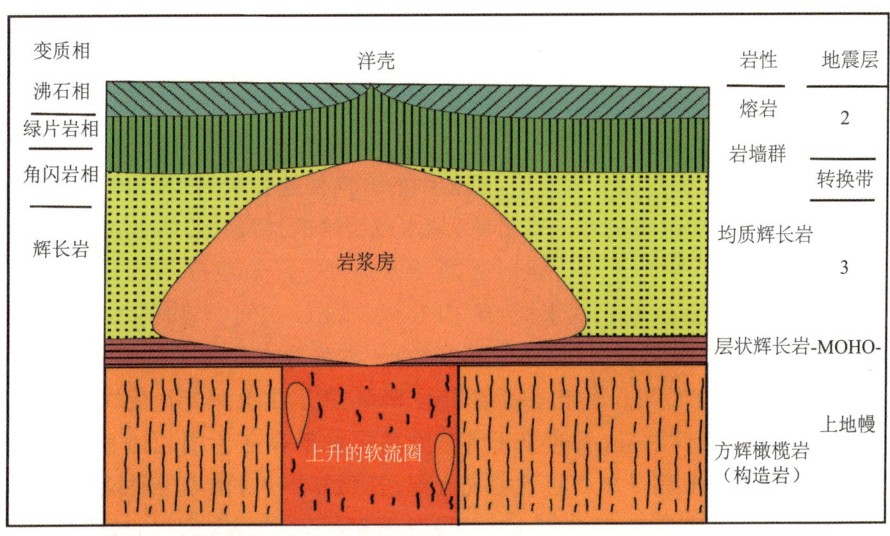

图 10-10 无限圆葱模型横截面示意图(转引自 Juteau 和 Maury,1999,有改动)

这一模型主要基于大洋岩石的岩石学特征和蛇绿岩资料,可以很好地解释标准蛇绿岩套的分层结构。受技术条件的限制,当时对洋中脊实际的地质结构和构造所知甚少,该模型没有受到任何大洋构造地球物理资料的制约或佐证(实际情况远不是这么简单)。无限圆葱模型在形态上具有很多变化(如"中国帽"状、碗形、烟囱状等),在表现形式上也不尽相同,但却具有一些共同点:① 增生岩浆房在宽度(20~30 km,甚至更宽)或高度(几千米)上规模巨大,位于洋中脊轴心部位,岩浆房占据整个洋壳层Ⅲ的厚度,直接位于上地幔方辉橄榄岩之上;② 岩浆房是液态的,其中是强烈对流的,并且是结晶分异作用的地方[中东大型特提斯(Tethyan)蛇绿岩中厚层状辉长岩系列的发现是这种巨型液态岩浆房模型的有力证据,陆上大型基性/超基性层状杂岩也是这种类型岩浆房的类比物];③ 岩浆房无限期保持稳定状态,体积保持基本恒定,增生过程导致的体积膨胀补偿了边部结晶作用造成的损失。

(2) 无限韭叶模型 到 20 世纪 70 年代末,存在巨型液态岩浆房的观点遭到众多非

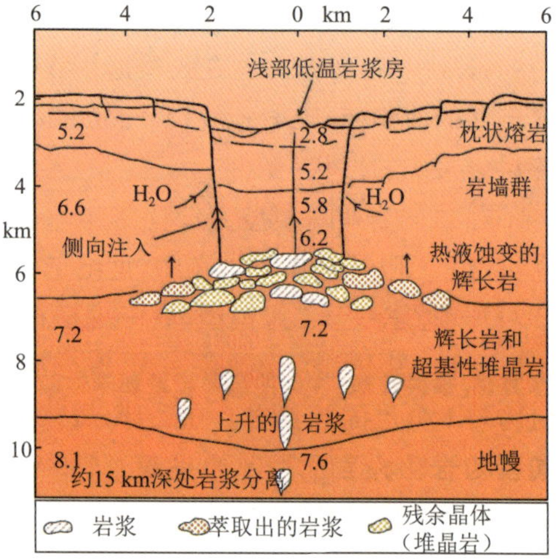

议，反对观点主要来自地球物理学家，因为他们虽努力探测但仍未发现洋中脊下存在巨型岩浆房。除此之外，热模拟结果表明巨型岩浆房无限期稳定存在的观点是值得怀疑的。Smewing 研究了 Troodos 蛇绿岩后发现，深成岩由一系列互相交错的固结的小岩浆体组成。在一篇现在看来是经典的文章中，Nisbet 和 Fowler(1978)驳斥了无限圆葱模型，提出了无限韭叶模型(图 10-11)，并指出该模型在慢速扩张脊尤其适用。该模型认为短暂存在的、小型辉长岩质岩浆房在中脊轴部之下完全结晶并彼此交错，向海底伸出多组岩脉(呈韭叶形态)。

图 10-11　无限韭叶模型示意图

(转引自 Juteau 和 Maury,1999)

2. 3D 模型和地震层析成像的贡献

到 20 世纪 80 年代，由于新的测深和地球物理探测技术(多波束声呐系统、旁扫声呐等)的发展，对洋中脊的探测向着更广泛、更精细的方向快速发展，极大地促进了人类对岩浆房的了解，巨型液态岩浆房的观点被排除，越来越精确的地震和重力数据支持小型岩浆房模型。

(1) EPR　在 20 世纪 80 年代末期，在 EPR 9°～13°N 之间(平均扩张速率：11 cm/a)进行的几个地球物理航次调查发现，脊轴下 1.5 km 深处存在平坦的强反射层，但其横向扩展宽度(跨脊轴)仅有 2 km，沿走向持续几十千米，只是在水深变化反映出的轴部不连续构造带间断。除了强反射层，不同于正常洋壳的是轴下存在宽阔的地震低速带。该低速带在洋底之下从 1 km 到 2 km，直到地壳底部，其顶部平坦，在洋中脊两翼之下随深度增大而加宽，低速带底部宽为 10～12 km。相对正常的洋壳结构的层Ⅲ，v_P 负异常值小于1 km/s，最低速度(v_P 负异常值小于 5 km/s)位于脊轴正下方相对薄(不到 1 km 厚)而窄(不到 2 km 宽)的有限区域，层析成像表明低速带沿中脊轴连续，甚至可以通过小型不连续构造。进一步的研究表明，低速带代表大部分已经固化，但温度仍然较高的下地壳区，其中含有百分之几的液态岩浆。真正的液态岩浆体只局限于 v_P 异常大于 2～3 km/s 的有限范围内，位于脊轴之下。液态岩浆体顶部对应平坦而明亮的高振幅反射层，平均深度1.5 km，其下限不明显，似乎逐渐过渡为晶粥区(图 10-12)。

这些结果排除了 EPR 脊段之下存在巨型液态岩浆房的可能，取而代之的模型认为薄而窄的液态岩浆透镜体(几百米厚，1～2 km 宽)盖在稍宽一些的晶粥带之上，外围是向外越来越趋于固化的过渡带，其中含有分离的岩浆囊(或熔浆透镜体，图 10-13)。

在 EPR 超快速扩张脊不同脊段所做的地球物理探测都表明脊轴下不到 1 km 处存在有强反射层。在胡安·德·富卡脊和 Lau 弧后盆地 Valu Fa 脊之下也发现有此类壳内反射体。因此，在 EPR 之下探测到的地壳岩浆房尺度和形态可以推广到中速到快速扩张脊。沿快速扩张脊，这种地下岩浆结构普遍存在。来自地幔的岩浆可能是不连续的，但存

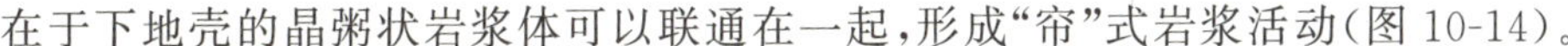

在于下地壳的晶粥状岩浆体可以联通在一起，形成“帘”式岩浆活动(图 10-14)。

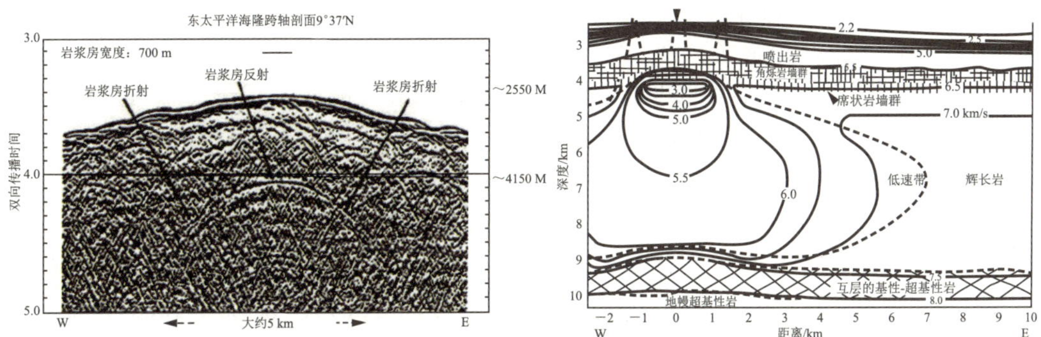

图 10-12 EPR 轴下地震剖面和速度结构(转引自 Juteau 和 Maury，1999)

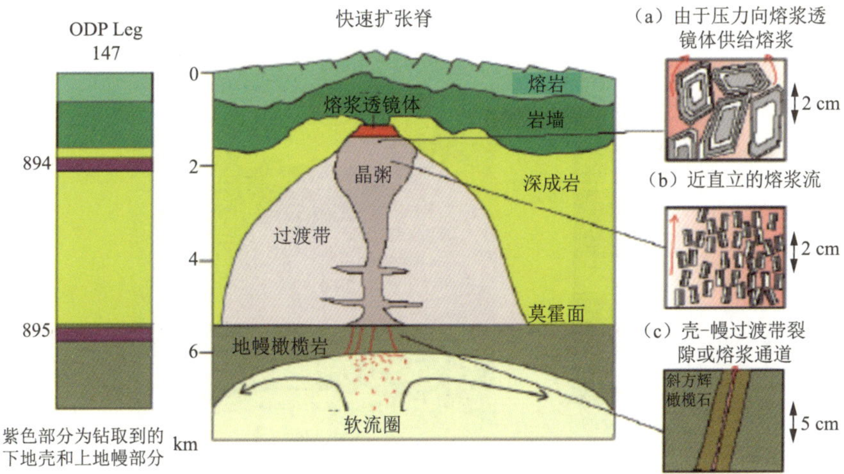

图 10-13 EPR 下的岩浆房结构(据 Sinton 和 Detrick，1992，有改动)

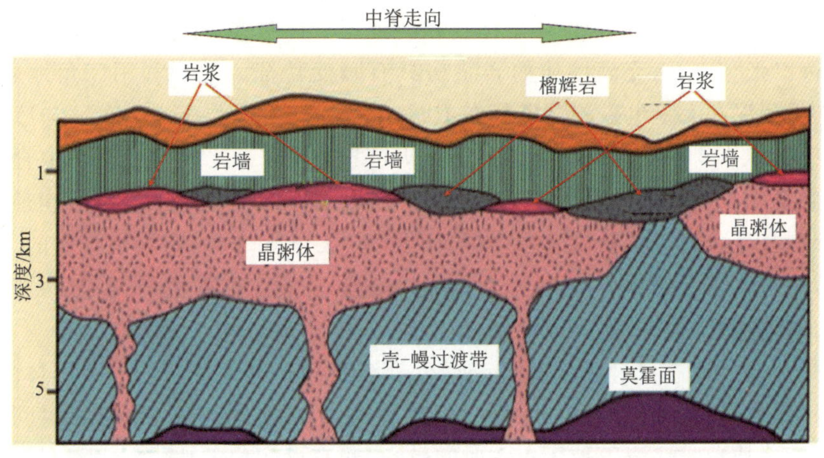

图 10-14 EPR 纵向岩浆供给结构示意图(据 Sinton 和 Detrick，1992，有改动)

需要指出的是，所谓岩浆房这个储存体中真正的液态（或熔融）部分只占非常有限的体积，该液态部分的形态近似于透镜状或脊形，而不是"房"式形态。在液态岩浆之下，所谓岩浆房实际上只是由晶粥组成，含有不同比例的间隙岩浆，这就是低速带，其主体含60%以上的晶体，在流变学和地震学上表现为固体特征。

(2) 中大西洋中脊　在典型的慢速扩张脊——大西洋中脊做了大量的地球物理探测（例如，Fowler，1976；Fowler 和 Keen，1979；Purdy 和 Detrick，1986；Bunch 和 Kennett，1980；Small Wood 等，1995），均未找到位于洋壳之内的明显的岩浆熔体存在的证据。基于热力学模型的计算表明，在慢速扩张脊，通过岩浆供给进入地壳的热流通量，不足以维持甚至很小规模的稳定的地壳熔体的存在（Sleep，1975；Kusznir 和 Bott，1976）。天然微地震和移动震源研究发现地震产生于洋中脊轴部裂谷之下约 8 km 深处或更深处，这反映整个地壳已冷却成脆性洋壳。因此，在中大西洋中脊之下似乎不存在有规模性的稳定岩浆房（图 10-15）。

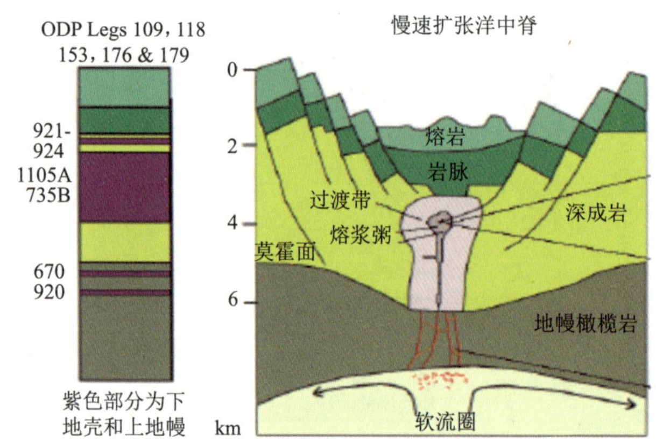

图 10-15　慢速扩张脊下岩浆分布示意图（引自 http://gore.ocean.washington.edu/，有改动）

一方面需要洋壳内岩浆熔融体的存在来解释地壳结构和岩石学的观测结果，另一方面地球物理资料又没有这种岩浆熔融体存在的证据。针对这一明显矛盾，Sinha 等（1999）认为在慢速扩张脊之下，充满熔体的岩浆房具有瞬变特征。他们利用广角地震、地震反射、控源电磁测深和大地电磁测深资料在 Reykjanes 脊之上，位于 63°30′N 与冰岛南海岸相接的 Reykjanes 半岛顶端和 52°N 的 Charlie-Gibbs 破碎带之间的大西洋中脊发现了岩浆房存在的证据，并认为这是因为该脊段处于其岩浆—构造循环中岩浆活动最剧烈的阶段，同时预测在处于岩浆活动最剧烈时候的慢速扩张脊段，也一样存在相似的下伏熔体。也就是说，在扩张较慢的洋脊，洋壳增生过程一定是幕式或周期性的，要想探测到地壳岩浆熔融体，需要选择适当的时间或脊段。

至于是否在所有扩张速率下的洋壳增生都涉及形态大体相似的岩浆熔体的存在，而它们的区别只在于这一过程的时间变化性（即在慢速扩张速率下熔体存在时间短且不断变化，而在相对快速扩张脊下熔体存在时间较长，状态比较稳定）或者是否熔体的状态，也就是说各种尺度的结晶地壳的增生和构成的整个机制是否都强烈地依赖于扩张速率还不清楚。对 EPR 轴部岩浆房深度的系统观测表明，岩浆房深度可能强烈依赖于扩张速率(Phipps Morgan 和 Chen，1993)。但是在大西洋中脊，如 Reykjanes 脊，熔体出现的深度并不比在 EPR 上扩张速率是其 5 倍的脊段深，而且比扩张速率是其 3 倍的 Valu Fa 脊还要浅。Sinha 等(1995)的研究结果表明，在慢速扩张的 Reykjanes 脊下，熔体聚积和侵位的基本形态具有与在那些快速扩张脊下相似的特征(例如，海面下深度，垂向和跨轴体积，由薄的、面状体嵌在大的、轴部低速区内组成的内部结构等)，只是持续时间和沿轴变化方式可能不同。由此可见，扩张速率不是岩浆房深度或者洋壳增生机制的唯一或主要的决定因素，这一问题有待于更加深入的研究。

二、洋壳的增生

洋壳增生集中于洋中脊轴部宽约几千米的区域内，那么岩浆熔体是如何运移并集中到这一狭窄的中脊区的呢？Sparks 和 Parmentier(1991)以及 Spiegelman(1993)认为，上涌进入洋中脊两侧岩石圈中的岩浆首先会发生部分结晶作用，可以形成渗透率障碍层，该层阻碍了岩浆流的垂直上升。因为岩石圈底部像帐篷一样朝洋中脊轴方向向上倾斜，上升的岩浆将向张裂的洋中脊之下的高孔隙率带运移。研究表明，断裂不能有效地解释熔体集中于洋中脊下部，熔体集中供给的机制更可能是穿过颗粒边界的孔隙流。集中的固相上涌，伴之以流体通道的形成，可能是熔融体集中在洋中脊下部的原因。

前已述及，洋中脊之下的地幔流主要受两种机制所驱动：被动流和浮力(主动)流。被动流是指由于岩石圈板块表面张裂而导致物质上涌填充到张开的裂隙中，它以宽阔的上涌带和以洋中脊之下为中心的 100～300 km 宽的熔融区为特征，熔融区的宽度和产生熔体的数量随扩张速率增加而增加(图 10-16)。沿扩张脊段，被动上涌和熔融作用相对均一，在转换断层之下有所减弱。浮力流的动力来源于板块分离和脊下地幔浮力，浮力产生的原因主要有热膨胀、孔隙中低密度流体的存在，以及熔体萃取造成的成分变化(亏损型地幔密度低于富集型地幔，如在橄榄岩熔融过程中，Fe 优先进入熔融相，使得剩余地幔亏损 Fe 而密度变小)。浮力流作用下产生的熔融带相对狭窄，浮力流将加大熔体沿脊分布供给的差异。

对于像 EPR 这样的快速扩张中心，有两种模式用以解释洋壳增生中熔体的供给。一是地幔呈二维席状上涌，沿每个扩张脊段的整个长度上都存在向地壳岩浆房的岩浆供给。另一种模式是所谓的岩浆集中供给模式，地幔上涌为三维柱型上涌，从宽阔的脊段中央注入地壳，然后在地壳中再向脊段两端侧向运移。沿 EPR 轴部海底水深的系统变化似乎支持岩浆集中供给模式，例如，脊段中央膨胀隆起，向脊段两端逐渐加深。然而，地震反射和地壳层析成像研究表明，大致每 10～15 km 有一个地壳岩浆体，这明显限制了沿轴部岩浆混合的范围，其长度远小于脊段一半的距离(20～50 km)。这一图像又进一步被穿过叠接扩张中心(见第五章)的几个地震反射剖面复杂化，表明这些叠接扩张中心区不但不是岩浆饥饿区，而且还在某些脊段间的错断区具有熔融的、正常厚度的甚至异常厚的洋壳。

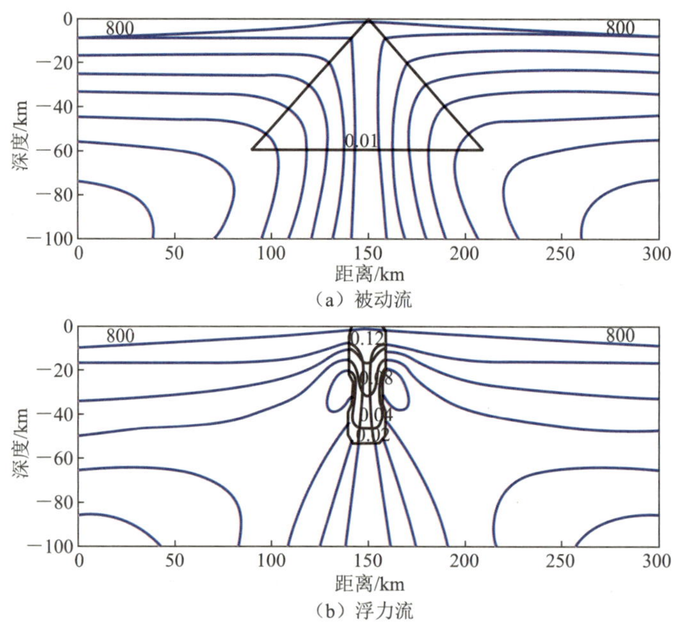

图 10-16　洋壳下岩浆熔体流示意图(蓝色线为流线,黑色线给出熔融区)
(引自 http://gore. ocean. washington. edu/,有改动)

大型叠接扩张中心标志着地貌上的脊段边缘,因此是检验岩浆供应模型的独特区域。Kent 等(2000)通过收集相隔只有 100 m 的 200 个剖面,获得了 EPR 9° 03′N 约 400 km^2 面积内的三维地震反射图像,这是第一张大型不连续构造单元下岩浆系统三维地震反射图像,几乎涵盖整个叠接扩张中心,因此圈定了该区岩浆体的位置。令人吃惊的是,在叠接扩张脊的两翼下都存在狭窄但连续的透镜体或岩床,但是在重叠盆地下没有大型熔融体(虽然盆地下存在地壳低速带,可能表明存在熔融岩浆体)。Kent 等认为从底部垂直上浮的熔体被截留在对熔体不具有渗透性的岩脉之下,然后沿席状岩脉复合体底部朝向脊轴成溪流或席状向上流动,过程类似于油气向上运移。Kent 等认为熔体从下伏地幔向上垂向运移,随后岩浆在地壳中部岩浆冷却边界下聚集,所以没有岩浆像集中供给模型预计的那样从远处的脊段中央侧向运移到叠接扩张中心。他们的观测结果并未排除地幔中的汇聚流和洋壳下顺洋中脊轴方向的熔体运移。但是,其研究结果表明岩浆从脊段中央向两侧运移似乎不是该区脊轴下熔体的主要来源。

在慢速扩张的大西洋中脊,岩浆房的发生和产状与快速扩张的 EPR 具有较大差异,但岩浆供给模式可能相同。大西洋中脊缺少直接的三维地震证据证明其岩浆供给模式。Batiza 等(1988)对 26°S 大西洋中脊玄武岩详细的地球化学研究结果表明,化学成分沿脊轴与深度对应呈系统变化,这个脊段远离活动热点,喷出 N－MORB,表明深度和熔融程度以及浅部分异程度的相关性,支持了深部中央供给系统模式,排除了该脊段下沿轴部熔体运移和大型充分混合岩浆房的存在。

总之,在洋中脊之下,地幔从约 75 km 深处向上绝热减压运移,在不同的深度(压力)发生部分熔融作用,萃取的熔浆发生混合作用并形成玄武质熔体。熔体通常在位于海底之下1～2 km的壳内岩浆房内聚集。相当比例的岩浆在岩浆房中慢慢固化形成粗粒的辉长岩。部分岩浆周期性地沿岩浆通道上升到海底，导致海底玄武质熔岩流的喷发。若熔浆在岩浆通道或充有岩浆的裂隙中冷凝成岩则形成岩脉，岩脉也用于指岩浆输送停止后填充在通道中的快速冷却的岩石。岩脉代表了无数次岩浆运移喷出事件。这种岩浆作用过程在快速扩张洋脊和慢速扩张洋脊之间既有某些相似性，又有明显的差异(表10-1)。

表10-1　快、慢速扩张脊的主要特征对比

	快速扩张脊(全扩张速率>8 cm/a)	慢速扩张脊(全扩张速率<4 cm/a)
扩张轴地形	平滑隆起，有时有小的轴部地槽(大约200 m宽，10～20 m深)	具大型轴部裂谷，25 km宽，1～2 km深
断层	小且离轴	大型内倾正断层，至少穿透洋壳基底
轴部岩浆房	稳态	瞬变(不稳定)
扩张方式	>95%来自岩浆事件	～75 %岩浆事件，～25 % 断层
地壳厚度	6 km，且相当均一	平均6 km，在<3 km和10 km之间变化，脊段中央比较厚
一级分段边界	转换断层	转换断层
二级分段边界	叠接扩张中心(OSC)	非转换型不连续带
地幔上涌模式	可能为二维席状上涌，以被动流为主	可能为二维席状上涌，以主动流(浮力驱动)为主

三、脊-柱相互作用

由于岩石圈只是地球最外层非常薄的一个固体圈层，而且受到多种力(地球内部驱动力、潮汐作用力、地球转动所产生的离心力等)的复杂作用，岩石圈板块相对于其下地幔物质的运动速度非常快。因此，在有的地方，扩张中心可以与相对稳定的地幔柱叠合在一起，并发生相互作用，现存的实例如位于北大西洋洋中脊之上的冰岛附近的地幔柱。

产生于洋中脊扩张中心的熔岩的体积与其下伏地幔的温度有关。地幔温度每增高50℃(仅为正常软流圈温度1 320℃的百分之几)，将导致上涌地幔减压熔融而形成的熔浆体积增加50%(Kenzie M C和Bickle，1988；White等，1992)。

当扩张中心与地幔柱叠合在一起时，常常是产生20～30 km或更厚的洋壳。例如，现今位于北大西洋的Reykjanes海脊和冰岛地幔柱的相互作用、Tristan da Cunba下的地幔柱与南大西洋扩张中心间的相互作用分别形成了Rio-Grande海隆和Walvis海脊，以及中印度洋扩张中心位于Reunion地幔柱上方时形成了Chagos-Laccadive海脊等。

洋中脊岩浆作用受到附近或下伏地幔柱或热点系统的强烈影响，这种影响不但表现在洋壳的厚度增厚和洋中脊的隆升方面，也表现在岩石地球化学特征上。洋中脊玄武岩的岩石化学成分总体上相对比较均一，但也存在有明显的区域性变化，这种变化主要表现在微量元素和同位素组成上。导致岩石化学成分区域性变化的原因之一是产生MORB的岩浆受到了邻近热点或地幔柱的影响，即洋中脊之下上涌的岩浆中包含了地幔柱岩浆的成分。不受地幔柱影响的 MORB 属于标准型洋中脊玄武岩(N－MORB),其特征是亏损不相容元素,$Mg^{\#}=65$ 时 K_2O 的含量为 0.15%左右,Zr/Nb＞16,Y/Nb＞8,La/Sm＜1.0,$^{87}Sr/^{86}Sr$ 值低,具有低丰度的高场强元素(HFSE)和大离子亲石元素(LILE),而且轻稀土元素(LREE)明显亏损。受地幔柱岩浆影响的 MORB 称为富集型大洋中脊玄武岩(E－MORB 或 P－MORB),其典型特征是具有相对富集的 LILE、HFSE 和 LREE,$Mg^{\#}=65$ 时 K_2O 含量为 0.1%～0.3%,Zr/Nb 比值变化于 6～16 之间,Y/Nb 为 1～4,La/Sm 为 1.0～6.0。在同位素组成方面,北大西洋洋中脊玄武岩中 Pb 与 Sr 的同位素组成沿洋中脊有着规律性变化,而且二者互相关联,最高值位于冰岛和 45°N 洋中脊附近(图 10-17)。与此同时,同位素比值与地形之间虽不是线性正相关,但也具有较好的相关性,这种区域变化性明显标示出了受地幔柱影响的大洋中脊的位置。

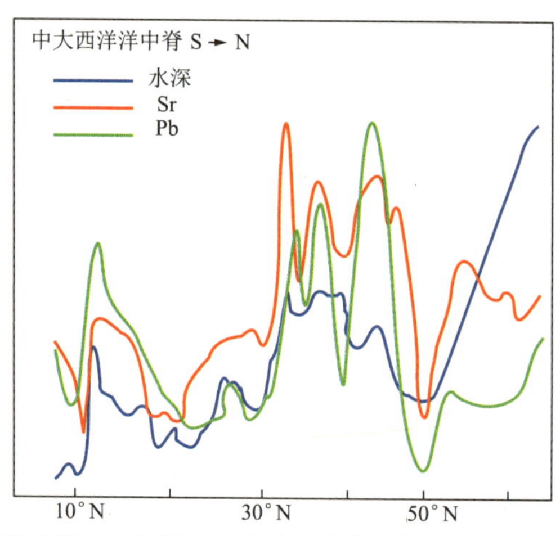

图 10-17　北大西洋洋中脊地形与地球化学特征值的变化(引自 Hamelin 等,1984,有改动)

目前还不清楚是否板块构造和地幔对流可以控制地幔柱的位置,但已经有迹象表明地幔柱可以在陆壳中导致新的离散板块边界的形成,即地幔柱可能控制板块构造。那么,地幔柱物质如何供给附近的洋中脊呢？冰岛附近很好的地形和地球化学梯度表明地幔柱物质不知何故被运离地幔柱,但是这种输运流动只限于狭窄的通道中还是更加向外发散呈辐射状还不得而知,冰岛南北的不对称性也一直难以理解。目前地幔柱中存在被动对流,它带动的地幔上涌速度比洋中脊下地幔上涌速度要快一些,但是简单的质量均衡估算表明,大量地幔柱熔浆在下面被逐步加厚的岩石圈同化。很可能是北大西洋岩石圈扩张和上涌地幔柱的相互作用使得 Reykjanes 海脊下地幔以席状上涌,随着软流圈地幔沿脊轴运动并向地表运移,形成了独特的"V"形脊。

四、脊-沟相互作用

类似脊-柱相互作用存在的原因,也会有大洋扩张中心俯冲进入地幔的情况,现存的实例出现在北美西海岸,EPR 俯冲到北美大陆之下形成了非常独特的造山带。

在北美的西海岸,EPR 俯冲到北美大陆之下,从而引发人们对于脊-沟相互作用的兴趣。洋中脊的俯冲会产生什么样的结果呢？Dickinson 和 Snyder(1979)在前人调查研究的基础上，提出俯冲的洋脊将会演化为不断加宽的鸿沟—板块窗。

洋壳增生是对称的，而洋壳俯冲却是不对称的。因此，其结果将可能导致洋中脊的俯冲。随着洋中脊逐渐接近俯冲带，俯冲洋壳年龄的不断降低，大洋岩石圈相对软流圈的浮力也越来越大，从而使得俯冲角度越来越小，俯冲的速度也越来越小，很可能有的扩张中心在到达海沟前俯冲就停止了。在加利福尼亚和墨西哥海岸均有古洋中脊的存在，在那里板块停止扩张，俯冲板块的上浮部分裂解成微板块。如果洋脊推动和板块牵引的力量超过了浮力，而且大洋板块足够强韧，洋中脊将发生俯冲，这种情况主要见于北美、智利、南极半岛、所罗门岛和日本等地。

当洋中脊随海底扩张与海沟相接时，如果板块继续分离和汇聚的话，在不断分离的大洋板块之间将形成板块窗。因为俯冲后的大洋板块继续扩张，但板块之间的岩浆不再冷却成岩补充到板块边缘，而可能变热熔融，加入上覆地幔楔和上覆板块的岩浆活动中，因此留下一个越来越大的孔洞，发展成板块窗(图 10-18)。板块窗的形态主要取决于板块间相对运动的速度、扩张脊和转换断层的形态，以及俯冲角度等，而软流圈的热侵蚀作用则是控制板块窗大小的重要因素。板块窗给周围的软流圈地幔带来异常的热、物理和化学影响，又反过来影响上覆板块的构造和岩浆演化，从而打破原应有的沟-弧-盆体系。

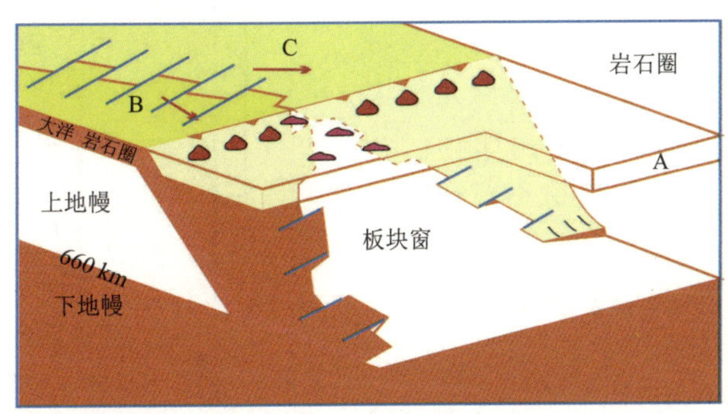

图 10-18 板块窗结构示意图(洋脊与海沟的夹角为 75°，俯冲角度为 45°。A、B、C 代表不同板块。转引自 Thorkelson，1996)

在通常情况下，俯冲的洋壳可以冷却其上覆的地幔楔，而且洋壳脱水进入上覆地幔楔。当洋中脊俯冲时，原先被冷板块分隔开的地幔现在以板块窗的形式联通在一起。因此，与正常洋壳俯冲时不同，板块窗将造成地幔温度的升高和脱水的减少(或停止)，也因此造成这些汇聚型板块边界具有独特的热和地球化学特征，而且俯冲比较浅或上覆地幔楔比较薄时，这些特征表现得最为明显。

Hikaru Iwamori(2000)对洋中脊俯冲过程中的温度结构进行了简单的数值模拟(图 10-19)，认为小于 10 Ma 的洋壳俯冲都将会导致沿俯冲板块表面温度的升高，当洋脊俯冲时该界面温度会受到剧烈影响，并导致俯冲板块的熔融，在不到 40 km 的深度内产生大量花岗质岩浆，其后影响慢慢减小，将会持续约 30 Ma，而且影响的范围基本局限于板块俯冲界面的几十千米内。

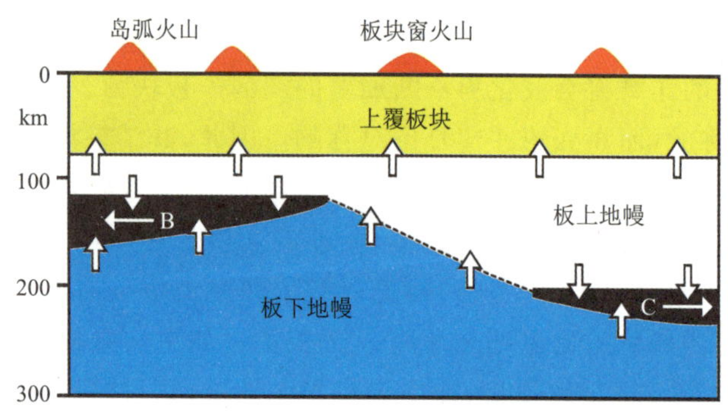

图 10-19　距海沟 200 km 的板块窗剖面(箭头代表热流传递方向。转引自 Thorkelson,1996)

在岛弧环境出现的钙碱性岩石,由于脱水作用的减弱而被拉斑玄武质和碱性岩浆作用所代替控制,在海沟附近主要为极为类似洋中脊玄武岩的岩石,在弧前地区则主要形成碱性岩浆。板块窗处岩浆作用受地幔对流、加热的地幔楔、板块上下地幔的混合、俯冲板块边缘的熔融以及上覆板块的拉张等过程的共同控制,微量元素和同位素组成表明俯冲板块之下的软流圈地幔上涌熔融是板块窗处的重要过程。

需要指出的是,由于板块窗不断运移和变化,其上火山作用也不断发展演化。洋中脊刚刚开始俯冲时,板块边界处以钙碱性岛弧岩浆作用为主,随着板块窗的运移和变化,异常型"板块窗岩浆作用"覆盖在原先的老火山岩之上,当板块窗继续移动,离开原活动区后,岛弧岩浆作用又迭加其上(图 10-20)。由于洋中脊两翼俯冲深度和角度的差异,前后两次岛弧岩浆作用的位置将有所不同,后期岛弧岩浆作用的位置更靠近海沟。Yang 等(1996)认为在吕宋岛和台湾岛之间的双弧构造就是现在已经停止活动的中国南海洋中脊俯冲的结果。

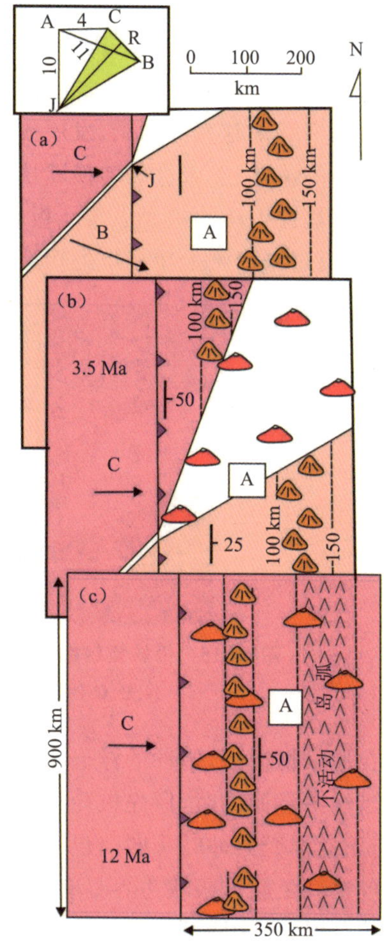

图 10-20　洋中脊俯冲过程中岩浆作用示意图(B、C 板块向 A 板块下俯冲,B 板块俯冲角度为 25°,C 板块俯冲角度为 50°,J 为洋中脊和海沟的接点,以 100 km/Ma 向南快速移动。转引自 Thorkelson,1996)

第三节　海底热液活动

海底热液活动的存在需要有两个基本条

件,一是要有热源,二是要有热液循环或运移的"通道",也就是说热液活动主要发生在其下有强烈的岩浆作用、构造上张性断裂发育的海底区域,洋中脊正是海底热液活动发育的理想环境。因此,有近80%的海底热液活动出现在洋中脊,其次是弧后海底扩张盆地。

目前,科学家们已经认识到,海底热液活动系统(包括热液循环、岩-水反应,热液喷溢与扩散、热液成矿作用和热液活动区特有的生态等)是一个动态环境体系,其化学、物理和生物过程在时间与空间尺度上都存在着强烈的变化。

一、调查研究简史及研究意义

对海底热液活动的调查与研究随着科学技术的发展在最近三十几年内才逐渐被世人所重视,大体可以分为三个阶段。

(一) 发现阶段(传统采样与海底照相技术)

1948年,瑞典 Albatross 号海洋考察船在红海中部探测到水温与盐度的异常,并利用传统的表层沉积物采样技术采集到热液成因的多金属软泥。虽然这应该标志着人类认识海底热液活动的开始,但是,因为受当时调查技术的限制,且人们并没有认识到海底热液活动分布的普遍性和调查研究工作的重要意义而没有受到广泛重视。

在20世纪60年代初,人们发现海底富金属沉积物与大洋中脊或其他海底扩张带有关。例如,El. Wakeel 等(1961)详细描述了取自 EPR 附近的富 Fe、Mn 的钙质软泥。1963年,美国发现号调查船在红海再次采集到热液成因的多金属软泥。60年代末70年代初,人们使用海底照相技术在洋中脊发现了一系列的热液喷口,并且证明富金属的沉积物正在那里生成,从而使海底热液活动与洋中脊处洋壳的生成作用联系起来,开始了系统广泛的调查研究。首先于1966年和1967年在 EPR 发现了海底热液的喷溢及其多金属沉淀物;继而于1972年在大西洋洋中脊26°N 海区发现了类似的热液活动区(命名为 TAG—Trans Atlantic Geotraverse);随后在 Galapagos 断裂带也发现了 Fe 和 Mn 的含水氧化物及绿脱石(Nontronite)等正在热泉附近生成。

(二) 系统调查阶段(载人深潜与现场观测技术)

随着科学技术的发展,人们已可以把早先为海底寻宝而设计建造的深潜器用于深海调查。1978年,法国潜水员在对 EPR 21°N 海区的名为"CYAMEX"的潜水调查中亲眼看到在海隆以西600~700 m 的小型地堑中有 Zn、Fe 和 Cu 的块状硫化物堆积,并称其为块状硫化物矿床(Massive Sulphide Ore Deposits)。但是,划时代的发现是在1979年4月,经过综合技术装备的"ALVIN"号深潜器再次回到了 EPR 21°N 海区,开始了名为"RISE"项目的调查。"ANGUS"系统成功地沿 EPR 轴部定位出25个正在活动的热液喷口,对其中8个做了进一步的潜水观察和采样。潜水员惊异地观察到自脉动的热液喷泉中正在沉淀出金属硫化物及其他多种矿物。测量到自喷口流出的流体的温度高达350℃左右。同时,自热液喷口采集到了约135 kg 重的热液沉积硫化物样品。自此,对海底热液活动的研究由仪器探测转入潜水现场观察、测量及采样研究阶段,同时发现了大量新的现代海底热液活动区。1978年 Rona 公布了海底热液矿点17处;1984年 Rona 和日本学者水野笃行分别归纳出63处和48处热液矿点。随着时间的推移，在1993年已发现139处热液矿点。

此后，对海底热液活动的调查研究引起科学家的广泛关注，海上调查工作也普遍展开，从而进入一个崭新的发展阶段。

（三）综合调查与研究阶段（深潜、钻探与定点连续观测技术）

自1984年迄今，日本使用"深海2000"（しんかぃ2000）号和"深海6500"号深潜器在西太平洋边缘海针对海底热液活动的调查就有近百次之多。大洋钻探计划（ODP）继1985年在大西洋洋中脊基岩裸露的Snakepit热液区钻探（106航次）之后，又于1991年在东太平洋有沉积层覆盖的胡安·德·富卡洋脊热液活动区打了22口钻井（139航次），钻取到在约300℃条件下新形成的热液硫化物岩芯。1986年5月，"ALVIN"号潜艇在对TAG热液区作了三次潜水观察采样后，又在Snakepit海区潜水一次，现场采集了块状硫化物、热液沉积物、热液流体及热液活动区的生物样品。1987年4月，美国"ALVIN"号深潜器对马里亚纳海槽进行了以硫化物矿床为目标的海洋调查，获取了大量的样品和资料。1988年中-西德合作So-57航次对马里亚纳海槽区热液硫化物矿床的分布情况和形成原因进行了调查。在1988年9月～1989年1月期间，中国科学院海洋研究所组队参加了苏联科学院组织的为期5个月的太平洋综合调查，沿EPR采到热液沉积物样品。英国剑桥大学同美国伍兹霍尔海洋研究所合作，分别于1988年7～8月和1990年1～2月两次赴大西洋洋中脊潜水作业，对热液喷口及其周围环境进行了系统全面的观察并采样，对高温、低温热液活动及"黑色烟囱"和"白色烟囱"分别进行了系统的研究。1990年4～6月，苏联调查船Akademik Mstislav keldysh对西南太平洋的Woodlark、Lau和Manus三个海盆进行了水柱流体的研究，包括物理、化学等因素的测定，并获得了比较详细的结果。在国家基金委的支持下，中国科学院海洋研究所于1992年6月首次在国内独立组队对冲绳海槽热液活动区进行调查采样。2007年，"大洋一号"调查船在西南印度洋洋中脊（SWIR）发现了海底热液活动区，并使用自主研发的电视抓斗采集到大量的热液沉积硫化物样品。在2008年的环球科考中，又在SWIR探测到约20 km^2的超大范围新型碳酸钙"烟囱体"热液活动区（宋学春，2009）。2009年，我国首次在南大西洋洋中脊发现两个新的海底热液活动区，位于13°～14°S脊段上，并在13°S热液活动区成功取到硫化物烟囱体样品。2010年，"大洋22航次"在南大西洋洋中脊先后发现5处新的海底热液活动点。2012年，"大洋26航次"又在南大西洋洋中脊15°S附近发现新的热液活动区，并利用电视抓斗在水深2 700～2 800 m的海底成功获取热液多金属硫化物样品。

中国科学院海洋研究所（青岛）分别于2014年4月和5月执行了针对冲绳海槽热液活动调查的HOBAB-2和HOBAB-3航次，利用电视抓斗分别在冲绳海槽中部和南部获取到海底热液成因多金属硫化物样品。在全球大洋海底已发现500余个热液活动区或热液硫化物沉积区，其中绝大多数分布在洋中脊和弧后盆地的扩张中心（图10-21）。

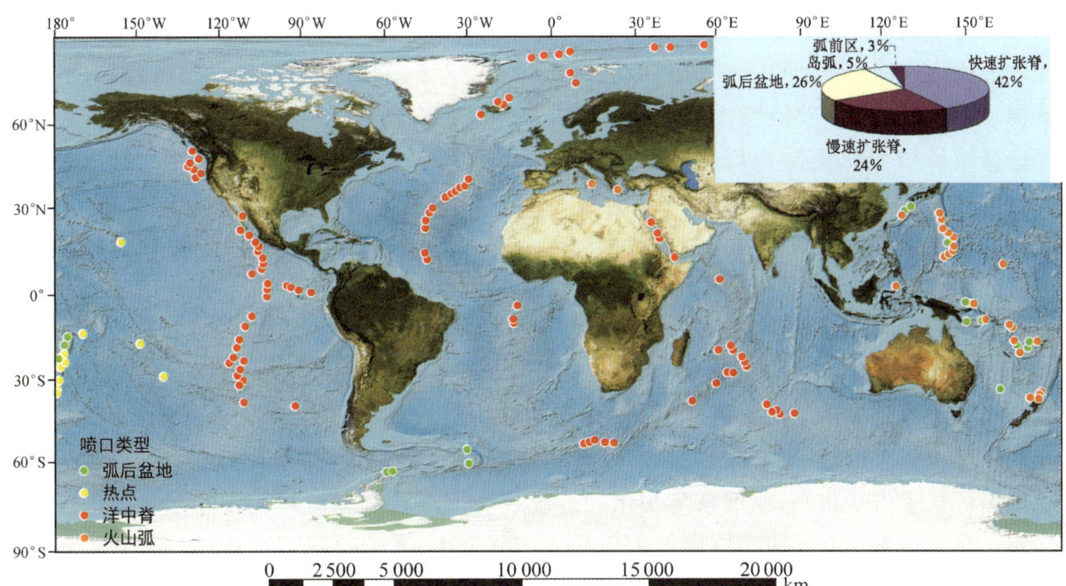

图 10-21 海底热液活动及热液沉积物的分布

海底热液活动存在的水深范围比较大(10～5 000 m)，但绝大多数(70%)分布在1 500～3 500 m 水深之间，其中，又有 60%的海底热液活动区分布在 2 000～3 000 m水深之间(表 10-2)。

表 10-2 主要海底热液活动区水深

热液硫化物分布区	位置	水深
Middle Valley	48°27′N，128°37′W 附近	2 400 m～2 500 m
Explore Ridge	49°45′N，130°16′W 附近	1 800 m 左右
EPR13°N	EPR13°N 附近	2 630 m 左右
Galapagos Rift	0°45′N，85°50′W 附近	2 600 m～2 850 m
TAG	26°08′N，44°49′W 附近	3 400 m～3 670 m
Atlantis Ⅱ Deep	21°24′N，38°03′W 附近	2 000 m 左右
Lau Basin	21°45′S，176°15′W 附近	1 600 m～2 000 m
North Fiji Basin	16°40′S，173°30′E 附近	2 000 m～3 000 m
Eastern Manus Basin	3°43.5′S，150°40′E 附近	1 630 m～1 675 m
Okinawa Trough	27°15′N，127°04′W 附近	1 250 m～1 610 m

(四) 调查研究意义

对现代海底热液活动及其成矿作用的调查研究在最近几十年中已经快速成为国际关注的研究热点。人们之所以重视这一研究的主要原因在于：① 现代海底热液活动实际上是正在进行的全球成矿作用，热液成因多金属矿床是继大洋锰结核之后所发现的又一具有开发远景的海底固体矿产资源；② 海底热液活动是地球内部向外部物质与能量输送的三大形式之一(物质输送——火山活动、板块增生、热液循环；能量输送——火山活动、热液循环、热传导)；③ 热液流体与大洋沉积物和大洋玄武岩之间的相互作用是影响化学元素全球循环的重要因素，海底热液活动对海水化学成分的影响很可能不亚于大陆入海河流的影响；④ 研究热液流体的化学成分可以用来判断地下深处所发生的化学反应，进一步阐明温压条件超出我们取样能力范围的地质作用过程；⑤ 海底“热液生物”“黑暗生物链”以及“深部生物圈”等概念的提出及研究成果在很大程度上影响了人类对诸如生命起源这种重大科学问题的传统认识，很可能会导致新理论的建立。

随着最近几年“地球系统科学”概念的产生，人们认识到 21 世纪的科学革命很可能是在地球系统变化理论上的突破。地球系统变化的外因在于银河系、太阳与太阳系的变化，而内因则包括火山活动、海底热液活动、海陆分布变化、高原的隆升与盆地的扩张和沉降、地球运行轨道的变化等，地球系统变化的过程及表现形式是地球系统各圈层之间的相互作用。在地球系统变化诸多内因与表现形式的研究中，我们不得不承认以往忽视了对海底热液活动深入系统的研究。海底热液活动不仅是地球内部能量释放的三种主要形式(火山活动、热液循环、热传导)之一，同时也是海洋热结构不稳定的重要因素。因此，现代海底热液活动及其沉积成矿作用的研究已是当代海洋地质学、矿床学、地球化学，乃至生命科学等学科共同面临的重大使命。

二、热液的物理化学性质

(一) 基本特征

热液流体(Hydrothermal Fluid)是一种高温、还原、酸性、富含金属的流体。流体温度可以从高于海水几摄氏度(2℃～4℃)到超过 350℃，甚至可达 400℃左右。这种高温还原型流体喷出海底，与氧化型冷海水相混合，大量热液矿物迅速沉淀，形成含有大量颗粒物质的“黑烟囱”，其中颗粒物主要是硫化物和硫酸盐的混合物。有的矿物在喷口附近沉淀下来形成海底“烟囱体”(Chimney)，其他的随流体向外扩散，形成热液羽状体(Hydrothermal Plume)。如果这种混合作用开始于海底，那么大部分黑色的热液矿物(主要是金属硫化物)将沉积于海底，只剩下包含二氧化硅和硫酸盐在内的一些化合物留在流体中。流体喷出海底时，进一步的反应形成硬石膏、非晶质二氧化硅等白色矿物颗粒，形成白烟囱流体，其温度一般低于黑烟囱流体(250℃～300℃)，流速也较“黑烟囱”慢。

热液流体并不总是以高温形式喷出海底，有时呈渗流形式溢出，构成热液活动的另一种形式——扩散流。扩散流的温度只比周围海水温度稍高一点，扩散流的流速可以从每秒几厘米(Schultz 等，1992)到刚超过分子扩散速率。通常其中溶解金属含量较低，无法形成所谓的“烟囱”。这种扩散流既可出现于高温烟囱周围的裂隙，也可存在于海底玄武岩中，形成独立的活动区。大多数扩散流经历了热液流体与海水的地下混合作用，而且在海底之下形成热液沉积。

热液流体的化学成分受到多种因素的控制，但总体上讲，流体主要是经历高温（高于350℃）水-岩反应改造后的海水，有时流体中富含挥发性组分。海水在海底之下被加热，并通过一系列的反应演变成喷出海底的热液流体（Seyfried 和 Mottl，1995）。

自从 1979 年在 EPR 21°N 发现高温喷口以来，已经在大量喷口区进行采样，流体中 Mg^{2+} 和 $SO_4{}^{2-}$ 浓度与温度呈很好的负相关（图 10-22）。水-岩反应实验结果表明，在温度高于 150℃时，海水中的 Mg 将全部从溶液中移出。因此，含 Mg 热液应该是经历了与海水混合作用的热液流体。将 Mg^{2+} 含量拓到零值，则可获得热液端元流体的温度和成分。

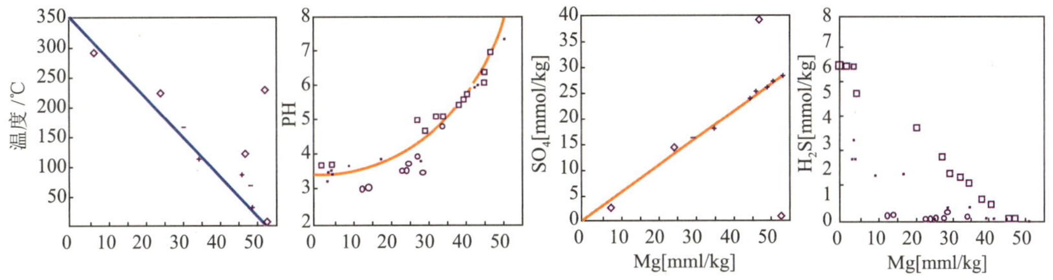

图 10-22 热液流体中 Mg^{2+} 和温度、pH 值、H_2S 及 SO_4^{2-} 浓度相关图

（据 Herzig 和 Hammington，1995）

Von Damm（1990）总结了高温热液喷口流体（包括“黑烟囱”和“白烟囱”）的化学成分（表 10-3），为了对比不同地区的热液流体的化学成分，所有流体成分均拓展到 Mg^{2+} = 0 mmol/kg。热液流体的主要化学组成特征包括：① 相对于海水，热液中富集除 Na 以外的所有碱金属元素，Na 由于和 Cl 的紧密结合，有的情况亏损，有的情况富集；② 相对于海水，碱土金属中的 Be 和 Ca 不同程度富集，Sr 有时富集、有时亏损；③ 硫酸根从海水中移出；④ 微量金属，尤其是 Fe 和 Mn 非常富集，有些元素（如 Cu、Co、Mo 和 Se 等）与温度呈正相关，而另一些元素（如 Zn、Ag、Cd、Pb 和 Sb 等）在低温流体中富集；⑤ 气相，尤其是 ^3He、H_2、H_2S、CO_2 和 CH_4 强烈富集。由于在热液流体中 $^3He/^4He$ 比值变化于 7～9 之间，因此热液喷口流体中的挥发性组分（特别是 ^3He）可能来自岩浆去气作用（Stuart 等，1995）；⑥ 在 25℃和 1 atm 条件下，大部分喷口流体均呈酸性，pH 值介于 3～6 之间。另外，在所有成分中 Si 含量变化范围最小。

表 10-3 热液流体的化学组成（转引自 Herzig 和 Hammington，1995）

	Fm (℃)	pH (25℃)	Cl ($\times10^{-12}$)	H_2S ($\times10^{-6}$)	Na ($\times10^{-6}$)	K ($\times10^{-6}$)	Ca ($\times10^{-6}$)	Ba ($\times10^{-6}$)	Sr ($\times10^{-6}$)	Fe ($\times10^{-6}$)	Mn ($\times10^{-6}$)	Zn ($\times10^{-6}$)	Cu ($\times10^{-6}$)	Si ($\times10^{-6}$)
MASK (MAR 23°N)	350	3.9	19.8	201	11.725	931	421	—	5	122	27	3	1.0	514
TAG(MAR 26°N)	366	3.8	22.5	119	12.805	669	1.235	—	9	313	37	3	10.0	583
Lucky Strike (MAR 37°N)	332	—	19.3	—	—	—	—	—	—	35	21	—	—	—
EPR(11°N)	347	3.7	24.3	416	13.265	1.267	1.411	—	12	361	51	—	—	579

续表

	Fm (℃)	pH (25℃)	Cl ($\times10^{-12}$)	H_2S ($\times10^{-6}$)	Na ($\times10^{-6}$)	K ($\times10^{-6}$)	Ca ($\times10^{-6}$)	Ba ($\times10^{-6}$)	Sr ($\times10^{-6}$)	Fe ($\times10^{-6}$)	Mn ($\times10^{-6}$)	Zn ($\times10^{-6}$)	Cu ($\times10^{-6}$)	Si ($\times10^{-6}$)
EPR(13°N)	(380)	3.3	26.9	279	13.702	1.165	2.204	—	16	603	160	—	—	618
EPR(21°N)	355	3.8	20.5	286	11.725	1.009	834	2.2	9	136	55	—	—	548
Guyamas Basin	315	5.9	22.6	204	11.794	1.924	1.663	7.4	22	10	13	—	—	388
Escanaba Trough	217	5.4	23.7	51	12.874	1.580	1.339	—	18	1	1	—	—	194
Middle Valley(JFR)	276	5.5	20.5	102	9.150	731	3.247	2.1	23	1	4	0.1	0.1	296
South Cleft (JFR)	285	3.2	31.6	(102)	15.196	1.459	3.395	—	20	575	143	24	1.0	640
North Cleft (JFR)	327	3.0	31.0	124	15.679	1.580	2.922	—	20	165	65	16	0.5	559
Axial Seamount (JFR)	328	3.5	22.1	242	11.472	1.046	1.876	3.6	17	59.477	63.178	7	0.6	424
Endeavour (JFR)	370	4.4	16.2	167	8.230	1.004	1.447	—	12	54.451	14.339	2	1.3	455
Lau Basin (SW-Pacific)	334	2.0	26.5	—	13.564	3.089	1.655	>5.4	2	140	390	196	2.2	393
海水	2	7.8	19.4	—	10.759	399	416	0.05	8	6×10^{-5}	5×10^{-5}	7×10^{-5}	5×10^{-4}	

热液端元流体的典型稀土元素配分模式为轻稀土强烈富集型，并具有很高的正 Eu 异常（图 10-23），不像 MORB 表现为近乎平坦的或 LREE 亏损型模式，也不像海水具有特征的负 Ce 异常，很可能与流体对长石的淋滤作用有关（Campbell 等，1988）。

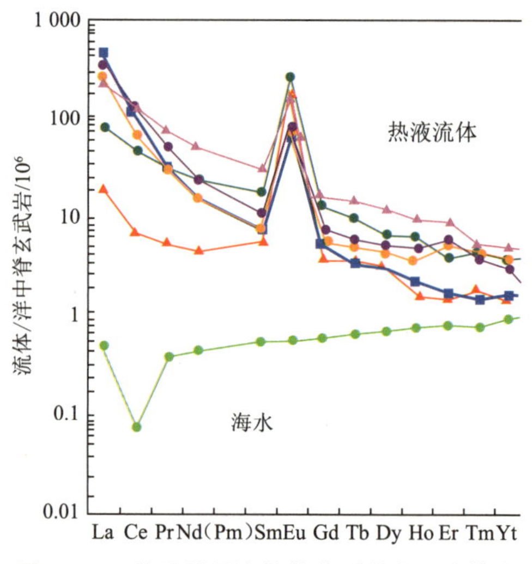

图 10-23 热液端元流体的典型稀土元素配分模式（引自 Klinkhammer 等，1995，有改动）

（二）热液流体的时间变化

在发现海底热液活动初期，人们认为至少在相当一段时间内喷口流体的化学成分应该保持基本不变。但是，后来的调查研究表明，喷口流体的成分不但有很大的变化，而且这种变化可能与火山活动有关。因此，研究的重点从系统的平衡转向系统的变化，把洋中脊局部或区域性构造和火山活动状态与喷溢热液流体的化学成分联系起来。

1990 年第一次对受火山活动影响的热液流系统进行了详细的取样分析，发现无论是热液喷发类型，还是流体成分，都在火山喷发之后发生快速而显著的变化（Haymon 等，1993；Butterfield 和 Massoth，1994；Von Damm 等，1995）。海底火山喷发的显著后果包括：巨型热液柱（事件热液柱，见后）的形成、微生物的繁荣以及喷口流体温度和成分的快速演变等（Haymon 等，1993；Embley 和 Chadwick，1994；Baker，1995；Baker 等，1995；Embley 等，1995；Lupton 等，1995；Von Damm 等，1995；Holden，1996；Charlou 等，1996）。后来，对确切知道近期发生火山喷发的部分洋中脊（Juan de Fuca 洋中脊的 Co-Axial 断裂脊段和北方断裂脊段以及 EPR 9°～10°N 区）进行了连续的观测和取样分析。结果表明，火山喷发造成流体成分的变化主要与相分离有关，火山喷发后初始阶段是以蒸汽为主的流体，接着是以卤水为主的流体（图 10-24）。

Cl^- 离子是热液系统中最主要的阴离子，因此，盐度是喷口流体的重要化学指标。由于海底热液流体的相变主要受温压条件的控制，因此流体盐度的变化反映了相分离的存在。在大部分洋中脊喷口区的水深（2 500～3 000 m）范围内，海水的两相边界位于 385℃～405℃之间。在大部分情况下，喷口流体温度低于两相曲线，因此通常不会发生相分离。但是，有的喷口热液流体的温度明显位于两相边界线附近，如 Endeavour 脊段喷口流体温度为 420℃（22 MPa）（Delaney 等，1984），而且在海底之下的反应带和上升流带（见后）。海水的临界点为 407℃和 29.8 MPa（图 10-25），当流体在低于临界点的温压条件下通过两相线时发生沸腾（即产生低盐的蒸汽相），若在高于临界点的温压条件下通过两相线，高盐度的卤水将从流体中分离出来。两种类型的相分离将产生截然不同的喷口流体化学特征。

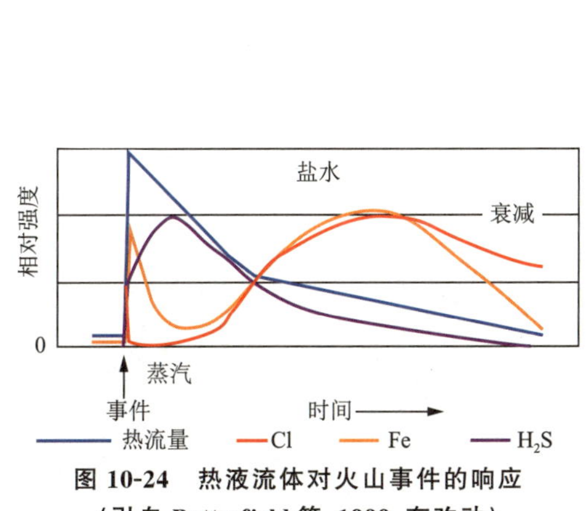

图 10-24　热液流体对火山事件的响应
（引自 Butterfield 等，1999，有改动）

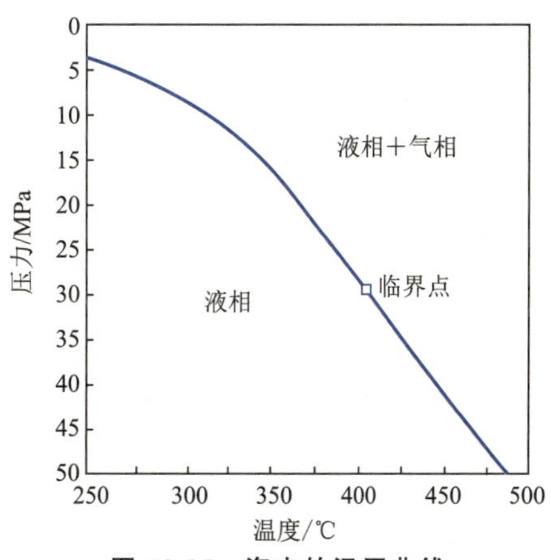

图 10-25　海水的温压曲线
（据 Herzig 和 Hammington，1995，有改动）

热液流体在海底之下的反应过程通常要经过两相环境（Massoth 等，1989；Butterfield 等，1990，1994；Von Damm 等，1995），并分离为贫氯的蒸汽相和富氯的液相或卤水相。两者不同的物理性质（密度、黏度、表面张力）提供了二者的分离机制，并使得海底喷溢流体的盐度变化很大（Goldfarb 和 Delaney，1988；Butterfield 等，1990；Fox，1990）。相分离过程，或者表现为沸腾，或者表现为卤水浓集，对于喷口流体的组成具有重要作用。在相分离过程中许多主要元素与氯的比例没什么变化（Berndt 和 Seyfried，1990），但元素在气、液两相间分离，离子组分进入液相，而挥发性组分进入蒸汽相。不同洋中脊热液流体间主要元素的大部分差异都可以用相分离以及气体和卤水的分离来解释，其余的变化则需要用不同的源岩岩石化学、反应区条件、动力学因素和分离流体中的连续反应来解释。

（三）扩散流的化学特征

目前关于扩散流热液流体的化学成分及其变化还不很清楚，已有资料主要是基于对热液沉积物化学组成的研究并加以推断得到的（Alt 等，1987）。在 1994 和 1995 年第一次对 TAG 热液丘流出的扩散流进行了直接取样，分析结果列于表 10-4 中。为了与 TAG 区的黑烟囱流体和白烟囱流体作比较，将扩散流的成分数据同样拓展到 $Mg^{2+}=0$ mmol/kg。

表 10-4　TAG 区黑烟囱、白烟囱、扩散流流体的组成（引自 Edmond 等，1995 和 James，1995）

元素	黑烟囱	白烟囱	扩散流体
Li(μM)	411	383	366
Rb(μM)	9.1	9.4	9
Ca(mmol·kg^{-1})	0.8	27	22
Sr(μmol·kg^{-1})	103	91	71
$^{87}Sr/^{86}Sr$	0.703 8	0.704 6	0.703 04
pH	3.35	3	—
H_2S(mM)	2.5～3.5	0.5	<0.04
Si(mM)	20.75	19.1	17
Cl(mM)	636	—	640
Fe(μM)	5 590	3 830	3 260
Mn(μM)	680	750	635
Zn(μM)	46	300～400	62
Cu(μM)	120～150	3	<3
La(pmol·kg^{-1})	3 710～4 610	3 590	2 810
Ce(pmol·kg^{-1})	8 820～10 200	4 360	6 970
Nd(pmol·kg^{-1})	5 250～6 990	1 590	4 460
Sm(pmol·kg^{-1})	1 040～1 450	250	920
Eu(pmol·kg^{-1})	3 390～3 690	13 800	9 710
Gd(pmol·kg^{-1})	895～1 330	160	838
Dy(pmol·kg^{-1})	635～907	110	528
Er(pmol·kg^{-1})	281～336	46	203
Yb(pmol·kg^{-1})	169～249	46	182
Lu(pmol·kg^{-1})	21.4～30.6	4	24

以 Mg 含量作为海水的特征指标，扩散流中 Li、Mn、Cl 与 Rb 等元素的含量变化表明

扩散流应该是高温流体("黑烟囱")与海水混合的结果(图 10-26,假定这几种元素在海底之下的混合过程中表现为保守元素)。然而,扩散流流体中其他一些元素的浓度不是保守混合的结果(图 10-27)。扩散流中 Fe 含量相对黑烟囱流体亏损了大约 44%,Si 也减少了约 20%,Ca 和 Sr 少了 30%左右,而 H_2S 则低于检测限。当高温流体与海水在海底之下混合时,Fe 的硫化物、二氧化硅以及硬石膏则会发生沉淀。ODP 钻探发现在 TAG 热液丘的内部普遍存在着这三种矿物相(Humphris 等,1996)。

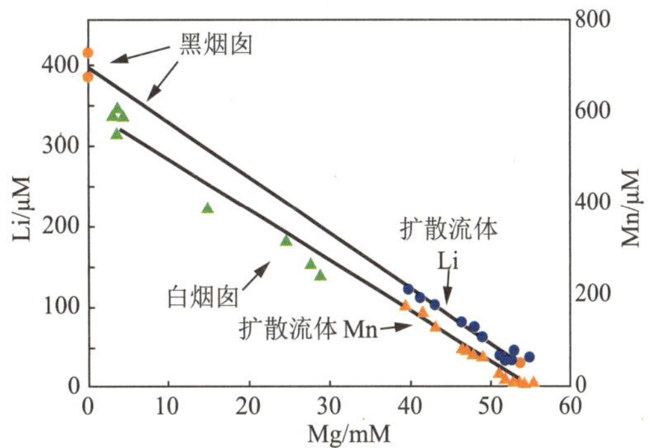

图 10-26 TAG 区热液扩散流体中 Li 和 Mn 对 Mg 的变化(图中同时给出了黑、白烟囱流体的组成,据 Schultz A 和 Elderfield H,1999,有改动)

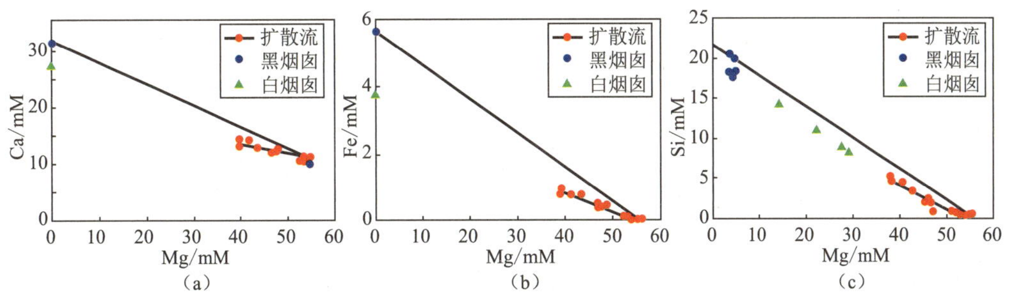

图 10-27 TAG 区热液扩散流体中 Ca 对 Mg、Fe 对 Mg 和 Si 对 Mg 含量变化图
(图中同时给出了黑烟囱和白烟囱流体的化学组分,据 Schultz A 和 Elderfield H,1999,有改动)

三、热液活动的分布

在慢速扩张脊,海底热液活动区的分布间隔 15~64 km,而在中快速扩张脊,热液活动区间距离从几百米到几千米不等。影响热液活动分布的因素很复杂,但热液活动是全球性的。根据迄今所掌握的资料,现代海底热液活动区主要集中分布于四种不同的构造环境:① 洋中脊,包括快速扩张洋中脊(Embley 等,1989;Francheteau 等,1979;Fouquet 等,1988)、超快速扩张洋中脊(Backer 等,1985,Renard 等,1985;Fouquet 等,1994)、慢速扩张洋中脊(Rona 等,1986a;Thompson 等,1988;Honnorez 等,1990;Langmuir 等,1996)、有沉积物盖层的洋中脊(Peter 和 Scott,1988;Goodfellow 和 Franklin,1993;Koski 等,1988);② 年轻和成熟的弧后盆地(Fouquet 等,1991;Halbach 等,1989;Fouquet 等,1993);③ 岛弧和热点火山活动区(Urabe 等,1987;Herzig 等,1994);④ 大型构造破碎带(Bonatti 等,1976)等。

自从 20 世纪 70 年代后期发现热液活动以来,地质学家一直希望建立起区域地质环境与热液活动分布的系统关系。热液喷口可以出现在不同扩张速率、地貌、构造和岩石特征的洋中脊,那么是否某一个地质因素起着决定性的作用呢? Francheteau 和 Ballard

(1983)、Crane(1985)曾根据三维熔体供应模式产生不同地形特征的构造分段这一观点，预测在每一脊段上，在水深最浅的部位出现热液活动的概率最大。由于早期热液观测比较局限，无法从脊段的尺度上进行讨论，而且热液活动的时间尺度和脊顶构造变化的时间尺度并不相等，因此，人们认为热液的空间分布与脊顶构造及其热变化的关系不大，似乎所有中速到快速扩张脊都有足够的热量驱动热液循环。Baker(1996)利用从中等扩张速率到超快速扩张的多个构造脊段上收集的数据，讨论了热液活动的分布与脊轴高度、脊轴横截面面积、沿轴岩浆房分布、玄武质玻璃中 MgO 含量和扩张速率等之间的关系，其结果表明在横截面积大于 3.5 km^2、轴部净高度超过 0.35 km、脊下岩浆体覆盖长度大于 60%以及 MgO>7(wt%)的脊段，热液活动分布最为广泛和强烈，其中比较好的指示指标为脊轴横截面积和净高度，可能因为它们能比较好地反映岩浆体的高低及变化(Detrick 等，1987)。从脊段尺度上看，扩张速率不是决定性因素。

值得一提的是，2000 年 12 月在中大西洋洋中脊和 Atlantis 破碎带交界处以东 30°N 附近发现了一个完全不同的热液活动区——“Lost City”(Kelley 等，2001)。它位于 1.5 Ma的老洋壳之上，距扩张轴大约 15 km，可能受海水和地幔岩间蛇纹岩化反应释放热量所驱动。它位于穹隆状块体之上，主要呈边缘陡峭的碳酸盐烟囱体，而不是像其他典型热液区的“黑烟囱”那样形成硫化物建造。流体温度相对较低(40℃～75℃)，呈碱性(pH＝9.0～9.8)，支撑着繁盛的微生物群落。由于 Atlantis 地块与中大西洋、印度洋和北冰洋洋中脊附近的一些老洋壳区非常接近，因此 Lost City 热液区的发现很可能意味着在比以前预计的广泛得多的洋壳上都存在热液活动和与其相伴生的微生物群落。

另外，低温扩散型热液循环是大洋岩石圈冷却的自然结果。人们认为扩散流是广泛存在的，既可出现在洋中脊顶部年轻(0～1 Ma)的脊轴带，也可出现在较老的脊顶两侧和两翼。目前估计在 0～65 Ma 的大洋岩石圈上都会有热液循环，占洋盆总面积的一半以上。但通常将洋中脊附近(0～1 Ma)洋壳上的热液活动称为活动热液系统，而将两翼上的热液活动称为被动热液系统。

四、热液循环模式

(一) 传统模式

人们对于海底之下热液循环的真实过程还不清楚。尽管在不同的地质背景条件下，其洋壳扩张速率、水深、基岩组分、构造裂隙的发育以及热源(岩浆体)的形态甚至类型均有较大范围的变化，但以物质和热的交换为基础形成的热液流体喷出海底的过程和所形成的产物却具有很多的相似性。因此，前人在对各种已发现的海底热液活动及其成矿作用进行系统研究的基础上，总结了现代海底热液活动及其成矿作用模式。传统的海底热液活动系统模式(Franklin 等，1981；Rona，1982；Edmond 和 Von，1983；Scott，1985；Tivey，2007；李文渊，2010；曾志刚，2011)认为：冷的富氧海水沿裂隙下渗，在岩浆房上部受热并与周围岩石(地壳或上地幔岩石)发生反应，岩石中的大部分金属元素(如 Cu、Fe、Zn、Pb 等)逐步被淋滤出来，形成富含金属离子的、酸性、还原性热液流体；这种被加热了的流体受浮力作用向上运移，在渗透压力较低或裂隙通道处喷出海底，释放出热液流体；热液流体在接近或喷出海底时与周围冷的海水混合，形成热液柱，并由于温度、介质和氧化还原条件等的改变，发生热液成矿作用，沉淀生成多金属硫化物等热液产物(图 10-28)。Alt(1995)将现代海底热液系统划分为注入带、反应带和释放带；曾志刚(2011)则将热液系统简单地划分为海底表面以上和海底表面以下两个部分。传统的热液系统循环模型合理地解释了热液活动形成的三个基本条件：流体、通道和热源，与我们现今条件下所观察到的许多事实相吻合，似乎解决了岩浆作用与热液系统的相互关系，为大多数科学家所接受。但是，随着调查研究工作的拓展和深入，人们逐渐发现了许多传统的热液系统循环模型难以解释的现象或事实。

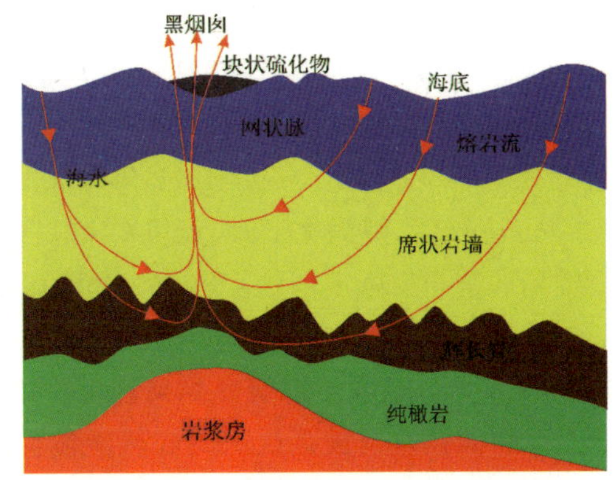

图 10-28　单通热液对流模式示意图
(据 Herzig 和 Hammington，1995，有改动)

(二) 传统模式所面临的挑战

1. 关于热液循环系统

洋壳的渗透性在海底热液循环过程中起着关键的控制作用。传统热液循环模型认为海水通过洋壳裂隙和断裂等构造下渗，后期形成的热液流体也是通过这些通道向上运移到海底表面。但是，大洋钻探、理论计算和实验模拟的结果表明，海底热液流体的循环可能并不是模型中提到的那样简单和理想。位于东太平洋哥斯达黎加断裂南部的 504B 钻井钻探资料(Becker，1985；Newmark 等，1985；Alt，1989；Pezard，1990；Alt 等，1996；Pedersen 和 Furnes，2001；Teagle 等，2003；Wolfgang 等，2003；Guerin 等，2008)表明，只有在海底之下约 200 m 范围内具有可供下渗海水流通的孔隙率，200 m～700 m 范围内的火山岩由于孔隙被次生矿物充填而孔隙率下降，到 1 000 m 深之下，其孔隙率已降低至＜2%，如此致密的岩石中不可能有流体循环发生(Becker，1985；Newmark 等，1985；Pezard，1990)。传统热液系统循环模型成立的前提条件是海水沿高渗透率的玄武岩及裂隙下渗，要穿过海底之下 3～5 km 厚的洋底岩石，并在岩浆房附近的高温条件下发生充分的岩-水反应，这与钻探所揭示的事实是相矛盾的。

2. 岩水反应所需要的时间

在现代海底热液活动过程中，热液流体喷出海底向海水中不断释放物质和能量，尤其对地球能量的收支产生了重要作用。地球表面 70%的热量散失可以用洋壳中的热量迁移来解释(Sclater，1980；Converse，1984)，而热传导和海水热对流是洋壳热量迁移的主要机制(Anderson 和 Hobart，1976；Parsons 和 Sclater，1977；Sleep 和 Wolery，1978；Lister，1980)。对比测量新洋壳获得的传导产生的热流值和板块降温理论模型获得的结果，可以发现两者差别较大，为$(2\sim8)\times10^{19}$ cal · ar^{-1}(Sclater，1981)，这部分热量主要是通过海底热液系统来传递(散失)的。Edmond 等(1982)根据所测得的元素同位素数据,假设热液流体温度为 300℃左右,经过计算认为海水在洋中脊处下渗循环、发生水-岩反应并喷出海底需要的周期为 8～10 Ma。洋中脊是海底扩张中心,尽管在不同洋中脊的扩张速率(从小于 1.4 cm/a 到 18 cm/a;Dick 等,2003)差别明显,但若按洋中脊半扩张速率的平均值(3 cm/a)计算,则海水下渗、经历水-岩反应后再喷出海底时热液喷口要离开扩张轴 240～300 km,这与实际观测的事实——热液活动集中发生在洋中脊扩张轴附近是不一致的。

3. 热液系统的地球化学特征

大量地球化学示踪研究结果表明,海底所喷出的热液应该是二端元液体混合的产物。首先,Sr 同位素组成是认识海底热液流体物质来源的重要指标之一,热液及其所形成的硫化物矿物的 Sr 同位素组成介于地幔和海水之间,其$^{87}Sr/^{86}Sr$ 比值均低于海水,大部分位于靠近地幔及海底玄武岩端元。其次,对现场采得的大西洋 TAG 热液区热液流体的 Sr 同位素分析结果表明,$^{87}Sr/^{86}Sr$-Mn(Sr)曲线为简单的二端元混合直线,而非二端元混合后经混合同位素衰变演化后的双曲线(Faure,1977)。再有,如图 10-29 所示,对比冲绳海槽热液区火山岩中岩浆包裹体和热液成因矿物中流体包裹体各组分相对含量的平均值可以发现,在同一地区二者的组成几乎完全一致,不存在岩-水反应程度不同的差异,说明岩浆与现代海底热液中的挥发性组分具有同源性,这是冲绳海槽岩浆作用对热液活动物质贡献的重要标志(于增慧等,2000)。还有,黑色烟囱和白色烟囱及扩散流似乎经历了不同的地质作用过程,好像不是同一个系统或过程所产生的热液流体。因此,海水下渗→岩浆房加热→高温岩水反应→上升→部分海水再混合→喷出海底—沉淀形成硫化物的传统模式很难解释:① 漫长的岩-水反应过程怎么会产生与地幔或玄武岩同位素组成几乎完全一致的端元热液? ② 怎样解释硫化物包裹体与岩浆岩矿物包裹体组成的一致性? ③ 怎样解释黑、白烟囱及扩散热液流体之间的系统差异?

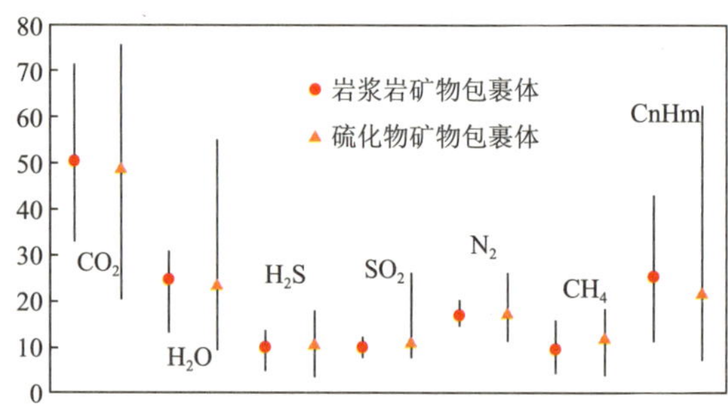

图 10-29 冲绳海槽热液区火山岩中矿物包裹体和热液成因矿物包裹体的成分对比(据于增慧等,2000)

4. 热液生态系统

现代海底热液喷口生物群落在各大洋海底热液活动区均有分布。从构造位置和地质环境上看,热液喷口生物群落与热液喷口伴生,二者分布几乎一致。仅就环境的物理化学条件而言,所有热液喷口没有明显的差异,其生物群落也应该高度一致。但是,在不同大洋热液喷口区的生物群落却差别明显。在西太平洋弧后盆地热液活动区,热液喷口周围生物以 *provannidae*、瓣鳃类和贻贝类为主;在 EPR 热液喷口区密集分布着大量的管状蠕虫；在大西洋洋中脊热液喷口附近生物则以虾和双壳类为主；而印度洋中的热液喷口生物以 *provannidae*、虾类和贻贝类为主(Hashimoto 等，2001a，b；Van Dover 等，2001；Tarasov 等，2005；Zekely 等，2006；Yoerger 等，2007；王建佳，2012)。环境条件(温度、压力、岩水反应、酸碱度等)相似的热液活动区为何发育有不同的生态系统？

5. 热液硫化物的化学组成

热液硫化物是热液活动的重要产物之一，其矿物组成主要包括黄铁矿、黄铜矿、闪锌矿、磁黄铁矿、白铁矿、斑铜矿、纤锌矿和等轴古巴矿等。所有海底热液活动区硫化物的主要矿物组成基本相近，主要由 Fe、Cu、Zn 和 Pb 的硫化物组成，其中，黄铁矿(白铁矿)、闪锌矿(纤锌矿)和黄铜矿(等轴古巴矿)是最常见的矿物组合。但是，对分别采自 EPR、大西洋洋中脊和弧后盆地(如冲绳海槽)三个著名热液活动区的硫化物中金属元素的丰度做统计分析，却发现不同热液活动区硫化物中金属元素的富集程度是不一样的。在 EPR 热液活动区，热液沉积物以富集 Ni、Fe、Co 和 Cu 为特征，可称为 Fe-Ni-Co 型硫化物；在大西洋热液活动区，热液沉积物以富集 Zn、Cu、Pb 和 Co 为特征，可称为 Zn-Cu-Pb 型硫化物；在西太平洋典型的弧后盆地(以冲绳海槽为例)热液活动区，热液沉积物中明显地富集 Ag 和 Au，可称为 Ag-Au 型热液硫化物。弧后盆地热液活动区硫化物中富集 Ag 和 Au 的现象在几个著名的弧后盆地热液活动区都有体现(翟世奎等，2001；曾志刚，2010)，除冲绳海槽外还有 Lau 海盆、Manus 海盆和斐济海盆等，这些盆地的共性在于具有双峰式的火山活动，基底岩石除了玄武岩之外还有酸性的长英质火山岩。类似于热液生态学中的矛盾或问题：在环境条件(温度、压力、岩-水反应、酸碱度等)相似的热液活动区，热液硫化物中富集的金属元素为何不同？

(三) 双扩散对流循环模式

1. 源于地幔的岩浆演化后期热液参与热液循环

绝大多数现代海底热液活动都与岩浆作用密切相关。位于热液系统深部的岩浆房作为热源加热流体、促使成矿流体对流循环是被普遍认可的观点。但岩浆作用是否为现代海底的热液成矿提供了物质来源则存在很多争议。首先提出此问题的当属 Kaihui Yang 等(1996)，他们在对马努斯海盆火山岩包裹体的研究中，找到了熔岩中存在岩浆流体(Magmatic Fluid)的直接证据，认为富含金属元素的岩浆流体很可能为海底热液系统提供了物源。众所周知，岩浆作用自产生后的上升过程是一个结晶分异演化过程，残余岩浆中将逐渐富集挥发性组分，最后会导致岩浆后期热液的形成。从理论上讲，不能排除岩浆作用后期热液直接加入海底热液系统或直接喷出海底的可能性。上述观点成立的前提是地幔中要有“水分”。地幔中是否有“水”是争论已久的科学问题，人类围绕这个问题展开了一系列的科学调查和实验模拟，越来越多的研究结果证明地幔中是有水的。

首先，来自地幔甚至更深处的岩浆是含水的。虽然地幔主要造岩矿物，即橄榄石、辉石、石榴子石及其高压变体都是名义上的无水矿物，但是，通过红外光谱、离子探针、金属还原真空抽取、核反应分析和核磁共振等分析方法对上地幔橄榄岩包体矿物的研究，可以确定地幔矿物相都不同程度地含有水，只是含量较低，多为几十至几百($\times10^{-6}$)(Rossvra

和 Svrvrn，1990；Bai，1992；Bell，1992；Bell 和 Rossman，1992；Kohlstedt 等，1996；Rossman，1996，2006；Peslier，2010；Yang 等，2010；Withers 等，2011；Zhou 等，2013；Doucet 等，2014；Ragozin 等，2014）。高温高压实验是合成地球深部含水相的最直接途径，对其产物的谱学分析为地幔水的存在提供了更多的证据，这些含水相包括普通含水矿物、名义上的无水矿物及其高压结构相和高密度含水镁硅酸盐矿物（Yamamoto 和 Akimoto，1977；Liu，1987；Finger 和 Prewitt，1989；Withers 和 Hirschmann，2008；Karato，2010；Yang 等，2014）。综合实验模拟和地质与地球物理研究结果可知，地幔水分布在横向及纵向上都是不均一的。在横向上，俯冲带地区水是最富集的，而稳定的克拉通之下地幔是最贫水的。在纵向上，地幔过渡带可能是最富集水的圈层，而上、下地幔都相对贫水（Inoue 和 Wada，2010；Xia 等，2010；Zhou 等，2013；Zhu 等，2013；Bizimis 和 Peslier，2015；Ohtani，2015）。

其次，地下软流圈的存在若是在无水干系统条件下是难以解释的。Barrell 早在 1914 年为了解释地壳均衡说首次提出了软流圈的概念，即后来的地震波传播低速带（Tuezov，1990；Gutenberg，2013）。板块构造理论中最重要的内容就是地幔对流造成塑性软流圈之上的刚性岩石圈板块运动（Hirth 和 Kohlstedt，1996；Höink 等，2011；Karato，2012）。然而，一系列的实验模拟和理论模型证明，软流圈在无水干系统条件下是很难存在的。水在上地幔的塑性变形和演化过程中具有非常重要的作用（Wang，2010），软流圈的特性普遍与地幔岩中含有水有关（Hirth 和 Kohlstedt，1996；Evans 等，2005；Karato，2012）。例如，水的存在可以在很大程度上降低上地幔物质的熔点和黏滞度（Hirschmann，2006；Hirth 和 Kohlstedt，1996，2003；Karato，2010；Wang，2010）。实验结果表明，在压力为 300 MPa且有水存在的条件下，橄榄岩的黏滞度系数最大可以降低 140（Hirth 和 Kohlstedt，1996）。早在 20 世纪 60 年代末，科学家就通过实验证实只有在地幔榴辉岩或橄榄岩有水存在的前提下，才可以解释低速带的成因（Kushiro 等，1968；Ringwood，1969；Lambert 和 Wyllie，1970）。Hill 等（1970）的辉长岩-水-CO_2实验和 Kushiro 等（1970）的橄榄岩-水实验进一步证明了这个解释的有效性和准确性，并被广泛认可。挥发性组分（主要是 H_2O 和 CO_2）在软流圈中富集并促使软流圈物质发生初熔而产生岩浆（Green 和 Liebermann，1976；Wallace 和 Green，1988；Presnall 和 Gudfinnsson，2005；Green 等，2010；Sifré 等，2014）。

再有，在热液喷口周围及海底之下均分布着密集的微生物群落，目前我们对海底之下的深部生物圈还知之甚少。对海底以下深部极端高温环境中的微生物活动的研究已成为当代生命科学的重要课题之一。近十几年的大洋钻探和海底热液活动研究发现了海底“深部生物圈”、“暗色生物链”等生态系统。例如，ODP Leg 201 航次在太平洋东部 5 000 m的深海钻孔岩芯中发现了微生物的存在，丰度可达 10^6 cm^{-3}（Jørgensen 和 Hondt，2006）；在 EPR 的玄武岩中也生存有大量的微生物，丰度为每克熔岩中含有 $3\times10^6\sim1\times10^9$ 个微生物（Santelli 等，2008）；在大西洋海底以下 1 626 m 的白垩系地层里也存在着微生物（Roussel 等，2008）。以上事实证明在海底之下千米深的范围内仍有生命生存，这颠覆了人们对于生命起源的传统认识，甚至有人提出“地球生命来源于地球深处（地幔)”的观点。所有这些生物的存在都离不开有水的环境。

还有,越来越多的证据表明地球生成的初始可能带有大量的水。关于地球上水的起源一直是一个争议颇大的问题,目前主要有两大说法:自源说和外源说(李雨新,1984)。外源说认为地球上的水来自外太空,主要包括彗星、陨石和太阳风(贾绍凤,2015)。彗星长期以来一直被认为是地球上水的重要来源,但2014年底当欧空局在2004年发射的“罗塞塔”探测器抵达67P/丘留莫夫-格拉西缅科彗星(简称67P彗星;Cottin,2014)后发现事实并非如此。通过地球水与67P彗星水的对比可以发现,67P彗星的氘氢比是地球上的3倍,由此可确认地球上的水并非来自彗星(赵海斌等,2005;Altwegg等,2015;谢懿,2016)。降落到地球上的陨石通常都含有一定量(0.5%～5%)的水,有的高达10%以上,但陨石数量之少及缺乏把陨石中的水变成液态水的物理化学过程使得地球上的水来源于陨石的观点基本不成立(李雨新,1984;贾绍凤,2015)。而太阳风带来氢和氧结合形成水分子的量与地球表面现有的水储量相比不过是九牛一毛(贾绍凤,2015)。因此,外源不是地球水形成的主要原因。自源说则认为地球上的水来自地球本身(李雨新,1984;贾绍凤,2015)。Hallis等对Baffin岛和西格陵兰具有地球初始同位素组成的苦橄质熔岩的橄榄石斑晶中熔体包裹体进行了H同位素分析,其结果表明熔体包裹体的氢同位素组成(δD)可以低至−218‰,代表了深部地幔源区的上限值。结合源区混合模型,该深部地幔具有极低的地球初始H同位素组成(−870‰),这种极低的初始H同位素组成基本排除了后期陨石撞击带来水的可能性(Hallis,2015)。现在越来越多的证据表明地球在形成时是自身含水的。2014年,Pearson等对新发现的尖晶石和橄榄石样品进行了分析,其结果充分证明地幔上、下层之间的过渡带存在有水,而且按照岩石中的水存在的比例,水资源储量相当丰富,甚至有望超过全球海洋总水量之和(Pearson等,2014)。

另外,俯冲到地幔中的洋壳可以带入水(Ohira等,2014)。俯冲带中的岩石和矿物中都含有一定量的水,可能以水分子或者结构羟基的形式存在(Zheng和Hermann,2014),水从俯冲洋壳迁移到地幔主要受洋壳中含水矿物的稳定性支配(郑永飞等,2016)。俯冲带水迁移是水进入地球内部的主要方式,这一过程不仅在很大程度上影响了地幔的若干物理化学性质,而且改变了地幔的熔融温度和流变学性质(Hirth和Kohlstedt,1996;Mei和Kohlstedt,2000a,2000b;Karato和Jung,2003;Evans等,2005;Green等,2010;Wang,2010;Karato,2012;Sifré等,2014)。俯冲带是地壳物质循环和挥发性组分进入地幔的关键区,同时是熔体抽取、新生地壳生长并最终形成大陆地壳这一系列过程的起点(Turcotte和Schubert,2014)。水在俯冲带岩浆活动中具有重要作用,与地震活动之间也存在着成因联系(Wyllie,1988;Peacock和Wang,1999;Hacker等,2003;Abers等,2006)。脱水作用是在俯冲板块进入弧下一定深度时,由于角闪岩相向榴辉岩相转变时角闪石分解而释放出水的过程,这些水引发了上覆地幔楔的部分熔融(郑永飞等,2016)。总之,在地球系统科学视野下,越来越多的证据指向地球深处(地幔,特别是软流圈)是有水的。地幔中有水,就有岩浆作用后期热液加入热液系统的可能性,就可以解释诸前述如海底渗透率不高、端元热液化学和同位素组成等问题。

2. 双扩散对流循环模式

基于上述存在的事实和矛盾不难看出，在自然界中可能存在两种热液系统循环模式：一种是传统的浅层循环模式，可称为“海水循环模式”；另一种是岩浆（后期）热液注入模式，简称为“注入模式”。海水循环模式可以简单地分为海水下渗、流体与周围岩石发生水-岩反应并被加热和热液流体喷出海底 3 个阶段（Astakhov，2000；Lowell 和 Germanovich，2004；Gosnell，2006），这也是传统的海底热液系统循环模式。注入模式中的热液流体来源于深部岩浆房挥发性组分的直接释放（Yang 和 Scott，1996；Herzig 等，1998；Kim 等，2004），即在现代海底热液系统中，下部的岩浆房不仅为其提供了热源保障，也是其热液产物的物质来源。Large 早在 1992 年就通过对澳大利亚火山成因块状硫化物矿床的研究证明，Pb、Zn 和 Ag 等易溶元素主要来自热液的淋滤作用，而 Cu、Bi、Sn、Mo 和 Te 等难溶元素则主要直接来自岩浆，Au 元素的富集可能是两种过程共同作用的结果（Large，1992）。另外，热液系统中所富集的 S 元素则可能大部分源于岩浆，少量来自海水中硫酸盐的还原（Herzig 等，1998）。

在岩浆作用强烈、构造裂隙发育的环境中，两种模式可能同时存在，形成双扩散对流循环模式（图 10-30）。双扩散对流循环模式可以解释前述所有传统模式难以解释的事实：① 洋壳低渗透率问题——热液循环只发生在洋壳上部高渗透率岩层，该岩层裂隙发育，可为热液循环提供良好的流体通道；② 海底高温热液活动集中发生在洋中脊轴部——洋中脊作为新生洋壳的发源地，岩浆作用强烈，岩浆房沿中脊扩张轴广泛分布（尤其是在海底热液活动最为发育的 EPR），各种断层及构造裂隙十分发育，这里的热液活动以岩浆后期热液注入模式为主；③ 热液或热液沉积物与地幔或玄武岩成分一致的端元热液——因为热液流体本身来自地幔岩浆；④ 硫化物包裹体与岩浆岩矿物包裹体组成一致——因为两者具有相同的物源；⑤ 黑、白烟囱及扩散流之间的系统差异——可能是由两种不同模式和物源造成的；⑥ 热液生态和富集元素的区域性差异——可能是由地幔物源的不均一性造成的。

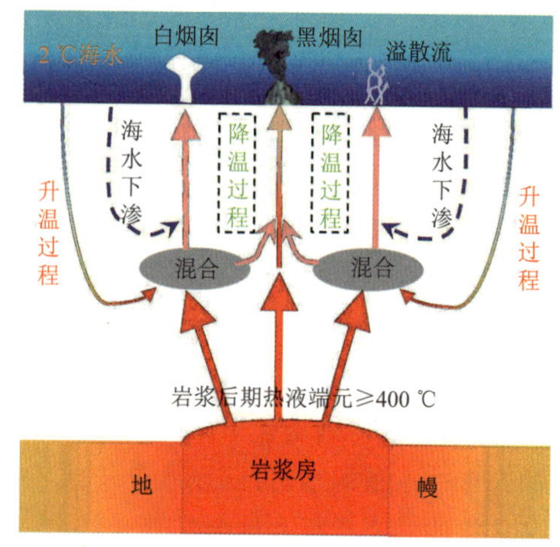

图 10-30　海底热液活动双扩散对流模式图

五、水-岩反应

根据迄今调查研究所得到的资料，虽然有诸多证据表明存在有岩浆分异后期热液循环系统的可能性，但目前人们仍然承认下渗海水在高温条件下与海底玄武岩反应，从玄武岩中萃取元素的过程是海底循环热液形成富含金属元素热液流体的主要途径。因此，水-岩反应仍然是海底热液循环中的关键环节。海水穿透海底下的岩石，并与岩石发生物理和化学反应，强烈改变了下渗海水以及岩石的化学成分。海水变成热液从海底喷溢而出，而岩石的矿物和化学成分就记录了这些反应的历史。因此，海底之下蚀变岩是研究水-岩反应的物质基础。需要指出的是，海底蚀变岩石和流体化学之间并不能很好地耦合(Gill 等，1993)，因为随着洋壳向洋中脊两侧运移，水-岩反应也随着热液循环的冷却、洋壳物理特性(主要是孔隙率和渗透率)的变化，以及流体通道的调整而不断变化。因此，海底玄武岩或蛇绿岩中热液蚀变岩的矿物和化学组成反映了脊轴和两翼热液过程综合作用的结果。

研究水-岩反应的另一种有效手段就是在实验室内进行水-岩反应的模拟实验，也就是模拟岩石和海水在特定的温压等条件下发生反应的过程及其产物。实验中将岩石碎屑与海水按不同比例放入特制的、密封的热液反应装置中，然后观测和分析条件变化(包括温度、压力、水岩比等)造成的反应结果的变化。此外，地球化学动力学模拟已经应用到水-岩反应的研究中，这为野外观测和实验室模拟数据的整合提供了基本框架，同时也使得定量分析热液活动的规律成为可能。

(一) 海底蚀变岩

海底蚀变岩广泛存在于海底的各种构造环境中，最早在大西洋和印度洋发现的蚀变玄武岩分别被称为“绿岩”和“细碧岩”，认为是区域变质作用的产物(Melson 等，1966)。后来，Melson 等(1968)认为大西洋的绿岩是后冷却(Post-cooling)热液变质作用的产物，印度洋的细碧岩也被认为是热流体作用于已经结晶的岩石后形成的热液蚀变岩(Cann，1969)。Miyashiro 等(1971)提出“海底变质作用”一词，特指洋中脊顶部高热流区的一种埋藏变质作用，要求有火成侵入体或者流动的热流体的存在。Bucher 和 Frey(1994)将这种“海底变质作用”归为区域变质作用，并指出这一过程导致海水和岩石间的化学交换，从这种意义上讲，海底变质作用类似于热液循环导致的变质作用。

由于在海底变质基性岩中出现的矿物组合类似于陆地区域和埋藏变质岩中的矿物组合，有人将变质相的概念应用于海底和蛇绿岩中的变质基性岩，认为随着变质深度的增加，依次出现沸石相、绿片岩相和角闪岩相(图 10-31)，相界限与海底近似平行，蚀变程度均匀而广泛，甚至引入褐石相来指氧化条件下的低温蚀变，即海底最上层的一种非变质作用——“海解作用”。

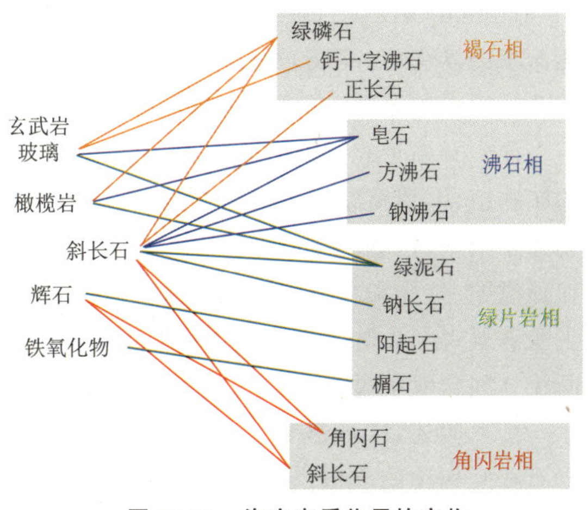

图 10-31　海底变质作用的产物

实际上，早在 1979 年，Stern 和 Elthon 就指出海底变质基性岩代表非平衡的退变质矿物组合。Humphris 和 Thompson(1978)认为大西洋 4°S 和 22°S 洋中脊裂谷中的变质玄武岩具有绿片岩相区域变质的次生矿物组合，但是应属于热液蚀变的产物。如果认为海底变质作用属于热液蚀变，需要解决的问题是陆地火山成因块状硫化物矿床周围受热液蚀变的母岩中常见的绿磐岩化、绢云母化、绿泥石化在现代海底洋壳中却很少见到。在海底,只有在汤加(Tonga)弧前盆地中采到过绿帘岩,它们具有类似蛇绿岩中的绿帘岩的特点。在洋中脊附近从未取到绿帘岩样品。Banerjee 等(2000)认为是构造环境控制绿帘岩的产出。绢云母化和绿泥石化的变质玄武岩虽然少见,但确实在海底活动和非活动的热液区均采到了相应的样品,说明它们可能只是在丰度和分布范围上比较局限,不是构成洋壳主体的物质而已。Honnorez(2003)认为它们应是集中喷溢的热液通道附近、经历了强烈而广泛的热液蚀变作用的产物。海底大规模广泛分布的变质玄武岩和变质辉长岩则是远离热液上升通道,蚀变程度较弱的"海底变质作用"的结果。二者的差异在于蚀变的程度不同,因此,最终的产物也不完全一样。

Lister(1982)提出,在海底存在两种对流模式:主动对流和被动对流(图 10-32)。主动对流局限于洋中脊附近,或者直接位于岩浆房顶部,或者直接位于正在冷却(仍然很热)的辉长岩侵入体上方,其特征是温度高,循环强烈而快速,喷溢比较集中,高温喷口基本局限于大约 100 m 宽洋的中脊轴部地区。被动对流发育在离轴区,热源为传导冷却的大洋岩石圈,温度相对较低,循环速度也相当慢,但是其在快速扩张洋中脊可以持续 6～14 Ma,在慢速扩张洋中脊可以持续 11～19 Ma,它在热通量贡献方面可能达到主动对流的 10 倍以上。这两种形式的对流,对应着上述两种蚀变作用及其产物,只有主动对流才可能形成强烈蚀变的变质带。

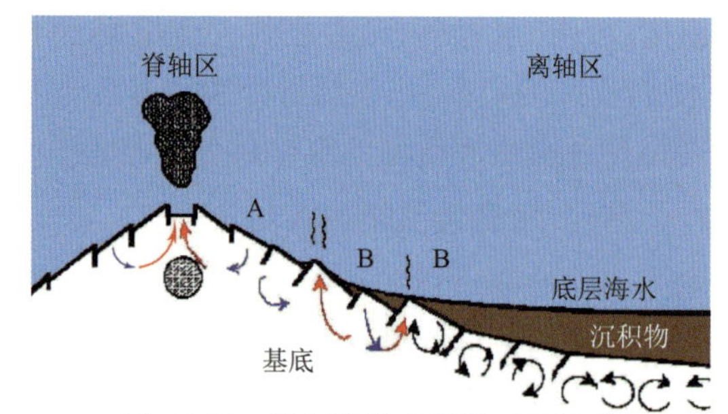

图 10-32　海底流体的两种对流模式

(据 Lister,1982,有改动)

Honnorez(2003)总结了支持海底变质基性岩是热液蚀变产物的证据:① 在具有平均热流值的洋壳区,变质岩的埋藏深度较浅,相应的温度不能达到形成所观测到的特征矿物组合所要求的温度,高热流区只局限于洋中脊顶部和两翼,但这种变质基性岩却广泛地分布在洋中脊附近和远离扩张中心的深海洋盆;② 在大洋变质基性岩中,常可见到不平衡的矿物组合,残留原生玄武岩中的矿物与不同变质相下的特征次生矿物共存,而且残留矿物通常很丰富,表明变质过程中不平衡的条件占主导;③ 变质矿物组合通常局限于填充在像裂隙、气孔和晶洞这样的开放空间中,靠近变质脉的岩石经常出现蚀变晕,多次填充现象普遍;④ 从现代海底活动的热液流体的化学成分可以清楚地判断出洋壳岩石和海水源流体间曾发生过强烈的反应和物质交换。

综上所述,Honnorez(2003)认为海底所有变质基性岩都是海水源的热液流体与洋壳岩石相互作用的产物,只是蚀变程度有所差异,而且不同蚀变强度的样品都可以从海底获得的样品中找到,只是分布区域和范围有所不同。有的热液蚀变玄武岩和变质辉长岩是热液集中喷溢通道周围局部但是强烈而且普遍的水-岩反应的产物,其中原生矿物几乎全部被次生矿物所取代,原生结构被掩盖,化学成分也被强烈交代。另一方面,所谓的"海底变质作用"通常对应远离热液上升通道,不普遍而且不强烈的大范围的水-岩反应。这些岩石中原生矿物的交代只是部分性的,残留的火成岩结构和矿物也相当丰富,化学成分与原岩相差不大。

(二) 水-岩反应过程

在海水下渗、穿透海底岩石、变成热液再喷出海底的过程中，海水和海底岩石之间发生了一系列物理和化学反应，强烈改变了海水以及岩石的化学成分。我们可以通过分析海水、岩石和热液的化学成分及其变化，大体恢复发生在海底之下的水-岩反应过程。通常情况下的海水中富含 Ca^{2+}、Mg^{2+}、Na^{+}、K^{+} 等阳离子和 SO_4^{2-}、HCO_3^{-}、Cl^{-} 等阴离子，同时富集 Fe 和 Mn 等元素。可以把热液循环系统简单地分为下渗流带（又叫补给带）、反应带和上升流带三个部分。

1. 下渗流带

在下渗流带（图 10-33），海水沿海底裂隙下渗，温度逐渐升高。在 60℃左右的相对低温条件下海水与岩石发生反应。首先，海水部分氧化洋壳，导致氧从海水中移出，岩石中含铁矿物被铁的氧化物和氢氧化物所取代，并填充到洋壳的裂隙和孔隙中。进一步的水-岩反应将导致组成洋壳岩石的矿物开始分解，同时形成云母和黏土矿物等蚀变矿物。在这一过程中，海水中的 K^{+} 以及其他碱金属元素（如 Rb 和 Ce 等）进入岩石中。

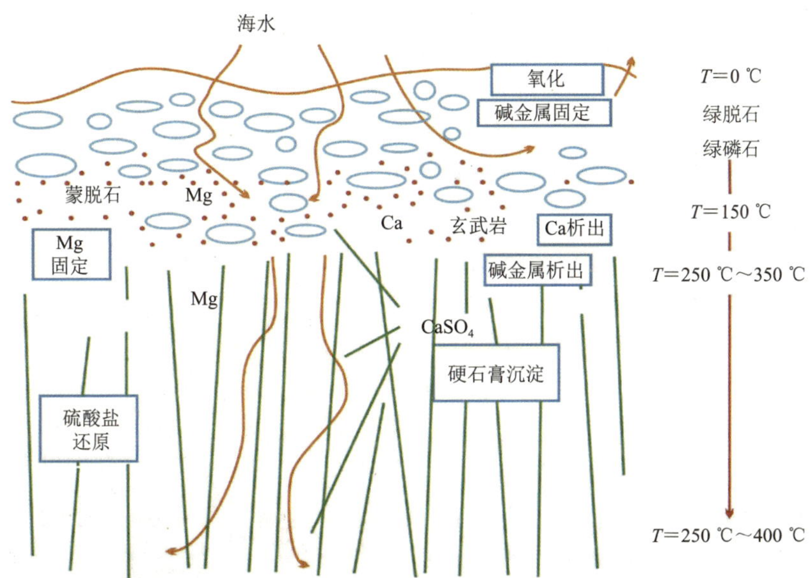

图 10-33 补给带水-岩反应示意图（转引自 Thierry Juteau 和 Rene Maury，1999）

当海水下渗深度超过 300 m，洋壳的渗透性逐渐降低，进入岩石的海水越来越受到限制，大的裂隙成为海水下渗的主要通道。随着流体不断向下接近热源，不断被加热，于是产生新的反应。当温度超过 150℃时，黏土矿物和绿泥石从流体中沉淀出来，最关键的是这一过程将流体中的 Mg 全部移出，同时也将 OH^{-} 离子移出流体，增加了流体的酸度（pH 值降低）。酸性的增强，加上岩石中原生矿物的分解，导致 Ca、Na、K 等元素从岩石中淋滤出来进入流体。因此，低温时从流体中移出的 K 等元素在深部高温反应中又将得以补充。

在补给带，另外一个重要的反应就是硬石膏矿物的形成。由于硬石膏的溶解度随着

温度的升高而降低，因此当温度高于150℃时，硬石膏便沉积出来，其反应式为

$$SO_4^{2-} + Ca^{2+} \rightarrow CaSO_4$$

这一过程将海水中原有的硫酸根离子的2/3从流体中移出，同时也限制了流体中Ca的浓度。温度超过250℃时，流体中剩余的硫酸根离子将与洋壳中的铁发生反应形成金属硫化物。

2. 反应带

反应带接近驱动热液循环的热源，在那里发生高温(350℃～400℃)水-岩反应。一般认为，在反应带发生的高温水-岩反应确定了热液流体最终的化学组成特征。高温水-岩反应还产生特定的蚀变矿物组合：绿泥石、富钠长石、角闪石、绿帘石和石英等。Cu、Fe、Zn等金属元素和S等将被酸性流体从岩石中淋滤出来，为块状硫化物沉积提供了金属来源，也生成了支持热液生态系统的H_2S。在高温反应带发生的主要反应包括：

$$SO_4^{2-}(\text{还原}) \rightarrow H_2S$$

$$HCO_3^- + H_2O \rightarrow CO_2$$

$$Mg^{2+} + \text{硅酸盐矿物} + H_2O \rightarrow Mg(OH)SiO_3 + H^+$$

$$2SO_4^{2-} + 4H^+ + 11Fe_2SiO_4 \rightarrow FeS_2 + 7Fe_3O_4 + 11SiO_2 + 2H_2O$$

一系列反应的结果是形成了富含Fe^{2+}、Mn^{2+}、Cu^{2+}、Zn^{2+}、Ca^{2+}和H^+等离子，H_2S和CO_2等挥发性组分的高温热液，沉淀形成的SiO_2、FeS_2(黄铁矿)、$Mg(OH)SiO_3$、Fe_3O_4等沉淀物有部分呈悬浮状态继续存在于热液中。

3. 上升流带

被加热的流体密度降低，浮力使流体上升，形成上升流带。在深处，上升流可能沿断层面等高渗透性通道由分散而逐渐集中，到达近海底后，流体集中从烟囱体排出，也可能顺着更弯曲的路径以扩散流形式排出海底。上升的、富含多种金属元素、贫Mg的热液流体继续同所流经的岩石发生反应，形成一个高度蚀变的蚀变管道和相互连通的、充填有硫化物、硅石和绿泥石的网脉。当火山岩基底渗透率极高时，上升的热液流体可能与下渗的冷海水混合，导致硫化物的沉淀，并可能导致硬石膏的形成和硅石的沉淀，二者都可能将金属硫化物胶结在一起并封闭流体通道(图10-34)。

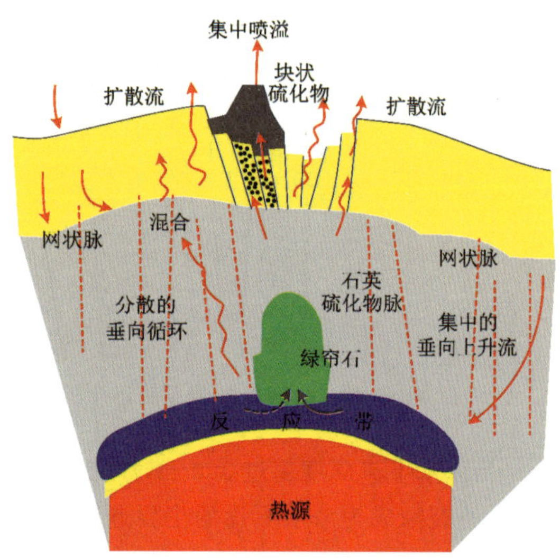

图10-34 上升流带水-岩反应示意图
(转引自Thierry Juteau和Rene Maury, 1999，有改动)

六、热液沉积成矿作用

热液沉积成矿作用是大洋水圈和岩石圈之间化学交换以及热交换的产物。根据物理化学条件的不同，不同矿物相或者直接从循环热液中沉淀出来在海底之下或之上形成矿体，或者成为水体中的颗粒物质。

热液矿床中的金属元素主要来自于热液循环系统的基底岩石，是岩石与受热海水之间反应时从岩石中淋滤出来的。上一节中阐述的水-岩反应已经明确了这一点，而且蚀变岩中含量降低最大的元素也是这些金属，这些证据都表明金属元素来自热液循环所通过的基底岩石。另外，也有部分金属来自源于地幔的岩浆结晶演化后期所形成的热液流体和挥发性组分。这些元素（主要是金属元素）通常与海水中的氯结合成络合物随热液迁移。有多种物理化学机制可以导致金属从热液中沉淀下来，并富集成矿。两种主要的热液沉积成矿机制是混合作用和沸腾作用，其次是微生物在矿物沉淀过程中所发挥的“中介”作用。

在热液处于海底之下或喷出海底之后由于水深大而产生的压力阻止其发生沸腾时，通常发生热液与正常海水的混合作用，这种混合作用既可以发生在海底之下的岩石裂隙中，也可以发生在海底之上的水体中。例如，当水深大于 2 000 m 时，如果热液的温度低于 350℃就不会发生沸腾作用。混合作用导致热液骤冷，温度快速降低，成分由酸性变为碱性，金属矿物迅速沉淀。在氧化条件下，沉淀析出金属氧化物、金属氢氧化物、金属硅酸盐、金属硫酸盐和金属碳酸盐等。如果温压条件满足热液沸腾所需要的压力和温度（例如，对于 350℃的热液流体压力小于相当于 2 000 m 水深的压力），热液发生沸腾，从而导致富含有氯化钠的液相（卤水）和富含有硫化氢的气相分离开来。沸腾作用可导致多金属硫化物在海底之下的还原环境中沉淀下来，或者形成密度大于海水的过盐度卤水。

可以用一个简化的模型描述洋中脊处的海底热液循环和热液沉积成矿作用：在洋壳增生带，海水沿裂隙或断层渗入到海底之下，在深达几千米的破裂带内循环，并被加热至几百摄氏度，变热的海水与洋壳岩石发生反应，许多（金属）元素从岩石中淋滤出来，其间还可能有来自岩浆房的岩浆后期热液及挥发性组分加入；富含金属元素的高温热液在浮力作用下上升，在上升过程中可能“遭遇”下渗的海水，这种发生在海底之下的混合作用导致热液温度降低，同时在岩石裂隙中沉淀形成网脉状金属硫化物等矿体；若上升的热液没有“遭遇”下渗的海水或者没有经历与海水的显著混合作用，而是直接从海底排出，高温还原性的热液流体直接注入低温的氧化性海水中，快速混合造成的沉淀在喷口迅速堆积形成烟囱状沉积体，这种烟囱状矿体可达几十米高。在烟囱体的水平断面上，可以看到矿物的明显分带，在径向几厘米的范围内可以出现多种矿物，在热液喷口附近烟囱体内壁沉淀的是 Cu-Fe 硫化物，向外为 Fe-Zn 硫化物，后者常与硬石膏等胶结在一起。海水中的许多元素，包括磷、稀土元素等微量金属元素在矿物沉淀时被俘获，混入热液沉积物中。烟囱体堆积到一定高度将崩解倒塌，碎屑物堆积在喷口附近，逐渐形成丘状矿体。

与现代海底热液活动有成因联系的含矿物质主要有：① 金属沉积物；② 多金属包壳；

③ 块状硫化物矿石；④ 浸染状和细脉状热液沉淀物和岩浆岩的热液蚀变物等。迄今为止所发现的热液成因矿物不下 70 种，以金属硫化物为主，其次有硫酸盐、氧化物和氢氧化物、碳酸盐和硅酸盐等。常见矿物有黄铁矿、黄铜矿、磁黄铁矿、白铁矿、斑铜矿、闪锌矿、纤维锌矿(Wurtzite)、自然硫、黄钾铁矾(Jarosite)、钠铁矾(Natrojarosite)、针铁矿、赤铁矿、氯铜矿(Atacamite)、钠锰矿(Birnessite)、绿脱石(Nontronite)、石膏、重晶石、文石、滑石、非晶质 Fe 和 Mn 的氧化物及二氧化硅等。

其中许多矿物含有丰富的有用金属元素。例如，在大西洋洋中脊 TAG 热液活动区的 Fe 的硫化物中：Fe≈30%，(Cu，Zn)>1%，Pb<0.1%，$Ag=(50\sim165)\times10^{-6}$；Cu－Fe 硫化物中：Fe＝19%～29%，Cu＝25%～42.6%，Zn＝0.5%～6.25%，Pb＝0.01%～0.04%，$Ag=(5\sim285)\times10^{-6}$；Zn－Fe 硫化物中：Fe＝19%～29%，Zn＝6.28%～21.6%，Cu＝0.02%～90.17%；Fe 氧化物中：Cu>0.1%，Zn＝0.32%～1.87%，Fe＝31.0%～59.2%(Thompson 等，1985)。又如在红海 Atlantis Ⅱ 海盆的沉积物中含有丰富的 Zn(17%)、Cu(2.5%)、Pb(0.4%)、Ag(100g/t)、Cd(100g/t)等。不同环境下的热液活动区所出现的热液成因矿物有所不同，这主要见于无沉积物覆盖的洋中脊和有沉积物覆盖的洋中脊之间，以及洋中脊和弧后裂谷之间。在无沉积物覆盖的洋中脊，热液烟囱体内部主要由等轴古巴矿(Isocubanite)、黄铜矿以及硬石膏、磁黄铁矿、黄铁矿和局部的硫碲铋矿等组成，外部为闪锌矿/纤锌矿、白铁矿、黄铁矿以及局部出现的非晶质硅等低温矿物。在有沉积物覆盖的洋中脊，矿物成分相当复杂，从玄武岩基底向上涌出的热液流体与沉积物发生反应，从中淋滤出 Pb 和 Ba 等元素，这些流体与海水相遇，通常在沉积物中沉淀出块状或浸染状硫化物，其中含有丰富的方铅矿和 Cu、Zn 的硫化物，局部可能出现非常复杂的毒砂、砷黝铜矿、斜方砷铁矿、硫锑铅矿、黄锡矿、硫砷铅矿、辉锑锡铅矿和大量重晶石、非晶质 SiO_2 等矿物组合。

大量的模拟实验证明，在海水与热液混合过程中，硬石膏是最先从流体中沉淀出来的矿物(Haymon，1983；Goldfarb 等，1983)，它首先形成烟囱体壁，然后逐渐被向上向外不断生长的高温 Cu-Fe 硫化物所取代。由于硬石膏的溶解度随温度降低而增加，因此在老的烟囱体中不能很好地保存下来，而可能在海底温度、压力条件下全部或部分溶解。因此，由硬石膏胶结的烟囱体很不稳定，将最终倒塌形成丘状体。

在通常情况下，热液流体中大部分金属和硫随流体向外扩散进入海水之中，而不是以颗粒物形式沉积在喷口周围形成烟囱(Converse 等，1984)。在“黑烟囱”上方形成的硫化物颗粒被迅速氧化，并扩散到喷口外数千米的距离(Feely 等，1994；Mottl 和 Mc Conachy，1990)，颗粒沉降模型表明只有一小部分金属可能从中沉淀出来堆积在喷口附近(Feely 等，1987)，而且对 Fe 扩散的观测也证明喷口流体中大量金属元素被热液流体带走(Baker 等，1985；Feely 等，1994)。因此，只有热液活动的位置长时间保持稳定，形成的丘状矿床规模才比较可观。有时，由于非渗透性沉积盖层、熔岩或卤水层等的存在，热液流体与下渗的海水在海底之下发生混合，或者在洋壳中的还原条件下沉淀出 Cu-Fe 硫化物，或者在处于氧化条件下的海底排出剩余溶液的地方沉淀出层状氧化锰矿体。这种情况下通常能见到海底火山岩中含有 Cu-Fe 硫化物的网状脉与海底上的层状氧化锰矿床共生。

Thompson 等(1988)曾指出在当时所发现的 6 个大的热液活动区中,金属硫化物矿床储量都至少在 100 万吨以上(详见第十三章)。海底热液成因多金属硫化物矿体的规模取决于热液的温度、热液循环的深度和速度、金属和硫的含量等因素。但除了需要考虑影响热液喷溢量和热液流体本身性质的地质控制因素外,大型硫化矿床的形成还要求有一个有利于硫化物矿物从流体中萃取成矿元素并沉淀的机制。在开放海域,热液流体由于混合作用被快速稀释,金属总量的 97%扩散到周围海水中(Converse 等,1984),从而不利于大型硫化矿床的形成。此外,最近的研究表明在慢速扩张的洋中脊,海底热液循环系统可能维持的时间更长,更有利于大型热液矿产资源的形成。除了见于海底上的典型的丘状矿体外,现在有证据表明大型硫化物矿床可能以网状矿脉的形式形成于洋壳内,它或者与沸腾作用,或者与地质圈闭下限制性混合作用引起的硫化物沉淀有关。

七、热液羽状体

温度和成分均不同于周围海水的热液流体释放到海水中将形成热液羽状体或热液柱(Hydrothermal Plume)。由于热液流体较周围海水密度低而温度高,再加上初始动量,因此从喷口喷射而出的热液流体在上升过程中受到海水的迅速稀释,温度和颗粒物质含量迅速降低,上升到一定高度,其密度与周围水体密度相当,浮力均衡,开始侧向扩展。水体上升的最大高度与水体密度梯度有关,通常条件下为几百米。热液流体在海流等作用下不断向两侧扩展,形成水文及化学等性质上均不同于周围海水的异常层或水团,即浮力均衡羽状体(Neutrally Buoyant Plume),侧向扩展距离可达几十千米到几千千米。最近的探测表明,这种异常水团可以在深海大洋中飘移到离热液喷口很远的地方,可以存在数月时间,因此又有“深海幽灵”之称。这种水团如果上升到大洋表层,可以使区域海洋表层水温上升 1℃~2℃,甚至短时间内更高。热液活动所形成的异常水团的另一作用是可以把热液中所携带的金属元素带离热液活动区,而逐渐沉降在远离热液活动区的大洋盆地之中。

相对周围水体,热液羽状体在水文、光学以及化学方面均存在异常,而且不像热液喷口那样局限。因此,连续水下热液羽状体调查是确定热液排放点的最有效手段之一,也是确定多脊段大空间尺度上热液排放模式的唯一有效方式。热液羽状体中主要的示踪指标包括温度、盐度、光衰减和光散射、Mn、Fe、CH_4、H_2和^3He异常等,其中温度异常是热液羽状体最主要的特征。光信号在水体中垂向变化相对均一,因此较温度指标敏感而且易于解释,是广泛使用的探测热液羽状体的指标。溶解 Mn 和 CH_4异常也是确定热液羽状体分布的常用指标,这是因为它们在高温热液流体中的浓度大约是海水的 106 倍(Von Damm,1990)。

迄今,对超过 3%的洋中脊进行过详细的热液羽状体调查,至少对大于 10%的洋中脊进行过水体物理和化学指标调查。调查结果表明,在所有扩张速率、地形、岩浆储量等地质、地球物理条件下,均可能存在热液喷口,在中速、快速和超快速扩张脊,喷口非常常见,热液羽状体覆盖脊顶长度的 20%~60%。在慢速扩张脊,热液羽状体相对少些。从长时间和空间尺度上看，热液羽状体的发生率与扩张速率之间具有很好的线性关系（图 10-35，Baker 等，1995）。

1986 年，在对 EPR 胡安·德·富卡海脊 Cleft 脊段北端的热液羽状体调查中，首次发现了一个巨型热液柱（Megaplume，Baker 等，1987），平均温度异常为 0.12℃，厚约 700 m，平均高出海底 1 000 m，直径大约 20 km。在几天内的热输出量相当于 200～2 000 个 350℃的“黑烟囱”的年输出量。此后，类似的或稍弱一些的事件热液柱相继被发现于其他大洋中脊地段，这是一种强烈的、短期的大量流体的喷溢活动，其产生机制还不清楚，有的模型认为浅层地壳中可能存在一个大型的热液流体贮存库（Cann 和 Strens，1989），但有的事件热液柱产生之前不存在热液喷溢的证据，因此事件热液柱更可能代表着有局部岩浆活动产生或重新激发的热液活动事件。对胡安·德·富卡海脊 CoAxial 脊段进行了一系列的航次调查后，Lowell 和 Germanovich（1993）认为巨型事件热液柱是局部渗透性增加和海底喷发或岩脉侵入期间高温水-岩反应的直接结果，而较深、较大的热源则能产生持续几年以上的热液羽状体（图 10-36）。在岩脉侵入区远端，由于事件热液柱的形成，以及海水通过可渗透熔岩丘循环，使热量迅速散失，而靠近岩浆供应区的更大更深的热源则可持续数年。

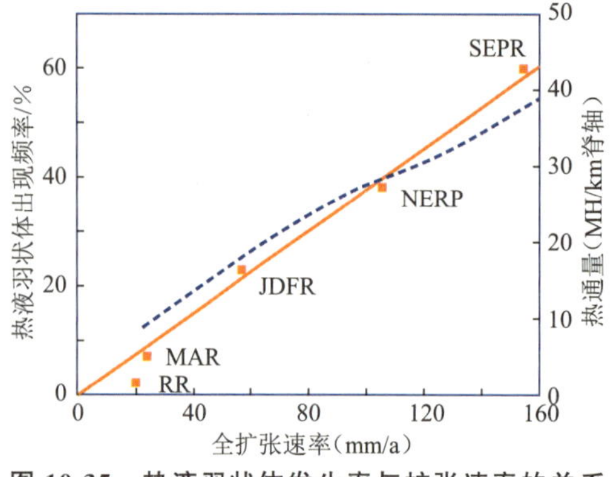

图 10-35　热液羽状体发生率与扩张速率的关系
SEPR：南 EPR；NEPR：北 EPR；
JDFR：胡安·德·富卡洋脊；MAR：中大西洋洋中脊；RR：Reykjanes 脊段（据 Baker 等，1995，有改动）

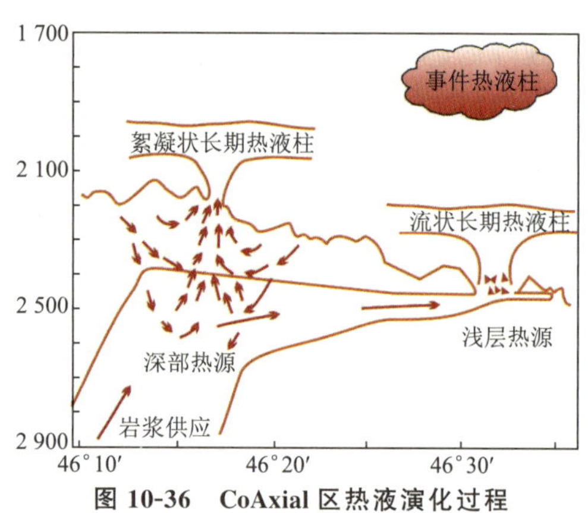

图 10-36　CoAxial 区热液演化过程
（转引自 Butterfield 等，1999，有改动）

在慢速扩张脊，火山活动带位于狭窄的轴部裂谷中，裂谷壁高 1 000～2 000 m，热液羽状体很少能上升到裂谷壁之上的高度。因此，热液柱多局限于裂谷之中，整个脊段水体可能都受到热液异常的影响，很难精确地确定喷口的准确位置（Klinkhammer 等，1985；Charlou 和 Donval，1993）。1985 年在 26°N 发现活动的“黑烟囱”以来，在北大西洋洋中脊相继发现了多个喷口，但总的来讲，慢速扩张的北大西洋热液喷口相对较少。1992 年，作为 FARA（法-美大西洋中脊）航次的一部分，对大西洋洋中脊 32°～40°N 之间的 19 个脊段中的 11 个进行了水体调查，发现了 7 个高温黑烟囱型热液活动区（Klinkhammer 等，1999）。对 11°～40°N 之间的大西洋洋中脊的调查证明至少有 15 个高温热液喷口（German 等，1999），大约每 175 km 就有一个热液喷出点。

八、热液活动的物质与能量输送

现代海底热液活动所导致的热通量可能仅次于太阳对地球的热辐射，与火山所产生的能量类似，而物质的通量则可与大陆入海河流所形成的通量相近。因此，海底热液活动对海洋化学环境、大洋环流及全球气候有着重要的影响。热液活动的热与物质通量估算是热液活动研究中的重要内容之一，热与物质通量是指单位时间内由热液活动向大洋输送的能量及各种元素的质量。就其研究方法来讲，主要有直接法和间接法。直接法是指根据热液活动区不同位置的热液流体流量（低温扩散区、高温喷溢区等）及相应部位单位体积内的热异常、各种元素异常来分别估算热通量及物质通量；间接方法是指根据其他资料来间接得出热液活动的通量估值。当前，对热液活动的热通量研究较多，而物质通量研究要相对少得多。不同方法的估算结果差异较大，有一些方法存在着明显的不足，如烟囱体估算过程中缺少了传导热通量、半空间冷却模型的热通量密度函数不能真实反映实际数据等。

需要说明的是，在目前情况和条件下要准确定量地估算海底热液活动所导致的物质与能量通量是难以实现的，这是因为迄今还无法准确知道海底热液活动的规模和范围，有些物理或化学的指标至今还难以观测或观测十分有限等。

（一）热通量估算

1. 通过热液烟囱体及扩散流估算热通量

海底热液活动区主要存在两种流体流动形态，一种是通过烟囱体进行的高温快速喷溢，以对流方式传输热量；另一种是通过硫化物构造的低温慢速扩散，主要是以传导方式传输热量。热通量的估算主要分为三步：首先，计算单个热液活动区的热液流量；其次，计算单个热液活动区热液流体的热量增加量，对于不同地区的热液活动环境，流体的热参数不同；最后，再推广到整个海底热液活动区。热液热通量 F_{heat} 可表示为流量 Q（即流速 v 与截面积 A 之积）、流体密度 ρ、比热 c_{p} 及温度异常 ΔT 的积：

$$F_{\text{heat}}=Q\rho c_{\text{p}}\Delta T=vA\rho c_{\text{p}}\Delta T=v\pi r^{2}\rho c_{\text{p}}\Delta T \tag{1}$$

根据对现代海底活动热液喷口的观测，可对热液喷口处的各项参数做如下选取（平均值或众值）：流速为 1.0 m/s、喷口直径为 0.1 m、流体密度为 680 kg/m^3（Delaney，1992）、典型高温热液喷溢流体温度为 350℃、周围海水温度为 2℃、中快速扩张洋脊处热液活动的典型水深为 2 500 m（压力为 25 MPa）、此时流体的比热为 6.15 kJ/(kg・℃)（Schultz 等，1997，图 10-37）。那么，单个喷口的对流热通量为 11.5 MW。烟囱体在向外喷溢高温流体的同时，还以热传导方式通过烟囱壁向大洋传输能量。根据烟囱体热通量密度值（31 545 J/(s・m^2)）（王兴涛，2004），烟囱体高度为 2 m，烟囱体外壁半径为 0.1 m（Stein 等，1992），那么单个烟囱体的传导热通量为 39.7 kW。显然，烟囱体的传导热通量相对于对流热通量要小很多，但仍是重要的组成部分。

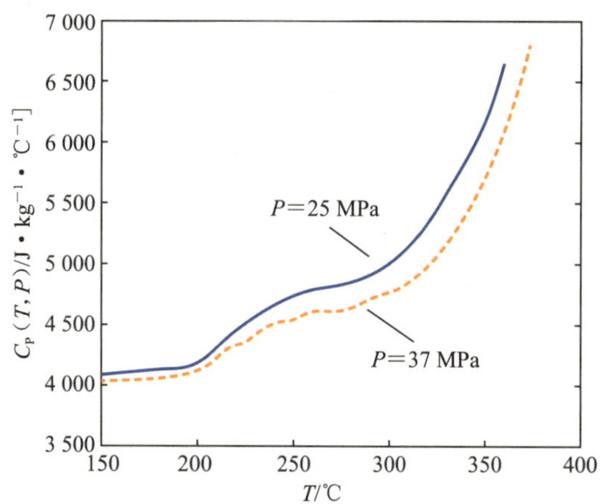

图 10-37 海水的比热与温度对应图(Schultz 等,1997)

25 MPa 大致对应于 EPR、JFR 喷溢区海底的静水压力,而 37 MPa 与大西洋洋中脊 TAG 热液丘的静水压力相对应

对于低温热液扩散流,流速通常较低(约 0.005 m/s),但扩散区范围较大(100 m×100 m;Rona,1992),流体密度为 980 kg/m³(Delaney,1992),典型低温热液扩散流体温度为 4.5℃,周围海水温度为 2℃,中快速扩张洋脊处热液活动的典型水深为 2 500 m,此时流体的比热为 4.2 kJ/(kg·℃)。那么,这个热液区的热通量为 515 MW。

许多研究者总结了各个时期现代海底热液活区的分布,并在此基础上进行了热液活动分布规律的研究。根据统计资料,一个热液活动区平均有 5 个烟囱体。那么,单个热液区的总热通量为

$$F_{unit}=(1.15\times10^{7}+3.97\times10^{4})\times5+5.15\times10^{8}=572.7\ \mathrm{MW} \tag{2}$$

在已发现确认的 208 个热液活动或热液沉积区中,有 170 个正在进行着热液喷溢作用(王兴涛,2004)。那么,全球海底热液活动的热通量为

$$F_{total}=F_{unit}\times170=5.727\times10^{8}\times170=97.359\ \mathrm{GW} \tag{3}$$

McDuff 和 Heath 根据 EPR 21°N 的资料,估算单个喷口的热通量为 9.1 MW,单个低温热液扩散流区的热通量为 20.0 MW。根据当时发现的“黑烟囱”数目(95 个),计算的对流热通量值为 864.5 MW。硫化物表面的低温扩散流的外推值约等于 100.0 GW。

由上面的估算可知,利用同一种方法计算对于单个热液喷口及喷溢区的热通量估值相差不大,均处于同一个数量级。而对于海底热液活动的总热通量的估算差别较大。根本原因在于,在外推的过程中,所选取的参数不同,即“黑烟囱”及热液区出现的频率不同,将极大地影响估算的结果及精度。这也反映了当前对热液活动区数量掌握得不够确切,仍需要更为广泛的大比例尺调查。

2. 通过热液羽状体估算热通量

热液流体进入大洋,会与周围的海水相互混合。由于热液流体密度相对较小,而且有一定的向上的初始速度,热液流体会上升,形成湍流的、浮力喷射的热液羽状体。受底流及潮汐的影响又会发生横向运动。热液羽状体与周围海水相比,由于存在温度、浊度、密度、盐度以及化学成分上的差异,因此可以用仪器探测并圈定出来。水文调查表明,热液

羽状体的水平扩散范围约为 1 km，扩散层平均厚度约为 100 m，扩散面的温度异常约等于 0.116℃。如果知道扩散面的横向净流速，即可估算热通量。

$$F_{heat}=u\Delta x\Delta z\rho c_p\Delta T=0.01\ \text{m/s}\times 1\ 000\ \text{m}\times 100\ \text{m}\times 1\ 025\ \text{kg/m}^3 \times 4\ 200\ \text{J/(kg}\cdot℃)\times 0.116℃=499.0\ \text{MW} \quad (4)$$

可以看出，这个估算值与上一种算法的估值很接近。如果每一个活动的热液喷溢区均产生一个热液羽状体，那么全球热液活动的热通量约为 84.895 GW。

这一方法存在的问题在于热液羽状体的传输是一个潮控海流的长时间的平均值，其速度峰值为 0.1 m/s。这样就会对热通量的估算带来较大的误差。净传输的速度范围通常为 0.2～1.8 cm/s，那么单个热液羽状体的热通量为 100.0～900.0 MW，全球热液活动的热通量则为 17.0～152.8 GW。

3. 通过洋壳传导通量估算热通量

Stein(1994)提出了“封闭年龄”的概念，是指在大于(65±10)Ma 的洋壳，传导冷却板块模型(Parsons 等，1977)模拟的结果与观测的热流值吻合很好(图 10-38)。“封闭年龄”有两种解释：① 代表由于基岩渗透率下降而使洋壳内大规模热液循环停止的临界年龄；② 代表由于足够的沉积物覆盖而使下伏循环单元被完全包含在不渗透的盖层下，没有地表热流释放的洋壳年龄。对于年轻洋壳(<65 Ma)，观测值与模拟值相比的热流赤字则解释为洋壳内的热液循环造成的。Elder(1965)、LePichon 和 Langseth(1969)对此进行了估算。后来 Lister(1972)为这一解释提供了理论基础。

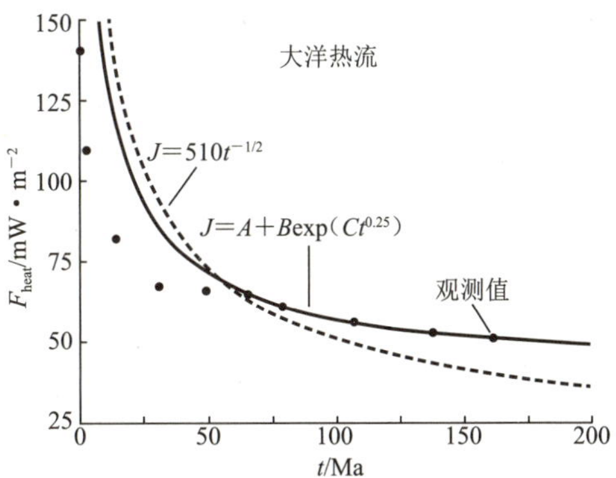

图 10-38 洋壳热通量与地质年龄对照图

虚线为半空间模型曲线，实线为王兴涛等(2004)拟合曲线

模型内的传导热通量密度 $q'(t)$ 可表达为 $q'(t)=510\ t^{-0.5}$(单位：mW/m^2)，其中，t(Ma)为洋壳年龄。要确定洋壳的总热通量，即对热通量密度在整个洋壳上表面积进行积分，需要把洋壳分成许多不同时间段，确定每一段的平均热通量密度及其对应的表面积。那么对于年龄小于 t_n 的洋壳，热液循环的热通量 F_{nh} 可表达为

$$F_{nh}=F_{n1}-F_n=\sum_{i=1}^{n}A_i(q_{i1}-q_i) \quad (5)$$

式中，F_{n1} 及 F_n 分别为模拟及观测的洋壳年龄小于 t_n 的热通量，A_i 为第 i 段洋壳的总面积；q_{i1} 及 q_i 分别为第 i 段洋壳平均热通量密度的模拟值和观测值。通过这种方法，Stein(1994)估算的全球热液活动热通量为(11.1±3.9)TW。

对于用洋壳传导通量来推算热液活动热通量的方法，假设年轻洋壳热流赤字是由热液循环造成的，其理论上是可行的。但是在实际的计算过程中，所选取的传导热通量密度公式不合适：① 当时间为 0 Ma 时，公式计算的热通量密度为无穷大，这种情况是不可能发生的，是不符合实际的；② 对于年龄小于 37 Ma 的年轻洋壳，与测量值相比模型过高地

估计了热通量，例如，计算的第四系(距今约 1.64 Ma)的热通量超过实测值 5 倍；③ 对于时代较老的洋壳(大于 65 Ma)，所计算的热通量比测量值低 2%～5%。这种模型计算值整体比测量值高，模型计算的洋壳的平均热通量密度为 101 mW/m^2(Pollack，1993)，远大于观测所得到的热通量密度中值 64.9 mW/m^2(Gosnold 等，2002)。

针对以上存在的问题，翟世奎等(2005)提出了指数衰减模型用来计算热液热通量。首先，基于热通量密度随洋壳时代变老而呈指数衰减的假设；其次，承认存在“封闭年龄”，即距今 65 Ma 以前的洋壳内不发生热液活动；再次，洋壳热通量密度只与时代相关，而与洋脊扩张速率无关(扩张速率对热通量的贡献体现在洋壳的表面积)。那么，根据时代大于“封闭年龄”(即 65 Ma)的实际观测数据，拟合出一条反映洋壳热通量密度的指数曲线。在封闭年龄内，洋壳热通量值与观测值的差值即为海底热液活动的热通量贡献。

在以上条件下，随时间 t 变化的热通量密度 $q'(t)$ 的计算公式为

$$q'(t)=A+B\mathrm{e}^{Ct^{0.25}}=43.28+1\ 049.92\mathrm{e}^{-1.37031\,t^{0.25}}, \tag{6}$$

拟合数据对(q',t)的相关系数为 0.9983，其中系数 $A=43.28$、$B=1049.92$、$C=-1.37031$。对于正在扩张的洋脊中心(即 $t=0$ Ma)，热通量密度为1 093.2 mW/m^2。通常认为地壳内岩浆房的热通量密度是 850 mW/m^2，而其结晶潜热的释放，以及在上升溢出(或喷出)海底的过程中压力的降低会有热量损失。因此，拟合所得的洋脊中心的热通量密度是可利用的。

第 i 段洋壳的平均热通量密度，即对洋壳热通量密度在这一时间段内进行积分的结果与这一时间长度(t_i-t_{i-1})的比值，可表示为

$$\begin{aligned} q'_{i,ave}&=\frac{1}{t_i-t_{i-1}}\int_{t_{i-1}}^{t_i}q'(t)\mathrm{d}t=\frac{1}{t_i-t_{i-1}}\int_{t_{i-1}}^{t_i}(A+B\mathrm{e}^{C\,t^{0.25}})\mathrm{d}t\\ &=A+\frac{B}{t_i-t_{i-1}}\left\{\mathrm{e}^{C\,t^{0.25}}\left[\frac{4\,(t^{0.25})^3}{C}-\frac{12\,(t^{0.25})^2}{C^2}+\frac{24t^{0.25}}{C^3}-\frac{24}{C^4}\right]\right\}\Bigg|_{t_{i-1}}^{t_i}\\ &\qquad i=1,2,3,4,\cdots\quad t_0=0 \end{aligned} \tag{7}$$

洋壳的厚度、年龄随着与洋中脊距离的加大而逐渐变厚、变老。但洋壳的年龄远远低于陆壳，多晚于中生代。本书取最老的洋壳年龄为 210 Ma(相当于三叠纪末)。从洋中脊($t=0$ Ma)到 1 Ma 洋壳的平均热通量密度为 403.71 mW/m^2。而整个洋壳的平均热通量密度为 69.28 mW/m^2，比半空间冷却模型估算值(101 mW/m^2)小 32 mW/m^2，而与大多数学者的估算值(62～63 mW/m^2)很接近。

对于距今 t 时间至今生成的洋壳的面积 A 可根据不同的扩张速率 v 在时间 t 内扩张的距离与其对应的洋脊长度 l 之积求得(见下式)。则全球洋脊横向扩张的面积增长速率为 2 596 000 km^2/Ma。

$$A_t=\sum_{i=1}^{8}v_i t l_i. \tag{8}$$

根据式(7)可计算出不同时间段的平均热流密度，式(8)可计算出相应时代的洋壳覆盖面积，再根据式(5)及海洋热通量观测值即可估算出热液热通量，计算结果见表 10-5。

表 10-5 观测与模拟传导热通量及热液对流导致的残余累计热通量统计表

累计年龄/Ma	平均热通量密度/$mW \cdot m^{-2}$	对应面积/$\times 10^6\ km^2$	热通量预测值/TW	热通量观测值/TW	热液热通量/TW
1	403.7096	2.60	1.0480	0.4±0.3	0.65
2	339.6615	5.20	1.7635	1.0±0.7	0.76
4	278.8512	10.38	2.8955	1.8±1.4	1.10
9	214.5981	23.36	5.0139	3.8±2.1	1.21
20	161.1639	51.91	8.3660	5.5±2.7	2.87
35	130.4587	90.84	11.853	9.2±3.2	2.65
52	112.2214	134.97	15.149	11.5±3.4	3.65
65	103.1955	168.71	17.413	13.3±3.5	4.11

从估算值可以看出，从洋中脊到 1 Ma 洋壳内热液活动产生的热通量占全球海洋热液活动热通量的 15.8%。全球海洋热液活动总热通量为 4.11 TW，远高于前几种方法获得的热通量估值。

（二）物质通量估算

在已知热液活动热通量 F_{heat} 的基础上，可以进行物质通量 F_{mass} 的估算。首先根据热通量计算热液流体的质量通量 Q_{mass}，再根据单位热液流体内所含某种物质的摩尔数 x_i 及该物质的摩尔质量 M_i，即可求得该种物质通过热液活动加入大洋中的物质通量：

$$F_{mass}^{i} = Q_{mass} x_i M_i = \frac{F_{heat}}{c_p \Delta T} x_i M_i \tag{9}$$

大西洋洋中脊 26°N 的 TAG 热液区热液流体的溶解氧含量为 0，酸碱度为 3.35(25℃时)，温度为 360℃～365℃。热液流体在物质组成及元素含量方面与海水有较大的差异(表 10-6)。

表 10-6 大西洋洋中脊 TAG 热液区热液流体的化学组成及物质通量(翟世奎等，2005)

组成	热液/$mmol \cdot kg^{-1}$	海水/$mmol \cdot kg^{-1}$	通量/$kg \cdot s^{-1}$	组成	热液/$mmol \cdot kg^{-1}$	海水/$mmol \cdot kg^{-1}$	通量/$kg \cdot s^{-1}$
H_2S	2.3～3.5	0	437.76	氯化物	636	541	14 762.17
Na	537	464	7 454.34	Mn	680×10^{-3}	0	166.05
K	17.1	9.8	1264.00	Fe	$5\ 590\times10^{-3}$	1.5×10^{-6}	1 389.82
Ca	30.8×10^{-6}	10.2×10^{-6}	0.00366	Cu	$98-120\times10^{-3}$	0.007×10^{-3}	30.97
Si	20.75	0.2	2 554.63	Zn	$47-53\times10^{-3}$	0.01×10^{-3}	14.43
Mg	0	52.7	−5 615.40	硫酸盐	0	27.9	−11 891.43

根据前述方法估算的热液喷口的热通量 F'，取热液流体内 Fe 的含量为 5 590 μmol/kg，则

$$Q_{\text{mass}}=\frac{c_p\Delta T}{}=\frac{1.15\times10^7\times5\times170}{6150\times(360-2)}=4439.75(\text{kg/s}) \tag{10}$$

$$F_{\text{mass}}^{\text{Fe}}=Q_{\text{mass}}x_iM_i=4\,439.75\times(5\,590-0.0015)\times56=1\,389.82(\text{kg/s}) \tag{11}$$

那么，现代海底热液活动通过热液喷口向大洋输送的 Fe 的质量通量估值为 1 389.82 kg/s。依此类推，可估算出其他热液组分通过热液喷口的质量通量，具体数值见表 10-6。由计算结果可见，热液活动消耗海水中的 Mg 和硫酸盐。通过热液喷溢释放氯化物的质量通量最大（为 14 762.17 kg/s），Ca 的质量通量最小（为 0.00366 kg/s）；阳离子中 Na、Si、K 及 Fe 的质量通量也较大（>1 000 kg/s），而 Zn、Cu 和 Mn 的质量通量较小（<200 kg/s）。

Von Damm 等（1985）利用在 EPR 21°N 热液区调查中所获得的详细观测数据，对全球海底热液活动所导致的元素通量进行了估算，同时与河流入海通量做了对比（表 10-7）。可以看出，许多元素的热液通量与河流通量相当，甚至超过河流通量。

表 10-7　洋中脊高温热液活动的元素通量(mol/a)(据 Von Damm 等,1985)

成分	热液通量	河流通量
Li	$(1.2\sim1.9)\times10^{11}$	1.4×10^{10}
Na	$(-8.6\sim1.9)\times10^{12}$	6.9×10^{12}
K	$(1.9\sim2.3)\times10^{12}$	1.9×10^{12}
Rb	$(3.7\sim4.6)\times10^{9}$	5.0×10^{6}
Be	$(1.4\sim5.3)\times10^{6}$	3.3×10^{7}
Mg	-7.5×10^{12}	5.3×10^{12}
Ca	$(2.4\sim15)\times10^{11}$	1.2×10^{13}
Sr	$(-3.1\sim1.4)\times10^{9}$	2.2×10^{10}
Ba	$(1.1\sim2.3)\times10^{9}$	1.0×10^{10}
SiO_2	$(2.2\sim2.8)\times10^{12}$	6.4×10^{12}
Al	$(5.7\sim7.4)\times10^{8}$	6.0×10^{10}
Mn	$(1.0\sim1.4)\times10^{11}$	4.9×10^{9}
Fe	$(1.1\sim3.5)\times10^{11}$	2.3×10^{3}
Co	$(3.1\sim32)\times10^{6}$	1.1×10^{8}
Cu	$(0\sim6.3)\times10^{9}$	5.0×10^{9}
Zn	$(5.7\sim15)\times10^{9}$	1.4×10^{10}
Ag	$(0\sim5.4)\times10^{6}$	8.8×10^{7}
Cd	$(2.3\sim26)\times10^{6}$	
Pb	$(2.6\sim5.1)\times10^{7}$	1.5×10^{8}
As	$(0\sim6.5)\times10^{7}$	7.2×10^{8}
Se	$(0\sim1.0)\times10^{7}$	7.9×10^{7}

通过上述初步的估算，人们已经确信热液循环对海水的化学平衡具有重要贡献。目前对热液流体的采样主要集中于高温“黑烟囱”，低温扩散流在化学通量方面的重要性还难以确定。虽然目前对低温扩散流体的化学成分还所知甚少，但水通量远大于轴部热液系统的事实是毋庸置疑的(COSOD Ⅱ，1987)。另外，巨型热液柱的发现也进一步将问题复杂化，它释放的热量相当于 200～2 000 个高温喷口的年热通量(Baker 等，1987)，巨型热液柱的全球意义目前还不清楚。另外，热液羽状体中颗粒物质的沉淀及其对海水中部分元素(如 P、As、V、REE 等)的吸附作用也不容忽视(Feely 等，1988；Olivares 和 Owen，1988；Metz 和 Trefry，1988)。

九、热液生物

热液喷口附近的环境非常恶劣，无光、高温、高压，并含有大量有毒物质，然而令人吃惊的是喷口附近却生长着大量生物。自从 1977 年在海底发现热液喷口以来，科学家已经在海底发现 500 多种以前未见过的生物，它们有着非常独特的适应能力，可以抵抗高温、高压、绝对的黑暗和有毒的环境。

在海底热液活动发现之前，科学家们认为只有小型动物可以生活在海底的沉积物中，它们从上方接受食物，食物链仍然依赖于阳光和光合作用。热液喷口生物的发现完全改变了这一观点。大量生物(包括诸如螃蟹、蛤和虾类等)生活在深海热液活动区喷口附近，它们不是利用光来产生有机质以维持生物链(光合作用)，而是通过化学合成产生有机质作为初级生产力的来源。维持整个生态系统的能量不是来自太阳，而是来自地球本身的热和化学物质，来自地球内部。

位于喷口食物链底端的主要是微生物，它们利用硫、氢和甲烷等为能量(三者对呼吸氧气的生物都是有毒的)进行化学合成。热液喷口微生物包括细菌和古菌(Archaea)，“Archaea”的意思是古代生物，因为科学家曾认为它们存在于地球形成早期条件非常恶劣的环境下。古菌是类似于细菌的单细胞化能合成生物，但研究表明它们在起源上完全不同于细菌，代表了完全独立的一类生物。它们可以耐受 115℃ 的高温，属于喜热生物(Hyperthermophiles)。微生物构成了初级生产者，是化学自养生物，利用喷口中涌出的化学物质为能量将 CO_2 转换为糖。它生长在岩石、动物表面或者烟囱体内部，如果深潜器被留在海底，也将迅速被覆盖。不同的种属适应不同的水温，同时也从 H_2、H_2S、Fe 等化学物质中萃取能量。

火山事件后热液流体在量和成分上的快速变化可能会对微生物繁殖、大型生物移居和热液的热通量及物质通量产生深刻的影响。热源的规模和位置是决定热传输速度及海底微生物是否繁荣的关键。岩脉侵入后通过去气作用和水-岩反应提供还原性挥发性组分及金属元素，相分离使挥发性组分和一些金属元素进入蒸汽相，卤水则在热源附近积累。有利于热液系统微生物生长的条件是电子供体(高温水-岩反应产生的还原型化合物)和电子受体(海水或间隙水中的氧化型化合物)在微生物可以容忍的温度范围内的有效混合。微生物群落生活的主要热液环境位于海底以下的热温梯度带和氧化还原梯度带。在那里，岩脉产生的电子供体（H_2、H_2S 和 Fe^{2+} 等）与循环海水中的电子受体（O_2、SO_4^{2-} 和 NO_3^- 等）混合并反应（图 10-39）。还原性气体和金属元素随循环海水侵入而被化学过程和生物过程氧化（已知生物成因的 CH_4（Microbial Methanogenesis）和硫的还原发生在 110℃条件下）。

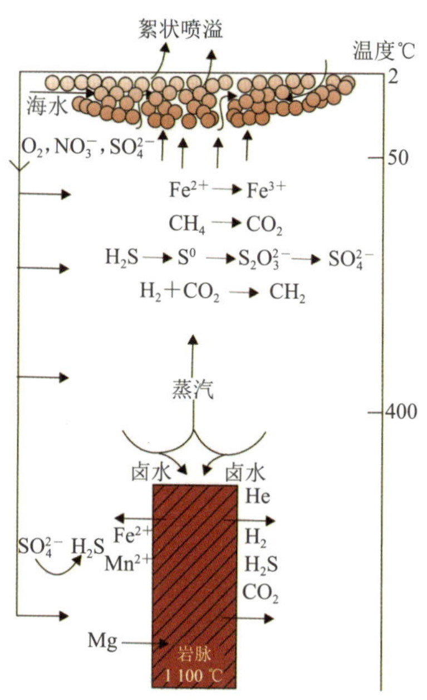

图 10-39 扩散上升流区化学及微生物过程（据 Butterfield 等，1997）

喷口生物的另一种主要生存措施是共生。例如，在 EPR 热液活动区，最为典型的一种喷口生物为红色管状虫，可达 2 m 长，直径十几厘米。其幼体具有嘴巴，可以吃噬硫细菌，长大后嘴消失，但 40% 的体重由一种固碳细菌所占据，其红色的绒毛可以吸收海水中的氧和喷口流体中的 H_2S，供给体内的细菌，然后依赖这些细菌生存。它具有非常特殊的血色素细胞，可以输送 O_2 和 H_2S，并把细菌产生的硫化物运走。这种共生的方式在喷口非常普遍，在大型蛤类和贝类的腮中都充满着共生细菌。在大西洋热液喷口普遍生长的虾主要通过吞噬细菌来生存。

现代海底热液喷口是目前地球上发现的最不寻常的生物栖息地之一（Humphris 等，1995）。喷口处生物密度极大，生物量可达 30 kg/m^2，是普通深海海底的 1 000 倍左右。这些生物生长速度极快，但生命周期较短。热液喷口生物群落直接依赖喷溢的热液流体获得能量，因此其发生和消亡完全取决于海底热液活动的周期。热液喷口环境以高度时空不稳定性为特征，为了利用喷口丰富的化学能源，特定的喷口生物不得不应付这一高度不稳定的、非常局限的栖息地。喷口生态群落在几千千米的空间尺度上呈现出生物地理变化（Tunnicliffe，1991），局部地区也随喷口年龄变化呈现特定的种属序列。喷口生物在新的喷口区繁衍很快，在 Axial 火山 1998 年喷发后只有 7 个月，生物已经开始繁衍生存，繁衍最快的种属有管状虫和帽贝等，但是大部分喷口的生物量不多，而且邻近喷口常有不同的种属。随时间的增长，生物量和种数迅速增加，邻近喷口生物种的差异逐渐消失。在 1998 年时还只有一半种属，到 1999 年（12 个月之后）全部种属都已出现，到 2000 年，新喷口生物丰度已经和长期喷口的生态群落相当。

EPR 和大西洋洋中脊的生态系统结构明显不同，而且在 EPR 常见的生物在大西洋没有或很少。在快速扩张的 EPR，相对生物的生命周期，生态系统活动周期很短，群落发育常被偶然事件打断，从而影响一个地区的生物多样性。一般来讲，干扰越多，生物多样性越多，但干扰太大时，大部分种属无法生存，将导致多样性降低。种群结构变化快，甚至在优势种生命期内而且很小的空间尺度上就可能具有不同的种群结构，特定区域种群结构只是反映了该区循环的特定阶段。在慢速扩张脊，生态系统活动周期较种属生命期长，喷口系统可持续几十年，种群发育不会被火山和构造事件频繁干扰，优势种群可以建立起来，并保持很长一段时间，种群结构也不会迅速变化。例如，从 1985 年到 1993 年，以虾为优势生物的 TAG 热液区生态系统中，种属组成和丰度基本未变。

在快速扩张脊，热液喷口在时空上离得很近，生物种属的地理范围没有限制，种群混合很好。也就是在这种条件下，时空不能作为生物地理分布的障碍，因此某一种属在某一脊段的某一时间兴衰或灭亡，并不会真正灭绝，除非其要求的生态环境不复存在。种属间竞争排斥作用只是局部现象。在慢速扩张脊正好相反，时空是非常关键的生物地理分布的障碍，竞争排斥也是种群结构的重要演化因素。

在 1991 年，科学家观察到大量白色细菌团块自热液喷口随流体涌出，这引发了另一个从未想过的问题：是否大量微生物群落生活在海底之下的裂隙之中？这个所谓的深部生物圈可能像地表的生物圈一样庞大。另外，科学家还在距今 95 Ma 的 Oman 蛇绿岩中发现了管状虫化石，与恐龙生活的时代相仿，但管状虫却没有在距今大约 65 Ma 的行星碰撞中像恐龙那样灭绝。这些事实使人们推断生命可能起源于地下的古代热液喷口。在地球形成早期可能经常受到其他星体及陨石的碰撞，这些碰撞可能波及不到深海，因此海底可能是对生命最安全的地方，保存了地球早期的生命。

热液喷口生物对异常条件有很强的适应性，它们可以利用特殊的化学过程，这对人类非常有用。最令人感兴趣的是喜高温古菌，它们有的可以在超过 100℃ 温度下快速生长。它们主要是利用体内一种特殊的酶来对付这种极端温度和压力，这种酶是生物技术中非常关心的物质，具有很多工业用途。例如，微生物中的抗热酶，对于人类复制大量的 DNA 非常关键，可以说有可能带来一场生物技术的革命。另外，在生物采矿、食品加工、原油泄漏以及生物制药等方面，异常环境下的生物都有着非常重大的应用前景。

小　结

1. 大洋中脊体系是洋底最为典型的地貌与构造单元，是控制大洋甚至全球物质和能量循环的重要场所，是探索地球乃至生命起源和演化的关键区域。

2. 由于受到人类科学技术发展的限制，人们对洋中脊的认识只是基于最近 30 多年的调查研究。应该说随着深潜器、高分辨率多波束声呐系统、高分辨率海底地震仪及其他地球物理手段的出现，再加上大洋钻探计划的发展和深入，对于大洋中脊体系的了解取得了突飞猛进的成就。可以这样说：洋中脊研究的每一步进展都是与高新技术的发展分不开的。

3. 需要指出的是，目前已经取得的有关洋中脊的认识有很多是建立在假说基础之上的，还需要更多的证据和调查予以证明或证伪，一些理论和成果必将在今后的工作中得到纠正、验证和完善。洋中脊必将是 21 世纪创新发现，乃至再一次科学革命的发源地。

思考题

1. 控制洋中脊地貌的地质因素是什么？

2. 快、慢速扩张洋中脊在地貌和洋壳本质上的差异是什么？造成这些差异的主要原因有哪些？

3. 洋壳增生的主要控制因素有哪些？

4. 大洋中脊处的岩浆作用过程如何?

5. 热液活动可能分布的主要构造环境有哪些?控制热液活动分布的主要因素是什么?

6. 现代海底热液活动调查研究意义何在?

7. 脊-柱和脊-沟相互作用会产生哪些地质现象?

第十一章　海底岩浆岩

海底(在本章中主要是指具有洋壳性质的海底区域)岩浆岩(Submarine Magmatic Rock)通常是指裸露在海底或被沉积物所覆盖的、由岩浆冷凝固结所形成的岩石,以玄武岩为主,这是构成大洋洋壳上部的主体岩石。

海底岩浆岩的研究得到了地质学界的广泛关注,这是因为它涉及岩浆源、构造运动、地壳和地幔化学成分及其演化等一系列重大的地学课题。自 20 世纪 60 年代以来,随着 DSDP、ODP、IODP 和 Interridge 等国际合作调查研究项目的实施,海底岩浆岩的研究从无到有,取得了长足的进展。但是,随着调查研究工作的不断推广和深入,也出现了许多新的重大科学问题。因而,海底岩浆岩岩石学(Submarine Magmatic Petrology)又是一个非常年轻的学科,是由海洋地质学和岩石学交叉衍生出的新学科。

海底岩浆岩的研究始于 19 世纪后半叶。1876 年,Hall 首次报道在铺设横穿大西洋海底电缆时,获得了洋底玄武岩样品,样品采自大西洋洋中脊,这一发现引起了科学家极大的兴趣。随后,挑战者号(H. M. S. Challenger)在考察世界各大洋时采集到了更多的洋底玄武岩样品。此后,在很长一段时间内没有关于玄武岩的报道。直到 1930 年,Correns 报道了南大西洋的玄武岩,1937 年 Wiseman 报道了印度洋的玄武岩,1949 年 Shand 报道在中大西洋采集到许多玄武岩样品。早期海底岩浆岩的研究主要是海洋地球物理学家希望了解地球的物理性质,而不是岩石学家研究岩石的组成及其成因机理。直到 20 世纪 60 年代才有了真正意义上的海底岩浆岩岩石学研究。

在 20 世纪 60 年代初期,研究工作的重点是海底玄武岩与其他构造环境所产出的岩浆岩之间的差异。随着海底扩张和板块构造学说的提出与发展,研究内容逐步从岩石物质组成和性质发展到研究洋中脊新生洋壳的形成机理等更深层次的科学问题。早期研究结果表明,洋壳主要是由从地球内部喷发出来的岩浆冷凝而成的玄武岩构成。但是,关于海底玄武质岩浆的母体是直接源于地幔的玄武质岩浆还是其他地质作用过程衍生的产物,成为当时争论的重要基础科学问题之一。通过海底玄武岩与海山碱性岩浆岩的对比研究,认定两者必然有成因上的联系,而且岩浆来自地幔。这样,地幔的性质和岩浆的生成过程又成了当时的研究热点。早期曾有这样的假设:在所有玄武岩中,海底玄武岩代表了地幔熔体的直接样品,可以提供有关地幔性质和过程的最好信息。地球物理探测表明,洋中脊之下的软流圈非常浅，地幔熔体可以在此借助其他地质过程不断地喷发出来。

自 1974 年以来，人们认识到海底玄武岩的形成并非简单的熔融喷发过程。Langmuir 等(1977)和 O'Hara(1977)认为熔融过程不是块体物质的简单熔融，岩浆在上升过程中必须经过一个或几个岩浆房，也就是需要经过若干演化阶段才会形成人们所看到的洋底玄武岩。岩浆的演化过程是至今仍在探讨的重要科学问题之一。已有高温高压实验表明，只有极少存在于海底的碱性玄武岩才有可能代表了来自地幔的原始熔体。在 20 世纪 90 年代之前，人们认识到了洋壳岩石在垂向上的变化(三层结构，详见第三章)，而在横向上则认为洋壳主体是由性质均一的拉斑玄武岩所构成。直到 90 年代以后，人们才逐渐认识到海底岩石性质的区域性差异及其所反映的地幔物质的不均一性，强调研究这种不均一性比研究它们的类同性更为重要。

当前，海底岩浆岩的研究主要集中在以下几个方面：① 大洋下洋壳与上地幔的结构和组成——迄今海底岩石学的研究成果业已证实无论是下洋壳物质还是上地幔物质在化学组成上都是不均匀的；② 大洋中脊处的岩浆作用过程——洋壳的增生过程涉及岩浆作用、板块运动和热液活动等一系列地质现象之间复杂的相互作用，而我们迄今对此却知道的很少；③ "热点" 岩浆作用——已有研究成果表明洋盆内孤立的海底火山、线状排列的火山岛链和溢流玄武岩(Flood Basalt)岩体等都与板块内的"热点"(Hotspot)火山活动有关，岩浆物质多来自地下更深的地幔，但迄今我们对"热点"的成因及其演化还不甚了解；④ 汇聚型板块边缘的岩浆作用——多数人认为环太平洋分布的一系列火山弧或岛弧是板块俯冲作用的产物，但是，有关板块俯冲导致岩浆活动的机制(包括俯冲运动学、地幔和俯冲板块的熔融、岩浆的上升过程、地壳物质熔融和对幔源岩浆混染的可能性，以及岩性在横切岛弧方向上的变化等)至今还缺乏直接充足的证据；⑤ 弧后扩张型盆地内的岩浆作用——人们曾把边缘海盆地中的岩浆作用看作是大洋中脊火山作用的一种简单的类似过程，后来的研究成果表明弧后盆地岩浆活动的性质、化学成分演化等同洋中脊相比都有着明显的差异，目前，尚缺乏对弧后扩张盆地自扩张作用初到发展成熟期间岩浆活动的系统性研究；⑥ 岩浆活动与成矿作用——在洋中脊和弧后盆地扩张中心广泛存在有热液活动与热液成矿作用，海底热液活动与岩浆作用有着密切的成因联系，岩浆活动不仅为热液循环提供了所必要的热源，而且提供了必要的金属元素或成矿元素，研究热液活动与岩浆作用之间的相互制约关系不仅对海底岩石学的研究是必要的，而且对于现代海底热液成矿作用的研究和大洋水化学成分的演化等研究都是重要的。

第一节　海底岩浆岩分类

一、海底岩浆岩的分类

就岩浆岩而言，其分类命名有一套复杂的分类体系和各式各样的判别图，这主要是因为岩浆岩的形成是一个复杂的地质过程，主要包括岩浆的形成(物源及熔融)、运移和演化(岩浆分异、同化混染、岩浆混合等)、侵入或喷发过程、冷凝固结成岩，以及构造环境控制等。仅就岩浆冷凝成岩的环境而言，通常分为结晶程度好的侵入岩和结晶程度差的喷出岩（火山岩），侵人岩又有侵位到地下深处的深成岩和侵位到近地表的浅成岩之分。岩浆岩另一基本的分类依据是 SiO_2 含量，根据 SiO_2 含量的高低将岩浆岩分为超基性岩（SiO_2＜45wt％）、基性岩（SiO_2＝45～52wt％）、中性岩（SiO_2＝52～65wt％）和酸性岩（SiO_2＞65wt％）。

早在 1909 年，Harker 曾提出根据碱性程度将火山岩分为两个系列或岩区：一为亚碱性系列，又称太平洋岩区；另一为碱性系列，又称大西洋岩区。Kuno（1960，1968）提出高铝玄武岩系列的概念，在高铝玄武岩系列中包括安山岩、英安岩和流纹岩，它不同于拉斑玄武岩系列及钙碱性岩系列。Yoder 等（1962）则认为高铝玄武岩只不过是拉斑玄武岩及碱性玄武岩的富铝变种；而 Wilkison（1968）则认为高铝玄武岩是钙碱性系列中的主要岩石类型；Miyashiro（1974）等则把高铝玄武岩直接改称为钙碱性玄武岩。Irvine 等（1971）在 Wilkison（1968）的基础上，把火山岩分为亚碱性与碱性两大系列，亚碱性系列又分为拉斑玄武岩系列和钙碱性系列；碱性系列又分为碱性玄武岩系列、副长石岩系列和过碱性岩系列，碱性玄武岩系列又进一步分为钠质岩系列和钾质岩系列。

总之，无论是岩石种类还是岩石系列的划分至今仍未取得统一。本书主要根据岩浆岩在海底出现的普遍程度，结合岩浆岩的化学成分和形成条件（构造环境），将海底岩浆岩归为四大类：① 火山岩——组成洋壳上部海底的主要岩石类型，包括拉斑玄武岩系列、钙碱性岩系列和碱性岩系列；② 辉长岩——构成下洋壳的主要岩石类型；③ 超镁铁质岩——组成上地幔的主要岩石类型；④ 花岗质岩石——零星见于大洋海底和弧后盆地。

二、火山岩

（一）分类与命名

由于研究目的的不同和岩浆岩成因过程的复杂性，至今没有完全一致的海底岩浆岩分类命名方案，大多是借助于陆地岩浆岩分类方案或在大陆岩浆岩分类基础上经改动的分类方法。由于在海底分布的主要是火山岩（玄武岩），实际工作中主要讨论的是火山岩的岩系划分和分类命名。火山岩的结晶程度远比深成岩差，实际的矿物含量很难测定或无法测定，很难像陆地岩浆岩分类命名那样用实际矿物含量进行准确分类。因此，通常使用岩石化学分类方法。

Le Bas 等（1986）代表 IUGS（International Union of Geological Sciences，国际地质科学联合会）火成岩分会提出火山岩的 TAS（Total Alkali and Silica）分类方案（图 11-1）。该方案选择岩石中 SiO_2 和（Na_2O+K_2O）的相对含量作为分类的基础，结合了自然界中岩浆的结晶演化规律。图中，Q_z 和 Ol 分别为根据化学成分计算的标准矿物石英和橄榄石的含量，右图标出了左图中各个节点的坐标，阴影区域需要根据 K 和 Na 的相对含量进一步分为钾质和钠质岩类。

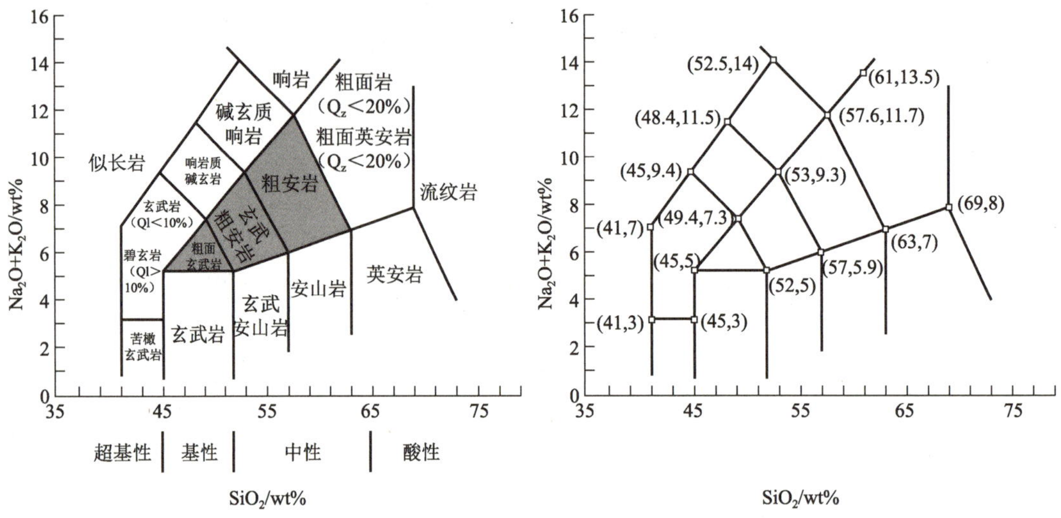

图 11-1　火山岩的 TAS 分类图(据 Le Bas 等,1986;转引自徐夕生,邱检生,2010)

De la Roche 等(1980)提出了用 R_1-R_2 图解对火山岩进行分类的方案(图 11-2),其中:

$$R_1 = 4Si - 11(Na + K) - 2(Fe + Ti)$$

$$R_2 = Al + 2Mg + 6Ca$$

式中,符号 Si,Al……表示根据岩石化学分析数据计算的阳离子数。这种分类法涉及了岩石中所有的主要阳离子,因此可以更全面地反映岩石的地球化学特征,并且可以从图上看到同系列岩石之间的亲缘关系。

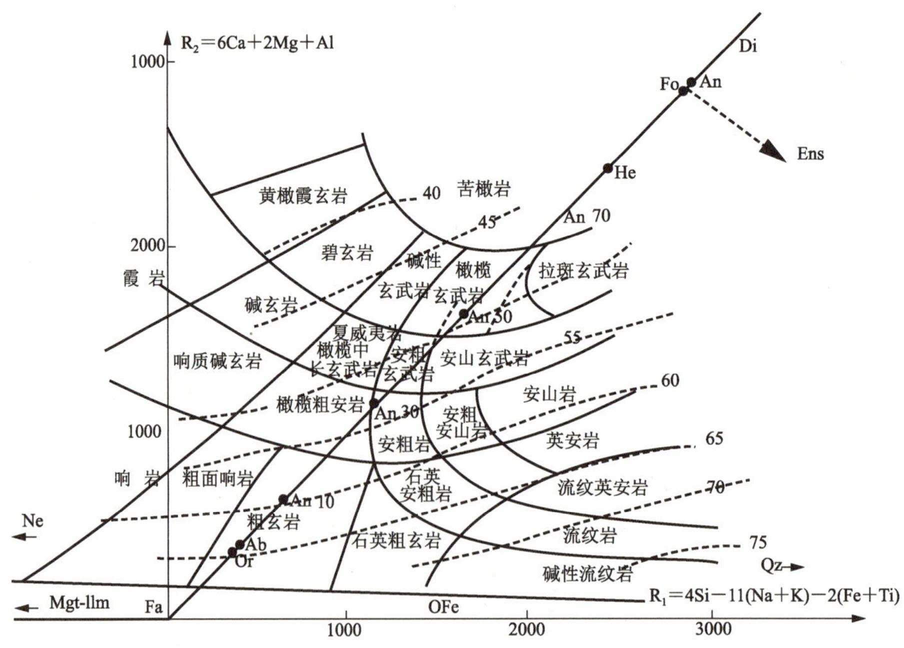

图 11-2　火山岩分类的 R_1-R_2 图解(据 De la Roche 等,1980)

Winchester 等(1977)给出了利用微量元素含量或其比值对海底火山岩进行分类命名的判别图,并在实际工作中得到广泛的应用(图 11-3)。

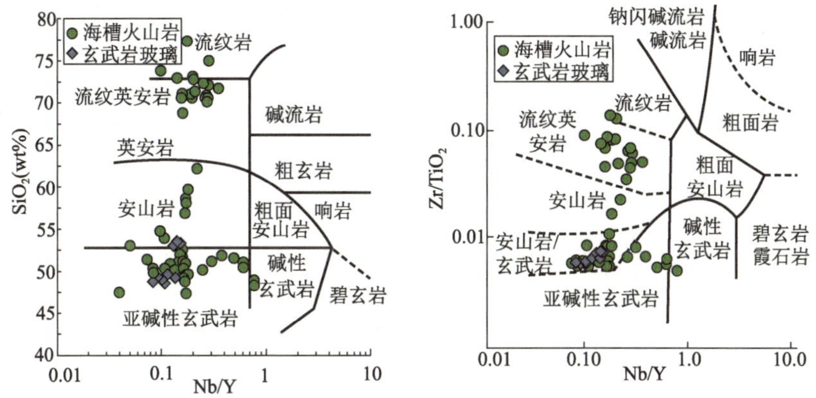

图 11-3 冲绳海槽火山岩的 SiO_2-Nb/Y 和 Zr/TiO_2-Nb/Y 分类图解(据国坤等,2016)

(二)岩石系列划分

在海底岩石学研究中人们发现,许多岩石(SiO_2 含量可以差别很大)在成因上具有内在联系,甚至具有继承关系,还有些岩石产于相同(似)的构造环境,具有非常类似的岩石地球化学性质,通常把这种具有成因联系或相似岩石地球化学性质的岩石划归同一岩石系列。火山岩岩石系列的划分对于研究岩浆的物质来源、结晶演化过程和判断构造环境都具有重要的意义。海底火山岩岩石系列的划分通常是首先区分出碱性岩系列和亚碱性岩系列,然后从亚碱性岩系列中区分出拉斑玄武岩系列和钙碱性岩系列(图 11-4)。

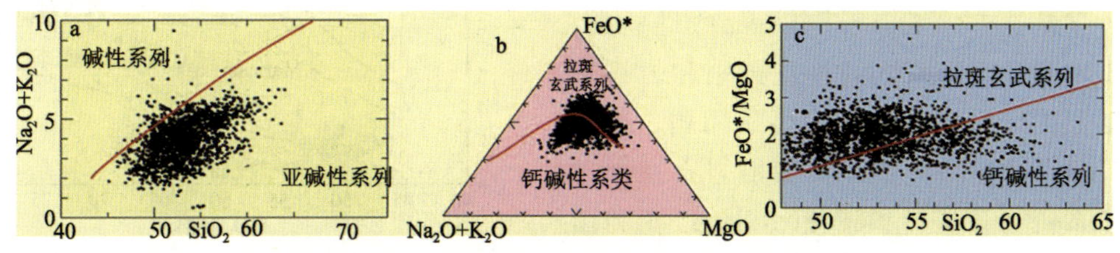

图 11-4 火山岩岩石系列判别图(来自网络)

在汇聚型板块边缘往往分布有火山成因的岛弧(如西太平洋大陆边缘)或大陆边缘火山弧(如东太平洋大陆边缘),这是地球上最主要的两个岩浆生成区之一(另一位于大洋中脊)。相对于洋中脊,火山弧的岩浆作用要复杂得多,因为这里不仅有源于地幔部分熔融所产生的岩浆,而且有俯冲组分的加入、更加充分的结晶分异作用、与大陆型地壳的同化混染作用等。因此,在板块俯冲背景下的火山弧上往往同时分布有三个系列的岩石,并且 SiO_2 含量的变化范围很大,包括玄武岩、安山岩、英安岩和流纹岩(表 11-1),有时安山岩成为主要的岩石类型。这些 SiO_2 含量不同的岩石之间往往存在有演化继承关系。

表 11-1　岛弧火山岩中代表性岩石的平均化学成分(wt%)
(据 Winter,2001;转引自徐夕生等,2010)

化学成分	低钾拉斑玄武岩系列				中钾钙碱性系列				高钾钙碱性系列			
	B	A	D	R	B	A	D	R	B	A	D	R
SiO_2	50.7	58.8	67.1	74.5	50.1	59.2	67.2	75.2	49.8	59.4	67.5	75.6
TiO_2	0.8	0.7	0.6	0.4	1.0	0.7	0.5	0.2	1.6	0.9	0.6	0.2
Al_2O_3	17.7	17.0	15.0	12.9	17.1	17.1	16.2	13.5	16.5	16.8	16.0	13.3
Fe_2O_3	3.1	3.0	2.0	1.4	3.4	2.9	2.0	1.0	3.9	3.6	2.0	0.9
FeO	7.4	5.2	3.5	1.7	7.0	4.2	1.8	1.1	6.4	3.0	1.5	0.5
MgO	6.4	3.6	3.5	0.6	7.1	3.7	1.5	0.5	6.8	3.2	1.1	0.3
CaO	11.3	8.1	1.5	2.8	10.6	7.1	3.8	1.6	9.4	6.0	3.0	0.9
Na_2O	2.0	2.9	3.8	4.0	2.5	3.2	4.3	4.2	3.3	3.6	4.0	3.6
K_2O	0.3	0.6	0.9	1.1	0.8	1.3	2.1	2.7	1.6	2.8	3.9	4.5
P_2O_5	0.1	0.2	0.2	0.1	0.2	0.2	0.2	0.1	0.5	0.4	0.2	0.1

注:B—玄武岩,A—安山岩,D—英安岩,R—流纹岩;低钾拉斑玄武岩系列相当于拉斑玄武岩系列,中钾钙碱性系列相当于钙碱性系列,高钾钙碱性系列相当于碱性系列。

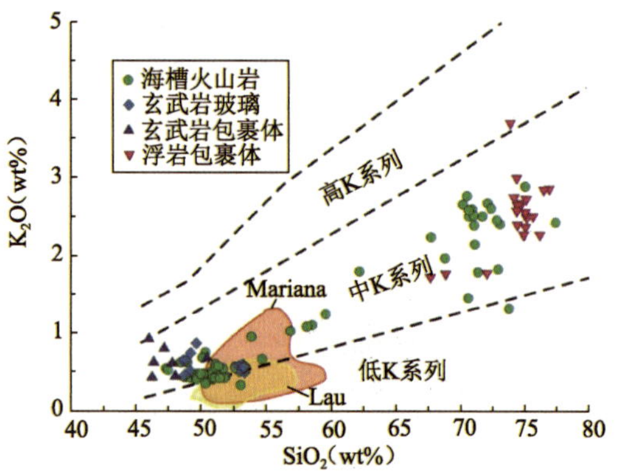

图 11-5　冲绳海槽火山岩的 SiO_2-K_2O 岩石系列判别图
(底图据 Peccerillo 等,1976)

位于东海外缘与琉球岛弧之间的冲绳海槽是一个目前处于弧后扩张作用早期的弧后盆地,其内火山活动强烈,岩浆作用复杂,岩石种类繁多,既有基性的玄武岩,也有 SiO_2 含量达 70%(wt%)左右的酸性盐类。关于冲绳海槽岩浆岩的种类甄别和岩石系列划分是一个久未解决的科学问题。国坤等(2016)对冲绳海槽火山岩的岩石系列进行了系统性研究。如图 11-5、图 11-6 和图 11-7 所示,冲绳海槽火山岩中 SiO_2 含量变化于 46.02%～77.4%之间。在常用的 SiO_2-K_2O图解(图 11-5)中,绝大部分火山岩、火山玻璃和包裹体都属于中 K 系列,部分玄武岩及其玻璃样品投在中 K 与低 K 岩系分界线附近,与马里亚纳海槽玄武岩(简称 MTB)接近,而有别于 Lau 海盆玄武岩(简称 LBB,大部分都属于低 K 玄武岩系列)。在 AFM 判别图(图 11-6a)上,冲绳海槽玄武岩矿物中的包裹体属于拉斑玄武岩系列,玄武岩和玄武岩玻璃位于拉斑玄武岩系列与钙碱性系列分界线附近,与 MTB 相似;酸性浮岩及其包裹体属于钙碱性系列。在 SiO_2-TFeO/MgO 判别图(图 11-6b)上,冲绳海槽玄武岩及其包裹体和玻璃大部分都投在拉斑玄武岩系列内,与 MTB 和 LBB 表现出相似的特征。在 Hastie 等(2007)提出的 Co-Th 微量元素岩石系列判别图(图 11-7a)上,冲绳海槽玄武岩和玄武岩玻璃均投在钙碱性系列区内,但靠近拉斑玄武岩系列一边,酸性浮岩同样投在钙碱性系列中。在 Ta/Yb-Ce/Yb 判别图(图 11-7b)上,绝大多数样品都属于钙碱性系列。在 Ta/Yb-Th/Yb 图解(图 11-7c)中,玄武岩、玄武岩玻璃和酸性岩全部位于钙碱性系列。在三个微量元素岩石系列判别图中,冲绳海槽玄武岩都表现出不同于 MTB 和 LBB 的特征。

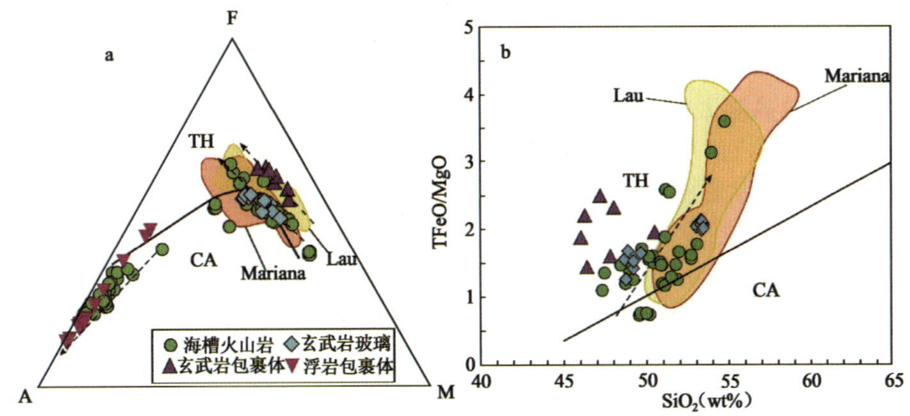

图 11-6 冲绳海槽火山岩的 AFM(a)和 SiO_2-TFeO/MgO(b)岩石系列判别图

(底图据 Kuno 等,1968 和 Miyashiro 等,1974)

TH 为拉斑玄武岩系列;CA 为钙碱性玄武岩系列

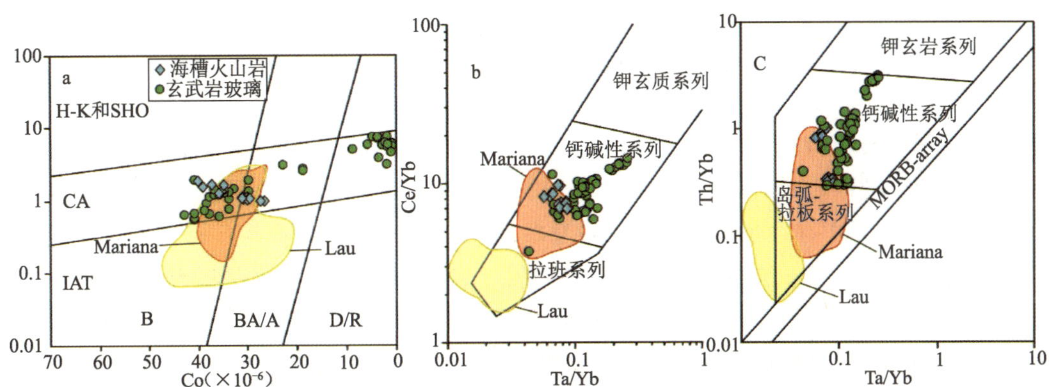

图 11-7 冲绳海槽火山岩的微量元素岩石系列判别图(底图据 Hastie 等, 2007)

H-K 和 SHO 为高 K 钙碱性系列和橄榄玄粗岩系列; IAT 为岛弧拉斑玄武岩系列;

B 为玄武岩;BA/A 为玄武安山岩/安山岩;D/R 为英安岩/流纹岩

综合多种岩系判别图,国坤等(2016)认为:冲绳海槽玄武岩在岩石系列性质上与其他弧后盆地(如马里亚纳海槽、劳海盆等)玄武岩相似,既有与大洋中脊玄武岩相似的拉斑玄武质岩系的特征,又有与岛弧玄武岩相似的钙碱性系列的特点,玄武岩中微量元素比值(如 Ba/Nb、Th/Nb 等)表现出俯冲组分加入的影响,玄武岩的原始岩浆应是大洋拉斑玄武质岩浆,但由于受到俯冲板块组分加入的影响,在一定程度上同时表现出钙碱性岩系的特征,这是冲绳海槽目前处于弧后盆地海底扩张早期阶段的体现。

（三）海底火山岩系列的演化

产于不同地质构造环境的海底岩浆岩往往构成特定的岩石系列。比如，在洋中脊（包括形成于洋中脊后又远离洋中脊的大洋盆地海底），主要是拉斑玄武岩系列，在与俯冲带伴生的岛弧和火山弧上主要是钙碱性系列的岩石，在大洋盆地热点海山或海岛上则分布有碱性系列的岩石。不同系列的火山岩所经历的演化过程和演化趋势都不尽相同。

钙碱性系列的岩石主要包括钙碱性（高铝）玄武岩-安山岩-英安岩-流纹岩等，尤以中酸性岩为主，其结晶演化是向逐渐富 SiO_2 的方向发展，矿物的结晶顺序基本符合传统的鲍文（Bowen，1928）反应系列，为高氧逸度条件下的演化趋势：斜长石从富 Ca 向富 Na 演变，火山岩中的暗色矿物斑晶的结晶顺序为镁质橄榄石→斜方辉石与单斜辉石共生→普通角闪石→黑云母。基质中一般不见角闪石和黑云母，只见斜方辉石与单斜辉石。橄榄石与斜方辉石之间常有反应边关系。

拉斑玄武岩系列的岩石组合通常为拉斑苦橄玄武岩-橄榄拉斑玄武岩-石英拉斑玄武岩-拉斑玄武安山岩（冰岛岩）-拉斑玄武英安岩等。岩浆的结晶演化具有逐渐富 Fe 的趋势，矿物的结晶顺序与芬钠（Fenner，1927）反应系列一致，为低氧逸度条件下的演化趋势。除了斜长石从富 Ca 向富 Na 演变外，火山岩中的暗色矿物结晶顺序为镁质橄榄石→斜方辉石→铁易变辉石→富铁橄榄石。岩石中斜方辉石与橄榄石之间具有反应边关系。贫钙辉石（斜方辉石和易变辉石）常与富钙辉石（透辉石和普通辉石）共生。水下喷发或快速冷却时，可见次钙普通辉石，基质中有时出现石英。

碱性玄武岩类的鉴别标志主要根据里特曼指数（$\sigma=(K_2O+Na_2O)^2/(SiO_2-43)$（wt%），$\sigma<4$ 为钙碱性，$\sigma>4$ 为碱性），也可根据存在霞石或标准霞石来判断。岛屿、海山、海底出现的碱性岩浆岩主要为碱性玄武岩，其他岩石类型有橄榄辉玄岩、碧玄岩及粗面玄武岩等。碱性玄武岩的斑晶矿物除斜长石外，还出现碱性长石，如钠透长石、歪长石和钾长石等，基质中存在较酸性的斜长石及碱性长石。碱性玄武岩多为 SiO_2 不饱和的基性富碱性组分（$(K_2O+Na_2O)>4\%$）的玄武岩，CaO 含量较低，主要矿物为斜长石（中长石-拉长石）、橄榄石、富钙辉石和钛辉石，橄榄石与辉石间无反应边，不含紫苏辉石，而含有钾长石、歪长石、白榴石、霞石、方钠石等副长石矿物。

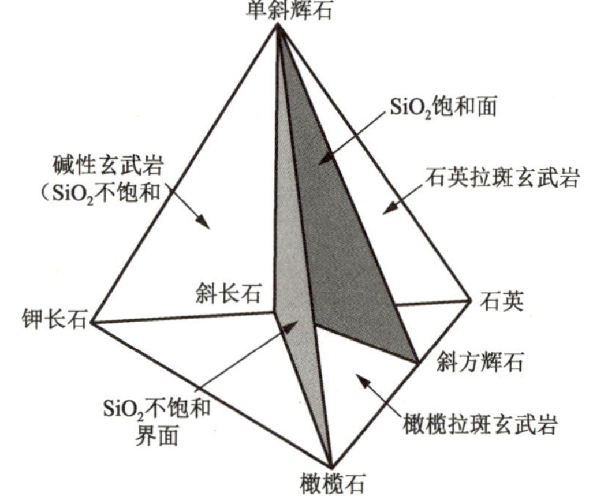

图 11-8 简化的玄武岩四面体结构

Yoder 及 Tilley（1962）曾以简化的玄武岩四面体（图 11-8）强调了 SiO_2 饱和度的重要性，但对碱性组分（K_2O+Na_2O）在岩石中的地位重视不足。Miyashiro（1978）在研究碱性玄武岩岩浆演化时指出：有的碱性玄武质岩浆的演化是向着霞石等标准矿物增多的方向发展，属肯尼迪（Kennedy）趋势（图 11-9）；另有一些碱性玄武质岩浆则向着富石英等标准矿物的方向演化，为库姆斯（Coombs）

趋势(图 11-9);还有一些碱性玄武质岩浆的演化是跨越简化玄武岩四面体的热界面(单斜辉石-橄榄石-斜长石面,图 11-8),称跨越趋势(图 11-9)。碱性玄武岩系列与拉斑玄武岩系列是性质截然不同的两类岩石。

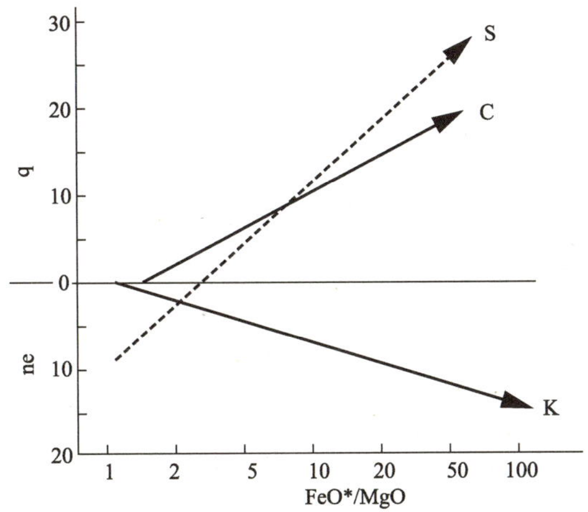

图 11-9 碱性玄武质岩浆演化趋势(据 Miyashiro,1978,有改动)

q:石英,ne:霞石,K:Kennedy 趋势,C:Coombs 趋势,S:跨越趋势;

q 与 ne 为 0 时的水平横线相当于玄武岩四面体的斜方辉石-橄榄石-斜长石界面

三、辉长岩类

辉长岩是构成洋底下洋壳的主要岩石类型。在深大断裂带,有时出露在海底。在 AMF 三角图(即(Na_2O+K_2O)-MgO-FeO 三角图,见图 11-4)图解上,辉长岩类的成分沿该图的 MgO-FeO 边附近分布,并常常与洋底玄武岩有相似的演化趋势。取自大西洋洋中脊和印度洋洋中脊的辉长岩的化学组成列于表 11-2 中。辉长岩中 SiO_2 的含量变化较大,通常在 45wt%~52wt%之间,最高可达 54wt%,最低可低至 40wt%左右;FeO/MgO 比值也有一个较宽的变化范围(0.30~2.90),这表明辉长岩有一个显著的分离结晶作用演化趋势。这种趋势伴随着斜长石中钙长石分子含量的减少,从富 MgO 的辉长岩一直演变为富 FeO 的辉长岩,斜长石的 An 值可以从 An79 变到 An47(Miyashiro 等,1970)。辉长岩类大都与蛇纹石化橄榄岩系列的超镁铁质岩伴生。通常,未蚀变的辉长岩由斜长石、橄榄石、单斜辉石、斜方辉石以及副矿物榍石、角闪石、磷灰石和钛铁矿等组成。

表 11-2 洋底辉长岩类的化学成分

	①	②	③	④	⑤
SiO_2	46.32	50.58	48.20	46.42	49.81
Al_2O_3	16.84	16.45	14.30	23.68	16.64
Fe_2O_3	2.50	1.14		0.52	1.63
FeO	4.60	4.07	11.20*	3.22	3.67

续表

	①	②	③	④	⑤
MnO	0.28	0.13	n.d	0.06	0.13
MgO	8.46	7.81	7.30	11.49	9.90
CaO	7.60	11.68	10.50	11.47	14.28
Na_2O	4.03	3.41	2.54	1.81	2.39
K_2O	0.08	0.16	0.17	0.03	0.12
TiO_2	0.43	0.47	1.75	0.05	0.40
P_2O_5	0.05	0.02	0.15	0.01	n.d
H_2O	5.80	2.73	n.d	1.15	0.88
总计	99.92	98.64	96.11	99.91	99.85

* 注：nd 表示未测；* 为以 FeO 表示的全铁含量；样品来源：① 罗曼希断裂带碱性辉长岩；② 罗曼希断裂带的辉长岩；③ 大西洋中脊北纬 30°辉长岩；④ 大西洋中脊北纬 30°橄长岩；⑤ 卡尔斯伯格(Carlsberg)洋脊辉长岩(四个样品平均值)

根据矿物的相对比例又可以区分出不同类型的辉长岩，如(标准)辉长岩、橄榄辉长岩和含斜方辉石的辉长岩、橄长岩、苏长岩、碱性辉长岩等。

标准辉长岩　其矿物主要由斜长石和单斜辉石组成。斜长石占全岩体积的 40%～60%，成分变化在 An45～An70 之间；单斜辉石通常是它形晶，占全岩体积的 25%～35%。单斜辉石是透辉石或普通辉石，光轴角(2V)变化在 38°～56°之间。次要矿物主要是无色的橄榄石(约 5%)。与洋中脊的玄武岩相比，辉长岩的特点是，具有更低的 K_2O 含量(0.06%～0.15%)和 TiO_2 含量(0.2%～0.5%)。

含斜方辉石辉长岩　紫苏辉石 (8%～17%)通常比单斜辉石的含量少，紫苏辉石常常被蚀变成叶蛇纹石。在罗曼希海沟(Melson 和 Thompson，1971；Bonatti 等，1971)、圣·保罗断裂带(Bonatti 等，1971)和印度洋洋中脊断裂带(Engel C G 和 Fisher，1969)采到的含斜方辉石辉长岩都是层纹状紫苏辉石辉长岩，具有平行定向排列的斜长石堆晶。

橄长岩或富橄辉长岩　通常已遭受了纤闪石化作用，即橄榄石蚀变形成的角闪石呈橄榄石假象，同样可见橄榄石被蚀变成蛇纹石的现象。矿物蚀变形成的其他产物包括绿泥石、滑石、透闪石和直闪石等，这种岩石中橄榄石的含量通常大于 16%。化学分析结果表明，岩石的化学成分具有如下特点：SiO_2 含量低(＜47%)，MgO 的含量相对较高(＞12%)，Al_2O_3的含量高(＞20%)。MgO 和 Al_2O_3的高含量反映了这种岩石中含有相对较多的斜长石和橄榄石。

苏长岩　这是辉长岩的一个变种，其中的斜方辉石(通常是紫苏辉石)含量明显多于单斜辉石。这种岩石中的主要矿物是钙质斜长石和紫苏辉石，次生矿物有绿泥石、直闪石、角闪石、铁闪石、绿帘石和黝帘石等。与其他类型的辉长岩相比，苏长岩的化学成分特点是具有较高的 FeO(10.02%左右)和 Fe_2O_3(约 9.09%)，TiO_2 含量(4.0%)也相对较高。

碱性辉长岩类　之所以称为碱性辉长岩类，是因为这类岩石中含有实际矿物霞石或标准矿物霞石(Honnorez 和 Bonatti，1970)。在赤道大西洋洋中脊的罗曼希断裂带采到的这类岩石是全晶质的，具有辉绿结构和晶洞结构，其主要矿物成分有斜长石(An20～An70)、霞石、含钛普通辉石或透辉石，次要矿物有沸石、棕闪石、黑云母、角闪石、铁的氧化物、尖晶石、磷灰石和锆石等。

角闪石岩　从岩石化学成分上讲，角闪石岩和拉斑玄武岩类似。DSDP 在东印度洋实施钻探期间，发现角闪石岩呈蚀变玄武岩层间的夹层存在，角闪石岩具有冷凝边，矿物主要由闪石类(79%)、白云母(4%)、橄榄石(5.6%)和玻璃(11.4%)组成，角闪石为细长的针状晶体和板状晶体，针状晶体呈放射状排列。

四、超基性岩类

超基性岩(Ultra Basic Rock)，又称超镁铁质岩，是指 SiO_2 含量低于 45wt%的岩浆岩，在地表(包括海底)出露很少。通常认为超基性岩直接来源于地幔，是组成地幔的主要岩石类型，有关超基性岩的研究是地幔岩石学研究的重要组成部分。通常情况下，超基性岩主要由橄榄石、斜方辉石和单斜辉石组成，次要矿物有角闪石、黑云母和斜长石，副矿物有尖晶石、铬铁矿、钛铁矿、磁铁矿和磷灰石等。但是，从洋底各种构造位置采集到的超基性岩绝大多数都经历了不同程度的变质作用，即发生了蛇纹石化作用。蛇纹石化作用是指超基性岩或基性岩所发生的一种后期变质作用，或中、低温热液对岩石中含镁铁矿物(通常是橄榄石或辉石)进行交代产生含蛇纹石矿物的一种蚀变作用。蛇纹石矿物主要存在三种类型，即利蛇纹石、纤蛇纹石和叶蛇纹石。利蛇纹石和叶蛇纹石表现为板状结构特征，而纤蛇纹石是纤维状结构。不同种类的蛇纹石可以反映蛇纹石作用发生的压力/温度条件(Coleman，1977)。例如，利蛇纹石和纤维蛇纹石形成于围岩温度在 350℃左右的条件下(Barnes 和 O'Neil，1969)，而叶蛇纹石即使在温度高于 500℃的条件下也是稳定的。

蛇纹石化橄榄岩常与辉长岩伴生，有时有少量斜长岩，有时在同一不大的区域内，既可以采集到超镁铁质岩，也可以采到玄武岩，说明这些类型的岩石之间，可能存在着某种相关联系。在蛇纹石化作用过程中，原生矿物被蚀变，其结果是形成了不同类型的蛇纹石矿物，但原岩的构造和矿物轮廓往往被保留下来。最常见的蚀变作用是辉石被蚀变而形成绢石，橄榄石晶体被蚀变形成氧化铁等矿物。Dmitriev 和 Sharaskin(1975)认为蛇纹石化作用至少有两个阶段：第一阶段是矿物均匀的蛇纹石化作用(假象)组成，没有显示出原岩组构变化的迹象；第二阶段由脉状和细脉状物质加上许多新生成的矿物相组成，这些新矿物是由蛇纹石的重结晶作用形成的。

要确定蚀变橄榄岩的原始化学成分往往是困难的，因为蚀变作用大大增加了 H_2O 的含量(表 11-3)。通常是假定大洋橄榄岩的蛇纹石化作用是在同等化学条件下进行的，为了获得橄榄岩的原始化学成分，可以把岩石的硅酸盐化学分析结果换算成无水剩余物。

表 11-3　海底蛇纹石化橄榄岩与大陆超基性岩的化学组成(wt%)

样品	洋中脊			断裂带			大陆超基性岩	
	①	②	③	④	⑤	⑥	⑦	⑧
SiO_2	37.80	41.76	38.29	40.68	39.71	4.50	41.62	44.67
Al_2O_3	3.75	2.30	2.74	2.86	2.59	3.59	4.37	2.82
Fe_2O_3	10.73*	5.66	4.65	4.69	7.31	1.60	19.01*	7.66*
FeO		3.14	2.25	3.43	1.30	5.23		
MnO	0.10	0.11	0.08	0.10	0.12	0.10	0.26	0.13
MgO	32.29	33.83	35.32	33.20	33.15	34.84	22.98	40.16
CaO	1.87	1.53	3.75	2.05	1.52	5.50	8.20	2.33
Na_2O	0.21	0.23	0.20	0.12	0.28	0.19	0.41	0.28
K_2O	0.52	0.03	0.20	0.03	0.06	0.20	0.24	0.04
TiO_2	0.22	0.14	0.01	0.12	0.06	0.03	2.51	0.10
P_2O_5		0.02		0.01	0.02		0.12	0.01
H_2O	12.95	11.41	11.46	12.03	13.88	4.52		
总计	100.44	100.16	98.75	99.32	100.00	98.78	99.72	98.20

注：* 表示以 Fe_2O_3 计算的全铁含量；① 大西洋洋中脊 53°N(据 He'kinian 和 Aumento，1973)；② 大西洋洋中脊 30°N(据 Miyashiro 等，1969)；③ 印度洋洋中脊二辉橄榄岩(据 Engel C G 和 Fisher，1969)；④ Kane 断裂带(据 Miyashiro 等，1969)；⑤ Vema 断裂带(据 Thompson 和 Melson，1971)；⑥ Rodriguoz 断裂带(据 Engel C G 和 Fisher，1969)；⑦ 四川新街层状杂岩体中 5 个橄榄岩样品平均值(据 Zhong 等，2014)；⑧ 河北张家口汉诺坝碱性玄武岩中 15 个橄榄岩捕虏体样品的平均值(据 Rudnick 等，2004)

根据蛇纹石化橄榄岩的矿物成分(主要是橄榄石、斜方辉石和单斜辉石的相对比例)，可以把洋底最常见的超镁铁质岩分成若干类。以橄榄石为主要矿物(含量>40%)的超镁铁质岩，包括：纯橄榄岩、方辉橄榄岩、单辉橄榄岩、二辉橄榄岩；以辉石为主要矿物(含量>60%)的超镁铁质岩，仅分为：斜方辉石岩、单斜辉石岩、橄榄二辉辉石岩和二辉辉石岩(图 11-10)。

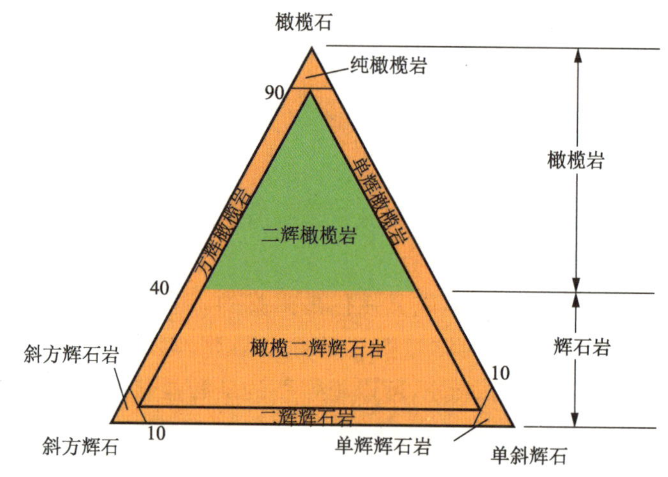

图 11-10　超基性岩的分类图(图中数值为矿物体积相对百分含量)

纯橄榄岩几乎全部由遭受不同程度蛇纹石化作用的橄榄石组成。在超镁铁质岩中，纯橄榄岩是最少见的岩石类型，通常与方辉橄榄岩和二辉橄榄岩伴生。纯橄榄岩主要见于慢速或超慢速扩张的洋中脊。例如，在西北印度洋的卡尔斯伯格(Carlsberg)洋脊和印度洋洋中脊的西支上均发现了纯橄榄岩(Dmitriev 和 Sharaskin，1975)；在中大西洋和北大西洋洋中脊上也采到了纯橄榄岩样品(Bonatti 等，1970；Aumento 和 Loubat，1971)。在矿物学上，纯橄榄岩以其较高的橄榄石含量(>90%)可与方辉橄榄岩、二辉橄榄岩等区别开(图 11-10)。此外，纯橄榄岩还含有尖晶石(通常是铬铁尖晶石)等矿物。产于海底的纯橄榄岩由于是在海水参与的条件下遭受次生蚀变作用，通常含有绿泥石、蛇纹石(利蛇纹石)、滑石和水榴石等矿物。在与蛇纹石-绿泥石伴生的岩脉里，也可以观察到石榴子石(Aumento 和 Loubat，1971)。从化学成分上看，纯橄榄岩和其他蛇纹石化橄榄岩类(方辉橄榄岩和二辉橄榄岩)之间没有明显的差异。

方辉橄榄岩又称斜方辉橄榄岩，这是蛇纹石化橄榄岩的变种，其特征是具有相对较高的绢石含量(全岩体积的 25%～30%)。实际矿物和标准矿物的含量都表明，在这种岩石中橄榄石占 60%～80%，辉石占 20%～40%，尖晶石占 0.5%～2%。从理论上讲，与蛇纹石化二辉橄榄岩变种相比，方辉橄榄岩应当含有比单斜辉石更多的斜方辉石。方辉橄榄岩变种通常以其较高的 FeO^*(全铁)含量(8%～11%)和较高的 MgO 含量(35%～55%)以及较低的 CaO 含量(<3%)，有别于二辉橄榄岩。

单辉橄榄岩又称异剥橄榄岩(Wehrilite)，原岩主要由橄榄石和单斜辉石组成。单斜辉石含量<60%，还可以含有少量(<5%)的斜方辉石、角闪石和铬铁矿等。

当把二辉橄榄岩的岩石化学成分换算成无水成分并标准化到 100%时，它比方辉橄榄岩含有更多的辉石(35%～45%)和橄榄石(58%～70%)标准分子。斜方辉石和单斜辉石的残余晶体通常可以根据解理加以辨认。在顽火辉石条纹内有透辉石的出溶纹(Aumento 和 Loubat，1970)。在二辉橄榄岩型的蛇纹石化橄榄岩中，偶尔可以看到被铁的氧化物的小斑片和细脉环绕的大量透辉石或普通辉石的晶体残余。

辉石岩类(包括斜方辉石岩、单斜辉石岩、橄榄二辉辉石岩和二辉辉石岩)中辉石占 60%～100%，其次是橄榄石，通常色较深。辉石岩类发生蛇纹石化作用主要是辉石被变质成为纤维状蛇纹石，并保持辉石假象，这种蛇纹石又称绢石。

另外，在海底还发现有一种特殊的超镁铁质岩——蛇纹石化大理岩。蛇纹大理岩这个术语是布朗尼阿特(Brongniat)于 1813 年提出的，意指在赤道大西洋断裂带打捞到的由红色叶理状或块状岩石构成的方解石型蛇纹大理岩(“Charcot”号第 80 次航行，1977)。其主要成分是方解石、蛇纹石、铁的氧化物、蚀变的斜方辉石和单斜辉石、绿泥石和滑石。标本呈淡红色是由于含铁矿物的氧化造成的。这些蛇纹大理岩的化学成分，以较高的 CaO(7%～10%)和较低的 MgO 含量 (<30%)等特征可与其他蛇纹石化橄榄岩区别开。

需要说明的是，在海底采集到的超镁铁质岩大多都遭受了明显的蚀变作用，因此难以估计各种矿物的原始成分。次生矿物，如蛇纹石、绿泥石、韭闪石、水云母、滑石、水镁石、方解石、磷灰石、角闪石、云母、葡萄石、赤铁矿等常见于岩石标本中。在这些岩石里，有时也可见原生矿物，如 Cr-Al 尖晶石、单斜辉石、斜方辉石和橄榄石的残余等，它们可能代表了未蚀变橄榄岩的主要成分。

五、花岗质岩类

尽管在太平洋、大西洋和印度洋海底都曾有报道采到过花岗质岩类(SiO_2含量>60%)样品,但其分布和数量都是十分有限的。Murray 和 Renard(1891)首次报道在南太平洋(30°S~40°S,94°W~138°W)采到了成分近似流纹岩的花岗质岩石,其特征是石英(20%~45%)和正长石(5%~10%)的含量高,并有少量的普通角闪石、黑云母和辉石。Peterson 和 Gbldberg(1962)也曾经报道在东太平洋海隆 40°S~50°S 之间的山脊上采到了富含歪长石、钠长石和透长石的岩石样品。Aumcentc(1968)报道,在由蛇纹岩和辉长岩构成的断层角砾岩中有伴生的闪长岩类,这种岩石见于大西洋洋中脊 45°N 附近的裂谷壁上,其中斜长石中钙长石的分子含量为 An5~An40,主要矿物是普通角闪石、斜长石和单斜辉石。Erngel C G 和 Fisher(1975)报道,在印度洋阿尔戈(Argo)断裂带有石英二长岩脉(厚数厘米)切穿了旁边的辉绿岩。在印度洋中部洋脊 13°30′S 脊段采到的花岗质岩石与蛇纹石化橄榄岩、辉长岩和辉绿岩伴生(Engel C G 和 Fisher,1975)。在印度洋的布罗肯(Brckcn)洋脊北翼(21°41′S,99°04′E)所采到的岩芯样品里,发现了花岗岩质角砾岩和石英粗砂岩的碎屑,它们含有蠕虫状结构的斜长石、钾长石、石英、绿泥石、绢云母和黑云母等矿物。见于报道的有关海底花岗质岩石的化学组成列于表 11-4 中。

表 11-4 海底花岗质(酸性)岩类的化学成分(wt%)

样品名称	闪长岩 159-35	闪长岩 159-39	细晶岩 V25-5	细晶岩 125-16	二长岩 125-4	冲绳海槽浮岩
SiO_2	61.97	72.47	78.39	76.37	75.07	70.68
Al_2O_3	16.00	14.17	12.68	12.78	13.18	13.10
Fe_2O_3	3.22	1.85	0.38	0.39	0.76	0.88
FeO	3.57	1.19	0.41	0.46	1.15	1.85
MnO	0.09	0.08	0.01	0.02	0.03	0.10
MgO	2.43	1.39	0.54	0.87	0.22	1.10
CaO	8.24	1.48	0.55	0.84	1.10	2.97
Na_2O	5.55	5.55	0.66	7.70	4.55	4.06
K_2O	0.75	0.24	0.06	0.07	3.27	1.67
TiO_2	0.94	0.33	0.09	0.25	0.15	0.30
H_2O	1.28	0.90	0.41	0.28	0.28	2.65
P_2O_5	0.22	0.06	0.01	0.02	0.12	0.05
总计	99.04	99.61	100.19	100.22	99.89	99.42

注:闪长岩取自大西洋洋中脊 45°42′N,28°56′W(Aumento,1969);细晶岩(V25-5 号)是在大西洋洋中脊 23°31.74′N,45°07′W附近打捞的(Miyashiro 等,1970);细晶岩(125-16 号)和二长岩(125-4 号)采自印度洋洋中脊(13°34′S,66°26′E)(Engel C G 和 Fisher,1975);冲绳海槽浮岩采自中部(翟世奎等,2001)。

需要说明的是，至今在大洋海底没有发现成规模的花岗质岩体，只是在各大洋(太平洋、大西洋和印度洋)中有零星发现的报道。但是，在陆壳性质或过渡性地壳的弧后盆地海底常有花岗质岩(酸性岩)分布，在大洋热点海山(岛)地壳厚度大的地方也有报道，在印度洋等有残余大陆型地壳存在的地方较为常见。尽管海底花岗质岩类在大洋海底的分布十分有限，但是其存在应该是不争的事实。海底花岗质岩类的存在一直是海底扩张学说或板块构造学说难以解释的事实，也是该理论学说反对者最有力的论据之一。关于海底花岗质岩类的成因，至今没有定论。比较多的观点认为，在大洋热点海山(岛)地壳厚度较大的地方出现的花岗质岩可能是岩浆充分结晶分异作用所形成的酸性岩浆的产物。

第二节 海底火山岩的分布

自板块构造理论建立以来，很多学者根据板块构造理论建立了全球火山分布模式，认为大多数火山都分布在板块边界上，少数火山分布在板块的内部(图 11-11)，前者构成了四大火山带，即环太平洋火山带、大洋中脊火山带、东非裂谷火山带和阿尔卑斯-喜马拉雅火山带。出于本书的特点要求，在此主要介绍环太平洋火山带、大洋中脊火山带和大洋岛屿火山岩的岩石学特征。

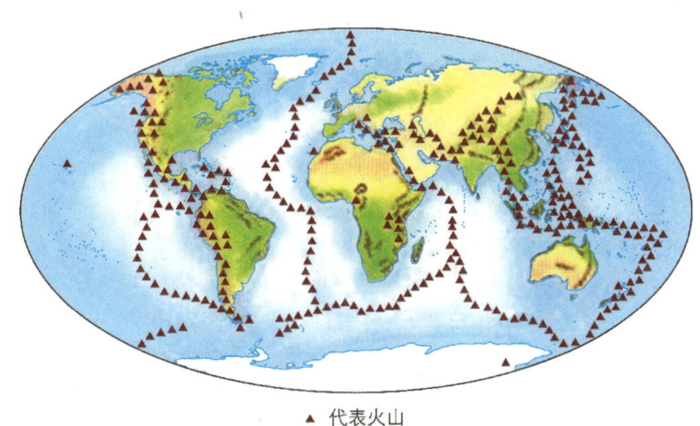

▲ 代表火山

图 11-11 全球火山分布示意图

(来自网络 http://pei. cjjh. tc. edu. tw/～pei/rock/rock_3_explain. htm)

一、环太平洋火山带

环太平洋火山带，南起南美洲的科迪勒拉山脉，转向西北的阿留申群岛、堪察加半岛，向西南延续的是千岛群岛、日本列岛、琉球群岛、台湾岛、菲律宾群岛以及印度尼西亚群岛，全长 40 000 余千米。环太平洋火山带也称环太平洋火环，有活火山 500 余座。环太平洋火山带火山活动频繁，这里集中了全球约 80%的现代仍在活动的活火山。海底火山喷发时常发生，形成一些新的海底火山型海山，部分出露海面形成新的火山岛。

环太平洋火山带的火山岩主要是中性岩浆喷发的产物，形成了钙碱性系列的岩石，最常见的火山岩类型是安山岩，在陆侧距海沟轴 150～300 km 的范围内，安山岩平行于海沟呈弧形分布，构成了所谓的“安山岩线”。另一特点是，自海沟向陆地方向岩石有明显的水平分带性，一般规律是随着与海沟距离的增大，依次分布有拉斑玄武质系列岩石、钙碱性系列岩石和碱性系列的岩石(图 11-12)。

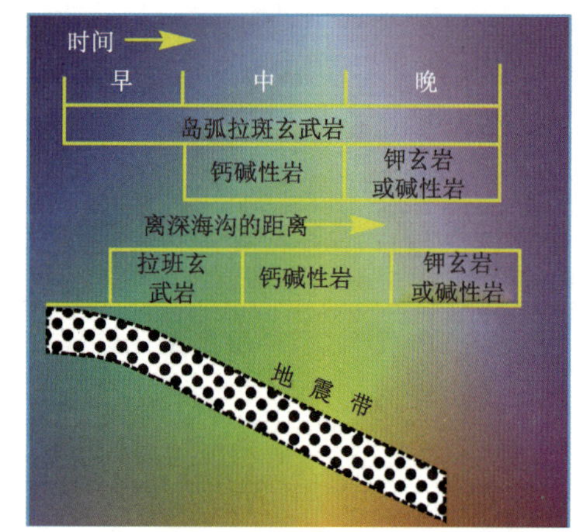

图 11-12　俯冲带火山岩系列的空间和时间分布
(据 Wilson,1989;转引自 https://wenku.baidu.com/view/43aa1d945ef7ba0d4a733bb1.html,有改动)

环太平洋火山带是大洋板块俯冲作用的结果(见第八章)，岩浆来源复杂多样，涉及俯冲洋壳、上覆的楔形地幔和楔形地幔上方的大陆型地壳(局部为洋壳)。大洋俯冲带岩浆作用的另一重要特征是有流体(主要是水)的参与。Miyashiro (1974)对岛弧和活动大陆边缘弧火山岩进行了详细的研究，认为随着俯冲作用的发生、发展与演化，有不成熟岛弧、成熟岛弧和成熟的大陆边缘弧之分。不成熟的岛弧以岛弧拉斑玄武岩系列岩石为主，其中钙碱性系列岩石占 0～40%，岛弧由小的火山岛组成，地壳为洋壳类型，厚12～17 km，如 Kermades、Tongas、North Marianas 和 Central Kuriles 等火山弧。在成熟岛弧，钙碱性系列岩石占 40%～80%，为大的火山岛，有大陆型地壳，厚 17～35 km，如东北日本的 Hokkaido 和堪察加岛弧。成熟的大陆边缘弧中碱性系列岩石占 80%～100%，陆壳厚 30～70 km，如 Cascades 和 Central Andes 火山弧等。就岩石类型而言，不成熟岛弧以玄武岩和玄武安山岩为主，成熟岛弧以安山岩和英安岩为主，成熟大陆边缘弧以安山岩、英安岩和流纹岩为主(邓晋福等，2004)。代表性岛弧火山岩的平均化学成分列于表 11-5 中。

表 11-5　代表性岛弧火山岩的平均化学成分(wt%)

(据 Winter,2001;转引自徐夕生等,2010)

化学成分	低钾拉斑玄武岩系列				中钾钙碱性系列				高钾钙碱性系列			
	B	A	D	R	B	A	D	R	B	A	D	R
SiO_2	50.7	58.8	67.1	74.5	50.1	59.2	67.2	75.2	49.8	59.4	67.5	75.6
TiO_2	0.8	0.7	0.6	0.4	1.0	0.7	0.5	0.2	1.6	0.9	0.6	0.2
Al_2O_3	17.7	17.0	15.0	12.9	17.1	17.1	16.2	13.5	16.5	16.8	16.0	13.3
Fe_2O_3	3.1	3.0	2.0	1.4	3.4	2.9	2.0	1.0	3.9	3.6	2.0	0.9
FeO	7.4	5.2	3.5	1.7	7.0	4.2	1.8	1.1	6.4	3.0	1.5	0.5
MgO	6.4	3.6	3.5	0.6	7.1	3.7	1.5	0.5	6.8	3.2	1.1	0.3
CaO	11.3	8.1	1.5	2.8	10.6	7.1	3.8	1.6	9.4	6.0	3.0	0.9
Na_2O	2.0	2.9	3.8	4.0	2.5	3.2	4.3	4.2	3.3	3.6	4.0	3.6
K_2O	0.3	0.6	0.9	1.1	0.8	1.3	2.1	2.7	1.6	2.8	3.9	4.5
P_2O_5	0.1	0.2	0.2	0.1	0.2	0.2	0.2	0.1	0.5	0.4	0.2	0.1

注:B—玄武岩,A—安山岩,D—英安岩,R—流纹岩。

根据俯冲带不同性质火山岩的分布，Condie（1973，1982）注意到在 SiO_2 含量为60wt%时，K_2O(wt%)含量随俯冲带深度(CZ)的增大而增加，并获得经验性回归方程：

$$CZ(km) = 89.3 \times (K_2O) - 14.3$$

同时还获得火山岩成分变化与地壳厚度变化的关系，即当 SiO_2 含量为 60wt%时，K_2O百分含量与地壳厚度(C)成正比：

$$C(km) = 18.2 \times (K_2O) + 0.45$$

上述公式只是反映了一种变化趋势，对不同地区或不同的岛弧而言，其回归方程中的常数项有变化。

二、大洋中脊火山带

大洋中脊(Mid-ocean Ridge)是一全球性的海底山脉体系，其顶部的中央裂谷也是贯穿各大洋的全球大洋裂谷体系(详见第十章)。大洋中脊是最重要的离散型板块边缘，是大洋中最主要的岩浆岩产出地，也是产生新洋壳的地方。由于大洋中脊火山带的火山多为海底喷发，不易被观察到。冰岛位于大西洋洋中脊之上，可以说是一段露出海面的大洋中脊，其上有 200 多座火山，其中活火山 30 余座，人们称其为火山岛。平均每 5 年就有一次较大规模的火山喷发。人们曾目睹了拉基火山 1783 年的喷发，从约 25 km 长的裂缝里溢出的熔岩流长达 12 km 以上，熔岩流覆盖面积约 565 km^2。1963 年在冰岛南部海域的火山喷发一直延续到 1967 年，产生了一个高出海面约 150 m、面积约 2.8 km^2 的新岛屿——苏特塞火山岛。在东太平洋海隆 6°S～14°S 脊段轴部，新生代以来的裂隙式喷发形成了宽 40～60 km，长约 800 km 的玄武岩台地。在印度洋，呈倒"Y"形分布的大洋中脊也主要由岩浆岩构成，部分火山出露海面而成火山岛，如塞舌尔群岛和马尔克林群岛，它们都是近代海底火山喷发形成的。

大洋中脊是地幔物质涌升喷出的"窗口"，对应于软流圈物质呈带状上涌绝热减压熔融引起的岩浆作用(图 11-13)。玄武质岩浆由地幔物质部分熔融产生，并注入狭长的张性断裂带，即数千米宽的洋脊轴部。大量的玄武质岩浆呈岩墙或层状侵入体侵位在洋壳深部，少量呈枕状熔岩喷出洋底。大洋中脊玄武岩(Mid-ocean Ridge Basalt，简称 MORB)主要是橄榄拉斑玄武岩，其主量元素化学成分变化不大，突出特征包括：K_2O 含量低(通常在 0.1wt%～0.4wt%之间)，Na_2O 含量高(1.7wt%～3.1wt%)，P_2O_5(一般$<$0.25wt%)和 TiO_2(0.8wt%～2.0wt%)的含量也较低，大离子亲石元素和稀土元素的含量也较低。然而，大洋中脊玄武岩在微量元素和同位素组成上却显示出较大的不均一性，这种不均一性被归因于源岩的不均一以及岩浆房开放体系的浅部过程上的差异(Wilson，1989)。典型的大洋中脊玄武岩明显亏损轻稀土和其他高度不相容元素，具有 La/Sm 比值低、Rb 和 Sr 含量低等特点。这类玄武岩称为 N 型洋中脊玄武岩或正常洋中脊玄武岩(Normal Mid-ocean Ridge Basalt，简称 N-MORB)。另有一些大洋中脊玄武岩产于高重力异常和高地热梯度的海底高原洋中脊(异常洋脊)上，并常与碱性玄武岩伴生，以高稀土含量和轻稀土富集为特征，La/Sm 比值高，轻稀土明显富集，这类玄武岩称为 E 型洋中脊

玄武岩或地幔柱型(P-型)洋中脊玄武岩(Enriched or Plume Mid-ocean Ridge Basalt,简称 E-MORB 或 P-MORB)。岩石地球化学性质介于上述两者之间的又称为 T 型或过渡型洋中脊玄武岩(Transitional Mid-ocean Ridge Basalt,简称 T-MORB),其产出的洋中脊在地形和地球物理性质上也处于 N-MORB 和 E-MORB 组成的洋中脊之间。但是,这三种玄武岩的主量元素性质较为一致。表 11-6 中列出了大西洋洋中脊三种玄武岩的主量元素和微量元素组成。

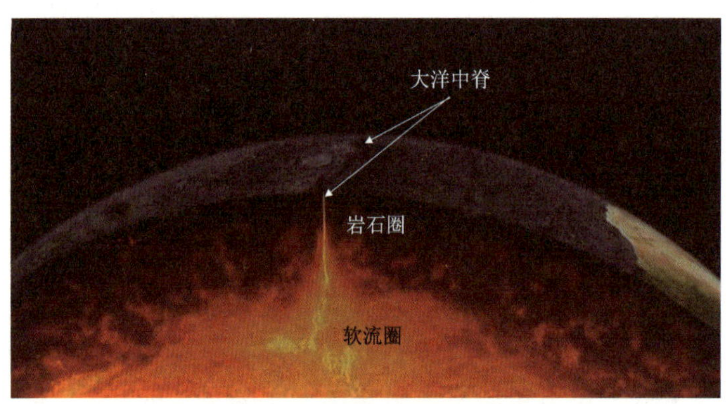

图 11-13　大洋中脊是地幔物质涌升喷出的"窗口"

表 11-6　大西洋洋中脊产出的三种玄武岩的主量元素(wt%)和微量元素($\times 10^{-6}$)组成(转引自徐夕生、邱检生,2010)

化学成分	N 型洋中脊玄武岩		P 型洋中脊玄武岩		T 型洋中脊玄武岩	
SiO_2	48.77	50.55	49.72	47.74	50.30	49.29
Al_2O_3	15.90	16.38	15.81	15.12	15.31	14.69
Fe_2O_3	1.33	1.27	1.66	2.31	1.69	1.84
FeO	8.62	7.76	7.62	9.74	8.23	9.11
MgO	9.67	7.80	7.90	8.99	7.79	9.09
CaO	11.16	11.62	11.84	11.61	12.12	12.17
Na2O	2.43	2.79	2.35	2.04	2.24	1.93
K_2O	0.08	0.09	0.50	0.19	0.20	0.09
TiO_2	1.15	1.31	1.46	1.59	1.21	1.08
P_2O_5	0.09	0.13	0.22	0.18	0.14	0.12
MnO	0.17	0.16	0.16	0.20	0.17	0.19
H_2O	0.30	0.29	0.42	0.42	0.26	0.31
La	2.10	2.73	13.39	6.55	5.37	2.91
Sm	2.74	3.23	3.93	3.56	3.02	2.36
Eu	1.06	1.12	1.30	1.29	1.07	0.92
Yb	3.20	3.01	2.37	2.31	2.91	2.33

续表

化学成分	N型洋中脊玄武岩		P型洋中脊玄武岩		T型洋中脊玄武岩	
K	691	822	4443	1179	1159	572
Rb	0.56	0.96	9.57	2.35	3.50	1.02
Cs	0.007	0.012	0.123	0.025	0.042	0.013
Sr	88.7	106.4	243.6	152.5	95.9	86.0
Ba	4.2	10.7	149.6	36.0	39.8	14.3
Sc	40.02	36.47	36.15	39.49	42.59	41.04
V	262	257	250	320	281	309
Cr	528	278	318	330	383	374
Co	49.78	40.97	44.78	57.73	45.70	54.94
Ni	214	132	104	143	94	146
$(La/Sm)_n$	0.50	0.60	2.29	1.28	1.27	0.85
K/Rb	1547	869	475	498	465	560

需要说明的是，通常情况下大洋中脊产出的火山岩都是拉斑玄武岩，缺乏安山岩。在大洋中脊产出的侵入岩，主要为辉长岩和橄榄岩。辉长岩可分为两类：一类是早期结晶分异形成的辉长堆晶岩；另一类是直接由分异岩浆结晶形成的块状辉长岩。橄榄岩也分两类：一类是地幔岩部分熔融后的残留物；另一类是层状堆积橄榄岩，是结晶分异作用的产物。

事实上，现代海底调查技术主要采集海底近表层的岩石样品，主要是海底火山喷发形成的玄武岩。在大洋中脊中央裂谷(特别是岩浆供应不充足的慢速或超慢速扩张的大洋中脊段)、转换断层破碎带和巨大的断层崖等构造位置，有时会裸露出洋壳深部甚至上地幔的岩石，这使得人们有机会了解整个洋壳甚至上地幔的岩石组合。在海底岩石学研究中，一种非常重要的岩浆岩组合是蛇绿岩套，简称为蛇绿岩，这是一种岩石组合。尽管这种岩石组合早在19世纪初就在陆上被发现，并使用Ophis加以描述，特指绿色的蛇纹石质岩石，但直到1972年美国彭罗斯会议上才明确了蛇绿岩的概念，把蛇绿岩定义为具有特定成分的镁铁-超镁铁质岩组合。一个发育完整的蛇绿岩从下向上依次出现的岩石组合(Coleman，1977)是：超镁铁质杂岩，由不同比例的方辉橄榄岩、二辉橄榄岩和纯橄岩组成，具变质构造组构(或多或少发生蛇纹石化)；辉长质杂岩，通常具堆晶结构，常见橄榄岩和辉石岩共生，与超镁铁质杂岩比较，堆晶岩变形较弱；镁铁质席状岩墙杂岩；镁铁质火山岩杂岩，常具枕状构造。伴生的岩石有：① 上覆的沉积岩系，包括条带状硅质岩、薄层页岩夹层和少量灰岩；② 与纯橄岩相伴生的豆荚状铬铁矿；③ 富钠的长英质侵人岩和喷出岩(Colermn，1977)。

因此，蛇绿岩是一组岩石的术语，更准确的称谓应该是“蛇绿岩套”(Ophiolite Suit)或“蛇绿岩建造”(Ophiolite Formation)，也有的直接音译为奥菲奥岩建造。可以看出，蛇绿岩套与现代在大洋中脊所观察到的洋壳结构很雷同(图 11-14),应该是代表了古洋壳的残余或碎片。

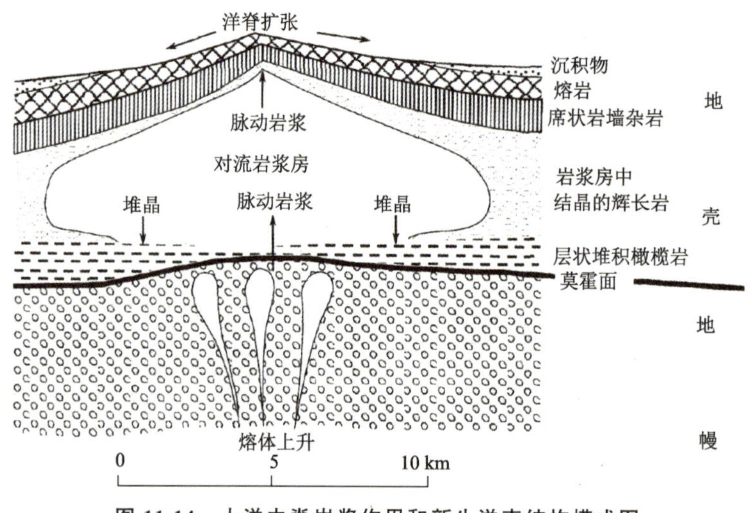

图 11-14 大洋中脊岩浆作用和新生洋壳结构模式图

(据 Brown 和 Mussett,1981;转引自徐夕生、邱检生,2010)

三、大洋岛屿火山岩

大洋岛屿玄武岩(OIB—Ocean Island Basalt)的碱度变化极大,在岩性上可分为洋岛拉斑玄武岩(OIT)和洋岛碱性玄武岩(OIA)两个系列,但以前者为主。在夏威夷群岛的火山岩中,拉斑玄武岩占 85%左右,其化学成分变化很大(表 11-7)。大洋岛屿玄武岩显著的碱度变化表明岩浆可能来自性质不同的地幔岩浆源区。Wilson(1989)总结了这两个系列玄武岩的岩石学特征。总体上看,洋岛拉斑玄武岩和 MORB 岩石化学性质相似,但是矿物组成除了橄榄石、尖晶石、富钙单斜辉石和 Fe-Ti 氧化物之外,有时还含有斜方辉石。有些情况下,橄榄石具斜方辉石反应边。尖晶石在拉斑和碱性玄武岩中都属常见矿物,但尖晶石的成分变化很大,早期结晶的尖晶石通常具有高的 MgO、Cr_2O_3 和 Al_2O_3 含量,稍晚结晶的尖晶石 Cr_2O_3 和 Al_2O_3 含量较低,而 Fe 含量高。拉斑和碱性玄武岩中的尖晶石之间有系统性的成分变化,前者 Cr_2O_3 含量更高。橄榄石在拉斑玄武岩中只以斑晶的形式出现且化学成分变化不大(Fo=70～90)。相反,在碱性玄武岩中,橄榄石可以呈现斑晶和基质两种形式,其成分变化范围也较大(Fo=35～90)。在拉斑玄武岩中,辉石矿物学特征很复杂,可包括富钙单斜辉石(普通辉石)和斜方辉石(紫苏辉石)斑晶,有时橄榄石斑晶周边还可见与低钙单斜辉石(易变辉石)的反应边,这三种辉石也可在基质中共存。在碱性玄武岩中,只存在一种辉石,即红褐色富钛普通辉石。斜长石作为斑晶在拉斑玄武岩中更常见,它结晶稍早,成分变化范围很大。在碱性玄武岩中,斜长石中的 K_2O 含量较高。在拉斑玄武质火山岩组合中没有含水矿物(如角闪石和黑云母等),说明其岩浆中的流体含量可能较低。但在很多碱性玄武岩中,含钛角闪石是较为常见的矿物。

表 11-7　夏威夷群岛岩浆岩的化学成分(wt%)

(转引自 Carmichael 等,1982)

	1	2	3	4	5	6	7	8	9	10
SiO_2	47.25	49.86	50.52	45.14	46.01	47.26	51.99	62.02	66.78	36.34
TiO_2	1.61	2.43	3.63	3.04	1.80	3.58	3.02	0.31	0.59	2.87
Al_2O_3	9.07	15.11	13.85	13.49	15.40	17.19	16.30	18.81	15.69	10.14
Fe_2O_3	1.45	3.66	0.98	3.60	1.22	2.87	2.75	4.30	1.45	6.53
FeO	10.41	7.82	9.77	9.27	8.15	9.36	7.44	0.10	1.40	10.66
MnO	0.13	0.17	0.14	0.18	0.08	0.22	0.11	—	0.05	0.22
MgO	19.96	6.00	7.07	10.02	13.25	5.08	3.19	0.40	1.28	10.68
CaO	7.88	10.24	11.33	10.60	10.74	7.82	6.67	0.86	2.61	13.10
Na_2O	1.38	2.05	1.51	2.24	2.30	3.50	5.64	6.90	4.49	4.54
K_2O	0.35	0.26	0.47	0.80	0.67	1.40	2.13	4.93	3.60	1.78
P_2O_5	0.21	0.27	0.22	0.26	0.62	0.77	1.25	0.24	0.58	1.02
H_2O^-	0.08	1.87	0.04	0.67	0.19	0.30	0.29	0.80	0.59	1.00
H_2O^+	0.04	0.65	—	1.00	0.07	0.56	0.07	0.31	0.66	1.00
总重	99.82	100.49	99.53	100.31	100.50	99.91	100.85	99.88	99.77	99.86

注:1. 苦橄岩质玄武岩,夏威夷岛基拉韦厄火山(Macdonald,1949b);

2. 玄武岩,瓦胡岛怀阿奈岩系的下部岩石(Macdonald 和 Katsura,1964);

3. 玄武岩,夏威夷岛基拉韦厄火山(Macdonald,1949b);

4. 玄武岩,夏威夷岛冒纳开亚火山哈马夸岩系(Macdonald 和 Katsura,1964);

5. 玄武岩,夏威夷华拉来火山(Macdonald,1949b);

6. 中长玄武岩,毛伊岛哈利卡拉火山(Macdonald,1949b),

7. 橄榄粗面岩,夏威夷岛料哈拉火山(Macdonald,1949b);

8. 粗面岩,夏威夷华拉来火山(Macdonald,1949b);

9. 流纹岩(流纹英安岩),瓦胡岛冒纳库瓦尔火山(Macdonald 和 Katsura,1964);

10. 黄长霞石岩,瓦胡岛火奴鲁鲁岩系(Winchell,1947);

11. “—”表示没有数据。

与 MORB 相比,大洋岛屿玄武岩明显富集不相容元素,如大离子亲石元素(K、Rb、Cs、Ba、Pb、Sr 等)和高场强元素(Th、U、Ce、Zr、Hf、Nb、Ta、Ti 等)。两者的 Sr-Nd-Pb 同位素组成也有明显的差别。Zindler 和 Hart (1986)较早认识到它们的区别及其与亏损地幔(DM)、Ⅰ型富集地幔(EMⅠ)、Ⅱ型富集地幔(EMⅡ)和高 $^{238}U/^{204}Pb$ 比值地幔(HIMU)这几个地幔端元的关系,认为这些地幔端元是实际存在的。地幔源区的同位素组成变化是由于不同地幔端元以不同比例混合的结果。PREMA(Prevalent Mantle)则被认为是未经分异的地幔端元。几个地幔端元的基本含义如下:

(1) 亏损地幔(DM——Depleted Mantle):对地壳的形成作出过贡献,易熔组分被明显消耗的地幔物质,亏损不相容元素,是洋中脊玄武岩(MORB)的源区。

(2) Ⅰ型富集地幔(EMⅠ——Enriched Mantle-Ⅰ):相对富集非放射性成因的Sr、Nd和Pb同位素,是一个稍微变化的全球成分,可能起源于陆下岩石圈地幔,其成因可能与软流圈流体的交代作用或下地壳的拆沉作用有关。

(3) Ⅱ型富集地幔(EMⅡ——Enriched Mantle-Ⅱ):Nd同位素成分类似于EMⅠ,具有较高放射性成因Sr和Pb同位素成分,特征与陆源沉积物相似,是俯冲和再循环的大陆物质与地幔岩发生混合作用的产物,与消减作用和大陆物质再循环有关。

(4) 高$^{238}U/^{204}Pb$比值地幔(HIMU——High-μ Mantle):又称高U/Pb比值地幔,U和Th相对于Pb是富集的,其成因可能是由于蚀变的大洋地壳进入地幔并与之混合的产物。在俯冲前洋底热液作用或俯冲期间的脱水作用可造成部分铅丢失而形成高U/Pb比值特征,也可以由地幔交代作用产生。

此外,在地球化学上还可区分出流行或普通地幔(PREMA——Prevalent Mantle)和地幔集中带(FOZO——Focus Zone)。PREMA为通常所指的普通地幔成分的端元,其特点是$^{206}Pb/^{204}Pb$比值介于18.2~18.5之间,高于DM和EMⅠ,低于EMⅡ和HIMU地幔;$^{87}Sr/^{86}Sr$低于EMⅠ和EMⅡ,高于DM;$^{143}Nd/^{144}Nd$高于EMⅠ和EMⅡ,低于EM。FOZO是在DM-EMⅠ-HIMU所构成的三角形底部,它是DM和HIMU的混合物,可能源于下地幔,由起源于核-幔边界的地幔柱所捕获。

很多玄武岩岩浆是由两个甚至三个地幔端元源岩熔融混合而形成的。

第三节 构造环境对海底岩浆岩的控制

一、拉张型板块边界(大洋中脊)

在垂直大洋中脊脊轴的横断面上,自上而下除了局部有少量表层沉积物外,依次出现的是具有枕状构造的拉斑玄武岩(海底水下火山喷出岩)、由岩席和岩脉复合层组成的浅成侵入岩、辉长岩、超镁铁质岩类(参见第十章),其中超镁铁质岩已经属于地幔的岩石。大洋洋壳上层的主要岩石类型是拉斑玄武岩,大多属于橄榄拉斑玄武岩,普通辉石是唯一的辉石,通常有两个世代的橄榄石(斑晶和基质)。

大洋中脊岩浆岩是水下岩浆喷出的产物,熔岩的产状往往依赖于熔岩的体积。中等体积的岩体表面主要是枕状熔岩,组成各种形状的喷出岩体,多为钟状或管状,岩体主要是沿中脊裂谷呈带状分布。炙热的岩浆(1200℃左右)喷出海底,遇到约2℃的海水,表面迅速玻璃化,几厘米厚的玻璃边阻止了表面的流动扩展,强迫岩浆如指尖状流动,形成叠在一起的管状。大规模(体积)的岩浆喷发多为面状喷出岩体,如熔岩湖、席状流和块状流等。枕状熔岩体和熔岩湖状的岩体各自所占的比例在很大程度上取决于中脊的扩张速率。在快速扩张的东太平洋海隆,几乎都是熔岩湖或熔岩流岩体,而在慢速扩张脊(如大西洋洋中脊)大型熔岩体不到10%。

大洋中脊玄武岩(MORB)在化学组成上多属拉斑玄武岩,部分为高铝玄武岩和碱性玄武岩。大洋中脊拉斑玄武岩的主要化学组分具有独特的演化趋势(图11-15),突出表现

是随着 SiO_2 含量的增高和 MgO 含量的降低，FeO 含量明显上升，这是拉斑玄武质岩浆早期结晶分异作用的重要趋势。MORB 其他化学成分特征包括：① 铁镁比值低（$FeO^*/MgO=0.7\sim2.2$），Fe_2O_3/FeO 比值低，CaO 含量高；② K_2O 含量很低（<0.3%），Na_2O 含量较高；③ Ba、Rb、Sr、Pb、Th、U、Zr 等原子丰度很低，而 K/Rb 比值高（500 ～ 2000）；④ Rb/Sr、Th/U 比值低；⑤ $^{87}Sr/^{86}Sr$ 初始比值很低（0.7029 ～ 0.7035）。它们以上述岩石化学特征区别于其他地域的拉斑玄武岩。

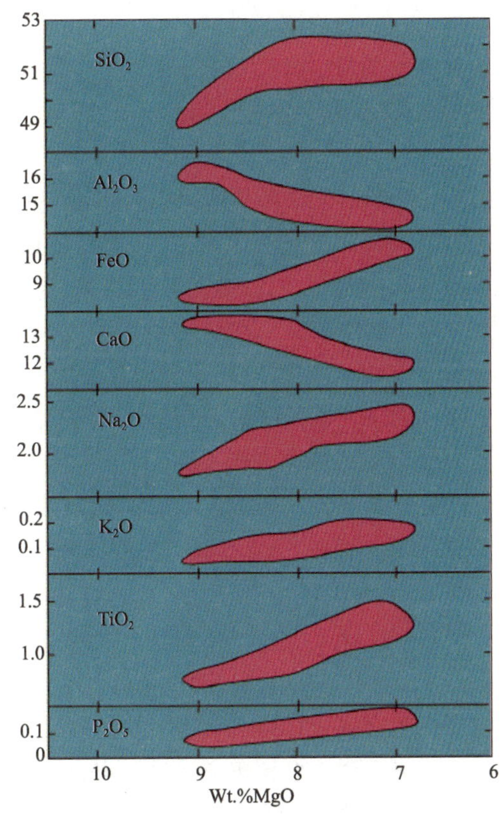

图 11-15　大洋中脊拉斑玄武岩主要化学组分演化趋势
（据 Winter，2001）

大洋拉斑玄武岩较低的 FeO^*/MgO 比值系部分熔融程度较高所致。当上地幔橄榄岩发生部分熔融时，K、Rb、Sr、Ba 以及稀土元素等易首先进入熔体相，而且 Rb 比 K 和 Sr 更易被溶入熔体相。所以，经历了多次熔融旋回的地幔橄榄岩的 K/Rb 比值愈来愈高，而 Rb/Sr 比值愈来愈低。因此，在较晚地质时期，由亏损上地幔橄榄岩部分熔融生成的大洋拉斑玄武岩具有高的 K/Rb 比值和低的 $^{87}Sr/^{86}Sr$ 比值。

大洋中脊是洋壳的发源地，这里的岩浆连续不断地从地幔向上运移，不同的冷却和结晶速率形成了 3 种主要的洋壳物质组分：残留岩浆房、席状岩墙和枕状熔岩。残留岩浆房由晶体粗大（直径 1～10 mm）的辉长质岩石组成，它们由岩浆的缓慢冷却作用形成。席状岩墙是一些已固结的岩浆通道，岩浆经过这些通道向上流至海底。岩浆经过通道停止流动时，岩浆快速冷却，形成晶体较小（通常少于 1 mm）的玄武岩。枕状熔岩则由岩浆喷发至海底发生淬火作用而形成，由于冷却速度极快，通常在枕状的外壳形成一些火山玻璃的圈层，枕内相对慢速的冷却则形成结晶质的玄武岩。

大洋中脊转换断层处基本上是强烈破碎和受热液蚀变的玄武岩、辉长岩以及由它们蚀变而形成的角闪岩，洋壳很薄（厚为 1～3 km）。在某些地方，组成下伏地幔的超基性岩直接出露于海底，但都已经历了强烈的蛇纹石化作用改造，这在 20°S 横切大西洋洋中脊的转换断层带表现最明显。

二、板内构造环境（海山或大洋岛屿）

大洋深海平原上的海山或火山岛屿（如夏威夷群岛和加那利群岛等）绝大多数是大洋

盆地(板块)内岩浆活动的产物。海山或火山岛一般有两种产状,即线状排列的海山(岛)链和孤立的海山(岛)(详见第二章)。尽管各海山(岛)的火山岩在岩石学和岩石化学上都不尽相同,但它们基本上都是形成于无震构造环境下,并且都与来自更深部的岩浆作用有关。大洋海山(岛)火山岩组合的共同特征包括:

(1) 多由碱性系列的火山岩组成,碱性橄榄玄武岩占主导地位,伴生粗面岩和响岩,少数岛屿则以拉斑玄武岩为主(如夏威夷群岛),或者玄武岩伴生有少量铁质安山岩或钠质流纹岩(如冰岛),一些岛屿出现碧玄岩和霞石岩等 SiO_2 强烈不饱和的火山岩。

(2) 碱性橄榄玄武岩主要矿物是橄榄石,根据化学成分计算的标准矿物中有霞石。橄榄石有两个世代,既作为斑晶又呈基质矿物产出。辉石类矿物主要是普通辉石,这与拉斑玄武岩通常含两种辉石(富 Ca 的透辉石和贫 Ca 的紫苏辉石或易变辉石)和橄榄石仅作为斑晶出现的情况有所不同。

(3) 海山(岛)玄武岩的化学成分具有较大的变化范围,SiO_2 过饱和与不饱和的岩石都有。随着岩石 SiO_2 不饱和程度的增加,橄榄石和普通辉石的含量增高,而紫苏辉石(易变辉石)含量降低,甚至出现霞石(紫苏辉石缺失)。

(4) 拉斑玄武岩一般类似于大陆拉斑玄武岩。与大洋中脊拉斑玄武岩相比,通常富含 K_2O,而贫 Na_2O,在 Si-(Na_2O+K_2O)变异图上碱性偏低,K/Rb 比值(约 500)较大洋中脊拉斑玄武岩低得多,$^{87}Sr/^{86}Sr$ 初始比值具有较宽的变化范围(0.702～0.706),REE 模式相对大洋中脊拉斑玄武岩具有富轻稀土、贫重稀土的特征。

(5) 相对于大洋中脊,大洋海山(岛)火山岩的种类要丰富得多,在不同的海山(岛)区可以形成不同的岩石系列(组合)。

尽管海山(岛)玄武岩中微量元素丰度及其比值的变化都相当大,但与产于汇聚性和离散性板块边缘的玄武岩相比,其不相容微量元素通常有明显的富集现象,说明海山(岛)玄武岩岩浆应该源自富集型地幔,这种岩浆源区与 MORB 的上地幔源区有明显的不同。大多数学者同意大洋海山(岛)玄武岩原始岩浆来源于软流圈之下更深处地幔的观点。但是,海山(岛)玄武岩中微量元素丰度及其比值都变化很大,表明海山(岛)的火山岩的早期岩浆可能来源于地幔的不同深处或者是来自不同地幔端元不同比例的混合。然而,迄今对海山(岛)玄武岩的岩浆源区在地幔中的确切性质和位置还不得而知,对各端元的同位素组成的成因也有许多不同的解释。

三、汇聚型板块边界(火山弧与岛弧)

板块构造理论很好地解释了地球上大规模岩浆活动通常都是出现在板块边界这一事实,离散型板块边界岩浆作用产生大洋中脊并形成新的洋壳,在汇聚型板块边界岩浆作用形成了壮观的环太平洋火山弧,成为由沟-弧-盆体系所构成的俯冲带的重要组成部分(详见第八章)。

岛弧环境火山活动以爆发式喷发为主,以致环太平洋火山链主要由火山碎屑物质组成,熔岩仅占次要地位,这是岛弧岩浆富含挥发性组分的表现。岛弧岩石类型多样,各种类型的相对比例和母岩成分一直是争论的焦点。玄武岩-安山岩-英安岩-流纹岩套和相应的深成岩，以及再次旋回生成的沉积岩和变质岩的衍生物，是构成岛弧的主要物质。其中安山岩最具有代表性，环绕太平洋形成一条特征的安山岩线。

从岩石系列的观点来看，在岛弧通常存在两个岩石系列，即拉斑玄武岩系列和钙碱性系列。岛弧环境中的拉斑玄武岩系列以玄武岩和玄武安山岩为主，另有少量安山岩、英安岩及流纹岩。此系列的岩石主要地球化学元素特征(Gill，1981)是：① 低 K_2O，低 TiO_2 (<1.3wt%)；② 富 Fe；③ 在 FeO/MgO-SiO_2 图上多投在拉斑玄武岩区；④ 通常含较低丰度的不相容元素，并具有比较平坦的球粒陨石标准化的 REE 分布型式。岛弧钙碱性系列的岩石类型主要为安山岩，也有玄武岩、英安岩和流纹岩，其特征包括：① 与岛弧拉斑玄武质系列一样低 TiO_2，但较岛弧拉斑玄武质系列含较高的 Al_2O_3；② 中间岩类不富集 Fe；③ 岛弧安山岩是最典型的岩石；④ 含较高丰度的不相容元素(如 K、Na、Ba，REE)，同时表现为分离的 REE 分布型式(LREE 富集)。

岛弧岩浆作用发育初期往往喷出的是岛弧拉斑玄武质岩浆，以后逐渐演化为岛弧钙碱性系列岩石。Baker(1968，1982)曾提出岛弧火山作用的近似演化顺序，年代较新的一些洋内岛弧，尽管分布有从玄武岩、安山岩直到流纹岩全部成分范围的岩石，不过主要还是由玄武岩和玄武质安山岩构成，而发育得比较成熟的陆缘岛弧，虽然也出现全部成分范围的岩石，但大量的却是安山岩。这可能是由于地壳作为密度过滤器，随着时间增长而加厚，密度较大的玄武质岩浆喷出的可能性越来越小(Devine，1995)。但是，并非所有的岛弧地壳结构都随着时间的增长而变厚，Bonins 岛弧就是例外(Shinohara 等，1992)。

1973 年，Nicholls 和 Ringwood 提出了岛弧岩浆演化的理想模式：

(1) 拉斑玄武岩系列：在 80～100 km 的深度范围内角闪岩转变为榴辉岩并释放出水。通过角闪岩的脱水作用和蛇纹岩的局部脱水作用，在俯冲洋壳内产生大量的水，并上升到上覆的地幔中，促使地幔的黏度大大降低，并引起上地幔岩从贝尼奥夫带上升。在高的水、气压情况下，上升的底辟发生局部熔融，导致含水拉斑玄武质岩浆的生成和分离。在水饱和情况下局部深融而生成的岩浆的化学成分介于橄榄拉斑玄武岩和 SiO_2 饱和的拉斑玄武岩之间。橄榄石(还有尖晶石)的晶出，将产生一系列成分介于玄武岩与安山岩之间的不同岩浆，这样的岩浆会有显著的或者强烈的 Fe 富集和分异作用，还会具有低丰度的不相容元素和不分离的稀土元素分布型式，而且相对于洋中脊拉斑玄武岩系列，它们的 Ni、Mg 和 Cr 含量已经贫化，具有岛弧内生成的拉斑玄武质岩浆系列所具有的全部特征。

岩浆上涌在深度不大处(如 30 km)和封闭系统条件下结晶时，橄榄石的晶出将不能使残余熔浆的 SiO_2 含量超过 60wt%，否则橄榄石将与熔浆反应，在中等和较低压力时，它将为角闪石(中等压力)或辉石和斜长石(较低的压力)所代替。角闪石、辉石、斜长石等矿物的结晶作用将产生英安质和流纹英安质岩浆。在压力很低时，斜长石大量晶出，促使流纹英安岩岩浆向流纹质岩浆演化。其结果是形成玄武岩-安山岩-英安岩-流纹岩这一完整的岛弧拉斑玄武质系列岩石。

(2) 钙碱性岩石系列：俯冲板块继续向下，在更深(100～300 km)的地方，大部分洋壳将转变成石英榴辉岩，并一直保持着高的水压力。由于洋壳的温度在这里上升到750℃以上，石英榴辉岩发生局部深融。在高压含水条件下，石英榴辉岩只要发生少量的局部熔融，便会产生类似英安岩和流纹英安岩的岩浆，从而导致英安岩-流纹英安岩岩浆的发育。这类岩浆的特点是K/Na比值高、不相容元素丰度高、具有强烈分离的稀土元素分布型式，即富集轻稀土而亏损重稀土的右倾型稀土元素分布型式。

四、弧后(边缘海)盆地

岛弧间或岛弧与大陆间的深水盆地为弧后盆地，也叫边缘海盆地。其成因与大洋板块俯冲引起的弧后扩张作用有关。弧后盆地以具有典型的大洋型地壳结构及高热流值为特征，其基底岩石大部分是类似于构成大洋基底的拉斑玄武岩。其中一些弧后盆地被认为是今天新洋壳活跃生长的地区，另一些海盆则具有被圈闭的较老的洋壳碎块的证据。

早期对弧后盆地岩浆岩的研究强调它与MORB的相似性，只是挥发性组分和碱金属含量异常高，后来发现有些样品与岛弧熔岩类似。弧后盆地玄武岩与岛弧玄武岩具有一定的亲缘性，主要表现在相对MORB，二者均具有较高的Al_2O_3和Na_2O含量以及较低的FeO和TiO_2含量。这一特征最早在马里亚纳海槽玄武岩中发现，也适用于多数其他弧后盆地，但不是适用于全部弧后盆地。产于弧后盆地的火山岩一般具有较高的H_2O含量和H_2O/CO_2比值，这是弧后盆地岩浆岩的普遍特征。

除了主要元素，在微量元素方面弧后盆地岩浆岩也与MORB有所不同，并与岛弧熔岩具有一定的相似性，表明其所处的俯冲带环境。大洋中脊玄武岩以其相对亏损大离子亲石元素(LILE)和高场强元素(HFSE)而自成一类，被认为其物源来自早先经过熔融分离的相对亏损的地幔。尽管俯冲带的岩浆源同样可以来自亏损型地幔，但相对于大洋中脊玄武岩更富集LILE和H_2O，表明可能有俯冲的洋壳或沉积物直接或者以流体或熔体的形式加入了仰冲板块与俯冲板块之间的楔状地幔，使亏损地幔重新富集。就K和Sr的含量而言，大部分弧后盆地玄武岩(BABB)与MORB无明显差别，但是Ba在BABB中的含量明显较高，Rb和La在BABB中虽变化较大，但仍普遍高于MORB。另外。在马里亚纳海槽、劳海盆和冲绳海槽等弧后盆地岩浆岩中，Na的含量也较高。上述特征表明，弧后盆地的岩浆源区地幔很可能选择性地富集了某些俯冲组分。

BABB与MORB的区别主要表现在：① 相对贫HFSE，尤其是Nb和Ta；② 一些样品(不是全部)相对不同程度地富集Na、K、Rb、Ba和Sr等元素，其中Ba尤其富集；③ 稀土元素配分模式从平坦型变到类似MORB型，只是分异程度最低的一些样品中稀土元素的丰度较低，表现出岩浆源自亏损型地幔的特征；④ 通常亏损Cr、Ni和Co等元素；⑤ 通常含有更多的H_2O，并且具有更高的氧逸度。

在同位素组成上，岛弧火山岩相比MORB具有更高的$^{207}Pb/^{204}Pb$和$^{87}Sr/^{86}Sr$比值，这些特征在多数弧后盆地岩浆岩中也存在。$^{10}Be/^{9}Be$比值也被用来反映岛弧岩浆中是否有沉积物的加入，但至今尚未在弧后盆地岩浆岩中发现这种证据，推测可能是由于Be放射性同位素的半衰期较短和含Be相无法俯冲到特定深度的原因。

马里亚纳海槽是一个正在活动的弧后盆地。在马里亚纳海槽，虽然岛弧岩浆作用横切岛弧并延伸至弧后盆地，使弧后盆地中出现岛弧型熔岩，但类同于 MORB 的海底岩浆岩仍然是弧后盆地岩石圈的主体岩石类型。从全岩化学成分看，马里亚纳海槽玄武岩与 MORB 几乎没有明显的差别，只是在同等 MgO 含量的情况下，马里亚纳海槽玄武岩玻璃含有较高的 Al_2O_3、较低的 FeO、稍低的 TiO_2、稍高的 Na_2O，这种成分上的细微差别反映了俯冲板块成分加入的可能性(Fryer，1981)。与此同时，拖网和钻探所得样品的分析结果都表明岛弧型岩浆岩在马里亚纳海槽的中央扩张区也存在(Fryer 等，1981；Wood 等，1981；Sinton 和 Fryer，1987)。Sinton 和 Fryer(1987)曾指出马里亚纳海槽岩浆源自亏损型地幔，但的确受到了来自俯冲板块的流体和少量熔融物质的交代或影响。

冲绳海槽是菲律宾板块俯冲到欧亚板块之下形成的正处于扩张作用早期的弧后盆地。海槽中火山活动频繁，发育有众多的活火山和休眠火山。在冲绳海槽分布有从基性到酸性(SiO_2=46%～79%)的火山岩系列，总体呈双峰态分布，最多的是英安质或流纹质浮岩。火山岩的空间分布表现出明显的区域性差异：酸性浮岩在北、中、南三个区域均有分布，玄武岩主要分布在中部和南部，安山岩只出现在北部。基性岩属于亚碱性系列的橄榄拉斑玄武岩，酸性岩为亚碱性(钙碱性)系列的流纹英安岩或流纹岩。酸性浮岩与基性玄武岩具有同源性，浮岩是玄武质岩浆经结晶分异作用和地壳物质混染后冷凝的产物。冲绳海槽火山岩不仅具有弧后盆地岩浆岩的特征，而且具有岛弧岩浆岩的某些特征。究其原因，岩浆源于其下的地幔楔，但受到俯冲板块物质加入的影响，在岩浆上升至地表或在岩浆房的停留中发生了结晶分异作用，同时受到了地壳物质的混染，这应是冲绳海槽目前处于弧后早期扩张阶段的具体反映。

最近，国坤(2016)对冲绳海槽玄武岩的 Pb 同位素特征分析表明：岩浆源区地幔性质属于太平洋型亏损地幔，只是由于俯冲组分的加入使得 Pb 同位素表现出印度洋型地幔的特征。冲绳海槽玄武岩岩浆源地幔表现出 DM 和 EMⅠ混合型，同时还有俯冲组分的加入。早期结晶的斑晶矿物的 Pb-Nd 同位素组成表明，玄武岩初始岩浆没有或极少地壳物质的混染。在玄武质岩浆岩中，地幔物质/俯冲组分≈97/3，后者中蚀变洋壳/俯冲沉积物≈96/4；南部和中部差别明显，南部玄武岩岩浆含有相对较多的俯冲组分。相对于其他典型的弧后盆地，冲绳海槽进入岩浆系统的俯冲组分较高，有大量的 C 随俯冲组分进入地幔，He 无俯冲供给，海槽中部有地壳物质混染，南部不明显。冲绳海槽南部和中部玄武岩是同源岩浆不同熔融程度的产物。南部地幔的熔融程度(15.6%)较中部(13.3%)要高。

第四节 海底岩浆作用机制

一、岩浆的生成与运移

不同于陆地，海底岩浆岩的原始岩浆都主要源自地幔物质的熔融。目前已有证据表明，大洋中脊处的岩浆主要源于上地幔的软流圈(亏损型地幔)，汇聚型板块边界(俯冲带，包括岛弧和弧后盆地)的岩浆主要源自俯冲板块(大洋板块)和仰冲板块(包括岛弧和大陆边缘)之间的地幔楔状体,大洋孤立海山和岛(海山)链的岩浆源自更深处的地幔,甚至可能源自起源于地球核幔边界的地幔柱。尽管如此,地幔物质熔融产生岩浆是一个十分复杂的过程,而且岩浆在生成后的上升运移过程中会发生各式各样的地质作用,所有这些过程都因发生在地下深处而至今不被人类所确知,现有的知识无不是根据对海底岩浆岩的研究和高温高压实验结果所做的推断,有时仅是根据地球物理资料所做的推测。在岩浆的生成与运移过程中都同时发生着各式各样的岩浆作用,这些作用主要包括:

分离熔融作用　最早由 Presnall(1969)和 Roader(1974)提出,是指地幔物质发生部分熔融,所形成的岩浆即时离开母源而运移的过程。若同一岩浆源区的物质不停地发生分离熔融作用,所产生岩浆的化学成分就会不断地变化。如果温度持续增高,熔融作用就会逐渐加强,从而产生各种各样的不同成分的岩浆。在分离熔融的开始阶段,低温矿物组合和大离子亲石元素首先会进入液态岩浆中而被移出。因此,由源区物质最初熔融可形成富含不进入矿物晶格的稀土元素的玄武岩,而且同一源区地幔的进一步熔融不可能产生同一类型的岩浆。

批式(量)熔融作用　这种熔融作用与分离熔融作用之间没有本质的差别,只是在熔融完成以前,液相停留在与残留体接触而且平衡的条件下,当熔融作用停止后岩浆才离开源区。如同分离熔融作用一样,随着熔融作用的阶段性进行,所形成的岩浆和残留体的成分将不断发生变化。

带提取或带熔融作用　指地幔深处形成的岩浆在上升到地表的过程中发生的逐渐富集不能进入矿物相的元素的过程。在岩浆上升过程中,不可避免地要与围岩发生反应,同时随着上升过程中温度的降低将有部分矿物结晶析出而沉淀在岩浆柱体的底部,而这些过程都会导致岩浆中逐渐富集 K、Rb、Cs、Ba、Pb、Zr、Th、U、Nb、Ta、P、C、H 和 Cl 等元素。这种带熔融作用要求开始有很大体积的岩浆,以便岩浆能到达一定距离或高度的地带。

岩浆的混合作用　指不同来源、不同性质、不同化学组成的岩浆在一定的条件下混合在一起的过程。这种作用反映了岩浆源地幔的不均一性。混合作用意味着至少有两种曾经独立熔融的岩浆源。

分离结晶作用　指在岩浆作用早期,矿物结晶出后即分离析出,不再与液相发生反应。结晶相分离后堆积可形成与原始岩浆成分不同的岩石。分离结晶作用包括重力分离作用和流动分异作用。分离结晶作用导致液态岩浆变化的总趋势为,岩浆向富硅、富碱和铁代替镁的方向演化。

结晶分异作用　指在岩浆作用过程中由于矿物的结晶作用导致岩浆成分发生变化的过程。这是一贯彻岩浆作用全过程的作用,这在斜长石的化学成分变化上可明显地表现出来。结晶分异作用可以使岩浆熔体向富 SiO_2 和更富 Fe (FeO 含量可达 14%左右)的方向演化,从而形成同一系列而不同种类的岩浆岩。

同化混染作用　指岩浆与围岩接触或岩浆捕虏围岩碎块,导致岩浆矿物及化学成分发生变化的过程。当岩浆对围岩的熔化和(或)溶解彻底时,称同化作用,当作用不彻底而保留有未溶(熔)残留时,则称为混染作用。同化混染作用是岩浆岩多样化的重要机制之一。

二、海底火山岩的成因

前已述及，海底火山岩主要是玄武岩，包括大洋中脊玄武岩（MORB）、大洋岛屿玄武岩（OIB）和岛弧与弧后盆地玄武岩（IAB 和 BABB），在岛弧和弧后盆地有时分布有中性岩和酸性岩。

（一）大洋中脊玄武岩（MORB）

关于大洋中脊的岩浆作用过程已在第十章做了详细论述。总起来讲，大洋中脊是大洋岩石圈（洋壳＋大洋岩石圈地幔）生成的地方，其下的软流圈物质呈带状上涌，绝热减压，发生熔融产生岩浆（见第十章）；玄武质岩浆由部分熔融产生，并注入狭长的张性断裂带，即大洋中脊轴部数千米宽的中央裂谷（主要在慢速和超慢速扩张的大西洋和印度洋洋脊，东太平洋海隆因岩浆供应充足而裂谷不明显）；大量的玄武质岩浆呈岩墙或层状侵入体产于深部，少量呈枕状熔岩喷出洋底。

大洋中脊玄武岩主要是橄榄拉斑玄武岩，主要化学组分含量变化不大，表明有相对稳定的岩浆源供应和持续的洋脊扩张。大洋中脊处的岩浆作用和所形成的玄武质岩浆岩是地球上规模最大的岩浆作用产物，对上地幔物质组成及演化有着重要的作用。尽管不同大洋中脊脊段的玄武岩在常量化学组分上变化不大，但微量元素和同位素组成上却表现出较大的不均一性，这种不均一性被归因于岩浆源地幔的不均一以及岩浆在喷出海底前所发生的演化过程。

（二）大洋岛屿玄武岩（OIB）

尽管目前地球表面约 90％的火山喷发出现在汇聚型（俯冲带）和离散型（大洋中脊等海底扩张中心）板块边界，但在远离板块边界的大洋盆地（板块内）中仍有许多火山喷发形成的海山和火山岛屿，其成因很难用板块构造理论来解释。迄今，最好的解释是 Wilson（1963）提出、后经 Morgan（1971，1972）等地质与地球物理学家进一步完善的热点或地幔柱模式。

大洋岩石圈板块内的岩浆喷发形成了孤立的海山或岛屿，有时形成链状排列的海山链或火山岛链（见第二章），后者如夏威夷群岛、澳特腊尔-马绍尔-吉尔伯特群岛等。火山链被认为是当大洋岩石圈在相对固定的地幔柱或热点上方运移时，由地幔柱或热点产生的岩浆喷发所形成的。由于大洋岛屿玄武岩的地球化学和岩石学特征复杂多样，因此大洋岛屿玄武岩与洋中脊玄武岩的物源区的地球化学性质有明显的区别。不同的大洋岛屿玄武岩记录了变化很大的 Sr、Nd 和 Pb 同位素组成特征，这些同位素特征表明其岩浆物源一定与富集型地幔和俯冲进入再循环的大洋岩石圈组分有关。

关于大洋岛屿玄武岩的成因模式见图 11-16。由地幔物质底辟上涌引起地幔柱组分和亏损软流圈组分的部分熔融，它们在上升中相遇，并在 50～60 km 的深度产生集聚和混合，混合后的岩浆会带有两种物源组分的同位素和微量元素特征。这种原始岩浆在继续上升到火山岩浆高位储库（通常深度小于 15 km）前，一定会通过冷的大洋岩石圈。在岩浆储库中，结晶分异和岩浆混合作用，使喷出岩浆的化学成分进一步发生变化。此外，岩浆还会受到海水蚀变洋壳、海底沉积物和洋岛火山物质的混染，这些混染可进一步改变岩浆的地球化学性质，特别是一些元素的同位素比值。

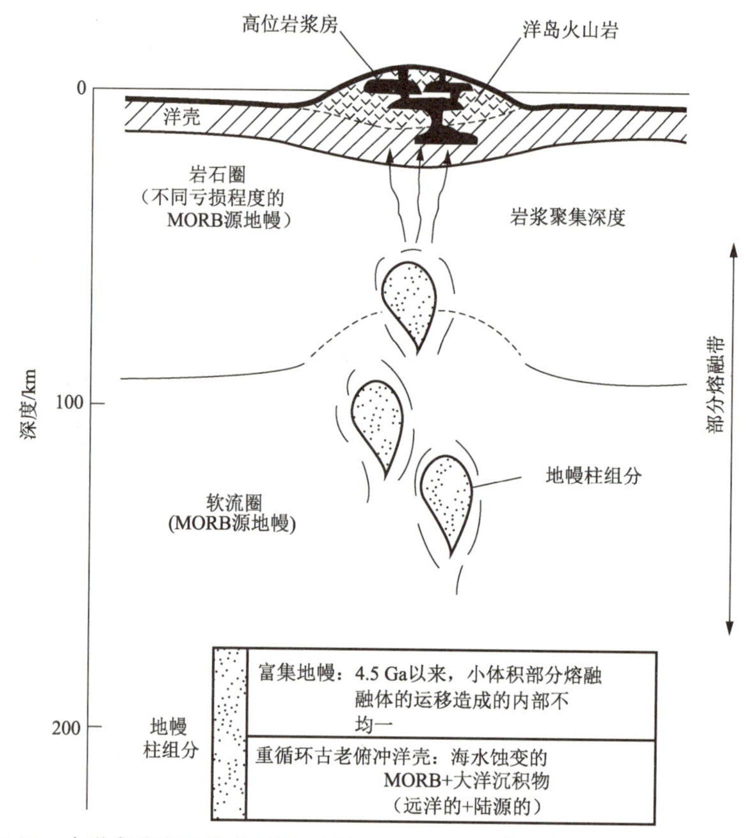

图 11-16　大洋岛屿玄武岩成因模式（据 Wilson，1989；转引自徐夕生、邱检生，2010）

（三）与板块俯冲有关的火山弧

与板块俯冲有关的火山弧通常包括两种主要的类型（参见第八章），即洋内岛弧（Intra-oceanic Island Arc）和大陆边缘弧（Continental Margin Arc），前者是指大洋岩石圈板块俯冲进入另一大洋岩石圈之下所形成的火山岛弧（如马里亚纳岛弧），后者是大洋岩石圈板块俯冲在大陆岩石圈板块之下所形成的火山弧（如环太平洋大陆边缘火山弧）。

1. 洋内岛弧岩浆岩的成因

洋内岛弧岩浆岩成因模式如图 11-17 所示。图中位于左侧的大洋板块包括洋壳和刚性的岩石圈上地幔，俯冲于右侧的大洋板块之下，海沟是两个板块的边界。当洋壳俯冲至 70～100 km 深处时，洋壳中由基性岩变质形成的角闪岩大量脱水转变为石英榴辉岩，水进入地幔楔引起部分熔融，产生橄榄拉斑玄武质岩浆。在岩浆上升的过程中还可由于橄榄石、铬尖晶石的结晶分异而派生出岛弧拉斑系列的玄武安山岩（SiO_2 约为 53wt%）。显然，这种岩浆与洋脊拉斑玄武岩浆的起源相似，都是由地幔橄榄岩熔融产生。但是，岛弧拉斑玄武质岩浆是在含水条件下由地幔物质部分熔融产生的，而洋脊拉斑玄武质岩浆则起源于基本无水条件下地幔物质的熔融，因而两者的地球化学成分既有一定的相似性，又有一定的区别。

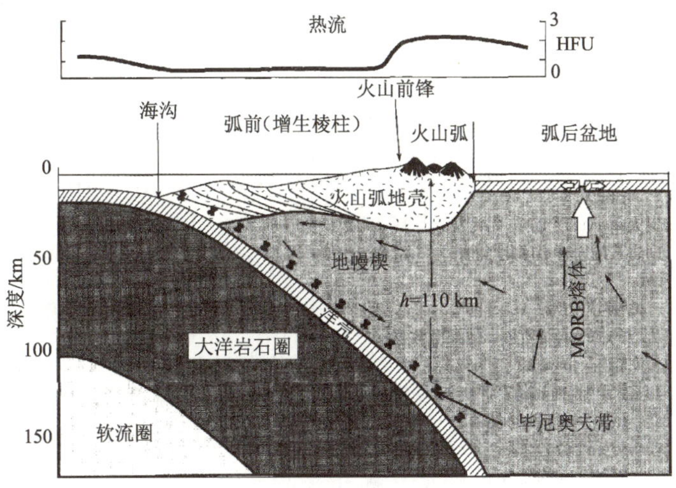

图 11-17　洋内岛弧岩浆岩成因模式示意图(据徐夕生等，2010)

岛弧岩浆岩通常可分为三个系列：低钾拉斑玄武岩、(中钾)钙碱性玄武岩和高钾(钙碱性)玄武岩系列，也有根据 K_2O-SiO_2 哈克图解分为低钾拉斑玄武岩系列、钙碱性系列、高钾钙碱性系列和橄榄安粗岩系列 4 个系列的，但橄榄安粗岩系列岩石的产出较少。在岛弧拉斑玄武岩系列和岛弧钙碱性岩石系列中玄武岩、安山岩、英安岩和流纹岩均有产出，只是各自所占比例有所不同(图 11-18)。在高钾钙碱性系列中各种岩石产出的频率与钙碱性岩系列相似。橄榄安粗岩系列主要是玄武质岩石，但成分变化较大。

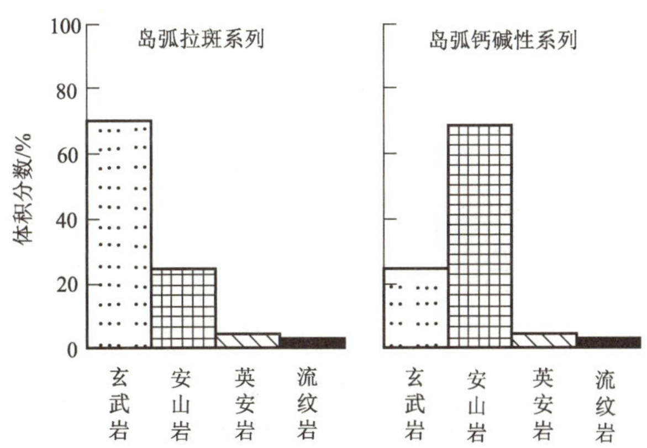

图 11-18　岛弧拉斑系列和岛弧钙碱性系列中各种岩石的产出体积比

(据 Wilson，1989；转引自徐夕生等，2001)

2. 大陆边缘火山弧的成因

在大陆边缘弧，由于仰冲在俯冲大洋岩石圈之上的是大陆岩石圈板块，从而使得其岩浆作用更为复杂。首先，陆下岩石圈地幔与大洋岩石圈地幔有很大的不同。部分大陆岩石圈地幔形成后在相当长的时期内保持稳定，但也有很多陆下岩石圈地幔经历了复杂的破坏和富集过程(Xu 等,2003)。如果位于俯冲带的地幔楔是这种富集型地幔，那么由此部分熔融所产生的初始岩浆也应该是富集的。而且，在俯冲带的地幔楔还会因俯冲组分(如流体)的加入或交代作用而更富集大离子亲石元素。其次，由地幔楔或俯冲板块熔融产生的岩浆在喷出地表之前必然要经过相对更厚的硅铝层及不相容元素富集的大陆型地壳。再有，由于大陆型地壳的密度较小，会相对阻碍密度较大的基性-中性岩浆的上升运移，从而使岩浆在上升过程中发生更加充分的同化混染和岩浆分异作用。另外，由于大陆型地壳物质的熔点较低，由俯冲带岩浆提供的热量可能引起其部分熔融产生一定数量的酸性岩浆，并有可能混入源自地幔的岩浆。因此，富集型地幔和不均一地幔以及厚的硅铝层地壳，使得大陆边缘火山弧的岩浆作用相对洋内岛弧的岩浆作用更加复杂。

仅就岩浆作用的动力机制而言，大陆边缘火山弧的岩浆作用与洋内岛弧的岩浆作用有相似之处(图 11-19)。冷的大洋岩石圈向下俯冲，由于摩擦和传导热的作用而被加热，其结果是洋壳层经历绿片岩相、角闪岩相和榴辉岩相一系列的变质作用。由于变质反应脱水，含水流体释放并进入地幔楔降低其固相线而导致地幔部分熔融。如果温度超过俯冲洋壳的固相线温度，蚀变了的俯冲洋壳也可发生熔融，形成含水的中酸性熔体上升并交代地幔楔诱发地幔物质加速熔融。因此，产生岩浆的大陆岩石圈之下的地幔受到了交代和富集事件的影响。俯冲洋壳组分的加入不仅促进了大陆岩石圈地幔的部分熔融，而且增加了其微量元素和同位素地球化学的复杂性。

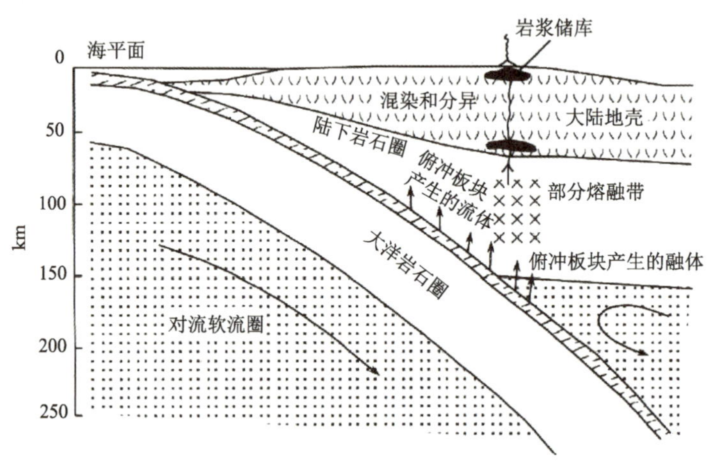

图 11-19　大陆边缘火山弧成因示意图

(据 Wilson,1989;转引自徐夕生等,2001)

大陆边缘火山弧的岩浆作用是一个多来源、多期次的岩浆作用过程。可能的物质来源包括俯冲洋壳和沉积物、地幔楔(可能是亏损的，也可能是与多种富集的橄榄岩不均匀的混合物)、不均一的大陆型地壳。俯冲板块脱水所产生的富集 LILE 的流体(或熔体)加入地幔楔中并引起地幔楔的部分熔融，所产生的初始岩浆可能是橄榄拉斑玄武质岩浆，但是由于其上覆地壳较厚、密度较小，初始岩浆就可能被阻挡在地壳底部，经历充分的结晶分异和同化混染，并可能诱发下地壳岩石的熔融加入，大量的幔源岩浆在壳幔边界处结晶并垂向增生到地壳上，这个过程被称为底侵作用，是壳幔相互作用的重要形式。只有在大陆边缘的伸展（张裂）时期或部位，这种岩浆才有可能喷出地表。在大陆边缘火山弧的岩浆作用中，大陆型的硅铝质地壳扮演了重要的角色，也是造成岩浆岩中更加富集 Si、K、Rb、Ba、Cs、Th 和 LREE 等元素的重要因素之一。

（四）弧后盆地火山岩

关于弧后盆地内的岩浆作用在第八章中已有简单的介绍。简单讲，弧后盆地岩浆作用的动力学机制是类似于大洋中脊海底扩张作用的弧后扩张过程，只是这种扩张作用是由于板块俯冲导致弧后地幔软流圈次生对流而引发的（详见第五章）。弧后盆地中拉斑玄武岩的主量元素地球化学 特征与 MORB 相似，但亚碱性玄武岩具有相对较高的碱性组分（K_2O+Na_2O）含量。弧后盆地玄武岩的微量元素、同位素地球化学特征与 MORB 有所不同，这是因为在弧后盆地玄武岩的形成过程中有俯冲板块组分的加入（见本章第三节）。

三、海底超基性岩与辉长岩的成因

前已述及，海底超基性岩和辉长岩常常伴生出现，但它们的分布十分有限，主要是零星地见于大洋中脊轴部深大裂谷带和大型转换断层带（图 11-20）。值得说明的是，化学成分类同于辉长岩的玄武岩广泛见于大洋海底，成为组成洋壳上部的主要岩石类型，但迄今尚未见到海底超基性岩浆喷发产物的报道。辉长岩只是产于地幔的基性岩浆侵位在核幔边界或洋壳下部，经缓慢冷却结晶的产物。最近几年也有在火山弧发现超基性岩和辉长岩的报道，被解释为这是俯冲大洋岩石圈在俯冲过程中被仰冲板块刮削下来的大洋岩石圈碎片中的超基性岩部分，或者是岛弧岩浆喷发裹挟上来的地幔岩石（捕虏体）。不难看出，在海底出现的超基性岩和辉长岩都是曾经形成于海底之下深部，而后通过构造作用（断裂、错动和抬升等）来到海底表面的，即所谓的“构造就位”。超基性岩通常被作为存在于地幔的岩石类型，因为只有过高的地幔温度才能产生这种超基性岩浆。因此，要讨论超基性岩的成因实际上等同于讨论地幔岩的成因。

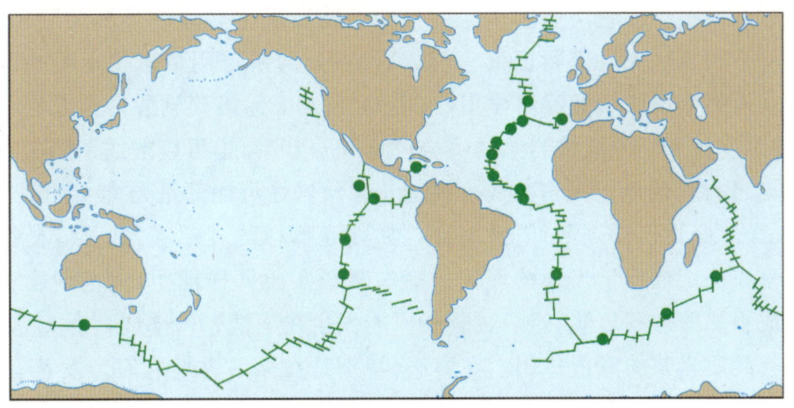

图 11-20 海底超基性岩与辉长岩分布图（来自网络）

迄今的科学技术条件还无法直接采集到地幔岩的样品，更无法直接观测到深部地幔的物理化学性质，关于地幔岩的知识都是通过分析出露在海底或大陆的超基性岩体和地幔捕虏体而获取或推测的。由于地幔岩主要由橄榄石、斜方辉石和单斜辉石三种矿物组成，一般认为原始地幔的矿物组成相当于二辉橄榄岩。在上地幔环境中，这三种矿物的熔点橄榄石最高，其次是斜方辉石，单斜辉石是最容易熔融的矿物。在地球发展演化的历史中，地幔不断地发生部分熔融，相当部分容易进入液相（岩浆）的元素（如 Si、Al、Ca、Na、K、Rb 等）随着熔融作用不断地移出地幔进入岩浆，岩浆喷出地表，从而形成了目前地球表面的硅铝质地壳，同时使得地幔亏损了上述组分，形成了化学上的所谓“亏损地幔”。如果地球更深部的地幔由于压力大而未发生这种熔融分离作用，则保持了原来初始地幔的化学组成，即形成所谓的“富集地幔”。另外，如果通过板块俯冲再循环或壳幔之间的交代反应等地质作用，使得上述元素再加入地幔中，则形成局部或不同程度的富集地幔。

四、海底花岗质(酸性)岩的成因

前已述及，玄武岩是构成大洋海底的主要岩石类型，花岗质岩石在大洋中分布极为有限。但是，在陆地上花岗岩和玄武质岩石都极为普遍。因此，仅就花岗质岩石的成因而言，两种岩石并不存在有密切的时空关系，而可能各自具有独立的岩浆起源，早期有关花岗质岩石是玄武质岩浆经结晶分异演化而形成的“一元论”观点逐渐被废弃。目前，普遍认为花岗质岩是大陆地壳发展演化的产物。

已有岩石学实验（Winkler，1976）表明，地幔橄榄岩的部分熔融不能直接产生花岗质岩浆，只能形成玄武质岩浆，而陆壳岩石在温度升高的条件下，经不同程度的熔融则可以产生不同成分的花岗质岩浆。高温高压实验结果表明，长英质片麻岩或泥质岩在存在自由水的条件下，当温度升高到 650℃左右，源岩中的低熔组分即可熔融形成最初的熔体；温度大于 700℃时，则会造成白云母的脱水熔融；温度超过 850℃时，则可以造成黑云母的分解熔融或导致低熔组分在无水条件下的部分熔融；温度升高到 950℃以上时，会使角闪石分解熔融（Thompson 和 Connolly，1995）。可见相同成分的源岩在不同的温度条件下熔融可以形成不同类型的花岗质岩浆。促使地壳物质发生熔融的热源主要来自地幔，幔源岩浆以底侵方式在地壳底部附近聚集形成岩浆房，岩浆作用带来的地幔热源可以引起地壳下部大规模的变质作用和深熔作用（肖庆辉等，2003），进而诱发巨量花岗质岩浆的形成。另外，幔源基性和壳源酸性岩浆的混合（Pitcher，1997）也可以形成不同的花岗岩类型（Leak，1990）。因此，陆地上大多数成规模的花岗质岩体可能都是壳-幔相互作用的产物。

然而，大洋海底不仅洋壳薄，而且不存在如陆壳那样的硅铝层，这可能是在大洋海底花岗质岩石只在局部或零星出现的原因。高温高压实验同样证明，偏基性岩石的部分熔融也可以形成更加酸性的岩浆，这一过程最可能发生在下地壳内部或其底部，诱发熔融的因素主要是玄武质岩浆的底侵作用。在海底（特别是在弧后盆地），时常发育有玄武岩-流纹岩共生的双峰式火山岩组合，如果这种酸性岩浆岩具有近似于富硅质基底岩石的高 $^{87}Sr/^{86}Sr$ 初始比值等特点，则基本可以确定玄武质岩浆底侵诱发下地壳岩石的熔融形成了酸性英安质或流纹质岩浆。另外，相对偏基性岩浆（如安山质岩浆）的分离结晶同时伴随富硅质围岩的同化混染作用也可以产生酸性岩浆。通常认为玄武质岩浆的分离结晶一般不能形成大规模的酸性岩浆。

迄今，缺乏对海底花岗质岩石的系统性研究，主要原因是受到采样技术和观测手段的限制。最近，对冲绳海槽海底岩石学的研究取得了许多新的进展。在冲绳海槽同时分布有玄武岩和流纹英安质浮岩，二者具有明显的矿物学继承关系（翟世奎等，2001）和近似的低$^{87}Sr/^{86}Sr$初始比值等特征，说明它们来自相同的物源，酸性浮岩岩浆是玄武质岩浆充分结晶分异演化的产物。最近的研究结果 Renqiang（2016）表明，在冲绳海槽海底之下存在双层岩浆房结构，其中深部岩浆房位于壳幔边界附近，浅部岩浆房位于上下地壳边界处，酸性浮岩岩浆在地壳岩浆房经过了充分的结晶分异演化，同时遭受了地壳物质的混染。

总之，海底花岗质（酸性）岩的成因可能有两种模式，一是偏基性或酸性岩石的部分熔融作用，二是基性岩浆在特殊构造环境条件下的充分结晶分异作用；前者主要是具有一定规模的花岗质岩体的成因，后者应是局部或零星花岗质岩石的成因。

小　结

1. 大多数海底火山活动都发生在板块边界上，少数分布在板块内部；海底岩浆岩主要集中分布在三个构造环境中，一是环太平洋伴随板块俯冲作用所出现的火山带（包括火山弧、岛弧与弧后盆地），二是大洋中脊火山带，三是大洋海山和岛屿热点火山链。

2. 沿着大洋中脊张裂构造发生的地幔物质底辟上涌导致玄武质岩浆的产生，岩浆喷发至洋底形成大洋底玄武岩，这种火山岩性质较均一，以大洋拉斑玄武岩为主；与俯冲带伴生的岛弧和火山弧火山岩相对复杂，通常存在两个系列火山岩，即拉斑玄武岩系列和钙碱性系列，有时甚至出现碱性系列岩石，成熟的弧后盆地通常具有典型的大洋型地壳结构，其基底岩石大部分是类同于大洋基底的拉斑玄武岩；各大洋海山和岛屿（链）的火山岩主要是与更深部地幔物质来源有关的火山作用的产物，其玄武岩以相对富集碱性组分（尤其是富含 K_2O）和大离子亲石元素而有别于大洋中脊玄武岩。

3. 在洋底发现的大多数超镁铁质岩类和辉长岩类主要是深大断裂带切穿洋壳，而且由于断裂错动而出露的下洋壳甚至地幔的岩石，这些岩石都不同程度地遭受了蛇纹石化作用；海底花岗质岩类的分布是极为有限的，仅偶尔见于各大洋海底，规模有限，其成因仍存在不确定性。

4. 海底岩浆作用过程是一个十分复杂的过程。就岩浆的生成而言，包括分离熔融作用、批式（量）熔融作用、带提取或带熔融作用、动力熔融作用等；就岩浆生成后的运移直至喷出海底前的过程而言，包括分离结晶作用、岩浆的混合作用、同化混染作用等；就岩浆侵位或喷出海底后成岩过程而言，包括深、浅侵位（入）作用，水下喷发作用，冷凝结晶作用、海底蚀变作用等。

思考题

1. 如何划分海底火山岩的岩石系列？
2. 海底火山岩的分布有哪些特点？
3. 大洋中脊火山岩有哪些岩石学和地球化学特征？怎样解释其成因？
4. 海底火山链主要由什么性质的岩石构成？
5. 岛弧火山岩主要有哪些岩石类型？它们的形成机理如何？
6. 海底岩浆作用的机制都包括哪些作用过程？

第十二章　海底矿产资源

众所周知，目前全球面临四大问题：能源短缺、环境恶化、发展空间受限、自然灾害频发，其中以矿产资源为主要支撑的能源问题是首要问题。世界对资源的需求量日趋加大，而不可再生资源量却在逐日减少。许多陆地资源，如石油、天然气和贵重金属等资源已近枯竭，人类不得不把寻求资源的眼光聚焦到海洋。值得指出的是，从面积上来看我国是一个大国，幅员辽阔，但并不是一个资源强国，人均资源占有量仅为世界人均值的58%左右(图12-1)。自2000年，我国每年最少进口石油7 200多万吨，耗费150多亿美元，2009年更是突破了2.2亿吨，耗资达500多亿美元。至2012年，我国石油、天然气、Fe和Cr等贵金属、钾盐等45种主要矿产已有一半保有储量不能满足社会发展的需求。在20世纪90年代，世界各国都在开发利用海底矿产资源，但在联合国公布的名单上没有“中国”。

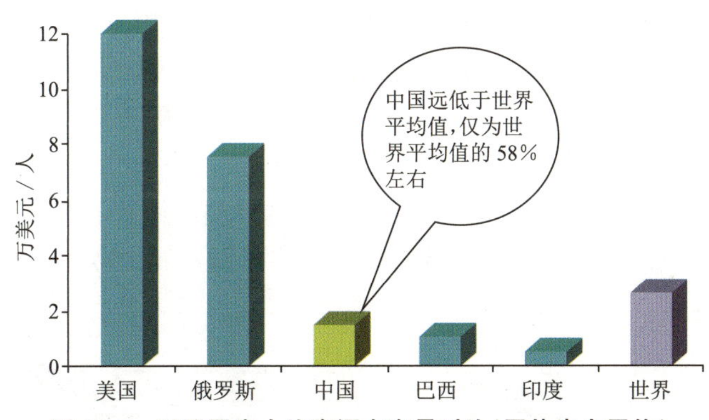

图12-1　不同国家人均资源占有量对比(图片来自网络)

尽管海洋自然资源种类繁多，但总体可分为不可再生和可再生资源两大类(图12-2)。不可再生资源主要是指在地质历史中所生成的矿物资源，包括无机矿物和以自然方式存在的有机物。尽管这种资源无时无刻不在生成之中，但因其生成速度缓慢，通常称其为不可再生资源，日常所说的石油和天然气(统称油气)、天然气水合物、多金属矿物、煤等都属于不可再生资源。这些矿物资源若积聚成一定的规模，在数量、质量和开采条件上具有工业可利用性，则成为矿床。

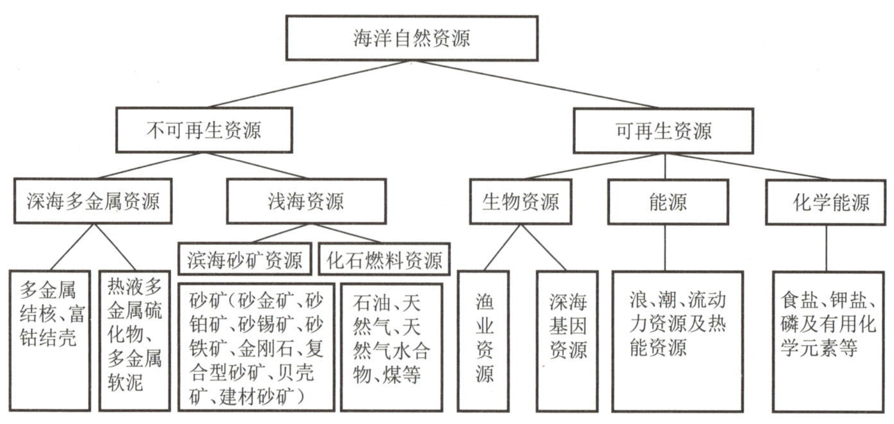

图 12-2　海洋自然资源分类

海底矿产资源是现代和地质历史时期地质作用的结果,既有现代发生的沉积成矿作用,包括经由机械分选、化学沉积、生物和生物化学沉淀、热液作用、成岩和溶滤作用等富集成矿,也有在不同地质历史时期由内生和外生成矿作用形成的各种金属、非金属和可燃性矿产资源。尽管海底矿产资源种类繁多,但有的(如鸟粪)只是在局部区域形成矿产,并不具有普遍性。在本章中主要介绍几种公认重要的海底矿产资源,包括滨海砂矿、油气、天然气水合物、大洋多金属结核、富钴结壳和热液多金属硫化物。

第一节　海底矿产资源的分布

海底矿产资源的分布在横向和垂向上都具有明显的分带性(图 12-3)。大陆边缘区(第二章)的总面积约为 $74.6\times10^6 km^2$,约占世界海底面积的 20.6%,相当于全球陆地面积的一半,这是海底矿产资源最主要的聚集区。该区域的矿产资源主要包括石油、天然气、天然气水合物、砂矿、内生金属矿床及建材等。在大洋盆地中,则主要有大洋深水区的多金属结核、存在于海山之上的富钴结壳和局部区域(如红海)的多金属软泥等。在大洋中脊和弧后扩张中心则分布有海底热液活动形成的多金属硫化物等矿产资源。

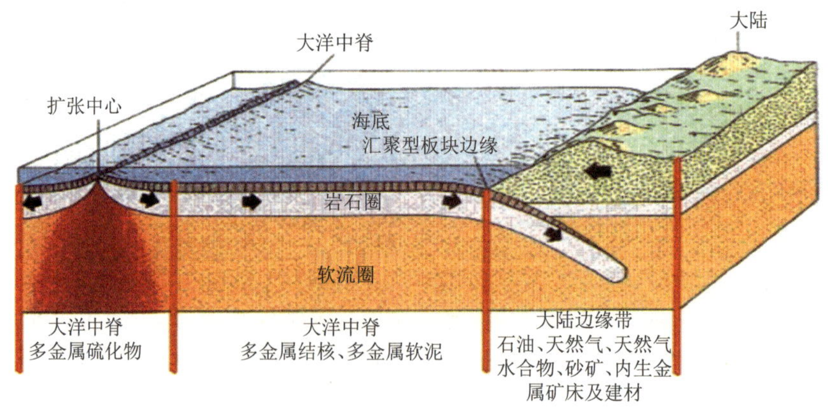

图 12-3　海底矿产资源分布示意图

顾名思义，滨海砂矿主要分布在海滨环境，既包括目前存在于滨海地带的砂矿，也包括在地质时期形成于滨海环境，后因海面上升或海岸下降而处在海面以下的砂矿，后者主要存在于外大陆架的残留砂沉积区。

目前，海洋石油在海底矿产资源中仍占有首要地位，其产值占海洋矿产的90%以上。迄今，世界石油的探查已遍及除南极以外的所有大陆边缘。调查的范围从南纬53°附近的南美洲南端的麦哲伦海峡到北纬80°的北极群岛大陆边缘的陆架区，部分勘探已深达大陆坡和少数大陆隆上。石油与天然气的分布主要与中生代—新生代沉积盆地有关，主要取决于大陆架与大陆坡上的沉积物厚度。

天然气水合物(Gas Hydrate)，又称笼形包合物，俗称“可燃冰”，它是在一定条件(温度、压力、气体饱和度、水的盐度、pH等)下由水和天然气组成的类似冰的、非化学计量的、笼形结晶化合物，遇火即可燃烧(图12-4)，其化学式可以用 $M \cdot nH_2O$ 来表示，M代表水合物中的气体(天然气)分子数，n 为水分子数。天然气水合物是最近十几年才被人们认识的海底矿产资源，以其分布范围广、规模大、埋藏深度浅和高效、洁净等为特点，可能成为21世纪的重要能源。全球天然气水合物的储量巨大，其含碳总量大约是地球上全部化石燃料(煤、石油、天然气等)含碳总量的两倍(图12-5)。

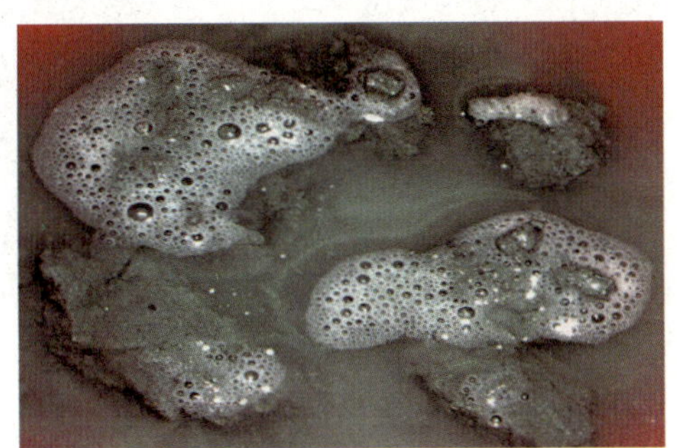

图12-4　天然气水合物(左图据周文杰，2007；右图来自网络)

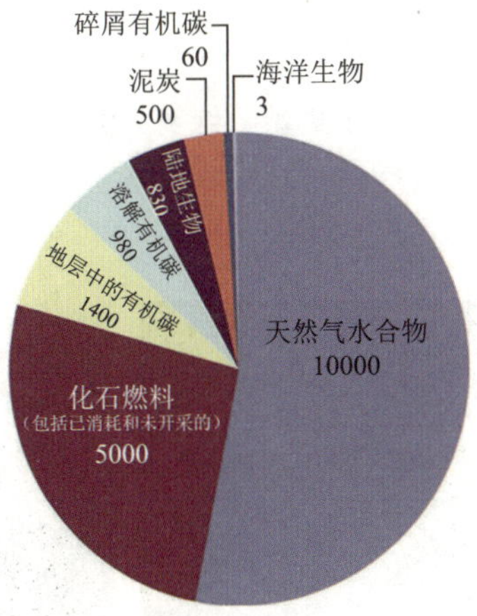

图12-5　地球上有机碳分布($\times 10^{15}$ g)(图来自网络)

大洋多金属结核，曾被称为锰结核、Fe-Mn结核、锰矿球、锰矿团、锰瘤等，它是一种

Fe 和 Mn 的氧化物集合体，颜色常为黑色和黑褐色。结核的形态多样，有球状、椭球状、马铃薯状、葡萄状、扁平状、炉渣状等(图 12-6)，个体大小不一，从几微米到几十厘米都有，重量最大的有几十千克。大洋多金属结核因富集 Mn、Fe、Cu、Co 和 Ni 等金属元素而具有商业开发价值。多金属结核广泛分布于水深 2 000～6 000 m 的深水大洋底的表层，而产于水深 4 000～6 000 m 海底的多金属结核品质最佳。

图 12-6　分布于洋底的多金属结核

富钴结壳又称钴结壳、铁锰结壳，是指生长在海底岩石或岩屑表面的皮壳状铁锰氧化物和氢氧化物结合体，因富含钴又被特称为富钴结壳。表面呈肾状、鲕状或瘤状，黑色、黑褐色，断面构造呈层纹状、有时也呈树枝状，结壳大多厚 0.5～6 cm，平均厚约 2 cm，厚者可达 10～15 cm(图 12-7)。富钴结壳遍布在全球海洋中，集中分布在海山、海脊和海台的顶部和斜坡上。

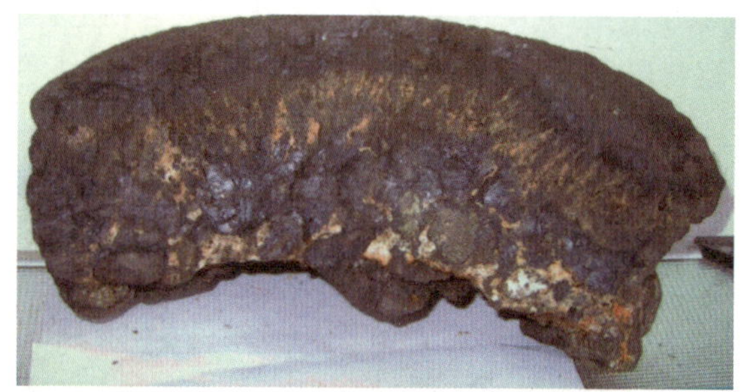

图 12-7　中国大洋协会采到的富钴结壳样品

热液多金属硫化物是由海底热液活动(热泉，图 12-8)所形成的、以金属硫化物为主要矿物的海底多金属矿产资源，富含 Fe、Cu、Zn 和 Pb 等金属元素。主要矿物包括黄铁矿、黄铜矿、闪锌矿、方铅矿等硫化物类和钠水锰矿、钙锰矿、针铁矿及赤铁矿等铁锰氧化物和氢氧化物类。热液多金属硫化物主要分布在大洋中脊、岛弧和弧后盆地的张性裂谷带，常与岩浆活动或火山活动相伴生。最初发现于红海，继之在东太平洋洋隆、大西洋洋中脊、印度洋洋中脊，以及西太平洋的弧后盆地(例如，冲绳海槽、马里亚纳海盆、劳海盆、斐济海盆等)都有发现。

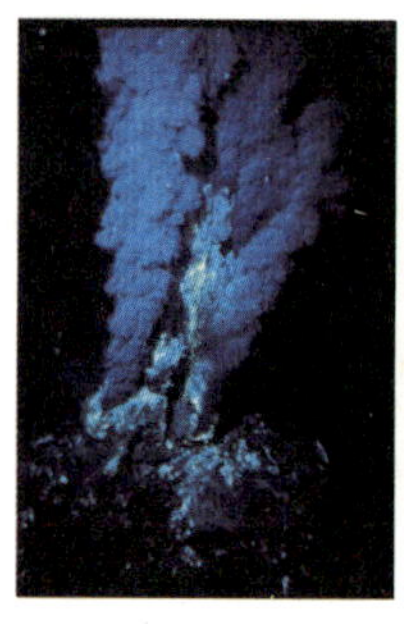

图 12-8　海底热泉(黑烟囱)及其所形成的多金属硫化物烟囱体

第二节　滨海砂矿资源

一、滨海砂矿的种类分布

滨海砂矿的种类很多，在世界各地的分布也很不均一。砂金矿主要产于美国的阿拉斯加、新西兰和俄罗斯西伯利亚东部海滨等处。砂铂矿主要产于美国的俄勒冈州和阿拉斯加、澳大利亚以及塞拉利昂的海滩上。非洲南部大西洋沿岸的纳米比亚、南非和安哥拉境内有世界上最大的金刚石砂矿。砂锡矿主要分布在东南亚滨海地区。砂铁矿在日本、菲律宾、印度尼西亚、澳大利亚和新西兰等均有分布，一般为磁铁矿。复矿型砂矿是指含多种有用矿物(如钛铁矿、锆石、金红石和独居石等)的滨海砂矿，这种矿床在世界许多国家都有分布。贝壳砂矿由贝壳破碎、经海浪冲洗、磨蚀并富集而成，可作为水泥原料，在美国、冰岛和我国海南都有分布。砂砾矿是指在陆架发现的砂砾混合而成的建材资源。

我国的滨海砂矿资源主要有钛铁矿、锆英石、独居石、金红石、磷钇矿、铌钽铁矿和玻璃砂矿共十几种，此外还发现了金刚石和砷铂矿颗粒。自北向南，主要分为辽宁、河北、山东、江苏、浙江、福建、广东和广西八个矿区，其中广东海滨砂矿储量居全国首位，其产值也最大，是山东的滨海砂矿产值的 300 倍以上。

二、滨海砂矿的成因

关于滨海砂矿的成因，普遍认为：来自陆上的岩矿碎屑，经过水的搬运和分选，最后在有利于富集的地段堆积而形成矿床。在某些地区，冰川和风的搬运也起一定作用。河流不但能把大量陆源碎屑输送入海，而且在河床内就有着良好的分选作用。现在陆架上被海水淹没的古河床是寻找砂矿的理想场所。海滩上的水动力(浪、潮、流)作用对碎屑物质的分选作用可使相对密度大的矿物在特定的地貌部位富集起来而成矿。存在于外陆架的砂矿是在冰期低海面时形成的海滨砂矿，只是现已被海水所淹没。

第三节　海底油气资源

一、储量分布

海底油气资源是对存在于海底的石油和天然气资源的总称，是目前已被人类开采利用的最重要的海底矿产资源。油气资源几乎遍布全球所有的大陆架和陆隆区。目前，已有 100 个国家在大陆边缘区进行地质和地球物理调查，发现含油气盆地有 600 多个，其中具有开发远景的 400 多个，面积达 500 万平方千米。

目前，全球已发现 2 000 多个海洋油气田，海洋油气储量占全部油气储量的 30%～40%，产量占全部油气产量的 30%以上，已经成为世界油气生产增长的主要来源。在

20 世纪 40 年代，海洋油气资源的勘探和开发仅仅局限在水深几十米以浅的滨岸地带。到 20 纪 90 年代，作业水深接近 2 000 m。进入 21 世纪，作业水深已经超过 3 000 m。据《油气杂志》统计，截至 2007 年，全球石油探明储量为 1.824×10^{12} t，天然气探明储量为 175×10^{12} m^3；全球海洋石油探明储量约 400×10^{9} t，天然气探明储量约 40×10^{12} m^3。海洋油气资源主要分布在大陆架，约占全球海洋油气资源的 60%，深水、超深水海域油气资源约占 40%。2000～2005 年，全球新增油气探明储量约 164×10^{9} t 油当量，其中水深大于500 m的深水区占 41%、浅海占 31%、陆上占 28%。在过去的 10 多年中，全球几乎一半的新增油气储量都来自深海，深海油气资源的勘探与开采将是今后数十年各国关注的焦点。

二、国际著名的海底油气资源区

海底油气资源一般都储藏在大型年轻沉积盆地的沉降中心部位，如渤海为华北盆地的中心，墨西哥湾为墨西哥湾盆地的中心，马拉开波湖为马拉开波—法尔康盆地的中心等。这些盆地中心的共同特点是沉积厚度巨大(可达 10 000 m 以上)，沉积物主要是富含有机质的海相或陆相碎屑沉积岩，并经历过构造变动，形成了各种褶皱(拱曲、背斜、穹隆等)和断裂构造，为油气的生成、运移和聚集提供了极为有利的条件。

国际上著名的海底油气资源区或产区包括北海、波斯湾、墨西哥湾、马拉开波湖、西非和东南亚近海区(图 12-9)，其中又以北海、波斯湾和墨西哥湾最为著名。

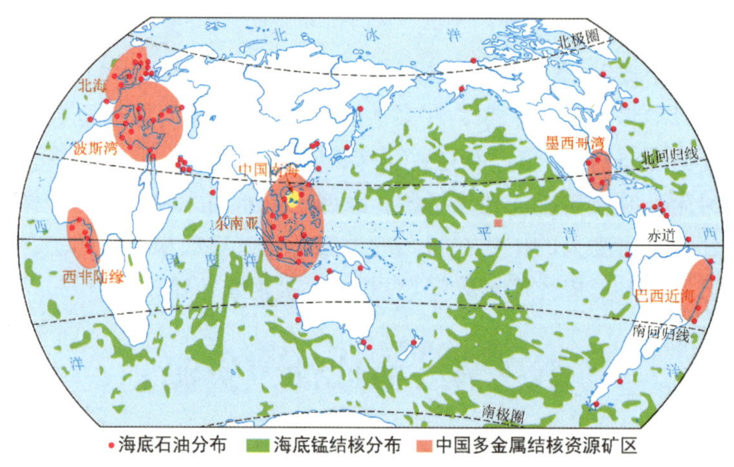

图 12-9　世界著名海底油气资源区分布(透明红色标注)

北海油气田位于英国和欧洲大陆之间海域，大部分是英国和挪威的专属经济区，东南部为丹麦、德国和荷兰专属经济区。20 世纪 70 年代开始产油，80 年代起大规模开采，使英国成为世界重要产油国之一。北海面积约 54.4×10^{4} km^2，平均水深 96 m，最大水深 433 m，是在石炭纪形成的沉陷区。北部盆地主产石油，南部盆地主产天然气。含油气层有 20～30 层，主要产于第三纪(古近纪—新近纪)地层中，其次为侏罗纪、三叠纪、二叠纪、石炭纪地层(图 12-10)。该区经历了港湾、沼泽和河口三角洲环境，并发育断层和褶皱等构造，形成了泥质页岩和碳酸盐岩生油岩，储集层为砂岩和碳酸盐岩。油气资源主要分布在英国、挪威、荷兰、丹麦和法国的大陆架。北海海域石油储量约 134×10^9 桶，天然气约 176.9×10^{12} 立方英尺。挪威约占北海石油产量的 57%，英国占 30%。挪威与荷兰的天然气产量占北海天然气产量的 75%左右。北海海域油气产量及其增长速率一直居各海域之首，2000 年产量达到峰值(3.2×10^9 t)，此后产量有所下降。

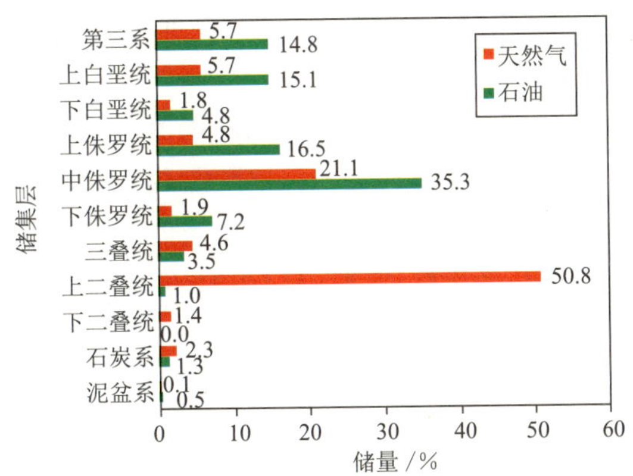

图 12-10 北海盆地油气资源储量储集层分布(来自网络)

波斯湾油气资源主要分布在沙特阿拉伯、伊朗、科威特和卡塔尔等国的海域。波斯湾是一个半封闭的浅海，总面积约 24.1×10^4 km²，平均水深为 40 m。自侏罗纪以来，一直处于稳定的海相环境，沉积厚度可达 4～5 km。由于气候温湿，生物大量繁殖，形成生物碳酸盐岩，提供了丰富的有机质来源，是海洋油气资源最丰富的地区之一。波斯湾石油资源丰富，蕴藏量大而集中，多为大油田，平均每个油田储量达 3.5×10^9 t 以上，而且油井多为自喷井，开采条件优越。目前，波斯湾海域石油年产量保持在$(2.1\sim2.3)\times10^9$ t 左右。波斯湾地区石油出口量占世界的 60%以上，是世界上最大的石油输出地。粗略估计波斯湾石油储量高达几千亿吨，天然气几万亿立方米。

马拉开波湖因盛产石油又称“石油”湖，是南美洲最大的湖泊，位于委内瑞拉西北部沿海马拉开波洼地的中心，湖北端与委内瑞拉湾相通。从构造性质上，马拉开波湖系安第斯山北段一断层陷落的构造湖，口窄内宽，南北长约 190 km，东西宽约 115 km，面积约 1.34×10^4 km²。在地质上，马拉开波湖是凹陷的沉积中心，仅新生代沉积厚度就达 9 000 m 左右，是世界最重要的海洋油气产区之一。油气主要产出地层为侏罗纪、白垩纪和古近纪的石灰岩和砂岩，圈闭类型属构造背斜圈闭。现已探明石油总储量为 48×10^9 t。仅古近纪～新近纪地层中产油层有 100 多层，主要是构造-地层油气藏和断层油气藏，估计储量达几十亿吨。

墨西哥湾位于北美洲南部大西洋近岸，以佛罗里达半岛-古巴-尤卡坦半岛一线与外海分割，东西长约 1 609 km，南北宽约 1 287 km，面积约 154.3×10^4 km²，平均水深 1 512 m，最大水深 4 023 m，世界第四大河——密西西比河由北岸注入。油气区主要集中在美国的路易安那州和得克萨斯州以及墨西哥的近海区，在海湾中部水深大于 3 000 m 的海底发现了具有重要油气资源远景的地层构造。迄今已找到油气田 145 个，探明石油

储藏量约 8.4×10^9 t，天然气约 10.483×10^{12} m^3。油气主要储藏在第三系（古近系—新近系）砂岩和白垩系灰岩中，油气藏类型多，有穹隆、背斜、断层遮挡和盐丘构造等。1990年，美国仅有约 4%的石油和不足 1%的天然气产量来自墨西哥湾深水区域，自 2000 年起，来自深水区的石油产量超过了浅水区域。到 2003 年，美国 60%以上的石油和 29%左右的天然气产量来自深水油气藏。在 2005～2006 年间，美国启动了 4 项大型油气综合开发生产项目，使该地区的石油日产量至少增加了 58 万桶。目前美国石油产量的 30%、天然气产量的 23%来自墨西哥湾。

西非陆架区，包括摩洛哥、贝宁、尼日尔河三角洲以及加蓬、刚果、喀麦隆、安哥拉和扎伊尔近海的油气区，已探明石油储量 23.4×10^9 t。尼日尔河三角洲海上就有 50 多个油田，估计储存石油 53.4×10^9 t、天然气 7.2×10^{12} m^3。西非大陆架上的盐丘构造已延伸到大陆坡，特别是尼日尔三角洲外的大陆坡，是油气资源的远景区。

三、中国近海海底的油气资源

中国近海大陆架面积约 1.3×10^6 km^2，目前已发现 7 个大型含油气沉积盆地，60 多个含油气构造，已评价证实的油气田 30 多个，石油资源量约 8×10^9 t，天然气约 1.3×10^{12} m^3。其中，石油储量上亿吨的有绥中 36-1（2×10^9 t）、埕岛（1.4×10^9 t）、流花 11-1（1.2×10^9 t）等，崖城 13-1 气田储量为（800～1 000）$\times10^9$ m^3。按照 2008 年公布的第三次全国石油资源评价结果，中国海洋石油资源量为 246×10^9 t，约占全国石油资源总量的 23%；海洋天然气资源量约为 16×10^{12} m^3，占总量的 30%左右。上述储量的估算只是基于我国当时海洋石油探明程度仅为 12%和海洋天然气探明程度为 11%的事实。在中国海洋油气资源中，约 70%蕴藏于深水区（水深大于 300 m）。

根据 2008 年的资料，中国海域主要勘探区达到 25.7×10^4 km^2，探明储量 21.02×10^8 桶油当量，其中包括原油 14×10^8 桶油当量。在 21.02×10^8 桶油当量中，渤海湾探明储有 10.65×10^8 桶油当量，占全部探明储量的 50.67%；南海西部和南海东部分别储有 6.14×10^8 桶油当量和 3.48×10^8 桶油当量，共占全部探明储量的 45.79%。东海探明储量约 0.75×10^8 桶油当量，仅占全部探明储量的 3.57%。黄海至今未有确切的油气储量资料。

我国近海油气盆地主要包括渤海油气盆地、南黄海油气盆地、东海油气盆地和南海油气盆地，其中南黄海盆地具有油气资源的生成条件（见后），但至今缺乏足够的储量证据。

（一）渤海油气盆地

渤海盆地面积约 80 000 m^2，是辽河油田、大港油田和胜利油田向渤海的延伸，也是华北盆地新生代的沉积中心，沉积厚度达 10 000 m 以上。海域内有 14 个构造带和 230 多个局部构造，是我国油气资源比较丰富的海域之一。目前，在辽东湾发现了石油地质储量达 2×10^9 t 的绥中 36-1 油田、锦州 20-2 凝析油气田和锦州 9-3 油气田等。在渤海中部发现了渤中 28-1 油田和渤中 34-2/4 油田。据中国石油天然气集团公司最近宣布，在渤海湾滩海地区冀东南堡油田共发现 4 个含油构造，基本落实三级油气地质储量约 10.2×10^9 t。

(二) 南黄海油气盆地

面积约为 $10\times10^4\ m^2$，是中、新生代沉积盆地，以新生代沉积为主。它是陆地苏北含油气盆地向黄海的延伸，共同构成苏北-南黄海含油气盆地。盆地分南、北两个坳陷。北部坳陷面积约 $3.9\times10^4\ m^2$，中新生代沉积厚度超过 4 000 m，这里有 8 个坳陷、5 个凸起、9 个构造带，具有较好的储油条件。南部坳陷面积约 $2.1\times10^4\ m^2$，坳陷内部的中新生代沉积厚度一般都超过 5 000 m。近几年初步调查勘探结果表明，这个盆地石油地质储量可能在$(2\sim3)\times10^9$ t 之间。

(三) 东海油气盆地

面积约为 $46\times10^4\ m^2$，是在白垩纪～新近纪形成的大型含油气盆地。其中，东海大陆架盆地面积最大，约 $28.4\times10^4\ m^2$。盆地中新生代沉积发育，坳陷面积达 $15\times10^4\ m^2$。凹陷内沉积厚度达 15 000 m，中新统地层厚约 6 000 m，并可能存在新近系和古近系两套生油岩系。现已发现和固定的局部构造封闭 100 多个，并在西湖凹陷中发现了 3 个含油气构造。东海盆地是我国近海已发现的沉积盆地中面积最大、远景最好的盆地，该区的油气储量为$(40\sim60)\times10^9$ t。

(四) 南海油气盆地

南海又称中国(的)南海(“The South Sea of China”)和南中国海(The South China Sea)，总面积约 $356\times10^4\ km^2$(朱伟林等，2007)，约占中国海域总面积的 3/4，平均水深 1 212 m，最大水深 5 567 m。南海的油气资源极为丰富，被外界称为“第二个波斯湾”。

在南海南部的我国传统疆域内，已发现的大中型油气田众多，年产量达 $5000\times10^4\ m^3$ 油当量(朱伟林等，2010)。据不完全统计，已发现油气田 350 个，其中 120 个处于我国传统海疆之内。目前中国海洋石油总公司对南海的油气勘探活动主要集中在南海北部。经过 30 余年的勘探，在珠江口、北部湾、琼东南和莺歌海 4 个盆地内共发现油气田 51 个，年产量约为 $2\ 000\times10^4\ m^3$ 油当量，其中石油主要集中在一系列大中型油田中，这些油田成群成带分布，油质轻、采收率高，天然气主要分布在崖城 13-1、东方 1-1 和荔湾 3-1 等大型气田中。

在南海北部大陆边缘，分布有一系列在中生代末至新生代早期形成的北东向地堑、半地堑，其内发育有湖相、海陆交互相和海相沉积，形成了分布广泛的古近系中深湖相烃源岩。在南海南部，大多盆地从形成之时就开始广泛接受封闭环境的海相沉积，始新统和渐新统以及下中新统皆发育有烃源岩。这些烃源岩地层不仅分布面积和厚度较大，而且有机质丰富，具备优良的油气源条件。南海地区的油气储层主要形成于前古近纪、渐新世和中新世，其岩性包括浅海相碳酸盐岩、滨海相、三角洲相砂岩等。在圈闭类型上，南海发育挤压背斜、同沉积背斜、滚动背斜、泥底辟、断鼻构造、生物礁、古潜山等类型多样的局部构造。在储盖组合及时间配置上，南海北部大陆边缘经历了陆相—海陆过渡相—海相的环境变化，反映了从陆到海以及海水逐渐变深的特征。根据形成储盖组合的沉积环境，可以划分为陆生陆储陆盖型、陆生海储海盖型和海生海储海盖型。

四、海底油气资源的成因

海洋油气资源的生成需要有几个条件：① 有机质来源；② 地下一定的生油条件（温压）；③ 油气运移聚集通道；④ 储油（气）的圈闭构造；⑤ 保存的盖层。这就说明海洋油气只能形成于那些富含有机质、沉积物供应充足、沉积厚度大的河口与近岸的大陆边缘环境，最好是粗粒沉积和细粒沉积互层或海陆相交互沉积，巨厚的沉积形成后又经过构造变动（褶皱、形成圈闭），然后又被沉积层所覆盖（形成盖层）。

大陆边缘是大陆的自然延伸，在地质历史中一方面继承了毗邻大陆的构造特征，另一方面接受了大量的陆源沉积物。因此，海洋油气区一般都与沿岸年轻沉积盆地有关，有时和陆上大型油气藏是一个整体。陆缘海通常是巨厚（厚达 10 000 m 以上）沉积区，再加上海平面变化的影响，便形成了一套富含有机质、海陆相交互的碎屑沉积岩。此后，在一定的深度，经历变质作用和褶皱（拱曲、背斜、穹隆等）、断裂等构造运动，为油气的生成、运移和聚集提供有利的条件。盆地的继续沉降和盖层的形成为油气成藏提供了保障，便形成了具有重大经济价值的油气矿产资源。

第四节　天然气水合物资源

一、天然气水合物的分布及物理化学性质

（一）分布及储量

天然气水合物在世界范围内广泛存在。仅就地质背景而言，地球上大约有 27%的陆地可以形成天然气水合物，而海洋中约有 90%的面积属于这样的潜在区域。但是，这些潜在区域还要有一定的条件才能形成天然气水合物资源。天然气水合物的形成必须有充足的天然气来源和低温、高压条件，这些条件决定了它的特殊分布。从目前已有资料来看，天然气水合物主要分布在地球上两类地区：一类是水深为 300～4 000 m 的海洋（图 12-11），在这里，天然气水合物基本是在高压条件下形成的，主要分布于泥质海底，赋存于海底以下 0～1 500 m 的松散沉积层中；另一类地区是高纬度大陆地区的永久冻土带及水深 100 m 以下的极地陆架海，天然气水合物主要是在低海面时期低温条件下形成的。迄今在海底发现的天然气水合物主要集中在沉积物供应充足、富含有机质的大陆边缘带，包括沟-弧-盆体系、陆坡体系、边缘海盆地等。例如，美国北加利福尼亚—俄勒冈岸外海域及秘鲁海槽、大西洋西部美国东海大陆边缘的布莱克海台、墨西哥湾和加勒比海及南美东海岸外陆缘海，以及非洲西海岸岸外海域、印度洋的阿曼海湾、北极的巴伦支海和波弗特海、南极的罗斯海和威德尔海、内陆的黑海和里海、中国的东海陆架外缘及南海等。天然气水合物所赋存的沉积物多是新生代沉积。在沉积层中，水合物要么是以分散状胶结尚未固结的泥质沉积物颗粒，要么是以结核状、团块状和薄层状的集合体形式赋存于沉积物中，还可能以细脉状、网脉状充填于沉积物的裂隙之中。

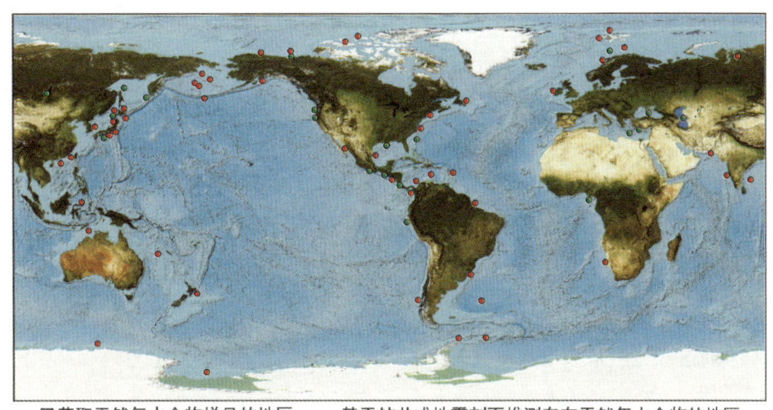

图 12-11 天然气水合物的全球分布(来自网络)

天然气水合物的资源量到底有多少?目前世界还没有一个精确的计算方法,不同机构对全世界天然气水合物储量的估计值差别很大。据气体联合会 1981 年估计,永久冻土区天然气水合物资源量为 $1.4\times10^{13}\sim3.4\times10^{16}$ m^3,包括海洋天然气水合物在内资源总量为 7.6×10^{18} m^3 左右。日本学者 Yanazaki Akira 在第 20 届世界天然气大会上对世界天然气水合物的储量预计:陆上为 $n\times10^{12}$ m^3,海洋为 $n\times10^{15}$ m^3,二者之和是世界常规探明天然气储量(119×10^{12} m^3)的几十倍。但是,大多数人认为储存在天然气水合物中的碳至少有 1×10^{13} t,约是当前已探明的所有化石燃料(包括煤、石油和天然气)中碳含量总和的 2 倍。

(二) 天然气水合物的物理化学性质

前已述及,天然气水合物的化学式可用 $M\cdot nH_2O$ 来表示,其中 M 代表水合物中的气体(天然气)分子数。组成天然气的成分有 CH_4、C_2H_6、C_3H_8、C_4H_{10} 等同系物以及 CO_2、N_2、H_2S 等。形成天然气水合物的主要气体为甲烷,甲烷分子含量超过 99%的天然气水合物又称为甲烷水合物(Methane Hydrate)。在自然界中发现的天然气水合物多呈白色、淡黄色、琥珀色、暗褐色,亚等轴状、层状、小针状结晶体或分散状。天然气水合物可以多种方式存在:① 占据大的岩石粒间孔隙;② 以球粒状散布于细粒岩石中;③ 以固体形式填充在裂缝中;④ 大块固态水合物伴随少量沉积物。

天然气水合物与冰、含天然气水合物层与冰层之间有明显的相似性:① 都是由流体转化为固体;② 形成过程均为放热过程,融化时都需要很大的热量:0℃融冰时每克水需用 0.335 kJ 的热量,0℃～20℃分解天然气水合物时每克水需要 0.5～0.6 kJ 的热量;③ 结冰或形成水合物时水体积均增大:前者增大 9%,后者增大 26%～32%;④ 水中溶有盐时,二者相平衡温度都降低;⑤ 冰与天然气水合物的密度都小于水,含水合物层和冰冻层密度都小于同类的水层;⑥ 含冰层与含水合物层的电导率都小于含水层;⑦ 含冰层和含水合物层弹性波的传播速度均大于含水层。

在天然气水合物中,水分子(主体分子)形成一种空间点阵结构,气体分子(客体分子)则充填于点阵间的空穴中,气体和水之间没有化学计量关系。

到目前为止，已经发现的天然气水合物结构有三种，即结构Ⅰ型、Ⅱ型和H型。结构Ⅰ型天然气水合物为立方晶体结构，其在自然界中分布最为广泛，仅能容纳甲烷(C_1)、乙烷(C_2)这两种小分子的烃以及N_2、CO_2、H_2S等非烃分子；结构Ⅱ型天然气水合物为菱面体晶体结构，除包容C_1、C_2等小分子外，较大的"笼子"(水合物晶体中水分子间的空穴)还可容纳丙烷(C_3)及异丁烷(i-C_4)等烃类；结构H型天然气水合物为六方晶体结构，其大的"笼子"甚至可以容纳直径超过异丁烷(i-C_4)的分子，如i-C_5和其他直径在7.5～8.6 Å之间的分子。

二、成藏类型及勘探开发技术

(一) 主要圈闭类型

天然气水合物的成藏需具备三个基本条件：① 成矿物质基础，即足够丰富的天然气和水；② 足够低的温度和较高的压力；③ 足够的成藏孔隙。在自然界中，水合物常常作为其下伏地层中游离气体的盖层，二者共同成藏。水合物圈闭成藏类型可分为两种：简单圈闭和复合圈闭。

简单圈闭又称为单一型圈闭，指由水合物和某一种主要因素(如地形不平)结合而形成的圈闭，天然气水合物主要赋存在某一沉积地层内。这种类型主要出现在永久冻土区、被动大陆边缘的陆坡和陆隆、三角洲前缘等地区，那里巨厚的沉积物柱没有发生较大的构造变形或压实作用。在活动大陆边缘的海沟一侧也可以找到这种圈闭。

在简单圈闭环境中，断层不再是流体运移的主要通道。天然气可能是在水合物圈闭周围大范围区域甚至在深海平原上产生。水合物"盖层"可以在地下延伸数十千米甚至上千千米。流体可以在低角度覆盖层之下朝上运移。这种类型水合物可以在新生代晚期(新近纪到第四纪)的沉积物中找到。若地热梯度稳定，天然气水合物富集层可以在很大区域内相对于水深保持一致的厚度。天然气水合物富集层常常在海底地形上表现为低缓的穹窿("穹窿"状圈闭)，天然气水合物富集层之下往往封存有天然气藏。这种圈闭类似于厚的地层层序中油气资源中的平缓背斜圈闭。

复合圈闭是由水合物和地质构造或地层相结合形成的。在该类型圈闭中，除水合物层之外，局部构造和地层结构也都起着重要作用。当地层倾向和水合物层的倾向相反时，致密非渗透性的天然气水合物层可以作为天然气圈闭的盖层存在，类似于构造圈闭。在这种圈闭中，水合物盖层是主要的，天然气在横向上被非渗透的地层或不整合面下的断层下落基底所限制。此类圈闭类似于地层尖灭在非渗透性的不整合面下形成的圈闭。尽管这种复合圈闭最早见于被动大陆边缘，但活动大陆边缘(特别是汇聚板块边缘)是这种圈闭更合适的形成环境，天然气水合物主要发育于增生棱柱体中。

另外，也有一些特殊的圈闭，如盐丘底辟形成的圈闭等。由于盐的导热性较大，在盐丘处可形成局部"热点"，引起天然气水合物层底界向上迁移而形成局部穹窿，同时在其下形成气藏圈闭。

(二) 勘探开发技术

天然气水合物的勘探开发技术仍在快速发展之中,目前的勘探技术主要包括:① 似海底反射层(Bottom Simulating Reflector——BSR)勘探技术;② 钻孔探测技术;③ 测井技术;④ 物理与化学探测技术(方法)等。目前,天然气水合物开采技术主要有三类:热激发法、化学试剂法和减压法。

1. 似海底反射层(BSR)

海洋沉积物中存在天然气水合物的最重要标志之一是具有异常地震反射层,位于海底之下数十米到几百米处,与海底地形近于平行,通常称之为似海底反射层(图 12-12),BSR 的发现可以追溯到 20 世纪 60 年代。由于海洋沉积物中天然气水合物的存在受控于一定的温压条件,所以天然气水合物存在于沉积物中的深度下限是上部海水和地层压力近似的等压面(主要取决于地温梯度),这就使得天然气水合物只能存在于海底近表层沉积物中,且界面一般近似平行于海底。天然气水合物可以有效地黏结碎屑颗粒,降低沉积物的孔隙度,提高水合物沉积层的声速,使得含天然气水合物沉积层的声速(声波传播速度)大于含水或含气沉积层的声速。因此,在地震反射剖面上,天然气水合物的底界面常表现为和海底相似的形态,因此称作似海底反射层。

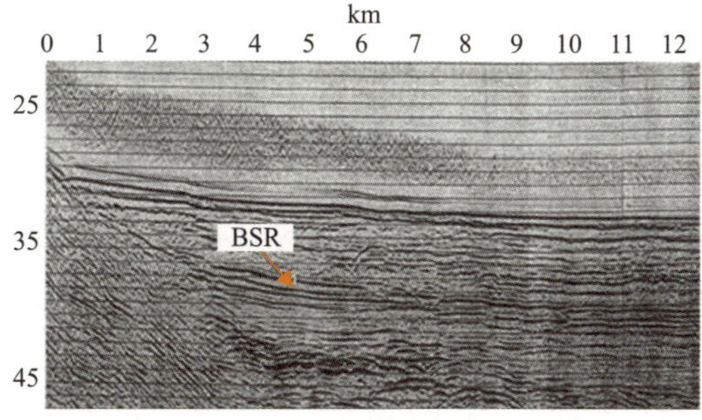

图 12-12 似海底反射层(BSR)

BSR 的识别标志主要包括:① 一般与海底近于平行,并且与海底沉积层反射界面相交;② BSR 相对于海底具有较强的反射振幅和极性反转的特征,它是一个从高速降至较低速的反射界面;③ BSR 在地震剖面上呈现一条亮点带,由于强反射界面影响,使得在其上、下常出现反射空白区;④ BSR 常分布于海底高地斜坡上;⑤ 地震剖面上 BSR 规模不等,小的有几千米,大的可延伸数百千米。

值得注意的是,BSR 并非水合物存在的唯一标志,有 BSR 显示的地区往往有水合物,但是,有水合物存在的地区未必一定有 BSR。

2. 钻孔探测技术

到目前为止,钻孔取芯及探测技术仍然是证明地下天然气水合物存在的最直观、最直接,也是最有效的方法。通常采用钻杆或活塞式取样器采取天然气水合物样品,若能保真(维持原位的温度和压力条件),取样更为理想。2007 年 5 月,中国地质调查局在南海神狐海域钻采到海底天然气水合物样品,这是中国天然气水合物勘探上的一个重大突破。

3. 测井技术

测井技术是天然气水合物勘探的又一有效手段。测井法鉴定含天然气水合物层的标志包括：① 具有高的电阻率（是水电阻率的 50 倍以上）；② 声波传播时间（约比水低 131 μs/m）；③ 在钻探过程中有明显的气体排放（气体体积浓度为 5%～10%）；④ 必须有两口或多口钻井加以确认。

4. 物理与化学探测技术（方法）

物理与化学探测技术主要是通过调查分析海洋或海底沉积物中某些物理指标和地球化学指标的异常分布，判断天然气水合物存在的可能性。物理指标探测方法包括：海面增温异常分析——利用卫星热红外扫描技术监测海面低空大气温度的变化，定性分析由于水合物分解而导致的海底排气作用，寻找有利的找矿区带；放射性热释光分析——利用高灵敏度热释光测量仪分析海底沉积物样品接受的天然放射性所产生的热释光强度总和，该方法是基于烃类物质与 U 和 Th 等放射性元素之间存在有密切关系的事实。地球化学指标探测方法主要包括：多包烃分析——测量经酸处理后沉积物样品中次生包裹体所释放的烃类气体，借此判断海底沉积物中天然气含量、种类和水合物资源存在的可能性；海洋底层水地球化学分析——采取底层水样品，并分析其所含烃类气体的化学组成，用以发现和圈定海底烃气异常区带。

5. 天然气水合物开采技术

天然气水合物的开采技术目前仍然属于探索阶段。迄今，要把海底固态的天然气水合物完整而又洁净无污染地大规模开采还难以实现，现行的技术主要是先把固态的天然气水合物转变成液态或气态，再使用类似于油气资源的开采技术加以开采，主要包括：

① 热激发法——将蒸汽、热水、热盐水或其他热流体从地面泵入水合物地层，也可采用火驱法或利用钻柱加热器，促使温度上升致使水合物分解。为了提高热激发法的效率，目前常采用井下装置加热技术，即在垂直（或水平）井中沿紧邻水合物带的上、下（或水合物层内）放入不同的电极，再通以交变电流直接对储层进行加热。

② 化学试剂法——某些化学试剂，诸如盐水、甲醇、乙醇、乙二醇、丙三醇等可以改变水合物形成的相平衡条件，降低水合物稳定温度。上述化学试剂从井孔泵入后，就会引起水合物的分解。化学试剂法较热激发法作用缓慢，并且费用昂贵。

③ 减压法——通过降低压力而引起天然气水合物失稳分解，从而达到开采回收的目的。一般是通过在水合物层之下的游离气聚集层中“降低”天然气压力或形成一个天然气“囊”（有热激发和化学试剂注入法），导致天然气水合物不稳定并且分解为天然气和水。其实，开采水合物层之下的游离气是降低储层压力的一种有效方法。

三、中国近海天然气水合物的分布

中国自 20 世纪 90 年代初开始天然气水合物的实验室合成、海上调查和理论探索研究，迄今已有 20 余年。2007 年 5 月，中国地质调查局在南海北部神狐海域首次成功钻获天然气水合物实物样品，这标志着中国成为系统开展天然气水合物资源调查并获取实物样品的国家之一。

我国东海大陆架外缘直至冲绳海槽具备形成天然气水合物资源的良好条件，近几年的地球物理勘探在该海区发现了反映天然气水合物存在的 BSR 反射层，是天然气水合物资源最有远景的地区之一。从水深、沉积物厚度、沉积速率、有机质含量、地形和地貌等特征分析，冲绳海槽具有较好的天然气水合物形成的区域地质条件。世界上已发现的海底天然气水合物大多出现在水深 500 m 以上的海域。冲绳海槽北段坡脚水深约700 m，中段坡脚水深约 1 000 m，南段坡脚水深约 1 800 m，从水深条件分析冲绳海槽西沿陆坡有利于天然气水合物的形成。

冲绳海槽是中新世中晚期发育起来的弧后扩张盆地，在其主体部位(东海陆架前缘坳陷)普遍发育有 3 000～7 000 m(最厚可达 12 000 m)的新近系和第四系海相沉积。另外，冲绳海槽较大的沉积速率有利于有机质的保存和转化。沉积厚度大和沉积速率较高是该区具有充足天然气水合物气源的基础。对冲绳海槽所作的温压场分析、获取的地震资料所识别的 BSR、地化及卫星热红外分析等资料都表明冲绳海槽具有天然气水合物形成和聚集的良好地质条件。尽管冲绳海槽从北到南都具有水合物存在的地质条件，但根据在冲绳海槽中段已发现有二氧化碳型水合物(侯增谦和张绮玲，1998)的事实，冲绳海槽中、南部海域可能更适宜天然气水合物的聚集或者说稳定带厚度更大，应是重要的勘探靶区。

中国南海深水陆坡区被普遍认为是天然气水合物最为丰富的资源宝地之一。早在 1998 年我国学者在南海北部就发现了 BSR 证据(姚伯初，1998)，随后许多学者对其分布区域、成矿条件和远景以及地球物理识别方法等作了分析。南海已有的油气资源勘探表明，南海周边赋存有巨大的天然气资源，为天然气水合物的形成提供了充足的物源条件。

王淑红等(2005)分析了中外科学家的研究成果，认为南海南部具有天然气水合物形成、发育的有利条件：发育的沉积盆地、有利的水深和充足的物源供应、地震剖面揭示的 BSR、泥底辟和断裂构造等。与此同时，对南海南部 4 个重点区域的天然气水合物稳定带厚度进行了计算，并在此基础上对南海南部的天然气水合物资源前景进行了预测。研究结果表明，4 个研究区域内的绝大部分海域具有天然气水合物形成的温度和压力条件，天然气水合物稳定带厚度在 67～833 m 之间。南海南部天然气水合物体积及甲烷资源量分别为 2.32×10^{13} m^3 和 4.78×10^{15} m^3。

吴能友等(2013)综合分析了南海北部陆坡区的地质、地球物理和地球化学指标条件，指出两类天然气水合物系统，即低通量扩散型天然气水合物和高通量渗漏型天然气水合物共存于南海北部陆坡区，特别是东沙海域和神狐海域。钻探结果证明强似海底反射往往与低饱和度的含天然气水合物沉积物薄层联系在一起，高饱和度的天然气水合物一般不需要与地震剖面上识别的似海底反射对应，而与气体渗漏和断裂构造等特征相关。地球化学资料显示神狐海域和东沙海域的天然气水合物气源主要为微生物成因气。神狐海域钻探证实的天然气水合物分布区具有 160×10^{9} m^3 的甲烷地质储量。随钻测井资料显示东沙海域浅部存在中-高饱和度的天然气水合物，而深部天然气水合物稳定带底界上方存在低饱和度天然气水合物。

四、天然气水合物的成因

天然气水合物是天然气分子(烷类)被包进水分子中,在海底低温与高压下结晶形成的。因此,形成天然气水合物必须满足三个基本条件:温度、压力和天然气物源。首先,天然气水合物可在0℃以上生成,但超过20℃便会分解。海底温度一般保持在2℃～4℃,满足天然气水合物生成的温度要求。实验表明,天然气水合物在0℃时只需30个大气压即可生成,而这一要求只需水深达到300 m即可保证,并且水深越大天然气水合物就越不易分解。最后,天然气水合物生成所要求的天然气物源是由沉积在海底的有机质经过生物作用和变质作用转化而来。另外,海底地层多是具有孔隙的砂质沉积,为天然气的运移和聚集起到了通道的作用。因此,在温度、压力、气源三者都具备的条件下,经过一定的地质时期便形成了具有重要资源价值的天然气水合物资源。

可以把上述分析归结为天然气水合物的成矿作用模式:在地质历史中,河流把大量的陆源有机质输运到大陆边缘带(陆架、陆坡和陆隆区)沉积并被埋藏,生物过程及变质作用将原来的有机质纤维转化生成天然气,深部的天然气由于温度较高而呈气相向上运移。在上升的过程中温度逐渐降低,当到达一定的深度,温度和压力正好满足天然气水合物凝结成固体的要求时,这些天然气便在沉积物空隙中积聚起来形成固相的天然气水合物层。

第五节　大洋多金属结核

早在"挑战者"号进行环球考察(1872～1876年)时就在大西洋海域采到了多金属结核样品,这应是人类最早发现的深海海底矿产资源,但当时并未引起重视。经过100多年的调查和研究,有关多金属结核的形态、物理化学性质、金属元素含量、矿物组成、区域分布和潜在资源量等都已基本清楚。对大洋多金属结核资源,现已进入详细探查、圈定矿区、试采和商业性开发的阶段。联合国海底委员会已批准中国、日本、法国、俄罗斯、印度等国家的海底矿区申请(图12-13)。

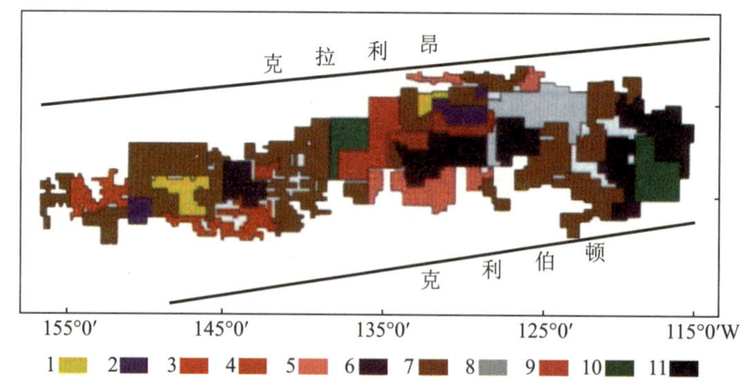

图12-13　太平洋C-C区锰结核先驱投资区(Depowski S,2001)

1—日本;2—法国;3—俄罗斯;4—中国;5—韩国;6—国际海金联;7—国际海底管理局;8—海洋采矿协会;9—海洋采矿公司1;10—海洋采矿公司2;11—洛克希得马尔丁公司

多金属结核主要由 Fe 和 Mn 的氧化物和氢氧化物组成，大小从微型颗粒到土豆状块体，富含 Cu、Ni、Co、Mo 和多种金属微量元素。一般产于低沉积速率和水深大于 4 000 m 大洋盆地中，常围绕核心在沉积物和水界面上生长，以红黏土和硅质软泥沉积区最为富集。

一、多金属结核的物理化学性质

多金属结核一般呈黑色、绿黑色到褐色，由多孔的细粒结晶集合体、胶状颗粒和隐晶质物质组成，常为球状、菜花状、杨梅状、椭球状、盘状、板状、葡萄状和肾状，直径多为 3～6 cm（图 12-14 a,b）。多金属结核的生长速率非常缓慢，多数为 1～50 mm/Ma，平均生长速率只有 5 mm/Ma。多数多金属结核都有一个或多个核心，核心的成分可以是岩石矿物碎屑或生物骨骼，围绕核心形成同心状金属层壳构造是多金属结核的重要特征（图 12-14c）。

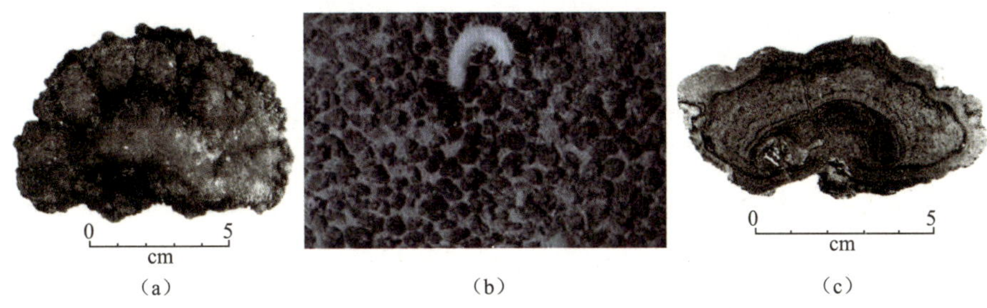

(a) (b) (c)

图 12-14 多金属结核的形貌(a)、海底分布(b)和剖面结构(c)

多金属结核主要由隐晶质和极细粒的水合铁锰氧化物矿物组成，并含不等量的二氧化硅、碳酸盐、碎屑矿物和生物物质。结核中的微量元素，如 Ni、Co、Mo 和稀有、稀土元素主要受铁锰氧化物控制。已知的锰矿物主要有钙锰矿、水钠锰矿、水羟锰矿（δ-MnO_2）和拉锰矿（MnO_2）等。

结核的化学组成十分复杂（表 12-1），含有几十种有色金属和稀有、稀土元素，其中 Cu、Ni、Co、Mn 和 Mo 的含量达到工业利用品位。

表 12-1 世界大洋多金属结核中金属的平均含量(wt%，据 Baturine，1983)

元素	含量范围	太平洋					印度洋			大西洋			南洋盆			
	(1)	(2)	(3)	(4)	(5)	(6)	(3)	(4)	(5)	(3)	(4)	(5)	(4)	(4)	(5)	(6)
Mn	0.04～50.3	24.2	17.94	19.78	20.1	18.3	14.74	15.10	15.25	14.93	15.78	13.25	14.69	16.02	18.60	17.4
Fe	0.3～50.0	14.0	11.72	11.96	11.4	12.77	13.05	14.74	14.23	13.08	20.78	16.97	15.78	15.55	12.40	13.6
Ni	0.08～2.48	0.99	0.59	0.634	0.76	0.63	0.441	0.484	0.43	0.484	0.328	0.32	0.450	0.480	0.66	0.55
Cu	0.003～1.90	0.53	0.39	0.392	0.54	0.41	0.173	0.294	0.25	0.155	0.116	0.13	0.210	0.259	0.45	0.34
Co	0.001～2.53	0.35	0.33	0.335	0.27	0.29	0.254	0.230	0.21	0.323	0.318	0.27	0.240	0.284	0.27	0.27
Zn	0.01～9.00	0.047	0.084	0.068	0.16	—	0.061	0.069	0.149	0.066	0.084	0.123	0.060	0.078	0.12	—
Pb	0.01～0.75	0.090	0.11	0.085	0.083	—	0.070	0.093	0.101	0.134	0.127	0.14	—	0.090	0.093	—

(1) Volkov，1979；Mckelvey 等，1983；(2) Mero，1985；(3) Volkov，1979；(4) Cronan，1980；(5，6) Mckelvey 等，1983；(6) 克拉里昂-克里帕顿带。

二、多金属结核的资源量及其分布

海底多金属结核的资源储量估计在 30×10^{12} t 以上，其中北太平洋分布面积最广，占总储量的一半以上，约为 17×10^{12} t。多金属结核密集的地方可以达到 100 kg/m^2 以上。结核中 50%以上是 Fe 和 Mn 的氧化物，其次是含有 Ni、Cu、Co、Mo 和 Ti 等 20 多种金属元素。仅就太平洋底的储量而论，结核中约含 Mn 4×10^{12} t、Ni 164×10^{9} t、Cu 88×10^{9} t、Co 58×10^{9} t，其金属资源相当于陆地上总储量的几百倍甚至上千倍。如果按照目前世界金属消耗水平计算，Cu 可供用 600 年，Ni 为 15 000 年，Mn 为 24 000 年，Co 可满足人类 130 000年的需要。由于海底结核仍在生长(成)，每年大约可以新增 1 000 万吨资源量，因此，多金属结核将成为一种人类取之不尽的海底资源。

尽管多金属结核几乎在所有洋盆和某些海盆中都有发现，但主要分布于太平洋(总储量为$(90\sim1\ 700)\times10^{9}$ t，Morgan，1999)，其次是印度洋和大西洋。近赤道带和南半球的三条纬度带(15°～20°、30°～40°和 50°～60°S)内结核最富集。

太平洋多金属结核分布有五个富集区：赤道北太平洋克拉里昂-克里帕顿断裂区(C-C 断裂带)，并向西延入中太平洋海盆北部；东北太平洋海盆 Musicians 海山周围的深海平原区；西南太平洋海盆中部；南大洋的东西延伸带和秘鲁海盆的北部(Glasby，2000)。太平洋中多金属结核的最大丰度区位于 6°～20°N，120°W～160°E 的赤道北太平洋，这里是沉积速率低的洋盆中心部位。在南太平洋，由于海底地形复杂，多金属结核分布相对不规则。在东太平洋，C-C 断裂带、中太平洋海盆和 Musician 海山附近多金属结核覆盖率超过 50%(图 12-15)。洋底多金属结核的覆盖率与沉积速率关系明显，高覆盖率大多出现在沉积速率极低的海底区域。

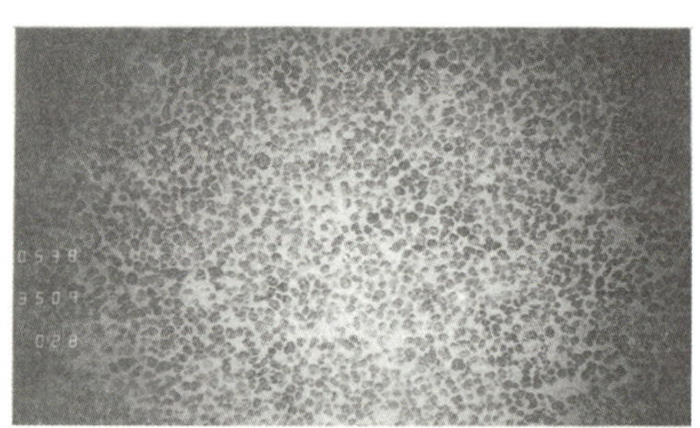

图 12-15 洋底结核分布照片(覆盖率约 61%)

西南太平洋海盆面积约 10×10^{6} km^2，最大水深 5 800 m。多金属结核主要为中小型(<6 cm)，最大丰度超过 20 kg/m^2，但品位低，平均 Ni+Cu+Co 含量 1%。估计储量 10×10^{9} t 左右。海盆东部的多金属结核覆盖率达 50%以上。在西北太平洋 Jane 海山附近、中南太平洋、秘鲁海盆和太平洋海盆东南部多金属结核覆盖率约为 25%。海盆的水深变化于 4 350～5 200 m 之间，接近碳酸盐补偿深度。秘鲁海盆水深 3 900～4 300 m，平均 Cu+Ni 含量约 2.1%，多金属结核平均丰度大于 10 kg/m^2，结核最大直径达 19 cm。

南太平洋结核区包括土阿莫土群岛、社会群岛、莱恩群岛和库克群岛周围海域，海底地形起伏变化较大，沉积物以红黏土分布最广。结核最大丰度可达 40～70 kg/m^2，但金属品位低，多金属结核丰度与金属品位呈负相关。中部区多金属结核直径多在 3～4 cm 之间，边缘区则增大到 6～8 cm。北部区的马希尼基与莱恩海隆之间的彭林海盆是一富集区，以北部富 Cu 和 Ni、南部富 Co 为特征。

整个太平洋储藏有 1 500～3 000 Gt 多金属结核，其中按丰度 10 kg/m^2、Cu+Co+Ni >1.76%圈定的矿区资源量为 14～99 Gt(Gross 和 Mcleod，1987)。位于东北太平洋克拉里昂断裂带和克里帕顿断裂带之间的 C-C 区(7°～15°N，114°～158°W)是最有开采价值的海区(表 12-2)。

表 12-2 西南太平洋海盆、C-C 区和秘鲁海盆多金属结核平均成分比较(引自 Glaspy，2000)

海盆	西南太平洋海盆	C-C 区	秘鲁海盆
Mn (%)	16.6	29.1	33.1
Fe (%)	22.8	5.4	7.1
Co (%)	0.44	0.23	0.09
Ni (%)	0.35	1.29	1,4
Cu (%)	0.21	1.19	0.69
Mn/Fe	0.73	5.4	4.7

中印度洋海盆多金属结核分布于盆地中部(5°～10°S)，水深在 4 500～5 600 m 的硅质沉积物和红黏土中，平均丰度 4.51 kg/m^2，变化范围 2.72～6.94 kg/m^2。已圈定矿区面积 0.3×10^6 km^2，多金属结核储量 $1\ 335\times10^6$ t，Cu+Ni+Co 金属资源量约 21.84×10^6 t(Jauhari 和 Pattan，1999)。

大西洋中的多金属结核主要分布在南美洲和非洲之间的深水(5 000～5 500 m)大洋区，尤其是在巴巴多斯岛(Barbados)以东数百千米洋底采集到的多金属结核就如同金属球，其大小如垒球一般，圆得出奇(图 12-16)。据科学家推测最大的多金属结核可能已经有 1 000 万年的历史。

图 12-16 采自北大西洋的结核(图片来自网络)

三、多金属结核的成因

关于多金属结核的成因，至今仍是一个争论未决的重要科学问题，难以回答或解释的问题主要包括：① 大量 Mn 和 Fe 沉淀的化学机制不十分清楚；② 多金属结核的纹层状结构的成因机制？③ 多金属结核为何只存在于洋底沉积物的表面，其不被埋藏的原因？目前较为普遍的认识一是纯化学沉淀成因说，二是微生物成因说。

从物源上看，Fe 和 Mn 等金属元素一是来自被海流带到大洋中的陆地或岛屿岩石风化所释放出来的；二是来自火山或岩浆喷发产生的熔岩和大量气体与海水相互作用被海水所萃取出来的；三是来自海洋生物死亡后分解所释放出来的；四是来自尘埃带入海洋中的。

纯化学成因说认为：上述物源使得海水中 Mn 和 Fe 的浓度逐渐增加，尤其是原来存在于矿物、有机质和生物体内处于还原态的 Mn^{2+} 和 Fe^{2+}（易迁移）在海底富氧环境中发生氧化还原反应：

$$2Fe^{2+}+O_2+2OH^-=Fe_2O_3+H_2O \qquad 4OH^-+2Mn^{2+}+O_2=2MnO_2+2H_2O$$

从而产生不易迁移的 Mn 和 Fe 的高价态氧化物沉淀。最初的沉淀发生在碎屑颗粒物（结核的核）的表面，可能是以胶体态含水氧化物的形式沉淀出来。在沉淀过程中，胶体可以吸附 Cu 和 Co 等元素，并与岩石碎屑、海洋生物遗骨等胶结而形成结核体。沉到海底的结核体在底流作用下发生滚动（不被沉积物掩埋），类似于滚雪球一样，越滚越大，最后形成了大小不等的多金属结核。

多金属结核的微生物成因说强调的是生物在多金属结核形成过程中的作用，但并不完全否定化学过程。首先是强调生物细菌对海水中的 Fe 和 Mn 等金属离子起到了富集作用，其次是认为生物活动使得多金属结核处于滚动状态，从而不至于被沉积物所掩埋。多金属结核中大量生物构造的存在似乎无法否定生物在结核生长过程中的作用，但是，到底是微生物的生命过程是 Mn 和 Fe 的富集动力还是生物活动造就了 Mn 和 Fe 等金属元素的富集乃至沉淀的环境，至今还不清楚。

第六节 富钴结壳

自 20 世纪 80 年代开始，国际上开始重视对富钴结壳的系统调查，获得了结壳形态、厚度、产状、成分、矿物学和成因等方面的资料，并圈出了主要的富集区。其后，美国、俄罗斯、德国、日本、英国等相继对中太平洋、西南太平洋和印度洋海山区进行了调查，先后在夏威夷海岭、布莱克海岭、莱恩群岛和土阿莫土群岛周围的海山区发现了富钴结壳的富集区。其中约翰斯顿岛环礁南约 60 海里的海山斜坡上，结壳覆盖率高达 80%～90%，厚度超过 4 cm，富含 Co、Ni、Mo、Ce 和 V 等金属元素。

构成富钴结壳的铁锰矿物主要为 δMnO_2 和针铁矿。其中，含 Mn 2.47%（平均值，下同）、Co 0.90%、Ni 0.5%、Cu 0.06%、Pt $(0.14\sim0.88)\times10^{-6}$、稀土元素（REE）总量很高，是海洋中重要的 Co、Ni、Pt 和 REE 等金属的潜在资源。

一、富钴结壳的分布及资源量

富钴结壳几乎遍布于全球海洋中，但主要集中在海山、海脊和海台的斜坡和顶部。仅太平洋就有约 50 000 座海山，其富钴结壳分布最多。在印度洋和大西洋局部海区的海山上也已发现有富钴结壳的分布。太平洋海山区包括麦哲伦海山、天皇海岭、夏威夷海岭和莱恩海岭区，马绍尔群岛、土阿莫土—马克萨斯群岛、波利尼亚岛和新西兰—查塔姆周围以及西太平洋的威克岛、萨摩亚岛、豪兰岛、贝克岛、关岛和北马里亚纳群岛海域，其中以中太平洋海山区最为重要。从地理纬度分布看，仅限于赤道附近的低纬度区，即在南、北纬度 5°～15°之间，一般不超过 20°。富钴结壳产于海山、海岭、海丘、海底台地顶部和上部、坡度不大(一般 10°～20°，平均 14°)的斜坡区，基岩长期裸露，缺乏沉积物或沉积层很薄的部位最富集。在水深 1 000～3 000 m、沉积速率很低、远距环礁、块体运动和重力流不发育的海区有利于结壳的形成。结壳覆盖率一般超过 50%，平均可达 20 kg/m^2。麦哲伦海山结壳产于 1 600～3 000 m 水深，富钴结壳厚度最大可达 24 cm，平均 5 cm，平均丰度为 64.5 kg/m^2，最高可达 185.4 kg/m^2，Co 的平均含量为 0.5%(何高文等，2001)。我国海洋地质学家早在 20 世纪 80 年代就在南海海盆的宪北海山和陆坡区水深 1 500 m 的尖峰海山多次采得富钴结壳，结壳的最大厚度达 25 cm。

总之，富钴结壳主要分布在赤道两侧纬度 20°范围、缺乏沉积层、基岩年龄大于 20 Ma(新、老结壳)或大于 10 Ma(新结壳)、无环礁和珊瑚礁、水深在 800～2 400 m、没有现代火山活动、海山斜坡稳定的海山区，同时还须是发育有浅而良好的最低含氧层和不受陆源碎屑供给影响的海区。

尽管业已知道富钴结壳广泛分布于海山之上，但经过详细勘测及取样的海山却寥寥无几。因此，要想准确地给出富钴结壳的资源量仍很困难。据粗略估计，海底富钴结壳中 Co 的总量为(1 000～3 000)$\times10^6$ t。相对于大西洋和印度洋的海山，太平洋海山上要丰富得多，仅莱恩-库克群岛区(170°～155°W，5°N～20°S)，估计富钴结壳资源量 215$\times10^6$ t，其中含 Co 1.47$\times10^6$ t，Pt 97 t。据已有调查资料估计，在美国太平洋专属经济区的富钴结壳资源中蕴藏有：Co 39.3$\times10^6$ t，Ni 20.41$\times10^6$ t，Mn 1 060.9$\times10^6$ t 和 Pt 2 291 t。

二、富钴锰结壳的基本特性

富钴结壳大多呈层壳状，生长于各种硬质基岩上。基质岩石各种各样，其中以碱性玄武岩及其蚀变岩石和火山角砾岩(夏威夷岩)最常见，其次是蒙皂石岩和磷块岩。生物石灰岩、玻屑岩、黏土岩和磷酸盐质砂岩、凝灰岩比较少见。少数结壳包裹岩块、砾石，成不规则球状、块状、盘状、板状和瘤壳状，直径几厘米到几十厘米。根据测年资料，富钴结壳的生长速率为 2.5～5 mm/Ma，与大洋多金属结核的生长速率(1～10 mm/Ma)相近似，但比热液成因铁锰结核的生长速率(1 000～2 000 mm/Ma)缓慢得多。一般来说，富钴结壳的新层壳生长速率为 1～3 mm/Ma，比老层壳的生长速率(5 mm/Ma)更加缓慢。由于富钴结壳的生长速度十分缓慢，所以只能在年龄超过 25 Ma 的基岩面上才有可能发育生成。

富钴结壳颜色为黑色或暗褐色，平均干相对密度 1.3 g/cm^3，孔隙度约 60%，层状表面呈瘤状或葡萄状(图 12-17)，也有光滑和松散土状。富钴结壳内部有平行纹层构造、柱状和斑纹状结构，反映结壳生长过程中的环境变化。金属层壳往往可以见有两个生成期，老生长层的内壳形成于中始新世～早渐新世初期；新生成的外壳形成于中、晚中新世以来。新、老层壳之间被磷酸盐物质分隔，有人认为这种磷酸钙的形成与海洋的最低含氧层有关，是同生的。但也有人主张是次生成因，可能是磷酸盐交代结壳中钙质组分的结果(Halbach，1980)。

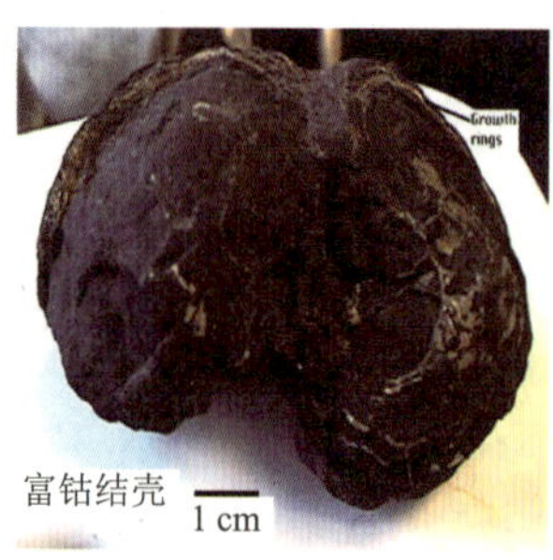

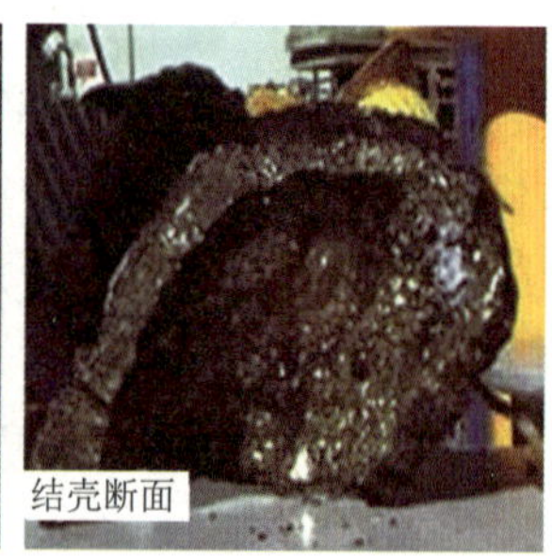

图 12-17　富钴结壳的表面及断面特征

富钴结壳的组成矿物有细粒锰、铁氧化物和氢氧化物、非晶质铝硅酸盐、碳酸盐、磷酸盐和碎屑矿物，其中最主要的矿物是水羟锰矿(δMnO_2)和隐晶质针铁矿($FeO(OH) \cdot nH_2O$)。自生矿物有沸石、蒙皂石、方解石和磷灰石，以及少量的石英、重晶石、斜长石、钾长石、辉石和黏土矿物等。石英来自风尘，辉石、钾长石和沸石来自海底岩石的风化，部分斜长石可能来源于火山悬浮体。

富钴结壳含有 Mn、Fe、Co、Ni、Pb、Ti、Cu、Pt、Mo、Zn、Cd、Be、Ba、W、Sn、Bi、As、Sb、V、Ag、Sr、Ce、Y、La、Se、Yb、Ta、U、Zr、Ge、Ga、Li、In、Tl 等多种元素。其中钴含量高达 2.3%，比大洋多金属结核中的钴含量高 3～5 倍。铂的含量为$(0.2\sim1.2)\times10^{-6}$，比海水中 Pt 的浓度(约 0.002×10^{-9})富集 10^6 倍，最高含量可达 0.8 mg/t。结壳中 Pt 和 Rh 的含量分别相当于地壳中 Pt 和 Rh 克拉克值的 80 倍和 15～40 倍。

富钴结壳中的金属含量与水深有关，Mn、Co 和 Ni 随水深变浅而含量增加，而 Fe 和 Cu 则相反。Co 和 Pt 的含量分布则与层壳的生长年龄有关，Co 富集于结壳外层或年轻结壳，而 Pt 则富集于结壳内层或较老的结壳中。Pt 含量与 Ni 含量以及 Mn/Fe 比值呈明显的正相关，说明 Pt 和 Ni 是和 MnO_2 相结合而沉淀的。

三、富钴结壳的成因

有关富钴结壳的形成过程和机制目前还不十分清楚，大多数学者承认是水成成因，金属元素来源于海水，是纯粹的胶体化学沉积过程。在海水中，多数金属元素是以无机络合物的形式存在。Co、Ni、Zn、Pb、Cd 和 Tl 等元素的水合离子被吸附在氢氧化锰表面，其中的 Co^{2+} 被氧化而形成难溶的稳定态 Co^{3+}，从而更为富集。低价态的大络合物元素 V、As、P、Zr 和 Hf 等则被吸附在氢氧化铁表面。吸附金属的铁锰混合胶体可能通过细菌的催化作用在硬质岩石表面沉淀形成隐晶质氧化物或氢氧化物。金属通过共沉淀或吸附离子的扩散作用进入铁锰氧化物或氢氧化物的晶格中。Co 由 Co^{2+} 氧化为 Co^{3+} 在结壳表面大量富集，同时也富集了 Pb、Ti、Tl 和 Ce 等元素（Hein 等，1999）。

海洋不同深度水层中溶解氧和溶解锰的浓度是不同的。在通常情况下，含氧量的高低或低含氧层的深浅与生物生产力有关。在高生物生产力或生物繁盛的海区，由于在生物死亡后的沉降和溶解过程中要耗去大量氧气，导致最低含氧层的深度较浅。相反，在生物生产力低的海区，最低含氧层的深度则相对增大。

铁主要来自低含氧层之下的水柱中。生物碳酸盐骨骼首先在低氧层中被溶解，并释放出低价态的 Fe^{2+}，在下沉进入相对高含氧层之后被氧化并以 Fe^{3+} 的形式存在于氢氧化物胶粒中。随着水深的增加，氧含量亦逐渐增加，引起 Mn^{2+} 最大浓度带向深水扩散，同时加速 Mn^{2+} 的氧化，形成 Mn 和 Fe 的水合氧化物和硅酸盐混合胶体溶液，最后聚合胶体微粒在基岩表面凝聚沉积下来。

海水中的 Mn 和 Pt 分别以 Mn^{2+} 和 $[PtCl_4]^{2-}$ 的形式存在。在溶解氧含量高的条件下，锰不与铂的络合物发生反应，只有在低含氧层之下不深的氧含量较低的水层，Mn^{2+} 才可能和 $[PtCl_4]^{2-}$ 反应，在氧化还原过程中使氧化锰和铂共同沉淀，形成富含铂的富钴结壳，其可能的反应式为

$$Mn^{2+} \rightarrow Mn^{4+} + 2e \text{（氧化）} \qquad Pt^{2+} + 2e \rightarrow Pt^{0} \text{（还原）}$$

$$Mn^{2+} + [PtCl_4]^{2-} + 2H_2O \rightarrow Pt^{0} + MnO_2 + 4Cl^{-} + 4H^{+}$$

富钴结壳的生长速率为 1～6 mm/Ma，是地球上最缓慢的自然过程之一。因此，形成一个厚约 10 cm 的结壳层大体需要 6000 万年的时间。一些富钴结壳的壳层结构及测年资料表明，在过去的 2000 万年中富钴结壳的生长分为两个主要形成期，Fe 和 Mn 的增生过程被一形成于距今 800 万～900 万年的中新世的磷钙土层所间开。这一磷钙土薄层的存在很可能是全球海洋中溶解氧含量变化事件的体现。同时也为寻找更老、更丰富的富钴多金属矿床提供了线索。

第七节 海底热液活动成因多金属硫化物矿产资源

在全球性大洋中脊和弧后扩张中心的板块增生带，以及热点海底火山活动区，普遍存在有热液（水）的喷溢作用（Hydrothermal Venting），这种热液流体呈酸性（pH≈3），温度从几十摄氏度到 365℃以上，喷出海底形成海底热泉（Submarine Hot Spring）。高温热泉喷出海底后常呈黑色，形如滚滚黑烟，故又称“黑色烟囱”（Black Smoker），低温热泉常喷出乳白色的热水流体，又称“白色烟囱”（White Smoker）。

海底热液多金属矿床是以多金属硫化物为主，伴生（或硫化物经氧化作用改造而产生）有 Fe 和 Mn 的氧化物、重晶石、二氧化硅和硬石膏等矿物的海底矿床资源类型，它们是在海底热液喷溢过程中所形成的，部分矿体呈脉状存在于洋壳内近海底表层的岩浆岩岩体中，部分呈烟囱体或丘状体存在于热液喷口附近的海底之上（图 12-8）。

海底热液多金属矿体的形成与喷溢热液流体的烟囱有着密切的联系。大多数烟囱的生长非常迅速。深潜观测发现烟囱的生长速率在烟囱生长初期可达 30 cm/d（Goldfarb 等，1983），老烟囱达 8 cm/d（Hekinian 等，1983）。烟囱体可高达 20 m 以上。随着烟囱体

的不断生长，会发生塌落，塌落的烟囱碎块堆积或者相邻烟囱的交互生长形成丘状硫化物矿体。据 Rona(1984)的估计，一个典型的热液沉积丘状矿体含有约 1 000 t 的金属物质。

一、海底热液活动及其矿床资源的分布

(一) 海底热液活动区的分布

迄今，已发现的海底热液活动区或热液沉积物堆积区共计 500 余处(图 10-21)，其中具有多金属硫化物资源远景的热液沉积区超过 300 处，目前仍在活动的热液区有 200 余处，已停止活动的热液沉积物堆积区约 530 处。随着针对海底热液活动的调查逐渐展开，新的海底热液活动和热液沉积区正在以每年 3～10 个的速率被发现，商业性的调查勘探极大地促进了国际海底区域内新的热液多金属硫化物资源的发现。

现代海底热液活动广泛存在于张性构造环境，通常与岩浆作用或火山活动相伴生。大洋中脊裂谷带是地球上岩浆作用最为强烈的构造带，也是新洋壳生成、海底热液活动、热液成因多金属硫化物矿床最为发育的地带。弧后扩张性盆地和热点及岛弧等岩浆作用活跃地带也是有利于热液活动发育的地带(图 10-21)。

先前普遍认为海底热液活动主要发育在快速扩张脊，最近几年人们才逐渐认识到，慢速-超慢速扩张脊相对稳定的构造环境(中脊裂谷更为发育、构造事件频率低、幕式活动周期长、岩浆房规模大等)可以相对延长热液与岩石反应和热液上升的时间，更有利于大型热液多金属矿床的形成，从而使得对慢速和超慢速扩张脊热液活动及其成矿作用的调查研究成为最近几年的热点。至今已经先后在慢速-超慢速扩张的西南印度洋洋中脊和中印度洋洋脊发现数十处海底热液活动区。

(二) 多金属硫化物矿体的分布

海底热液活动并不一定都会形成具有一定规模和潜在经济价值的多金属硫化物矿体。根据现在所掌握的资料，全球大洋海底(包括弧后盆地)有 20 余个具有潜在经济与开采价值的大型热液沉积矿体，这些矿体若是在陆地上，已经达到了矿藏的规模，其规模大小和有用金属的品位都与陆上已开采的古硫化物矿床相近。这些矿体主要产于快速扩张脊(如东太平洋海隆)、慢速扩张洋脊(如大西洋洋中脊)、超慢速扩张脊(如西南印度洋洋中脊)、有沉积物盖层的洋脊、年轻和成熟的弧后盆地(如位于中国东海外缘的冲绳海槽)、热点及火山弧等构造环境。

(三) 控制海底大型硫化物矿体形成的主要因素

控制海底大型硫化物矿体形成的主要因素有很多。大的构造环境是控制大型硫化物矿体发育最重要的因素。在慢速扩张脊相对稳定的构造环境(中脊裂谷更为发育、构造事件频率低、幕式活动周期长、岩浆房规模大等)下，热液与岩石反应时间和热液上升时间相对更长，大型热液多金属矿床更易于形成。热液多金属矿体主要产于火山地形高地和地堑构造壁上。在快速扩张脊，矿体主要产于离轴海山上。弧后盆地多有一定厚度的沉积物覆盖，已有的资料证明这里是最有利于大型矿体形成的构造环境，而且一些贵金属(如

Pt、Au 和 Ag 等)的品位相当高,该环境下所形成的矿体与陆上的大型块状硫化物矿床很雷同。

除了考虑利于热液活动发育的构造环境外,还必须考虑热液系统的稳定性与岩-水反应时间、热液区水深、基底岩石的渗透率、热液与海水的混合作用、沉积盖层、喷出热液的扩散等因素。

1. 热液系统的稳定性

热源的深度与大小及其结构的稳定性决定着热液喷溢的寿命,从而控制着矿体规模的大小。大型硫化物矿体的形成需要有大型而且稳定的热液循环系统。迄今已经发现在快速扩张脊上,热液活动通常只有几年的生存期,热液喷溢地点往往会沿中脊轴向变动,这不利于大型硫化物矿体的形成。大型硫化物矿体的形成往往需要持续很长时间或同一地点发生多次的热液喷溢活动。例如,在 TAG 热液活动区,在长达 26 000 多年的时间里,在同一位置至少发生过 5 次热液活动事件。在对流系统较稳定的慢速-超慢速扩张脊,相对稳定的构造环境延长了岩-水反应和热液活动持续的时间,更有利于大型矿体的形成。但是,也有证据表明,在靠近快速扩张脊的离轴海山上,破火山口是高热流和强破碎区,提供了类似于慢速扩张脊的相对稳定的环境,在破火山口壁上可以形成大的硫化物矿体,这些矿体大多呈透镜状。

2. 水深

尽管还没有证据表明热液活动的存在与水深有直接的关系,但是热液活动区的水深却是影响大型硫化物矿体发育的重要因素。典型的高温热液流体温度为 350℃左右,在 3 000 m 水深的压力下,该温度远低于热液流体的沸点,所以热液喷出海底后会冷却沉淀形成硫化物。在浅水区,由于压力较小,热液在喷出海底甚至在海底之下就会发生沸腾作用。热液在低压环境中由于沸腾所发生的相分离将形成两种热液流体:一种为低盐度高含气量的流体,金属含量很低,热液沉积物以重晶石与硬石膏为主,只能在海底表面形成低温的贫金属矿化带;另一种是早期相分离时期所形成的高密度卤水,亏损 H_2S(H_2S 进入气相),盐度高且富含金属元素,往往在洋壳内部形成大规模的网状矿脉。

3. 渗透性

海底岩石的渗透性决定着海底热液循环系统的存在与否。在非渗透性的火山岩层中,如块状熔岩流,大部分流体是沿着大型断层流动,这种情况主要发生在洋脊的轴部。在构造活动末期,洋壳严重破裂,具有高渗透性,这种结构为高温上升热液流和低温下降海水提供了良好的通道,在热液对流系统稳定的慢速扩张脊上极有可能形成大型的硫化物矿体。若混合作用发生在洋壳内部,则会沿断层裂隙形成高品位的矿脉。在快速扩张脊,由于构造断裂往往被后期岩脉所充填,热液的上升通道相对狭窄,所形成的沉积矿体数量多,但规模较小,其典型实例是东太平洋海隆 13°N 热液活动区。

在渗透性较好的火山岩层(如火山碎屑物质或高孔隙度的火山岩)中,热液流体难以集中,混合作用主要发生在多孔火山岩中,导致了洋底低温 Fe/Mn 质或 Si 质壳层的形成。若这一壳层得以形成,则在热液循环系统中充当了盖层的作用,后续的热液流体可以在洋壳内部发生与火山岩的交代作用,形成块状硫化物矿体,只是这种沉积矿体并不是矗立在海底的丘状硫化物，而是以块状硫化物和浸染状矿化体存在于洋壳中。

4. 混合作用

热的热液流体与冷的海水的混合作用将导致混合流体温度快速降低和氧化还原条件改变，从而使得金属硫化物与 Ca 和 Ba 的硫酸盐（硫酸根来自海水）的快速沉淀。但是，如果这种混合作用发生在开放的海底或动荡的环境（如有底流存在）则会使得热液中的矿物微粒快速地弥散在海水之中，将有 90% 以上的金属元素扩散到海水中去，不利于大型硫化物矿体的发育。因此，如果混合作用发生在热液流体喷出海底之前，通过热传导降温冷却，则矿物沉淀会形成相当规模的硫化物矿体。热液烟囱体和热液丘的形成会使其内部的混合作用和热液的扩散受到限制，也会导致大型硫化物矿体的发育。热液活动区非渗透性岩盖的存在是阻止热液流体被海水快速混合并稀释的关键因素，这些岩盖起到了地球化学屏障的作用，Lucky Strike 海盆、Lau 海盆和冲绳海槽等是典型实例。

5. 沉积物盖层

在部分洋脊段，特别是在弧后盆地，往往存在有一定厚度的沉积物盖层。已有的证据表明，有沉积物覆盖的热液区流体中金属含量较低，其可能的原因是在热液流体上升期间，热液流体端元与沉积物相互作用，损失了大部分金属。这就使得海水的混合作用及快速稀释作用在流体冷却过程中受到限制，导致金属沉淀出来。不过，在这种环境下，大型的硫化物矿体很可能存在于沉积物之下的基岩中。据 Clark(1989) 的研究，有沉积覆盖的洋中脊和弧后盆地热液活动区最有可能形成大的多金属硫化物矿体，这是因为热液同含有机质的沉积物进行反应，导致热液硫化物最大限度沉积在沉积物中，同时由于有沉积盖层的隔离效应，热液有充足的沉积时间。沉积盖层还为热液在喷出海底之前沉积形成网脉状矿体提供了理想的环境。上述推测已经被大洋钻探计划在 Middle Valley 热液区的钻探所证明，其硫化物矿体的厚度至少有 90 m。

6. 热液扩散

热液喷出海底之后形成热液羽状体（Hydrothermal Plume），又叫热液柱（图 12-18）。如果热液区处于高能海区（如海流较强的海区），热液携带的溶解态金属元素和早先沉淀生成的矿物颗粒被海流带离热液喷口。热液羽状体有时会形成方圆数千米的水团并随海水流动，“漂移”到离热液喷口很远的地方，形成在深海漂移不定的“深海幽灵”。随着热液流体的扩散，早期形成的金属硫化物矿物颗粒会逐渐被氧化，形成 Fe 和 Mn 等元素的氧化物或氢氧化物散布在大洋盆地中，这不利于大型硫化物矿体的形成。

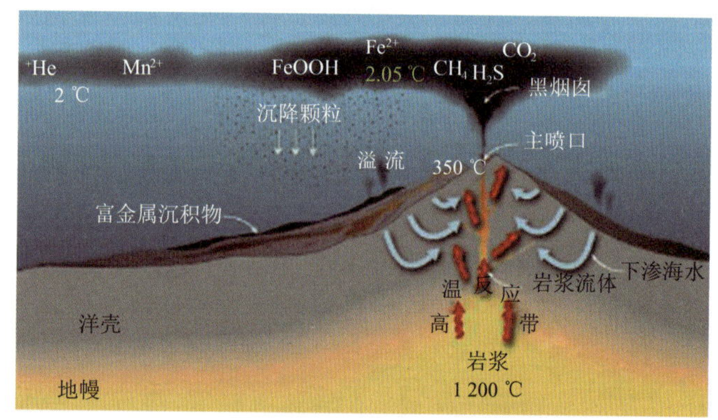

图 12-18　热液羽状体（Hydrothermal Plume）示意图
（来自 http://cn.bing.com/dict/hydrothermal-plume）

二、热液多金属硫化物的资源量

现在还无法准确地给出海底热液矿产潜在资源量的估算值，其原因主要有：一是受调查勘探工作的限制，海底热液活动和热液沉积区的分布还不清楚，新的热液活动或热液沉积区仍在不断被发现；二是对业已发现的热液沉积物矿体大多都没有做过详细的研究，更没有对矿体的深度和规模做过钻探调查，故无法给出准确的矿体规模的几何数据和有用元素的品位数据。迄今只有在红海和东太平洋海隆局部热液沉积区做过钻探，其中也只有红海有足够的资料可供做有意义的资源评价。红海 Atlantis Ⅱ海凹是一个潜在的富集 Zn、Cu、Ag 的矿床，其次富集 Au 和 Co 矿产资源，其多金属硫化物面积约 62 km^2，矿层最大厚度约 25 m，一般厚度为 7～11 m，沉积时间为 1 万年左右。表 12-3 给出了 Atlantis Ⅱ海凹多金属硫化物中金属元素的品位和吨数。从总吨位来说，红海中的热液矿床与陆上最大的火山成因的块状硫化物矿床相当。按现在的金属价格估算，其价值超过 100 亿美元。

表 12-3 红海 Atlantis Ⅱ海凹中金属的品位和吨位

	品位	含量[a]	吨位
Zn	3.41 kg/m^3	2.06%	1 890 000
Cu	0.77 kg/m^3	0.46%	425 000
Ag	6.77 g/m^3	41($\times10^{-6}$)	3 750
Au	—	0.5($\times10^{-6}$)	47
Co	—	59($\times10^{-6}$)	5 368
无盐干物质	—	—	92×10^6
含金属沉积物	—	—	696×10^6

注：a 基于无盐干物质计算(据 Lange，1985)。

三、热液多金属硫化物的成因

海底热液多金属矿床大多是海水通过裂隙进入海底岩石并淋滤其中的金属元素，从而变成成矿溶液，并最终回到海底，沉淀其中淋滤的金属元素而形成的。这种反应的驱动力是侵入地壳的岩浆所提供的热。如果热液在上行的过程中遇到相当数量的冷的下行海水，其中大部分的金属物就会沉积下来，在洋壳的上部形成网状矿脉；如果上行通道中没有海水注入，则会在海底喷溢未经稀释的热液并形成烟囱，分选良好的热液沉积悬浮物发生沉淀而形成热液矿床。并不是所有海底热液矿床都是通过简单的海水-玄武岩反应所形成的热液沉淀产物。如果热液在到达海底前要通过沉积物通道，那么热液和沉积物之间的反应会导致热液组分和只通过大洋玄武岩基底的热液组分有所不同。例如，在 Galapagos 断裂带的热液丘，热液和深海沉积物之间的反应形成了富铁蒙脱石，而非热液硫化物沉积，其上为与海水接触的氧化锰沉积(Moorby 和 Cronan，1983)。在加利福尼亚湾的 Guaymas 海盆，高温的热水溶液和沉积物发生反应，导致碳酸钙和硅质生物的溶解，并沉积形成各种新的热液矿物相。

小　结

1. 随着工业和社会经济的发展，世界对矿产资源的需求量快速增长，陆地资源被大量消耗，而海洋中却储存有丰富的金属、非金属和可燃性矿产资源，涉及所有沿海国家的权益。20 世纪 60 年代以来，海底矿产研究取得了长足进展，已成为当今海洋地质研究的热点领域，备受国内外海洋学家和矿业家的关注。

2. 海底矿产资源，包括地质历史时期各种成矿作用和现代海洋沉积成矿作用形成的 Fe、Mn、Ti、Sn、Pt、Zr、Cu、Co、Ni、Zn、Au、Ag、P、油气、膏盐和煤等。从经济产值来看，油气和砂矿资源居首位。21 世纪最具潜力的新型矿产是天然气水合物、富钴结壳和热液多金属硫化物。海洋油气资源的勘探开发正在由浅海向深海转移；大洋多金属结核以其巨大的 Mn、Cu、Co、Ni 金属储量将进入环境评价和开采时期；富钴结壳和热液金属硫化物的分布、成矿环境、控制因素和富集机制将是近几年调查研究的重点；天然气水合物的地质—地球物理—地球化学综合探测技术、矿床地质特征、资源量和采矿系统研究将会取得新的进展。

3. 海底矿产资源探测和开发在很大程度上依赖于包括定位、测深、取样、钻探、地质—地球物理—地球化学综合探测和高精度岩矿组分测试以及海洋采矿系统高新技术的发展和应用。

思考题

1. 世界海洋油气资源分布的主要地理和地质特点有哪些？
2. 海洋砂矿包括哪些主要类型？它们的经济意义如何？
3. 天然气水合物赋存的沉积环境条件及探查方法有哪些？
4. 简述大洋多金属结核和富钴结壳资源的地质特征及它们的异同点。
5. 简述海底热液多金属硫化物的形成条件、成矿过程和分布特征。

第十三章　全球变化与古海洋环境

随着人类社会的发展，全球性的环境变化问题已成为制约人类可持续发展的关键因素之一。全球环境变化的重要性主要在于人类本身对环境的影响已经接近甚至超过自然变化的强度和速率，正在并将继续对未来人类的生存环境产生长远的影响。研究解决这些重大全球环境变化问题已经远远超过了单一学科的范围，迫切要求从地球整体上来研究环境和生命系统的变化，从而提出了地球系统的概念，即地球是由地核、地幔（圈）、岩石圈、水圈、大气圈、生物（包括人类）圈等（子系统）组成的一个整体系统。地球系统科学(Earth System Science)就是研究这些子系统之间相互联系和相互作用的机制、地球系统变化的规律及其控制机理，为全球环境变化预测建立科学基础，为地球系统的科学管理提供依据。观测与监测技术的发展，特别是卫星遥感技术的应用，提供了对整个地球系统行为进行监测的能力；计算机技术的发展为处理大量的地球系统信息和建立地球系统数值模式提供了技术支撑。

全球变化(Global Change)是指由于自然和人为的因素而造成的全球性的环境变化，主要包括大气组成变化、气候变化以及由于人口、经济、技术和社会的压力而引起的土地利用的变化等。全球变化研究始于 20 世纪 80 年代，为了解决全球环境问题而逐渐发展起来的一门新兴科学——全球变化科学(Global Change Science)。全球变化科学研究的目标是：描述和理解人类赖以生存的地球系统运转的机制、它的变化规律以及人类活动对地球环境的影响，从而提高对未来环境变化的预测能力，为全球环境问题的宏观决策提供科学依据。因此，全球变化科学的理论基础是地球系统科学，主要研究地球系统各组成部分之间的相互作用，以及发生在地球系统内的物理、化学和生物过程之间的相互作用。研究地球系统的过去、现在和未来的变化规律和控制这些变化的因素和机制，从而建立全球变化预测的科学基础，并为地球系统的管理提供科学依据。

在全球变化研究中，海洋科学研究占有突出重要的地位。因此，国际上开展了一系列的海洋科学研究合作计划，譬如：大洋钻探计划(ODP，详见第十五章)、海洋全球变化合作计划(IMAGES)、热带海洋和全球大气研究(TOGA)、世界大洋环流试验(WOCE)、全球海洋通量联合研究(JGOFS)、PAGES（过去的全球变化）研究和海岸带陆海相互作用(LOICZ)等。

古海洋学(Paleoceanography)是最近20多年迅速发展兴起的新学科，属于海洋地质学的一个分支，是研究地质时期海洋环境及其演化的科学，又称历史海洋学。它是利用现代地质学和海洋学知识，通过对海洋沉积物的分析和研究，了解古海洋表层及底层环流的形成、演化及其地质作用，阐明海水成分在地质历史中的变化、浮游和底栖生物的演化、生产力和生物地理发展史及其对沉积作用的影响，以及海洋沉积作用的历史等。

第一节　全球变化科学研究

全球变化科学的研究领域涉及地球系统中的三大相互作用过程：① 地球系统各组成部分(大气、海洋、陆地、生物圈，乃至地球内部圈层等)之间的相互作用；② 物理、化学和生物过程的相互作用；③ 人类与地球环境之间的相互作用。同时，全球变化科学研究又是对人类社会可持续发展的科学投资。

全球变化科学以国际地圈生物圈计划(IGBP)、全球环境变化的人类因素计划(IHDP)、世界气候研究计划(WCRP)和生物多样性国际科学研究计划(DIVERSITAS)四个大型全球变化研究计划为支撑，以地球系统为对象，将大气圈、水圈、岩石圈和生物圈(包括人类)作为一个整体，探讨由一系列相互作用过程联系起来的、复杂的、非线性的多重耦合系统(地球系统)的运行机制。

一、全球变化研究兴起的背景

(一) 社会需求

自20世纪中叶以来，人类社会逐渐认识到全球环境正在以前所未有的速度发生变化，一系列全球性的重大环境问题已经对人类的生存和发展构成严重的威胁。例如，全球气温加速升高，导致两极冰盖融化和海平面上升；大气圈层中CO_2和其他温室气体浓度、气溶胶含量等增加，臭氧洞生成；热带雨林和草原覆盖率降低，局部出现荒漠化；生物多样性降低，部分物种消失；陆地淡水资源减少，江河水位下降，湖泊干枯；自然灾害频发；人类社会城市化进程加快和人口快速增长，等等。科学地分析这些全球性环境问题的性质、形成原因和变化规律，预测其发展趋势，评估其对社会和经济的影响，提出合理的适应对策，便成为人类社会可持续发展的当务之急。

(二) 理论基础

全球性重大环境问题的解决超越了传统自然科学各分支学科的知识范畴，尤其是把自然科学和社会科学更加紧密地联系在一起，导致了诸如地球系统和地球系统科学等新概念的出现。要解决这种全球性的重大环境问题，人类必须从更加宽阔的视野认识地球和其周围环境之间的联系，引入系统科学的理论去揭示物理、化学和生物过程的相互作用，并且必须考虑人类活动与地球环境之间的相互作用，这不仅要求自然科学众多分支的协同合作，而且需要人文和社会科学的共同努力。这就要求人类必须从交叉科学的角度来研究整个地球系统，甚至涉及太阳－地球系统中各个分系统之间的相互作用，以求更加完整地理解全球变化。要实现这一目标，就必须发展新的理论，同时要充分利用现有高新技术和发展新的技术手段，这是全球变化科学新理论形成和得以发展的理论基础。

(三) 技术支撑

空间遥感探测技术、巨型计算机和信息处理技术的发展使得从整体上监测、分析和模拟地球系统的变化过程成为可能，也为全球变化科学的发展提供了技术支撑。首先，以人造卫星为主的空间探测技术可以获取整个地球(包括从赤道到南、北两极大气、海洋和陆地)环境的信息和连续不断的变化观测记录。其次，对地观测遥感系统可以把地面上的气象、水文、海洋和生态等观测站网连接起来，构成对整个地球进行监测的空间网，随时观测地球系统的变化过程。

在高新技术条件的支撑下，全球变化研究通过一系列的技术手段得以快速发展起来，主要包括：① 发展全球分析和模拟技术：借助于全球模式来定量分析地球系统内物理、化学和生物过程的相互作用，估计未来变化的可能影响；② 建立全球资料和信息系统：建立全球变化研究需要的全球资料和信息的处理、贮存、交流系统，特别注重发展全球变化的空间遥感观测能力和资料的处理能力；③ 建立区域研究中心：在全球代表性生态系统区域，主要在发展中国家建立全球变化的区域研究中心，它们的功能是生态环境的长期监测、特殊问题的试验研究、科学技术人员的培训以及区域资料汇集与交换等。

二、主要研究内容、目标和要解决的主要科学问题

地球是由大气圈、水圈、冰冻圈、生物(包括人类)圈、岩石圈(包括地壳)，乃至深部的地幔和地核等不同圈层组成的行星，同时又是星际空间的一员(图 13-1)。这些圈层之内和相互之间无时不在发生着复杂的相互作用，包括物理的、化学的和生物的三大基本过程以及人与地球的相互作用，使地球成为一个复杂的非线性多重耦合系统，这就是全球变化研究的主体。

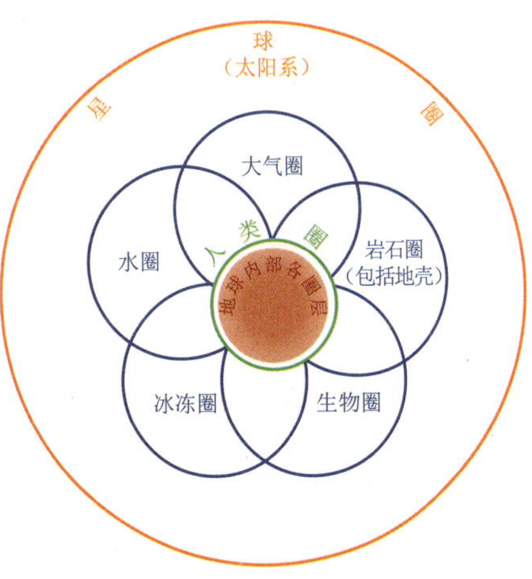

图 13-1 地球系统的圈层结构

全球变化科学现阶段的主要研究内容包括：① 全球大气化学与生物圈的相互作用：主要研究全球大气化学过程是如何调制的？生物过程在产生和消耗微量气体中的作用，预报自然和人类活动对大气化学成分变化的影响；② 全球海洋通量研究：主要研究海洋生物地球化学过程对气候及其变化的影响；③ 全球水循环过程中的生物学特征：主要研究植被与水循环过程中的相互作用；④ 全球变化对陆地生态系统的影响：主要研究气候、大气成分变化和土地利用类型变化对陆地生态系统的结构与功能的影响及其对气候的反馈；⑤ 全球变化史的研究：重建近 2000 a 以来和一个完整冰期-间冰期循环的全球环境变化，了解它们与地球内部或外部作用力的关系；⑥ 导致全球变化的人类因素：主要研究汽车逐年快速增加导致排放尾气 CO_2 增

加和世界人口快速增加及人类活动对全球环境的影响及所导致的环境变化。

全球变化研究的科学目标是描述和理解人类赖以生存的地球系统运转的机制及其变化规律以及人类活动对地球环境的影响，从而提高对未来环境变化的预测能力，为全球环境问题的宏观决策提供科学依据。

全球变化研究解决的主要科学问题包括：① 控制全球大气化学组成的基本过程——主要了解生物过程在消耗和产生微量气体中的作用；② 海洋生物地球化学循环过程——控制海洋内部碳循环的因素及相关的生物过程；③ 海洋热力过程对气候的影响——全球海洋环流、海洋热通量和淡水通量及其与大气的交换；④ 地球系统的能量和水循环——植被在能量和水循环中的作用；⑤ 海-陆相互作用——海岸带的物质输送和海平面上升；⑥ 平流层过程对气候的影响——臭氧层的变化及其生态影响；⑦ 地球环境过去的变化——重建地球环境变化的历史及与其相关的因子；⑧ 全球变化对生态系统的影响——生态系统的结构、功能和生物多样性对全球变化的响应；⑨ 人类在地球系统中的作用——土地利用、工业发展和城市化，人类对全球变化的适应；⑩ 地球系统整体行为的集成分析和模拟——地球系统模式；⑪ 地球系统观测网建设。

综合性多尺度的全球观测系统是全球变化研究的基础，观测研究将为检测和监测全球变化提供多方面的途径与方法，从而提供模式校准、验证和进一步发展所需要的长时间范围的全球数据库。目前，国际上已经发展五个相互关联的全球观测系统以协调有关国家实施的全球变化观测活动。这五个系统包括：全球气候观测系统（GCOS）、全球海洋观测系统（GOOS）、地球观测系统（EOS）、全球生态观测系统（GTOS）和全球环境监测系统（GEMS）。

全球变化科学研究的若干基础科学问题包括：地球系统变化的过程、类型和相互作用的时间与空间特征；地球基本元素循环过程的性质，它们对于强大外部扰动冲击的缓冲能力；地球生物圈的基本性质及其与非生物环境相互作用的缓冲能力；人与地球环境相互作用的特征。

三、全球变化科学的性质、特点和研究方法

全球变化科学是以地球系统为研究对象，但并不包揽所有地球科学、环境科学和宏观生物学以及其他相关学科的研究内容，它只是从整体上研究地球系统的三大相互作用过程，是现有学科之间的交叉研究领域。它以学科之间的相互渗透和强调系统的综合集成为主要研究方法，其发展是建立在创新观念、理论和技术方法的基础上。

在地球系统三大相互作用过程的研究中，全球变化科学特别重视生命世界与非生命世界的相互作用。其中，又特别重视人类在地球环境变化中的作用。越来越多迹象表明，随着人类社会的不断发展人类对地球环境的作用（影响）变得愈来愈大（明显）。作为地球生物圈的一个组成部分，人类不仅受到地球自然过程的影响，而且正在能动地改变着地球的面貌和环境，已发展成为地球系统变化矢量力之一，这完全不同于地球上的其他生物。因此，有必要把人类从生物圈中分离出来，作为地球系统中一个单独的圈层（图 13-1），这

是全球变化科学的重要特征之一。

全球变化科学研究需要发展计算机科学技术、卫星遥感技术及其他先进科学仪器和设备，需要提高对全球变化的监测、试验和模拟等方面的应用能力，以及物理学理论和方法在全球变化研究中的应用能力。另外，全球变化的研究又具有十分明确的应用目标，它的研究成果将直接用于地球自然资源的合理开发利用，农林牧副渔的合理布局，水、土和大气污染的控制以及全球环境问题上的重大决策，为保护和改善人类的生存环境作出贡献，具有全局性的战略意义。

总之，全球变化科学不仅是一门具有重大理论价值的基础科学，它的发展将大大加深人类对自己赖以生存的地球系统的形成和变化规律的认识。同时，全球变化科学又是一门具有明确应用前景的新兴学科，其研究成果将直接服务于环境保护、资源的合理开发利用、生态环境建设等人类发展的多个重要领域，而且是人类社会可持续发展的科学基础。

第二节　全球变化研究的主要国际合作项目

全球变化研究是一个跨学科的、综合性的、迄今规模最大的国际合作研究活动，强调跨学科、交叉学科和跨部门、多国参与研究，强调全球性诸多环境问题的区域尺度和全球模式的研究，持续时间长，经费投入多，技术手段要求高，强调基础研究与应用研究相结合，代表了当今世界科学的发展趋势。国际全球变化研究由国际科学联合会理事会（ICSU）和国际社会科学联合会（ISSC）等国际科学协会与世界气象组织（WMO）、联合国环境规划署（UNEP）、联合国教科文组织（UNESCO）等联合国的有关机构联合发起。全球变化科学研究早期的相关计划包括国际地圈-生物圈计划（IGBP）、世界气候研究计划（WCRP）、全球环境变化人文计划（IHDP）、生物多样性计划（DIVERSITAS）、相关的支撑计划和其他相关计划等。后来，逐渐发展为目前的十几个国际合作计划和组织，包括：① 世界气候计划与组织；② 国际地圈-生物圈计划；③ 国际科学联合会组织的人地交互作用和社会科学中的全球变化研究；④ 联合国教科文组织的生物多样性计划；⑤ 气候变化框架公约；⑥ 联合国保护生物多样性公约；⑦ 沙漠化防治公约；⑧ 极地气候系统研究；⑨ 全球能量和水分循环研究；⑩ 全球海洋模式研究；⑪ 气候变率和可预报性研究；⑫ 平流层过程及其在气候中作用的研究；⑬ 气候数值模拟模式比较等。

一、国际地圈-生物圈计划（IGBP）

IGBP（International Geosphere－Biosphere Program）是由国际科学联合会组织的跨学科的国际合作项目，侧重地圈和生物圈的相互作用，于 1986 年正式成立。IGBP 的研究目标是描述和认识控制地球系统相互作用的物理、化学和生物等过程；描述和理解支持生命的独特环境；描述和理解发生在该系统中的变化以及人类活动对它们的影响。其应用目标是发展预报理论，预测地球系统在未来十至百年时间尺度上的变化，为国家和国际政策的制定提供科学基础依据。IGBP 由 8 个核心研究计划和 3 个支撑计划组成。

8个核心研究计划分别为：① 国际全球大气化学计划(International Global Atmospheric Chemistry Project，IGAC)，其目标是认识全球大气化学组成、陆地和海洋生物圈过程以及人类活动对它的影响，从而实现在全球尺度上预测自然和人为因素对大气化学组成的影响(孙成权等，1996)；② 全球海洋通量联合研究计划(Joint Global Ocean Flux Study，JGOFS)，主要侧重海洋内部以及海洋边界在海洋生物和化学、海洋循环和相关物理因素以及人为活动的影响下的碳交换过程；③ 过去的全球变化研究计划(Past Global Changes，PAGES)，主要是通过对历史资料和自然记录的研究，并借助于有效的现代物理、化学分析技术恢复过去环境的变化并区分自然因素和人为因素的影响，以此为依据检验未来全球变化的预测模型；④ 全球变化与陆地生态系统(Global Change and Terrestrial Ecosystems，GCTE)，旨在分析全球尺度上大气成分、气候、人类活动和其他环境变化对陆地生态系统结构与功能的影响，预测未来全球变化可能带来的农业、林业、土壤和生态系统复杂性的改变；⑤ 水文循环的生物学方面(Biospheric Aspects of the Hydrological Cycle，BAHC)，主要是研究植被在地表和大气水文过程中的作用；⑥ 海岸带海陆相互作用(Land—Ocean Interactions in the Coastal Zone，LOICZ)，侧重模拟和预测10年尺度上海岸带对全球气候变化的响应，为沿海地区的长期可持续发展、经济和社会政策服务；⑦ 全球海洋生态系统动力学(Global Ocean Ecosystem Dynamics，GLOBEC)，主要目标是认识全球海洋生态系统及其亚系统的结构和功能，提高海洋生态系统对全球变化响应的预测能力；⑧ 土地利用与土地覆盖变化(Land Use and Land Cover Change，LUCC)，其研究重点包括土地利用变化的机制、土地植被的变化机制、建立区域和全球尺度的土地利用和土地植被变化动态模型等。

3个支撑计划包括：① 全球分析、解释与建模(Global Analysis，Interpretation and Model，GAIM)，在不同的时空尺度上构建、评估和运用一系列的模型和数据库，并用它们解决与全球生物地球化学亚系统有关的问题；② 全球变化分析、研究和培训系统(Global Change System for Analysis Research and Training，START)，这是一个包括世界不同区域研究网络的系统，为区域尺度和全球尺度之间提供联系，开展区域影响评价并为区域政策的制定服务；③ 数据与信息系统(Data and Information Systems，DIS)，汇集和处理各个核心计划产生的数据以及卫星遥感数据，使它们能够在各个计划之间相互使用，其任务包括开发和维护数据采集通道，按一定标准处理数据、传播数据、制定数据管理政策以及促进各核心计划之间的数据交换等。

二、世界气候研究计划(WCRP)

WCRP(World Climate Research Programme)的宗旨是协调和寻求对整个气候系统的科学了解；研究在什么程度上可以预测气候；人类在多大程度上能够影响气候。该计划在20世纪70年代开始酝酿，80年代初开始执行，由世界气象组织(WMO)、国际科学联盟(ICSU)和联合国教科文组织(UNESCO)下属的政府间海洋委员会(IOC)共同组建。WCRP计划涉及的是整个气候系统，即大气、海洋、陆面和冰雪、生态及人类活动等。最终目标是为建立月、季、年际以及年代际等气候预测提供科学认识和基础。WCRP 包括 6 个分计划:① 气候变率和可预报性研究计划(CLIVAR),重点研究大气、陆地面积、海洋和冰雪的变化过程以及人类的影响,研究伴随这些变化所发生的地球化学和生物学变化,同时研究世界季风环流年循环强度的预报及海洋与其变率;② 平流层过程及其在气候中作用的研究计划(SPARC),研究平流层过程在气候中的重要作用,包括平流层温度的变化趋势,大气成分(如水汽)的变化趋势以及臭氧的垂直分布与变化等;③ 全球能量和水分循环实验计划(GEWEX),旨在提高模拟全球降水和蒸发的能力,其科学目标是根据对大气和陆面特征的全球测量,确定水文循环和能量通量,模拟全球水循环及其对大气、海洋和陆地的影响,预测水文过程和水资源对环境变化的影响,促进观测技术的发展,综合归类各种数据,使其适合于长期天气、水温和气候的预报预测;④ 世界大洋环流计划(WOCE),重点研究深海结构的作用以及大尺度海洋环流及其在气候系统中的作用,主要是通过各种海洋测量、卫星观测和全球海洋模式的研究来实现;⑤ 北极气候系统研究(ACSYS)和极地气候计划,这是一个多学科的专门研究北冰洋水文和大陆架调查的研究计划,它揭示了北冰洋欧亚部分的上层海洋有明显增暖这一事实,并可能对该地区永久性冰层的形成有重要影响,这个计划后来被扩大为研究气候和冰雪圈相互作用的计划(CLIC);⑥ 热带海洋和全球大气计划(TOGA),主要任务是研究 20°N～30°S 内热带海洋和全球气候的逐年变化,确定这些变化的机理,以提高中长期天气预报的准确性,研究建立几个月至数年时间尺度海洋与大气耦合系统变化的预报模式的可行性,探讨厄尔尼诺现象的响应机制。

三、全球环境变化人文计划(IHDP)

又称国际全球环境变化人文计划(International Human Dimensions Programme on Global Environmental Change,IHDP),最初由国际社会科学联盟理事会(ISSC)于 1990 年发起,时称“人文因素计划”(Human Dimensions Programme,HDP)。1996 年 2 月,国际科学联盟理事会(ICSU)连同 ISSC 成为项目的共同发起者,项目名称则由 HDP 演变为 IHDP。IHDP 后来由国际远景研究机构联合会(IFIAS)、国际社会科学联合会(ISSC)和联合国教科文组织(UNESCO)联合制定、组织和协调,每一阶段时间跨度为 10 年。该计划仿效自然科学的大规模合作,开展社会科学领域的多学科综合研究,深入分析人类在导致全球环境变化中所起的作用。它的目标是为加强对人-地系统复杂相互作用的认识,探索和预测全球环境下的社会变化,确定社会战略以减缓全球变化的不利影响。

IHDP 共有 7 个核心计划:① 土地利用/土地覆盖变化(LUCC,与 IGBP 共同发起);② 全球环境变化的制度因素(IDGEC);③ 全球环境变化与人类安全(GECHS);④ 工业转型(IT);⑤ 海岸带陆海相互作用(LOICZ II);⑥ 城市化与全球环境变化(Urbanization and Global Environmental Change);⑦ 全球土地计划(GLP,与 IGBP 共同发起)。

四、生物多样性计划(DIVERSITAS)

国际生物多样性计划(An International Programme of Biodiversity Science,DIVER-

SITAS)于1991年成立,由联合国教科文组织(UNESCO)、国际生物学联合会(IUBS)和环境问题科学委员会(SCOPE)共同发起。此后,DIVERSITAS多次召开各种类型的国际会议,完善研究计划和组织建设,于1996年7月形成了该项目的实施计划,并于2002年对实施计划进一步完善,目前正在全球范围内贯彻执行。

1996年,DIVERSITAS迎来了两个新的组织者,即国际科学联合总会(ICSU)和国际微生物学会联盟(IUMS),因而现在的DIVERSITAS是由5个国际组织共同发起的。这5个国际组织具有广泛的科学兴趣,同时各自都在生物多样性和环境科学领域具有很大的影响力。因此,DIVERSITAS的相关研究内容由原来的4个方面进一步拓宽到后来的10个领域。DIVERSITAS非常关注以全球气候变化为标志的全球环境变化,是生物多样性领域内最大的国际合作研究计划,对有关国家和组织的研究工作起到了指导作用,已成为该领域具有导向性的核心计划。

该计划的主要任务是通过聚焦科学问题和促进国际合作,来加强对生物多样性的起源、组成、功能、持续与保护等基础性研究,以增进对生物多样性的认识、保护和可持续利用。DIVERSITAS旨在促进综合的生物多样性科学的发展,联系经济学、社会生态学以及社会科学,努力打造出一个和社会相关的新兴学科,为理解生物多样性的遗失提供科学基础,阐明保护生物多样性以及持续、合理的利用生物多样性政策的含义。

DIVERSITAS包括4个核心科学项目:① 生物起源(bioGENESIS),为发现和定位生物多样性发展新的策略和工具,观察生物多样性的动态,确定生物集合的进化历史,预测人类对环境变异的反应;② 生物发现(bioDISCOVERY),评价目前的生物多样性,监测生物多样性的变化,认知和预测生物多样性的变化;③ 生态系统服务(ecoSERVICES),旨在研究生物多样性与生态系统服务功能的关系、生态系统功能与生态系统服务的关联性和生态系统服务功能变化的人类响应;④ 生物可持续性(bioSUSTAINABILITY),发展新的知识以引导政策和决策的制定,以支持生物多样性的可持续利用,评定当前生物多样性保护行动的有效性,研究生物、政治和经济边界之间的失谐,以及社会的选择和决定。

五、研究计划之间的相互关系和主要进展

国际科学界组织的上述4个大型的全球变化研究计划(WCRP、IGBP、IHDP和DIVERSITAS)分别研究物理气候系统、调节地球系统的物理-化学-生物相互作用过程、环境变化的人类因素(人类社会与环境的相互作用)以及养育人类社会的生物多样性等。这些大型研究计划既相对独立,又相互补充,各自又有若干个核心研究计划,构成了国际全球变化研究的计划体系。各个计划之间及其与其他科学团体之间已建立了各种正式和非正式的联系,如WCRP和IHDP在许多方面是IGBP的补充;全球变化的分析、研究和培训系统(START)由IGBP、WCRP和HIDP共同发起;土地利用与土地覆盖变化(LUCC)是IGBP和HIDP的共同核心计划;除了受IGBP计划资助外,全球海洋通量联合研究计划(JEOFS)还受海洋研究科学委员会(SCOR)的资助,国际全球大气化学计划(IGAC)还受国际大气化学和全球污染委员会(ICACGP)的资助;IGBP中水循环的生物圈方面

(BAHC)计划与 WCRP 的全球能量和水循环实验(GEWEX)研究计划密切相关;DIVERSITAS 与全球变化和陆地生态系统(GCTE)密切相关等。另外,IGBP 与 WCRP 和 IHDP 合作共同启动了 3 个新的联合项目,即全球碳循环(GCP)、全球水系统(GWSP)和全球变化与食物(GECAFS)计划。

经过 30 多年的国际合作研究,全球变化研究取得了一系列重要的进展,达成了许多共识:地球是一个独立的自调节系统,包括物理、化学、生物和人类诸组分,各组分之间的相互作用与反馈非常复杂,并且具有多尺度的时空变化;除了温室气体排放及气候变化外,人类活动以多种方式影响着地球的环境;由人类引起的地球陆地表面、海洋、海岸带、大气层以及生物多样性、水循环、生物地化循环的变率远远超过自然变率,并且其中的一些变化正在加强;全球变化不能简单地用因果关系理解,人类驱动的变化以复杂的方式对地球系统产生多重影响,这些影响之间以及这些影响与局部和区域尺度的变化以多模式相互作用,这很难理解而且更难进行预测;地球系统动力学往往以临界状态和突变来描述;人类活动会在不经意间触发地球系统动力学的变化,对地球环境与居民产生严重的后果;人类活动对地球系统由一种状态向另一种状态的转变具有潜在作用,这种影响是不可逆转的;在地球环境中人类驱动的突变的概率虽然尚未量化但不容忽视;就一些关键的环境参数而言,地球系统已经超出过去至少 50 万年中所发生的自然变率的范围;目前地球系统中同时存在的各种变化的数量与发生频率都是空前的,地球正在以前所未有的状态运行。

到目前为止,国际全球变化研究从其组织框架、计划制定到实施形成了一套有机完整的框架体系,整体推动着全球变化研究的深入开展。

第三节　海洋科学领域中的全球变化研究

海洋占地球表面积的 2/3 左右,其在全球变化研究中占有突出重要的地位。我国海洋科学家自从 20 世纪 80 年代以来,就一直积极参与有关全球变化研究中的海洋科学重大研究计划。海洋科学领域中的全球变化国际合作研究项目主要包括(孟繁莉,程日辉,游海涛,2002)以下几方面。

一、海洋全球变化合作计划(IMAGES)

又称国际海洋古全球变化(IMAGES)研究计划(孙枢,2003),基本目标是定量研究海洋和冰冻圈过程的时间尺度上海洋的气候与化学变化特性,以及海洋对所能识别的内力与外力作用的敏感性和在调控大气中的作用。这个计划通过收集和研究海洋中的记录来探讨三个基本问题:① 海洋特性的变化是如何通过海洋表面和深部过程调控全球热传递的演变,并进而改变气候的? ② 海洋环流、海洋化学和生物活动的变化是如何相互作用,从而留下所观测到的过去 30 万年大气 P_{CO_2} 记录的? ③ 陆地气候是如何与海洋表面和深水特征密切联系的? 要解决这些关键科学问题,就必须通过对海洋沉积物中保存的记录加以研究，并通过良好的国际协调与合作加以实现。

我国海洋古全球变化研究始于20世纪80年代，通过国际合作和国内航次，研究区域遍布世界各大洋，重点是西太平洋海区。值得提及的是，我国在21世纪初(2000～2005年)实施了“国家基础研究中长期发展规划”项目(国家“973”)——地球圈层相互作用的深海过程和深海记录，该项目的重要研究目标就是选择关键的“西太平洋暖池”进行深海沉积记录和现代深海过程的研究，通过追溯物质、能量的交换，研究岩石圈、水圈、气圈和生物圈在不同时间尺度上的相互作用，揭示其在全球环境变迁中的作用；重点解决两个关键科学问题：地球圈层相互作用的过程和海洋过程的沉积学记录。

二、热带海洋和全球大气研究(TOGA)

热带太平洋是当代海洋学家和气象学家关注的焦点，大多国际科学研究计划又把西太平洋作为重点研究区域，因为它具有独特的海洋和大气特征，在这里发生的物理海洋过程可以影响全球气候的年际变化。例如，这里高水温区(海面水温在28℃以上称为暖池区)微小的海面温度变化不仅可以影响海洋对大气CO_2的吸收能力，而且可以引起大振幅的大气变化，从而影响长期的气候变化；这里一旦出现异常西风(或赤道东风减弱)，厄尔尼诺现象往往随后发生，这里水温降低，热带中东太平洋水温升高；这里又是海洋向大气释放潜热的巨大热源，其上的大气对流强烈，云量众多，降水亦多。在这里，季风具有明显的年际变化，对我国和东亚气候的影响很大。对我国而言，除上述科学原因外，还因为距我国较近，是我国力所能及的大洋研究区域。

早在1978年，我国就开始了“第一次全球大气试验(FGGE)”的准备工作，并于1979年使用“实践号”和“向阳红9号”科学考察船对热带太平洋海域进行了海面气象、高空气象和0～200 m水深等FGGE要求的观测，同时进行了有关水系、地质、生物和海水声速的调查。1985～1990年期间，“向阳红14号”和“向阳红5号”，又进行了8个航次的TOGA考察。此后，我国的“科学1号”和“实验3号”等科学考察船一直没有中断对该海域的调查，直到目前。

这些调查不仅丰富了我国拥有的热带西太平洋海区的资料集，也向国际TOGA和TOGA-COARE(Coupled Ocean Atmosphere Response Experiment)计划提供了极其宝贵的海洋和大气资料，同时也提高了我国海洋科学界在国际学术界的地位。

三、世界大洋环流试验(WOCE)

海洋是全球气候系统的组成部分，是调节和制约气候异常的重要因素，因而成为全球气候变化研究的重点。WOCE关心的是数年至数十年尺度的气候变化及预报问题。大洋环流主要是由风应力、热通量和蒸发降水导致的淡水通量所驱动的。大洋上层环流主要是风驱动的风生环流，大洋下层环流主要是密度不均匀的热盐环流。大洋环流对维持全球气候系统的热量及淡水量的平衡起重要作用，其中热量的经向输送主要是由大洋环流完成的。热盐环流还对10～1000年时间尺度的全球热量和CO_2的循环起关键作用。WOCE执行计划中包括3项核心计划：① 全球性描述——旨在获取全球大洋环流的数据集，以便绘制大洋环流及其变化的基本图像，并在大洋环流和大气强迫之间建立相应的关系，以观测和有关的模拟为基础加深对海洋动力学的认识；② 南大洋研究——研究南大洋绕极流与洋盆间的交换以及绕极流的动力平衡，研究穿越南大洋的径向输运、横穿绕极的涡度通量、绕极流的气旋式涡旋、绕极流与大陆坡的交换、深层边界流、水团扩散的通量等，研究包括使水团变性在内的海气通量、混合层的季节演变、海洋与海冰的相互作用、冰间湖的形成、海洋与海冰间的通量等；③ 涡旋动力学实验——研究并描述某些中、小尺度过程，包括横穿准地转流的涡动混合、流与地形的相互作用、热传输、穿越海气界面的动量和淡水通量，以及水团在海面形成后沉降至海洋内部的各种过程，研究的重点区域是在大西洋。

我国积极参与了 WOCE 的国际合作，建立了相应的组织机构——WOCE 中国委员会，制定了符合我国国情的“WOCE 中国实施计划”，并于 1991 年由国家海洋局组织实施了首次海上多学科综合考察。另外，中国对南大洋的研究也是 WOCE 关于南大洋考察的重要组成部分，也为 WOCE 作出了贡献。迄今，我国共完成了数十个航次的南极综合考察，其中大多航次都对南大洋的有关海域进行了综合调查，获得了多学科海洋资料，同样为 WOCE 作出了中国的贡献。

四、全球海洋通量联合研究(JGOFS)

海洋通量是 20 世纪 80 年代中期提出、90 年代实施的国际海洋科学前沿研究中的一个重点领域。全球海洋通量联合研究是研究海洋在温室气体 CO_2 不断增加引起的全球变暖过程中所起的作用，或者说研究在全球变暖的情况下，海洋对 CO_2 不断吸取和储存能力的可能变化。

中国是最早介入 JGOFS 计划活动的国家之一，并于 1989 年 2 月成立了 JGOFS 中国委员会，制定了以陆架海洋通量为主体的中国 JGOFS 科学计划。国家自然科学基金委员会于 1991 年以重点项目“东海陆架边缘海洋通量研究”(1991～1995 年) 支持了当时世界上还少有的陆架边缘海洋通量的研究(当时世界上主要研究大洋海洋通量)。在某种程度上推动了国际陆架边缘海洋通量的研究，随后世界上出现了好几个有关陆架边缘海洋通量的研究项目，其中包括日本的边缘海物质通量实验(M ASFLEX)。该重点项目共进行了 3 个航次的多学科综合性海洋通量科学调查，获取了我国第一份比较理想的有关海洋通量的基础科学资料，包括海水温度、盐度、风向、风速、气压、湿度、气温、氮(NH_4-N、NO_2-N、NO_3-N) 、营养盐(PO_4-P、SiO_2-Si) 、溶解氧、总二氧化碳、总碱度、酸度、悬浮物、溶解有机碳、颗粒有机碳、叶绿素、初级生产力、新生产力、浮游植物的含量和种类、浮游动物的含量和种群、肠道叶绿素、摄食率和粪便产生率、表层沉积物、柱状沉积岩芯、海水透射率、海洋激光雷达和海水小角度散射率等 35 个项目。

五、过去全球变化研究(PAGES)

过去全球变化研究的目的，一是通过对过去 2000 年以来地质历史的研究，再造 2000 年以来全球气候和环境的变化历史，分辨率要求达到 20 年，最终要达到年或季节性变化；二是研究晚第四纪冰期、间冰期旋回，了解全球气候变化的过程。

我国的古海洋学研究与国际上基本同步，研究区域现已遍布各大洋。早期的研究主要集中在南海和冲绳海槽。在对南海古海洋学的研究中，首次对南海陆架、珊瑚礁到陆坡、深海平原进行了比较系统和全面的古海洋科学研究，作为其成果之一的《南海晚第四纪古海洋学研究》涉及地层与沉积、表层水、深层水、珊瑚礁、碳酸盐旋回、边缘海比较等多学科内容，为古海洋学在我国的建立和迅速发展起了奠基性作用。在从 1994 年的中德合作太阳号 SO-95 航次到 1999 年的 ODP184 航次的 5 年中，南海第四纪古海洋学研究又取得了重大进展，使南海成为国际古海洋学研究的新热点。南海第四纪古海洋学研究，在近年来取得迅速发展。在地层学方面，南沙海区首次建起中国海第一个更新世深海地层序列，使用了包括 4 类微体化石的生物地层学、磁性地层学、同位素地层学和碳酸盐地层学的依据；至于最近 4 万年来的记录，东沙附近站位的时间分辨率精度已超过 20 年。与此同时，对海水表层温度等古海洋学参数、深海沉积中的古气候(特别是古季风)演变记录、深海沉积作用和突变事件等方面均有系统性研究。冲绳海槽位于太平洋和欧亚大陆之间，是东海晚第四纪保持连续海相沉积记录的唯一地区。1996 年国家海洋局和法国海洋开发研究院合作，用 L'ATALANTE 科学调查船在海槽地区获取了多个重力柱状岩心，对采自冲绳海槽中段近槽底的岩心进行了有孔虫的鉴定分析、AMS^{14}C 年龄测定和 FP-12E 转换函数计算，获得了冬季和夏季海水表面古温度随深度的变化曲线，识别出 7 个冷期和 8 个暖期，全新世中晚期的低温事件、YD、H1、H2、H3 和 H4 事件，以及末次冰期中的小冷期均有明显反映，说明 50 ka BP 以来的短周期变冷事件很可能具有全球性意义。

六、海岸带陆海相互作用研究(LOICZ)

海岸带是陆海相互作用最敏感最活跃的地带，也是研究全球变化的关键地区。国际 LOICZ 研究主要集中在以下几方面：① 外力作用和边界条件的变化对于海岸物质通量的影响，特别是通过建立动力模型，模拟海岸对于关键变量的响应，提高对环境演变的预测能力；② 海岸生物地貌与全球变化，研究海岸地貌对当代全球变化的响应及海岸发育的再造和预测；③ 碳通量及痕量气体的排放，确定碳循环中海岸系统所占的数量，评价生态系统所占的数量，评价生态系统生产力；④ 全球变化对于海岸系统在社会和经济方面的影响。

中国早在 20 世纪 80 年代就参与国际 IGBP 计划，并成立了相应的组织，秘书处挂靠中国科学院。90 年代初，成立中国海岸带陆海相互作用委员会，秘书处挂靠中国科学院海洋研究所，开展了一系列卓有成效的工作，包括国际协调、合作与交流。我国在海水资源化利用、海水直接利用、海洋生物资源开发利用研究、近海矿产资源开发利用研究、滩涂开发利用研究、海岸带生态与环境问题研究以及海岸带自然灾害防治研究等重点领域的研究都取得了令人瞩目的进展。

在 2003 年，我国启动了第一个以海岸带陆海相互作用为中心内容的“国家基础研究中长期发展规划”项目(国家“973”)——中国典型河口-近海陆海相互作用及其环境效应(2003～2008 年)。该项目选择陆海相互作用科学内涵最为丰富的黄河和长江两大河的河口及邻近海区为主要研究区域，围绕流域的自然变化和重大人类活动改变河流入海物质的组成及通量并导致河口-近海环境的重大变异这一突出问题，重点研究两个关键科学问题：① 水沙通量变化及海平面上升条件下三角洲海岸的侵蚀堆积过程与平衡机制；② 河流入海污染物和营养盐的通量及组成变异对海岸带环境的影响。取得的主要成果包括：阐明了典型河口三角洲冲淤变化规律和侵蚀机制，揭示了控制近海生态环境变异的主要因素及其变化规律，为三角洲海岸岸滩侵蚀的遏制、近海环境的趋势预测与综合治理对策提供了科学依据；建立了具有中国区域特色的高浑浊度河口生物地球化学及其与沉积动力过程相互作用的理论体系；通过对河流入海泥沙通量变异、河口细颗粒泥沙输运特性和机制的研究，基本阐明了典型河口三角洲及其邻近海域泥沙输运的动力学机制及地貌演化规律，对蚀积演变趋势进行定量预测，为岸滩蚀退的遏制、工程灾害防治和河口三角洲环境的综合治理提供了科学的决策依据；通过对河口河流入海污染物的通量变异及河口－近海生态环境的演化机理和时空变化趋势的研究，基本阐明了典型河口-近海生态系统变化对流域入海营养盐和污染物通量变异的响应机制，建立了生态环境质量评价和趋势预测方法，为我国近海环境质量的有效调控和近海水体的可持续开发利用提供科学的管理和决策依据。

第四节 古海洋学主要研究内容及研究方法

古海洋学(Paleoceanography)，又称为历史海洋学，是研究大洋体系发展演化的科学(Kennett，1982)。它作为地球科学或海洋地质学的一个新的分支，起源于 20 世纪 70 年代，在后来的迅猛发展过程中，其研究领域不断得以拓展和深入。目前，可以将古海洋学定义为：利用海洋地质学的研究方法，配合化学海洋学、物理海洋学和生物海洋学等研究成果，研究历史上海洋体系状况及其演化和受控因素的科学(杨子赓，2000)。

海洋体系由洋盆和海水两大部分组成。对古海洋学的含义也存在有不同的理解：大多数学者认为古海洋学以大洋的水体作为主要研究对象，探索海洋环流和海水物理、化学特征的变化，研究海洋生产力和海洋生物的宏观演化历史等；而另有学者认为古海洋学是研究“大洋地质历史”的科学，其研究对象是“地质时期里的世界大洋”，它研究的内容还应该包括地质历史时期的洋底构造、海底岩石圈板块的运动和洋盆的演化历史等。对前者理解的古海洋学可以称为狭义古海洋学，对后者则可以称为广义古海洋学。目前，一般所说的古海洋学通常是指狭义古海洋学。

古海洋学是随着人类对海洋的认识及科学技术的进步而兴起的新学科。1968 年开始实施的深海钻探计划(DSDP—Deep Sea Drilling Project，1968～1983 年)以及后续的大洋钻探计划(ODP—Ocean Drilling Program，1985～2003 年)、整合大洋钻探计划(IODP—Integrated Ocean Drilling Program 2003～2013 年)和国际大洋发现计划(IODP—International Ocean Discovery Program，2013～2023 年)对古海洋学的兴起和发展起到了关键性的作用。深海钻探的每个航次都有关于生物地层和古海洋学的大量发现，这些成果催生了古海洋学这一新的学科并使其得以迅速发展。与此同时，一系列高新尖端技术的应用是古海洋学迅速发展的重要条件。例如，液压活塞取样装置(HPC)可在水下 5 000 m的洋底取得数百米长的连续无扰动岩心，为高分辨率古海洋学研究提供了理想的材料；质谱仪分析技术使元素同位素的测定对样品用量的需要大为减少而测试精度大大提高，已经成为古海洋研究最基本的手段之一;超导磁力仪的出现使被测样品的范围极大扩展,为大洋地层的高精度古地磁测年开辟了广阔前景。运用浮游有孔虫转换函数(Transfer function)定量恢复第四纪海水表层温度,标志着古海洋学研究达到一个新高度,定量化是古海洋学研究的重要特点之一。目前,古海洋学研究已经引起广泛的重视,成为大洋钻探计划、全球变化研究等许多重大国际研究计划的重要内容,也是各国地球科学基础研究的重点之一。

一、古海洋学主要研究内容

古海洋学的主要研究内容大体可以分为三个方面,即古海洋环流系统、化学成分体系和生物体系及其他们的发展演化历史和规律。三个方面分别代表了地球系统中物理、化学和生物过程。

(一) 大洋环流

大洋系统的核心问题是大洋环流(汪品先,1994)。因此,古海洋学首先是研究地质历史中海洋环流、水团演化、古温度以及海平面变化等。例如,古海洋学根据底栖有孔虫的分布和稳定同位素分析,发现末次冰期时北大西洋深层水在洋底的分布范围大幅度收缩,说明挪威海因为冰封而使该深层水的发展受阻;同时阿拉伯海的海岸上升流明显减弱,反映冰期时印度洋夏季风减弱。洋底连续沉积中的微体化石提供了古海水温度的连续记录,使大洋沉积成为地质时期古气候变化最为完整的"档案"。目前,海洋古气候的研究是古海洋学研究最活跃的领域,它对于探究古大气环流的变化和古气候变化的周期及其原因具有重要意义。

(二) 古海水的化学组成

古海水化学是古海洋学研究的另一重要方面,包括海水古盐度、含氧量、各种微量元素含量、同位素组成、海水碱度和碳酸盐补偿深度(CCD)等。存在于大西洋海底的白垩纪中期黑色页岩反映的大洋缺氧事件、海水中锶含量和锶同位素组成在地质历史上的变化、冰消期冰盖融化带来的淡水在大洋表层的分布等,都是涉及沉积矿产、地层对比和古环境恢复的重要基础。海水中碳酸盐饱和度和碳酸盐补偿深度的变化,直接反映了海水中 CO_2 浓度和生产力的高低,是大洋地层对比和海洋古环境恢复的重要信息来源。

(三) 古海洋中的生物体系——生物体系的演化和生产力演变

古海洋中生物的演化和生产力演变的历史,不仅对海洋的物理、化学条件产生影响,而且是理解洋底沉积机理和沉积矿产分布规律的重要因素,因而成为古海洋学研究的又一重要内容,由于它在理论和实践中都具有重要意义,近年来的相关研究迅速增多。例如,大洋初级生产力的时空变化、上升流区高生产力沉积的形成等,都已成为海相油气勘探中普遍重视的内容。由于海洋初级生产力受营养盐供应的控制,而且大洋浮游生物对大气中的 CO_2 又有重要的调节作用,所以,古生产力成为陆源物质向海洋输送(河流和风力搬运)以及海洋洋流强度的标志,也是全球碳循环的一个重要环节。

二、古海洋学研究的科学意义

古海洋学是一门综合性极强的新兴学科,它涉及地质学、生物学、化学、水文学、气象学以及天文学等多个学科领域。作为地球科学的一个新的分支，它和研究大气圈的古气候学一道把地质科学推进到探索流态圈层演变的崭新领域。这些新领域又与原来以研究岩石圈为主的地质学结合，揭示包括岩石圈、水圈、大气圈、生物圈在内的地球系统的内在关系和变化规律，从而使地质历史从现象描述变为探索规律并具有预测作用的新型学科。比如，通过低纬区大洋地层中有孔虫壳体氧同位素分析发现新生代以来大洋底层水降温幅度达 15℃之多，这在很大程度上是由于板块位移引起洋流改道，造成南极洲与中、低纬区的"热隔绝"，这也可以解释新生代南、北极冰盖形成的原因，显示出岩石圈、水圈与大气圈演变中的相互关系。

当前，古海洋学成为古气候和古环境研究的重要途径(Barnes，1999)。用浮游有孔虫等 4 个化石门类转换函数求出的末次冰盛期(18 000 年前)全球大洋表层水温图(CLIMAP，1976)，是古海洋学的一项典型成果，为冰期时的古气候模拟提供了基础资料。用有孔虫壳体氧同位素比值变化恢复的更新世气候变化历史，揭示了冰期的周期性规律和向间冰期快速转变的程度，从而证实地球运行轨道的周期性变动是第四纪冰期旋回的主要原因。

另一方面，古海洋学的研究不仅是学术性的理论探讨，它对查明陆架以外海底矿产资源，包括多金属结核、多金属软泥以及油气等形成机理和分布规律也发挥着重要作用。

尽管古海洋学主要研究侏罗纪以来的大洋系统，但它的许多方法原理同样适用于陆地上古老的海洋沉积。阿尔卑斯山中生代古海洋学研究，用缺氧事件和上升流解释古生代黑色页岩和笔石页岩的古环境，都是"陆地上古海洋学"的成功实例。

三、古海洋学的研究方法

古海洋学以大洋沉积物为主要研究材料，从有机界的生物化石和无机界的沉积物颗粒两方面进行研究(同济大学海洋地质系，1989)。研究方法主要包括三个方面：① 通过大洋地层学确定古海洋信息的时间框架，② 利用各种替代性指标提取古海洋环境参数，③ 恢复古海洋环境的变化历史并探讨其规律和成因。另外，还可以通过物理学方法和现代计算机技术进行古海洋演化规律的模拟研究(汪品先，1994)。

(一) 大洋地层学

古海洋学和其他地质科学一样，都必须建立在地层学的基础之上。古海洋学所用地质信息的时间分辨率高低是决定古海洋学研究精度的重要因素。确定大洋地层时代的方法很多，目前最常用的方法有以下几种。

1. 生物地层学方法

海洋浮游生物化石是大洋地层学的基础，它们个体细小、数量众多、分布广泛、演化迅速，是详细划分大洋地层和远距离对比的理想材料。其中应用最广的是浮游有孔虫、钙质超微化石、放射虫和硅藻等。生物地层的基本单元是以某种或某个化石组为特征而确定的各种化石带。上述海洋浮游生物化石的新生代分带方案已经得到广泛运用(表 13-1 和表 13-2)。

表 13-1 新第三纪浮游有孔虫分带方案

时代		距今百万年数	浮游有孔虫带			超微化石分带
			Blow, 1969		Stainforth et al., 1975	
第四纪			N23	*G.calida/S.dehiscens excavata*	*Globorotalia truncatulinoides*	NN21
		2.0	N22	*Globorotalia truncatulinoides*		NN20 NN19
上新世	晚		N21	*Globorotalia tosaensis tenuitheca*	*Pulleniatina obliquiloculata*	NN18 NN17 NN16
			N20	*Globorotalia multicamerata/ Pulleniatina boliquiloculata*	*Globorotalia maragaritae*	NN15
	早		N19	*Sphaeroidinella dehiscens/ Globoquadrina altispira altispira*		NN14 NN13
		5.1	N18	*Sphaeroidinella subdehiscens paenedehiscens/ Globorotalia tumida tumida*		NN12
中新世	晚		N17	*Globorotalia tumida plesiotumida*	*Globorotalia acostaensis*	NN11
		11.3	N16	*Globorotalia acostaensis/ Globorotalia merotumida*		NN10
	中		N15	*Globorotalia continuosa*	*Globorotalia menardii*	NN9
			N14	*Globigerina nepenthes Globorotalia siskensis*	*Globorotalia siakensis*	NN8
			N13	*Sphaeroidinellposis subdehiscens subdehiscens/ Golbigerina druyi*	*Globorotalia fohsi lobata-robusta*	NN9
			N12	*Globorotalia fohsi*		
			N11	*Globorotalia praefohsi*		NN6
			N10	*Globorotalia peripheroronda*	*Globorotalia fohsi fohsi*	NN5
		14.4	N9	*Orbulina suturalis/ Globorotalia peripheroronda*	*Globorotalia fohsi peipheroronda*	
	早		N8	*Globigerinoides sicanus/ Globigerinatalla insuetu*	*Globorotalia glomerosa*	NN4
			N7	*Globigerinoides trilobus/ Globigerinatalla insuetu*	*Globigerinatella insueta*	
			N6	*Globigerinoides insuetu Globigerinatalla dissimilis*	*Catapsydrax stainforthi*	NN3
		24.6	N5	*Globigerinoides dehiscens praedehiscens/ Globoquadrina dehiscens dehiscens*	*Catapsydrax dissimilis*	NN2 NN1
渐新世			N4	*Globigerinoides primordius/ Globorotalia kugleri*	*Globorotalia kugleri* *Globigerina ciperoensis*	NP25

（据 Harland 等，1982）

表 13-2　早第三纪浮游有孔虫分带方案

时代		距今百万年数	浮游有孔虫带			超微化石分带
			Blow, 1969		Stainforth et al., 1975	
中新世			N4	Globigerinoides primordius/ Globorotalia kugleri	*Globoratalia kugleri*	NN1
渐新世	晚	24.6			*Globigerina ciperoensis*	NP25
			P22	*Globigerina angulisituralis*		
			P21	*Globigerina angulisituralis/ Golborotalia opima opoima*	*Globoratalia opima opoima*	NP24
			P20	*Globigerina sellii/Globigerina ampliapertura*	*Globoratalia ampliapertura*	NP23
	早	32.8	P19		*Gassigerinella chipolensis Pseudohastigerina micra*	NP22
			P18	*Globigerina tapruiensis*		NP21
始新世	晚	38.0	P17	*G.gortanii gortanii/G. eantralis*	*Globoratalia cerroazulensis*	NP20
			P16	*Cribrohantkanina infleta*	*Globigerinatheka semiinvoluta*	NP19
			P15	*Porticulasphaera semiinvoluta*		NP18
	中	42.0	P14	*Globoratalia spinulasa spinusala*	*Truncorotaloides rohri*	NP17
			P13	*Globigerapsis beckmanni*	*orbulinoides beckmanni*	NP16
			P12	*Globorotalia lehneri*	*Morozovella lehneri*	
			P11	*Globigerapsis kugleri/Subbotina fronaosa boweri*	*Globigerinatheka subconglobata*	NP15
			P10	*S.frontosa frontaos/ G.pseudomayeri*	*Hantkenina aragonensis*	NP14
	早	50.5	P9	*G.aspensis/G.lozanoi prolata*	*Acarinina pentacamerata*	NP13
			P8	*Globorotalia formosa*	*Morozovella aragonensis*	NP12
			P7	*Globorotalia wilcoxensis berggreni*	*M.formosa formosa*	
古新世	晚	54.9	P6	*Globorotalia subbotina subbotinae/ G.velascoensis acuta*	*Morozovella subbotinae*	NP10-11
			P5	*M.soldadoensis soldadoensis/ G.velascoensis pasionensis*	*Morozovella velasconsis*	NP9
			P4	*Globorotalia pseudomenardii*	*Globoratalia pseudomenardii*	NP8 NP7 NP6
			P3	*Globorotalia angulata angulata*	*Globoratalia pusilla pusilla*	NP5
					Morozovilla angulata	NP4
			P2	*Globorotalia praecursoria*	*Globoratalia praecursoria*	NP3
	早	60.2	P1		*Globoratalia incinstans*	
					Globoratalia pseudobulloides	
		65.0			*"Globoratalia" eugubina*	NP1

（据 Harland 等，1982）

2. 磁性地层学方法

磁性地层学方法是利用地球磁场极性倒转记录，进行大洋地层的划分对比。古地磁的极性变化只有正、反两种状态，并且是一种全球尺度的现象，全球各地同时发生。通常情况下，10^5～10^6年长度的极性变化称为极性期，与现今磁场方向一致的时期称正向期，反之称反向期。在每个正（反）向期内，存在短暂的极性倒转，称反（正）极性事件。如果对每一个极性倒转事件发生的时间进行年龄标定，就可以建立起一个可供全球地层对比的古地磁年表。4.50 Ma 来古地磁年表如图 13-2。

3. 年代地层学方法

年代地层学方法是依靠放射性元素同位素蜕变等原理测定岩层或沉积物的年龄。常用的测年方法有^{14}C 法、K-Ar 法、U 系不平衡法等，另外还有裂变径迹法、氨基酸法、热释光法等。其中^{14}C 法是测定距今 40 ka 以来沉积物年龄最主要的方法，它以大洋沉积物中含有方解石的各种不被污染的壳体（如新鲜的贝壳、浮游有孔虫壳体等）为测试材料，样品需要量少，测年精度高。现在，一般需要对^{14}C 的测年数据进行校正，使其能够与公元纪年的年代相对比。

4. 氧同位素地层学方法

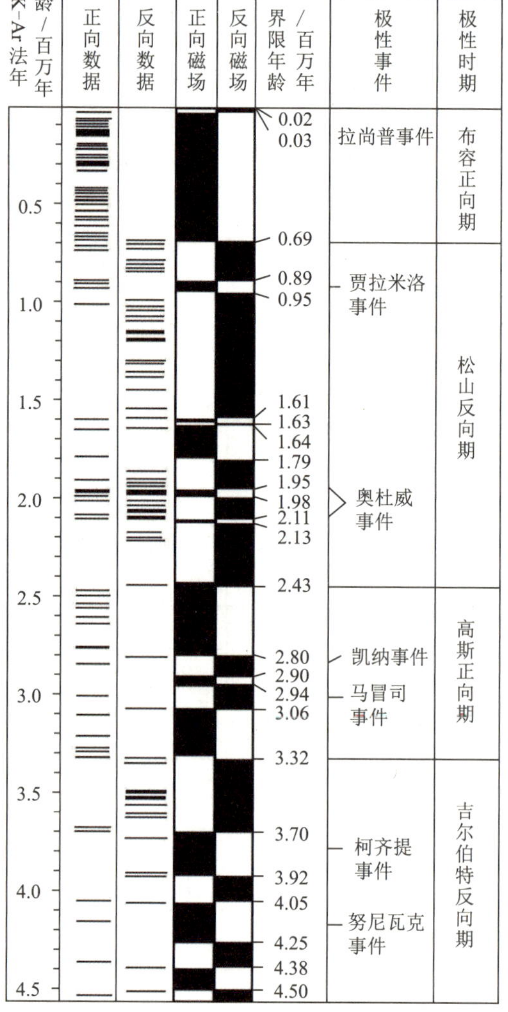

图 13-2　4.5 Ma 来的古地磁年表

这种方法主要是依据海洋浮游有孔虫等微体古生物壳体中氧稳定同位素（δ^{18}O）的变化确定大洋地层的年代。δ^{18}O 的变化反映了全球气候变化引起的海水温度的高低变化，是高分辨率大洋地层学研究的最佳手段之一。图 13-3 为 300 ka 以来的氧同位素变化事件曲线。

此外，还有火山灰地层学、碳酸盐地层学、间断地层学等特殊方法。事实上，大洋地层的地质年代不可能仅用上述的某一种方法进行确定，而是需要采用多种方法进行相互印证，以得到最好的结果。大洋地层学正向着高分辨率和超高分辨率方向发展，其时间分辨率可以达到数百年、数十年，甚至数年。

（二）古海洋环境参数及其替代性指标

古海洋环境参数主要包括洋流、水温、盐度、水深、生物及其生产力等。通过对这些参数变化历史的研究，可以探讨水圈的演化与大气圈和生物圈历史演变的关系，从而恢复对全球变化历史的认识。然而，古海洋环境参数能够直接保留在海洋沉积物中的很少。过去主要是利用有孔虫等微体化石组合或标志种确定某些参数的相对变化并恢复海水的物理和化学特征，后来则利用化石群各个属种含量的定量分析结果，通过古生态转换函数求解出海水冬、夏季温度等定量数值，使古海洋学在定量化研究中迈出一大步。

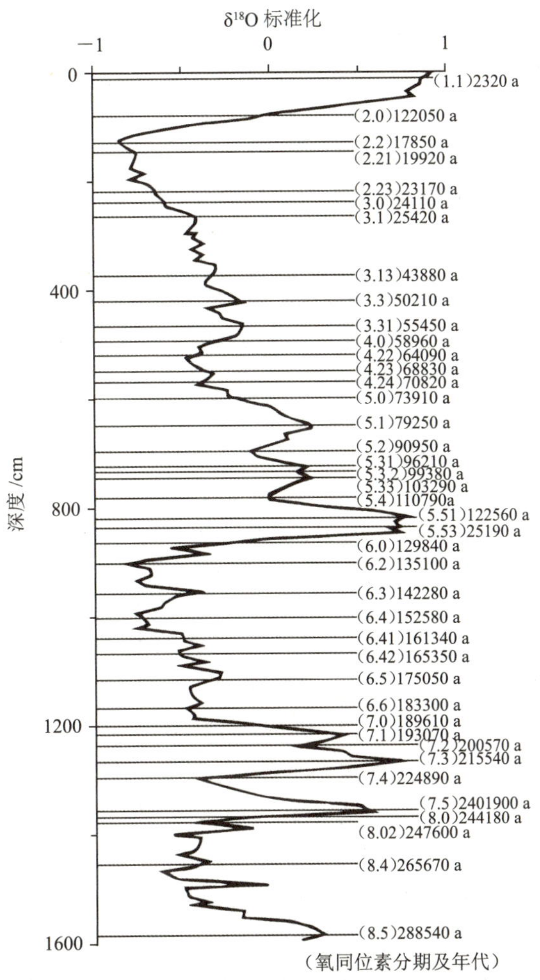

图 13-3　300 ka 以来的氧同位素变化事件曲线(转引自杨子赓,2000)

1. 微体古生物方法

有孔虫、放射虫、硅藻、颗石藻等微体或超微体生物的生活主要受海水深度、温度、盐度、浊度、营养盐以及水体运动等物理化学条件的控制。这些要素变化的信息被记录在生物个体、生物组合、分异度等特征上。因此，海洋生物化石记录是海洋环境及其变化的灵敏指标。微体古生物方法主要包括以下几方面的研究内容。

(1) 生物时空分布规律研究。不同生物对其生活环境有一定选择性，如放射虫多见于赤道海域，硅藻多产于高纬度海区，窄温性有孔虫有的适应于温水(如截锥圆辐虫——*Globorotalia truncatulinoides*)，有的适应于冷水(如厚壁新方球虫——*Neogloboquadriua pachyderma*)。在不同的水深环境里，往往生存不同的有孔虫组合(图 13-4)。根据海洋生物化石的分布还可以推断古海岸线的位置。根据底栖有孔虫的居住带和生物的分异度等指标不仅可推断古水深，而且可以推断古水温和恢复古海平面变化的历史等(图 13-5)。

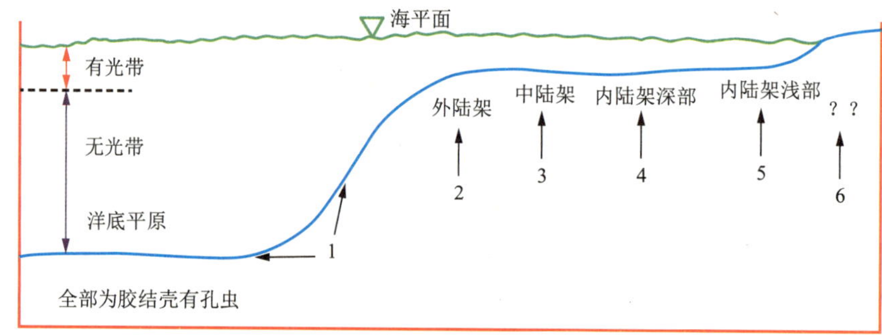

图 13-4　海底深度分带及其代表性有孔虫组合示意图

1. *Globigerina*, *Globorotalia*, *Globigerinoides*, *Pyrgo*, *Nodosarids*

2. *Bolivina*, *Bulimina*, *Discorbis*, *Globigerina*

3. *Lenticulina*, *Liebusella*

4. *Discorbinella*, *Eponides*, *Lenticulina*, *Textularia*

5. *Nonionella*, *Siphonina*, *Trochammina*, *Ammonia*, *Quiqueloculina*

6. *Trochammina*, *Vaivulineria*, *Ammobaculites*

微体生物化石组合和延伸方向大体可指明水团和海流的流向。窄盐性动植物化石可作为判断海水盐度的指标。生物分异度和生物组合与温度梯度有关，分异度随着纬度升高而降低。海洋动植物的纬向分带标出了气候带。

(2) 生物个体形态特征的研究。生物壳体的形态、大小、厚度、密度、旋转方向及骨骼孔隙度等变化，都是为适应生活环境而发生的，它们主要反映水深及水温的变化情况。生物壳体厚度的增减与静水压力有关，据此可判明古水深。浮游生物骨骼的孔隙度随着水的密度增大而减小。一些浮游有孔虫壳的旋转方向随温度发生变化，在冷水中多为左旋，暖水中多为右旋，可以用来判别季节变化和气候带。底栖有孔虫的平均寿命在高纬度区比低纬度区大 2～3 倍。

(3) 植物化石分布的研究。植物光合作用严格受到海水深度的控制，而海水透光带一般局限在表层水深 200 m 内，故根据一些植物化石可以判断古海水深度。

2. 地球化学方法

利用海洋沉积物中某些元素和同位素的含量及其比值，可以确定古海水温度、盐度及水团性质。

(1) 同位素指标。海洋生物壳体的氧同位素比值(通常用 $\delta^{18}O$ 表示)，一方面随壳体形成时海水的温度而变化，另一方面随当时海水中氧同位素的组成(与极地冰盖的消长有关)而变化。因此，可以通过测试海洋生物化石中的 $\delta^{18}O$ 值，计算出古海水温度并推断古气候特征。目前，用于同位素测定的海洋生物主要是有孔虫，此外还有颗石藻、软体动物和珊瑚等化石。海水蒸发作用也能引起氧和碳等元素同位素比值的变化，因此也可以用这些元素的同位素比值来估算古海水盐度。

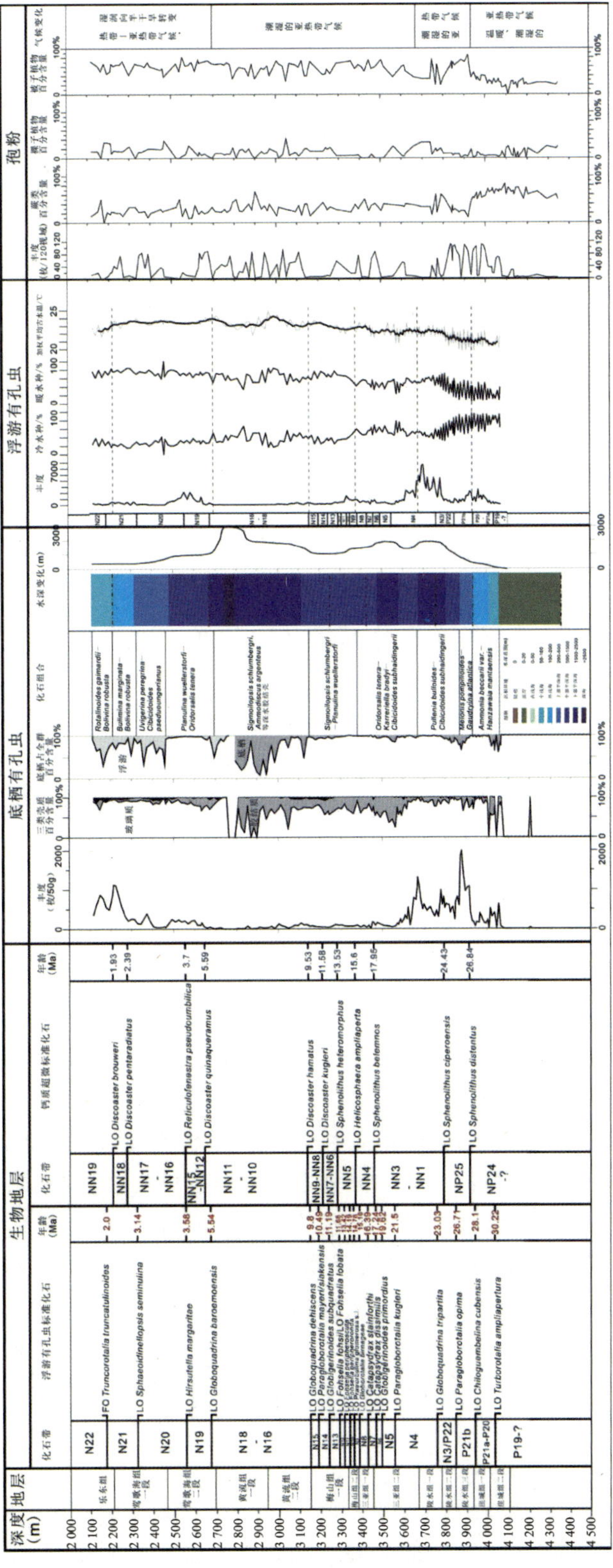

图 13-5　南海琼东南盆地深水区钻井微体古生物对沉积古环境的指示

(2) 元素指标方法。部分化学元素，特别是微量元素的溶解度和被沉积物颗粒或胶体颗粒吸附的程度都与海水的温度和盐度有关，它们在沉积物或化石中的含量也可作为沉积古环境的判别指标。例如，方解石中 Mg 和 Sr 的相对富集程度（比值）是海水温度的函数；惰性气体中 Ar、Kr 和 Xe 的溶解度随温度的增加而减小；Sr/Ba 比值随盐度的增高而增大；黏土矿物吸收 B 的量与盐度成正比，海洋沉积物比淡水沉积物含有更多的 B，甚至可以利用海洋黏土矿物中 B 的含量计算古海水的盐度，等等。海洋碳酸盐中的 Na 和 Sr 含量及 Sr/Ca 和 Fe/Mn 比值都大于淡水碳酸盐中的相应值。海洋有机质中的 C/N 比值为 4.3～7.1，反映了以海洋浮游生物（C/N 比值为 5～6）为主，而陆源植物中的 C/N 比值则为 30～40，因此它们都是判断古盐度的重要指标。

钙质生物壳体中 Sr/Ca 和 Mg/Ca 比值是判断古表层海水温度的重要指标。在钙质生物（包括珊瑚）的生长过程中，组成生物壳体的文石（化学式为 $CaCO_3$）直接源自海水。文石中 Sr/Ca 比值由形成时期海水的 Sr/Ca 比值和分配系数决定，分配系数随温度升高而线性减小。因此，生物骨骼中的 Sr/Ca 比值间接记录了其形成时期周围海水的水温（精度可达±0.2℃）。

3. 沉积学方法

沉积物的矿物、化学成分、结构、构造特征及其空间分布，都可以用于判断古海洋环境。

(1) 特征矿物。文石或高镁方解石多半出现于浅海环境，而低 Sr 或低 Mg 方解石出现于淡水环境，菱铁矿多产于 10～50 m 水深的浅海区，自生黄铁矿一般代表海水流动微弱或停滞的还原环境，呈带状分布的石英、高岭石、伊利石等陆源物质和火山灰往往被用来解释海流状况。

(2) 岩性特征。碳酸盐补偿深度在地质时期历经波动，根据它的波动情况，可以推断古海水深度、生物生产力、水化学特征以及海平面变动情况。蛋白石质二氧化硅、磷酸盐的含量和分布可指示某一时期上升流和生物生产力的状况。深海地层中多金属结核的出现、岩性突变、地层和化石带的缺失等均可用来指示沉积间断。区域性的沉积间断常可说明地质时期深海底层流及其侵蚀作用的存在。富含有机质的黑色页岩则可能代表水流微弱或停滞的缺氧还原环境。

(3) 粒度和构造特征。利用沉积物粒度及其排列方向可以测定古海流的强度和流向。有时还可以利用粒度分配特征，大体区分古气候带。例如，以机械风化为主的高纬度区多出现砾石等粗碎屑物质，常伴有分选很差的冰载物质，而以化学风化为主的低纬度带则以泥质沉积为主。根据冰载物质在洋底沉积中的分布状况，尚可用来追索当时洋流的路径与方向。地层中的浊流沉积物往往代表古海洋某种异常事件，如地震、风暴、滑坡等。

第五节　古海洋学研究的主要成果

一、古海洋与古气候演变

深海钻探资料表明，洋底沉积层的年龄不超过 1.7 亿年。目前还无法确切地恢复前中生代的海洋演化史。基于深海钻探及其他方面的研究成果，已有可能勾画出晚中生代以来古海洋演化的基本轮廓。古海洋与现代海洋一样，是一个物理、化学、生物和地质作用相互制约的统一体系。晚中生代以来的海洋演化史，贯穿着海水温度由高变低、大洋环流由弱变强的过程，导致晚中生代海洋型式与晚第三纪至现代海洋型式迥然不同。晚中生代海水温度高，极区无冰盖，海洋底层没有冷水团，温度梯度小，大洋环流弱；晚第三纪至现代则海水温度低，极区有冰盖，出现海洋底层冷水，温度梯度大，大洋环流强。早第三纪海洋作为过渡阶段，它的特点介于两者之间。

二、大洋环流的演变

大洋环流的演变是控制古气候变化（特别是新生代气候变冷）的基本因素之一，而环流的变迁又受到板块运动和陆块间各海水通道开闭的支配。在二叠纪和三叠纪期间（距今 2 亿多年前），地球上仅有一个联合古陆，周围是统一的泛大洋（古太平洋），南、北半球大洋中分别存在单一的巨大环流。泛大洋西缘较暖，东缘较冷，南北向的温度梯度反而不及东西向的温度梯度大。在晚三叠世，联合古陆开始解体。侏罗纪期间北美开始与南美和非洲分裂，形成北大西洋，在闭塞环境中接受了蒸发岩沉积。晚侏罗世至白垩纪，北大西洋东通特提斯海，西南经中美海道连接太平洋，形成了自东向西环绕全球的赤道环流。当时太平洋在南、北半球均发育有亚热带反气旋环流和副极地气旋环流。早白垩世南大西洋和印度洋张开，但初期南、北大西洋并不连通，在南大西洋形成大量蒸发岩。1.1～0.9 亿年前，南、北大西洋之间出现表层水交流；在 0.7 亿年前，出现深层水交流。当时北大西洋与北冰洋仍然彼此隔绝，直至新生代初期，北大西洋才开始与北冰洋连通。随着北美大陆西漂与亚洲靠拢，自晚白垩世开始，北冰洋与太平洋之间的深水交流终止。

三、新生代以来大洋环流的变迁

新生代以来大洋环流的变迁，主要表现在以下三方面。

赤道环流的减弱和中断　① 4 000 万年前印度与亚洲主体汇合，使赤道环流局限于从阿拉伯以北的狭窄水道通过；1800 万年前，非洲-阿拉伯与欧亚板块的碰撞和中东造山运动使特提斯海道最终封闭，大西洋－地中海与印度洋之间的交流终止。② 新生代晚期，随着澳大利亚北移，印度尼西亚海道关闭，赤道印度洋与赤道太平洋之间的深水交流受阻。③ 上新世晚期（约 350 万年前）巴拿马地峡形成，切断了赤道太平洋与赤道大西洋之间的水体交流。

环南极洋流的形成　① 在渐新世最早期，随着澳大利亚与南极洲进一步分离（最初分裂在始新世初），塔斯马尼亚以南的南塔斯曼隆起与南极大陆分开，印度洋海水沿新裂开的塔斯马尼亚海道流入太平洋。② 在渐新世晚期或中新世初期，南美洲与南极洲之间的德雷克深水通道张开，形成了完整的环南极洋流系统。

南极底层水的形成　在渐新世早期，随着南极地区冰川和海冰的发展，寒冷的高盐度表层海水下潜，形成南极底层水（冷水圈环流），从而导致大洋底层水富氧，海底侵蚀作用增强，沉积间断及再沉积作用盛行。至晚第三纪，统一的赤道环流不复存在，环南极洋流十分强劲，开始出现类似于现代的大洋环流特点。

四、新生代气候变冷过程

对深海岩心的氧同位素分析表明，白垩纪以来气候有变冷趋势。新生代变冷过程的特点是：高纬地区明显变冷，低纬地区不甚显著；海洋深层水明显变冷，表层水不甚显著；变冷并不是平稳的渐变过程，在温度下降的总趋势上叠加着几次急剧的气候波动。急剧变冷期包括始新世末、中中新世和晚上新世三个时期。

始新世末期事件　在距今 3 700 万年前，海洋底层水温骤降 4℃～5℃，南极周围首次形成大规模海冰，开始出现寒冷的南极底层水。南极大陆上已有冰川，但可能尚未成为巨大冰盖。有孔虫等生物蒙受沉重打击，渐新世初期海洋生物的分异度极低。这些情况的发生可能与塔斯马尼亚海道的张开有关。南印度洋高纬海域的表层冷水，经塔斯马尼亚海道注入南极罗斯海域，取代了南下的东澳大利亚暖流，从而触发了南极地区的冰冻。

中中新世南极冰盖形成　在大约 1 400 万年前，南极大陆形成冰盖，南大洋海冰进一步扩展（当时北半球仍无冰川），冰载沉积物分布广泛，硅质生物沉积带向北推展。这一时期的海洋进一步变冷与环南极洋流的形成和强化有关，它使南极水体无法与低纬度温暖水体交流，南极大陆在一定程度上处于热隔绝状态。中新世中期冰岛-法罗海脊沉没，北冰洋-挪威海水注入北大西洋，北大西洋深层水长驱南下，然后上升，加入环南极洋流，这可能为南极大陆带来了形成冰盖所必需的降水。

晚上新世北半球冰盖形成　在 300 万～240 万年前，北大西洋和北太平洋出现冰载沉积物，标志北半球冰盖的形成，由此开始出现冰期-间冰期气候旋回。北半球生成冰盖，可能与巴拿马地峡形成和墨西哥湾流强化有关，湾流为形成冰盖带来了水汽。

五、第四纪海洋

根据对氧同位素的研究资料，第四纪冰期与间冰期频繁更迭，最突出的变动周期约 10 万年，其上还迭加着约 4 万年和 2 万年的周期。这些周期的长短分别与地球轨道偏心率、自转轴倾角及岁差的变动周期相当，因此，冰期-间冰期旋回可由地球轨道变动说（米兰科维奇理论）作出比较合理的解释。随着冰期、间冰期的交替，反复发生海退与海侵，海面变动幅度可达 100 m 左右；深海沉积物的碳酸盐丰度也发生周期性变化，构成碳酸盐溶解旋回；气候带（特别是极峰线）南、北迁移，冰载沉积物分布区时进时退。至第四纪后半期，气候变动的幅度达到最大。距今 70 万年以来北极冰盖增厚。随着温度梯度和大洋环流的增强，南大洋及其他一些海域生物生产力升高，至第四纪晚期达到新生代最高值。在冰期，冰蚀作用强盛，海面下降导致河流侵蚀作用增强，气候干冷导致沙漠扩展，卷扬起大量粉砂，从而使大洋中陆源沉积速率明显增大。“远期气候调查、测绘和预报”（CLIMAP）的结果表明：18 000 年前为末次冰期鼎盛期，当时冰盖覆盖了陆地面积的 1/3，最厚处可达 3 km。海平面至少比现代低 85 m（各地区不同）。18 000 年前的大洋表层水温分布表明:极峰线向赤道偏移,海水温度低,表层海水温度比现在低2℃～3℃;温度梯度高,尤以北大西洋和南大洋最为显著;沿非洲、澳大利亚和南美洲西岸的东部边界流强盛,伴随有冷水向赤道方向的扩展;赤道上升流和沿岸上升流也很活跃。在最近10 000多年以来,温度逐渐升高,冰川退缩,海面回升。目前,地球正处在间冰期。

六、大洋演化主要事件

深海钻探和同位素地球化学等方面的古海洋学研究,揭示了大洋演化中的一系列重大事件。除上述大洋环流与气候变冷过程中的事件外,重要者还有白垩纪中期的缺氧事件、白垩纪末的生物绝灭事件和中新世末的地中海变干事件。

白垩纪中期大洋缺氧事件　白垩纪气候暖热而均一,赤道与极地之间以及海水在垂向上的温度梯度都较小,无底层冷水(可能存在由于中、低纬度边缘海强烈蒸发而形成的高盐度底层水),大洋环流较弱,致使大洋中缺氧层较宽。缺氧事件的标志是广泛形成纹层状黑色页岩,其有机质含量高达1%～30%,缺乏底流侵蚀和生物扰动痕迹,无底栖生物化石。据深海钻探的结果,黑色页岩在大西洋分布最广,在印度洋和太平洋的无震海岭也有发现,形成时间多在白垩纪中期。当时大西洋可能一度处于缺氧或近于缺氧的寂静状态,沉积物富含有机质可能与生物生产力及沉积速率较高有关。

白垩纪末生物绝灭事件　在距今6 600万年以前,恐龙、菊石、浮游有孔虫、超微浮游生物和箭石等大批绝灭。据统计约有1/2的属消亡了。对深海钻探岩心的研究揭示,在白垩系-第三系界面处,$CaCO_3$含量极低,显示钙质浮游生物数量骤减,碳酸盐补偿深度一度急剧上升,反映了大洋化学成分和海水温度的急剧变化。关于这一事件的成因,至今众说不一。诸如气候变化、海面变动、地磁场倒转、火山爆发等说法,很难解释生物绝灭的突发和全球性质。鉴于界面黏土层中铱(Ir)含量极高,而陨石中富含铱,一些学者提出星体陨落说:陨星撞击地球释放出的巨大能量,导致温度突然升高,臭氧层遭到破坏;冲击作用掀起的大量尘埃遮蔽阳光,植物的光合作用受阻,导致食物链中断而危及一系列生物。

中新世末地中海变干事件　深海钻探揭示,地中海海底埋藏着中新世末期(墨西拿期,距今500多万年前)的蒸发岩。蒸发岩厚可达2～3 km,总体积约100 km^3,甚至导致大洋海水的盐度降低了2左右,这一事件使地中海的海洋生物陷于绝境,故称地中海盐度危机,也叫墨西拿事件。在距今1 800万年前,中东造山运动切断了地中海与印度洋之间的联系,地中海成为西通大西洋的内陆海。到中新世末期,由于板块汇聚,地中海西端海峡变浅,加之海面下降,使地中海处于隔绝状态。蒸发岩的上覆和下伏地层均属半远洋沉积,底栖有孔虫的古深度分析表明,地中海在变干前后有类似于现代的深海环境。硬石膏、叠层石和干裂构造等的存在说明这一深海盆地曾经干涸。在干涸期间,周围大陆的河谷深切至现代海面以下数百米,河流在裸露的大陆坡上刻蚀出深邃的峡谷。至上新世初期,直布罗陀海峡打开,大西洋水再度进入地中海。

小　结

1. 海洋占据地球表面的70%以上,在地球环境系统中具有特殊而重要的作用和意义。海洋体系发生变化，将导致整个地球环境系统的大反馈。地球环境系统的变化，必定在海洋体系中保存详尽的记录。因此，古海洋学不仅对了解地质历史上海洋的变迁，而且对认识地球的环境变迁，揭示地球环境系统中大气圈、水圈、生物圈和岩石圈之间内在的联系以及预测未来地球环境变迁等都具有重要的意义。

2. 全球变化研究，主要包括四大国际计划：世界气候研究计划(WCRP)、国际地圈-生物圈计划(IGBP)、全球环境变化的人类因素计划(IHDP)和生物多样性计划(DIVERSITAS)及其一系列核心研究计划，研究工作取得了一系列重要的成果。多方面的成果在降低对未来环境预测的不确定性、促进社会可持续发展、减少自然灾害及其影响、环境规划及资源管理等方面都具有不可估量的价值。

3. 全球变化研究的发展趋势包括：多学科交叉研究的深度和广度在加强，注重全球变化的区域响应研究，通过集成研究达成共识，亚洲已成为IGBP研究的战略重点。3个全球可持续发展计划(全球水资源、全球碳循环、全球环境变化与食物系统)标志一个新的全球环境科学体系正在形成。

4. 古海洋学通过一系列的海洋古环境参数的替代性指标定量恢复古海洋环境，大大推动了地质科学的发展，使地质科学的发展历史从现象描述变为探索规律并具有可预测作用。随着海洋勘探调查高新技术的发展，必将揭示出更多隐藏在海底的有关大洋发展演化的信息，一些学说将得到进一步的验证，古海洋学的理论体系必将得到快速地丰富和发展。

5. 进入21世纪，国际学术界与政府的联系正在加强，科学的发展也正由原来的分学科描述地球现象走向多学科融合，逐步成为系统科学的道路；以揭示机理和服务预测的“地球系统科学”框架已经形成。

思考题

1. 地球系统科学的内涵有哪些？
2. 全球变化科学研究的主要目标是什么？
3. 古海洋学的主要研究方法有哪些？
4. 大洋的发展演化主要受哪些因素控制？试举例说明。

第十四章　有关海洋地质学的重大调查研究计划(项目)

海洋地质学研究的是被海水覆盖的地球岩石圈及其与地球其他圈层的相互关系和相互作用。由于研究的主体对象被海水所覆盖，其调查和研究需要使用大型设备和尖端的科学技术，其难度远远大于陆地地质学，这就需要耗费更多的人力和财力。因此，在海洋科学研究中，有关海洋地质学调查研究机构和人员也往往是数量最大、人员最多(参见第一章)。一个重要的海洋地质学调查研究目标的实现往往不仅需要众多的学科和高新技术的参与，而且需要在国家层面上动用大量的人力和财力，甚至需要多个国家的通力合作或联合攻关。

第一节　国际重大调查研究计划

有关海洋地质学调查研究的国际合作项目(计划)很多，其中最著名、影响和规模最大的当属目前正在实施的"国际大洋发现计划"(IODP—International Ocean Discovery Program，2013～2023 年)，这是早期"深海钻探计划"(DSDP—Deep Sea Drilling Project，1968～1983 年)、"大洋钻探计划"(ODP—Ocean Drilling Program，1985～2003 年)和"综合大洋钻探计划"(IODP—Integrated Ocean Drilling Program，2003～2013 年)的延续和发展，在此统一简称为"大洋钻探计划"。与海洋地质学关系密切的大型国际合作计划还有"国际地圈-生物圈计划"(IGBP—International Geosphere-Biosphere Program)和"大洋中脊研究计划"(IR—Inter-Ridge)等。

一、大洋钻探计划(包括 DSDP-ODP-IODP-IODP)

(一) 由来

1957 年，美国科学家 W H 蒙克和 H H 赫斯倡议用深海钻孔穿过莫霍面，以研究地幔的物质组成，这就是所谓的"莫霍钻探计划"(Mohole Drilling Project)，简称"莫霍计划"

(MOHOLE)。钻探目标是要钻透莫霍面，揭开地壳下面地幔的秘密，实现地学研究的重大突破。

莫霍计划使用“CUSSl”号钻探船。第一口科学钻孔于 1961 年 3 月在地拉霍亚海岸附近施工，在水深 948 m 的海底向下钻进了 315 m。由于钻探技术难度大且费用高昂，1966 年 8 月美国国会投票否决了对该计划的拨款预算，计划宣告终止。计划虽然中途夭折，但对于地球科学的发展起了不可估量的作用，它开启了科学钻探的先河，证明了实施深海钻探、获取洋底沉积层和基岩样品在技术上是可行的。

在 1962 年前后，“海底扩张”学说(见第五章)问世，要验证这一学说，就必须在深海打钻，从而再次唤醒了在深海大洋钻探的实施。

(二) DSDP(1968～1983 年)

这是 20 世纪 60 年代中期开始的一项全球性大洋钻探计划，主要是在大洋和深海区进行钻探，通过获得海底岩心样品和井下测量资料来研究大洋地壳的组成、结构、成因、历史及其与大陆的关系。

1964 年，由美国斯克里普斯海洋研究所等 5 个单位联合发起组成“地球深部取样联合海洋机构”(JOIDES—Joint Oceangraphic Institutions Deep Earth Sampling)，提出了在深海钻探的科学计划。1966 年 6 月，斯克里普斯海洋研究所从美国科学基金会获得支持，筹备开展一项以深海钻探取样为目的钻探计划(DSDP)。DSDP 在技术上接收受 JOIDES 指导，在财力上主要由美国基金会、石油公司、有关财团资助，由装配动力定位系统的“格洛玛·挑战者”(Glomar Challenger)号钻探船(图 14-1)实施。1968 年 8 月首航墨西哥湾，标志着 DSDP 正式开始实施。DSDP 用 5 年半的时间完成了三期钻探。由于该计划执行后取得了举世瞩目的成果，因而苏联、联邦德国、法、英、日等国相继加入 JOIDES，深海钻探计划进入国际合作时代，即大洋钻探国际协作阶段(IPOD—International Project of Ocean Drilling)，又称“国际大洋钻探计划”。IPOD 是深海钻探计划的第四阶段(期)，始于 1975 年 12 月的第 45 航次，直到 1983 年结束。

图 14-1 “Glomar Challenger”号钻探船(来自网络)

DSDP 的研究目标包括洋壳的组成、结构和演化，在很大程度上是验证“海底扩张”学说。DSDP 自 1968 年 8 月 11 日开始至 1983 年 11 月结束，共完成了 96 个航次，624 个站位，1 000 余口钻井，航程超过 60 万千米，回收岩心 95 000 多米长。除冰雪覆盖的北冰洋以外，钻井遍及世界各大洋。DSDP 的原始资料与成果按每个航次一卷汇编成《深海钻探计划初始报告》(Initial Reports of the Deep Sea Drilling Project)，至 1985 年就已出版 80 余卷。

深海钻探取得的大批资料弥补了近代地质学在深海地质学方面的空白，验证了海底扩张学说和板块构造学说的基本观点,提供了中生代(距今约 2 亿年)以来古海洋学的第一手资料,极大地推动了海洋地质学的发展,对近代地质理论和实践作出了卓越的贡献。DSDP 的主要成果包括以下几个方面。

1. 验证了海底扩张和板块构造学说

在 20 世纪 60 年代,海底扩张学说和板块构造学说(见第五章)先后问世,这些新的理论观点从根本上撼动了传统的地质学理论。但是,由于这些新的学说只是基于当时十分有限的资料,令许多地质学家信疑参半,更有强烈反对者。DSDP 成为验证这些新学术思想的唯一途径。DSDP 从洋壳的年轻(未有超过 1.7 亿年的岩石)性、洋壳(岩石)年龄在大洋中脊两翼对称分布且随着距中脊轴的距离增大而变老、陆壳拉张变薄以至完全裂开形成新洋壳的过程、俯冲带的存在、边缘海盆地的性质和成因、中生代以来的板块运动史、洋底玄武岩的性质等许多方面都证实了海底扩张和板块构造学说的正确性(见第五章)。

2. 为古海洋学的建立奠定了基础

DSDP 取得了各大洋海底沉积物的完整剖面,其中的微体化石和超微化石为年代学和古海洋生态环境的研究提供了依据。深海沉积物的性质取决于多种因素,其中最重要的是碳酸盐补偿深度(CCD)的变化。正是这些沉积记录,揭示了近 2 亿年以来的古海洋的演变历史,为古海洋学的建立奠定了基础。

DSDP 在大洋海底钻取到一些特殊的沉积物,如广泛分布的白垩纪中期的黑色页岩和中新世的红黏土。它们的存在标志着古海洋化学性质曾发生过巨大的变化。白垩纪中期的黑色页岩在大西洋分布最广,也见于北太平洋及澳大利亚以西的印度洋部分地区,富含有机质,它的存在反映当时海水曾处于停滞缺氧状态。钻探所获得的 C 和 O 稳定同位素资料表明,自第三纪以来,总的气候趋势是变冷的。最大的几次变化,发生在始新世末渐新世初(距今约 3 800 万年)、中中新世(距今约 1 400 万年)和晚上新世(距今约 300 万年)。根据沉积物中的冰载碎屑物的分布,证明南极局部开始出现冰川是在距今 4 000 万～4 500 万年以前;渐新世初,南极附近出现大规模海冰;中中新世进一步形成南极冰盖是在距今 400 万～500 万年前,南极冰盖的范围要比现在大得多。北半球的冰盖迟至距今 240 万～300 万年前的上新世晚期才开始出现。DSDP 在南大洋的钻探表明,环南极洋流最早只能出现在渐新世,可能在渐新世末中新世初德雷克水道打开时,才形成了完整的环南极洋流。

上述发现或钻探成果奠定了"古海洋学"的基础,并为古海洋学的快速发展打开了广阔的空间。

3. 证实了地质历史上偶然事件的存在

DSDP 钻探成果证实,在地质历史上曾不止一次地发生过出现区域性或全球性偶然事件。这些事件发生在极短的时间内,引起了急剧的环境变化,并保存在沉积记录中。例如,地中海变干事件和白垩纪末期的生物绝灭事件等。

除上述重大贡献外,DSDP 在全球地层对比、成岩作用、地震火山形成机理、深海钻探技术以及海底矿产资源等方面,也有许多新的发现。

(三) ODP(1985～2003 年)

DSDP 的成功,吸引了越来越多的国家加入这一宏伟的大洋钻探研究计划。随着参加国家的逐渐增多,自 1985 年,DSDP 更名为"大洋钻探计划",直接参与国家达到了 19 个。钻探船改为装备当时最先进技术的"乔迪斯 · 决心"(JOIDES Resolution)号非立管式钻探船(图 14-2)。该钻探船长 143 m,宽 21 m,排水量 16 862 t,钻探能力 9 510 m,钻探最大水深 8 235 m。"乔迪斯 · 决心"号钻探船比"格洛玛 · 挑战者"号钻探船的装备条件和技术能力要强得多,具有先进的动力定位系统、重返钻孔技术和升沉补偿系统等,可在暴风巨浪条件下进行钻探作业。船上配备有功能齐全的现场测试和分析实验室。

图 14-2 "JOIDES Resolution"号钻探船(来自网络)

ODP 是 DSDP 的继续和发展。DSDP 航次编号为 1～99,ODP 则自第 100 航次起编号,每一个站位可以钻一口或几口井。ODP 的钻探目标在早期(1985～1995 年)按学科领域分为四个主题:① 全球环境变化,② 幔壳相互作用,③ 流体与全球地球化学通量,④ 岩石圈的应力与变形等;后期(1996～2003 年)分为地球内部动力学和地球外部动力学两大领域,共 16 个钻探目标,其中,与海底岩石圈有关的目标有:

(1) 地壳和上地幔的结构和成分　探查大洋下地壳和上地幔的结构,与地壳增生有关的岩浆作用,板块内部的火山作用,会聚型边缘的岩浆作用和地球化学通量。

(2) 岩石圈的动力学、运动学和变形作用　大洋地壳和上地幔的动力学,板块运动学,发散型板块边缘的变形作用,汇聚型板块边缘的变形作用,板块内的变形作用。

(3) 岩石圈内的流体循环　与地壳增生有关的热液作用,板块边缘处的流体作用。

中国于 1998 年春正式加入 ODP,并促使 ODP 第 184 航次在中国南海的钻探。该航次历时 2 个月,在 6 个深水站位钻井 16 口,连续取岩心 5 500 m,采取率达 95%。ODP 184 航次揭示了南海的演变历史,发现了距今约 3 000 万年前海底扩张、2 000 万年前地质和气候突变事件的证据等。

在自 1968 年到 2003 年 35 年的钻探中,DSDP 和 ODP 的钻井遍布全球各大洋区,钻井 3 000 余口(图 14-3),成功获取总长约 170 000 m 的岩心。对海洋地质学乃至整个地球科学的发展作出了巨大的贡献,突出表现在4个方面:验证了海底扩张学说,促生并发展了板块构造理论,创立了古海洋学,成就了20世纪的地学革命。

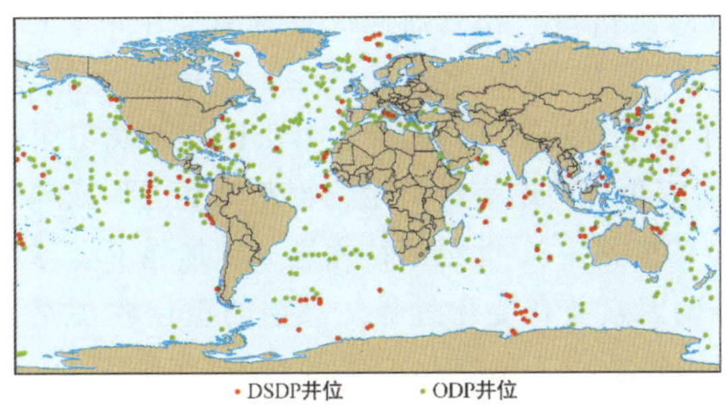

图 14-3　DSDP 和 ODP 钻探井位分布图(来自网络)

(四) IODP(2003～2013年)

当ODP计划于2003年10月结束时,一个规模更加宏大(耗资巨大、参与国众多、多船钻探)、科学目标更具挑战性的科学大洋钻探计划已经准备就绪,这就是"综合大洋钻探计划"(IODP—Integrated Ocean Drilling Program)。

图 14-4　日本"地球"号钻探船(来自网络)

与DSDP、ODP仅仅依靠一艘钻探船的情况不同,IODP是以多个钻探平台为主,除了类似于JOIDES Resolution这样的非立管钻探船以外,加盟IODP的钻探船还有美国自然科学基金会支持建造的类似于JOIDES Resolution,但功能较前更完备的新的考察船(2004年)、日本斥资(约5.4亿美元)建造的"地球"号立管式钻探船(图14-4)和一些能在海冰区与浅海区钻探的钻探平台。"地球"号钻探船长210 m、宽38 m,是一艘57 000 t的特大型"立管"钻探船,于2006年底正式实施钻探。该船可在水深4 000 m的海底钻进7 000 m,一个航次可以长达4～6个月,以期钻穿地壳、直插进入上地幔,实现35年前"MOHOLE"计划制定的科学钻探目标。"地球"号科学钻探船组合了陆上石油钻探中使用的立管钻探系统,该系统使用大直径钢管(立管)将钻探船和洋底连接起来。立管控制钻管进入井筒,也控制井下测量仪器和设施进入或置入井孔。立管钻探因具泥浆循环系统,能在钻井过程中提供稳定的井孔条件,这是能钻入海底之下几千米的关键所在。将立管和防喷器连接,即使在钻遇预想不到的油气和井内其他地层流体高压时,防喷器能保证钻探安全。船上设有世界领先的海上实验室,配备了用于岩心、孔隙水和井孔研究及物理、化学、生物学分析的大量现代化设备,如岩心无损伤测量仪、具地球磁场屏蔽功能的岩心磁化测量间等。

IODP航次可以进入过去DSDP和ODP所无法进入的几乎所有地区,如陆架及极地海冰覆盖区,由于采用了立管钻探技术,钻深及采样率都大大提高。IODP集成了截止21世纪初最尖端的钻探技术和分析测试技术,所制定的钻探目标已经不仅仅是为了解决海洋地质学最前沿科学问题，而是涉及地球科学的各个重大领域，反映了 21 世纪的科学钻探和地球科学发展的最先进水平。

IODP 目标之一：深海生物圈　在大洋海底存在着一个巨大的未知生物圈。这些生物生活在极端特殊的条件（高温、高压、生存空间小）下，新陈代谢极端缓慢，基本处于休眠状态，但可能已经存活了几十万乃至几百万年。IODP 重点放在深部生物圈的生物、物理和化学过程的研究上，研究重大灭绝事件后生物群落恢复的形式与过程。

IODP 目标之二：全球变化　21 世纪的钻探进一步加强了全球环境变化方面的研究，探寻导致环境变化的重要因素及其变化过程。最初的重点放在探寻导致剧烈、快速气候变化的因素上；此后，对曾经造成全球突然变暖的气候、海洋及地壳结构的演化过程进行研究。

IODP 目标之三：固体地球循环和地球动力学　调查研究大陆板块的分离机制及沉积盆地和大陆边缘的形成机制。研究玄武岩的形成过程、地球化学过程及对全球环境的影响；洋壳在洋中脊如何产生、如何增长、如何冷却，以及在演化过程中结构、构造的变化。实现钻至莫霍面和钻透汇聚型板块边缘复合体的目标。

（五）IODP(20013～2023 年)

自 2013 年起大洋钻探计划更名为“国际大洋发现计划”（IODP—International Ocean Discovery Program），这是一个国际性的、旨在利用现行大洋调查研究平台、通过获取蕴藏在海底沉积物和岩石中信息资料，探寻地球的历史及其动力学机制，同时监测海底环境。主要依托由美国、日本和欧共体三方提供的钻探平台，外加 5 个赞助机构（中国、以韩国为首的亚洲联合体、澳大利亚-新西兰、印度、高教改革协调组织）和 26 个参与国。

国际大洋发现计划在 10 年的钻探中重点发展四大领域中 14 个科学问题的研究：

（1）气候及海洋变化　地球气候系统会对大气 CO_2浓度升高做出怎样的反应？气候系统对化学扰动影响海洋的情况下的适应性是怎样的？冰原和海平面如何对气候变暖做出响应？什么因素控制区域降水，它与季风或厄尔尼诺现象是否有联系？

（2）生物圈前沿问题　深海生物群落的组成、起源和生物化学机制是什么？什么限制深海生物的生命过程？生态系统和人类社会对环境变化的敏感程度如何？

（3）地球表面环境　地幔的组成、结构及活动状态是怎样的？地幔熔融与控制洋中脊结构的板块构造有何相互作用？大洋地壳和海水之间化学交换的机制、程度和历史？俯冲带如何产生周期性的不稳定状态及如何生成大陆地壳？

（4）运动中的地球　什么机制控制毁灭性地震、山崩及海啸的发生？什么特性和过程控制深海碳的储存和流动？洋流怎样将深海构造、热学过程和地球生物化学过程联系在一起？

地球系统的各个子系统（包括固体地球、水圈、大气圈、冰冻圈和生物圈等）之间均进行着彼此的相互作用。深海大洋沉积物和岩石中蕴藏有数百万年，乃至数千万年以来地球上气候、生物、化学及地质历史的真实记录，科学的大洋钻探为我们观察、探索及分析复杂地球系统的发展演化提供了最基础的手段。另外，在钻孔中安装观测设备可以即时监控(测)流体的运移、应力场变化、地震的发生、物理化学环境指标的变化等。总之,大洋钻探站在了国际海洋地质学的最前沿,并推动着整个地球科学的快速发展。

二、国际地圈生物圈计划(IGBP)

这是另一项大型国际合作研究计划,该计划中包括众多的分计划,其中与海洋地质学密切相关的主要有:① 海岸带陆海相互作用(LOICZ—Land-Ocean Interactions in the Coastal Zone);② 过去全球变化(PAGES—Past Global Changes);③ 全球海洋通量联合研究(JGOFS—Joint Global Ocean Flux Study)。该部分内容参见第十三章。

三、国际洋中脊计划(IR)

IR起初是以深海热液作用为研究重点的国际性深海基础研究合作计划,旨在促进对洋中脊的国际性、多学科的调查,支持和鼓励那些研究意义重大但单个国家难以执行的国际性研究计划,于1992年开始实施。

在第一个10年(1994～2003年)计划主要是促进国际合作,通过多学科领域共同努力,对洋中脊时空变化特性进行深入系统的研究;建立资料数据库;对全球洋中脊系统进行连续的填图和取样;进一步研制并部署海底观测设备。

第二个10年(2004～2013年)计划旨在“通过各国研究人员间的学术交流,促进对大洋扩张中心多学科的国际性研究。促进科学技术和调查设备的分享,尤其鼓励非成员国共同参与该计划,对扩张中心进行研究、利用和保护。促进各国国民、科学家以及政府对研究资料的共享”。重点研究7个主题:① 超慢速扩张洋脊的地质作用过程;② 洋脊-热点的相互作用;③ 弧后扩张系统/弧后盆地的岩浆作用与热液活动;④ 大洋中脊的生态系统;⑤ 海底监测与观察;⑥ 洋壳深部取样;⑦ 全球性海底调查。

第三个10年(2014～2023年)计划确定了6个主题:① 大洋中脊的构造与岩浆过程;② 海底与海底之下的资源;③ 地幔制约(Mantle Controls);④ 中脊与大洋的相互作用及其通量;⑤ 洋中脊的离轴过程及其在岩石圈演化中的效应;⑥ 热液喷口生态系统的过去、现在和未来。

第二节　中国的海洋地质调查研究计划(项目)

我国以不同的方式,先后参与了一系列国际重大的涉及海洋地质学的调查研究计划:20世纪80年代初,参加了国际IGBP计划,秘书处挂靠中国科学院;20世纪90年代初,参加了国际海洋学研究委员会(SCOR),秘书处挂靠国家海洋局;1998年春以1/6的成员身份正式加入ODP,并于1999年春季成功促成了ODP184航次在中国南海的钻探,等等。我国自主设立的国家层面上的海洋地质学调查、研究和技术开发项目主要包含4个领域:① 以研发高新技术为主的“国家高技术研究发展计划”项目(又称国家“863计划”);② 以基础研究为主的“国家重点基础研究发展计划”项目(又称国家“973计划”);③ 国家专项；④ 国家重大工程。前两者自实施以来通常是五年规划，常年支持，逐项申请；后两者一般是根据国家需求立项，持续五年左右时间。

不过，自 2016 年开始，先前的国家“863 计划”和“973 计划”以及其他多种科技专项（计划）整合成为“国家重点研发计划”，首批项目指南已于 2016 年 2 月 16 日发布，这也意味着“863 计划”和“973 计划”成为历史。

一、国家高技术研究发展计划（国家“863 计划”）

国家高技术研究发展计划（“863 计划”）是我国“以政府为主导，以一些有限领域为研究目标”，旨在研发高新技术的发展计划。1986 年 3 月，面对世界高技术蓬勃发展、国际竞争日趋激烈的严峻挑战，邓小平在王大珩、王淦昌、杨嘉墀和陈芳允四位科学家提出的“关于跟踪研究外国战略性高技术发展的建议”上，作出“此事宜速作决断，不可拖延”的重要批示。在充分论证的基础上，党中央、国务院果断决策，于 1986 年 3 月经全国人民代表大会批准启动实施“高技术研究发展计划（‘863 计划’）”，旨在提高我国自主创新能力，坚持战略性、前沿性和前瞻性，以前沿技术研究发展为重点，统筹部署高技术的集成应用和产业化示范，充分发挥高技术引领未来发展的先导作用。国家高技术研究发展计划作为中国高技术研究发展的一项战略性计划，经过 30 年的实施，有力地促进了中国高技术及其产业发展，是中国科学技术发展的一面旗帜。

（一）“九五”（1996～2000 年）国家“863 计划”

在“九五”期间，我国海洋领域高新技术的研发目标是“围绕维护国家海洋权益，开发用于海洋资源勘探与开发的高新技术”。主要成果包括：① 建立了海底全覆盖高精度探查技术系统；② 开发集成了海上油气资源快速探查与评价技术；③ 研制了海上多波束地震勘探与成像测井设备。可见，我国在“九五”期间主要是围绕海洋石油资源的勘探与开发研制发展了一些新的技术设备，主要是适用近海陆架海区，与海洋地质的基础研究关系不大，更是几乎没有涉及深海大洋区的调查勘探技术。

（二）“十五”（2001～2005 年）国家“863 计划”

在“十五”期间，我国围绕“进一步开发近海海域资源，推动深水海域资源的探查开发，大力发展大洋海底资源探查开发技术，形成近海-深水-大洋海域资源勘探开发技术体系”的战略目标，成功研发了五大技术体系：海上边际油田开发模式和生产基地，深水油气类资源勘查关键技术，大洋矿产资源勘查开发高新技术，海底立体探测系统，海洋工程安全保障技术。自此，我国开始重视发展深海大洋海底资源与环境的调查勘探技术。全海深覆盖多波束测深、原位定点探测、直视采样（电视抓斗，图 14-5）、保真采样、环境探测传感器、三维精确定位、高精度深水多道地震

图 14-5　我国自主研发的电视抓斗

探测等成套技术陆续开发成功。这不仅为维护我国蓝色国土权益提供了技术保障,同时也为海洋地质学的前沿科学问题研究提供了技术支撑。

(三)“十一五”(2006～2010年)国家“863计划”

21世纪是海洋世纪,是信息化时代,是高新技术爆发式出现的时代。对我国海洋调查高新技术的发展来说,“九五”是引进跟踪,“十五”是学习赶上,“十一五”是实现自主跨越的第一阶段。目标是同先进国家的技术发展一起,同步进入立体化探测与网络化通信时代。

当时,国际上海洋地质调查观测技术的发展主要表现为两大趋势:一是在纵向上由(陆)地-海调查(调查船)向空-海调查(遥感遥测)和海-底调查(把监测设备置于海底,建立海底实验室)发展;二是在横向上由区域调查和近海调查向全球调查发展(建立全球海底观测网系统)。基于我国的实际情况,围绕国家发展的一系列重大需求:维护国家海洋主权和权益、缓解能源供需矛盾、促进海洋生物资源开发利用、保障国家海洋环境安全、提升海洋科学研究水平,制定了我国海洋领域“863计划”的战略目标:“以维护国家海洋战略利益、保障海洋国土与环境安全、促进海洋经济发展为主线,深化浅海,开拓深海和大洋;发展军民兼用的海洋高技术;拓展海洋开发空间,开发战略性海洋资源。”先后开发研制了自航式深海工作站、有缆和无缆水下机器人(ROV/AUV)、激光拉曼光谱分析水下探测器、载人深潜器等成套技术,同时开始建立南海环境立体监测网。

(四)“十二五”(2011～2015年)国家“863计划”

图14-6 我国自主研发的“蛟龙”号载人深潜器

在“十二五”期间,我国围绕海洋领域的重大需求:“建设海洋强国是和平崛起的必然选择,发展蓝色经济是经略海洋的必由之路,建设海洋强国、发展蓝色经济面临诸多挑战”。制订了“863计划”的总体发展思路:“挺进深远海,深化近浅海,实现海洋技术领域两个战略转移,即由浅向深的战略转移、技术研究向产品研发的转移”。围绕“强化深海作业技术能力,支撑沿海蓝色经济发展”两条主线,突出“上水平、上能力、力促技术成果走向产品硬化”这一核心,强化“海洋环境安全保障、海洋油气资源勘探开发、深海探测与作业、海洋生物资源保护和利用”等重点内容,取得一系列重大研发成果。我国深海运载作业装备研发实现重点跨越,辐射带动国内配套深海通用技术及产业发展,基本形成了我国4 500 m深海探测、运载及作业能力,载人深潜技术(图14-6)进展显著;海洋环境监测多项核心技术取得突破,一批海洋监测仪器设备通过适用性检验,达到实用化要求,使我国初步具备了深远海环境监测及安全保障能力;海洋油气资源勘探开发方面形成了一批重大技术成果,有力支撑了国家油气安全战略的实施;海洋生物资源获取和发掘能力显著提升,多项成果实现了产业化。

二、国家重点基础研究发展计划(国家“973 计划”)

“973 计划”是我国在 1997 年采纳科学家建议,设立制定的国家重点基础研究发展规划,主要是开展面向国家重大需求的重点基础科学研究。“973 计划”确定了“面向战略需求,聚焦科学目标,造就将帅人才,攀登科学高峰,实现重点突破,服务长远发展”的指导思想,具有明确的国家发展战略目标,对国家的发展和科学技术的进步具有全局性和带动性的作用。

在“973 计划”海洋科学领域,我国先后设立了多个以海洋地质学为主要内容的项目。例如,中国边缘海的形成演化及重大资源的关键问题(2000～2004 年)、地球圈层相互作用的深海过程和深海记录(2001～2005 年)、中国典型河口—近海陆海相互作用及其环境效应(2003～2008 年)、南海天然气水合物富集规律与开采基础研究(2009～2013 年)、西南印度洋洋中脊热液成矿过程与硫化物矿区预测(2011～2016 年)、典型弧后盆地热液活动及其成矿机理(2013～2017 年)等。在此,对与海洋地质学发展关系密切且具代表性的项目作一简单介绍。

(一) 中国边缘海的形成演化及重大资源的关键问题

首席科学家:高抒,李家彪

中国海域广阔,面积约 300 万平方千米,资源蕴藏量丰富,深入研究与认识中国边缘海及海底资源是发展我国海洋经济、维护我国海洋权益的重要因素。中国边缘海包括南海与东海。该项目工作主要围绕三个关键科学问题:① 中国边缘海岩石层结构及其动力学机制;② 东海、南海构造演化的差异及地质意义;③ 中国边缘海演化与重大资源形成的关系。主要研究内容包括:

(1) 中国边缘海岩石层结构及其深部作用——剖析中国边缘海的岩石层结构、演化及大陆岩石层破裂机制,洋陆岩石层相互作用,以及边缘海演化过程中的物质与能量交换作用。

(2) 中国边缘海形成演化的地质构造系统及其动力学过程——研究大陆边缘的张裂、增生作用及其与大洋板块俯冲碰撞的关系,中国边缘海基底特征、沉积成盆、构造体系时空演化特征,东海、南海构造演化的差异及其成因机制,建立中国边缘海形成演化的动力学模式与理论。

(3) 中国边缘海演化与重大资源形成的关系——研究中国边缘海演化过程中油气、天然气水合物及热液矿物等重大资源的分布、形成条件,揭示海相残留盆地和深海浊积盆地的油气特征,提出中国边缘海资源形成和分布的规律性认识。

该项目共设 5 个课题:① 中国边缘海岩石层结构;② 中国边缘海新生代沉积盆地的基底特征及其构造格局;③ 中国海沟-弧-盆体系形成演化;④ 中国边缘海形成演化的动力学机制;⑤ 中国边缘海沉积盆地及油气资源效应。

(二) 地球圈层相互作用的深海过程和深海记录

首席科学家:汪品先

该项目围绕两个关键科学问题:地球圈层相互作用的过程,海洋过程的沉积学记录,设置了4项研究内容(目标):① 选择关键的"西太平洋暖池"进行深海沉积记录和现代深海过程的研究;② 通过追溯物质、能量的交换,研究岩石圈、水圈、气圈和生物圈在不同时间尺度上的相互作用,揭示其在全球环境变迁中的作用;③ 增进我国对开发利用深海海底的理论认识和对我国环境变化中海洋因素的认识;④ 促进我国深海基础研究队伍的形成,促进我国地球科学的海陆结合、向跨圈层跨学科的方向发展。

根据项目研究内容和目标,共设置5个课题:

(1)"暖池"形成和演变的构造控制及其沉积证据——研究1 000万余年来板块运动导致的海流格局和剥蚀、沉积的变化。

(2)水团与海流的演变及其气候环境效应——在三个时间尺度上进行三维空间的古海洋学再造,通过数值模拟求取海流格局、海水上层结构等及其对大气环流的影响。

(3)海水与海底的物质与能量交换——在热液区和非热液区进行底层水和孔隙水的测量、分析研究现代深海沉积作用、海底能流和物流。

(4)深海生物圈在生物循环中的作用——以微生物为主研究深海微生物圈及其相关的生物地球化学作用以及深海底栖生物。

(5)"暖池"区碳循环的演化——通过有机碳、碳酸盐含量及其同位素成分的变化,追索暖池区数百万年来碳循环的演化。

(三)中国典型河口-近海陆海相互作用及其环境效应

首席科学家:翟世奎,丁平兴

该项目的设置主要基于我国两大河流(长江、黄河)流域的自然环境变化和重大人类活动改变了河流入海物质的组成及通量,导致河口-近海环境的重大变异,突出表现在黄河河口岸线的蚀退和长江河口近海海域环境的恶化两个方面;根据国家保护滩涂资源、维护环境健康和发展陆海相互作用新理论的战略需求,设置该项目。

该项目围绕两个关键科学问题:水沙通量变化及海平面上升条件下三角洲海岸的侵蚀堆积过程与平衡机制,河流入海污染物和营养盐的通量及组成变异对海岸带环境的影响,设置了5项主要研究内容:① 河流入海物质(组成)的通量变异机制及输运过程;② 河口沉积动力过程、三角洲海岸侵蚀堆积机制和趋势预测;③ 河口-近海环境的控制因素及变异机理;④ 河口一近海生物地球化学过程;⑤ 三角洲海岸侵蚀防护和河口-近海环境恶化的治理对策。

该项目共设10个研究课题:

(1)河流入海物质通量变异及其对流域自然变化和人类活动的响应——研究入海物质种类及通量的变异规律及主要控制机制、入海物质通量估算模型、自然变化和重大人类活动对入海物质组成及其通量的影响。

(2)河口-近海系统物质输运机制和模型研究——研究河口-近岸海域长期物质输运的物理机制以及由弱非线性发展至强非线性效应下物质输运的长期平均意义,并得出相应的数学模型;对河口-近岸海域的保守物质进行时空分布的数值模拟;将上述模型发展至非保守可溶解物质和颗粒态物质(如泥沙)的输运模型,并进行数值模拟。

(3) 长江口及其邻近海域细颗粒泥沙沉积动力过程——主要研究流域和河口重大工程对河口环流及泥沙运移的影响、波-流共同作用下底边界层内细颗粒泥沙运动特征、生化过程对细颗粒泥沙运动及沉积过程的影响。

(4) 黄河三角洲海岸蚀积转换机制和趋势预测——主要研究三角洲海岸冲淤演化对黄河入海水沙和海洋动力的响应过程、三角洲蚀积状态转换的临界条件以及岸线稳定性分析、高浓度泥沙的输运过程及大冲大淤地貌效应的机制、模型和趋势预测。

(5) 高浑浊度河口水域的生物地球化学过程——主要研究生源要素和污染物在颗粒物-水界面迁移转化的动力学过程、高浑浊度河口生态系统中主要生源要素的循环与更新、高浑浊度河口初级生产的光与营养盐限制的耦合作用模型。

(6) 近岸海域水质变化机理及生态环境效应——主要研究近岸水质变化过程及其对入海污染物的响应机理、高营养浓度水沙的持续供给对水体富营养化和生态系统演变的作用、重要污染物对近岸生态系统健康的影响。

(7) 长时间尺度河口近岸环境演变及其对河口过程的响应——主要研究长时间尺度(年代际)河口-近岸海底地貌的演变过程及海平面上升机制下的变化机理、短时间尺度河口过程与近岸环境长期演变的效应、河口海岸环境演化的预测方法和预测模型。

(8) 三角洲海岸侵蚀与岸坡失稳灾害的防护对策——主要研究三角洲岸坡失稳判据和岸滩稳定性、减轻波浪和潮流等海洋动力侵蚀作用的工程方案、入海泥沙的有效利用和岸滩促淤的方法、防护工程安全性评价及其保护与修复的对策。

(9) 河口-近海环境污染调控对策及生态系统变异的趋势预测——主要研究近海生态系统健康指标体系、评价方法及趋势预测;确定近岸生态环境对河流入海最小生态流量的需求;建立河口入海主要污染物和生源要素总量控制模式及评价方法体系。

(10) 滩海油田强侵蚀岸段防护示范工程研究——主要研究防护工程的局部冲刷与地基稳定性、防护工程的透水性、防护工程的促淤强度、防护工程结构优化及施工方法、防护工程与海洋动力相互作用。

(四) 南海天然气水合物富集规律与开采基础研究

首席科学家:黄永样

海底天然气水合物(Natural Gas Hydrate)之所以成为最近十几年举世关注的海底矿产资源,是因为据估计全球海底天然气水合物的储量巨大,其含碳总量甚至超过地球上现已查明的全部化石燃料含碳量的总和(见第十二章)。我国东海大陆架外缘和南海北部大陆架都是天然气水合物资源的远景区。2008 年,我国首次在南海北部大陆坡钻采到天然气水合物样品。

该项目调查研究工作主要围绕 4 个关键科学问题:① 南海北部渗漏型天然气水合物成藏的气源、地质和温压条件及其地球物理、地球化学异常机理;② 南海北部沉积物孔隙中游离天然气气泡形成水合物过程的热力学控制因素和生成动力学规律;③ 南海北部渗漏型天然气水合物大规模成藏的机制及其发育特征和富集规律;④ 高品位(渗漏型)天然气水合物开采过程的多相流动机理和渗流控制模式。开展5个方面的研究:① 南海北部天然气水合物成藏的基础条件;② 南海北部水合物成藏演化的动力学过程;③ 南海北部天然气水合物的地球物理、地球化学异常机理;④ 天然气水合物开采中的多相流动机理和相关基础理论;⑤ 天然气水合物成藏机制及富集规律。

该项目共设8个课题:① 南海北部天然气水合物成藏的气源条件研究;② 南海北部天然气水合物成藏的地质条件研究;③ 南海北部天然气水合物成藏的温压条件研究;④ 南海北部天然气水合物成藏演化的动力学过程研究;⑤ 南海北部天然气水合物的地球物理异常特征研究;⑥ 南海北部天然气水合物的地球化学异常特征研究;⑦ 天然气水合物开采中的多相流动机理和相关基础理论研究;⑧ 南海北部天然气水合物成藏机制和富集规律研究。

(五) 西南印度洋洋中脊热液成矿过程与硫化物矿区预测

首席科学家:周怀阳

在超慢速扩张的西南印度洋洋中脊发现现代海底热液活动,改变了人们先前认为海底热液活动只主要存在于快速扩张脊和弧后扩张性盆地的传统观点,进一步深化了人们对全球热液活动系统的认识。我国大洋协会在2005年的首次环球科考中,在西南印度洋洋中脊发现了水柱浊度异常。在2008~2009年间的第二次环球科考中,在超慢速扩张的西南印度洋洋中脊(SWIR)共新发现6个海底热液活动喷口区。这些发现极大地促进了我国对现代海底热液活动及其成矿作用的重视,特别是对超慢速扩张大洋中脊构造背景下热液活动调查研究的重视,因为这种构造环境相对稳定的热液活动更容易形成大型,甚至超大型的热液多金属硫化物矿体。

该项目围绕两个关键科学问题(超慢速扩张洋中脊热液硫化物成矿的地质背景、特征和机制;热液活动与环境的相互作用),重点开展4个方面的研究工作:① 地壳深部结构和热液系统热源、热液循环和成矿机理;② 微生物群落结构和生物成矿作用;③ 热液羽流及其环境效应;④ 热液矿区特征和找矿标志。总体研究目标是"建立多金属硫化物矿床的找矿模型,为我国海底多金属硫化物矿区勘探和区域放弃工作提供必要基础和重要支持;深化对全球洋中脊热液成矿体系的认识,提高中国科学家在国际深海学术界的影响;为我国培养一批有能力进军大洋科学研究的高水平人才和队伍"。

该项目共设5个课题:① 地壳和上地幔深部结构和热源研究;② 热液成矿特征和成矿机制研究;③ 热液羽流特征及其环境效应研究;④ 热液微生物和生物成矿作用研究;⑤ 硫化物矿区特征和找矿标志研究。

(六) 典型弧后盆地热液活动及其成矿机理

首席科学家:曾志刚

迄今,在海底已发现的600余处海底热液活动及热液沉积物分布区中有约18%分布在弧后盆地。弧后盆地不仅类同于大洋中脊有强烈的张裂活动和岩浆作用,而且同样有热液活动和成矿作用。由于弧后盆地通常具有距陆地更近、水深相对较浅、热液沉积物中贵重金属品位更高等特点,其中所蕴藏的热液多金属矿产资源很可能成为最早为人类开发利用的海底多金属矿产资源。除了矿产资源意义之外，研究弧后盆地的海底热液活动还可为揭示弧后盆地的形成演化提供新的视角。

该项目围绕两个关键科学问题（构造与岩浆作用对弧后盆地热液活动及其成矿的控制机理，弧后盆地热液活动的物质与能量输送机制），重点开展 5 个方面的研究：① 典型弧后盆地热液区及邻区的地球物理特征与构造背景；② 岩浆作用对热液活动及其成矿的控制机理；③ 热液活动对近海底水体的影响及其成矿指示；④ 热液活动对沉积环境的物质贡献与影响机制；⑤ 热液成矿过程、蚀变作用及其成矿潜力。设置了 5 个课题：

(1) 构造地质过程及其对热液活动的控制——目标是揭示弧后盆地热液区及邻区的地壳性质、壳幔结构和热源特征，建立不同发育阶段弧后盆地热液活动的构造-热源控制模型。主要研究内容包括：典型弧后盆地热液活动的大地构造背景、热液区及邻区的构造地质特征、热液活动特点及构造-热源控制机理。

(2) 岩浆活动与热液系统的相互作用——目标是揭示弧后盆地热液区及邻区岩浆岩的时空分布特征及成因；阐明板块俯冲作用对弧后盆地岩浆活动的贡献；建立岩浆作用对弧后盆地热液活动物质和能量贡献的定量评价模型。主要研究内容包括：典型弧后盆地热液区及邻区岩浆岩的形成演化、板块俯冲对弧后盆地岩浆活动的影响、弧后盆地岩浆对热液系统的物质与能量贡献。

(3) 热液活动的演化规律及其示踪体系——目标是建立弧后盆地热液活动在近海底水体的物质和能量扩散模型，定量评价弧后盆地热液活动对近海底水体的影响；建立典型弧后盆地热液系统的成因模型，揭示弧后盆地热液活动的演化规律；建立弧后盆地示踪热液活动及其成矿作用的方法与指标体系。主要研究内容包括：典型弧后盆地热液柱及喷口流体的物理化学特征、热液柱及喷口流体的物质与能量输送机制、热液活动成因模型及示踪方法。

(4) 含金属沉积物的热液活动记录及其沉积模式——旨在建立典型弧后盆地含金属沉积物的沉积模式，揭示含金属沉积物中记录的热液活动演化历史；揭示弧后盆地含金属沉积物中微生物群落结构与热液活动的对应关系。主要研究内容包括：典型弧后盆地海底表层含金属沉积物的沉积作用、海底热液活动的沉积记录、含金属沉积物中微生物的群落结构。

(5) 热液成矿模式与资源潜力评价——研究目标是建立基于构造-围岩约束的弧后盆地热液成矿模型，丰富和完善海底热液成矿理论；建立基于异常分布与成矿模型约束的成矿潜力评价模型，初步评价弧后盆地的资源潜力。主要研究内容包括：典型弧后盆地多金属硫化物成矿特征、成矿条件与关键控矿因素、成矿模型与成矿潜力评价。

三、国家调查研究专项与工程专项

为维护国家权益（国土和矿产资源），根据国际形势的发展变化，我国自“八五”（1990～1995 年）开始实施海洋科技调查研究专项任务，涉及海洋地质的先后有 904 专项（虎皮礁邻近海域勘查）、126 专项（大陆架勘查）、703 专项（西太平洋环境调查）、908 专项（我国近海海洋综合调查与评价)等等。另外,我国在"十一五"(2006~2010 年)期间设立了重大科技基础设施建设工程专项(海洋科学综合考察船"科学"号建设);在"十二五"(2011~2015 年)期间设立了国家(海洋)重大工程专项(海底长期科学观测系统),该专项计划分三期建设,到 2030 年完成。

(一) 有关海洋地质学的调查研究专项

1. 904 专项(1990~1995 年)——虎皮礁邻近海域勘查

904 专项又称国家"八五"科技攻关专项,由当时的国家科学技术委员会组织实施。随着《联合国海洋法公约》(1982)的实施,一些新的海域概念(如专属经济区)逐渐引起临海国家的重视,因为这涉及同一海域两个或多个相邻国家之间的海域划界问题。该专项是我国首次所设置的针对海域(底)划界的专项调查研究任务,调查区域主要是中、日之间大陆架划界最为敏感的区域。调查以地质地球物理调查为主,内容包括地形地貌、地球物理特征、沉积学与岩石学等。由于受经费和当时技术条件的限制,调查的填图比例尺很小,大部分地区为 1∶300 万,局部重点区域达到 1∶100 万。

2. 126 专项(1995~2000 年)——大陆架勘查

126 专项又称"国务院海洋勘测专项"。主要是对中国和周边邻国有争议的大陆架划界敏感区进行地质地球物理调查,调查海区涉及黄海、东海和南海,调查内容包括地形地貌、沉积、岩石和地球物理等。填图比例尺达到 1∶100 万,局部地区达到 1∶50 万。

3. 703 专项(2000~2005 年)——西太平洋环境调查

西北太平洋地区对我国国防安全至关重要,部分海区还涉及国家权益,是确保我国社会和经济长期稳定快速发展的关键海域之一。该专项调查任务不仅涉及维护我国疆土完整,同时也可为我国海洋资源开发、维护我国海洋权益、海洋管理等决策提供基础科学依据。该专项任务选取西北太平洋若干海区进行海底地形、底质、地球物理及其上覆水体中悬浮体与水文调查,旨在查明海底环境及其潜在的资源,对加强国防,维护国家权益,提高我国的国际竞争能力具有重要意义。

4. 908 专项(2005~2015 年)——我国近海海洋综合调查与评价

该专项旨在对我国内陆架海区环境进行多学科综合调查与评价,涉及物理海洋、海洋物理、海洋化学、海洋生物、海洋地质、海洋资源、海洋灾害等有关海洋的各个学科领域。这是我国迄今为止,最大规模(动用人数最多,设备技术最为先进,经费支持力度最大)的海洋综合调查专项,调查区域涉及渤海、黄海、东海、南海四个海区。

(二) 有关海洋地质学的工程专项

1. 海洋科学综合考察船——"科学"号建设

中国在"十一五"(2006~2010 年)期间设立重大科技基础设施建设工程专项,新建了海洋科学综合考察船——"科学"号(图 14-7),由中国科学院海洋研究所承建,已于 2013 年投入使用。该调查船至今仍是我国最为先进的综合海洋调查船之一,吨位 4 000 吨级,船体总长 99.6m,宽 17.2 m,吃水 5.6 m,无限航区,续航能力 60 天,载员 80 人;船载探测系统包括水体探测(0~1 000 m 走航探测;0~6 000 m 综合环境定点探测)、海底探测(海底地形地貌高精度全覆盖测量、海底地层剖面二维数字地震测量、至少 30 m 长的沉积物取心)、深海极端环境探测(水深 3 000 m 以下海底极端环境现场观测和保真取样)及遥感信息现场处理能力等。可以实现探测设备网络互联及系统控制以及海基数据集成及其与陆基实验室的数据传输等。

(a) 设计概念图

(b) 建设实体图

图 14-7 "科学"号海洋科学综合考察船

2. 国家海底长期科学观测系统建设

海洋科学正在经历着从海面作短暂的"考察"到海洋内部作长期"观测"的革命性变化。海底观测系统是"把实验室建在海底"。在这一领域,西方发达国家早在 20 世纪 90 年代就开始部署建设。例如,美国目前海底监测网建设已由近海系统、深海系统发展成全球系统,加拿大的海王星系统也已建设成世界最大海底观测网之一,并于 2009 年 12 月启动运行。

在"十二五"(2011～2015 年)期间我国设立了国家(海洋)重大工程专项:"海底长期科学观测系统"的建设。该专项的设置旨在在我国关键的陆架和深海海域,建成一套由光电缆联网的、拥有若干分支网、具有多学科监测功能、数据共享的海底观测系统,实现长期连续的实时观测。建成后将是西太平洋第一个大规模的海底科学观测系统。该专项计划分三期建设,到 2030 年完成。

小　结

1. 大洋钻探计划,包括 DSDP(1968～1983 年)、ODP(1985～2003 年)、IODP(2003～2013 年)和 IODP(2013～2023 年)是迄今全世界最著名、影响最大、花费和参与国最多的有关海洋地质学的国际合作研究计划,不仅对海洋地质学的影响最大,而且对整个地球科学,乃至生命科学都有着重大的影响。

2. 大洋钻探的成果主要反映在 4 个方面:① 证实了海底扩张与板块构造学说,促成了 20 世纪地学革命;② 催生了古海洋学;③ 揭示了海底流体和地球化学循环的存在;④ 揭示了海底之下生物圈的存在。大洋钻探实际上是站在了国际海洋地质学的最前沿,推动着整个地球科学的快速发展。

3. 我国以不同的方式,先后参与了一系列国际上重大的涉及海洋地质学的调查研究计划,为我国参与国际调查研究、提升我国海洋地质学研究水平积累了经验,扩大了国际影响。

4. 尽管国家"863 计划"和"973 计划"已经成为过去,但在我国海洋地质学的发展历程中作出了卓越的贡献,是我国海洋地质学调查研究技术和水平保持与国际先进水平同步发展的保障;自 2016 年起实施的"国家重点研发计划"更是将对我国的海洋地质学发展起到至关重要的推动作用。

思考题

1. 大洋钻探(DSDP、ODP、IODP、IODP)对海洋地质学发展的主要贡献有哪些?
2. 目前,海洋地质调查研究急需发展哪些高新技术?
3. 我国海洋地质学发展当前面临的主要问题有哪些?

参考文献

Alexander C R,DeMaster D J and Nittrouer C A. Sediment accumulation in a modern epicontinental-shelf setting:The Yellow Sea [J],Marine geology,1991,98:51-72.

Allen J S,Newberger P A,Federiuk J. Upwelling circulation on the Oregon continentalshelf[J]. Journal of Physical Oceanography,1995,35:1843-1889.

An Z S,Liu T S,Lu Y C,et al. The long term paleomonsoon variation recorded by the loess-paleosol sequence in central China[J]. Quaternary International,1990,7-8:91-95.

Anne Deschamps,Kyoko Okino,Kantaro Fujioka. Late amagmatic extension along the central and eastern segments of the west Philippine Basin fossil spreading axis [J]. Earth and Planetary Science Letters, 2002,203:277-293.

Arnold M,Sheppard S M F. East Pacific Rise at latitude 21°N:isotopic composition and origin of the hydrothermal sulfur [J]. Earth Planet. Sci. Lett. 1981,56:148-156.

Baker E T,German C R,Elderfield H. Hydrothermal Plumes Over Spreading-Center Axes:Global Distributions and Geological Inferences,In Seafloor Hydrothermal Systems:Physical,Chemical,Biological and Geological Interactions,1995,Geophysical Monograph 91,AGU,47-71.

Baker E T,Lupton J E. Changes in submarine hydrothermal ^{3}He /heat ratios as an indicator of magmatic/tectonic activity [J]. Nature,1990,346:556-558.

Baker E T,Massoth G J and Feely R A. Cataclysmic hydrothermal venting on the Juan de Fuca Ridge[J]. Nature,1987,329:149-151.

Baker,E. T.,S. R. Hammond. Hydrothermal venting and the apparent magmatic budget of the Juan de Fuca Ridge[J]. J. Geophys. Res. 1992,97:3443-3456.

Barnes C R. Paleoceanography and paleoclimatology:an Earth system perspective [J]. Chemical Geology, 1999,161(1):17-35.

Baturine G N. The geochemistry of manganese and manganese nodules in the ocean[M]. D. Reidel Publishing Company. 1988.

Beardsley R C,Limeburner R R,Yu H,et al. Discharge of the Changjiang (Yangtze River) into the East China Sea[J]. Continental Shelf Research,1985,4(1-2):57-76.

Beier C,Bach W,Turner S,Niedermeier D,Woodhead J,Erzinger J,Krumm S. Origin of silicic magmas at spreading centres—an example from the South East Rift,Manus Basin[J]. J. Petrol. 2015,56,255-

272.

Bird P. An updated digital model of plate boundaries[J]. Geochem. Geophys. Geosyst. 2003,4(3):101-112. http://dx. doi. org/10. 1029/2001GC000252.

Bottinga Y,Javoy M. MORB degassing:evolution of CO_2[J]. Earth Planet. Sci. Lett.,1989,95(3-4):215-225.

Bouloubassi I,Rullkötter J,Meyers P A. Origin and transformation of organic matter in Pliocene-Pleistocene Mediterranean sapropels:organic geochemical evidence [J]. Marine Geology,1999,153:177-197.

Bowers T S,Campbell A C,Measures C I,Spivack A J,Khadem M and Edmond J M. Chemical controls on the composition of vent fluids at 11°-13°N and 21°N,East Pacific Rise[J]. J. Geophys. Res.,1988,93:4522-4536.

Bowers T S. Stable isotope signatures of water-rock interaction in Mid-Ocean Ridge hydrothermal systems:Sulfur,oxygen,and hydrogen [J]. J. Geophys. Res. 1989,94:5775-5786.

Bowin C and Reynolds P H. Radiometric agefrom ryukyu arc region and an Ar-40/Ar-39 age from biotite dacite on Okinawa [J]. Earth Planet. Sci. Lett.,1975,27:363-370.

Brumsack,H J. Geochemistry of Cretaceous black shales from the Atlantic Ocean (DSDP 11,14,36) [J]. Chem. Geol.,1980,31:1-25.

Buddingion A F and Lindsley D H. Iron-titanium oxideminerals and synthetic equivalents [J]. Jour. of Petrol,1964,5:310-357.

Butterfield D A,Jonasson I R,Massoth G J,et al. Seafloor eruptions and evolution of hydrothermal fluid chemistry. In Cann J R,Elderfield H,Laughton A Eds. Mid-Ocean Ridge[M]. Cambridge university press,Cambridge,1999.

Butterfield D A,Massoth G J,McDuff R E,et al. Geochemistry of fluids from Axial Seamount hydrothermal emissions study vent field,Juan de Fuca Ridge:Subseafloor boiling and subsequent fluid-rock interaction[J]. Journal of Geophysical Research,1990,95:12895-12921.

Calvert S E,Pedersen T F. Geochemistry of Recent oxic and anoxic marine sediments:implications for the geological record [J]. Marine Geology. 1993,113:67-88.

Campbell A C,Palmer M R. Chemistry of hot springs on the Mid-Atlentic Ridge[J]. Nature,1988,335:514-519.

Cann J R & Strens M R. Modeling periodic megaplume emission by black smoker systems[J]. J. Geophys. Res. 1989,94:12227-12237.

Carmichael I S E,Turner F J,Verhoogen J. 火成岩石学(M). 从柏林,等译. 北京:地质出版社,1982.

Castillo P R. Origin and geodynamic implications of the Dupal isotopic anomaly in volcanic rocks from the Philippine island arcs[J]. Geology,1996,24(3):271-274.

Chaillou G,Anschutz P and Lavaux G et al. The distribution of Mo,U and Cd in relation to major redox species in muddy sediments of the Bay of Biscay [J]. Mar. Chem. 2002,80:41-59.

Chan L H,Frey F A. Lithium isotope geochemistry of the Hawaiian plume:results from the Hawaii scientific drilling project and Koolau Volcano[J]. Geochem. Geophys. Geosyst. 2003,4:337-349.

Charlou J Land Donval J P. Hydrothermal methane venting between 12° and 26°along the Mid-Atlantic Ridge[J]. J. Geophys. Res.,1993,98:9625-9642.

Chen J,Zhu H,Dong Y,Sun J. Development of the Changjiang estuary and its submerged delta[J]. Continental Shelf Research, 1985, 4: 47-56.

Chen Z, Yu L, Gupta A. The Yangtze River: an introduction[J]. Geomorphology, 2001, 41: 73-75.

Chu Zhongxin, Zhai Shikui, Chen Xiufa. Changjiang River sediment delivering into the sea in response to water storage of Sanxia Reservoir in 2003[J]. Acta Oceanologica Sinica, 2006, 25(2): 71-79.

Cook A A, Lambshead P J, Hawkins L E, Mitchell N, Levin L A. Nematode abundance at the Oxygen Minimum Zone in the Arabian Sea[J]. Deep-Sea Research II, 2000, 47: 75-85.

Crusius J and Thomson J. Comparative behavior of authigenic Re, U, and Mo during reoxidation and subsequent lomg-term burial in marine sediments [J]. Geochimica et Cosmochimica Acta. 2000, 64 (13): 2233-2242.

Crusius J, Calvert S, Pedersen T, et al. Rhenium and molybdenum enrichments in sediments as indicators of oxic, suboxic and sulfidic conditions of deposition [J]. Earth and Planetary Science Letters. 1996, 145: 65-78.

DanobeitiaJ J, Canales J P. Magmatic underplating in the Canary Archipelago[J]. Journal of Volcanology and Geothermal Research, 2000, 103(1-4): 27-41.

DeMaster D J, McKee B A, Nittrouer C A, Qian J, Cheng G. Rates of sediment accumulation and particle reworkingbased on radiochemical measurements from continental shelf deposits in the East China Sea [J]. Continental Shelf Research, 1985, 4: 143-158.

Depowski S, 等. 海洋矿物资源[M]. 北京: 海洋出版社, 2001.

Detrick R S, Harding A J, Kent G M, Orcutt J A, Mutter J C & Buhl P. Seismic structure of the southern east pacific rise[J]. Science, 1993, 259: 499-503.

Duckworth R, Fallick A E, Rickard D. Mineralogy and sulfur isotope composition of the Middle Valley massive sulfide deposit, Northern Juan de Fuca Ridge. Proc. Ocean Drilling Program, Part B Scientific Results, 1994, 39: 373-385.

Duft M, Schulte-Oehlmann U, Weltje L, Tillmann M, Oehlmann J. Stimulated embryo production as a parameter of estrogenic exposure via sediments in the freshwater mudsnail Potamopyrgus antipodarum [J]. Aquatic Toxicology, 2003, 64: 437-449.

Earl E. Davis, et al. Massive sulfides in a sedimented rift valley, northern Juan de Fuca Ridge[J]. Earth and Planetary Science Letters, 1987, 82: 49-61.

Ecker C, Dvorkin J and Nur A. Sediments with gas hydrates: internal structure from seismic AVO[J]. Geophysics. 1998, 63: 1659-1669.

Edmond J M, Spivack A, Grant B C, et al. Chemical dynamics of the Changjiang Estuary[J]. Continental Shelf Research, 1985, 4(1/2): 17-36.

Edmond J M, Von Damm K L, McDuff R E & Measures C I. Ridgecrest hydrothermal activity and the balance of the major and minor elements in the ocean: the Galapagos data[J]. Earth Planet. Sci. Lett. 1979, 46: 1-18.

Elderfied H & Schultz A. Mid-ocean ridge hydrothermal fluxes and the chemical composition of the ocean [J]. Earth Planet. Sci. Lett., 1996, 24: 191-224.

Elderfield H, Mills R A & Rudnicki M D. Geochemical and thermal fluxes, high-temperature venting and diffuse flow from mid-ocean ridge hydrothermal system: the TAG hydrothermal field, Mid-Atlantic Ridge 26° N[J]. Magmatic Processes and Plate Tectonics, Geological Society Special Publication.

1993,76:195-307.

Elthon D & Scarfe C M. High-pressure phase equilibria of a high-magnesia basalt:implications for the origin of mid-ocean ridge basalts[J]. Carnegie Inst. Wa. Yrbk,1980,277-281.

Emerson S,Hedges J I. Processes Controlling the Organic Carbon Content of Open Ocean Sediments[J]. Paleoceanography,1988,3:621-634.

Erickson J (美).海洋地质学:探索海洋的新领域[M]. 北京:海洋出版社,2005.

Evans N J,Ahren T J and Gregoire D C. Fractionation of ruthenium from iridium at the Cretaceous-Tertiary boundary [J]. Earth and Planetary Science Letters. 1995,134:141-153.

Evans N J,Gregoire D C and Grieve R A F,et al. The use of platinum-group elements for impactor identification:Terrestrial impact craters and Cretaceous-Tertiary boundary [J]. Geochimica Cosmochimica Acta. 1993,57:3737-3748.

Fang Guohong,Wang Yonggang,Wei Zexun,Choi Byung Ho,Wang Xinyi,Wang Ji. Empirical cotidal charts of the Bohai,Yellow,and East China Seas from 10 years of TOPEX/Poseidon altimetry[J]. Journal of Geophysical Research,2004,109:1-13.

Faure G. Principles of isotope geology[M]. John Wiley & Sons Inc.,1977.

Fouquet Y,Von Stackelberg U,Charlou J L,et al . Hydrothermal activity and metallogenesis in the Lau back-arc basin[J]. Nature,1991,349:778-781.

Fouquet Y. Where are the large hydrothermal sulphide deposits in the oceans? In Cann J R,Elderfield H, Laughton A Ed. Mid-Ocean Ridge[M]. Cambridge:Cambridge University Press,1999.

Francois R. The study on the regulation of the concentrations of some trace metals (Rb,Sr,Zn,Cu,V,Cr, Ni,Mn and Mo) in Saanich inlet sediments,British Columbia,Canada [J]. Marine Geology. 1988,83: 285-308.

Gao Y,Casey J F. Lithium isotope composition of ultramafic geological reference materials JP-1 and DTS-2[J]. Geostand. Geoanal. Res. 2012,36:75-81.

German C R,Baker E T,Klinkhammer G. Regional setting of hydrothermal activity. In Parson L M, Walker C L,Dixon D R. Hydrothermal vents and processes[M]. London:The Geological Society, 1995.

Gingele F X,Muller P M and Schneider R R. Orbital forcing of freshwater input in the Zaire Fan area—clay mineral evidence from the last 200 kyr [J]. Paleogeography,Paleoclimatology,Paleoecology. 1998,138:17-26.

Gippel C J. Pitential of turbidity monitoring for measuring the transport of suspended solids in streams [J]. Hydrology Processes,1995,9:83-97.

Glasby G P. Manganese:Predominant role of nodules and crusts. In Schulz H D et al (ed) Marine Geogchemisrty[M],Spinger,2000,344-353.

Gobeil C,Macdonald R W and Sundby B. Diagenetic separation of cadmium and manganese in suboxic continental margin sediments [J]. Geochimica cosmochimica Acta. 1997,21:4647-4654.

González-Vila F J,Polvillo O,Boski T,Moura D,Andrés de J R. Biomarker patterns in a time-resolved Holocene/terminal Pleistocene sedimentary sequence from the Guadiana river estuarine area (SW Portugal/Spain border) [J]. Organic Geochemistry 2003,34:1601-1613.

Gooday A J,Bernhard J M,Levin L A and Suhr S B. Foraminifera in the Arabian Sea oxygen minimum zone and other oxygen-deficient settings: taxonomic composition, diversity and relation to metazoan faunas[J]. Deep-Sea Research Ⅱ, 2000, 47: 25-54.

Goodfellow W D, Franklin J M. Geology, Mineralogy and chemistry of sediment-hosted clastic massive sulfides in shallow cores, Middle Valley, Northern Juan de Fuca Ridge[J]. Economic Geology, 1993, 88: 2037-2068.

Graham I J, Glasby G P and Churchman G J. Provenance of the detrital component of deep-sea sediments from theSW Pacific ocean based mineralogy, geochemistry and Sr isotopic composition [J]. Marine Geology. 1997, 140: 75-96.

Gribble Robert F, Robert J S. Chemical and isotopic composition of lavas from the northern Mariana trough: Implications for magmagenesis in back-arc basins[J]. Journal of Petrology, 1998, 39(1): 125-154.

Guo Kun, Zhai Shikui, Yu Zenghui, et al. Sr-Nd-Pb isotopic geochemistry of phenocrysts in pumice from the central Okinawa Trough[J]. Geological Journal. 2016, 51: 368-375.

Guo Kun, Zhai Shikui, Zeng Zhigang, et al. Geochemical characteristics of major and trace elements in O-kinawa Trough basaltic glass[J]. Acta Oceanologica Sinica. 2017, Doi: 10. 1007/s13131-017-1075-2.

Guo Kun, Zhai Shikui, Yu Z enghui, Wang Shujie, Zhang Xia, Wang Xiaoyuan. Geochemical and Sr-Nd-Pb-Li isotopic characteristics of volcanic rocks from the Okinawa Trough: Implications for the influence of subduction components and the contamination of crustal materials[J]. Journal of Marine Systems. Doi: 10. 1016/j. jmarsys. 2016. 11. 009.

H de La Roche, et al. A classification of volcanic and plutonic rocks using R1R2-diagram and major element analyses its relationships with current normenclature[J]. Chemical Geology, 1980, 29 (3-4): 183-210.

Hajimu Kinoshita. IODP 计划和地球科学学术界[J]. 地球科学进展, 2003, 18(5): 654-656.

Halbach P, et al. Whole-rock and sulfide lead-isotope data from the hydrothermal JADE field in the Okinawa back-arc trough[J], Mineralium Deposita, 1997, 32: 70-78.

Halbach P, Pracejus B, Marten A. Geology and mineralogy of massive sulfideores from the central Okinawa trough, Japan[J]. Economic Geology, 1993, 88: 2210-2225.

Halbach P, Nakamura K, Washner M, et al. Probable modern analogue of Kuroko-type massive sulfide deposits in the Okinawa trough back-arc basin[J]. Nature, 1989, 338: 496-499.

Hall Robert. Cenozoic geological and plate tectonic evolution of SE Asia and the SW Pasific: computor-based reconstructions, model and animation[J]. Journal of Asian Earth Sciences, 2002, 20(4): 353-431.

Hamelin B, Dupre B, Allegre C J. Lead-strontium isotopic variations along the east pacific rise and the mid-Atlantic ridge: a comparative study[J]. Earth and Planetary Science Letters, 1984, (67): 340-350.

Hannington M D and Scott S D. Gold and silver potential of polymetallic sulphide deposits on the sea floor [J]. Marine Mining, 1988, 7: 271-85.

Hannington M D, Peter J M, et al. Gold in sea-floor polymetallic sulfide deposits[J], Econ. Geol., 1986, 81: 1867-1883.

Hathon E G and Underwood M B. Clay mineralogy and chemistry as indicators of hemipelagic sediments dispersal south of the Aleutian arc [J]. Marine Geology. 1991, 97: 145-166.

Haymon R M and Kastner M. Hot spring deposits on the East Pacific Rise at 21°N: preliminary description of mineralogy and genesis[J], Earth Planet. Sci. Lett., 1981, 53: 363-381.

Hegner E and Smith I E M. Isotopic compositions of the late Cenozoic volcanics from the southeast Papua New Guinea: evidence for multi-component sources in arc and rift environments[J]. Chem. Geology, 1992, (97): 233-249.

Hein J R, Manheim F T and Schwah W C. Cobalt and platium-rich ferromanganese crusts and associated rocks from Marshall Islands[J]. Mar. Geol. 1988, 78: 255-283.

Hekinian R, Fevrier T L, Bischoff J L, et al. Sulfide deposits from the East Pacific Rise near 21°N[J]. Science, 1980, 207: 1433-1444.

Hergt J M, Woodhead J D. A critical evaluation of recent models for Lau-Tonga arc-backarc basin magmatic evolution[J]. Chem. Geol. 2007, 245: 9-44.

Herzig P M, Fouquet Y, Hannington M D, et al. Mineralogical controls on the occurrence of gold in Lau basin back-arc sulfides[J]. TERRA, 1991, 3(1): 52.

Herzig P M, Hannington M D. Polymetallic massive sulfides at the mordern seafloor: a review[J]. Ore Geology Reviews, 1995, (10): 95-115.

Hessler R R, Smithey W M, Jr and Keller C H. Spatial and temporal variation of giant clams, tube worms and mussels at deep-sea hydrothermal vents[J]. Bulletin of the Biological Society of Washington. 1985, 6: 411-428.

Hey R N, et al . Propagating rifts of midocean ridges[J]. Jour. Geophys. Res, 1982, 85: 3647-3658.

Holbrook W S, Hoskins H, Wood W T, et al. Methane hydrate and free gas on the Blake Ridge from vertical seismic profiling[J]. Science, 1996, 273: 1840-1843.

Honma H, Kusakabe M, Kagami H, et al. Major and trace element chemistry and D/H, $^{18}O/^{16}O$, $^{87}Sr/^{86}Sr$ and $^{143}Nd/^{144}Nd$ ratios of rocks from the spreading center of the Okinawa Trough, a marginal back-arc basin[J]. Geochemical Journal, 1991, 25: 121-136.

Hu D X. Upwelling and sedimentation dynamics: 1. The role of upwelling in sedimentation in the Huanghai Sea and East China Sea—A description of general features[J], Chin. Jour. Oceanol. Limnol. 1984, 2(1): 12-19.

Hyacinthe C, Anschutz P, Carbonel P, et al. Early diagenetic processes in the muddy sediments of the Bay of Biscay[J]. Marine Geology, 2001, 177: 111-128.

Hyndman R and Spence G. A seismic study of methane hydrate marine bottom simulating reflectors[J]. Geophy. Res., 1992, 97: 6638-6698.

Indermuhle A, Stocker T F, Joos F, Fisher H, Smith H J, Wahlen M, Deck B, Mastroianni D, Tschumi J, Blunier T, Meyer R and Stauffer B. Holocenecarbon-cycle dynamics based on CO_2 trapped in ice at Taylor Dome, Antarctica[J]. Nature, 1999, Vol. 398, 121-126.

IODP 科学规划委员会. 地球海洋与生命—IODP 初始科学计划[M], 上海: 同济大学出版社, 2003.

Jacobs L, Emerson E and Huested S S. Tracd metal geochemistry of the Cariaco Trench [J]. Deep-Sea Research. 1987, 34: 965-981.

Jannasch H W and Mottl M J. Geomicrobiology of deep-sea hydrothermal vents[J]. Science, 1985, 229, 717-725.

Jean-Baptiste P, Fouquet Y. Abundance and isotopic composition of helium in hydrothermal sulfides from the EastPacific Rise at 13°N [J]. Geochimica et Cosmochimica Acta, 1996, 60: 87-93.

Jenkins W J, Edmond J M, Corliss J B, Excess. [3]He and [4]He in the Galapagos submarine hydrothermal waters[J]. Nature, 1978, 272: 156-158.

Jennifer L, Morford and Steven E. The geochemistry of redox sensitive trace metals in sediments [J]. Geochimica cosmochimica Acta. 1999, 63: 1735-1750.

Jiang S, Teresa O, John J K, Zhang H, Jia R, Yu S, Wang Y, Luan Z, Sun Z, Jiang R. Origins and simulated thermal alteration of sterols and keto-alcohols in deep-sea marine sediments of the Okinawa Trough[J]. Organic Geochemistry 1994, 21: 415-422.

Jickells T D. Nutrient biogeochemistry of the coastal Zone[J]. Science, 1998, 281: 217-222.

John H S, Steve A T, Karl K T. Marine Geology and Geophysics[M]. Academic Press, 2010.

Jones E J W. Marine Geophysics[M]. Chichester, New York, Weiheim, Singapore, Toronto: John Wiley & Sons, Ltd. 2004.

Juteau T, Maury R. The Oceanic Crust, from accretion to mantle recycling[M]. London: Springer, 1999.

Kadko D, Baker E, Alt J & Baross J. Global impact of submarine hydrothermal processes. Report of the RIDGE/VENTS Workshop, US Ridge Inter-Disciplinary Global Experiments. Boulder, Colorado, 1994.

Karig D E. Origin and Development of Marginal Basins in the Western Pacific[J]. Journal of Geophysical Research Atmospheres, 1971, 76(11): 2542-2561.

Kase K, Yamamoto M, Shibata T. Copper-rich sulfide deposit near 23°N, Mid-Atlantic Ridge: Chemical composition, mineral chemistry and sulfur isotopes. Proc. Ocean Drilling Program (Leg106, Sci. Results), 1990, 163-177.

Katsui Y, et al. Preliminary report of the 1977 eruption fo USU volcano. Jour. Fac. Sci., Hokkaido Univ. Ser., 1978, IV, 18, (3), 385-408.

Katsumata M and Sykes L. Seismicity and tectonics of the western Pacific: Izu-Mariana-Caroline and Ryukyu-Taiwan regions[J] J. G. R., 1969, 74: 5923-5948.

Katzman R, Holbrook W S and Paull C K. Combined vertical-incidence and wide-angle seismic study of gas hydrate zone, Blake Ridge[J]. Geophy. Res., 1994, 99: 17975-17995.

Kazmin V G, Byakov A F. Magmatism and crustal accretion in continental rifts[J]. Journal of African Earth Sciences, 2000, 30(3): 555-568.

Kazuo N, Hitoshi S, Hiroki Y, et al. Mineralogical and fluid inclusion studies on some hydrothermal deposits at the Iheya ridge and Minami-Ensei Knoll, Okinawa trough: Report of research dive 621 and hydrothermal precipitates collected by dives 487 and 622 of "Shinkai 2000"[J]. Proceedings of JAMSTEC Symposium on Deepsea Research, 1991, (9): 147-161(In Japanese)

Kearey P, Vine F J. Global Tectonics[M]. Blackwell Science Ltd, 1990.

Ken-Ichi Ishikaw, et al. Flourine contents and behaviour of the quaternary volcanic rocks of Japan and the application in rock orgin[J]. Journal of Volcanology and Giothermal Research, 1980, (8): 161-175.

Kennett J P. Marine Geology[M]. Prentice-Hall, 1982.

Kent C C. Plate Tectonics & Crustal Evolution[M]. Second Edition. New York, Toronto, Oxford, Sydney, Paris, Frankfurt, 1982.

Kent G M, Singh S C, Harding A J, Sinha M C, Orcutt J A, Barton P J, White R S, Bazin S, Hobbs R W,

Tong C H, Pye J W. Evidence from three-dimensional seismic reflectivity images for enhanced melt supply beneath mid-ocean-ridge discontinuities[J]. Nature, 2000, 406: 614-618.

Kim J M, Kennett, J P. Paleoenvironmental changes associated with the Holocene marine transgression, Yellow Sea (Hwanghae) [J]. Mar. Micropaleontol., 1998, 34: 71-89.

Kim J M, Kucera M. Benthic foraminiferal record of environmental changes in the Yellow sea (Hwanghae) during the last 15,000 years[J]. Quaternary Science Reviews, 2000. 19: 1067-1085.

Kimura M, et al. Active hydrothermal mounds in the Okinawa Trough backarc basin, Japan[J]. Tectonophysics, 1988, 145(3-4): 319-324.

Kimura M, et al. Newly found vent system and ore deposits in the Izena Hole in the Okinawa Trough, Japan[J], JAMSTECTR DEEPSEA RESEARCH, Japan Marine Science and Technology Center, 1990, 87-98(In Japanese).

Kimura M, et al. Tectonics in the eastern margin of the Okinawa trough—study of formation mechanism of a backarc basin[J]. JAMSTEC Journal of Deep Sea Research, No. 10. Japan Marine Science and Technology Center, 1994, 299-318.

Kimura M, et al. Research result of the 284, 286, 287 and 366 dives in the Iheya Depression and the 364 dive in the Izena Holl by "SHINKAI 2000" [J], Proceedings of JAMSTEC Symposium on Deep Sea Research, No. 7, Japan Marine Science and Technology Center, 1991, 147-161.

Kinoshita M, Yamano M, Post J, et al. Heet flow measurement in the southern and middle Okinawa Trough on R/V SONNE in 1988. Bull. Earthq. Res. Ins. Univ. Tokyo 1990, 65: 571-588.

Klinkhammer G, Chin C S, Wilson C, German C R. Venting from the Mid-Atlantic Ridge at 37°17′N: the Lucky Strike hydrothermal site. In: Parson L M, Walker C L, Dixon D R Eds. Hydrothermal vents and processes. London: The Geological Society, 1995.

Klovan J E. The use of factor analysis in determining depositional environments from grain-size distributions[J]. Journal of Sedimentary Petrology, 1966, 36(1): 115-125.

Koschinsky A. Heavy metal distributions in Peru Basin surface sediments in relation to historic, present and disturbed redox environments [J]. Deep-Sea research II. 2001, 48: 3757-3777.

Koski R A, Lonsdale P F, Shanks W C, et al. Mineralogy and geochemistry of a sediment-hosted hydrothermal solphide deposit from the southern trough of Guaymas Basin, Gulf of California[J]. Jour. Geophys. Res. 1985, 90: 6695-6707.

Kuenen H. Marine Geology. Baltzell Press, 2008.

Kuijpers A, Troelstra S R, Prins M A, et al. Late Quaternary sedimentary processes and ocean circulation changes at the Southeast GreenlandMargin[J]. Marine Geology, 2003, 195: 109-129.

Kurz M D, Jenkins W J, Schilling J G, et al. Helium isotopic variations in the mantle beneath the central North Altanlic Ocean[J]. Earth and Planetary Science Letters, 1982, 58: 1-14.

Kusakabe M, Mayeda S, Nakamara E S. O and Sr isotope systematics of active vent materials from the Mariana backarc basin spreading axis at 18°N[J]. Earth and Planetary Science Letters, 1990, 100: 275-282.

Kvenvolden K A. Gas hydrates-geological perspective and global change[J]. Rev. Geophys., 1993, 31(2): 173-187.

Kyte F T, Leinen M, Heath G R, et al, Cenozoic sedimentation history of the central North Pacific: inferences from the elemental geochemistry of core LL44-GPC3 [J]. Geochimica Cosmochimica Acta. 1993,57:1719-1740.

Lee C H, Fang M D and Hsieh M T. Characterization and distribution of metals in surficial sediments in southwestern Taiwan [J]. Marine Pollution Bulletin. 1998,36 (6):464-471.

Lee C S, et al. Okinawa Trough: origin of a back-arc basin[J]. Mar. Geol., 1980, 35(1-3):219-241.

Lee J, Stern R J. Glass inclusions in Mariana arc phenocrysts: a new perspective on magmatic evolution in a typical intra-oceanic arc[J]. The Journal of Geology, 1998, 106:19-33.

Lee M W, Hutchinson D R, Collett T S, et al. Seismic velocities forhydrate-bearing sediments using weighted equation[J]. Geophy. Res., 1996, 101:20347-20358.

Lehtonen K, Ketola M. Occurrence of long chain acyclic methyl ketones in sphagnum and carex peats of various degress of humification[J]. Organic Geochemistry, 1990, 15:275-280.

Leif R N, Simoneit B R T. Ketones in hydrothermal petroleums and sediments extracts from Guaymas Basin, Gulf of California[J]. Organic Geochemistry, 1995, 23:889-904.

Levin L A, Huggett C L, Wishner K F. Control of deep-sea benthic community structure by oxygen and organic-matter gradient in the eastern Pacific Ocean[J]. Journal of Marine Research, 1991, 49:763-800.

Lewis J. Turbidity-controlled suspended sampling for runoff-event load estimation[J]. Water Resources Research, 1996, 32(7):2299-2310.

Li D, Zhang J, Huang D, Wu Y, Liang J. Oxygen depletion off the Changjiang (Yangtze River) estuary [J]. Science in China (Series D) 2002, 45:1137-1146.

Li F Y, Gao S, Jia J J, et al. Contemporary deposition rates of fine-grained sediment in the Bohai and Yellow Seas[J]. Oceanologia et Limnologia Sinica 2002, 33(4), 364-369.

Li G X, Wei H L, Han Y S and Cheng Y J. Sedimentation in the Yellow River delta, part I. Flow and suspended sediment structure in the upper distributary and the estuary[J]. Marine Geology, 1998a vol. 149, 93-111.

Li G X, Wei H L, Yue S H, Cheng Y J and Han Y S. Sedimentation in the Yellow River delta, part Ⅱ. suspended sediment dispersal and deposition on the subaqueous delta[J]. Marine Geology. 1998b. vol. 149, 113-131.

Li Z G, Chu F Y, Dong Y H, Liu J Q, Chen L. Geochemical constraints on the contribution of Louisville seamount materials to magmagenesis in the Lau back-arc basin, SW Pacific. Int. Geol. Rev. 2014, 57: 1-20.

LIU Xiaofeng, ZHANG Daojun, ZHAI Shikui, et al. A heavy mineral viewpoint on sediment provenance and environment in Qiongdongnan Basin[J]. Acta Oceanologica Sinica, 2015, 34(4):41-55.

Liu M, Cui X, Liu F. Cenozoic rifting and volcanism in eastern China: amantle dynamic link to the Indo-Asian collision? [J] Tectonophysics. 2004, 393:29-42.

Lü Xiaoxia, Song Jinming, SHI Xuefa, et al. Grain-size related distribution of nitrogen in the southern Yellow Sea surface sediments[J]. Chinese Journal of Oceanology and Limnology. 2005, 23(3):306-316.

Lupton J E, Klinkhammer G P, Normark W R, et al. Helium-3 and manganese at the 21°N East Pacific Rise hydrothermal site[J]. Earth and Planetary Science Letters, 1980, 50:115-127.

MacKay M E, Jarrard R D, Westbrook G K, et al. Origin of bottom-simulating reflectors; Geophysical evidence from the Cascadian accretinary prism[J]. Geology, 1994, 22: 459-462.

MacLeod C J, Escartin J, Banerji D, Banks G J, Gleeson M, Irving DHB, Lilly R M, McCaig A M, Niu Y, Allerton S, Smith DK. Direct geological evidence for oceanic detachment faulting: The Mid-Atlantic-Ridge, 15 degrees 45′N[J]. Geology, 2002, 30(10): 879-882.

Masahiro A. & Ko-ichi N. The occurence of chimneys in Izena Hole No. 2 body and texture and mineral composition of the sulfide chimneys[J]. JAMSTECTR, Deepsea Research, 1989, (5): 197-210(In Japanese).

Max M D. Natural gas hydrate in oceanic and permafrost environments[M]. Netherlangs: Kluwer Academic Publishers, 2000.

McCave I N and Hillister C D. Sedimentation under deep sea current system: pre-HEBBLE ideas [J]. Marine Geology, 1985, 66: 13-24.

McKenzie D & Bickle M J. The volume and composition of melt generated by extension of the lithosphere [J]. Petrol. 1988, 29, 625-679.

Mellor G L, Yamada T. Development of a turbulence closure model for geophysical fluid problem [J]. Review of Geophysical Space Physics, 1982, 20: 851-875.

Meyers P A, Eadie B J, Sources, degradation and recycling of organic matter associated with sinking particles in Lake Michigan [J]. Organic Geochemistry 1993, 20: 47-56.

Meyers P A. Preservation of elemental and isotopic source identification of sedimentary organic matter [J]. Chemical Geology, 1994, 144: 289-302.

Middlemost E A K . A simple classification of volcanic rocks, Bull[J]. Volcano, 1972, 36(2): 382.

Milliman J D, Qin Y S, Park Y A. Sediments and sedimentary processes inthe Yellow and East China Seas. In: Taira A and Masuda F Eds. Sedimentary Facies in the Active Plate Margin, Tokyo: Terra Scientific Publishing Company, 1989, 233-249.

Miura T and Hashimoto J. Two new branchiate scale-worms (Polynoidae; Polychaeta) from the hydrothermal vent of the Okinawa Trough and the volcanic seamount off Chichijima Island. Washington: Proceedings of Biological Society 1991, 104, 166-174.

Miyashiro A, Shido F And Ewing M. Metamorphism in the Mid-Atlantic Ridge near 24°and 30°N. Philos. London: Trans. R. Soc. Ser. A, 1971, 268: 589-603.

Morford J L and Emeson S. The geochemistry of redox sensitive trace metals in sediments [J]. Geochimica cosmochimica Acta. 1999, 63: 1735-1750.

Muenow D W, Perfit M R, Aggrey K E. Abundances of volatiles and genetic relationships among submarine basalts from the Woodlark basin, Southwest Pacific[J]. Geochim. Cosmochim. Acta, 1991, 55 (8): 2231-2239.

Naidu A S, Han M W and Mowatt T C, et al. Clay minerals as indicators of sources of terrigenous sediments, their transportation and deposition: Bering Basin, Russian-Alaskan Arctic [J]. Marine Geology. 1995, 127: 87-104.

Nedachu M et al. Hydrothermal ore deposits on the Minami-Ensei Knoll of the Okinawa Trough-Mineral assemblages[J]. Proceedings of JAMSTEC Symposium on Deep Sea Research, No. 8, Japan Marine Science and Technology Center. 1992, 95-106.

Neira C, Sellanes J, Levin L A and Arntz W E. Meiofaunal distributions on the Peru margin: relationship to oxygen and organic matter availability[J]. Deep-Sea Research I, 2001, 48: 2453-2473.

Newman W A and Hessler R R. A new abyssal hydrothermal verrucomorphan (Cirripedia; Sessilia): The most primitive living sessile barnacle[J]. Transactions of the San Diego Society of Natural History. 1989, 21(16), 259-273.

NichollasJ, Carmichael E S E and Storme J C. Silica activity and Ptotal in igneous rocks[J]. Contr. Mineral Petrol, 1971, 33: 1-20.

Nielsen R L, Christie D M, Sprtel F M. Anomalously low sodium MORB magmas: Evidence for depleted MORB or analytical artifact? [J]. Geochimica et Cosmochimica Acta, 1995, 59(23): 5023-5026.

Nijenhuis I A, de Lange G J. Geochemical constraints on Pliocene sapropel formation in the eastern Mediterranean[J]. Marine Geology, 2000, 163: 41-63.

Nowell A R M and Hollister C D. Deep ocean sediment transport[M]. Elsevier Scientific publishing company, 1985.

O'Nions R K, Tolstikhin I N. Behaviour and residence times of lithophile and rare gas tracers in the upper mantle[J]. Earth and Planetary Science Letters, 1994, 124: 131-138.

Oliverira A, Rocha F and Rodrigues A, et al. Clay minerals from the sedimentary cover from the Northwest Iberian shelf [J]. Progress in oceanography. 2002, 52: 233-247.

Paias N, Jansen E, Labeyrie L, et al. IMA GES (Interational Marine Global Change Study) Science and Implementation Plan. PAGES Work-shop Report, Series, 1994.

Park S H, Lee S M, Kamenov G D, Kwon S T, Lee K Y. Tracing the origin of subduction components beneath the South East rift in the Manus Basin, Papua New Guinea[J]. Chem. Geol. 2010. 269: 339-349.

Partheniades E. Estuarine sediment dynamics and shoaling processes. In: Herbick J eds. Handbook of Coastal and Ocean Engineering[M], 1992, 3: 985-1071.

Pavanelli D, Pagliarani A. Monitoring water flow, turbidity and suspended sediment load, from an apennine catchment basin, Italy[J]. Biosystems Engineering, 2002, 83(4): 463-468.

Pearce J A, Stern R J, Bloomer S H, Fryer P. Geochemical mapping of the Mariana arc-basin system: implications for the natureand distribution of subduction components[J]. Geochem. Geophys. Geosyst. 2005, 6(7).

Peter J M, Shanks W C Ⅲ, Sulfur, carbon and oxygen isotope variations in submarine hydrothermal deposits of Guaymas basin, gulf of California[J]. Geochim. Cosmochim. Acta, 1992, 56: 2025-2040.

Petschick R, Kuhn G and Gingele F. Clay mineral distribution in surface sediments of the South Atlantic: sources, transport and relation to oceanography [J]. Marine Geology. 1996, 130: 203-229.

Philip E, Dennison Dar. A. Roberts. The effects of vegetation phenology on endmember selection and species mapping in southern California chaparral[J]. Remote Sensing of Environment, 2003, 87: 295-309.

Phipps Morgan J & Chen Y J. The genesis of oceanic crust: magma injection, hydrothermal circulation, and crustal flow[J]. Geophys. Res. 1993, 98, 6283-6297.

Pomeroy L, Smith E E. The exchange of phosphate between estuaries water and sediments[J]. Limnology Oceanography, 1965, 10: 167-172.

Prins M A, Bouwer L M, Beets C J, et al. Ocean circulation and iceberg discharge in the glacial North Atlantic:inferences from unmixing of sediment distributions[J]. Journal of Geology,2002,30:555-558.

Prins M A,Postma G,Weltje G J. Controls on terrigenous sediment supply to the Arabian Sea during the late Quaternary:the Makran continental slope[J]. Marine Geology,2000,169:351-371.

Prins M A,Troelstra S R,Kruk R W,et al. The Late Quaternary sedimentary record on Reykjanes Ridge (North Atlantic)[J]. Radiocarbon,2001,43 (2B):939-947.

Prithvirag M and Prakash T N. Distribution and geochemical association of clay minerals on the inner shelf of Central Kerala,India [J]. Marine Geology. 1990,92:285-290.

Purdy G M & Detrick R S. Crustal structure of the Mid-Atlantic Ridge at 23°N from seismic refraction studies[J]. Geophys. Res. 1986,91,3793-3762.

Rabalais N N,Wiseman W J and Turner R E. Comparison of continental records of near-bottom dissolved oxygen from the hypoxia zone along the Louisiana coast[J]. Estuaries,1994,17:205-221.

Ranero C R G,Reston T J. Detachment faulting at ocean core complexes[J]. Geology,1999,27(11):983-986.

Ravizza G,Turekian K K and Hay B J. The geochemistry of rhenium and osmium in recent sediments from the Black Sea [J]. Geochim. Cosmochim. Acta. 1991,55:3741-3752.

Rempel A W and Buffett B A. Formation and accumulation of gas hydrate in porous media[J]. Geophy. Res.,1997,102:10151-10164.

Reston T J,W Weinrebe I,Grevemeyer E R F,Mitchell N C,Kirstein L,Kopp C,Kopp H,Participants of Meteor 47/2. A rifted inside corner massif on the Mid-Atlantic Ridge at 5°S[J]. Earth and Planetary-Science Letters,2002,200:255-269.

Riedel M,Spence G D,Chapman N R et al. Seismic investigations of a vent field associated with gas hydrate,offshore Vancouver Island[J]. JGR,2002,107(B9):EMP5:1-16.

Roedder E. Fluid inclusion analysis-Prologue and epilogue[J]. Geochim. Cosmochim. Acta,1990,54:495-507.

Rona P A & Trivett D A. Discrete and diffuse heat transfer at ASHES vent field,Axial Volcano,Juan de Fuca Ridge[J]. Earth Planet. Sci. lett. 1992,109,57-71.

Rosenthal Y,Boyle E A and Labeyrie L,et al. Glacial enrichments of authigenic Cd and U in subantarctia sediments:a climatic control on the elements' oceanic budget? [J]. Paleoceanography. 1995,10:395-413.

Rosenthal Y,Lam p and Boyle E A,et al. Authigenic cadmium enrichments in suboxic sediments:precipitation and post depositional mobility [J]. Earth and Planetary Science Letters. 1995,132:99-111.

Russell A D and Morford J L. The behavior of redox-sensitive metals across a laminated-massive- laminated transition in Saanich Inlet,British Columbia [J]. Marine Geology. 2001,174:341-354.

Sahu K C. Role of titanium in clinopyroxenes from the alkaline basalts of Kilimanjako, Africa[J],Jour. Earth. Sci.,1976,3:129-134.

Saito Y,Yang Z S. Historical change of the Huanghe(YellowRiver) and its impact on the sediment budget of the East China Sea. Iseki K,Koike I,Tsunogai S,et al,eds. Proceedings of International Symposium on Global Fluxes of Carbon and its Related Substances in the Coastal-Ocean-Atmosphere System [C]. Sapporo:Hokkaido University,1994:7-12.

Sakai H,Gamo T,Kim E,et al. Unique chemistry of the hydrothermal solution in the Mid-Okinawa trough backarc basin[J]. Geophysical Research Letters, 1990, 17: 2133-2136.

Sakai H, Gamo T, Kim E S, et al. Venting of carbon dioxide-rich fluid and hydrate formation in Mid-Okinawa trough backarc basin[J]. Science, 1990, 248: 1093-1096.

Scheirer D S and Macdonald K C. Variation in cross-section area of the axial ridge along the East Pacific Rise: Evidence for the magmatic budget of a fast spreading center[J]. Geophys. Res., 1993, 98, 7871-7885.

Schilling J G. Rare-earth Variations across "normal segments" of the Reykians Ridge, 60°-53°N, Mid-Atlantic Ridge, 29°S, and East Pacific Rise, 2-19°S, and evidence of the composition of the underlying low-velocity layer[J]. Geophys. Res., 1975, 80: 1459-1473.

Schultz A, Delaney J R & McDuff R E. On the partitioning of heat flux between diffuse and point source seafloor venting[J]. Geophys. Res. 1992, 97, 12299-12314.

Schultz A, Elderfield H. Controls on the physics and chemistry of seafloor hydrothermal circulation. In Cann J R, Elderfield H, Laughton A. Eds. Mid-Ocean Ridge[M]. Cambridge: Cambridge university press, 1999.

Schulz H D, Dahmke A, Schinzel U, et al. Early diagenetic processes, fluxes and reaction rates in sediments of the South Atlantic[J]. Geochimica et Cosmochimica Acta. 1994, 58(9): 2041-2060.

Shanks W CⅢ, Seyfried W E Jr. Stable isotope studies of vent fluids and chimney minerals, Southern Juan de Fuca Ridge: Sodium metasomatism and seawater sulfate reduction[J]. Geophys. Res. , 1987, 92: 11387-11399.

Shepard F P. 海底地质学[M]. 北京:科学出版社,1979.

Shih S M, Komar P D. Sediments, beach morphology and sea cliff erosion within an Oregon coast littoral cell[J]. Journal of Coastal Research, 1994, 10: 144-157.

Shiono K et al. Tectonics of the Kyushu Ryukyu Arc as evidenced from seismicity and focal mechanism of shallow to intermediate-deep earthquakes[J]. Phys. Earth, 1980, 28(1), 17-43.

Shozaburo Hagumo et al. Report on DELP 1984 cruise in the middle Okinawa Trough Part Ⅱ: Seismic structure studies[J]. Bulletin of the Earthquake Research Institute of Tokyo 1986, 61: 167-202.

Simoneit B R T, Cox R E, Standley LJ. Organic matter of the troposphere-IV: Lipids in harmattan aerosols of nigeria[J]. Atmospheric Environment, 1998, 22(5): 983-1004.

Sinha M C, Navin D A, Maggregor L M, et al. Evidence for accumulated melt beneath the slow-spreading Mid-Atlantic Ridge. InCann J R, Elderfield H, Laughton A Eds. Mid-Ocean Ridge[M]. Cambridge: Cambridge university press, 1999.

Sinton J M & Detrick R S. Mid-ocean ridge magrma chambers[J]. Geophys. Res. 1992, 97: 197-216.

Sisson T W, Layne G D. H_2O in basalt and basaltic andesite glass inclusions from four subduction-related volcanoes[J]. Earth and Planetary Science Letters, 1993, 117: 619-635.

Smallwood J R, White R S & Minshull T A. Sea-floor spreading in the presence of the Iceland plume: the structure of the Reykjanes Ridgeat 61°40′N[J]. J. Geol. Soc. 1995, 152, 1023-1029.

Soetaert K, Herman P M J, Middelburg J J. A model of early diagenetic processes from the shelf to abyssal depths[J]. Geochimica et Cosmochimica Acta, 1996, 60(6): 1019-1040.

Souissi S, Ibanez F, Hamadou R B, et al. A new multivariate mapping method for studying species assemblages and their habitats: example using bottom trawl surveys in the Bay of Biscay (France) [J]. Sarsia, 2001, 86: 527-542.

Sparks D W & Parmentier E M. Melt extraction from the mantle beneath mid-ocean ridges[J]. Earth Planet. Sci. Lett. 1991, 105, 368-377.

Spooner E T C. The stronsium isotopic composition of seawater-oceanic crust interaction[J]. Earth and Planetary Science Letters. 1976, 31: 167-174.

Stein C A & Stein S. Constraints on hydrothermal heat flux through the oceanic lithosphere form global heat flow[J]. Geophys. Res. B99, 1994, 3081-3095.

Stow D A V. Distinguishing between fine-grained turbidites and contourites on the Nova Scotian deep-water margin[J]. Sedimentology, 1979, 26: 371-387.

Stuart F M, Duckworth R, Turner G, et al. Helium and sulfur isotopes in sulfide minerals from Middle Valley, Northern Juan de Fuca Ridge. Proceedings of the Ocean Drilling Program, Part B-Scientific Results, 1994, 139: 387-392.

Stuart F M, Turner G, Duckworth R C et al. Helium isotopes as tracers of trapped hydrothermal fluids in ocean-floor sulfides[J]. Geology, 1994, 22: 823-826.

Stuart F M, Turner G. Mantle-derived 40Ar in mid-ocean ridge hydrothermal fluids: implications for the source ofvolatiles and mantle degassing rates[J]. Chemical Geology, 1998, 147: 77-88.

Stuut J W, Prins M A, Schneider R R, et al. A 300-kyr record of aridity and wind strength in southwestern Africa: inferences from grain-size distributions of sediments on Walvis Ridge, SE Atlantic[J]. Marine Geology, 2002, 180: 221-233.

Styrt M M, Brackmann A J, Holland H D, et al. The mineralogy and isotopic composition of sulfur in hydrothermal sulfide/sulfate deposits on the East Pacific Rise, 21°N latitude[J]. Earth Planet. Sci. Lett., 1981, 53: 382-390.

Suguru O. Deep-sea submersible survey of the hydrothermal vent community on the northeastern slope of the Iheya ridge, the Okinawa trough[C]. Proceedings of JAMSTEC Symposium on Deep Sea Research, No. 6. Japan Marine Science and TechnologyCenter, 1990, 145-156.

Sullivan G E. Chemical evolution of basalts from 23°N along the mid-Atlantic ridge: evidence from melt inclusions[J]. Contributions to Mineralogy and Petrology, 1991, 106: 296-308.

SUN Zhipeng, ZHAI Shikui, XIU Chun, et al. Geochemical characteristics and their significances of rare-earthelements in deep-water well core at the Lingnan Low Uplift Area of the Qiongdongnan Basin[J]. Acta Oceanol. Sin., 2014, 33(12): 81-95.

Tang Y J, Zhang H F, Ying J F. A brief review of isotopically light Li— a feature of the enriched mantle? [J]Int. Geol. Rev. 2010, 52(9): 964-976.

Taylor H P. The oxygen isotope geochemistry of igneous rocks[J]. Contr. Mineral and Petrol. 1968, 19: 1-71.

Terakado Y, Fujitani T. Behavior of the rare earth elements and other trace elements during interactions between acidic hydrothermal solutions and silicic volcanic rocks, southwestern Japan[J]. Geochimica Cosmochimica Acta, 1998, 62(11): 1903-1917.

Thierry J and Rene M. The oceanic crust, from accretion to mantle Recycling[M]. Chichester, UK: Praxis Publishing, 1999.

Thomson J, Higgs N C and Colley S. A Geochemical investigation of reduction haloes developed under turbidities in brown clay [J]. Marine Geology. 1989,89:315-330.

Thomson J,Ian Jarvis and Darryi R H,Green etal. Mobility and immobility of redox-sensitive elements in deep-sea turbidities during shallow burial [J]. Geochimica et Cosmochimica Acta. 1998,62 (4):643-656.

Tian R C,Sicre M A,Saliot A,Aspects of the geochemistry of sedimentary sterols in the Changjiang Estuary[J]. Organic Geochemistry 1992,18:843-850.

Toshitaka GAMO,et al. Growth mechanism of the hydrothermal mounds at the CLAM Site,Mid Okinawa Trough,inferred from their morphological,mineralogical and chemical characteristics[J]. JAMSTECTR Deepsea Research,1991,7:163-184(In Japanese).

Turner G,Stuart F. Helium/heat ratios and deposition temperatures of sulphides from the ocean floor[J]. Nature,1992,375:581-583.

Twichell S C,Meyers P A,Diester-Haass L. Significance of high C/N ratios in orgain-carbon-rich Neogene sediments under the Benguela Current uowelling system[J]. Organic Geochemistry,2002,33:715-722.

Ujiie H,Hatakeyama Y,Gu X,et al. Upward decrease of organic C/N ratios in the Okinawa Trough cores:Proxy for tracing the post-glacial retreat of the continental shore line[J]. Palaeogeography, Palaeoclimatology,Palaeoecology,2001,165:129-140.

Urabe T. Mineralogical characteristics of the hydrothermal ore body at Izena Hole No. 1 in comparison with Kuroko deposits[J]. JAMSTECTR Deepsea Research,Japan Marine Science and Technology Center,1989,191-196(In Japanese)

Vaglarov B S,Sato T,Kodaira S. Geochemical variations in Japan Sea backarc basin basalts formed by high-temperature adiabatic melting of mantle metasomatized by sediment subduction components[J]. Geochem. Geophys. Geosyst. 2015,16 (5):1324-1347. http://dx. doi. org/10. 1002/2015GC005720.

Van Der Sloot,Hoede H A and Wijkstra D,et al. Anionic species of V,As,Se,Mo,Sb,Te,and W in the Scheldt and Rhine estuary and theSouthern Bight (North Sea) [J]. Estuarine Coastal Shelf Science. 1985,21:633-651.

Von Damm K L. Seafloor hydrothermal activity:Black smoker chemistry and chimneys[J]. Ann. Rev. Earth Planet. Sci. 1990,18:173-204.

Verardo D J,McIntyre A. Production andpreservation:control of biogenous sedimentation in the tropical Atlantic 0-300000 years B. P. [J]. Paleoceanography,1994,9:63-86.

Viallon,et al. Openning of the Okinawa basin and collision in Taiwan:a retreating treach model with laberall anchoring[J]. Earth Planet. Sci. Lett.,1986,80:145-155.

Volkman J K,Barrett S M,Dunstan G A,Jeffrey S W. Geochemical significance of the occurrence of dinosterol and other 4-methyl sterols in a marine diatom[J]. Organic Geochemistry 1993,20:7-15.

Volkman J K,Barrett S M,Blackburn S I,Mansour M P,Sikes E L,Gelin F. Microalgal biomarkers:A review of recent research developments[J]. Organic Geochemistry,1998,29:1163-1179.

Volkman J K,Farrington J W,Gagosian R B. Marine and terrigenous lipids in coastal sediments from the Peru upwelling region at 15°S:Sterols and triterpene alcohols[J]. Organic Geochemistry 1987,11:463-477.

Von Damm K L and Bischoff J L. Chemistry of hydrothermal solutions from the southern Juan de Fuda

Ridge[J]. Geophys. Res., 1987, 92: 11334-11346.

Von Damm K L, Demond J M, Grant B, Measures C I, Walden B & Weiss R F. Chemistry of submarine hydrothermal solutions at 21°N, East Pacific Rise[J]. Geochim. Cosmochim. Acta, 1995, 49, 2197-2220.

Von Damm K L. Controls on the chemistry and temporal variability of seafloor hydrothermal fluids. In: Humphris S E, Zierenberg R A, Mullineaux L S & Thomson R E(eds), Seafloor Hydrothermal Systems: Physical, Cchemical, Biological and Geological Interactions. Washington, DC: AGU. 1995, 222-247.

Von Damm KL. Seafloor hydrothermal activity: Black smoker chemistry and chimneys[J]. Ann. Rev. Earth Planet. Sci., 1990, 18, 173-204.

Wakeham S G, Canuel E A. Fatty acids and sterols of particulate matter in brackish and seasonally anoxic coastal salt pond[J]. Organic Geochemistry 1990, 16: 703-713.

Wallace M W, Gostin V A and Keays R R. Acraman impact ejecta and host shales: Evidence for low-temperature mobilization of iridiumand other platinoids [J]. Geology. 1990, 18: 132-135.

Wang Shujie, Li Huaiming, Zhai, Shikui, et al. Mineralogical characteristics of polymetallic sulfides from the deyin-1 hydrothermal field near 15°s, southern mid-atlantic ridge[J]. Acta Oceanologica Sinica, 2017, 36(2): 22-34.

Wang Shujie, Li Huaiming, Zhai Shikui, Yu Zenghui, Cai Zongwei. Geochemical features of sulfides from the Deyin-1 hydrothermal field at southern mid-Atlantic ridge near 15°S[J]. J. Ocean Univ. China. 2017, 16(6): 1043-1054.

Wilson F T. Transform faults, oceanic ridges and magnetic anomalies southwest of Vancouver island[J]. Science, 1965, 150: 482-485.

Wood B J and S Banno. Garnet-orthopyroxene and orthopyroxene-clinopyroxene relationship in simple and complex system[J]. Gontr. Minerla Petrol, 1973, 42: 109-124.

Wood D A. A Re-appraisal of the use of trace elements to classify and discriminate between magma series erupted in different tectonic settings[J]. Earth Planet. Sci. Lett., 1979, 45(2): 326-334.

Wood D A. The application of a TH-HF-TA diagram to problems of tectonomagmatic classification and to establishing the nature of crustal contamination of basaltic lavas of the British Tertiary volcanic province[J]. Earth Planet. Sci. Lett., 1980, 50(1): 11-28.

Woodruff L G, Shanks W C. Sulfur isotope study of chimney minerals and hydrothermal fluids from 21° N, East Pacific Rise: hydrothermal sulfur sources and disequilibrium sulfate reduction[J]. Geophys. Res., 1988, 93: 4562-4572.

Workman R K, Hart S R. Major and trace element composition of the depleted MORB mantle (DMM) [J]. Earth Planet. Sci. Lett. 2005, 231: 53-72.

Wyllie P J. "Ultromafic rocks and the upper mantle". Mineral. Soc. America Special Paper, 1970, 3: 3-32.

Yan Q, Shi X. Petrologic perspectives on tectonic evolution of a nascent basin (Okinawa Trough) behind Ryukyu Arc: a review[J]. Acta Oceanol. Sin. 2014. 33: 1-12.

Yasuhiko Ohara, Robert J Stern. Peridotites from the Mariana Trough: first look at the mantle beneath an active backarc basins[J]. Contrib Mineral Petrol, 2002, (143): 1-18.

Yasui M D, Nagasaka K and Kishii T. Terrestrial heat flow in the sea around the Nausei-Shoto (Ryukyu,

Islands) [J]. Techtonophysics,1970,10:225-234.

Yoshiki Saito,Zuosheng Yang,Kazuaki Hori. The Huanghe (Yellow River) and Changjiang (Yangtze River) deltas:a review on their characteristics,evolution and sediment discharge during the Holocene [J]. Geomorphology,2001,41:219-231.

Yuan Huamao,Liu Zhigang,Song Jinming,et al. Studies on the regional feature of organic carbon in sediments off the Huanghe River Estuary waters[J]. Acta Oceanologica Sinica,2004,23(1):129-134.

YU Zenghui, ZHAI Shikui, GUO Kun, et al. Helium isotopes in volcanic rocks from the Okinawa Trough—impact of volatile recycling and crustal contamination, Geological Journal[J]. 2016, 51 (S1):376-386.

Zhai Shikui,Yu Zenghui,Du Tongjun. Elemental geochemical records of modern seafloor hydrothermal activities in sediments from the central Okinawa Trough[J]. Acat Oceanologica Sinica,2007,26(4), 53-62.

Zhai Shikui,Wang xingtao,Yuzeng hui& Lihuai ming. Heat and mass flux estimation of modern seafloor hydrothermal activity[J]. Acta Oceanologica Sinica,2006,25(6):1-9.

Zhai Shikui,Kun Guo,TongZong,Zenghui Yu,Shujie Wang,Zongwei Cai,Xia Zhang. Geochemical features of trace and rare earth elements of pumice in middle Okinawa Trough and its indication of magmatic process[J]. Journal of Ocean University of China. 2017,16 (2):233-242.

Zhang C S,Wang L J and Li G S,et al. Grain size effect on multi-element concentrations in sediments from the intertidal flats of Bohai Bay,China [J]. Applied Geochemistry. 2002,17:59-68.

ZHANG Huaijing,ZHAI Shikui,ZHANG Aibin,ZHOU Yonghua and YU Zenghui. Heavy metals in suspended matters during a tidal cycle in the turbidity maximum around the Changjiang (Yangtze) Estuary[J]. Acta Oceanologica Sinica. 2015,34(10):36-45.

Zhang Xia,ZHAI Shikui,Yu Zenghui,et al. Mineralogy and geological significance of hydrothermal deposits from the Okinawa Trough[J]. Journal of Marine Systems. 2016. https://doi. org/10. 1016/j. jmarsys. 2016-11-007.

Ziegler C K,Nisbet B S. Long-Term Simulation of Fine-Grained Sediment Transport in Large Reservoir [J]. Journal of Hydraulic Engineering,1995,121 (11):773-781.

Zierenberg R A,Koski R A,Morton J L. Genesis of massive sulfide deposits on a sediment-covered spreading center,Escanaba Trough,Southern Gorda Ridge[J]. Economic Geology,1993,88:2069-2098.

Zierenberg R,Shanks W C,Bischoff J. Massive sulfide deposits at 21°N EPR:chemical composition,stable isotopes,and phase equilibria[J]. Geol. Soc. Am. Bull. ,1984,95:922-929.

蔡乾忠. 中国海域及邻区主要含油气盆地与成藏地质条件[J]. 海洋地质与第四纪地质,1998,18(4):1-10.

曾志刚,翟世奎,赵一阳,等. 大西洋中脊 TAG 热液活动区中热液沉积物的稀土元素地球化学特征[J]. 海洋地质与第四纪地质,1999,19(3):59-66.

曾志刚. 海底热液地质学[M]. 北京:科学出版社,2011.

柴育成,周祖翼. 科学大洋钻探:成就与展望[J]. 地球科学进展,2003,18(5):666-673.

车自成,刘良,罗金海. 中国及其邻区区域大地构造学[M]. 北京:科学出版社,2002.

陈国能. 岩石成因与岩石圈演化思考[J]. 地学前缘,2011,18(1):1-8.

陈吉余,王宝灿,虞志英. 中国海岸发育过程和演变规律[M]. 上海:上海科学技术出版社,1989.

陈吉余,陈沈良.长江口环境生态变化与对策//中国江河河口研究及治理、开发问题研讨会文集[C].北京:中国水利水电出版社,2003.

陈吉余,徐海根.三峡工程对长江河口的影响[J].长江流域资源与环境,1995,4(3):242-246.

陈建林,马克俭.冲绳海槽火山喷发矿物及其地质意义[J].东海海洋,1983,1(2):19-28.

陈丽蓉,徐文强,申顺喜.东海沉积物的矿物组合及其分布特征[J].科学通报,1979,15:709-712.

陈丽蓉,翟世奎,申顺喜.冲绳海浮岩的同位素特征及年代测定[J].中国科学(B辑),1993,23(3):324-329.

陈丽蓉.中国海洋沉积矿物学[M].北京:海洋出版社,2008.

陈丽蓉,等.冲绳海槽的矿物组合、物质来源及原始岩浆性质的初步探讨[J].海洋与湖沼,1986,17(1):3-12.

陈丽蓉,等.东海沉积物的矿物组合及其分布特征的研究.黄东海地质[M].北京:科学出版社,1982:82-104.

陈隆勋,朱乾根,罗会邦,等.东亚季风[M].北京:气象出版社,1991.

陈松,廖文卓,潘皆再.长江口沉积相中Pb、Cu和Cd的行为和沉积机理[J].海洋学报,1984,6(2):180-185.

陈松,廖文卓,许爱玉.河口重金属在沉积物-海水的界面转移[J].海洋学报,1989,11(6):731-737.

陈松,等.海洋沉积物-海水界面过程研究[M].北京:海洋出版社,1999:215-220.

陈永顺.海底扩张和大洋中脊动力学问题概述//张有学,尹安.地球的结构、演化和动力学[M].北京:高等教育出版社,2003:283-317.

成国栋,薛春汀.黄河三角洲沉积地质学[M].地质出版社,1997.

褚忠信.三峡水库一期蓄水对长江泥沙的影响[D].中国海洋大学博士论文,2006:2-10.

从柏林.岩浆活动与火成岩组合[M].北京:地质出版社,1979.

淳明浩,于增慧,翟世奎.印度洋Carlsberg洋脊玄武岩石地球化学特征及其地质意义[J],海洋学报,2015,37(08):47-62.

杜德文,石学法,孟宪伟,等.黄海沉积物地球化学的粒度效应[J].海洋科学进展,2003,21:78-82.

范德江,杨作升,毛登,等.长江与黄河沉积物中黏土矿物与及地化成分的组成[J].海洋地质与第四纪地质,2001,21(4):7-12.

范德江,杨作升,孙效功,等.东海陆架北部长江、黄河沉积物影响范围的定量估算[J].青岛海洋大学学报,2002,32(5):748-756.

范时清,等.海洋地质学[M].北京:海洋出版社,2004.

高志清.冲绳海槽及邻近地区深部地质构造的研究[D].硕士学位论文,1986.

顾宏堪.长江口无机氮和磷酸盐的分布及转移[A]//渤黄东海海洋化学[M].北京:科学出版社,1991.

顾宗平.东海油气勘探开发现状和展望[J].海洋地质与第四纪地质,1996,16(4):113-117.

关许为,陈英祖.长江口絮凝机理的实验研究[J].水利学报,1996(6):70-74.

郭炳火,黄振宗,李培英,等.中国近海及邻近海域海洋环境[M].北京:海洋出版社,2004.

郭志刚,杨作升,范德江.东海陆架北部表层细粒级沉积物的级配及意义[J].青岛海洋大学学报,2002,32(5):741-747.

郭志刚,杨作升,曲艳慧,等.东海陆架泥质区沉积地球化学比较研究[J].沉积学报,2000,18(2):284-289.

郭志刚,杨作升,张东奇,等.夏季东海北部悬浮体分布及海流对悬浮体输运的阻隔作用[J].海洋学报,

2002,24(5):71-80.

国家海洋局东海分局. 东海区海洋站海洋水文气候志[M]. 北京:海洋出版社,1993:21-27.

国家自然科学基金委员会. 地球科学部21世纪初地球科学战略重点[M]. 北京:中国科学技术出版社,2002.

国坤,翟世奎,于增慧,蔡宗伟,张侠. 冲绳海槽火山岩岩石系列的厘定及构造环境意义[J]. 地球科学,2016,41(10):1655-1662.

海洋图集编委会. 渤海黄海东海海洋图集(地质地球物理)[M]. 北京:海洋出版社,1990.

何高文,等. 西太平洋富钴结壳资源[M]. 北京:地质出版社,2001.

何起祥. 地球科学思想和发展——历史的回顾与展望[J]. 海洋地质与第四纪地质,2003,23(3),115-123.

何起祥,等. 中国海洋沉积地质学[M]. 北京:海洋出版社,2006.

侯立军,刘敏,许世远,蒋黎敏. 长江口岸带柱状沉积物中磷的存在形态及其环境意义[J]. 海洋环境科学,2001,20(2):7-12.

侯增谦,浦边撤郎. 古代与现代海底黑矿型块状硫化物矿床矿石地球化学比较研究[J]. 地球化学,1996,25(3):228-241.

侯增谦,李延河,艾永德,等. 冲绳海槽活动热水成矿系统的氦同位素组成:幔源氦证据[J]. 中国科学(D辑),1999,29(2):155-162.

侯增谦,张绮玲. 冲绳海槽现代活动热水区 CO_2-烃类流体:流体包裹体证据[J]. 中国科学,1998,2:142-148.

胡敦欣,韩舞鹰,章申,等. 长江、珠江口及邻近海域陆海相互作用[M]. 北京:海洋出版社,2001.

胡敦欣、杨作升,等. 东海海洋通量关键过程[M]. 北京:海洋出版社,2001:25-30.

胡方西,胡辉,谷国传,等. 长江口锋面研究[M]. 上海:华东师范大学出版社,2002.

黄慧珍,唐保根,杨文达,等. 长江三角洲沉积地质学[M]. 北京:地质出版社,1996.

贾国东,彭平安,傅家谟. 珠江口近百年来富营养化加剧的沉积记录[J]. 第四纪研究,2002,22(2):158-165.

金秉福,林振宏,季福武,等. 东海外陆架Q43岩心末次冰期矿物学特征及其古环境意义[J]. 海洋学报,2003,25(增刊2):177-185.

金秉福. 末次冰期东海南部沉积物特征和物源分析 [D]. 中国海洋大学博士论文,2003.

金翔龙,喻普之. 冲绳海槽的构造特征与演化[J]. 中国科学(B辑),1987,(2):196-203.

金翔龙. 东海海洋地质[M]. 北京:海洋出版社,1992.

金翔龙,等. 冲绳海槽地壳结构性质的初步探讨[J]. 海洋与湖沼,1983,14(2):105-116.

金性春,戴南浔. 冲绳海槽异常地幔与地壳性质初步分析[J]. 海洋地质与第四世纪地质,1984,4(3):17-25.

金性春,于开平. 俯冲工厂和大陆物质的俯冲再循环研究[J]. 地球科学进展,2003,18(5):737-744.

金性春. 板块构造学基础[M]. 上海:上海科学技术出版社,1984.

靳是琴,李鸿超. 成因矿物学概论[M]. 长春:吉林大学出版社,1984.

肯尼特 J. 海洋地质学[M]. 北京:海洋出版社,1992.

雷坤,杨作升,郭志刚. 东海陆架北部泥质区悬浮体的絮凝沉积作用[J]. 海洋与湖沼,2001,32(3):288-295.

李昌年. 火山岩微量元素岩石学[M]. 北京:中国地质大学出版社,1992.

李春初,等. 粤西水东沙坝-潟湖海岸体系的形成演化[J]. 科学通报,1986,31(20):1579-1582.

李从先,杨守业,范代读,赵娟.三峡大坝建成后长江输沙量的减少及其对长江三角洲的影响[J].第四纪研究,2004,24(5):495-500.

李粹中,张富元,王秀昌.东海沉积物成因环境的初步分析[J].海洋学报,1983,5(6):753-765.

李道季,张经,黄大吉,等.长江口外氧亏损[J].中国科学(D辑),2002,32:686-694.

李凤业,高抒,贾建军,赵一阳.黄渤海泥质沉积区现代沉积速率[J].海洋与湖沼,2002,33(4):364-369.

李广雪,黄河入海泥沙扩散与河海相互作用[J].海洋地质与第四纪地质,1999,19(3).

李家彪.中国区域海洋学:海洋地质学[M].北京:海洋出版社,2012.

李家彪.东海区域地质[M].北京:海洋出版社,2008.

李景贵,崔明中,李振西,范璞.青海湖沉积物中的甾醇及其演化[J].沉积学报,1994,12(4):66-76.

李九发,时伟荣,沈焕庭.长江河口最大浑浊带的泥沙特性和输移规律[J].地理研究,1994,13(1):51-59.

李军,高抒,曾志刚,等.长江口悬浮体粒度特征及其季节性差异[J].海洋与湖沼,2003,34(5):499-510.

李军,高抒,贾建军,曾志刚.1998年11月长江河口悬浮体粒度特征的空间分布[J].海洋通报,2003,22(6):21-29.

李明.国际海洋全球变化研究(IMAGES)计划[J].地球科学进展,1997,12(3):290-297.

李培泉,等.冲绳海槽沉积物的活化分析及元素地球化学研究[J].海洋与湖沼,1985,16(6):461-475.

李全兴,等.冲绳海槽的成因[J].海洋学报,1982,4(3):324-334.

李巍然,杨作升,王永吉,等.冲绳海槽火山岩岩石化学特征及其地质意义[J].岩石学报,1997,13(4):538-550.

李维显,等.冲绳海槽沉积物微量元素地球化学[J].矿物岩石地球化学通讯,1988,1:28-29.

李学伦.海洋地质学[M].青岛:青岛海洋大学出版社,1997.

刘刚,王先彬,李立武.张家口大麻坪碱性玄武岩内地幔岩包体气体成分的初步研究[J].科学通报,1996,41(19):1775-1777.

刘光鼎.中国海域及邻区地质地球物理特征[M].北京:科学出版社,1992:1-389.

刘怀山,周正云.用于研究东海天然气水合物的地震资料处理方法[J].青岛海洋大学学报,2002,32(3):441-448.

刘英俊,等.元素地球化学[M].北京:科学出版社,1984.

刘昭蜀,陈雪.冲绳海槽热流值的分析及其地质解释[M].海洋地质与第四纪地质,1984,4(1):93-100.

刘忠臣,刘保华,黄振宗,等.中国近海及邻近海域地形地貌[M].北京:海洋出版社,2005.

卢武长.稳定同位素地球化学[M].成都:成都地质学院,1986.

路应贤.冲绳海槽的形成与发展[J].海洋学报,1981,3(4):589-600.

吕炳全,孙志国.海洋环境与地质[M].同济大学出版社,1997.

吕炳全.海洋地质学概论[M].上海:同济大学出版社,2006.

吕晓霞,宋金明,李学刚,等.北黄海沉积物中氮的地球化学特征及其早期成岩作用[J].地质学报,2005,79(1),114-123.

吕晓霞,翟世奎,于增慧.长江口及邻近海域表层沉积物中生源要素的分布特征及控制因素的研究[J].海洋环境科学,2005,24(3):1-5.

马宗晋,李存梯,高祥林.全球洋底增生构造及演化[J].中国科学,1998,28(2):157-165.

孟繁莉,程日辉,游海涛.全球变化与海洋地质[J].世界地质,2002,21(3):228-234.

孟伟,秦延文,郑丙辉,等.长江口水体中氮、磷含量及其化学耗氧量的分析[J].环境科学,2004,25(6):65-68.

潘定安,沈焕庭,茅志昌. 长江口浑浊带的形成机理与特点[J],海洋学报 1999,21(4):62-69.
潘定安,孙介民,长江口拦门沙地区的泥沙运动规律[J]. 海洋与湖沼,1996,27(2),279-286.
潘志良,石斯器. 冲绳海槽沉积物及其沉积作用的研究[J]. 海洋地质与第四纪地质,1986,1:17-29.
秦蕴珊,翟世奎,毛雪瑛,等. 冲绳海槽浮岩的微量元素丰度及其地质意义[J]. 海洋与湖沼,1987,18(4):313-319.
秦蕴珊,翟世奎. 冲绳海槽浮岩的岩石化学特征及含氟性的讨论[J]. 地球化学,1988,(2):183-189.
秦蕴珊,赵一阳,陈丽蓉,赵松龄. 东海地质[M]. 北京:科学出版社,1987.
秦蕴珊,赵一阳,陈丽蓉,赵松龄. 黄海地质[M]. 北京:科学出版社,1989.
秦蕴珊,南黄海浅层声学地层的初步探讨[J]. 海洋与湖沼,1988,15(3):240-250.
秦蕴珊. 中国陆棚海的地形及沉积类型的初步研究[J]. 海洋与湖沼,1963,5(1):71-86.
全球变化核心计划及支撑计划. http://159. 226. 136. 229/glonavigator/1100-hexin. htm,2003.
任建业,李思田. 西太平洋边缘海盆地的扩张过程和动力学背景[J]. 地学前缘,2000,7(3):203-213.
任明达,王乃梁. 现代沉积环境概论[M]. 北京:科学出版社,1985:8-32.
塞博尔特 E,伯格尔 W H. 海底:海洋地质学入门[M]. 北京:海洋出版社,1991.
申顺喜,陈丽蓉,李安春,等. 新矿物 — 钓鱼岛石的研究[J]. 矿物学报,1986,6(3):224-227.
沈焕庭,潘定安. 长江河口最大浑浊带[M]. 北京:海洋出版社,2001:163-169.
沈焕庭,等. 长江河口物质通量[M]. 北京:海洋出版社,2001.
沈锡昌,郭步英. 海洋地质学[M]. 武汉:中国地质大学出版社,1993.
沈志良,刘群,张淑美,等. 长江和长江口高含量 IN 的主要控制因素[J],海洋与湖沼,2001,32(5):465-473.
宋海斌,耿建华,Wang H K,等. 南海北部东沙海域天然气水合物的初步研究[J]. 地球物理学报,2001,44(5):687-695.
宋金明,中国近海沉积物－海水界面化学[M]. 北京:海洋出版社,1997.
宋苏顷,夏宁,李学刚,等. 海底沉积物中碳酸钙分析方法研究[J]. 岩矿测试,1998,17(2):127-130.
孙成权,张志强. 国际全球变化研究计划综览[J]. 地球科学进展,1994,9(3):53-70.
孙嘉诗,莫珉. 冲绳海槽浮岩成因的探讨[J]. 海洋地质研究,1982,2(3):24-34.
孙连浦,周祖翼. 科学大洋钻探中的新技术[J]. 地球科学进展,2003,18(5):789-795.
孙枢. 将我国深海大洋研究推向新阶段[J]. 地球科学进展,2003,18(5).
孙云明,宋金明. 海洋沉积物－海水界面附近氮、磷、硅的生物地球化学[J]. 地质论评,2001,47(5):527-534.
谭启新,孙岩. 中国滨海砂矿[M]. 北京:科学出版社,1988:143-156.
同济大学海洋地质系. 古海洋学概论[M]. 上海:同济大学出版社,1989.
同济大学海洋地质系海洋地质教研室. 海洋地质学[M]. 北京:地质出版社,1982.
涂光炽,等. 中国层控矿床地球化学(第一卷)[M]. 北京:科学出版社,1984:354.
屠建波,王保栋. 长江口营养元素生物地球化学研究[J]. 海洋环境科学,2004,23(4):10-13.
万新宁,李九发,何青,向卫华,吴华林. 长江中下游水沙通量变化规律[J]. 泥沙研究,2003,4:29-35.
汪品先. 古海洋学[J]. 地球科学进展,1994,9(4):94-96.
汪品先. 走向地球系统科学的必由之路[J]. 地球科学进展,2003,18(5),795-797.
汪亚平,贾建军,白学志,等. 东海陆架区悬沙浓度特征[A]. 见胡敦欣,韩舞鹰,章申,等. 长江、珠江口及邻近海域陆海相互作用[C]. 2001,121-131.

王凡,许炯心. 长江、黄河口及邻近海域陆海相互作用若干重要问题[M]. 北京:海洋出版社,2004.

王碧香. 西藏中部地区火成岩中熔体和流体包裹体的研究[J]. 中国科学(B),1986,16(2):203-211.

王善书,杨作彬,刘里斌. 中国沿海大陆架油气藏的形成与分布规律[J]. 海洋地质与第四纪地质,1989,9(3):95-109.

王淑红,宋海斌,颜文,等. 南海南部天然气水合物稳定带厚度及资源量估算[J]. 天然气工业:地质与勘探,2005,25(8):24-27.

王舒玫,梁寿生. 冲绳海槽盆地的地质特征与盆地演化历史[J]. 海洋地质与第四期地质,1986,(2):17-29.

王贤觉. 东海大陆架海底沉积物稀土元素地球化学[J]. 地球化学,1982,1:56-65.

王修林,孙霞,韩秀荣,等. 2002 年春、夏季东海赤潮高发区营养盐结构及分布特征的比较[J]. 海洋与湖沼,2004,35(4):323-331.

王颖,朱大奎. 海岸地貌学[M]. 北京:高等教育出版社,1994.

王颖. 中国海洋地理[M]. 北京:科学出版社,1996:389-394.

王正方,姚方奎,阮小正. 长江口营养盐(N,P,Si)分布与变化特征[J]. 海洋与湖沼,1983,14(4):324-332.

王正方. 长江口海域铜的地球化学初步探讨[J]. 地球化学,1990,1:90-96.

韦刚健,李献华,陈毓蔚,等. NS93-5 钻孔沉积物高分辨率过渡金属元素变化及其古海洋记录[J]. 地球化学. 2001,30 (5):450-458.

吴能友,张光学,梁金强,等. 南海北部陆坡天然气水合物研究进展[J]. 新能源进展,2013,1(1):80-94.

吴树仁,陈庆宣,谭成轩. 洋脊分段研究进展[J]. 地质科技情报,1998,17(2):1-6.

肖尚斌,李安春,蒋富清,等. 近 2 ka 来东海内陆架的泥质沉积记录及其气候意义[J]. 科学通报,2004,49(21):2233-2238.

肖尚斌,李安春. 东海内陆架泥区沉积物的环境敏感粒度组分[J]. 沉积学报,2005,1:122-129.

邢凤鸣. 同位素初始比值在划分花岗岩成因类型上的应用探讨[J]. 岩石学报,1987,2:75-78.

徐茂泉,陈友飞. 海洋地质学[M]. 厦门:厦门大学出版社,1999.

徐夕生,邱检生. 火成岩岩石学[M]. 北京:科学出版社,2010.

许东禹,金庆焕,梁德华. 太平洋中部多金属结核及其形成环境[M]. 北京:地质出版社,1994:133-150.

许东禹,刘锡清,张训华,李唐根,陈邦彦. 中国近海地质[M]. 北京,地质出版社,1997.

许淑梅. 长江口外缺氧区及其邻近海域氧化还原敏感性元素的分布规律及环境指示意义[D]. 中国海洋大学博士论文,2005.

杨守业,李从先. 长江与黄河沉积物 REE 及示踪作用[J]. 地球化学,1999,28(4):374-380.

杨子赓. 海洋地质学[M]. 青岛:青岛出版社,2000.

杨作升,郭志刚,王兆祥,等. 黄东海陆架悬浮体向其东部深海区输送的宏观格局[J]. 海洋学报,1992,14(2):81-90.

姚伯初. 南海北部陆缘天然气水合物初探[J]. 海洋地质与第四纪地质,1998,18(4):11-18.

叶大年,从柏林. 岩矿实验室工作方法[M]. 北京:地质出版社,1981.

余华,刘振夏,熊应乾,等. 东海 DGKS9617 岩芯物源研究[J]. 沉积学报,2004,22(4):651-657.

翟世奎,李怀明,于增慧,于新生. 现代海底热液活动调查研究技术进展[J]. 地球科学进展,2007,22(8),769-776.

翟世奎,陈丽蓉,申顺喜,等. 冲绳海槽早期扩张作用中岩浆活动的演化[J]. 海洋学报,1994,16(3):61-73.

翟世奎,陈丽蓉,张海启. 冲绳海槽的岩浆作用与海底热液活动[M]. 海洋出版社,2001.

翟世奎,干晓群. 冲绳海槽海底热液活动区玄武岩的矿物学和岩石化学特征及其地质意义[J]. 海洋与湖沼,1995,26(2):115-123.

翟世奎,张杰,张明书,等. 冲绳海槽浮岩岩浆包裹体测温[J].海洋与湖沼,2001,32(1):67-73.

翟世奎. 冲绳海槽浮岩的分布及其斑晶矿物学特征[J]. 海洋与湖沼,1986,17(6):504-512.

翟世奎. 冲绳海槽浮岩中斑晶矿物结晶的 P-T 条件及其地质意义[J]. 海洋科学,1987,(1):26-30.

翟世奎,米立军,沈星,等. 西沙石岛生物礁的矿物组成及其环境指示意义[J],地球科学——中国地质大学学报,2015,40(4):597-605.

张富元,李粹中,王秀昌. 东海表层沉积物粒度因子分析结果及其地质意义探讨[J]. 海洋实践,1982,3:5-11.

张光学,黄永样,陈邦彦. 海域天然气水合物地震学[M]. 北京:海洋出版社,2003.

张鸿翔,赵千均. 海洋资源——人类可持续发展的依托[J]. 地球科学进展,2003,18(5),806-812.

张经,应时理.长江口中的颗粒态重金属.中国主要河口的生物地球化学研究[M].北京:海洋出版社,1996,146-159.

张兰生,方休琦,任国玉. 全球变化[M]. 北京:高等教育出版社,2000.

张儒瑗,从柏林. 矿物温度计和矿物压力计[M]. 北京:地质出版社,1984:217-226.

赵会民,吕炳全,孙洪斌,等. 西太平洋边缘海盆的形成与演化[J]. 海洋地质与第四纪地质,2002,22(1):57-62.

赵济,陈传康. 中国地理[M]. 北京:高等教育出版社,2002.

赵金海,任慧祥. 东海新生代构造格架特征与油气关系[J]. 海洋地质与第四纪地质,1996,16(2):43-46.

赵进平. 海洋科学概论[M]. 青岛:中国海洋大学出版社,2016.

赵伦山,张本仁. 地球化学[M]. 北京:地质出版社,1988.

赵全基. 从黏土矿物特征分析初步探讨苏北辐射状沙洲的沉积特征[J]. 沉积学报,1984,1:125-135.

赵一阳,鄢明才,李安春,等. 中国近海沿岸泥的地球化学特征及其指示意义[J]. 中国地质,2002,29 (2):181-185.

赵一阳,鄢明才. 中国浅海沉积物地球化学 [M]. 北京:科学出版社,1994.

赵一阳,鄢明才. 中国海底沉积物中金的丰度[J]. 科学通报,1989,34(4):294-297.

赵一阳,翟世奎,李永植,等. 冲绳海槽中部热水活动的新记录[J]. 科学通报,1996,41(14):1307-1310.

赵振华. 稀土元素地球化学研究方法[J]. 地质地球化学,1982,1:26-33.

赵振华. 微量元素地球化学原理(第二版)[M]. 北京:科学出版社,2016.

中国大洋钻探学术委员会. 中国加入国际大洋钻探计划的 5 年总结(1998－2003) [J]. 地球科学进展,2003,18(5):656-662.

中国大洋钻探学术委员会. 中国加入综合大洋钻探(IODP)科学计划(2003～2013) [J]. 地球科学进展,2003,18(5):662-666.

中国科学院地学部"中国地球科学发展战略"研究组. 地球科学:世纪之交的回顾与展望[M]. 山东教育出版社,2002.

中国科学院贵阳地球化学研究所. 简明地球化学手册[M]. 北京:科学出版社,1981.

宗统,翟世奎,于增慧. 冲绳海槽岩浆作用的区域性差异[J]. 地球科学——中国地质大学学报,2016,41(6):1031-1040.

周怀阳,彭小彤,叶瑛. 天然气水合物[M]. 北京:海洋出版社,2000.